教育部高等学校电工电子基础课程教学指导分委员会推荐教材

电子技术基础

第 2 版

○ 华北电力大学电子技术课程组　编
○ 主　编　张瑞华　文亚凤

中国教育出版传媒集团

高等教育出版社·北京

内容简介

本书由教育部高等学校电工电子基础课程教学指导分委员会组织专家评审立项,并被评为"教育部高等学校电工电子基础课程教学指导分委员会推荐教材"。

本书是在荣获北京高校"优质本科教材"《电子技术基础》的基础上,总结 9 年来的教学实践经验修订而成的新形态教材。为适应新型教学模式,本书配备了视频、拓展阅读、重要习题题型分析方法及部分习题的详细解答等数字资源,通过扫描二维码或者登录数字课程网站可以观看和学习。

本次修订,在保持原教材体系不变的前提下,除了对一些内容进行了完善外,更主要的是,为了扩大本教材的适用范围,特意增加了一些必不可少的、重要的基础性内容,尤其是在模拟电路部分。

全书共 14 章,内容包括:绪论、常用半导体器件、晶体管和场效晶体管放大电路、集成运算放大器、放大电路中的负反馈、集成运算放大器的应用、直流稳压电源、电力电子电路、逻辑代数和逻辑门电路、组合逻辑电路、触发器和时序逻辑电路、半导体存储器和可编程逻辑器件、数模和模数转换器、数字系统设计基础。

本书的特色是:"易入门、利教学、少而精、强基础、重实用、利教学、宽口径、新形态"。

本书是一本宽口径中等学时教材。可作为高等院校本科电类、近电类和非电类相关专业的教材,有关专业可根据相应的教学基本要求进行内容的取舍。本书也可作为大专院校和成人高等教育相关专业的教材,还可供有关工程技术人员自学和参考使用。

图书在版编目（ＣＩＰ）数据

电子技术基础／华北电力大学电子技术课程组编；张瑞华,文亚凤主编. --2 版. --北京：高等教育出版社,2025.2. -- ISBN 978-7-04-062584-4

Ⅰ．TN

中国国家版本馆 CIP 数据核字第 20248QT289 号

Dianzi Jishu Jichu

策划编辑 王耀锋	责任编辑 王耀锋	封面设计 张申申 王 洋		版式设计 马 云
责任绘图 马天驰	责任校对 吕红颖	责任印制 沈心怡		

出版发行	高等教育出版社	网　址	http://www.hep.edu.cn
社　址	北京市西城区德外大街 4 号		http://www.hep.com.cn
邮政编码	100120	网上订购	http://www.hepmall.com.cn
印　刷	涿州市星河印刷有限公司		http://www.hepmall.com
开　本	787mm×1092mm　1/16		http://www.hepmall.cn
印　张	40.25	版　次	2014 年 5 月第 1 版
			2025 年 2 月第 2 版
字　数	880 千字		
购书热线	010-58581118	印　次	2025 年 2 月第 1 次印刷
咨询电话	400-810-0598	定　价	83.00 元

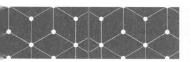
电子技术基础

第2版

主　编　张瑞华
　　　　文亚凤

1　计算机访问 https://abooks.hep.com.cn/62584 或手机微信扫描下方二维码进入新形态教材网。

2　注册并登录后，计算机端进入"个人中心"，点击"绑定防伪码"，输入图书封底防伪码（20位密码，刮开涂层可见），完成课程绑定；或手机端点击"扫码"按钮，使用"扫码绑图书"功能，完成课程绑定。

3　在"个人中心"→"我的学习"或"我的图书"中选择本书，开始学习。

电子技术基础 第2版

主编 张瑞华 文亚凤

出版单位 高等教育出版社

开始学习　　收藏

　　受硬件限制，部分内容可能无法在手机端显示，请按照提示通过计算机访问学习。如有使用问题，请直接在页面点击答疑图标进行咨询。

https://abooks.hep.com.cn/62584

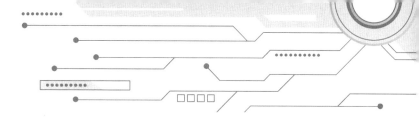

第 2 版前言

本书是经教育部高等学校电工电子基础课程教学指导分委员会组织专家评审立项的教材,并被评为"教育部高等学校电工电子基础课程教学指导分委员会推荐教材"。

本书是在高等教育出版社 2014 年出版的、获评 2023 年北京高校"优质本科教材课件"的《电子技术基础》的基础上,总结华北电力大学电子技术课程组 10 年来教学实践修订而成的新形态教材。

本次修订的指导思想是易入门、利教学、少而精、强基础、有更新、重实用、利教学、宽口径、新形态。

本次修订,在保持原教材体系不变的前提下,除了对一些内容进行了完善外,更主要的是,为了扩大本教材的适用范围,特意增强了一些必不可少的、重要的基础性内容,尤其是在模拟电路部分。同时,为适应新型教学模式,配备了视频、拓展阅读、重要习题题型分析方法及部分习题的详细解答等数字资源,通过扫描二维码或者登录数字课程网站可以观看和学习。

与第 1 版相比,第 2 版主要有以下较大的变化。

1. 在第 1 章,为便于读者入门,在半导体的基本知识一节,增加了硅和锗的原子结构的介绍,并进一步完善了晶体管电流分配和电流放大作用的内容。

2. 在第 2 章,删除了放大电路的主要性能指标一节,把它们分散到有关的放大电路中介绍。新增了共射-共基放大电路和共集-共基放大电路、共漏极放大电路和三种场效晶体管基本放大电路性能的比较、复合管放大电路(不仅将原来在第 3 章介绍的复合管提前,更丰富了其内容)的内容。

3. 在第 3 章,在多级放大电路的耦合方式一节,增加了光电耦合方式;在差分放大电路一节,增加了具有恒流源的场效晶体管差分放大电路;在电流源一节,增加了具有射极输出器的镜像电流源、多路输出电流源、用电流源作有源负载的放大电路;在功率放大电路部分,增加了双电源甲乙类 CMOS 互补对称功率放大电路;在通用型集成运算放大器一节,增加了 LF163 双运算放大器简介。

4. 在第 2、第 3 章,增加了由场效晶体管组成的放大电路的比重。

5. 在第 5 章,增加了高输入电阻的减法运算电路、实用的微分运算电路、有温度补偿的集成对数运算电路和集成模拟乘法器。

6. 在第 6 章,增加了开关型稳压电路的内容。

I

7. 在第 7 章,改写了电压型单向桥式逆变电路中半桥逆变电路的工作原理;重组了正弦波脉宽调制逆变电路一节的内容;改写了调节斩波电路输出电压平均值的方法。

8. 在第 8 章,增加了抗饱和 TTL **与非**门电路、双极型 –CMOS 逻辑门电路以及 TTL 和 CMOS 系列简介。

9. 在第 10 章,增加了基本 *RS* 锁存器的应用举例、负边沿 *JK* 触发器的分析、描述触发器动态性能的主要参数、异步时序逻辑电路的分析举例和扭环形计数器。删除了 CMOS 主从触发器。

10. 在第 11 章,删除了已淘汰产品可编程通用阵列逻辑 GAL 的内容。

11. 在第 12 章,增加了权电流 D/A 转换器、双积分 A/D 转换器和 $\Sigma -\Delta$ 型 A/D 转换器。

12. 由于增加了一些新内容,相应地增加了与之配套的习题。

书中打 * 号的部分为选学内容,教师可根据具体情况进行适当处理。

本书由张瑞华、文亚凤担任主编,张瑞华负责全书的定稿,文亚凤负责全书的统稿和修订的组织工作。张瑞华修订了第 1 章至第 12 章,提供了拓展阅读新媒体文档 7 个。文亚凤修订了绪论和第 13 章,提供了各有关章节的重要习题题型分析方法的新媒体文档 11 个。刘向军、刘春颖提供了模拟电路部分的视频 8 个。文亚凤、王赟提供了数字电路部分的视频 12 个。文亚凤、王赟、刘向军、刘春颖、孙淑艳提供了各有关章节的部分习题详细解答的新媒体文档 13 个和拓展阅读新媒体文档 19 个。在修订过程中,刘向军、孙淑艳、王赟、刘春颖参加了讨论,提出了一些宝贵的修改建议。

本书由北京工业大学原自动化系虞光楣教授审稿,他对本书的修订提出了宝贵的意见,我们谨向他表示衷心的感谢!

在本书修订过程中,张葵女士在多媒体使用技巧等方面,给予了恰到好处的帮助,使编者受益匪浅,我们特向她表示深切的谢意!

由于我们的能力和水平所限,书中难免存在不足和错误,衷心希望读者提出建议和指正,以便今后不断改进。E-mail:wyf@ncepu.edu.cn。

编 者

2024 年 3 月于华北电力大学

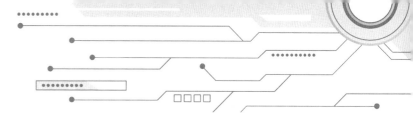

第 1 版前言

为贯彻落实教育部"关于进一步加强高等学校本科教学工作的若干意见"文件的精神,根据当前教育教学改革的发展趋势,本着满足当代大学生的知识结构、综合能力、创新能力等方面的需求,华北电力大学电子技术课程组编写了一套电子技术基础课程系列教材。该系列教材是编者对高等学校电工电子系列课程的内容和体系进行了深入研究,针对华北电力大学电类和非电类专业的特点,并总结多年理论教学和实践经验的基础上编写而成的。本套系列教材充分体现工程技术教育的特点,力求达到教学与实验相结合、理论与应用相统一,培养学生运用电子技术解决实际问题的工程能力和实践能力。其主要内容覆盖模拟电子技术、数字电子技术、电子电路的测试技术以及计算机辅助分析和设计方法等。本套教材包括《电子技术基础》《模拟电子技术基础》《数字电子技术基础》《电子技术实验指导书》《模拟电子技术实验指导书》《数字电子技术实验指导书》《电子技术综合实验指导书》。

《电子技术基础》是系列教材中的一部,是一本适用面较宽、实用性较强的中等学时数教材。本教材是在张瑞华教授主编的《电子技术基础简明教程》基础上,作了进一步精选、改写、调整、补充后修订而成的。《电子技术基础简明教程》曾于 1993 年 6 月由水利电力出版社出版,由清华大学阎石教授担任主审,并得到了阎石教授和北京化工大学吕砚山教授的热情推荐。该教材曾于 1994 年获得北京市教育科学研究优秀专著成果奖。

《电子技术基础简明教程》自出版以来,在我校非电类专业和成人教育学院有关专业使用了近 20 年,获得了非常好的口碑。使用过该教材的师生一致认为教材取材精练,体系安排合理,深浅适度,内容简明而不浓缩,保证了基本理论的阐述;重点突出,条理清楚,例题、习题与正文配合得当,符合循序渐进和启发性原则;注意教学方法的改进,融入了多年教学实践经验,既便于教师教学,又便于学生自学。

我校现有核电、水电、电管、风能、能源、热能、建环、机械、材料等非电类专业。虽然现在国内电子技术基础的教材种类很多,但是很难挑选出适合我校非电类专业学习深度和学时数的精品教材。

本教材结合多年来授课老师在该课程上的教学体会和实践经验,在保留原有《电子技术基础简明教程》特色的基础上编写而成,并力求在教材的修订和编写中体现以下的思路和特色。

1. 在内容安排上,结合电力行业的特色,对传统的电子技术基础教材所涉及的内容做了相应的调整和取舍,增加了一些新的电力电子元器件知识和内容,力求做到让学生在掌握和理解相关知识点的同时,也及时了解各种新的知识和技术,达到与后续专业课程的衔接。

2. 随着电子技术的不断发展,新的电子器件、电子电路不断涌现,为了处理好"内容多而学时少"的矛盾,首先本着"管为路用"的原则,最大限度删减半导体器件(二极管、晶体管、场效晶体管)内部物理过程的叙述,着重介绍其外部伏安特性、模型和主要参数。其次对于具体电路尽量简化相关数学分析的推导过程,把重点放在基本概念的叙述和应用上(比如频率响应、滤波电路等)。

3. 在体系安排上,尽量做到衔接合理、深浅适度,符合循序渐进和启发性的原则。电子技术基础是一门入门性质的专业基础课,学生在学习过程中会感到"入门难"的问题。因此,应做到既避免深奥的理论推导,又保证基本理论的阐述,使教材内容既简明又不浓缩,重点突出,条理清楚。在文字叙述上,力求做到浅显易懂。例如在第 3 章中,先由多级放大电路展开问题,然后引入差分放大电路和功率放大电路,最后组合成集成运算放大器。

4. 电路分析计算强调工程近似方法。电子技术基础又是一门技术性的专业基础课,工程性、实践性都很强。因此在保证基本概念、基本原理和基本分析方法的前提下,注意强调电路的结构和元器件的作用,电路的计算采用工程估算方法——模型理想化,计算合理近似化。

5. 对于集成电路,将其作为一个器件,淡化其内部电路的叙述,强化其外部特性、参数和功能的介绍,着眼于应用能力的培养。例如第 5 章集成运算放大器的应用、第 9 章组合逻辑电路和第 10 章时序逻辑电路都注重集成芯片的应用。

6. 注重例题、习题与正文的配合。每章附有小结,既便于教师教学,又便于学生自学。

本教材包括如下主要内容。

1. 常用晶体管组成的三种组态放大电路的工作原理及其两种常用分析方法;多级放大电路的动态分析和频率特性。

2. 由直接耦合多级放大电路的特殊问题展开,引入差分放大电路和功率放大电路,组合而成集成运算放大器。

3. 常用负反馈放大电路的四种组态及深度负反馈放大电路的近似计算方法和负反馈对放大电路性能的影响。

4. 集成运算放大器的线性应用和非线性应用:信号运算电路、信号处理电路和波形产生电路等。

5. TTL 和 CMOS 集成逻辑门电路及化简逻辑函数的代数法和卡诺图法。

6. 组合逻辑电路和时序逻辑电路的一般分析方法和设计方法,常用的典型中规模集成逻辑功能器件及其应用。

7. 数字系统和计算机系统中不可缺少的接口电路:D/A 转换器和 A/D 转换器。

8. 用具体实例详细介绍了数字系统的设计过程和实现方法。

参加本书修订和编写工作的有文亚凤(绪论、第 6、7、13 章,第 10 章的时序逻辑电路的基本概念、时序逻辑电路的分析与设计、计数器、寄存器,常用符号说明,附录)、孙淑艳(第 1、3、11章)、刘向军(第 2、12 章,第 10 章的触发器)、刘春颖(第 4、9 章,第 10 章的脉冲波形的产生与整形)、王赟(第 6、8 章)。本书由张瑞华任主编,参与各章的修订,负责全书的统稿和定稿;文亚凤和王赟任副主编。文亚凤负责全书的策划与组织,协助主编做了大量认真而细致的工作,并亲自绘制了大量插图,打印了很多数学公式。王赟负责全书的习题与参考答案的整理工作。

本书由北京工业大学虞光楣教授担任主审,他在百忙之中对书稿进行了认真负责的审阅,提出了不少宝贵意见,我们谨向他表示衷心的感谢。

我们对在本书编写和出版过程中给予热情帮助和支持的同志们表示深切的谢意。

我们衷心希望读者对本书存在的不足和错误之处,提出建议和指正。E-mail:wyf@ncepu.edu.cn。

编　者

2013 年 7 月于北京华北电力大学

常用符号说明

一、几点原则

1. 电流和电压（以基极电流为例，其他电流、电压可类比）

$I_B(I_{BQ})$	大写字母、大写下标，表示直流量（或静态电流）
i_B	小写字母、大写下标，表示交、直流量的瞬时总量
I_b	大写字母、小写下标，表示交流有效值
i_b	小写字母、小写下标，表示交流瞬时值
$\dot{I}_b$	大写字母并上加小黑点，小写下标，表示交流复数值
Δi_B	表示瞬时总值的变化量

2. 电阻

R	电路中的电阻或等效电阻
r	器件内部的等效电阻

二、基本符号

1. 电流和电压

I、i	电流的通用符号
U、u	电压的通用符号
i_I、u_I	输入电流、输入电压
i_O、u_O	输出电流、输出电压
i_S、u_S	信号源电流、信号源电压
i_F、u_F	反馈电流、反馈电压
I_Q、U_Q	电流、电压静态值
I_{REF}、U_{REF}	参考电流、参考电压
u_{Ic}、Δu_{Ic}	共模输入电压、共模输入电压增量
u_{Id}、Δu_{Id}	差模输入电压、差模输入电压增量
i_P、u_P	集成运算放大器同相输入端的电流、电位
i_N、u_N	集成运算放大器反相输入端的电流、电位
U_T	电压比较器的阈值电压
U_{OH}、U_{OL}	电压比较器的输出高电平、输出低电平
V_{BB}、V_{CC}、V_{EE}	基极、集电极、发射极回路电源

I

| V_{DD}、V_{SS} | 漏极、源极回路电源 |

2. 电阻

R	电阻通用符号
R_b、R_c、R_e	晶体管外接的基极电阻、集电极电阻、发射极电阻
R_g、R_d、R_s	场效晶体管外接的栅极电阻、漏极电阻、源极电阻
R_i、R_{if}	放大电路的输入电阻、负反馈放大电路的输入电阻
R_o、R_{of}	放大电路的输出电阻、负反馈放大电路的输出电阻
R_L	负载电阻
R_s	信号源内阻

3. 放大倍数(增益)

A	放大倍数(增益)的通用符号
A_c	共模电压放大倍数
A_d	差模电压放大倍数
$\dot{A}_u$	电压放大倍数的通用符号,$\dot{A}_u = \dot{U}_o / \dot{U}_i$
$\dot{A}_{us}$	源电压放大倍数的通用符号,$\dot{A}_{us} = \dot{U}_o / \dot{U}_s$
$\dot{A}_{uu}$	电压放大倍数的符号,第一个下标为输出量,第二个下标为输入量,$\dot{A}_{ui}$、$\dot{A}_{ii}$、$\dot{A}_{iu}$ 以此类推;分别称为互阻放大倍数、电流放大倍数、互导放大倍数
$\dot{A}_{up}$	有源滤波电路的通带放大倍数
$\dot{F}$	反馈系数的通用符号
$\dot{F}_{uu}$	反馈系数,$\dot{F}_{uu} = \dot{U}_f / \dot{U}_o$,第一个下标为反馈量,第二个下标为输出量,$\dot{F}_{ui}$、$\dot{F}_{ii}$、$\dot{F}_{iu}$ 以此类推

4. 功率

P	功率的通用符号
p	瞬时功率
P_o	输出交流功率
P_{om}	最大输出交流功率
P_T	晶体管的耗散功率
P_V	电源消耗的功率

5. 频率

f	频率的通用符号
ω	角频率的通用符号
f_{bw}	通频带
f_H、f_L	放大电路的上限截止频率、下限截止频率
f_P	滤波电路的通带截止频率

三、器件的参数符号

1. 二极管

D	二极管的通用符号
D_Z	硅稳压二极管的通用符号
U_{on}	二极管的开启电压

U_{D}	二极管的导通电压(正向压降)
$U_{(\mathrm{BR})}$	二极管的反向击穿电压
I_{D}	二极管的电流
I_{F}	二极管的最大整流平均电流
I_{R}、I_{S}	二极管的反向电流、反向饱和电流
r_{d}	二极管导通时的动态电阻
r_{Z}	稳压管工作在稳压状态下的动态电阻

2. 晶体管

T	晶体管的通用符号
b、c、e	基极、集电极、发射极
I_{CBO}	集电极-基极反向饱和电流
I_{CEO}	集电极-发射极反向饱和电流(穿透电流)
$U_{(\mathrm{BR})\mathrm{CEO}}$	集电极-发射极反向击穿电压
I_{CM}	集电极最大允许电流
P_{CM}	集电极最大允许耗散功率
I_{BS}	基极临界饱和电流
I_{CS}	集电极饱和电流
U_{CES}	晶体管的饱和压降
α	晶体管的共基极交流电流放大系数
β	晶体管的共发射极交流电流放大系数

3. 场效晶体管

T	场效晶体管的通用符号
T_{N}	N 沟道 MOS 场效晶体管
T_{P}	P 沟道 MOS 场效晶体管
d、g、s	漏极、栅极、源极
g_{m}	低频跨导
$U_{\mathrm{GS(off)}}$ 或 U_{P}	耗尽型场效晶体管的夹断电压
$U_{\mathrm{GS(th)}}$ 或 U_{T}	增强型场效晶体管的开启电压
I_{DO}	增强型 MOS 管在 $U_{\mathrm{GS}} = 2U_{\mathrm{GS(th)}}$ 时的漏极电流
r_{ds}	漏极-源极间的动态电阻

4. 集成运算放大器

A	集成运算放大器的通用符号
A_{od}	开环差模电压放大倍数
r_{id}	差模输入电阻
r_{o}	输出电阻
K_{CMR}	共模抑制比
I_{IB}	输入偏置电流
I_{IO}	输入失调电流
U_{IO}	输入失调电压

SR	转换速率

四、其他符号

X	电抗的通用符号
G	电导的通用符号
C	电容的通用符号
L	电感的通用符号
K	热力学温度的单位
Q	静态工作点
T	温度,周期
η	功率放大电路的效率
τ	时间常数
φ	相位角

五、数字电路部分的常用符号

BCD	二-十进制码
×	任意态,无关项
G	逻辑门的通用符号
FF	触发器的通用符号
R_D	触发器的直接置 0 端
S_D	触发器的直接置 1 端
CP	触发器的时钟脉冲输入端
⊓ ⊔	正边沿触发信号、负边沿触发信号
J、K	JK 触发器的输入端
D	D 触发器的输入端,数据,数据输入
D_{SR}	移位寄存器的右移串行输入
D_{SL}	移位寄存器的左移串行输入
Q	触发器的输出端
Q^n、Q^{n+1}	触发器的现态、触发器的次态
CS	片选信号输入
EN	使能控制端
CR	清零控制端
LD	预置数控制端
t_P	脉冲宽度
q	脉冲波形的占空比 $q = t_P / T$
t_{pd}	传输延迟时间
U_{NH}、U_{NL}	高电平噪声容限电压、低电平噪声容限电压
U_{OH}、U_{OL}	输出高电平时的电压、输出低电平时的电压
U_{SH}、U_{SL}	标准高电平、标准低电平
N_I、N_O	扇入系数、扇出系数

六、电力电子电路的常用符号

T	SCR、GTR、VMOS、IGBT 等三端有源器件的通用符号
A、K、G	晶闸管的阳极 A、阴极 K 和门极（控制极）G
G、C、E	绝缘栅双极型晶体管的栅极 G、集电极 C 和发射极 E
$I_{T(AV)}$	晶闸管的通态平均电流
I_H	晶闸管的维持电流
α	晶闸管的控制角或触发延迟角
θ	晶闸管的导通角
u_G	SCR 的门极触发电压、IGBT 的栅极信号电压
u_R	载波电压
u_C	信号波电压
T_{on}	SCR、GTR、VMOS、IGBT 的开通时间
T_{off}	SCR、GTR、VMOS、IGBT 的阻断时间
PWM	脉冲宽度调制

目录

第 2 章　晶体管和场效晶体管放大电路　　　　/56

第 5 章　集成运算放大器的应用　　　　　　　　　　/213

第8章　逻辑代数和逻辑门电路　　　　　　　　　　　　　　　　/334

第 9 章　组合逻辑电路　　　　　　　　　　　　　　　/405

第 12 章　数模和模数转换器　　　　　　/566

第 13 章　数字系统设计基础　　　　　　/596

附录 /608

参考文献 /615

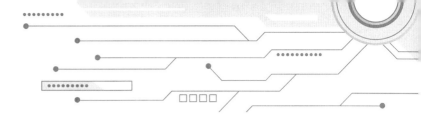

绪论

电子技术的飞速发展把人类带进了一个奇妙的世界,它的应用已渗透到人们的生产和生活等各个领域,使这个时代到处充满了电子气息。

0.1　电子技术的发展概况

电子器件的发展对电子技术的发展起着决定性作用。因此可以说,没有电子器件的发展史也就没有电子技术的发展史。

1904 年出现了电子管,它能在真空中对电子流进行控制,从此开始,电子技术成了一门新兴的科学。电子技术的许多成就,如电视机、计算机等的发明都与电子管密不可分。

1947 年美国著名的贝尔实验室发明了晶体管,它是一种全新的固态半导体器件,具有体积小、重量轻、功耗低及寿命长等突出优点,晶体管的发明使得电子技术的发展登上了一个新台阶,并在工业自动化、通信、计算机等领域获得了广泛应用。

1957 年美国通用电气公司研制出第一只晶闸管,它标志着电力电子技术的诞生。晶闸管的出现,使半导体器件从弱电领域进入了强电领域。晶闸管具有的优越电气性能和控制性能,使电子技术在钢铁工业、铁道电气、电力工业等领域大有用武之地。

1959 年美国德州仪器公司把晶体管、电阻、电容和电路的连接线都集成在一块硅片上,构成一个基本完整的单片式功能电路,集成电路(integrated circuit,简称 IC)从此诞生了。集成电路的发明使电子技术进入了微电子技术时代,并使电子技术的发展产生了一个新的飞跃。由于集成电路具有成本低、尺寸小、功耗低、可靠性高等优点,故为电子设备和计算机向微型化和智能化方向发展开辟了道路。

集成电路的发展经历了小规模、中规模、大规模和超大规模等不同阶段。第一块集成电路上只有四只晶体管,而目前的集成电路已经可以在一片硅片上集成几千万只,甚至上亿只晶体管。今后几十年内,单片可集成的晶体管数目预计将以每 14 个月翻一番的速度递增。

目前,集成电路仍在高速发展。系统级芯片已经能将整个系统集成在单个芯片上,完成系统的功能。系统级芯片的出现,使集成电路逐步向集成系统的方向发展。

0.2 电子技术的两大分支及相关概念

电子技术包括信息电子技术和电力电子技术两大分支。信息电子技术主要用于对信息的处理,如我们熟悉的扩音器就是一种对语音信号进行放大的电路,人的声音通过话筒转变为微弱的电信号,然后送到扩音器中去放大,最后使扬声器发出洪亮的声音。而电力电子技术则主要用于对电能的变换和控制,如蓄电池、太阳能电池等都是直流电源,当需要用这些电源向交流负载(如交流电机)供电时,就需要利用电能变换(逆变)电路把直流电转变成交流电。由此可见,信息电子技术和电力电子技术有着本质上的不同。

信息电子技术由模拟电子技术和数字电子技术两部分构成,两者的区别在于所处理和传输的信号不同。在电子电路中,处理和传输的信号分为模拟信号和数字信号两类。模拟信号如图 0.2.1(a)所示,它在时间和数值上都是连续变化的,例如用热电偶测量温度时,由热电偶得到的与被测温度成正比的电压信号就是一个模拟信号。因为在任何时刻被测温度均不会发生突变,所以由热电偶得到的必然是一个在时间和数值上都作连续变化的模拟信号。处理和传输模拟信号的电子电路称为模拟电路。数字信号如图 0.2.1(b)所示,它们在时间和数值上都是不连续的,即所谓离散的,如自动计数的生产线,每来一件产品,就发出一个脉冲,计数器就自动进行加 1 的计数。处理和传输数字信号的电子电路称为数字电路。

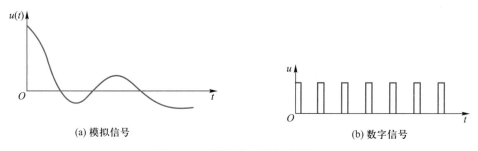

(a) 模拟信号　　　　　　　　　　(b) 数字信号

图 0.2.1　模拟信号和数字信号

电力电子技术是以电力电子器件为工具,通过弱电对强电的控制,以实现电能变换与控制的技术。电力电子技术的应用范围十分广泛,它不仅应用于一般工业领域,也广泛应用于交通运输、电力系统、通信系统和新能源系统等领域,在照明、空调等家用电器及其他领域中也有着广泛的应用。

本书所讨论的内容主要为信息电子技术,对电力电子技术仅做简要介绍。

0.3 电子系统的组成

所谓电子系统,是指由一些基本电路组成的、能完成某一特定功能的复杂电子电路。图 0.3.1 所示为电子系统的示意图。它由"信号的传感检测""信号的预处理""信号的加工""信号的驱动与执行"以及"电源"等部分组成。现对各部分的作用简述如下。

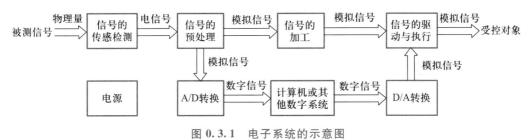

图 0.3.1 电子系统的示意图

1. 信号的传感检测

通常电子系统的输入信号来自各种传感器,它们将不同的物理量(如声音、温度、压力、流量等)转换成相应的电信号。

2. 信号的预处理

由于传感器所提供的电信号不仅幅值很小,而且还可能混入干扰和噪声,因此,系统还应对传感器提供的电信号进行预处理,以将有用信号分离出来;然后将所得的有用信号进行放大处理,使有用信号在幅度等方面比较适合做进一步的分析或处理。

3. 信号的加工

对放大了的有用信号再进行变换、运算、传输等加工。有的系统,直接将模拟信号进行加工处理,但大部分现代电子系统都是先将预处理后所得的模拟信号用 A/D 转换器转换为数字信号,经计算机或其他数字系统处理后,再将数字信号用 D/A 转换器转换为模拟信号,最后去驱动负载。数字化处理有许多优点,如抗干扰能力强、容易集成等。

4. 信号的驱动与执行

为了驱动执行机构(即受控对象),系统还要对信号进行功率放大。

5. 电源

为系统中各部分电路提供所需的直流电源,是任何电子系统中必不可少的组成部分。

下面以测量电机转速的数字测速系统为例来说明具体电子系统的组成。图 0.3.2 是测量电机转速的数字测速系统的原理示意图,测量的结果直接以十进制数字显示出来。该系统工作时的波形如图 0.3.3 所示。

电机每旋转一周,白炽灯发出的光线就透过电机轴上圆盘的小孔照射一次光电管(光电管是把光信号转换为电信号的器件),光电管每秒钟发出的信号个数就反映电机的转速。光

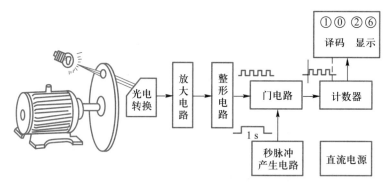

图 0.3.2 测量电机转速的数字测速系统的原理示意图

电管发出的电信号是较微弱的[如图 0.3.3(a)所示]，应通过放大电路把有用信号加以放大。经过放大后得到的脉冲还不能直接用来测量，因为它们的幅度和宽度很不均匀，还必须经过整形电路加以整形，以获得幅度和宽度都比较一致的矩形波[如图 0.3.3(c)所示]。

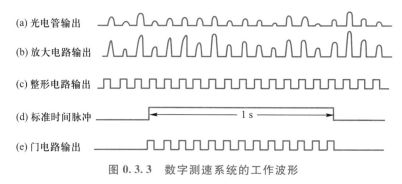

图 0.3.3 数字测速系统的工作波形

为了测量转速，还需要有一个时间标准，如以秒为单位，把一秒钟内的脉冲个数记录下来，便可测出电机每秒钟的转速。这个标准时间由秒脉冲发生器产生，是一个宽度为 1 s 的矩形脉冲，如图 0.3.3(d)所示。利用这个标准时间脉冲去控制一个门电路，让它打开 1 s。在这 1 s 的时间内，整形电路输出的脉冲可以通过门电路进入计数器，然后再由二-十进制显示译码器显示出十进制数，这就是电机的转速。

0.4 电子电路的计算机辅助分析和仿真软件介绍

传统的电子电路与系统设计方法周期长、耗材多、效率低，难以满足电子技术飞速发展的要求。随着计算机技术的迅速发展，建立在计算机辅助设计(computer aided design，简称 CAD)基础上的电子设计自动化(electronic design automation，简称 EDA)技术，已经成为电子学领域中的一门重要学科。

EDA 技术是以计算机为工作平台，融合应用电子技术、计算机技术、信息处理及智能化技术的最新成果,进行电子产品的自动设计。EDA 技术的出现,改变了传统的电子电路与系统以定量估算和电路实验为基础的电路设计方法,可使电子电路和电子系统的设计实现软件化,极大地提高了电路设计的效率和可操作性,减轻了劳动强度,是电子设计领域的一场革命。

EDA 技术是 20 世纪 70 年代开始发展起来的,1972 年美国加利福尼亚大学伯克利分校首先研发成功 SPICE(Simulation Program with Integrated Circuit Emphasis)软件,并在 1975 年推出了实用化版本。此后,各种以 SPICE 为核心的商用仿真软件不断涌现,其中以 PSPICE 和 Electronics Workbench EDA(简称 EWB)最为常用。

PSPICE 是 1984 年美国 MicroSim 公司首次推出的 EDA 软件,也是当今世界上著名的电路仿真标准工具之一。它是由 SPICE 发展而来的面向 PC 机的通用电路模拟分析软件。PSPICE 软件具有强大的电路图绘制功能、电路模拟仿真功能、图形后处理功能和元器件符号制作功能,以图形方式输入,自动进行电路检查,生成网表,模拟和计算电路。最新推出的 PSPICE9.1 版本,可以进行各种各样的电路仿真、激励建立、温度与噪声分析、模拟控制、波形输出、数据输出、并在同一窗口内同时显示模拟与数字的仿真结果。无论对哪种器件、哪些电路进行仿真,都可以得到精确的仿真结果,并可以自行建立元器件及元器件库。

EWB 是基于 PC 平台的电子设计软件,它创造了全新的设计环境,把电路原理图的输入、仿真和分析紧密地结合了起来,并支持模拟和数字混合电路的分析和设计。软件以图形界面为主,采用菜单、工具栏和热键相结合的方式,具有一般 Windows 应用软件的界面风格,用户可以根据自己的习惯和熟悉程度自如地使用。Multisim12 是 2012 年美国 NI 公司(美国国家仪器公司)推出的版本比较新的一款 EWB 软件,因其具有直观的图形界面、丰富的元器件库及测试仪器仪表、完备的分析手段、强大的仿真能力以及完美的兼容能力而被广泛使用。其主要用于对各种电路进行全面的仿真分析和设计,当需要改变电路参数和电路结构时,可以通过仿真清楚地观察到各种变化对电路性能的影响;具有丰富的仿真分析能力,可以方便地把理论知识用 Multisim 真实地再现出来,很好地解决了理论教学与实际动手实验相脱节这一难题。

本书第 13 章将借助于 Multisim 仿真软件进行数字系统的实例设计。

0.5 电子技术基础课程的特点和学习方法

电子技术基础课程是一门入门性质的技术基础课,目的是使学生初步掌握电子电路的基本理论、基本知识和基本技能。本课程与普通基础课程(大学物理、电路等)相比,更接近工程实际。因此,在学习时要更加注重物理概念,并树立工程观点。电子技术基础又是一门实践性很强的课程,学习该课程时应重视理论与实践相结合。

本课程内容比较庞杂,并且基本概念多、电路种类多,课程的难点都集中在前几章,初学者都会有"入门难"的感觉。要解决"入门难"的问题,必须特别注重对基本概念的理解,熟练掌握典型电路的结构和基本分析方法。

电子电路中包含的电子器件是非线性的,同时,在电子电路的分析和设计中会遇到很多实际问题,所以精确的分析和计算非常困难。因此,需要学会从工程的角度思考和处理问题,根据实际情况,对器件的数学模型和电路的工作条件进行合理的近似,以便既采用简便的分析方法又能获得具有实际意义的结果。

实用的电子电路几乎都要通过调试才能达到预期的指标,实践环节在电子技术基础课程中占有相当重要的地位。只有通过实验才能掌握常用电子仪器的使用方法、电子电路的测试方法、故障的判断和排除方法以及计算机辅助分析和设计方法。这样,才能使理论与实践紧密结合,才能更好地培养发现问题、分析问题和解决问题的能力。所以初学者必须十分重视与该课程相配套的实验。

第1章

常用半导体器件

 引言

> 半导体器件是现代电子技术的重要组成部分,它们都是用半导体材料制成的。本章先从半导体的基本知识谈起,接着讨论二极管、晶体管以及场效晶体管的结构、工作原理、特性曲线和主要参数,为后续各章的讨论提供必要的基础知识。

1.1 半导体的基本知识

半导体的基本知识是本课程的一大难点,掌握好这一内容,能较好地解决本课程的"入门难"的问题。学习本节内容时应掌握好以下一些要点:(1) 空穴的概念及自由电子-空穴对的产生和复合;(2) N 型半导体和 P 型半导体的形成及它们的特点;(3) PN 结形成过程中多数载流子的扩散和复合以及内电场的作用;(4) 要使 PN 结具有单向导电性的内因和外因。深刻理解自由电子-空穴对的产生和复合、载流子的扩散运动和漂移运动,以及外电场和内电场这三对矛盾体的对立和统一,有助于深刻理解 PN 结的形成和 PN 结的单向导电作用。

自然界中的各种物质,根据它们导电能力的不同,可以分为导体、绝缘体和半导体。导体具有良好的导电能力,如金、银、铜、铝等。绝缘体的导电能力极差,如塑料、橡胶、陶瓷及云母等。半导体的导电能力介于导体与绝缘体之间。它既不像导体那样很容易导电,又不像绝缘体那样很难导电。

制造电子器件的常用半导体材料有:元素半导体,如硅(Si)、锗(Ge)等;化合物半导体,如砷化镓(GaAs)等。其中,硅是目前最常用的一种半导体材料。

半导体材料之所以能用来制造各种半导体器件,并不是因为它的导电能力介于导体和绝缘体之间,而是因为:① 在纯净的半导体中掺入微量的杂质,能使它的导电能力显著增强,例如,纯硅中掺入百分之一的硼后,硅的电阻率就从大约 $2 \times 10^3 \ \Omega \cdot m$ 减小到 $4 \times 10^{-3} \ \Omega \cdot m$ 左右;② 当半导体受到外界光和热的刺激时,也会使它的导电能力发生显著的变化。为了理解掺杂、光照和热刺激对半导体导电能力的影响,必须了解半导体的内部结构。

1.1.1　硅和锗的原子结构

一、可将硅和锗原子简化成正离子核和价电子两部分

半导体硅和锗,与其他一切物质一样,也是由原子构成的,它们原子结构的平面示意图如图 1.1.1 所示。由图 1.1.1(a)可知,一个硅原子是由 1 个带正电的原子核和围绕它旋转的 14 个带负电的电子组成的,14 个电子分布在三层轨道上,最内层为 2 个,第二层为 8 个,最外层为 4 个。硅原子核带 14 个电子电量的正电。

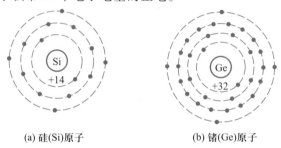

(a) 硅(Si)原子　　　　　　　　(b) 锗(Ge)原子

图 1.1.1　硅和锗原子结构的平面示意图

在正常情况下,原子核的正电荷与所有电子的负电荷相等,整个硅原子呈电中性。在硅原子中,最外层轨道上的 4 个电子离原子核较远,它们受原子核的束缚力较小,在受到光照和热刺激时很容易成为自由电子。我们把原子最外层的电子称为价电子。由于硅原子有四个价电子,所以硅是 4 价元素。

在硅原子中,内层的 10 个电子离原子核较近,它们受原子核正电荷的吸引力较大,不易摆脱原子核的束缚而成为自由电子。我们可以把内层的 10 个电子和原子核一起,看成是一个比较稳定的整体,称为正离子核或惯性核。这样,就可以把一个硅原子简化成正离子核和价电子两部分,如图 1.1.2(a)所示,其习惯画法如图 1.1.2(b)所示。正离子核带 4 个电子电量的正电,在图 1.1.2(b)中,用标有"+4"的圆圈表示。

对如图 1.1.1(b)所示的锗原子也可作同样处理,把它内层的 28 个电子和原子核视为一个稳定的整体,由此形成的正离子核也带 4 个电子电量的正电,最外层也是 4 个价电子,锗也是 4 价元素。锗原子的习惯画法与图 1.1.2(b)相同。

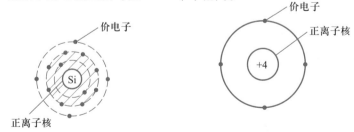

(a) 将硅原子简化成正离子核和价电子两部分　　　　(b) 硅和锗原子的习惯画法

图 1.1.2　硅和锗原子结构的简化

二、硅和锗原子的共价键结构

通过一定的工艺过程,可将半导体材料硅和锗制成单晶体,这时原子排列得非常整齐,各原子之间的距离是相等的,原子在空间形成规则的晶体点阵,称为晶格。在晶格中,每个原子都处在正四面体的中心,其他 4 个原子位于四面体的顶点,如图 1.1.3(a) 所示。硅和锗单晶体的平面示意图如图 1.1.3(b) 所示。

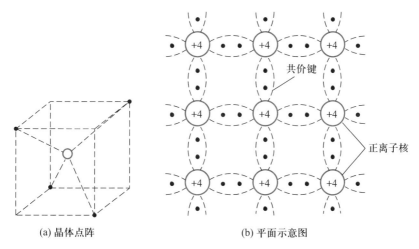

(a) 晶体点阵   (b) 平面示意图

图 1.1.3   硅和锗的晶体结构

由原子理论可知,当原子最外层的电子数为 8 个时,其结构是比较稳定的。硅或锗制成单晶体后,为保证原子结构比较稳定,相邻的每两个原子共有一对价电子,使每个原子最外层的电子数凑够 8 个。在硅或锗单晶体中,相邻的每两个原子共有的一对价电子,称为电子对。由于单晶体中原子之间靠得很近,每个原子的价电子不仅受自身原子核的束缚,而且还受周围相邻的 4 个原子核吸引。电子对中的任何一个价电子,一方面围绕自身的原子核旋转,另一方面也时常出现在相邻原子所属的轨道上,价电子的这种组合方式称为共价键结构。共价键中的价电子称为束缚电子。

1.1.2   本征半导体

一、什么是本征半导体

制造半导体器件的硅和锗,必须制成单晶体,其纯度要达到 99.999 999 9%以上。单晶体不但纯度高,而且在晶格结构上是没有缺陷的,用这样的单晶体才能制造出高质量的半导体器件。

本征半导体是一种几乎不含杂质的、无晶格缺陷的半导体。只有认识了本征半导体,才能理解掺杂、光照和热刺激对半导体导电性能的巨大影响。

二、自由电子-空穴对的产生

在本征半导体中,在热力学温度 $T=0$ K($-273.15℃$)时,束缚电子被共价键牢固地束缚着,没有自由电子产生,本征半导体相当于绝缘体。

在本征半导体中,由于是依靠共价键结构才保证每个原子最外层的电子数凑够了 8 个,所以它的价电子所受的束缚力就不像绝缘体那么大,在室温下,会有极少数的束缚电子可获得足够的能量,挣脱共价键的束缚成为自由电子,这个过程称为本征激发。当束缚电子挣脱共价键的束缚成为自由电子后,在原来共价键的位置上会留下一个"空位",这个"空位"称为空穴。呈现电中性的原子因失去一个价电子而带正电,因此,我们常把空穴看成是带正电的粒子。

在本征半导体中,自由电子和空穴总是成对出现的,如图 1.1.4 所示,有一个自由电子就必然出现一个空穴,故称它们为自由电子-空穴对。

空穴的出现是半导体区别于导体的一个重要特点。出现空穴的原子因带正电而成为正离子,可以把相邻原子共价键上的束缚电子吸引过来,填补这个空穴,而在相邻原子中产生另一个空穴,相当于原来的空穴移动到了另一个位置上。这个过程不断进行下去,就造成了束缚电子和空穴在本征半导体中的移动。在图 1.1.5 中,如在 A 处有一空穴,它吸引 B 处的束缚电子来填补它时,束缚电子就由 B 处移动到 A 处,空穴则由 A 处移动到 B 处。由图可以看出,空穴移动的方向总是和束缚电子移动的方向相反。由于可以把空穴看成是带正电的粒子,所以可以把空穴的移动理解为正电荷在移动。

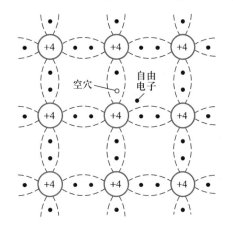 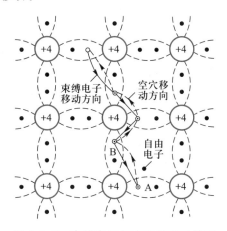

图 1.1.4　本征半导体中的自由电子-空穴对　　　图 1.1.5　束缚电子与空穴的移动情况

必须强调,空穴的移动方式和自由电子的移动方式有着本质的区别。自由电子能在晶格中自由运动,而空穴的移动则是正离子吸引邻近原子共价键上的价电子造成的,即造成空穴移动的价电子只能从一种束缚状态移动到另一种束缚状态。

在半导体中,常把可以运动的带电粒子称为载流子,它们在电场的作用下作定向运动,便可形成电流。在本征激发的情况下,本征半导体中出现了两种不同的载流子:带负电的自由电子和带正电的空穴,而且两种载流子的数量总是相等的。

三、自由电子-空穴对的复合

在室温下,自由电子和空穴都在不停地运动着。当自由电子运动到共价键上的空穴处时,自由电子和空穴就会重新结合,使自由电子和空穴都消失,这个过程称为自由电子-空穴对的复合。所以,在本征半导体中,不断进行着两种相反的过程:自由电子-空穴对的不断产生和不断复合。在一定温度下,这种过程最终会进入动态平衡状态,使自由电子-空穴对保持一定的数量。

四、本征半导体的导电情况

如果在本征半导体的两端外加一个电场,半导体中的载流子将做定向运动,从而形成半导体中的电流。其中,自由电子逆着电场的方向运动形成电子电流 I_n,因为自由电子带负电,所以 I_n 的实际方向与自由电子的运动方向相反;空穴顺着电场的方向运动形成空穴电流 I_p,因为空穴带正电,所以 I_p 的实际方向就是空穴的运动方向。因此,本征半导体中的总电流 I 是这两股电流的叠加,即

$$I = I_n + I_p \tag{1.1.1}$$

由于在室温下产生的自由电子-空穴对的数量是很少的,故本征半导体电路中的电流是很小的,因此,本征半导体的导电能力比导体差得多。

1.1.3 杂质半导体

本征半导体的导电能力很差,用处不大。如果在本征半导体中,人为掺入少量的其他元素(称为杂质),就可显著提高半导体的导电能力。掺入杂质的半导体称为杂质半导体。根据掺杂元素的不同,杂质半导体分为电子(N)型半导体和空穴(P)型半导体两大类。

一、N型半导体

如果在本征半导体中掺入少量的五价元素磷、砷、锑等,如图1.1.6(a)所示,当五价元素的原子取代晶格中的硅(或锗)原子组成共价键时,还多余一个价电子,这个价电子不受共价键的束缚,在室温下即可获得足够的能量,成为自由电子。这样,在掺入五价元素的半导体中,每掺入一个杂质元素的原子,就给半导体提供一个自由电子,从而大大增加了自由电子的浓度。提供自由电子的杂质原子称为施主原子,它在失去一个价电子后成为正离子,不能移动,无法参与导电。

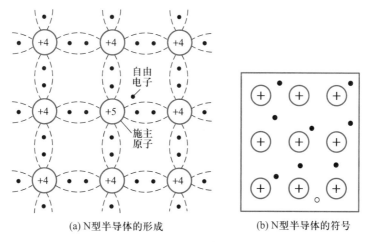

(a) N型半导体的形成　　　　(b) N型半导体的符号

图 1.1.6　N型半导体

在杂质半导体中,还存在本征激发,能产生少量的自由电子-空穴对。但是,由于掺入的五价杂质会产生大量的自由电子,大大增加了空穴被复合的机会,因此,在这种杂质半导体中,空穴的浓度要比本征半导体中低得多。

由此可见,在掺入五价元素的杂质半导体中,自由电子的浓度远大于空穴的浓度,它主要靠自由电子导电,所以称这种半导体为电子型半导体,简称 N 型半导体。在 N 型半导体中,自由电子为多数载流子,简称多子;空穴为少数载流子,简称少子。

在 N 型半导体中,虽然自由电子占多数,但由于施主正离子的存在,正、负电荷保持平衡,所以 N 型半导体仍然呈电中性。

在 N 型半导体中,施主原子在失去一个价电子后成为正离子。为突出 N 型半导体的主要特点,常将 N 型半导体用图 1.1.6(b)所示的符号表示。图中,以"·"表示 N 型半导体中的多数载流子是自由电子,以带"+"号的圆圈表示施主正离子。

二、P 型半导体

如果在本征半导体中掺入少量三价元素硼、铝、铟等,如图 1.1.7(a)所示,当三价元素的原子取代晶格中的硅(或锗)原子组成共价键时,剩下一个共价键因缺少一个价电子而产生一个空位(这个空位不是空穴,因为三价元素的原子仍呈电中性)。在室温或很小的能量激发时,邻近共价键内的价电子就能过来填补这个空位,从而在价电子原来所处的共价键位置上形成带正电的空穴。这样,在掺入三价元素的半导体中,每掺入一个杂质元素的原子,就给半导体提供一个空穴,从而大大增加了空穴的浓度。因为杂质原子能接受一个价电子成为不可移动的负离子,所以称为受主原子。

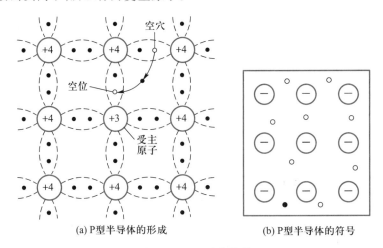

(a) P型半导体的形成　　　　　　　　(b) P型半导体的符号

图 1.1.7　P 型半导体

此外,由于本征激发会产生少量的自由电子-空穴对,但是,由于掺杂会产生大量的空穴,大大增加了自由电子被复合的机会。因此,在这种半导体中,自由电子的浓度要比本征半导体中的浓度低得多。

由此可见,在掺入三价元素的杂质半导体中,空穴的浓度远大于自由电子的浓度,它主要靠空穴导电,所以,称这种半导体为空穴型半导体,简称 P 型半导体。在 P 型半导体中,空穴为多数载流子,自由电子为少数载流子。

在 P 型半导体中,虽然空穴占多数,但由于受主负离子的存在,正、负电荷保持平衡,所以 P 型半导体也呈电中性。

在 P 型半导体中,受主原子在接受一个价电子后成为负离子。为突出 P 型半导体的主要特点,常将 P 型半导体用图 1.1.7(b)所示的符号表示。图中以"○"表示 P 型半导体中的多数载流子是空穴,以带"-"号的圆圈表示受主负离子。

综上所述可知,在本征半导体中掺入杂质后,多数载流子的数目会大大增加,从而使多数载流子与少数载流子的复合机会大大增加。因此,在杂质半导体中,多数载流子的浓度越高,少数载流子的浓度就越低。多数载流子的浓度主要取决于掺杂原子的浓度,受环境温度的影响很小,而少数载流子的浓度取决于本征激发,所以,尽管少数载流子的浓度很低,却对温度非常敏感,这将影响半导体器件性能的温度稳定性。

1.1.4 PN 结

在本征半导体中掺入不同杂质后形成的 P 型或 N 型半导体,虽然由于多数载流子数量的增加而大大提高了其导电能力,但是,单独的 P 型或 N 型半导体并不能用来制造各种类型的半导体器件。

如果采用不同的掺杂工艺,将 P 型半导体和 N 型半导体制作在同一块硅片上,则在两种不同类型半导体的交界面处就会形成一个具有特殊物理性质的薄层,称为 PN 结。PN 结是构成各种半导体器件的基础。

一、PN 结的形成

当 P 型半导体和 N 型半导体有机结合为一个整体时,在它们的交界处就会出现自由电子和空穴的浓度差:P 区内空穴很多,自由电子很少;N 区内自由电子很多,空穴很少。这样,由于载流子的浓度差,会在两种不同类型半导体的交界面处产生多数载流子的扩散运动(载流子要从浓度高的地方向浓度低的地方扩散)。P 区中的一些空穴要向 N 区扩散,N 区中的一些自由电子要向 P 区扩散,如图 1.1.8(a)所示。扩散到 N 区中的空穴要与自由电子复合,扩散到 P 区中的自由电子要与空穴复合。多数载流子扩散和复合的结果,破坏了交界面处 P 区和 N 区的电中性:在 P 区一侧,由于失去空穴,仅剩下由受主杂质形成的负离子区;在 N 区一侧,由于失去自由电子,仅剩下由施主杂质形成的正离子区。

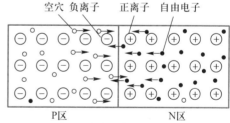

(a) P区与N区中多数载流子的扩散运动

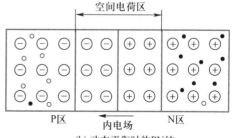

(b) 动态平衡时的PN结

图 1.1.8　PN 结的形成

　　半导体中的正、负离子是带电的,但不能移动,于是就在 P 区和 N 区的交界面处形成一个很薄的空间电荷区,这个空间电荷区就称为 PN 结,如图 1.1.8(b)所示。

　　在空间电荷区内,由于扩散进来的多数载流子已被复合掉了,即多数载流子已消耗尽了,所以又把空间电荷区称为耗尽区。由于空间电荷区内的载流子已消耗尽了,故耗尽区的电阻率是很高的。

　　空间电荷区一旦形成,就会产生一个电场,称为内电场,其方向由 N 区指向 P 区。这个内电场会阻止 P 区中的空穴向 N 区继续扩散,也会阻止 N 区中的自由电子向 P 区继续扩散,即内电场对多数载流子的扩散运动起阻挡作用。由于这个缘故,常把空间电荷区称为阻挡层。

　　在内电场的作用下,P 区中的少数载流子——自由电子和 N 区中的少数载流子——空穴很容易向对方运动。我们把少数载流子在内电场作用下产生的定向运动称为漂移运动,漂移运动的方向正好与扩散运动相反。可见,内电场对少数载流子的漂移运动起促进作用,内电场越强,少数载流子的漂移运动也越强。从 N 区漂移到 P 区的空穴补充了原来交界面处 P 区失去的部分空穴,而从 P 区漂移到 N 区的自由电子补充了原来交界面处 N 区失去的部分自由电子,因而使空间电荷减少。可见,漂移运动使空间电荷区变窄,其作用正好与扩散运动相反。

　　多数载流子的扩散运动和少数载流子的漂移运动是 PN 结中矛盾运动的两个方面。一开始,多数载流子的扩散运动占优势,随着扩散的进行,空间电荷区逐渐加宽,内电场逐渐增强,对多数载流子扩散运动的阻力逐渐增大;但是,少数载流子的漂移运动却逐渐增强,使空间电荷区逐渐变窄,内电场被削弱,又使扩散运动容易进行。当漂移运动和扩散运动相等时,达到动态平衡状态,空间电荷区的宽度就保持不变,如图 1.1.8(b)所示。在动态平衡状态下,扩散运动和漂移运动仍在继续进行,但是由于两者大小相等、方向相反,PN 结上流过的总电流为零。

　　当 P 区与 N 区的掺杂浓度相同时,在空间电荷区内,负离子区与正离子区的宽度相等,此时的 PN 结称为对称 PN 结;当 P 区与 N 区的掺杂浓度不同时,浓度高的区内的离子区宽度比浓度低的区内的离子区宽度窄,称为不对称 PN 结。

二、PN 结的单向导电性

　　以上讨论的是 PN 结没有外加电压时的工作情况,这时,在半导体内载流子的扩散运动和漂移运动处于动态平衡状态,这种情况下的 PN 结称为平衡 PN 结。当搞清楚了 PN 结的形成和 PN 结中载流子的矛盾运动规律以后,就可以来讨论 PN 结加上外加电压的工作情况了。

　　如果在 PN 结的两端通过外电路加上电压,就将破坏原来载流子运动的动态平衡状态。此时,扩散电流与漂移电流不再相等,因而 PN 结将有电流流过。当外加电压极性不同时,PN 结将表现出截然不同的导电性能。

　　1. PN 结外加正向电压时处于导通状态

　　如图 1.1.9(a)所示,通过电源 V 给 PN 结加电压 U,使 U 的正端接 P 区,负端接 N 区,这种接法称为 PN 结的正向接法,它使 PN 结处于正向偏置状态,简称正偏。这种外加电压称为正向电压。

外加正向电压会在 PN 结上产生一个外电场,其方向正好与内电场相反,它削弱了内电场,破坏了多数载流子的扩散运动与少数载流子的漂移运动间的动态平衡状态,使多数载流子的扩散运动超过少数载流子的漂移运动,有利于 P 区中的空穴和 N 区中的自由电子进一步向对方扩散。显然,这将使多数载流子形成的扩散电流大大超过少数载流子形成的漂移电流。此时,在 PN 结上有较大的正向电流 I 流过,PN 结便处于正向导通状态,PN 结呈现的电阻很低。在电路中,正向电流的方向从电源 V 的正极流出,再由 P 区流向 N 区,然后回到电源 V 的负极。

应该指出,外电场削弱内电场的过程,也是空间电荷区变窄的过程。因为在外电场的作用下,P 区中的空穴和 N 区中的自由电子都会有一部分被排斥到 PN 结附近去,分别抵消一部分负电荷和正电荷,使空间电荷量减少,空间电荷区就变窄。

2. PN 结外加反向电压时处于截止状态

如图 1.1.9(b)所示,通过电源 V 给 PN 结加一个相反极性的电压,即 U 的正端接 N 区,负端接 P 区,这种接法称为 PN 结的反向接法,它使 PN 结处于反向偏置状态,简称反偏。这种外加电压称为反向电压。

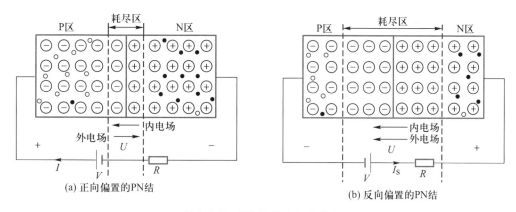

(a) 正向偏置的PN结　　　　(b) 反向偏置的PN结

图 1.1.9　PN 结的单向导电性

外加反向电压也会在 PN 结上产生一个外电场,但其方向与内电场相同,即外电场增强了内电场,使 PN 结上的电场加强,也破坏了多数载流子的扩散运动与少数载流子的漂移运动间的动态平衡状态,使少数载流子的漂移运动占优势,多数载流子的扩散运动则难以进行,PN 结上只流过由少数载流子形成的很小的漂移电流,称为 PN 结的反向电流 I_S。反向电流 I_S 的方向是从电源 V 的正极流出,再由 N 区流向 P 区,然后回到电源的负极。由于 PN 结外加反向电压时的反向电流很小,PN 结呈现高电阻,故常称 PN 结处于截止状态。

在 PN 结上外加反向电压来加强内电场的过程,也是空间电荷区变宽的过程。因为在外电场的作用下,P 区中的空穴和 N 区中的自由电子将向离开空间电荷区的方向移动。此时,在空间电荷区左边,由于移走了部分空穴,负电荷量增多;在空间电荷区右边,由于移走了部分自由电子,正电荷量增多。所以,PN 结外加反向电压会导致空间电荷区变宽。

由以上讨论可知,PN 结具有单向导电性:当 PN 结外加正向电压时,PN 结呈现低电阻,会有较大的正向电流 I 流过 PN 结,PN 结处于导通状态;当 PN 结外加反向电压时,PN 结呈现高电阻,仅有很小的反向电流 I_S 流过 PN 结,PN 结处于截止状态。

三、PN 结的电容效应

当外加在 PN 结上的电压发生变化时,空间电荷区的电荷量会随之变化,这说明 PN 结具有电容效应。PN 结的结电容的数值一般很小,故只有在信号频率较高时才要考虑结电容的影响。

关于 PN 结的电容效应,可进一步参阅拓展阅读 1.1 PN 结的电容效应。

拓展阅读 1.1
PN 结的电容效应

1.2　二极管及其基本应用电路

1.2.1　二极管

二极管主要是由一个 PN 结组成的。在 PN 结的两端接上电极引线,并用管壳封装起来,就制成了二极管。由 PN 结的 P 区引出的电极为阳极,由 N 区引出的电极为阴极。几种二极管的常见外形如图 1.2.1 所示。

一、二极管的结构

二极管按其结构的不同,可分为点接触型、面接触型和平面型三类,如图 1.2.2(a)(b)和(c)所示。二极管的符号如图 1.2.2(d)所示,符号中的箭头表示管子导通时正向电流的实际方向。

图 1.2.2(a)所示为点接触型二极管,它是由一根用金、银或钨丝做成的金属丝经过电形成工艺(在短时间内通过强大的

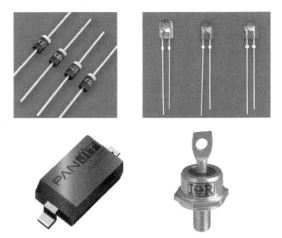

图 1.2.1　几种二极管的常见外形

电流)在金属丝与 N 型锗片的接触处形成一个 PN 结而制成的,和金属丝连接的引线为阳极引线,和 N 型锗片连接的引线为阴极引线。点接触型二极管的特点是 PN 结面积小,只能通过较小的电流,但其结电容小,高频性能好,故常用于高频电路和小电流的电路中。

图 1.2.2(b)所示为面接触型二极管,它是采用合金工艺制成的。面接触型二极管的 PN 结面积大,允许通过较大的电流,但其结电容较大,只能在较低频率下工作,常用于低频整流电路中。

图 1.2.2(c)所示为平面型二极管,它是采用扩散的方法制成的,往往用于集成电路制

造工艺中。其 PN 结面积可大可小,结面积较大的可用于低频大功率整流,结面积小的可作为脉冲数字电路中的开关管。

根据所用半导体材料的不同,二极管有硅二极管和锗二极管之分。

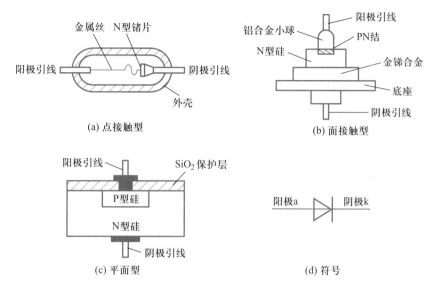

(a) 点接触型

(b) 面接触型

(c) 平面型

(d) 符号

图 1.2.2 二极管的结构与符号

二、二极管的伏安特性

二极管是由一个 PN 结构成的,PN 结具有单向导电性,所以二极管也具有单向导电性。二极管的这种单向导电性可以用它的伏安特性表达出来。

二极管的伏安特性表示的是二极管的阳极和阴极之间所加的电压与流过二极管的电流之间的关系曲线。二极管的伏安特性的近似表达式为

$$i_D = I_S\left(e^{\frac{u_D}{U_T}} - 1\right) \tag{1.2.1}$$

式(1.2.1)中,i_D 为流过二极管的电流;u_D 为加在二极管阳极和阴极之间的电压;I_S 为 PN 结的反向饱和电流;$U_T = kT/q$,为温度的电压当量,其中 k 为玻耳兹曼常数,T 为热力学温度,q 为一个电子的电量。在常温下,即 $T = 300$ K 时,$U_T = 26$ mV。

二极管的伏安特性曲线如图 1.2.3 所示。下面分正向特性、反向特性以及反向击穿特性三部分加以讨论。

1. 二极管的正向特性

正向特性是用来描述加在二极管阳极和阴极之间的正向电压与流过二极管的正向电流之间的关系曲线,其测试电路如图 1.2.4(a)所示。二极管的正向伏安特性曲线如图 1.2.3 中的①段所示。

现对二极管的正向特性作三点说明:① 在正向特性的起始部分有一个死区,即当正向电压较小

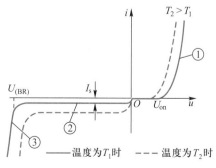

图 1.2.3 二极管的伏安特性曲线

时,外电场还不足以克服内电场对多数载流子扩散运动造成的阻力,正向电流极小,基本为零,二极管呈现的正向电阻很大。② 当正向电压超过某一个数值 U_{on} 后,由于外电场大大削弱了内电场,有利于多数载流子的扩散运动,正向电流就随正向电压的增加而很快增大,二极管正向导通,它的正向电阻变得很小。电压 U_{on} 称为二极管的开启电压(又称门槛电压)。硅二极管的 U_{on} 约为 0.5 V,锗二极管的 U_{on} 约为 0.1 V。③ 当二极管导通后,只要正向电流足够大,它的正向特性就较陡,二极管正向电压的变化就较小。二极管导通

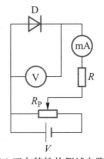 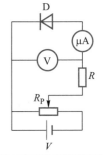

(a) 正向特性的测试电路　　(b) 反向特性的测试电路

图 1.2.4　二极管伏安特性的测试电路

后,加在阳极和阴极之间的正向电压称为正向压降,也称为二极管的导通电压(或二极管的管压降),记为 U_D。硅二极管的 U_D 为 0.6~0.8 V,锗二极管的 U_D 为 0.1~0.3 V。

2. 二极管的反向特性

反向特性是指加在二极管阳极和阴极之间的反向电压与流过二极管的反向电流之间的关系曲线,其测试电路如图 1.2.4(b)所示。二极管的反向伏安特性曲线如图 1.2.3 中的② 段所示。

当二极管加反向电压时,它产生的外电场与内电场一起阻止 P 区和 N 区中多数载流子的扩散运动,而对少数载流子的漂移运动则起促进作用,二极管只流过由少数载流子形成的很小的反向电流。

反向电流有两个特点:一是随温度上升而很快增大;二是当反向电压在一定范围内变化时,反向电流基本上不随反向电压的变化而变化,所以称其为反向饱和电流,记为 I_S。

锗二极管的反向电流比硅二极管的反向电流大得多。

3. 二极管的反向击穿特性

反向击穿特性是指当加在二极管阳极和阴极之间的反向电压超过一定数值后,使二极管进入反向击穿状态时,反向电压与流过二极管的反向电流之间的关系曲线。二极管的反向击穿特性曲线如图 1.2.3 中的③段所示。

由图 1.2.3 中的③段可以看出,当二极管外加的反向电压增大到一定数值 $U_{(BR)}$ 后,反向电流将急剧增大,这种现象称为二极管的反向击穿,$U_{(BR)}$ 称为二极管的反向击穿电压。

二极管产生反向击穿的原因是:外加强电场破坏了共价键,把价电子拉出来,使自由电子-空穴对的数量急剧增加;或是强电场引起自由电子和空穴与晶格中的原子碰撞,产生新的自由电子-空穴对,使载流子数量急剧增加。

4. 温度对二极管伏安特性的影响

如图 1.2.3 中的虚线所示,当环境温度升高时,将产生两个结果:① 正向特性曲线左移,使导通电压减小;② 反向特性曲线下移,由于少数载流子的增加,使反向电流增大。

测试结果表明:温度每升高 1℃,导通电压 U_D 约下降 2.0~2.5 mV;无论是硅二极管或锗

二极管,温度每升高 10℃ ,反向饱和电流 I_s 约增大一倍。

三、二极管的主要参数

二极管的寿命很长,但若使用不当,则可能会损坏。为了合理选择和正确使用二极管,保证它在电路中安全可靠地工作,必须掌握二极管的参数。二极管的主要参数有以下几个。

1. 最大整流电流 I_F

最大整流电流是指二极管长期工作时,允许通过的最大正向平均电流。使用二极管时,如管子的正向平均电流大于最大整流电流,将会把 PN 结烧坏,导致管子的损坏。

2. 最高反向工作电压 U_R

最高反向工作电压是指二极管允许施加的反向电压的最大值。二极管工作时,若所承受的反向电压值超过 U_R ,管子就有可能因反向击穿而失去单向导电性。为了留有余地,通常取反向击穿电压 $U_{(BR)}$ 的一半作为二极管的最高反向工作电压。

3. 反向电流 I_R

反向电流是指二极管未反向击穿时反向电流的数值。其值越小,二极管的单向导电性越好。在使用时应注意温度对反向电流的影响。

4. 直流电阻 R_D

直流电阻指的是加在二极管上的直流电压与流过二极管的直流电流之比。例如,当二极管工作于图 1.2.5(a)中的 Q 点时,它对应的直流电压和直流电流分别为 U_{DQ} 和 I_{DQ} ,则二极管在 Q 点的直流电阻 R_D 为

$$R_D = \frac{U_{DQ}}{I_{DQ}} \tag{1.2.2}$$

应该指出,二极管的直流电阻的大小是随工作点的变化而变化的,二极管的正向电阻为几十欧~几千欧,反向电阻则大于几十千欧~几百千欧。用万用表测得的是二极管的直流电阻。

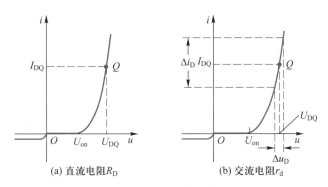

(a) 直流电阻 R_D (b) 交流电阻 r_d

图 1.2.5 二极管的电阻

5. 交流电阻 r_d

交流电阻指的是在工作点附近,二极管上电压的变化量和与之对应的电流变化量之比。二极管交流电阻的求法如图 1.2.5(b)所示,在工作点 Q 处有微小变化量,取小增量 Δu_D 与 Δi_D ,则

$$r_{\mathrm{d}} = \frac{\Delta u_{\mathrm{D}}}{\Delta i_{\mathrm{D}}} \tag{1.2.3}$$

二极管的交流电阻 r_{d} 的大小也是随工作点的变化而变化的。当正向电流较大时，r_{d} 的大小在几欧至几十欧的范围内变化。

6. 最高工作频率 f_{M}

二极管的最高工作频率 f_{M} 就是二极管工作的上限截止频率。当超过此频率值使用二极管时，由于结电容的作用，二极管对高频信号将不能很好地体现单向导电性。

应当指出，由于二极管制造工艺的限制，其参数具有一定的分散性，即使是同一型号的二极管，不同管子间的参数可能会有很大的差异。因此半导体器件手册上所给出的往往是参数的上限值、下限值或者是参数的参考范围。在实际应用中，应根据二极管的使用场合，按其承受的最大反向电压、最大正向平均电流、工作频率、环境温度等条件，正确地选择满足要求的二极管。

1.2.2　二极管的基本电路及其分析方法

从二极管的伏安特性曲线可以看出，二极管是一种非线性器件，由它组成的电路是非线性电路，这就给二极管应用电路的分析带来一定的困难。在工程中，通常采用等效电路分析法来分析二极管电路。这里主要介绍两种常用且较简单的二极管等效电路，它们是在一定条件下，用线性元件所组成的线性电路来近似模拟非线性的二极管。用线性元件组成的二极管等效电路取代电路中的二极管后，就可把非线性的二极管电路转化为线性电路来分析。

一、常用的二极管直流等效电路

1. 理想等效电路

在图 1.2.6(a) 中，虚线表示二极管的实际伏安特性（反向特性视为与横坐标轴重合）。为分析方便，常将二极管理想化，称为理想二极管，它的伏安特性用图 1.2.6(a) 中的粗实线表示，它的正向特性和反向特性分别与纵坐标轴和横坐标轴重合。这时，二极管可用一个理想二极管来等效。理想二极管用实心的二极管符号表示。

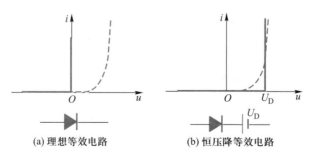

(a) 理想等效电路　　　　(b) 恒压降等效电路

图 1.2.6　二极管的直流等效电路

理想二极管的伏安特性表明：阳极和阴极之间的电压为零时，二极管即导通，导通时的管压降为 0 V；阳极和阴极之间的电压小于零时，二极管截止，截止时的电流为零。在实际电路中,当外加电源电压远比二极管的正向压降大得多的情况下,利用理想等效电路进行近似分析是可行的。

理想状态下的二极管,可以视为一个理想的开关:二极管导通时,相当于开关闭合;二极管截止时,相当于开关断开。

2. 恒压降等效电路

从二极管的正向特性可知,当它的正向电流足够大时,正向特性较陡,二极管的正向压降几乎为一常数,基本不随电流而变化,它的伏安特性可用如图 1.2.6(b) 中的粗实线来近似。由此便可得到二极管的恒压降等效电路。

在二极管的恒压降等效电路中,二极管用理想二极管与恒压源 U_D 的串联来等效。U_D 为二极管的导通电压(或正向压降)。对于硅管,可取 $U_D = 0.7\ \text{V}$;对于锗管,可取 $U_D = 0.2\ \text{V}$。应该指出,只有当二极管的正向电流近似等于或大于 1 mA 时,恒压降等效电路才是正确的。

二、二极管等效电路分析法应用举例

二极管在电子技术中有着广泛的应用,下面介绍几种基本应用电路。

1. 静态工作情况分析

二极管电路静态分析的任务是:在二极管外加直流电压给定的情况下,计算出二极管两端的电压和流过二极管的电流。利用二极管的直流等效电路来分析电路的静态工作情况是比较方便的。

例 1.2.1 二极管电路如图 1.2.7(a) 所示。已知:$R = 10\ \text{k}\Omega$,$V_{DD} = 10\ \text{V}$。要求:用理想等效电路和恒压降等效电路求解二极管两端的电压 U_D 和流过二极管的电流 I_D。

解:在图 1.2.7(a) 所示的电路中,虚线左边为线性部分,右边为非线性部分。符号"⊥"为参考电位点,电路中任一点的电位,都是以此点作为参考点的。为了方便起见,图 1.2.7(a) 所示的电路常采用图 1.2.7(b) 所示的习惯画法,图中,不画电源 V_{DD} 的符号,只标出它对参考电位点"⊥"的电压值 V_{DD} 和极性("+"或"-")。电子电路的习惯画法今后经常会用到。

现按题意,分别求解如下。

(1) 使用理想等效电路进行分析

首先,将原始电路中的二极管用它的理想等效电路代替,可得到如图 1.2.8(a) 所示的等效电路。

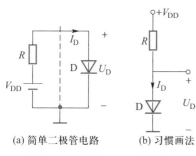

(a) 简单二极管电路　(b) 习惯画法

图 1.2.7　例 1.2.1 的电路

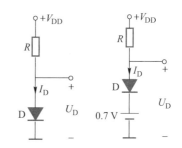

(a) 理想等效电路　(b) 恒压降等效电路

图 1.2.8　二极管电路的等效电路

其次,判断理想二极管的状态是导通还是截止。方法如下:假设将理想二极管断开,求二极管阳极和阴极间的电位差。若电位差大于 0 V,理想二极管导通,相当于开关闭合,用导线代替理想二极管;若电位差小于 0 V,则理想二极管截止,相当于开关断开。

在本题中,理想二极管断开时,阳极和阴极间的电位差 $U_{ak} = (10-0)\,V = 10\,V > 0\,V$,所以理想二极管导通,可用导线代替理想二极管。此时,可得二极管两端的电压为

$$U_D = 0\,V$$

流过二极管的电流为

$$I_D = \frac{V_{DD}}{R} = \frac{10}{10 \times 10^3}\,A = 1\,mA$$

(2)使用恒压降等效电路进行分析

首先,将原电路中的二极管用它的恒压降等效电路代替,得到如图 1.2.8(b)所示的等效电路。

其次,判断理想二极管的状态是导通还是截止,判断方法同前。

在本题中,理想二极管断开时,阳极和阴极间的电位差 $U_{ak} = (10-0.7)\,V = 9.3\,V > 0\,V$,所以理想二极管导通,可用导线代替理想二极管。此时,可得二极管两端的电压为

$$U_D = 0.7\,V$$

流过二极管的电流为

$$I_D = \frac{V_{DD} - U_D}{R} = \frac{10 - 0.7}{10 \times 10^3}\,A = 0.93\,mA$$

2. 限幅电路

在电子电路中,常用限幅电路对各种信号进行处理。限幅电路的作用是:在预置电平(或参考电压 U_{REF})的作用下,有选择地将输入信号的一部分传输到电路的输出端上去。

例 1.2.2　在如图 1.2.9(a)所示的电路中,已知:$R = 1\,k\Omega$,$U_{REF} = 3\,V$,二极管的导通电压 $U_D = 0.7\,V$。要求:画出在输入电压 $u_i = 6\sin \omega t\,(V)$ 时,输出电压 u_O 的波形。

解:将原始电路中的二极管用它的恒压降等效电路代替,可得到如图 1.2.9(b)所示的等效电路。

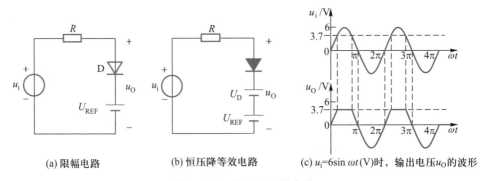

(a) 限幅电路　　　　(b) 恒压降等效电路　　　　(c) $u_i = 6\sin \omega t\,(V)$ 时,输出电压 u_O 的波形

图 1.2.9　例 1.2.2 的电路

当 $u_i < (0.7 + U_{REF}) = 3.7$ V 时,理想二极管反向截止,相当于开路,此时,$u_O = u_i$;当 $u_i \geq (0.7 + U_{REF}) = 3.7$ V 时,理想二极管正向导通,相当于短路,此时,$u_O = U_{REF} + U_D = (3 + 0.7)$ V = 3.7 V。

根据以上分析,便可画出如图 1.2.9(c)所示的输出波形。

3. 开关电路

利用二极管的单向导电性可以接通或者断开电路,这就是二极管的开关作用。利用二极管的开关作用,可以组成各种开关电路,它们在数字电路中得到了广泛的应用。

在分析二极管开关电路时,应当掌握的一条基本原则是:判断电路中的每个二极管是处于导通状态还是截止状态。

具体分析时,可以先假设将二极管从电路中断开,然后判断阳极和阴极间所加的电压是正向电压还是反向电压,是正向电压则二极管导通,是反向电压则二极管截止。

例 1.2.3 二极管开关电路如图 1.2.10(a)所示,图 1.2.10(b)为其习惯画法(图中参考电位点"⊥"被省略)。设二极管是理想的。试判断两个二极管的状态,并求输出电压 U_O 的值。

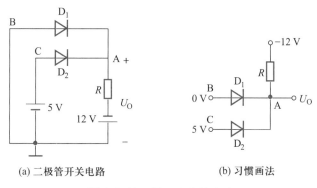

(a) 二极管开关电路   (b) 习惯画法

图 1.2.10 例 1.2.3 的电路

解: 假设将两个二极管从电路中断开,则 $U_{BA} = [0 - (-12)]$ V = 12(V),$U_{CA} = [5 - (-12)]$ V = 17 V。从表面上看,D_1、D_2 均承受正向电压,都会导通。但是,因为两个二极管是共阴极接法(即两管的阴极接在一起),且 $U_{CA} > U_{BA}$,所以二极管 D_2 优先导通。D_2 优先导通后,在电路中相当于短路,输出电压就被钳制在 $U_O = 5$ V,此时 $U_{BA} = (0 - 5)$ V = -5(V) < 0,所以二极管 D_1 被迫截止。

4. 整流电路

整流电路可以把双极性的交流输入电压变换成单极性的直流输出电压,或者从电流的角度看,是把双向的交流电流变换成单向的直流脉动电流。如果输出信号中只保留了输入信号中的正半周或负半周的波形,则称为半波整流;如果输出信号中既保留了输入信号中的正半周的波形,又保留了负半周的波形,并且变化的方向相同,则称为全波整流。

例 1.2.4 二极管基本电路如图 1.2.11(a)所示,已知 $u_i = 10\sin\omega t$(V),假设二极管的导通电压 $U_D = 0.7$ V。试分析此电路的工作情况,并画出输出电压 u_O 的波形。

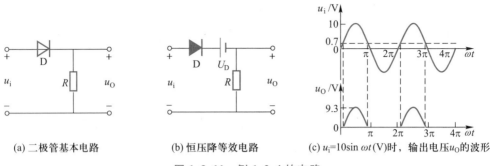

(a) 二极管基本电路　　　　(b) 恒压降等效电路　　　　(c) $u_i = 10\sin\omega t(V)$时，输出电压u_O的波形

图 1.2.11　例 1.2.4 的电路

解：由已知条件可知，二极管要采用恒压降等效电路，如图 1.2.11(b) 所示。

当 $u_i > 0.7$ V 时，二极管 D 正向导通，相当于短路，$u_O = u_i - U_D = u_i - 0.7 (V)$。

当 $u_i < 0.7$ V 时，二极管 D 反向截止，相当于断路，$u_O = 0$ V。

根据以上分析，便可画出如图 1.2.11(c) 所示的输出电压 u_O 的波形。

从这个实例可以看出，对这类电路的分析，一般是先根据外加电压的极性判断二极管的工作状态，然后再研究输出电压与输入电压的关系。

1.2.3　特殊二极管

前面讨论的二极管是普通二极管，它一般只工作在导通和截止两个状态。此外，还有若干种特殊二极管，如稳压二极管、变容二极管、光电二极管以及发光二极管等，这些特殊二极管的外部工作条件不尽相同，工作原理也略有差异，现分别加以简单介绍。

一、硅稳压二极管

1. 结构特点

硅稳压二极管是一种用特殊工艺制造的面接触型硅二极管，由于硅管的热稳定性较好，一般都用硅材料来制造稳压管，故称硅稳压管，简称稳压管。稳压管的外形和内部结构与普通二极管相似，它也有一个阳极和一个阴极，在电路中的符号如图 1.2.12(a) 所示。

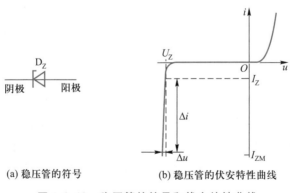

(a) 稳压管的符号　　　　(b) 稳压管的伏安特性曲线

图 1.2.12　稳压管的符号和伏安特性曲线

2. 伏安特性

图 1.2.12(b)给出了稳压管的伏安特性曲线。

稳压管的正向伏安特性与普通二极管相同。

稳压管的反向伏安特性有着自己的明显特点：① 当反向电压达到反向击穿电压 U_Z 时，PN 结立即进入反向击穿状态，而且反向击穿特性很陡峭，当反向电流在较大范围内变化时，管子两端的反向电压几乎保持 U_Z 值不变，我们正是利用这个特性使管子在电路中起稳压作用的；② 由于采用了特殊的制造工艺，稳压管的反向击穿是可逆的，只要击穿后的反向电流不超过允许的最大值，反向击穿后管子并不会损坏，当去掉反向电压后，管子又恢复正常。为了保证反向电流不超过允许的最大值，在使用稳压管时，必须串联一个合适的限流电阻。

3. 稳压管的主要参数

稳压管的主要参数如下。

（1）稳定电压 U_Z

稳定电压就是稳压管的反向击穿电压。需要说明的是，由于制造工艺不易控制，对于同一型号的不同稳压管，它们的稳定电压值是不同的，具有一定的分散性。例如，2CW13 型管的 $U_Z = 5 \sim 6.5$ V，也就是说，同样都是 2CW13 型的管子，一个管子的 U_Z 可能是 5 V，另一个管子的 U_Z 可能是 6 V。

（2）稳定电流 I_Z

稳定电流是指为了使稳压管具有良好的稳压性能所需流过管子的参考电流。例如，2CW13 型管的 $I_Z = 10$ mA。稳压管的实际工作电流小于 I_Z 时，稳压效果极差；大于 I_Z 时，工作电流越大，稳压效果越好，但不允许超过稳压管的最大稳定电流 I_{ZM}。

（3）最大耗散功率 P_{ZM}

最大耗散功率是指稳压管不因过热而损坏时所允许的最大功率损耗，且 $P_{ZM} = U_Z I_{ZM}$。其中，I_{ZM} 是稳压管的最大稳定电流。知道了稳压管的 P_{ZM} 和 U_Z 后，即可求出 I_{ZM}。例如，2CW13 型管的 $P_{ZM} = 0.25$ W，当它的 $U_Z = 6.5$ V 时，$I_{ZM} = 38$ mA。

（4）动态电阻 r_Z

动态电阻是指稳压管在反向击穿特性的工作范围内，管子两端的电压变化量 ΔU_Z 与相应的电流变化量 ΔI_Z 之比，即 $r_Z = \Delta U_Z / \Delta I_Z$。管子的 r_Z 越小，表示稳压管的反向击穿特性越陡峭，其稳压效果就越好。

稳压管的 r_Z 与工作电流有关，工作电流加大时，r_Z 减小。另外，不同型号的稳压管的 r_Z 是不同的。稳定电压为 7 V 左右的稳压管具有最小的 r_Z。

（5）电压温度系数 α_Z

电压温度系数是指当环境温度变化 1℃时，稳压管稳定电压相对变化的百分数，即 α_Z 等于 $\Delta U_Z / U_Z$ 与 ΔT 之比（%/℃）。α_Z 是表示稳压管温度稳定性的参数。例如，某一 2CW17 型管的 $U_Z = 10$ V，它的 $\alpha_Z = +0.09\%/℃$，则当环境温度升高 1℃时，它的 U_Z 将增加 10 V×0.09% = 9 mV。

稳定电压不同的管子具有不同的 α_Z。$U_Z < 4$ V 的管子，α_Z 为负值；$U_Z > 7$ V 的管子，α_Z 为

正值;U_z 接近 4~7 V 的管子,α_z 有正有负。

在要求温度稳定性高的场合,可采用 2DW7 系列的具有温度补偿的稳压管。这种管子是由两个稳压管反向串联制成的,如图 1.2.13 所示。当使用 1、2 端引线时,总有一个稳压管处于反向击穿状态,具有正温度系数,另一个稳压管承受正向电压,具有负温度系数,而这两个管子用同一工艺制造在同一块硅片上,所以补偿效果很好。

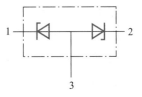

图 1.2.13 2DW7 系列稳压管

二、其他特殊二极管

在电子技术领域中,光信号在信号的传输和存储等环节中应用越来越广泛。例如 CD或 VCD、DVD 碟片,计算机光驱,以及船舶和飞机的导航装置中,均采用现代化的光电子系统。光信号和电信号的接口需要应用一些特殊的光电子器件。下面进行简单介绍。

1. 光电二极管

光电二极管的外形、符号和伏安特性曲线如图 1.2.14 所示。光电二极管的结构与 PN 结二极管类似,但在它的 PN 结处,通过管壳上一个玻璃窗口,能接收外部的光照,将接收到的光的变化转换成电流的变化。这种器件的 PN 结在反向偏置状态下运行,由它的伏安特性可以看出,反向电流随照度的增大而加大。光电二极管广泛应用于遥控、报警及光电传感器中。

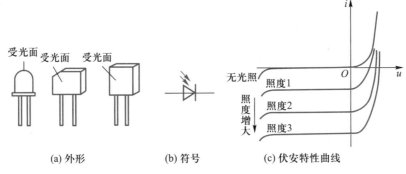

(a) 外形　　　　(b) 符号　　　　(c) 伏安特性曲线

图 1.2.14 光电二极管

2. 发光二极管

发光二极管是将电能转化为光能的特殊半导体器件,包括可见光、不可见光、激光等不同类型。在此,我们只对可见光发光二极管进行简单介绍。

发光二极管的发光颜色取决于所用的材料,目前有红、黄、绿、橙等颜色。发光二极管的形状也不尽相同,有长方形、圆形等。圆形发光二极管的外形如图 1.2.15(a)所示。发光二极管的符号如图 1.2.15(b)所示。

发光二极管也具有单向导电性,但是,只有当正向电流足够大时才会发光。它的开启电压比普通二极管大,红色的在 1.6~1.8 V 之间,绿色的在 2 V 左右。发光二极管的工作电流

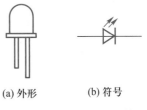

(a) 外形　　(b) 符号

图 1.2.15 发光二极管

一般为几毫安到十几毫安,正向电流越大,发光越强。

发光二极管具有驱动电压低、功耗小、寿命长、可靠性高等优点,广泛应用于显示器中。

三、太阳能电池

太阳能电池通常用硅和砷化镓等制成,它由一个特殊的 PN 结构成。为了尽可能增大光照的有效面积,P 区和 N 区通常做得很薄,并且采用透明电极。接负载时的太阳能电池 PN 结的示意图如图 1.2.16 所示。当光照射在 PN 结的空间电荷区时,会激发出自由电子和空穴,它们在内电场的作用下形成光电流,并向负载电阻供电。

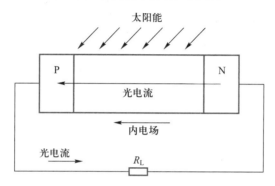

图 1.2.16 接负载时的太阳能电池 PN 结的示意图

1.3 双极型晶体管

双极型晶体管是通过一定的工艺,将两个 PN 结结合在一起而制成的三端半导体器件。由于在这种半导体器件中参与导电的有自由电子和空穴两种载流子,故称为双极型晶体管(bipolar junction transisitor,BJT),又称双极结型晶体管或半导体三极管,以下简称晶体管。晶体管是电子电路中的重要器件。下面从双极型晶体管的结构开始,介绍它的电流放大作用、特性曲线和主要参数。

1.3.1 晶体管的类型和结构

一、晶体管的类型

晶体管的种类很多。按半导体材料分,有硅管和锗管;按功率大小分,有大功率管、中功率管、小功率管;按工作频率分,有高频管和低频管等。

晶体管的几种常见外形如图 1.3.1 所示。

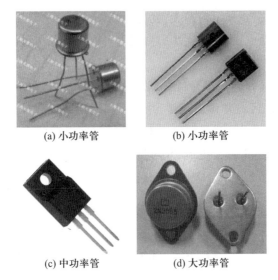

(a) 小功率管　　　　(b) 小功率管

(c) 中功率管　　　　(d) 大功率管

图 1.3.1　晶体管的几种常见外形

二、晶体管的结构

晶体管的结构示意图和符号如图 1.3.2 所示。图 1.3.2(a)所示是 NPN 型晶体管的结构示意图和符号,图 1.3.2(b)所示是 PNP 型晶体管的结构示意图和符号。符号中的箭头方向表示晶体管发射极电流的实际流向。

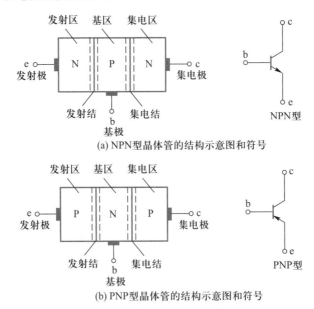

(a) NPN型晶体管的结构示意图和符号

(b) PNP型晶体管的结构示意图和符号

图 1.3.2　晶体管的结构示意图和符号

无论是哪种类型的晶体管,它们都有三个区:中间的区称为基区,两侧的区分别称为发射区和集电区。NPN 型管的基区为 P 型半导体,发射区和集电区为 N 型半导体;PNP 型管的基区为 N 型半导体,发射区和集电区为 P 型半导体。

晶体管有三个电极,分别从三个区引出,称为基极 b、发射极 e 和集电极 c。

晶体管有两个 PN 结:发射区和基区交界处的 PN 结称为发射结,基区和集电区交界处的 PN 结称为集电结。

晶体管除了根据组合方式不同分为 NPN 型和 PNP 型外,还可根据所用半导体材料的不同而分为硅管和锗管。无论是硅管或锗管,都可以制成 NPN 型和 PNP 型。但是,我国目前生产的硅管以 NPN 型为主,锗管则以 PNP 型为主。

晶体管的结构特点是:① 发射区的掺杂浓度高;② 基区很薄且掺杂浓度低;③ 集电结的面积大于发射结的面积。因此,晶体管的结构不是对称的。

PNP 型晶体管与 NPN 型晶体管具有几乎等同的特性,二者只是各电极间的电压极性和各电极电流的流向不同而已。本节主要讨论 NPN 型晶体管的电流放大作用、输入特性曲线、输出特性曲线和主要参数。

1.3.2　晶体管的电流分配和电流放大作用

晶体管有三个电极,在电路中将构成两个回路,其中一个为输入回路,另一个为输出回路,故三个电极中必有一个电极作为两个回路的公共端,从而形成三种不同的连接方式,即共发射极、共基极以及共集电极连接方式,如图 1.3.3 所示。

一、感性认识

为了对晶体管中的电流分配和电流放大作用有一个感性认识,我们设计了图 1.3.4 所示的共发射极电路。

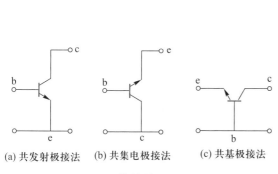

(a) 共发射极接法　(b) 共集电极接法　　(c) 共基极接法

图 1.3.3　晶体管的三种连接方式

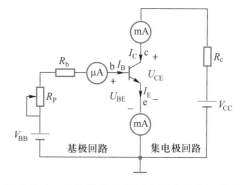

图 1.3.4　晶体管共发射极电路中的电流关系

图 1.3.4 中,电源 V_{BB} 给晶体管的发射结加正向电压。电源 V_{CC} 比 V_{BB} 大得多,只要使 $U_{CE} \gg U_{BE}$,就可使晶体管的集电结加反向电压。三个电极的电流方向标注于图中。不断改变电位器 R_P 的值,电流 I_B、I_C 及 I_E 都会发生变化,它们的变化规律可分别由电流表读出,其结果如表 1.3.1 所示。

分析表 1.3.1 所列的数据,可以发现以下规律。

表 1.3.1　晶体管中电流分配关系的测试数据

I_B/mA	0	0.01	0.02	0.03	0.04	0.05
I_C/mA	0.01	1.09	1.98	3.07	4.06	5.05
I_E/mA	0.01	1.10	2.00	3.10	4.10	5.10

① 观察数据表格中的每一列可知,发射极电流 I_E 等于集电极电流 I_C 和基极电流 I_B 之和,即

$$I_E = I_C + I_B \tag{1.3.1}$$

式(1.3.1)表明,晶体管实质上是一个电流分配器,它把发射极电流 I_E 分成两部分:一部分分配给集电极,作为集电极电流 I_C;另一部分分配给基极,作为基极电流 I_B。

② 基极电流 I_B 比集电极电流 I_C 和发射极电流 I_E 小得多。例如从表格第四列的数据可得 I_C 与 I_B 的比值为

$$\frac{I_C}{I_B} = \frac{1.98}{0.02} = 99$$

可见,在晶体管中,用微小的基极电流 I_B 可以控制较大的集电极电流 I_C。

③ 基极电流的微小变化可以引起集电极电流的较大变化,这就是晶体管的电流放大作用。例如,由表 1.3.1 可知,当基极电流 I_B 由 0.02 mA 变化为 0.03 mA 时,集电极电流 I_C 将由 1.98 mA 变化为 3.07 mA,即

$$\frac{\Delta I_C}{\Delta I_B} = \frac{3.07 - 1.98}{0.03 - 0.02} = 109$$

电流放大作用是晶体管最重要和最基本的特性。

在晶体管中,由于用微小的基极电流可以控制较大的集电极电流,也可以用基极电流的微小变化,使集电极电流产生较大的变化,故把晶体管称为电流控制器件。

晶体管为什么是一个电流分配器? 它为什么具有电流放大作用? 要回答这两个问题,必须深入到晶体管的内部,分析其在合适外加电压的作用下,管子内部载流子的运动规律,找出载流子的运动与外部电流的关系,才能得到答案。

二、晶体管内部载流子的传输过程

以图 1.3.5(a)所示的 NPN 型晶体管为例,我们分三个过程来分析其中载流子的运动规律。

1. 发射区向基区注入电子的过程形成发射极电流 I_E

由图 1.3.5(a)可知,电源 V_{BB} 给发射结加正向电压,又因为发射区的掺杂浓度高,所以发射区中的多数载流子自由电子将不断通过发射结扩散到基区(也称为注入基区),形成自由电子扩散电流 I_{EN},其方向与自由电子扩散运动的方向相反。同时,基区中的多数载流子空穴也要扩散到发射区,形成空穴扩散电流 I_{EP},其方向与空穴扩散运动的方向相同,即 I_{EP} 与 I_{EN} 的方向相同。I_{EN} 和 I_{EP} 一起构成发射极电流 I_E。但由于基区掺杂浓度很低,I_{EP} 非常小,所以近似分析时可以忽略不计,即发射极电流为

$$I_E = I_{EP} + I_{EN} \approx I_{EN} \tag{1.3.2}$$

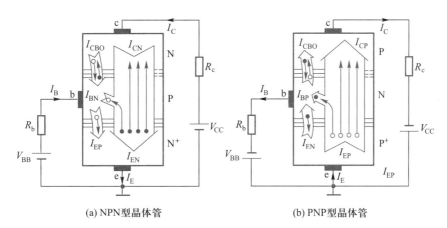

(a) NPN型晶体管　　　　　(b) PNP型晶体管

图 1.3.5　晶体管内部载流子的运动与外部电流

应该指出,电源 V_{BB} 会不断向发射区补充因扩散而失去的自由电子。

2. 自由电子在基区中扩散和复合的过程形成基区复合电流 I_{BN}

发射区中大量的自由电子注入基区以后,由于靠近发射结的自由电子很多,靠近集电结的自由电子很少,在基区中形成了自由电子浓度上的差别,因此自由电子要向着集电结方向继续扩散。同时,在扩散过程中,部分自由电子可能与基区中的空穴相遇而被复合掉,形成基区复合电流 I_{BN}。为了提高晶体管的电流放大作用,基区做得很薄,且掺杂浓度很低,被复合掉的自由电子很少,故 I_{BN} 很小,绝大多数自由电子都能扩散到集电结边缘。基区被复合掉的空穴由电源 V_{BB} 从基区拉走自由电子来补充。

3. 集电区收集自由电子的过程形成集电极电流 I_C

由于集电结上外加反向电压,外电场加强了集电结的内电场,阻挡了集电区的多数载流子自由电子和基区中的多数载流子空穴向对方扩散,但却可以将从发射区扩散到基区并到达集电结边缘的自由电子拉向集电区,形成收集电流 I_{CN},其方向与自由电子运动的方向相反。另外,基区的少数载流子自由电子和集电区的少数载流子空穴,在集电结电场的作用下,要产生漂移运动,形成集电结反向饱和电流 I_{CBO},其方向与 I_{CN} 一致。I_{CN} 和 I_{CBO} 一起构成集电极电流 I_C。

由以上讨论可知:

① 由图 1.3.5(a)可得,基极电流为

$$I_B = I_{EP} + I_{BN} - I_{CBO} \tag{1.3.3}$$

因 I_{EP}、I_{BN} 和 I_{CBO} 均很小,故基极电流 I_B 也很小。

② 由图 1.3.5(a)可得,集电极电流为

$$I_C = I_{CN} + I_{CBO} \tag{1.3.4}$$

而

$$I_{BN} = I_{EN} - I_{CN} \tag{1.3.5}$$

由式(1.3.2)、式(1.3.5)、式(1.3.1)和式(1.3.4)可以得到晶体管的基极电流为

$$I_{\text{B}} = I_{\text{EP}} + I_{\text{BN}} - I_{\text{CBO}} = I_{\text{EP}} + I_{\text{EN}} - I_{\text{CN}} - I_{\text{CBO}} = I_{\text{E}} - I_{\text{C}}$$

故可得

$$I_{\text{E}} = I_{\text{B}} + I_{\text{C}} \tag{1.3.6}$$

式(1.3.6)表明晶体管是一个电流分配器,其各电极电流的代数和为零,满足基尔霍夫电流定律。

"内因是变化的根据,外因是变化的条件"。使晶体管具有电流放大作用的内部结构条件(内因)是:发射区的杂质浓度远大于基区的杂质浓度,且基区做得很薄。使晶体管具有电流放大作用的外部条件(外因)是:发射结必须加正向电压,集电结必须加反向电压。在外因和内因的共同作用下,可以保证发射区向基区注入的大量多数载流子,只有极少数在基区被复合,而绝大部分可扩散到集电结边缘,最终被集电区收集,成为集电极电流的主体。

以上是对 NPN 型晶体管的电流分析,PNP 型晶体管与其不同的是外加电源电压的极性相反,产生的电流方向也相反,如图 1.3.5(b)所示。对 NPN 型晶体管的分析结果仍然适用于 PNP 型晶体管。

三、晶体管的共发射极电流放大系数

1. 晶体管的共发射极直流电流放大系数

把收集电流 I_{CN} 与基区复合电流 I_{BN} 之比称为晶体管的共发射极直流放大系数,用符号 $\overline{\beta}$ 表示,即

$$\overline{\beta} = \frac{I_{\text{CN}}}{I_{\text{BN}}} \approx \frac{I_{\text{C}} - I_{\text{CBO}}}{I_{\text{B}} + I_{\text{CBO}}} \approx \frac{I_{\text{C}}}{I_{\text{B}}} \tag{1.3.7}$$

$$I_{\text{C}} \approx \overline{\beta} I_{\text{B}}$$

由于 $I_{\text{CN}} \gg I_{\text{BN}}$,所以 $\overline{\beta} \gg 1$,$I_{\text{C}} \gg I_{\text{B}}$。$\overline{\beta}$ 表示了基极电流 I_{B} 对集电极电流 I_{C} 的控制关系,即用很小的基极电流,可以控制较大的集电极电流。

由式(1.3.7)可得

$$I_{\text{C}} = \overline{\beta} I_{\text{B}} + (1 + \overline{\beta}) I_{\text{CBO}} = \overline{\beta} I_{\text{B}} + I_{\text{CEO}} \tag{1.3.8}$$

由式(1.3.8)可知,当 $I_{\text{B}} = 0$(基极开路)时,可得

$$I_{\text{C}} = (1 + \overline{\beta}) I_{\text{CBO}} = I_{\text{CEO}}$$

I_{CEO} 称为穿透电流,它表示当基极开路时,在直流电源 V_{CC} 作用下,集电极与发射极之间形成的电流。

2. 晶体管的共发射极交流电流放大系数

在图 1.3.6 中,只要在基极回路中加一个输入电压 Δu_{I},基极电流便会在直流电流 I_{B} 的基础上叠加一个变化量 Δi_{B},相应地集电极电流也会在直流电流 I_{C} 的基础上叠加一个变化量 Δi_{C}。我们把集电极电流变化量 Δi_{C} 与基极电流变化量 Δi_{B} 的比值称为晶体管的共发射极交流电流放大系数,用符号 β 表示,即

$$\beta = \frac{\Delta i_C}{\Delta i_B} \tag{1.3.9}$$

在输入电压 Δu_I 作用下,集电极总电流 i_C 为

$$i_C = I_C + \Delta i_C = \overline{\beta}I_B + I_{CEO} + \beta\Delta i_B$$

一般情况下,可忽略穿透电流 I_{CEO},则有

$$i_C \approx \overline{\beta}I_B + \beta\Delta i_B$$

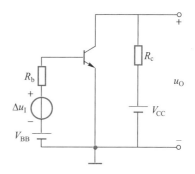

图 1.3.6　基本共发射极放大电路

在一定情况下(见后述),可以认为 $\overline{\beta} \approx \beta$,故有

$$i_C \approx \beta I_B + \beta\Delta i_B = \beta(I_B + \Delta i_B) = \beta i_B \tag{1.3.10}$$

式(1.3.10)表明,在 $\overline{\beta} \approx \beta$ 时,可以认为

$$i_C \approx \beta i_B$$

由于 $\beta \gg 1$,基极电流的微小变化就可引起集电极电流产生较大的变化。

四、晶体管的共基极电流放大系数

1. 晶体管的共基极直流电流放大系数

把收集电流 I_{CN} 与自由电子注入电流 I_{EN} 之比称为晶体管的共基极直流放大系数,用符号 $\overline{\alpha}$ 表示,即

$$\overline{\alpha} = \frac{I_{CN}}{I_{EN}} \approx \frac{I_C - I_{CBO}}{I_E} \approx \frac{I_C}{I_E} \tag{1.3.11}$$

$\overline{\alpha}$ 表示出了集电极电流 I_C 与发射极电流 I_E 之间的关系,即

$$I_C \approx \overline{\alpha}I_E$$

由式(1.3.7)和式(1.3.11)可得 $\overline{\beta}$ 与 $\overline{\alpha}$ 之间的换算关系为

$$\overline{\beta} = \frac{\overline{\alpha}}{1-\overline{\alpha}} \quad \text{或} \quad \overline{\alpha} = \frac{\overline{\beta}}{1+\overline{\beta}} \tag{1.3.12}$$

2. 晶体管的共基极交流电流放大系数

把集电极电流的变化量 Δi_C 与发射极电流的变化量 Δi_E 之比称为晶体管的共基极交流电流放大系数,用符号 α 表示,即

$$\alpha = \frac{\Delta i_C}{\Delta i_E} = \frac{\beta}{1+\beta} \tag{1.3.13}$$

因为 $\beta \gg 1$,所以 $\alpha \approx 1$;而且由于 $\overline{\beta} \approx \beta$,故也有 $\overline{\alpha} \approx \alpha$。

1.3.3　晶体管的共发射极特性曲线

晶体管的特性曲线是指晶体管各电极之间的电压和各电极电流之间的关系曲线,它们是晶体管内部载流子运动的外部表现。从使用的角度来看,了解晶体管的特性曲线比了解载流子在管子中的运动规律更为重要,因为它们是分析电子电路的重要依据。

在实际应用中,共发射极电路应用最广,因此,我们将着重讨论晶体管在共发射极接法时的特性曲线,称为共发射极特性曲线。

一、输入特性曲线

输入特性曲线指的是:当集电极和发射极之间的电压 u_{CE} 为某一常数时,在晶体管的输入回路(即基极回路)中,基极电流 i_B 与加在基极和发射极之间的电压 u_{BE} 之间的关系曲线,即

$$i_B = f(u_{BE})\big|_{u_{CE}=常数} \tag{1.3.14}$$

对于 NPN 型管而言,当 $u_{CE} \geqslant 1$ V 时,集电结反向电压产生的电场已能把从发射区注入基区中的自由电子的绝大部分吸引到集电区。如果再增大 u_{CE},只要 u_{BE} 保持不变,因从发射区注入基区的自由电子数一定,i_B 就基本上不随 u_{CE} 的增大而变化了,也就是说,$u_{CE} > 1$ V 以后,各条输入特性曲线基本上是重合的。因此,通常只画出 $u_{CE} \geqslant 1$ V 时的一条输入特性曲线,如图 1.3.7(a)所示。

由图 1.3.7(a)可知,NPN 型晶体管的输入特性曲线也有一段死区,只有当发射结的正向电压大于开启电压 U_{on} 时,晶体管中才会出现基极电流 i_B。硅管的开启电压约为 0.5 V,锗管的开启电压约为 -0.1 V。在正常工作情况下,NPN 型硅晶体管的发射结正向电压 U_{BE} = 0.6~0.7 V,PNP 型锗晶体管的发射结正向电压 U_{BE} = -0.3~-0.2 V。PNP 型晶体管的共发射极输入特性曲线如图 1.3.7(b)所示。

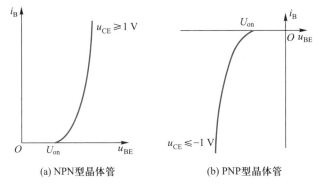

(a) NPN型晶体管　　　　　　　　　(b) PNP型晶体管

图 1.3.7　晶体管的共发射极输入特性曲线

二、输出特性曲线

输出特性曲线指的是:当基极电流 i_B 为某一常数时,在晶体管的输出回路(即集电极回路)中,集电极电流 i_C 与集电极和发射极之间的电压 u_{CE} 之间的关系曲线,即

$$i_C = f(u_{CE})\big|_{i_B=常数} \tag{1.3.15}$$

对于每一个确定的 I_B,都有一条曲线,所以晶体管的输出特性曲线是一族曲线,如图 1.3.8 所示。

1. 输出特性曲线的特点

由图 1.3.8(a)可以看出,NPN 型晶体管的共发射极输出特性曲线有以下一些特点。

① 当 $u_{CE} < 1$ V 时,输出特性很陡,当 u_{CE} 稍有增加时,i_C 很快增大。这是因为,当 u_{CE} 较小时,集电结的反向电压比较小,集电结反向电压产生的电场较弱,集电区对到达基区的自由

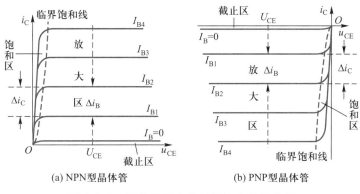

图 1.3.8 晶体管的共发射极输出特性曲线

电子吸引力比较弱,集电极电流 i_C 比较小。当 u_{CE} 稍有增加时,集电区吸引自由电子的能力迅速增强,集电极电流 i_C 就随 u_{CE} 的增加而很快增大。

② 当 $u_{CE} > 1$ V 以后,输出特性变得比较平坦,u_{CE} 再增大时,i_C 基本上保持不变。这时,i_C 主要由 I_B 决定,与 u_{CE} 基本无关,这种现象称为晶体管的恒流特性。产生这种现象的原因是:当 $u_{CE} > 1$ V 以后,集电结反向电压产生的电场已经足够强,能够把发射区注入基区的绝大部分自由电子都吸引到集电区,所以,即使 u_{CE} 再继续增大,i_C 也增加得不多了。

③ I_B 越大,输出特性越向上移。这是因为 I_B 的增大是靠发射区向基区注入更多的自由电子,即靠 i_E 的增大来实现的,i_E 增大了,i_C 也必然要增大。

2. 晶体管的三个工作区域

根据晶体管工作情况的不同,可把晶体管的共发射极输出特性划分成三个工作区域:放大区、截止区和饱和区,如图 1.3.8 所示。

(1)放大区

输出特性曲线族中近于水平部分的区域是放大区。在此区域内,i_C 受 I_B 的控制,晶体管具有电流放大作用。晶体管工作在放大区的外部条件是:发射结正向偏置;集电结反向偏置。

(2)截止区

输出特性曲线族中 $I_B = 0$ 的那条输出特性曲线与 u_{CE} 轴之间的区域称为截止区。在此区域中,$I_B = 0$,$i_C \approx 0$。此时晶体管基本不导电,处于截止状态。晶体管工作在截止区的外部条件是:发射结零偏置或反向偏置,集电结反向偏置。

(3)饱和区

输出特性曲线族中几乎垂直上升和弯曲的部分与 i_C 轴之间的区域称为饱和区。在此区域内,不同 I_B 值时的输出特性曲线几乎是重合的,即此时 i_C 不再受 I_B 的控制,管子失去了电流放大作用,这种现象称为晶体管的饱和现象。图 1.3.8 中的虚线是饱和区与放大区的分界线,称为临界饱和线。晶体管工作在饱和区的外部条件是:发射结和集电结均为正向偏置。

在模拟电路中,绝大多数情况下,应保证晶体管工作在放大状态。

关于晶体管在截止区和饱和区的工作情况,将在本书第 8 章中作较详细的介绍。

应该指出,由于制造工艺上的差别,即使是同一型号的不同晶体管,它们的特性曲线也会有很大的差别,所以,在半导体器件手册中,只能给出晶体管的典型特性曲线。在实际使用晶体管时,还应采用晶体管特性图示仪测出每个管子的实际特性曲线。

1.3.4　晶体管的主要参数

晶体管的参数是用来表示晶体管的性能优劣和它的适用范围的数据,是合理选择和正确使用晶体管的依据。在计算机辅助分析和设计中,根据晶体管的结构和特性,要用几十个参数全面描述它。这里只介绍在近似分析和计算中常用的主要参数。

一、直流参数

1. 共发射极直流电流放大系数 $\bar{\beta}$

共发射极直流电流放大系数表示的是:当晶体管为共发射极接法时,集电极直流电流和基极直流电流之间的关系,即

$$\bar{\beta} = \frac{I_{\text{C}} - I_{\text{CEO}}}{I_{\text{B}}}$$

式中,I_{CEO} 是晶体管的穿透电流。当 $I_{\text{C}} \gg I_{\text{CEO}}$ 时,则

$$\bar{\beta} \approx \frac{I_{\text{C}}}{I_{\text{B}}}$$

由此可见,晶体管接成共发射极电路时,集电极直流电流 I_{C} 与基极直流电流 I_{B} 的比值,就是晶体管的共发射极直流电流放大系数。

2. 共基极直流电流放大系数 $\bar{\alpha}$

共基极直流电流放大系数表示的是:当晶体管为共基极接法时,集电极直流电流和发射极直流电流之间的关系,即

$$\bar{\alpha} = \frac{I_{\text{C}} - I_{\text{CBO}}}{I_{\text{E}}}$$

式中,I_{CBO} 是晶体管的集电极-基极反向饱和电流。当 $I_{\text{C}} \gg I_{\text{CBO}}$ 时,则

$$\bar{\alpha} \approx \frac{I_{\text{C}}}{I_{\text{E}}}$$

由此可见,晶体管接成共基极电路时,集电极直流电流 I_{C} 与发射极直流电流 I_{E} 的比值,就是晶体管的共基极直流电流放大系数。

3. 极间反向电流

（1）集电极-基极反向饱和电流 I_{CBO}

集电极-基极反向饱和电流(即集电结反向饱和电流)指的是:当晶体管的发射极开路时,集电极和基极之间加规定的反向电压(在半导体器件手册中给出)时,集电结流过的反向电流。测量 I_{CBO} 的电路如图 1.3.9(a)所示。I_{CBO} 实际上是与单个 PN 结的反向电流一样的,

仅由温度和少数载流子的浓度决定。在一定温度下,少数载流子的数量是一定的,I_{CBO} 基本上是常数,故称为集电极-基极反向饱和电流。

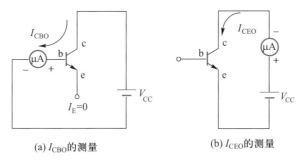

(a) I_{CBO} 的测量　　　　(b) I_{CEO} 的测量

图 1.3.9　测量反向饱和电流的电路

I_{CBO} 的大小是衡量晶体管集电结质量的重要指标,良好晶体管的 I_{CBO} 是很小的。硅管的 I_{CBO} 比锗管的小得多,小功率硅管的 I_{CBO} 在 1 μA 以下,而小功率锗管的 I_{CBO} 约为 10 μA。I_{CBO} 是随温度变化的,因此在温度变化大的场合,应选用硅晶体管。

（2）集电极-发射极反向饱和电流 I_{CEO}

集电极-发射极反向饱和电流指的是:当晶体管的基极开路,集电极和发射极之间加规定的反向电压(在半导体器件手册中给出)时,流过集电极的电流。测量 I_{CEO} 的电路如图 1.3.9(b)所示。由于这个电流从集电区穿过基区流到发射区,所以又叫穿透电流。

已经证明

$$I_{CEO} = (1 + \bar{\beta})I_{CBO}$$

I_{CEO} 也是判断晶体管质量的一个重要参数。由于 I_{CEO} 比 I_{CBO} 大得多,比较容易测量,所以常把 I_{CEO} 作为判断晶体管质量的依据。小功率硅管的 I_{CEO} 在几微安以下,小功率锗管的 I_{CEO} 约在几十微安以上。I_{CEO} 也是随温度变化的,因此在温度变化大的场合,应选用 I_{CEO} 小的晶体管。硅管的极间反向电流比锗管小 2~3 个数量级,因此温度稳定性比锗管好。

二、交流参数

交流参数描述的是晶体管在动态信号(交流信号)作用下的性能指标。

1. 共发射极交流电流放大系数 β

当晶体管为共发射极接法,且集电极和发射极之间的电压 u_{CE} 保持常数时,晶体管集电极电流的变化量与基极电流变化量的比值,称为晶体管的共发射极交流电流放大系数,即

$$\beta = \frac{\Delta i_C}{\Delta i_B}\bigg|_{u_{CE}=常数}$$

图 1.3.8 中标注了 β 的求法:取某一个 U_{CE},作一条垂直线,由图可得到相应的 Δi_B 和 Δi_C,即可由上式求出 β 值。

对于晶体管的电流放大系数,应该指出以下几点。

（1）β 和 $\bar{\beta}$ 的概念是不同的,$\bar{\beta}$ 反映的是静态(直流工作状态)时的电流放大系数,而 β 反映的是动态(交流工作状态)时的电流放大系数。

（2）由于晶体管特性曲线的非线性，β 值与管子的工作电流有关，只有在特性曲线的线性部分，才可以认为 β 值是基本恒定的。当工作电流太小或太大时，β 值都要减小。

（3）在工作电流不很大的情况下，可以认为 $\beta \approx \bar{\beta}$，故在对电子电路进行近似计算时，二者可以混用。

（4）由于制造工艺的分散性，即使是同一型号的晶体管，不同管子的 β 值也会有很大的差别，常用晶体管的 β 值为 20~100。一般放大电路中，采用 $\beta = 30 \sim 80$ 的晶体管为宜。

2. 共基极交流电流放大系数 α

当晶体管为共基极接法，且集电极和基极之间的电压 u_{CB} 保持常数时，晶体管集电极电流变化量与发射极电流变化量的比值，称为晶体管的共基极交流电流放大系数，即

$$\alpha = \frac{\Delta i_C}{\Delta i_E} \Bigg|_{u_{CB} = 常数}$$

近似分析中可以认为 $\alpha \approx \bar{\alpha} \approx 1$。

三、极限参数

晶体管的极限参数指的是：允许加在管子上的最大电压、管子允许通过的最大电流和管子允许耗散的最大功率等。为了保证晶体管在电路中安全可靠地工作，必须掌握它的极限参数。

1. 集电极最大允许电流 I_{CM}

当集电极电流太大时，晶体管的共发射极交流电流放大系数 β 的值将明显减小，一般把 β 值减小到额定值的 2/3 时的集电极电流规定为管子的集电极最大允许电流。当集电极电流 i_C 大于 I_{CM} 时，晶体管不一定会损坏。

2. 集电极最大允许耗散功率 P_{CM}

晶体管的集电极电流 i_C 与电压 u_{CE} 的乘积称为集电极耗散功率，即

$$P_C = i_C u_{CE}$$

这个功率将使晶体管集电结的温度（简称结温）升高。结温太高会使晶体管的性能变坏，甚至烧毁晶体管。硅管的最高结温为 150℃，锗管的最高结温约为 75℃。为了不超过最高结温，使用晶体管时，应限制其集电极耗散功率。

集电极最大允许耗散功率是指管子的参数变化不超过规定的允许值时，集电极耗散的最大功率，并用 P_{CM} 表示。

根据半导体器件手册中给出的 P_{CM} 值，按 $P_{CM} = i_C u_{CE} = $ 常数，可在晶体管的输出特性曲线上画出 P_{CM} 线，如图 1.3.10 所示。

在 P_{CM} 线的右上方，管子的集电极耗散功率大于规定的 P_{CM} 值，称为过损耗区。

对于大功率晶体管来说，为满足散热条件，应该给管子加装规定尺寸的散热片。

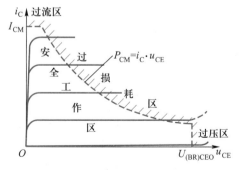

图 1.3.10　晶体管的集电极最大允许功率损耗线和四个区域

3. 集电极-发射极反向击穿电压 $U_{(BR)CEO}$

$U_{(BR)CEO}$ 是基极开路时,集电极和发射极之间允许施加的最大电压。在实际电路中,如果集电极和发射极之间的电压超过 $U_{(BR)CEO}$,晶体管的集电极电流将变得很大,产生击穿现象。此时,轻则使晶体管的性能变坏,重则使管子损坏。

根据 I_{CM}、P_{CM} 和 $U_{(BR)CEO}$ 的值,可在输出特性曲线上确定四个区:过流区、过损耗区、过压区和安全工作区。在组成晶体管电路时,应根据工作条件合理选择管子的型号。为保证晶体管安全可靠工作,必须使它工作在图 1.3.10 所示的安全工作区中。

应该指出,由于晶体管制造工艺的限制,其参数具有一定的分散性,即使是同一型号的晶体管,不同管子间的参数也可能会有很大的差异。因此半导体器件手册上所给出的往往是参数的上限值、下限值或参数的参考范围。

拓展阅读 1.2
光电晶体管

1.4 场效晶体管

1.4.1 场效晶体管概述

晶体管具有良好的电流放大作用,在放大电路中获得了广泛的应用。但是,晶体管存在着一个严重的缺点,即当它在放大区工作时,发射结必须加正向电压,因而降低了管子的输入电阻,因此,用晶体管组成放大电路时,放大电路的输入电阻不够高(这一问题将在第 2 章中详细讨论)。

为了提高放大电路的输入电阻和其他性能。贝尔实验室的科学家在 1960 年发明了场效晶体管。场效晶体管是一种利用电场效应来控制其电流大小的半导体器件。这种半导体器件不仅兼有体积小、重量轻、耗电省、寿命长等特点,而且还有输入电阻高、噪声低、热稳定性好、抗辐射能力强、制造工艺简单和便于大规模集成等优点,因而大大扩展了它的应用范围,特别是在大规模和超大规模集成电路中的应用。

根据结构的不同,场效晶体管可分为两大类:结型场效晶体管(junction field effect transistor,简写为 JFET)和绝缘栅型场效晶体管(insulated grid field effect transistor,简写为 IGFET)。JFET 又分为 N 沟道 JFET 和 P 沟道 JFET 两种类型。IGFET 有 N 沟道增强型、N 沟道耗尽型、P 沟道增强型和 P 沟道耗尽型四种类型。

1.4.2 结型场效晶体管

一、结型场效晶体管的结构

结型场效晶体管的结构示意图如图 1.4.1(a)所示。在一块 N 型半导体的两侧制造两个高掺杂 P 区(用 P$^+$ 表示),形成两个 PN 结;在两个 P 区引出两个欧姆接触电极,并将两者连在一起,作为栅极 g;在 N 型半导体上、下两端各引出一个欧姆接触电极,分别作为漏极 d 和源极 s。两个 PN 结中间的区域称为导电沟道。由于这种场效晶体管的导电沟道是 N 区, 故称它为 N 沟道结型场效晶体管。它的符号如图 1.4.1(b)所示,图中栅极箭头的方向表示 PN 结正偏时栅极电流的实际方向。

二、结型场效晶体管的工作原理

1. 预备知识

如图 1.4.2 所示,在漏极和源极间加直流电源 V_{DD},它的正极接漏极,负极接源极;在栅极和源极间加直流电源 V_{GG},其正极接源极,负极接栅极。电源极性的这种安排,使两个 PN 结均加有反向电压,只流过很小的反向电流,即管子的栅极电流几乎为零,所以这种场效晶体管栅-源极间的直流输入电阻 R_{GS} 很大,可高达 10^8 Ω。

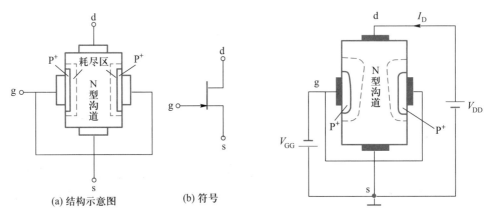

图 1.4.1　N 沟道结型场效晶体管　　　　图 1.4.2　N 沟道结型场效晶体管的电源安排

我们知道,当 P 型半导体和 N 型半导体结合在一起时,在两者的交界面附近会形成一个空间电荷区——耗尽区。在耗尽区中几乎没有自由电子和空穴,故与绝缘体相似。我们还知道,当在 PN 结上加反向电压时,耗尽区会加宽,而且反向电压越大,耗尽区越宽。

2. 工作原理

N 沟道结型场效晶体管的工作原理可简述如下。

(1) 如图 1.4.3(a)所示,当栅源电压 $u_{GS}=0$ 时,两个 PN 结承受的反向电压最小,耗尽区最窄,导电沟道最宽,沟道电阻最小,漏极电流 i_D 最大。我们把 $u_{GS}=0$(且 $u_{DS}=10$ V)时的漏极电流称为场效晶体管的饱和漏极电流,并以符号 I_{DSS} 表示。

应该指出,在 N 型沟道中,从漏极到源极,电位是逐渐下降的,所以越靠近漏极 PN 结的反向电压越大,耗尽区越宽,而靠近源极处耗尽区较窄。

(2) 如图 1.4.3(b)所示,当栅-源极间加较小的负电压 V_{GG} 使 $u_{GS}<0$ 时,PN 结承受的反向电压稍有加大,耗尽区稍有加宽,而且因 P 区的杂质浓度比 N 区大得多,耗尽区主要向 N 区延伸,使导电沟道变窄,沟道电阻加大,漏极电流 i_D 要减小一些。

(3) 如图 1.4.3(c)所示,当栅-源极间的负电压足够大时,两边的耗尽区完全合拢,导电沟道消失,漏极电流 i_D 近似为零,这种情况称为夹断,这时的栅源电压称为夹断电压 U_P。

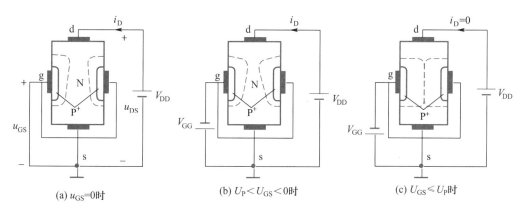

图 1.4.3　N 沟道结型场效晶体管中栅源电压 u_{GS} 对导电沟道的控制作用

综上所述,当栅源电压 u_{GS} 在 $0 \sim U_P$ 之间变化时,可以控制漏极电流 i_D 的大小。由于这种管子是利用加在两个 PN 结上的反向电压产生的电场来控制漏极电流的大小的,故称这种管子为场效晶体管。

3. 结型场效晶体管的工作特点

应该指出,结型场效晶体管的工作情况与晶体管不同,有着自己的特点。

(1) 结型场效晶体管的漏极电流只在两个 PN 结之间的导电沟道中流通,而且参与导电的只有一种极性的载流子——自由电子或空穴,所以常称结型场效晶体管为单极型晶体管。在晶体管中,电流要流过 PN 结,参与导电的同时有两种载流子——自由电子和空穴,所以常称晶体管为双极型晶体管。

(2) 由于在结型场效晶体管中漏极电流只受栅源电压的控制,栅极又不取电流,所以结型场效晶体管是电压控制器件。晶体管则是电流控制器件,它用基极电流去控制集电极电流或发射极电流。

在以后的讨论中将会看到:① 所有场效晶体管均是单极型器件;② 所有场效晶体管均是电压控制器件。

三、结型场效晶体管的特性曲线

结型场效晶体管的特性曲线有转移特性和输出特性两种,可以通过实验或特性图示仪测得。

1. 转移特性

场效晶体管的转移特性指的是,当漏源电压 u_{DS} 保持不变时,漏极电流 i_D 与栅源电压 u_{GS} 之间的关系曲线,即

$$i_D = f(u_{GS}) \big|_{u_{DS} = 常数}$$

N 沟道结型场效晶体管的转移特性如图 1.4.4 所示。当 $u_{GS} = 0$、$u_{DS} = 10$ V 时,漏极电流为饱和漏极电流 I_{DSS}。栅源电压的绝对值 $|u_{GS}|$ 越大,耗尽区越宽,漏极电流 i_D 越接近于零。

实验表明,在 $U_P \leq u_{GS} \leq 0$ 的范围内,转移特性可以用一个近似公式表示,即

$$i_D = I_{DSS} \left(1 - \frac{u_{GS}}{U_P} \right)^2 \tag{1.4.1}$$

有了式(1.4.1),只要测出管子的饱和漏极电流 I_{DSS} 和夹断电压 U_P,就可以把转移特性画出来。

2. 输出特性

场效晶体管的输出特性指的是:当栅源电压 u_{GS} 保持不变时,漏极电流 i_D 和漏源电压 u_{DS} 之间的关系曲线,即

$$i_D = f(u_{DS})\big|_{u_{GS}=\text{常数}}$$

N 沟道结型场效晶体管的输出特性如图 1.4.5 所示。在不同的栅源电压 u_{GS} 下,所测得的输出特性是不同的。栅源电压的绝对值 $|u_{GS}|$ 越大,耗尽区越宽,导电沟道越窄,漏极电流 i_D 越小,输出特性就越下移。在放大电路中,场效晶体管均工作在输出特性的平坦区域。

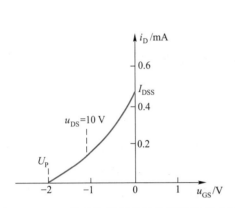

图 1.4.4　N 沟道结型场效晶体管的转移特性

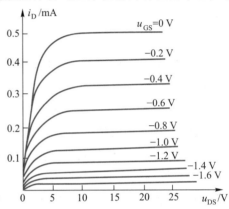

图 1.4.5　N 沟道结型场效晶体管的输出特性

应该注意,当 u_{DS} 增大到一定数值时,PN 结因承受很大的反向电压而击穿,漏极电流 i_D 将急剧增大,如图 1.4.6(b)所示。

必须指出,场效晶体管的转移特性和输出特性是互相联系的,知道了管子的输出特性,便可用作图的方法画出转移特性。例如,在图 1.4.6(b)所示的输出特性上,作 $u_{DS}=10\text{ V}$ 的一条垂直线,这条垂直线与各条输出特性的交点分别为 A、B 和 C,将 A、B 和 C 点对应的 i_D 和 u_{GS} 值画在 i_D-u_{GS} 的直角坐标系统中,就可得到如图 1.4.6(a)所示的当 $u_{DS}=10\text{ V}$ 时的转移特性。

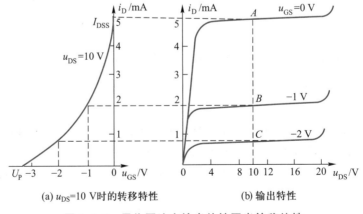

(a) $u_{DS}=10\text{ V}$ 时的转移特性　　　(b) 输出特性

图 1.4.6　用作图法由输出特性画出转移特性

除 N 沟道结型场效晶体管外,还有 P 沟道结型场效晶体管,其结构和符号如图 1.4.7 所示。P 沟道结型场效晶体管的工作原理和特性曲线与 N 沟道结型场效晶体管相似,但所用的电源极性相反。

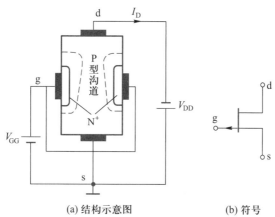

(a) 结构示意图   (b) 符号

图 1.4.7   P 沟道结型场效晶体管

1.4.3   绝缘栅场效晶体管

结型场效晶体管存在三大问题:① 它的直流输入电阻虽然可高达 $10^6 \sim 10^8 \ \Omega$,但是在有些工作条件下,还希望管子具有更高的输入电阻;② 在高温环境下工作时,其直流输入电阻会明显下降;③ 结型场效晶体管的高度集成化工艺还比较复杂,要在一块很小的硅片上制造很多结型场效晶体管还有困难。

以上问题使得结型场效晶体管的应用范围受到较大的限制,而绝缘栅场效晶体管可以很好地解决这些问题。

一、N 沟道增强型绝缘栅场效晶体管的结构

N 沟道增强型绝缘栅场效晶体管的结构示意图如图 1.4.8(a) 所示。它以一块低掺杂的 P 型硅片作衬底(衬底引线用 b 表示),并在其上制作两个高掺杂的 N 区(用 N^+ 表示),安置两个欧姆接触的电极,分别作为漏极 d 和源极 s。在使用中通常将衬底与源极连在一起。在 P 型衬底表面生成一层很薄的二氧化硅(SiO_2)绝缘层,再在两个 N^+ 区之间的绝缘层上蒸镀一层金属铝,引出电极,作为栅极 g。

由于这种管子的栅极是与漏极和源极绝缘的,所以被称为绝缘栅场效晶体管。又由于这种场效晶体管是由金属、氧化物和半导体组成的,故又被称为金属-氧化物-半导体场效晶体管(metal-oxide-semiconductor type field effect transistor),简称 MOSFET 或 MOS 管。

由于这种场效晶体管的栅极是绝缘的,工作时栅极电流几乎为零,故它的栅-源极间的直流输入电阻 R_{GS} 非常大,可高达 $10^{14} \ \Omega$。

N 沟道增强型 IGFET 的符号如图 1.4.8(b) 所示,其 P 衬底 b 的箭头方向是往里的,漏极和源极间的沟道用虚线表示。

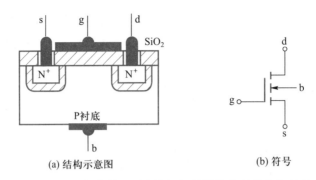

(a) 结构示意图   (b) 符号

图 1.4.8 N 沟道增强型绝缘栅场效晶体管的结构和符号

二、工作原理

N 沟道增强型绝缘栅场效晶体管的工作原理如下。

（1）如图 1.4.9(a)所示，当栅源电压 $u_{GS}=0$ 时，源区和衬底、漏区和衬底形成两个背靠背串联的 PN 结，这时即使在漏-源极间加直流电源 V_{DD}，且不管 V_{DD} 的极性如何，两个 PN 结中总有一个是反向偏置的，故漏极电流 $i_D \approx 0$。

（2）如图 1.4.9(b)所示，在栅-源极间加一较小的正向电压 u_{GS}（V_{GG} 的正极接栅极，负极接源极），则栅极和 P 型衬底相当于是以 SiO_2 为介质的平板电容器。在正栅源电压 u_{GS} 的作用下，在介质中会产生一个垂直于半导体表面的由栅极指向 P 型衬底的电场。由于 SiO_2 绝缘层很薄，只要有几伏的栅源电压 u_{GS}，就可以产生高达 $10^5 \sim 10^6$ V/cm 数量级的强电场。这个电场排斥 P 型硅靠近栅极一侧的多数载流子空穴。当正栅源电压达到一定数值时，可以把 P 型硅表面层中的空穴全部赶走，形成耗尽区。因为耗尽区中几乎没有载流子，即使在漏-源极间加直流电源 V_{DD}，也没有漏极电流产生。

（3）如图 1.4.9(c)所示，当正栅源电压 u_{GS} 超过某个临界值后，P 型硅表面层的电场已足够强，这个强电场除了把 P 型硅表面层中的空穴全部赶走外，还能把 P 型硅衬底中一定数量的少数载流子——自由电子吸引到栅极附近的 P 型硅表面，形成一个 N 型薄层。这个薄层称为反型层。反型层组成了源极和漏极间的 N 型导电沟道。这样，在直流电源 V_{DD} 的作用下，就会产生漏极电流 i_D。我们把能在两个 N^+ 区之间产生 N 型导电沟道的临界栅源电压称为增强型场效晶体管的开启电压，记为 U_T。显然，当 $u_{GS}>U_T$ 后，u_{GS} 越大，导电沟道越宽，漏极电流越大。所以，改变栅源电压 u_{GS} 的大小，就可以控制漏极电流 i_D 的大小。

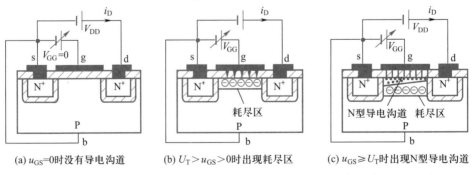

(a) $u_{GS}=0$ 时没有导电沟道   (b) $U_T>u_{GS}>0$ 时出现耗尽区   (c) $u_{GS} \geqslant U_T$ 时出现N型导电沟道

图 1.4.9 N 沟道增强型绝缘栅场效晶体管的工作原理

我们把只有在 $|u_{GS}| > |U_T|$ 后才出现漏极电流 i_D 的场效晶体管称为增强型场效晶体管,它是一种必须依靠栅源电压作用才能形成导电沟道的场效晶体管。

应该指出,在图 1.4.9(c)中,N 型导电沟道和 P 型衬底之间是被耗尽区绝缘的。

三、特性曲线

1. 转移特性

N 沟道增强型绝缘栅场效晶体管的转移特性如图 1.4.10(a)所示。当 $u_{GS} < U_T$ 时,没有导电沟道存在,$i_D \approx 0$;当 $u_{GS} > U_T$ 后,i_D 随 u_{GS} 增大而增大。

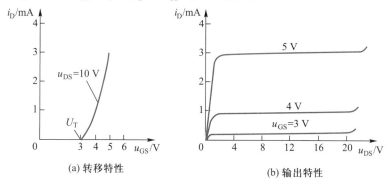

(a) 转移特性　　　　　　　　(b) 输出特性

图 1.4.10　N 沟道增强型绝缘栅场效晶体管的特性曲线

对于 N 沟道增强型绝缘栅场效晶体管,在输出特性的平坦区(即恒流区)内,当 $u_{GS} > U_T$ 时,其转移特性可表示为

$$i_D = I_{D0}\left(\frac{u_{GS}}{U_T} - 1\right)^2 \tag{1.4.2}$$

式中,I_{D0} 是 $u_{GS} = 2U_T$ 时的 i_D 值。

2. 输出特性

N 沟道增强型绝缘栅场效晶体管的输出特性如图 1.4.10(b)所示。只有当 $u_{GS} > U_T$ 后才有漏极电流 i_D 产生。u_{GS} 越大,i_D 越大,输出特性上移得越多。当 u_{DS} 增大到一定数值时,进入击穿区,漏极电流急剧增大。

增强型绝缘栅场效晶体管也可以做成 P 沟道的,其结构示意图和符号如图 1.4.11 所示。符号中 N 型衬底 b 的箭头向外。P 沟道增强型绝缘栅场效晶体管的工作原理与 N 沟道的相似,但电源极性相反。

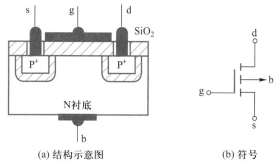

(a) 结构示意图　　　　　　　　(b) 符号

图 1.4.11　P 沟道增强型绝缘栅场效晶体管的结构和符号

四、N 沟道耗尽型绝缘栅场效晶体管的工作特点

如果在制造绝缘栅场效晶体管时,预先在 SiO_2 绝缘层中掺入大量正离子,则即使在 $u_{GS}=0$ 时,也能在源区和漏区中间的 P 型衬底中感应出较多的自由电子而形成导电沟道,将源区和漏区接通,如图 1.4.12(a)所示。这样,在 $u_{GS}=0$ 时,在 u_{DS} 的作用下就可以产生漏极电流 i_D。当 $u_{GS}<0$ 时,沟道中感应的自由电子数减少,i_D 减小。当 u_{GS} 等于夹断电压 U_P 时,导电沟道被夹断,$i_D \approx 0$。当 $u_{GS}>0$ 时,沟道中感应出的自由电子数增多,i_D 随着 u_{GS} 的增大而增大。由此可见,N 沟道耗尽型绝缘栅场效晶体管既可以在正栅源电压下工作,也可以在负栅源电压下工作,这是耗尽型绝缘栅场效晶体管的一个重要特点。

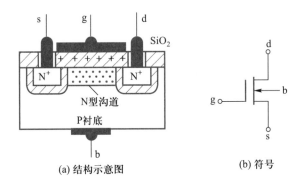

(a) 结构示意图　　　　　(b) 符号

图 1.4.12　N 沟道耗尽型绝缘栅场效晶体管的结构和符号

N 沟道耗尽型绝缘栅场效晶体管的转移特性和输出特性如图 1.4.13(a)(b)所示。

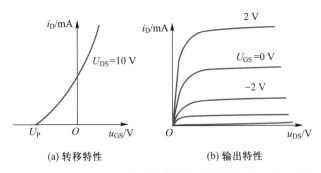

(a) 转移特性　　　　　(b) 输出特性

图 1.4.13　N 沟道耗尽型绝缘栅场效晶体管的特性曲线

对于 N 沟道耗尽型绝缘栅场效晶体管,当 $u_{GS} \geqslant U_P$ 时,描写转移特性方程的公式(1.4.1)也适用。

耗尽型绝缘栅场效晶体管除了采用 P 型衬底 N 沟道外,还可以采用 N 型衬底 P 沟道,它的工作原理与 N 沟道的管子相似。为便于使用,将各种场效晶体管的符号和特性曲线列于表 1.4.1 中。

表 1.4.1 各种场效晶体管的符号和特性曲线

结构种类	工作方式	符号	转移特性	输出特性
绝缘栅 （MOSFET） N 沟道	耗尽型			
	增强型			
绝缘栅 （MOSFET） P 沟道	耗尽型			
	增强型			
结型 （JFET） N 沟道	耗尽型			
结型 （JFET） P 沟道	耗尽型			

1.4.4　场效晶体管的主要参数

为了正确使用场效晶体管,必须掌握它的主要参数。现对一些主要参数作简要说明。

一、直流参数

1. 饱和漏极电流 I_{DSS}

饱和漏极电流 I_{DSS} 指的是:结型场效晶体管或耗尽型绝缘栅场效晶体管在栅极和源极短路,即 $u_{GS} = 0$ 时,在输出特性平坦部分对应的漏极电流。通常令 $u_{DS} = 10$ V,在 $u_{GS} = 0$ V 时测出的 i_D 就是 I_{DSS}。从转移特性上来看,对应于 $u_{DS} = 10$ V 的那条转移特性,在 $u_{GS} = 0$ 时的漏极电流就是 I_{DSS}。

2. 夹断电压 U_P

夹断电压 U_P 指的是:结型场效晶体管或耗尽型绝缘栅场效晶体管的漏源电压 u_{DS} 固定在某个数值(如取 10 V),而使漏极电流 i_D 等于某个微小值(如取 50 μA)时所需的栅源电压值。

3. 开启电压 U_T

开启电压 U_T 指的是:增强型绝缘栅场效晶体管的漏源电压 u_{DS} 固定在某一数值(如取 10 V)时,使管子由不导通变为导通(如 $i_D = 10$ μA)时所需的临界栅源电压值。

4. 直流输入电阻 R_{GS}

直流输入电阻 R_{GS} 指的是:当漏极和源极短路,即在 $u_{DS} = 0$ 的情况下,在栅-源极间加一固定电压(如取 10 V)时,栅-源极间的直流电阻。结型场效晶体管的 R_{GS} 可达 10^8 Ω,绝缘栅场效晶体管的 R_{GS} 可达 10^{10} Ω。

二、交流参数

1. 低频跨导 g_m

低频跨导 g_m 指的是:当 u_{DS} 固定在某一数值时,漏极电流的微小变化量 Δi_D 与引起这个变化量的栅源电压的微小变化量 Δu_{GS} 之比,即

$$g_m = \frac{\Delta i_D}{\Delta u_{GS}}\Bigg|_{u_{DS} = 常量} \tag{1.4.3}$$

由于 g_m 是在低频情况下测出的,故称为低频跨导。

低频跨导 g_m 是衡量场效晶体管栅源电压对漏极电流控制能力的一个重要参数,它相当于转移特性上管子在工作点处的斜率。g_m 的单位是 S(西门子)或 mS(毫西门子),一般在十分之几到几个 mS 之间。g_m 与晶体管的电流放大系数 β 相似,是衡量场效晶体管放大能力的一个重要参数。可通过对式(1.4.1)或式(1.4.2)求导得到。

应该指出,由于转移特性曲线的非线性,g_m 与管子工作点的位置密切相关,工作电流 i_D 越大,g_m 也越大。

2. 极间电容

场效晶体管的三个电极之间均存在极间电容。通常栅源电容 C_{gs} 和栅漏电容 C_{gd} 约为 1~

3 pF,而漏源电容 C_{ds} 约为 0.1~1 pF。在高频电路中,应考虑极间电容的影响。场效晶体管的最高工作频率 f_M 是综合考虑了三个电容的影响而确定的工作频率的上限值。

三、极限参数

1. 最大漏极电流 I_{DM}

最大漏极电流 I_{DM} 是指能保证管子正常工作时所允许的漏极电流的最大值。

2. 最大漏源电压 $U_{(BR)DS}$

最大漏源电压 $U_{(BR)DS}$ 是指保证管子不发生击穿时所允许施加的 u_{DS} 的最大值。

3. 最大耗散功率 P_{DM}

最大耗散功率 P_{DM} 是指在规定的最高工作温度条件下,所允许管子耗散的最大功率。

此外,场效晶体管还有一些其他参数和极限参数,在此不一一介绍了。

1.4.5 使用场效晶体管的注意事项

为了保证场效晶体管在电路中安全可靠地工作,除了不能超过极限值使用外,特提出以下注意事项。

(1) 在绝缘栅场效晶体管中,为了使用者接线方便,有的产品会引出衬底。一般来说,应将 P 型衬底接低电位,N 型衬底接高电位。但是,在某些特殊电路中,当源极的电位很高或很低时,为了减轻源极和衬底之间的电压对管子导电性能的影响,可将源极与衬底连在一起。有的产品在出厂时已将源极与衬底连接在一起了。

(2) 对于绝缘栅场效晶体管,要特别注意防止感应击穿。由于绝缘栅场效晶体管的直流输入电阻非常高,当管子周围有强电场存在时,数值很小的栅源电容 C_{gs} 上感应出的电荷极难泄放掉,电荷的积累会使栅-源极间出现高电压,将 SiO_2 绝缘层击穿,使管子损坏。为了防止出现感应击穿现象,必须避免栅极处于悬空状态。为此,在保存管子时,应将管子的三个电极短路;在焊接时,电烙铁必须有良好的外接地线,以屏蔽交流电场,最好将电烙铁断电后趁热焊接;不要用万用表检查绝缘栅场效晶体管;把管子焊到电路上(或接入仪器时)或取下来时,应先把管子的三个电极短路;测试场效晶体管的仪器必须有良好的接地措施。

在改进的绝缘栅场效晶体管内,生产厂家已在管子内部制作了专供过电压保护的稳压管,可以放心使用。

(3) 当场效晶体管使用在要求输入电阻较高的场合时,应采取防潮措施,以免湿度使场效晶体管的直流输入电阻大大降低。

(4) 结型场效晶体管栅源电压的极性不能接反。

📄 本章小结

1. 半导体的导电能力介于导体与绝缘体之间,具有热敏特性、光敏特性和掺杂特性。

2. 本征半导体是一种几乎不含杂质的、无晶格缺陷的半导体。在本征半导体中,有自由电子和空穴两种载流子,而且它们是成对出现的。在本征半导体中,由本征激发产生的自由电子-空穴对的数量很少,但它们与温度有密切的关系。

3. 掺入杂质的半导体称为杂质半导体。在本征半导体中掺入不同的杂质,可分别形成 P 型和 N 型半导体。在 P 型半导体中,空穴是多数载流子,自由电子是少数载流子;在 N 型半导体中,自由电子是多数载流子,空穴是少数载流子。

4. PN 结是组成各种半导体器件的基础。PN 结的重要特性是单向导电性:当 PN 结上外加正向电压时,多数载流子的扩散运动超过少数载流子的漂移运动,PN 结变为导通状态;当 PN 结上外加反向电压时,少数载流子的漂移运动超过多数载流子的扩散运动,PN 结变为截止状态。

5. 二极管的核心是一个 PN 结。二极管的单向导电性可用它的伏安特性描述。二极管的伏安特性是非线性的,所以它是非线性器件,由二极管构成的电子电路是非线性电路。为便于二极管电路的分析和计算,可引入二极管的直流等效电路。本章介绍了理想等效电路和恒压降等效电路,它们是在一定条件下,用线性元件所构成的线性电路来近似模拟二极管,并用以取代电路中的二极管,从而把非线性的二极管电路转化为线性电路来分析。在实际应用中,应根据工作条件选择适当的等效电路。

6. 用特殊工艺可制成硅稳压管,它的反向特性很陡,在电路中可起稳压作用。它的 PN 结在反向击穿后,只要反向电流不超过允许的最大值,管子并不会损坏。稳压管的动态电阻 r_Z 越小,稳压性能越好。

利用 PN 结的光敏特性可以制成光电二极管;利用发光材料可以制成发光二极管。

7. 晶体管是由两个 PN 结组成的三端有源器件,它有 NPN 和 PNP 两大类型,两者的极间电压的极性和电流的实际方向相反。

电流放大作用是晶体管的重要特性。使晶体管具有电流放大作用的内部结构条件(内因)是:发射区的杂质浓度远大于基区的杂质浓度,且基区做得很薄。使晶体管具有电流放大作用的外部条件(外因)是:发射结必须加正向电压,集电结必须加反向电压。在外因和内因的共同作用下,可以保证发射区向基区注入的大量多数载流子,只有极少数在基区被复合,而绝大部分可扩散到集电结边缘,最终被集电区收集,成为集电极电流的主体。

晶体管实际上是一个电流分配器,管子中的三个电流满足基尔霍夫定律,即

$$I_E = I_B + I_C$$

在共发射极电路中,如考虑晶体管的穿透电流,集电极电流为

$$I_C = \bar{\beta} I_B + I_{CEO}$$

晶体管是有两种载流子(多数载流子和少数载流子)参与导电的器件,故称为双极型器件。由于硅材料的热稳定性好,所以硅晶体管得到了广泛的应用。

晶体管是一种电流控制器件,即用基极电流或发射极电流可以控制集电极电流。

晶体管的特性曲线反映了各电极间的电压与各电极电流间的关系曲线,它们是晶体管内部载流子运动的外部表现,是分析电子电路的重要依据。由于晶体管的输入特性和输出特性都是非线性的,所以晶体管是非线性器件,从而给电子电路的分析带来了一些新的特点。

晶体管有三种工作状态:放大状态、截止状态和饱和状态。

8. 晶体管的参数是用来表征它的性能和适用范围的数据。有的参数说明管子的放大性能(如 $\bar{\beta}$、β);有的参数反映管子的温度稳定性(如 I_{CBO}、I_{CEO});有的参数是极限参数(如 I_{CM}、P_{CM}、$U_{(BR)CEO}$),用来指出晶体管工作时不允许超过的极限值。

9. 场效晶体管是一种利用电场的强弱改变导电沟道的宽度而控制电流的半导体器件,只要改变栅源电压 u_{GS} 就可以控制漏极电流 i_D 的大小。场效晶体管因只有一种载流子参与导电,故称为单极型半导体器件。

在正常工作时,因结型场效晶体管的两个 PN 结加有反向电压,绝缘栅场效晶体管的栅-源极之间存在绝缘层,栅极电流 $i_G = 0$,不需要从信号源吸取电流,所以它是一种电压控制器件。

根据电场对导电沟道控制方法的不同,场效晶体管分为结型和绝缘栅型两种类型。结型场效晶体管是利用 PN 结反向电压的变化对耗尽区宽度的影响,使导电沟道的宽度发生变化而控制漏极电流 i_D 的;绝缘栅场效晶体管则是利用改变栅源电压 u_{GS} 的大小以控制反型层的厚度而控制漏极电流 i_D 的。

根据参与导电的载流子的不同,场效晶体管可分为 N 型沟道和 P 型沟道两类,N 型沟道场效晶体管靠自由电子导电,P 型沟道场效晶体管靠空穴导电。不同沟道的场效晶体管在工作时,所要求的电源电压的极性是不同的,漏极电流的流向也不相同。

绝缘栅场效晶体管有耗尽型和增强型两种工作方式。结型场效晶体管则只有耗尽型一种工作方式。耗尽型场效晶体管的特点是:在栅源电压 $u_{GS} = 0$ 时就产生漏极电流 i_D。增强型场效晶体管的特点是:只有当栅源电压 $|u_{GS}| > |U_T|$ 后才产生漏极电流 i_D。

场效晶体管具有输入电阻高、噪声低、热稳定性好、抗辐射能力强、制造工艺简单和便于大规模集成等优点。为保证场效晶体管在电路中稳定可靠地工作,除了不能超过极限参数使用外,对于绝缘栅场效晶体管应特别注意防止感应击穿。

10. 场效晶体管和晶体管的比较:

① 场效晶体管工作时栅极基本不取电流,具有输入电阻很高的特点;而晶体管在放大区工作时,发射结必须为正偏,故其输入电阻较低。

② 在场效晶体管中,只有多数载流子参与导电,其热稳定性好,抗辐射能力强;而晶体管则因参与导电的少数载流子浓度易受环境温度和外界辐射的影响,故其热稳定性和抗辐射能力较差。

③ 与晶体管相比,场效晶体管的噪声系数较小,尤其是结型场效晶体管,具有更小的噪声系数,可达 1.5 dB 以下。结型场效晶体管特别适合组成低噪声放大电路的输入级。

④ 场效晶体管的漏极和源极可以互换使用(当 MOS 管的源极与衬底相连时除外),耗尽型绝缘栅场效晶体管的栅-源电压可正可负,使用起来比晶体管更为灵活。而当晶体管的集电极与发射极互换使用时,其电流放大系数 β 将变得非常小。

⑤ 与晶体管相比,场效晶体管的制造工艺便于集成化,在大规模和超大规模集成电路中得到广泛应用。

⑥ 绝缘栅场效晶体管存在感应击穿问题,使用中应特别注意。

⑦ 从放大能力来看,场效晶体管的低频跨导 g_m 较小,而晶体管则具有很大的电流放大系数 β。在第 2 章将会介绍,使用晶体管组成的放大电路时,能获得更高的电压放大倍数。

⑧ 工作在输出特性可变电阻区的场效晶体管,可作为压控电阻使用(见习题 1.4.4)。

 习题

1.1.1　选择合适的答案填入空内。

(1) 在本征半导体中加入_____元素可形成 N 型半导体,加入_____元素可形成 P 型半导体。

　　A. 五价　　　　　　　　　B. 四价　　　　　　　　　C. 三价

(2) PN 结加正向电压时,空间电荷区将_____。

　　A. 变窄　　　　　　　　　B. 基本不变　　　　　　　C. 变宽

(3) 当温度升高时,二极管的反向饱和电流将_____。

　　A. 增大　　　　　　　　　B. 不变　　　　　　　　　C. 减小

(4) 稳压管要起稳压作用应工作在_____状态。

　　A. 正向导通　　　　　　　B. 反向截止　　　　　　　C. 反向击穿

1.2.1　写出图 P1.2.1 所示各电路的输出电压值。假设二极管是理想的。

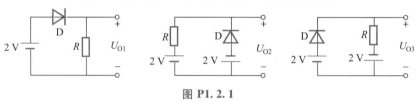

图 P1.2.1

1.2.2　写出图 P1.2.2 所示各电路的输出电压值。设二极管的导通电压 $U_D = 0.7$ V。

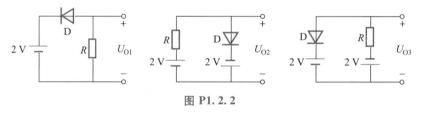

图 P1.2.2

1.2.3　电路如图 P1.2.3(a)所示。已知:输入电压 u_{I1} 和 u_{I2} 的波形如图 P1.2.3(b)所示,二极管的导通电压 $U_D = 0.7$ V。试画出输出电压 u_O 的波形,并标出其幅值。

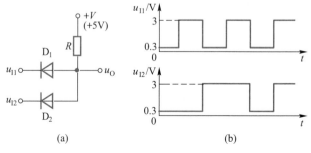

图 P1.2.3

1.2.4 电路如图 P1.2.4 所示。已知：二极管的导通电压 $U_D = 0.7$ V；常温下 $U_T \approx 26$ mV；电容器 C 对交流信号可视为短路；u_i 为正弦波，有效值为 10 mV。试求二极管中流过的交流电流的有效值。

1.2.5 电路如图 P1.2.5 所示，已知 $u_i = 10\sin \omega t$（V），试画出 u_i 与 u_O 的波形。设二极管的正向导通电压可忽略不计。

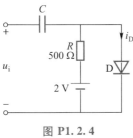

图 P1.2.4

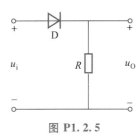

图 P1.2.5

1.2.6 电路如图 P1.2.6 所示。已知：$u_i = 5\sin \omega t$（V），二极管的导通电压 $U_D = 0.7$ V。试画出 u_i 与 u_O 的波形，并标出它们的幅值。

1.2.7 现有两个稳压管，它们的稳定电压分别为 6 V 和 8 V，正向导通电压为 0.7 V。试问：

（1）若将它们串联相接，可得到几种稳压值？各为多少？

（2）若将它们并联相接，又可得到几种稳压值？各为多少？

1.2.8 已知稳压管的稳定电压 $U_Z = 6$ V，稳定电流的最小值 $I_{Zmin} = 5$ mA，最大耗散功率 $P_{ZM} = 150$ mW。试求图 P1.2.8 所示电路中电阻 R 的取值范围。

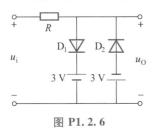

图 P1.2.6

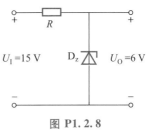

图 P1.2.8

1.2.9 在图 P1.2.9 所示电路中。已知：发光二极管的导通电压 $U_D = 1.5$ V，正向电流在 5~15 mA 时才能正常工作。试回答：

（1）开关 S 在什么位置时发光二极管才能发光？

（2）R 的取值范围是多少？

1.3.1 现有 T_1 和 T_2 两个晶体管。已知：T_1 的 $\beta = 200$，$I_{CBO} = 200$ μA；T_2 的 $\beta = 100$，$I_{CBO} = 10$ μA；其他参数大致相同。应选用哪个管子？为什么？

1.3.2 已知两个晶体管的电流放大系数 β 分别为 50 和 100。现测得放大电路中每个管子两个电极的电流分别如图 P1.3.2(a) 和 (b) 所示。试分别求出另一个电极的电流，标出其实际方向，并将管子画在圆圈中。

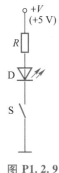

图 P1.2.9

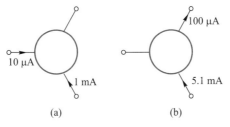

(a)   (b)

图 P1.3.2

1.3.3 图 P1.3.3 所示为某晶体管的输出特性曲线,试确定它的 I_{CM}、P_{CM}、$U_{(BR)CEO}$ 以及 β 值。

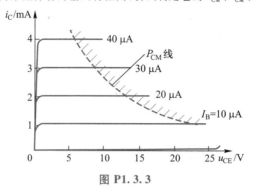

图 P1.3.3

1.3.4 已测得放大电路中四个晶体管的直流电位如图 P1.3.4 所示。试在圆圈中画出管子的符号,并分别说明它们是硅管还是锗管。

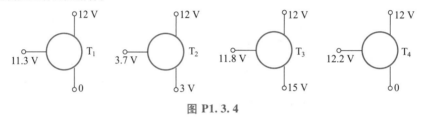

图 P1.3.4

1.3.5 电路及参数如图 P1.3.5 所示。已知:晶体管的 $U_{BE}=0.7$ V,$\beta=60$。

(1) 当 $u_I=3$ V 时,判断晶体管的工作状态,并求出 i_C 和 u_O 的值。

(2) 当 $u_I=-2$ V 时,判断晶体管的工作状态,并求出 i_C 和 u_O 的值。

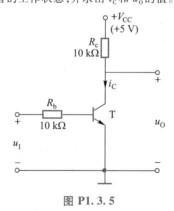

图 P1.3.5

1.4.1 在放大电路中,已知一个 N 沟道场效晶体管三个电极①、②、③的电位分别为 4 V、8 V、12 V,管子工作在输出特性的恒流区(即输出特性曲线中平坦的区域)。试判断它可能是哪种类型的管子(结型、绝缘栅型、增强型、耗尽型),并说明 ①、②、③与电极 g、s、d 的对应关系。

1.4.2 已知场效晶体管的输出特性曲线如图 P1.4.3(b) 所示,试画出它在恒流区的转移特性曲线。

1.4.3 电路如图 P1.4.3(a) 所示,T 的输出特性如图 P1.4.3(b) 所示,试分析当 $u_I=4$ V、8 V、12 V 三种情况下场效晶体管的工作区域。

1.4.4 场效晶体管的输出特性如图 P1.4.3(b) 所示,特性的起始部分称为可变电阻区。试求出在

$u_{DS} = 3$ V 时，$u_{GS} = 9$ V、10 V、11 V、12 V 四种情况下漏-源极间的直流电阻 $R_{DS}(R_{DS} = U_{DS}/I_D)$。

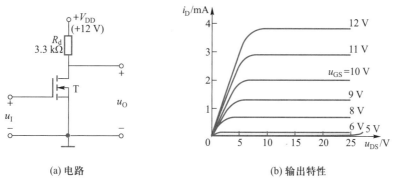

(a) 电路   (b) 输出特性

图 P1. 4. 3

第 1 章　重要题型分析方法

第 1 章　部分习题解答

第2章

晶体管和场效晶体管放大电路

 引言

　　放大电路是模拟电子技术中最重要的一种基本电路。基本放大电路是组成各种复杂放大电路的基本单元。

　　放大电路的应用十分广泛,例如,无论是在日常使用的收音机和电视机中,还是在精密的测量仪器和复杂的自动控制系统中,放大电路都是它们的重要组成部分。在这些电子设备中,放大电路的作用是:将加在输入端的微弱电信号加以放大,而在输出端获得较大的信号电压或信号功率,以便于测量和利用。

　　所谓"放大",其本质是能量的控制,即能量的转换。在实际应用中,信号有时只有毫伏甚至只有微伏的数量级,其能量过于微弱,不足以推动负载(或执行机构)工作,这时就必须通过放大电路将信号进行"放大"。为了实现"放大",必须给放大电路提供能源。由直流电源供电的放大电路,通过加在其输入端的、能量比较小的输入信号,借助晶体管或场效晶体管来控制直流电源给出能量,最后使输出端的负载上得到能量比较大的不失真信号。因此,我们常说,"放大"的实质是"小能量控制大能量"。我们还要强调:"放大"的对象是变化量;"放大"的前提是输出信号不能产生失真。对于这些基本概念,本章将结合具体电路加以阐述。

　　本章既是学习的重点,又是学习的难点,是读者感到"入门难"的一章。因为它不仅要求读者掌握很多重要的基本概念,而且还要牢固掌握放大电路的分析方法,以便为学习后续各章打下坚实的基础。

　　本章首先通过晶体管共发射极放大电路阐述以下内容:放大电路的基本组成、基本概念和基本工作原理;详细介绍放大电路的两种常用分析方法——图解法和微变等效电路法;在分析放大电路的静态工作点的基础上,分析放大电路的动态指标——电压放大倍数、输入电阻和输出电阻等;由于温度对放大电路的静态工作点有较大的影响,因而介绍了静态工作点稳定的放大电路。

　　本章还分析了晶体管共集电极、共基极基本放大电路和场效晶体管基本放大电路,在此基础上介绍了共射-共基和共集-共基放大电路以及复合管放大电路。

　　本章最后介绍了放大电路频率特性的概念,定性分析了基本共发射极放大电路和基本共源极放大电路的频率特性。

2.1 晶体管基本共发射极放大电路概述

拓展阅读 2.1
放大电路的
主要性能指标

晶体管基本共发射极放大电路是放大电路的一种基本电路形式,应用非常广泛。本节以晶体管基本共发射极放大电路为例,介绍放大电路的基本组成和基本工作原理。

2.1.1 电路的组成

图 2.1.1 为单管基本共发射极放大电路。因为晶体管的发射极是该放大电路输入回路和输出回路的公共端,所以该放大电路称为共发射极放大电路,简称共射极放大电路。

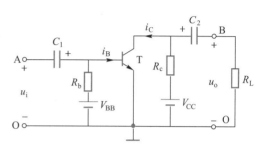

图 2.1.1 单管基本共发射极放大电路

一、各元器件的作用

电路中各元器件的作用如下。

(1)晶体管:T 是一个 NPN 型晶体管,它在电路中起电流放大作用,是放大电路的核心。

(2)基极直流电源 V_{BB} 和基极偏置电阻 R_b:基极直流电源 V_{BB} 的负端接 T 的发射极,正端通过电阻 R_b 接 T 的基极,以保证发射结加正向电压而处于正向偏置状态;同时 V_{BB} 与基极偏置电阻(简称基极电阻)R_b 相配合,为 T 提供一个大小合适的基极直流电流(称为偏流)I_B。此外,R_b 的存在还可以保证在交流输入信号(或称交流输入电压)u_i 的作用下能使基极电流 i_B 作相应的变化。若 $R_b = 0$,则 $u_{BE} = V_{BB}$ 为常数,i_B 和 i_C 就不会随 u_i 发生变化了,交流输入信号 u_i 也就得不到放大。R_b 一般为几十千欧或几百千欧。

(3)集电极直流电源 V_{CC}:集电极直流电源 V_{CC} 的负端接 T 的发射极,正端通过集电极负载电阻 R_c(简称集电极电阻)接到 T 的集电极,以保证 T 的集电结加反向电压而处于反向偏置状态。V_{CC} 还为放大电路提供能量。V_{CC} 一般为几伏至几十伏。

(4)集电极负载电阻 R_c:集电极负载电阻 R_c 的作用是将晶体管的集电极电流 i_C 的变化转变为晶体管集电极-发射极电压(管压降)u_{CE} 的变化。若将 R_c 短接,则晶体管的集电极电流在变化时,晶体管的管压降 $u_{CE} = V_{CC}$ 是不变的,放大电路就无法输出变化的电压。R_c 一般为几千欧至几十千欧。

(5)耦合电容 C_1 和 C_2:一方面,只要 C_1 和 C_2 的电容足够大,使它们对交流信号的容抗近似为零,就可以既保证交流输入信号 u_i 能畅通地被送入放大电路的输入回路中,又能保证把放大后的交流信号畅通地送到负载上去。由于它们起着耦合(传递)交流信号的作用,故称 C_1 和 C_2 为耦合电容。另一方面 C_1 和 C_2 又起着隔离直流的作用:直流信号下,C_1 和 C_2 的容抗为无穷大,利用 C_1 可隔断放大电路与交流输入信号之间的直流通路;利用 C_2 可隔断放大电路和负载之间的直流通路。有了 C_1 和 C_2 后,可使信号源、放大电路和负载之间无直流联系,在直流方面三者互不影响。由于这个缘故,又称 C_1 和 C_2 为隔直电容。

对于 C_1 和 C_2,既要求它们有较大的电容(几微法或几十微法),又要求它们有较小的体积,所以一般采用电解电容器。在使用电解电容器时,要注意它的极性是否与它两端的实际工作电压的极性相符合(见图 2.1.2 中 C_1 和 C_2 上的电压极性与所标的电容极性)。

二、电路名称说明

图 2.1.1 所示的电路是通过耦合电容 C_1 和 C_2 分别将交流输入信号与放大电路、放大电路与负载连接起来的,放大电路的这种接线方式称为阻容耦合方式,这样的放大电路称为阻容耦合放大电路。

本章主要对阻容耦合放大电路进行分析和讨论。阻容耦合放大电路只能放大交流信号。对于变化缓慢的信号应采用直接耦合的接线方式,这样的放大电路称为直接耦合放大电路。关于直接耦合放大电路的内容将在第 3 章中介绍。

2.1.2　电路的基本工作原理

一、信号的放大过程

待放大的交流输入信号 u_i 加在图 2.1.1 所示放大电路的输入端 A、O 两点之间,由于 C_1 的容抗近似为零,u_i 直接加在 T 的基极和发射极之间,引起基极-发射极电压 u_{BE} 和基极电流 i_B 作相应的变化,通过 T 的电流放大作用,T 的集电极电流 i_C 也将变化,i_C 的变化使 R_c 上产生电压变化,从而引起 T 的集电极-发射极电压 u_{CE} 变化,u_{CE} 中的交流分量经过 C_2 畅通地传送到接在放大电路输出端 B、O 两点之间的负载电阻 R_L 上,成为交流输出电压 u_o。只要电路参数选择得合适,就可使交流输出电压 u_o 的幅度远远大于交流输入电压 u_i 的幅度,从而实现了电压放大作用。以上过程可归结为

$$u_i \xrightarrow{C_1} u_{BE} \xrightarrow{T} i_B \xrightarrow{T} i_C \xrightarrow{R_C} u_{CE} \xrightarrow{C_2} u_o$$

从以上的放大过程可以看出,电路的放大作用是通过晶体管的基极电流 i_B 对集电极电流 i_C 的控制作用来实现的,即在放大电路的输入端加上能量较小的交流输入信号 u_i 后,通过晶体管的基极电流 i_B 去控制集电极电流 i_C,从而将直流电源 V_{CC} 的能量转化为所需要的形式提供给负载。

因此,放大电路实际上是一个能量控制器。放大作用的实质是通过晶体管的电流控制作用,以实现用输入信号的微弱能量去控制为放大电路供电的直流电源给出能量,最后使输出端的负载上得到能量比较大的不失真信号。所以我们常说:"放大"的实质是"小能量控制大能量"。

另外,必须特别强调:放大电路的输入信号是随时间作连续变化的模拟信号,它们都是变化量,所以我们又说"放大的对象是变化量"。

二、放大电路的组成原则

通过上面的讨论,可以归纳出组成放大电路时必须遵循的几个原则。

（1）直流电源的极性必须使晶体管的发射结为正向偏置，集电结为反向偏置，以保证晶体管具有电流放大作用；

（2）输入回路的接法，应使输入电压的变化能引起基极电流（或发射极电流）的变化，从而去控制集电极电流的变化；

（3）输出回路的接法，应使得集电极电流的变化能引起负载电压的变化；

（4）电路参数的选择要合适，以建立合适的静态工作点，保证输入信号能得到不失真的放大（这个问题将会在以后做介绍）。

三、放大电路的简化和习惯画法

1. 放大电路的简化

在图 2.1.1 中，放大电路要用两个直流电源 V_{BB} 和 V_{CC}，既不经济，使用起来又不方便。实际上，由于两个直流电源的负极连在一起，若选 $V_{BB} = V_{CC}$，便可把两个直流电源合并成一个，从而达到简化电源的目的，如图 2.1.2 所示。

2. 放大电路的习惯画法

在放大电路中，通常把交流输入电压 u_i、交流输出电压 u_o 和直流电源的公共端（图 2.1.1 中的 O 点）称为"地"。并以符号"⊥"表示，通常设"地"端为零电位，作为电路中其他各点电位的参考点。为了画图方便，习惯上不画电源的符号，只标出它对"地"的电压值和极性 $+V_{CC}$，如图 2.1.2 所示，这就是放大电路的习惯画法。

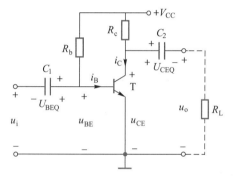

图 2.1.2　基本共发射极放大电路的
简化和习惯画法

3. 电压和电流正方向的规定

为了分析问题方便，我们规定：电压的正方向以公共端为负端，其他各点为正端。电流的正方向规定为：当晶体管为 NPN 型时，i_B、i_C 以流入电极为正，如图 2.1.2 中的箭头所示；当晶体管为 PNP 型时，电流的正方向刚好相反。

2.2　放大电路的图解分析法

在初步掌握了放大电路的组成及了解了信号的放大过程后，就可以对放大电路的工作进行较详细地分析了。分析放大电路的方法主要有图解法和微变等效电路法两种。现在先介绍分析放大电路的图解法。

在放大电路中，晶体管各电极间的电压和各电极电流之间的关系常用特性曲线来表示，所以常用作图的方法来分析放大电路的工作情况。

所谓图解法，就是利用晶体管的输入特性曲线和输出特性曲线，用作图的方法来分析放大电路中各个电压和电流之间的相互关系和变化情况。下面分静态和动态两种情况来分析放大电路的工作情况。

由于放大电路中电压和电流的名称较多,所采用的符号又各不相同,故特将其列于表 2.2.1 中,以供学习时参考,希望大家能把它们严格区分开来。

表 2.2.1　放大电路中的电压和电流的符号

名称	静态值	交流分量			总电压或总电流的瞬时值
		瞬时值	有效值	复数值	
基极电流	I_B	i_b	I_b	$\dot{I}_b$	i_B
集电极电流	I_C	i_c	I_c	$\dot{I}_c$	i_C
发射极电流	I_E	i_e	I_e	$\dot{I}_e$	i_E
基极-发射极电压	U_{BE}	u_{be}	U_{be}	$\dot{U}_{be}$	u_{BE}
集电极-发射极电压	U_{CE}	u_{ce}	U_{ce}	$\dot{U}_{ce}$	u_{CE}

2.2.1　放大电路的两种工作状态

放大电路对交流输入信号进行正常放大时,电路中电压和电流的总瞬时值是直流分量与交流分量的叠加,前者是直流电源作用的结果,后者是输入信号作用的结果。因此,在对一个放大电路进行定量分析时,主要做两方面的工作:第一是做静态分析,求出它的静态值(直流分量)I_B、I_C 和 U_{CE};第二是作动态分析,求出放大电路的动态指标。后面将会分析,只有放大电路的静态值设置得合适时,分析动态指标才会有意义。

一、放大电路的静态和直流通路

当交流输入电压 u_i 为零(即将放大电路的输入端短路)时,放大电路中各处的电压和电流都是由直流电源产生的固定不变的直流量。我们把放大电路在交流输入电压 u_i 为零时的工作状态称为静止工作状态,简称为放大电路的静态。

在静态时,直流电流在放大电路中流通的路径称为放大电路的直流通路。

在静态时,直流电流是不能通过耦合电容 C_1 和 C_2 的,因此在分析放大电路的静态时,可把 C_1 和 C_2 看成开路,此时只需研究由 V_{CC}、R_b、R_c 和晶体管组成的电路就可以了。由此即可画出基本共发射极放大电路的直流通路,如图 2.2.1 所示。

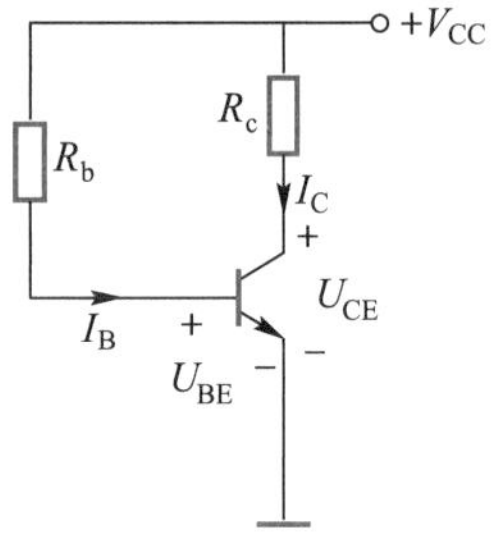

图 2.2.1　基本共发射极放大电路的直流通路

二、放大电路的动态和交流通路

当放大电路的输入端接入交流输入信号 u_i 后,电路中各处的电压和电流都将处于变动状态。我们把放大电路接入交流输入信号后的工作状态称为动态工作状态,简称为放大电路的动态。

在研究放大电路的动态工作情况时,必须搞清交流电流流通的路径。在放大电路中,交流电流流通的路径称为放大电路的交流通路。

由图 2.1.2 可知,集电极电流的交流分量有两个通路:一个是通过 R_c 的;另一个是通过 C_2 和 R_L 的。

画放大电路交流通路的原则是:① 耦合电容的容量足够大,对交流分量的容抗近似为零,可把它们视为短路;② 直流电源的内阻很小,也可视为短路。按照上述原则,将图 2.1.2 所示电路中的耦合电容 C_1 和 C_2 短路,直流电源 V_{CC} 对"地"短接,即可画出基本共发射极放大电路的交流通路,如图 2.2.2 所示。

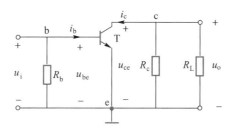

图 2.2.2　基本共发射极放大电路的交流通路

应该指出,交流通路是为了便于分析放大电路中的交流分量而从实际电路中抽象出来的。交流通路中所标的电压和电流都是交流量。

搞清了放大电路的静态和动态、直流通路和交流通路的概念以后,就可以来分析放大电路的静态和动态工作情况了。

2.2.2　静态工作情况分析

静态工作情况分析的任务是:在已知电路参数以及晶体管的参数和特性曲线的情况下,求出放大电路中有关电流和电压的静态值(直流分量)。

一、用估算法求静态工作点

分析如图 2.2.1 所示的基本共发射极放大电路的直流通路,由基极回路可得静态基极电流为

$$I_B = \frac{V_{CC} - U_{BE}}{R_b} \tag{2.2.1}$$

式中,U_{BE} 是晶体管的静态基极-发射极电压(亦称发射结的正向压降)。对 NPN 型硅管来说,$U_{BE} \approx 0.7\ \text{V}$。当 $V_{CC} \gg U_{BE}$ 时,上式可简化为

$$I_B \approx \frac{V_{CC}}{R_b} \tag{2.2.2}$$

晶体管的静态集电极电流为

$$I_C = \overline{\beta} I_B + I_{CEO} \tag{2.2.3}$$

当 $I_C \gg I_{CEO}$(晶体管的穿透电流),且取 $\overline{\beta} \approx \beta$ 时,可得

$$I_C \approx \beta I_B \tag{2.2.4}$$

由图 2.2.1 的集电极回路可得到集电极和发射极之间的静态电压(亦称管压降)为

$$U_{CE} = V_{CC} - I_C R_c \tag{2.2.5}$$

放大电路的静态值也称为放大电路的静态工作点,此时常将静态值用 I_{BQ}、I_{CQ} 和 U_{CEQ} 来表示。

例 2.2.1 在图 2.2.1 中,已知 $V_{CC} = 12\text{ V}$,$R_c = 3\text{ k}\Omega$,$R_b = 300\text{ k}\Omega$,$\beta = 50$,$U_{BE} = 0.7\text{ V}$。试求放大电路的静态工作点。

解:由式(2.2.1)、式(2.2.4)和式(2.2.5)可计算出静态工作点 I_{BQ}、I_{CQ}、U_{CEQ} 为

$$I_{BQ} = \frac{V_{CC} - U_{BE}}{R_b} = \frac{12 - 0.7}{300}\text{ mA} \approx 40\ \mu\text{A}$$

$$I_{CQ} \approx \beta I_{BQ} = 50 \times 40\ \mu\text{A} = 2\text{ mA}$$

$$U_{CEQ} = V_{CC} - I_{CQ} R_c = (12 - 2 \times 3)\text{V} = 6\text{ V}$$

二、用图解法分析静态工作情况

放大电路的静态值可用上面的估算方法求得,也可用图解法来确定。在利用图解法求放大电路的静态值时,需要利用晶体管的特性曲线。

我们仍以图 2.1.2 所示的基本共发射极放大电路为例,来说明如何利用图解法确定放大电路的静态值。因为是研究放大电路的静态值,所以要利用放大电路的直流通路。

用图解法求放大电路静态工作点的步骤如下。

(1)静态基极电流 I_B 用计算方法求出。

(2)把放大电路直流通路中的集电极回路划分为线性和非线性两部分。

为了便于观察,将图 2.2.1 所示的直流通路中的集电极回路改画成如图 2.2.3 所示的形式,并用虚线把电路分成两部分:V_{CC} 和 R_c 是线性电路部分;晶体管 T 是非线性部分。

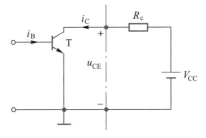

图 2.2.3 基本共发射极放大电路直流通路的集电极回路

(3)作线性电路部分的伏安特性——直流负载线。

线性电路部分的伏安特性为

$$u_{CE} = V_{CC} - i_C R_c$$

或

$$i_C = -\frac{1}{R_c} u_{CE} + \frac{V_{CC}}{R_c} \tag{2.2.6}$$

上式就是线性电路部分的伏安特性,是一个直线方程,其斜率为 $-1/R_c$。由于该直线的斜率由集电极负载电阻 R_c 确定,且静态时集电极回路中的电压和电流均为直流量,故称这条直线为直流负载线。直流负载线与横轴的交点为 $(V_{CC}, 0)$,与纵轴的交点为 $(0, V_{CC}/R_c)$。若放大电路的参数与例 2.2.1 相同,则直流负载线与横轴的交点为 $M(12\text{ V}, 0)$,与纵轴的交点为 $N(0, 4\text{ mA})$,连接 M、N 两点的直线就是直流负载线,如图 2.2.4 所示。

（4）作非线性部分的伏安特性。

非线性部分 u_{CE} 与 i_C 的关系就是晶体管的输出特性曲线，即

$$i_C = f(u_{CE})\big|_{i_B = 常数}$$

在晶体管的输出特性曲线族中找到与 $i_B = I_{BQ}$ 对应的那条输出特性曲线，即为非线性部分的伏安特性。因为在给定参数下已求得 $I_{BQ} = 40\ \mu A$，故非线性部分的伏安特性就是 $i_B = 40\ \mu A$ 的那条输出特性曲线，如图 2.2.4 所示。即

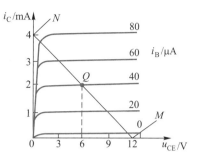

图 2.2.4 基本共发射极放大电路
静态工作点的图解分析

$$i_C = f(u_{CE})\big|_{i_B = 40\ \mu A} \tag{2.2.7}$$

（5）由电路的线性和非线性部分伏安特性的交点求出静态工作点。

因为集电极回路是一个整体，只有线性和非线性伏安特性的交点 Q 所对应的电压和电流值，才能同时满足式（2.2.6）和式（2.2.7），所以，Q 点就是放大电路的静态工作点。Q 点所对应的电压和电流值就是放大电路在静态工作情况下的电压和电流值。由图 2.2.4 可定出 $I_{BQ} = 40\ \mu A$，$I_{CQ} = 2\ mA$，$U_{CEQ} = 6\ V$，与估算法的结果一致。

通过图解法的作图过程，就能进一步理解为什么我们要把放大电路的静态值称为放大电路的静态工作点了，因为在参数给定的情况下，静态值 I_{BQ}、I_{CQ} 和 U_{CEQ} 就在晶体管的输出特性上确定了放大电路在静态工作时的一个工作点 Q。

2.2.3　动态工作情况分析

当确定了放大电路的静态工作点以后，就可以在此基础上分析放大电路的动态工作情况了。

一、用图解法分析动态工作情况要解决的问题

用图解法分析动态工作情况要解决的问题是：在已知电路参数和晶体管特性曲线的情况下，当交流输入电压 u_i 为正弦波时，在特性曲线上用作图的方法，画出基极总电流 i_B、集电极总电流 i_C、集电极-发射极总电压 u_{CE} 和交流输出电压 u_o 的波形，并进一步分析 u_o 与 u_i 之间的相位关系、u_o 波形的失真和最大不失真范围等问题。

二、用图解法分析动态工作情况的步骤

用图解法分析动态工作情况的步骤是：

① 根据交流输入电压 u_i 的波形，通过输入特性曲线画出基极总电流 i_B 的波形；

② 根据 i_B 的波形，通过输出特性曲线画出集电极总电流 i_C 及集电极-发射极总电压 u_{CE} 的波形；

③ 根据 u_{CE} 的波形得到交流输出电压 u_o 的波形。

1. 利用输入特性曲线分析输入回路

分析输入回路的目的是：根据交流输入电压 u_i 的波形，画出输入回路中基极总电流 i_B 的

波形。

　　设交流输入电压 u_i 为正弦波形,在基本共发射极放大电路中,因为耦合电容 C_1 足够大,对交流信号相当于短路,所以 u_i 直接叠加在晶体管的基极和发射极之间,使基极和发射极间的总电压 u_{BE} 在直流电压 U_{BEQ} 的基础上叠加了一个交流成分 u_i,即

$$u_{BE} = U_{BEQ} + u_i \tag{2.2.8}$$

由式(2.2.8)可画出 u_{BE} 的波形,如图 2.2.5(a)中的曲线①所示。

　　根据 u_{BE} 的波形,即可通过输入特性曲线用作图法画出 i_B 的波形。在静态时,基极和发射极间的总电压 $u_{BE} = U_{BEQ}$,放大电路在输入特性上的工作点即为静态工作点 Q。当 u_{BE} 随着输入电压的变化达到最大值时,由图 2.2.5(a)可知,电路的工作点为 Q_1;当 u_{BE} 随着输入电压的变化达到最小值时,电路的工作点为 Q_2。由此可知,对应于 u_{BE} 的每一个瞬时 ωt,就可以找到一个工作点,由这个工作点就可以得到该瞬时的一个 i_B。因此,通过逐点作图的方法就可画出基极总电流 i_B 的波形,如图 2.2.5(a)中的曲线②所示。可见基极总电流为

$$i_B = I_{BQ} + i_b \tag{2.2.9}$$

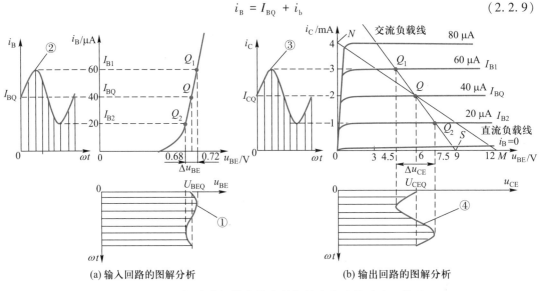

(a) 输入回路的图解分析　　　　(b) 输出回路的图解分析

图 2.2.5　用图解法分析基本共发射极放大电路的动态工作情况

2. 利用输出特性曲线分析输出回路

　　分析输出回路的目的是:根据 i_B 的波形,画出输出回路中集电极总电流 i_C 和集电极-发射极总电压 u_{CE} 的波形。为此,先要介绍交流负载线的概念,并说明在交流输入信号的作用下放大电路工作点的变化规律。

　　(1) 交流负载线

　　设在放大电路的输出端接有负载电阻 R_L,如图 2.1.2 中的虚线所示。若在正弦输入电压的作用下输出电压也为正弦波,则在输出回路中,集电极-发射极总电压(总管压降)u_{CE} 在直流电压 U_{CEQ} 的基础上叠加了一个交流成分,即

$$u_{CE} = U_{CEQ} + u_{ce} \tag{2.2.10}$$

同样,集电极总电流 i_C 也在直流电流 I_{CQ} 的基础上叠加了一个交流成分,即

$$i_C = I_{CQ} + i_c \qquad (2.2.11)$$

同时,由图 2.2.2 所示的基本共发射极放大电路交流通路的输出回路可得

$$u_{ce} = -i_c(R_c /\!/ R_L) = -(i_C - I_{CQ})(R_c /\!/ R_L)$$

令

$$R'_L = R_c /\!/ R_L$$

而

$$
\begin{aligned}
u_{CE} &= u_{ce} + U_{CEQ} = -(i_C - I_{CQ})R'_L + U_{CEQ} \\
&= -i_C R'_L + I_{CQ} R'_L + U_{CEQ} \qquad (2.2.12)
\end{aligned}
$$

式中,I_{CQ} 和 U_{CEQ} 均为静态值,是常数,故式(2.2.12)表示的是一个直线方程,由该方程画出的直线称为交流负载线。当 $i_C = I_{CQ}$ 时,$u_{CE} = U_{CEQ}$,说明交流负载线一定通过静态工作点 Q;当 $i_C = 0$ 时,交流负载线在横轴上的截距为 $u_{CE} = I_{CQ} R'_L + U_{CEQ}$,由此可在图 2.2.5(b)的横轴上得到 S 点。连接 Q、S 两点即可画出交流负载线。

交流负载线揭示了有交流输入信号作用时,放大电路中集电极总电流 i_C 和晶体管的总管压降 u_{CE} 之间的关系。由式(2.2.12)可得

$$i_C = -\frac{1}{R'_L} u_{CE} + \left(I_{CQ} + \frac{U_{CEQ}}{R'_L}\right) \qquad (2.2.13)$$

式(2.2.13)表明,交流负载线的斜率为 $-\dfrac{1}{R'_L}$。所以,有负载电阻 R_L 时,放大电路的交流负载线是一条通过静态工作点 Q 且斜率为 $-\dfrac{1}{R'_L}$ 的直线。

因为 $R'_L < R_c$,所以,有负载电阻 R_L 时的交流负载线一定比直流负载线陡。当负载开路时,放大电路晶体管的总管压降 u_{CE} 与集电极总电流 i_C 的关系为 $u_{CE} = V_{CC} - i_C R_c$,此时直流负载线就是交流负载线。

(2)在交流输入信号作用下放大电路工作点的变化规律

在静态时,基极总电流 $i_B = I_{BQ}$,放大电路的工作点为静态工作点 Q。当 i_B 随着输入电压变化达到最大值时,由图 2.2.5(a)可知,基极总电流为 $i_B = I_{B1}$,则由图 2.2.5(b)可知,交流负载线与 I_{B1} 对应的输出特性的交点(即放大电路的工作点)为 Q_1;当 i_B 达到最小值时,基极总电流为 $i_B = I_{B2}$,放大电路的工作点为 Q_2。由此可见,当输入信号变化一个周期时,放大电路的工作点以静态工作点 Q 为中心,沿着交流负载线的 $Q_1 Q_2$ 段来回运动一次。交流负载线上的 $Q_1 Q_2$ 段是动态工作时放大电路工作点运动的轨迹,通常称为放大电路的动态工作范围。

当掌握了在交流输入信号作用下放大电路工作点的变化规律以后,就可以通过晶体管的输出特性,方便地由 i_B 的波形画出 i_C 和 u_{CE} 的波形。因为,放大电路在交流输入信号作用下,每一个工作点都确定着一组 i_C 和 u_{CE},于是,对应于输入信号的每一个瞬时 ωt,就可以找到一个工作点,由这个工作点就可以得到该瞬时的一组 i_C 和 u_{CE}。这样,通过逐点作图的方法,便可画出 i_C 和 u_{CE} 的波形,分别如图 2.2.5(b)中的曲线③和④所示。

由于隔直电容 C_2 的作用，u_{CE} 中的直流分量 U_{CEQ} 都降落在 C_2 上，无法送到负载上，而交流分量 u_{ce} 则能顺利通过 C_2，成为输出电压 u_o，故有 $u_o = u_{ce}$。

（3）几个重要的基本概念

通过上面的分析和作图过程，可以整理出与交流输入电压 u_i 相对应的有关电流和电压的波形，如图 2.2.6 所示。仔细观察这些波形，我们可以得到以下几个重要的结论，也是几个重要的基本概念。

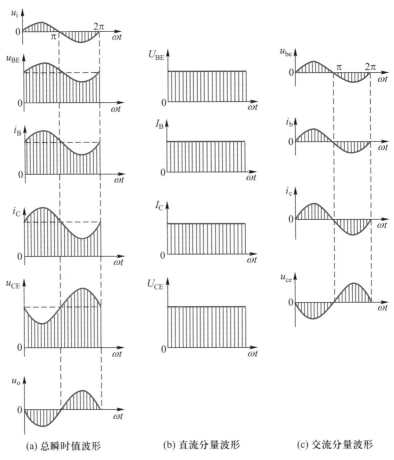

(a) 总瞬时值波形　　　　(b) 直流分量波形　　　　(c) 交流分量波形

图 2.2.6　基本共发射极放大电路中的电流和电压的波形图

① u_{BE}、i_B、i_C 和 u_{CE} 都由两个分量组成：一个是没有外加交流输入信号时的直流分量（也就是静态工作点处的静态值），另一个是随着交流输入信号变化而变化的交流分量。虽然 u_{BE}、i_B、i_C 和 u_{CE} 的瞬时值都是在变化的，但它们的方向却始终保持不变。

② 当静态工作点选择得合适，从而使晶体管在特性曲线的线性区工作，则当交流输入电压 u_i 为正弦波时，交流输出电压 u_o 也为同频率的正弦波，而且 u_o 的幅度远大于 u_i 的幅度，放大电路获得了一定的电压放大倍数，实现了电压放大作用。所以，我们所说的放大作用，只是指交流输出电压和交流输入电压之间的关系，也就是说放大的对象是变化量。

③ 由于 i_C 在 R_c 上的压降随 u_i 的增大而增大,使 u_{CE} 随着 u_i 的增大而减小,因此 u_o 也随着 u_i 的增大而减小。所以,u_o 与 u_i 的相位相反,两者的相位差为 180°,这种现象称为放大电路的倒相作用。

三、放大电路的非线性失真

对于一个放大电路来说,除了希望得到所要求的电压放大倍数外,还要求交流输出电压波形的失真尽可能小。所谓失真,是指交流输出电压波形的变化规律与交流输入电压波形不同。如果放大电路的静态工作点选得不合适,会使晶体管的工作范围进入特性曲线的非线性区,导致交流输出电压波形失真,这种失真称为非线性失真。

要使放大电路在交流输入信号的整个周期内不失真的放大信号,必须为放大电路设置合适的静态工作点。

1. 电路参数对静态工作点的影响

在图 2.1.2 所示的基本共发射极放大电路中,当电路参数改变时,静态工作点会发生变化,具体情况如图 2.2.7 所示。

(1)当电源电压 V_{CC} 和集电极电阻 R_c 不变,而改变基极电阻 R_b 时,可以改变静态工作点的位置。当 R_b 减小使静态基极电流由 I_{BQ2} 增大到 I_{BQ3} 时,由于直流负载线①未变,静态工作点将由 Q 点移动到 Q_1 点,向饱和区方向移动;当电阻 R_b 增大使静态基极电流由 I_{BQ2} 减小到 I_{BQ1} 时,Q 点将移动到 Q_2 点,向截止区方向移动。

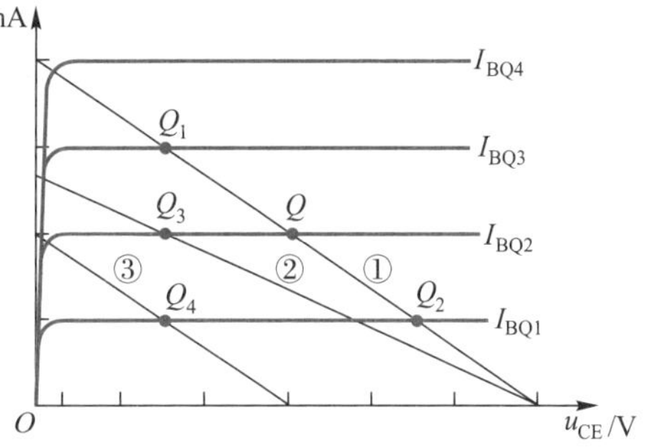

(2)当电源电压 V_{CC} 和基极电阻 R_b 不变,而增大 R_c 时,直流负载线的斜率会减小,其位置将以 V_{CC} 为中心逆时针转动到②,当静态基极电流为 I_{BQ2} 时,静态工作点将由 Q 点移动到 Q_3 点。此时集电极电流 I_{CQ} 基本不变,管压降 U_{CEQ} 将减小。

图 2.2.7 基本共发射极放大电路中电路参数变化对静态工作点的影响

(3)当集电极电阻 R_c 和基极电阻 R_b 均不变,仅减小电源电压 V_{CC} 时,直流负载线会从①向左下方平移到③,如静态基极电流减小为 I_{BQ1},将使静态工作点处于 Q_4 点的位置,使集电极电流 I_{CQ} 和管压降 U_{CEQ} 都减小。

2. 静态工作点对交流输出电压波形失真的影响

(1)截止失真

当 Q 点的位置过低时,虽然交流输入电压 u_i 为正弦波,但是在信号负半周的峰值附近,因 u_{BE} 较小,晶体管将进入输入特性的非线性区和死区,使 i_B、i_C 和 u_{CE} 的波形都产生严重失真,如图 2.2.8 所示。由于这种失真是在一段时间内晶体管的工作状态进入了非线性区和截止区而造成的,故称这种非线性失真为截止失真。对于 NPN 管组成的放大电路,交流输出电压 u_o 的波形表现为正半周顶部失真。通过增大电源电压或减小电阻 R_b,以提高静态工作点,即可消除截止失真。

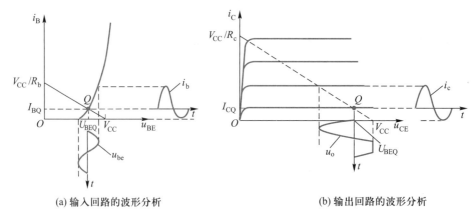

(a) 输入回路的波形分析　　　　　　　　　(b) 输出回路的波形分析

图 2.2.8　基本共发射极放大电路的截止失真

（2）饱和失真

当 Q 点位置过高时，虽然交流输入电压 u_i 和基极电流的交流分量 i_b 均为正弦波，但是，在 u_i 和 i_b 正半周的峰值附近晶体管会进入饱和区，使 i_c 和 u_{CE} 的波形都产生严重失真，如图 2.2.9(b)所示。由于这种非线性失真是在一段时间内因晶体管的饱和而引起的，故被称为饱和失真。对于 NPN 管组成的放大电路，饱和失真表现为交流输出电压 u_o 的负半周底部失真。为了消除饱和失真，只要适当改变电路参数（如增大 R_b，减小 R_c 或换一只 β 较小的管子）即可达到目的。

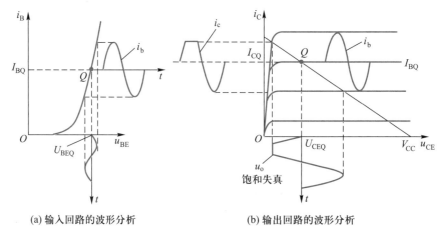

(a) 输入回路的波形分析　　　　　　　　　(b) 输出回路的波形分析

图 2.2.9　基本共发射极放大电路的饱和失真

应该指出，即使静态工作点 Q 设置在输出特性曲线放大区的中间部位，即 Q 点处于交流负载线的中央，如果交流输入电压 u_i 的幅度太大，也会使交流输出电压 u_o 的顶部和底部产生失真，此时只有减小交流输入电压 u_i 的幅度才能避免失真。

四、放大电路的最大不失真范围

由以上分析可知，当放大电路的静态工作点选择得合适时，在正弦交流输入电压的作用下，可以在放大电路的输出端获得放大了的正弦交流输出电压。那么，放大电路能正常输出的不失真交流输出电压 u_o 的最大幅值是多大呢? 在放大电路参数给定的情况下, 既不产生截止失真又不产生饱和失真时, 交流输出电压幅值的最大值称为最大不失真输出电压幅值。

在图 2.2.10 中, 在交流负载线上可定出两个点 R 和 S。若交流输入电压足够大, 在交流输入电压的负半周, 当工作点下移到 S 点时, 晶体管会进入截止区, 输出波形将产生截止失真, 故 U_S 是受截止失真限制的最大不失真输出电压幅值, 且 $U_S = I_{CQ}R'_L$; 若交流输入电压足够大, 在输入电压的正半周, 当工作点上移到 R 点时, 晶体管会进入饱和区, 输出波形将产生饱和失真, 故 U_R 是受饱和失真限制的最大不失真输出电压幅值, 且 $U_R = U_{CEQ} - U_{CES}$, U_{CES} 是晶体管的饱和压降。

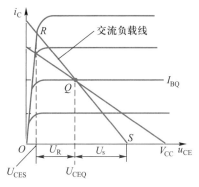

图 2.2.10　放大电路的最大不失真输出电压幅值

既然放大电路的最大不失真输出电压幅值是既不产生截止失真又不产生饱和失真时交流输出电压的幅值, 那么就只能取 U_R 和 U_S 两者中的较小者作为放大电路的最大不失真输出电压幅值。

一般地说, 当静态工作点选择在交流负载线的中央时, 可获得最大不失真输出电压。

五、图解法的适用范围

利用图解法虽然能直观、全面而形象地理解放大电路的工作情况, 能够帮助大家正确理解静态工作点的选取、放大电路中信号的传送过程以及交流输出电压波形的失真等问题, 但是, 由于图解法要利用晶体管的特性曲线, 而且各个晶体管的特性曲线又是各不相同的, 所以图解法的使用带来了不便。另外, 当交流输入信号很微小时, 作图既困难又不准确。更遗憾的是, 图解法不能用来分析复杂的放大电路(如反馈放大电路), 也不能用来分析计算放大电路的某些动态性能指标(如放大电路的输入电阻和输出电阻等)。所以, 图解法一般多用于分析大信号(交流输入信号较大)作用时的放大电路(如功率放大电路)。

2.3　放大电路的微变等效电路分析法

2.3.1　提出微变等效电路分析法的指导思想

一、提出微变等效电路分析法的出发点

放大电路的分析之所以比较麻烦, 是由于晶体管是一个非线性器件, 即由晶体管构成的放大电路是一个非线性电路。

为了简化动态分析, 如果在一定条件下, 对于交流信号来说, 能把非线性的放大电路等效为一个线性电路, 我们就能利用分析线性电路的方法来分析放大电路的动态工作情况了, 这就是提出微变等效电路分析法的出发点。

二、微变等效的条件

实现这种想法的关键是,在一定条件下,对于交流信号,把一个非线性的晶体管用一个与之等效的线性电路来代替。以晶体管的共发射极接法为例,这一想法可用图 2.3.1 表示。

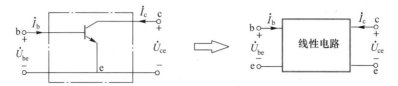

图 2.3.1　将非线性的晶体管用线性电路等效

把非线性的晶体管线性化的条件是晶体管在小信号下工作。只有这样,才能把静态工作点附近的一小段特性曲线用直线段来近似。我们所说的"微变"是指微小变化的意思,即晶体管在小信号情况下工作。

2.3.2　晶体管的微变等效电路模型

如何把非线性的晶体管用一个线性电路来等效呢?

一、从输入特性曲线到晶体管的输入回路

图 2.3.2(a)是晶体管的输入特性曲线,它是非线性的,其电流和电压间的关系为

$$i_B = f(u_{BE})\big|_{u_{CE} = 常数}$$

可见,晶体管的基极电流 i_B 不仅与基极–发射极电压 u_{BE} 有关,还与集电极–发射极电压 u_{CE} 有关。但是,一般认为 $u_{CE} \geqslant 1\,\mathrm{V}$ 时的输入特性曲线是同一条,说明 u_{CE} 对输入端的影响很小,可以忽略不计。

如图 2.3.2(a)所示,当输入微变(即微小变化)信号时,由于 u_{BE} 和 i_B 只在静态工作点 Q 附近作微小变化,故可以把在 Q 点附近的工作段认为是直线,即 Δi_B 与 Δu_{BE} 成正比,且比值为一常数。我们把 Δu_{BE} 与 Δi_B 之比称为晶体管的输入电阻,即

$$r_{be} = \frac{\Delta u_{BE}}{\Delta i_B} \tag{2.3.1}$$

在小信号情况下,微变量可用交流量来代替,即 $\Delta u_{BE} = u_{be}$,$\Delta i_B = i_b$,故有

$$r_{be} = \frac{u_{be}}{i_b} \tag{2.3.2}$$

由于在小信号条件下晶体管的输入电阻 r_{be} 为常数,它确定了晶体管输入回路中电压 u_{be} 和电流 i_b 之间的关系,因此,晶体管的输入回路可用电阻 r_{be} 来等效,如图 2.3.3(a)所示。

根据半导体理论,低频小功率晶体管的输入电阻可按下式估算,即

$$r_{be} = r_{bb'} + (1 + \beta)\frac{26\,\mathrm{mV}}{I_E} = 300\,\Omega + \frac{26\,\mathrm{mV}}{I_B} \tag{2.3.3}$$

式中,$r_{bb'}$ 为晶体管的基区体电阻,取 100 Ω 至 300 Ω。式(2.3.3)中取 $r_{bb'} = 300\,\Omega$。

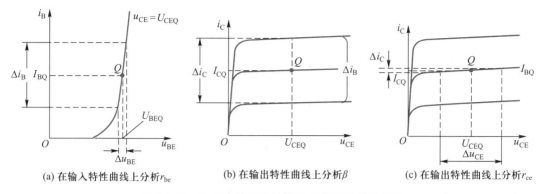

(a) 在输入特性曲线上分析r_{be} (b) 在输出特性曲线上分析β (c) 在输出特性曲线上分析r_{ce}

图 2.3.2 从晶体管的特性曲线分析线性等效参数

应当指出,晶体管的输入电阻 r_{be} 是一个动态电阻(即交流电阻)。r_{be} 是与静态工作点密切相关的,静态工作点不同,r_{be} 也不同。在半导体器件手册中 r_{be} 常用 h_{ie} 表示。r_{be} 的数值一般在几百欧到几千欧之间。

二、从输出特性曲线到晶体管的输出回路

图 2.3.2(b) 是晶体管的输出特性曲线,其关系为

$$i_C = f(i_B, u_{CE})$$

可见,晶体管的集电极电流 i_C 不仅与基极电流 i_B 有关,还与集电极-发射极电压(管压降)u_{CE} 有关。下面分别进行讨论。

1. 当 $u_{CE} = U_{CEQ}$ 时,分析 Δi_C 与 Δi_B 的关系

如图 2.3.2(b) 所示,输出特性曲线看上去虽然很复杂,但是,在放大区,它的本质是反映了晶体管的电流放大作用,即当晶体管工作在放大区,并把输出特性曲线族看成是一组均匀等距且几乎平行于横轴的直线时,Δi_C 与 Δi_B 的比值就是晶体管的共发射极交流电流放大系数,即

$$\beta = \frac{\Delta i_C}{\Delta i_B} \tag{2.3.4}$$

在小信号条件下,用交流量来代替微变量,可得

$$\beta = \frac{i_c}{i_b} \tag{2.3.5}$$

在小信号条件下,可以认为 β 是常数。β 可用晶体管特性测试仪测出。

β 反映了基极电流 i_b 对晶体管输出回路中集电极电流 i_c 的控制关系。因此,晶体管输出回路中的电流 i_c 与基极电流 i_b 的关系可用一个受控电流源 $i_c = \beta i_b$ 来等效,如图 2.3.3(a) 所示。

应该注意,βi_b 是受控电流源,它受 i_b 控制,当 $i_b = 0$ 时,βi_b 也就不存在了。

2. 当 $i_B = I_{BQ}$ 时,分析 Δi_C 与 Δu_{CE} 的关系

如图 2.3.2(c) 所示,晶体管的输出特性曲线实际上不完全与横轴平行,在 Q 点附近,晶体管管压降的变化量 Δu_{CE} 与对应的集电极电流的变化量 Δi_C 之比为

$$r_{ce} = \frac{\Delta u_{CE}}{\Delta i_C}$$ （2.3.6）

在小信号情况下,微变量可用交流量来代替,即 $\Delta u_{CE} = u_{ce}$, $\Delta i_C = i_c$,故有

$$r_{ce} = \frac{u_{ce}}{i_c}$$ （2.3.7）

因此,晶体管输出回路中电流 i_c 和电压 u_{ce} 之间的关系可用电阻 r_{ce} 来等效,如图 2.3.3(a) 所示。r_{ce} 称为晶体管的输出电阻,在小信号的条件下,r_{ce} 也可以认为是常数。

通过以上分析,便可获得如图 2.3.3(a) 所示的晶体管的微变等效电路。晶体管的输入回路用管子的输入电阻 r_{be} 来等效;晶体管的输出回路用受控电流源 βi_b 和管子的输出电阻 r_{ce} 的并联来等效。在图 2.3.3(a) 中,所有的交流量均用复数值表示。

由图 2.3.2(c) 可以看到,当 Δu_{CE} 很大时,相应的 Δi_c 却很小,所以 r_{ce} 很大,可达几十千欧到几百千欧,一般情况下可视为开路,于是可得如图 2.3.3(b) 所示的晶体管的简化微变等效电路。

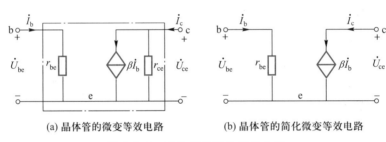

(a) 晶体管的微变等效电路　　　　(b) 晶体管的简化微变等效电路

图 2.3.3　晶体管的微变等效电路

三、对于晶体管微变等效电路的几点说明

(1) 微变等效是在 Q 点附近的小区域内进行的,所以等效电路中的微变参数 r_{be}、r_{ce} 和 β 均应在 Q 点求出。

(2) 微变等效电路中反映的对象是变化量,所以不能用微变等效电路法计算放大电路的静态工作点。

(3) 微变等效电路中的受控电流源 βi_b 受基极交流电流 i_b 的控制,没有 i_b 就没有 i_c。因此,受控电流源 βi_b 的方向必须与 i_b 的方向一致,即如果假设基极交流电流 i_b 流进基极,则集电极交流电流 i_c 必须流进集电极。

(4) 因为 r_{be}、r_{ce} 和 β 均是在低频情况下的参数,故图 2.3.3 所示的微变等效电路是晶体管在低频时的微变等效电路,利用它只能分析低频放大电路在小信号时的动态指标,其误差不超过 10%,这在工程上是允许的。

(5) PNP 型管和 NPN 型管的微变等效电路完全相同。

2.3.3　应用微变等效电路法分析放大电路的动态指标

放大电路共有三个动态指标,即电压放大倍数、输入电阻和输出电阻。下面介绍应用微

变等效电路法分析放大电路动态指标的方法。

一、微变等效电路法的适用范围

因为晶体管的微变等效电路仅反映电压和电流的交流分量,又因微变等效电路是在小信号条件下得到的,而且 r_{be}、r_{ce} 和 β 均是在低频情况下测出的,所以,微变等效电路法只能用来分析低频放大电路在小信号条件下的动态工作指标。

二、应用微变等效电路法分析放大电路电压放大倍数的步骤

我们以图 2.1.2 所示的基本共发射极放大电路为例来说明应用微变等效电路法分析放大电路电压放大倍数的步骤。

1. 画出放大电路的交流通路

因为是分析动态工作情况,所以必须先画出放大电路的交流通路。根据前面介绍的原则,只要将耦合电容和直流电源短路,就可画出如图 2.2.2 所示的基本共发射极放大电路的交流通路。

2. 画出放大电路的微变等效电路

用晶体管的微变等效电路代替交流通路中的晶体管,即可得到基本共发射极放大电路在低频小信号时的微变等效电路,如图 2.3.4 所示。由于在分析和测试放大电路时,经常用正弦信号,所以微变等效电路中的电压和电流都用复数符号表示。

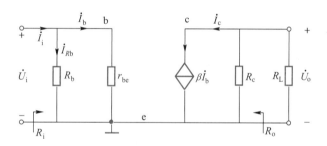

图 2.3.4 基本共发射极放大电路的微变等效电路

3. 求放大电路的电压放大倍数

电压放大倍数是用来衡量放大电路放大能力的重要指标,是输出正弦电压的复数值 $\dot{U}_o$ 和输入正弦电压的复数值 $\dot{U}_i$ 之比,通常用 $\dot{A}_u$ 来表示,即

$$\dot{A}_u = \frac{\dot{U}_o}{\dot{U}_i} = |\dot{A}_u| \angle \varphi \qquad (2.3.8)$$

在式(2.3.8)中, $|\dot{A}_u|$ 是 $\dot{A}_u$ 的幅值, φ 是 $\dot{A}_u$ 的相角,即

$$|\dot{A}_u| = \frac{U_o}{U_i}, \angle \varphi = \varphi_o - \varphi_i \qquad (2.3.9)$$

可见,电压放大倍数是个复数,其幅值表示放大电路输出电压和输入电压的有效值之比,它的相角则表示输出电压与输入电压之间的相位差。

讨论电压放大倍数的前提是,放大电路应在不失真的情况下工作,即当输入电压为正弦波时,应保证输出电压也为正弦波。

利用图 2.3.4 所示的微变等效电路即可分析基本共发射极放大电路的电压放大倍数。

由图 2.3.4 的输入回路可得

$$\dot{U}_i = \dot{I}_b r_{be}$$

由图 2.3.4 的输出回路可得

$$\dot{U}_o = -\dot{I}_c(R_c /\!/ R_L) = -\beta \dot{I}_b R'_L \quad (R'_L = R_c /\!/ R_L)$$

因此,可得到如图 2.1.2 所示的基本共发射极放大电路的电压放大倍数为

$$\dot{A}_u = \frac{-\beta \dot{I}_b R'_L}{\dot{I}_b r_{be}} = -\frac{\beta R'_L}{r_{be}} \qquad (2.3.10)$$

式(2.3.10)中的负号说明输出电压与输入电压的相位相反。

当放大电路的输出端不接负载电阻 R_L 时,基本共发射极放大电路的电压放大倍数为

$$\dot{A}_u = \frac{-\beta \dot{I}_b R_c}{\dot{I}_b r_{be}} = -\frac{\beta R_c}{r_{be}} \qquad (2.3.11)$$

因为 $R'_L < R_c$,所以放大电路的输出端接上负载电阻 R_L 后,电压放大倍数会下降。

三、放大电路的输入电阻和输出电阻

1. 问题的提出

在实际应用中,要把一个微弱的信号放大到需要的数值,利用单级放大电路往往是不能满足要求的,因为一个单级放大电路的电压放大倍数一般只有几十倍到上百倍。如果我们要把一个 1 mV 的信号放大到 1 V,这时就要求放大电路的电压放大倍数为 1 000。

为解决上述问题,就要采用多级放大电路。一个多级放大电路总是由几个单级放大电路组成的。图 2.3.5 是多级放大电路的框图。

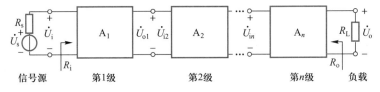

图 2.3.5 多级放大电路的框图

从图 2.3.5 可以看出,多级放大电路总是要和其他电路发生联系的。例如,放大电路的输入端一定要接信号源,它的输出端或会接上负载电阻 R_L 或会与后一级放大电路相连。这时,就要考虑放大电路与信号源之间、放大电路与负载电阻之间以及放大电路的前级与后级之间的相互影响问题。引入放大电路的输入电阻和输出电阻的概念,就能帮助我们正确理解这些相互影响,并可定量地估算这些影响。

2. 放大电路输入电阻的概念

(1)什么是放大电路的输入电阻

由图 2.3.6 可知,当信号源为放大电路的输入端加上输入电压 $\dot{U}_i$ 时,总会产生一个输入

电流 $\dot{I}_i$,当 $\dot{U}_i$ 和 $\dot{I}_i$ 同相时,如果从等效的观点看问题,认为从放大电路的输入端两点看进去,相当于有一个电阻接在信号源上,这个电阻就是放大电路的输入电阻。

图 2.3.6 放大电路的输入电阻和输出电阻

由图 2.3.6 可知,放大电路的输入电阻为

$$R_i = \frac{\dot{U}_i}{\dot{I}_i} \tag{2.3.12}$$

（2）对放大电路输入电阻的要求

一般情况下,希望放大电路的输入电阻尽可能大一些。原因如下:① 当放大电路的输入电阻较大时,放大电路从信号源吸取的电流较小,可减轻信号源的负担;② 在图 2.3.6 中,把内阻为 R_s 的正弦信号电压 $\dot{U}_s$ 加到放大电路的输入端时,放大电路输入端实际获得的输入电压为

$$\dot{U}_i = \dot{U}_s \frac{R_i}{R_s + R_i} \tag{2.3.13}$$

可见,当放大电路的输入电阻 R_i 较大时,加到放大电路的实际输入电压也较大,从而使输入信号源电压受到的衰减程度减小。因此,放大电路的输入电阻是用来衡量放大电路对输入信号源电压衰减程度的一个重要指标。③ 后级放大电路的输入电阻就是前级放大电路的负载电阻,当后级放大电路的输入电阻较大时,前级放大电路的输出回路的等效负载电阻也较大,故可提高前级放大电路的电压放大倍数。

（3）应该注意的问题

① 必须将放大电路的输入电阻 R_i 和晶体管的输入电阻 r_{be} 从概念上严格区分清楚。② 放大电路的输入电阻也是一个动态电阻,而不是直流电阻,因为它是正弦电压与正弦电流之比。

（4）放大电路的源电压放大倍数

利用放大电路的输入电阻 R_i,可以引出放大电路源电压放大倍数的概念。

在放大电路中,常把输出电压 $\dot{U}_o$ 与输入信号源电压 $\dot{U}_s$ 的比称为源电压放大倍数,即

$$\dot{A}_{us} = \frac{\dot{U}_o}{\dot{U}_s} = \frac{\dot{U}_o}{\dot{U}_i} \cdot \frac{\dot{U}_i}{\dot{U}_s} = \frac{R_i}{R_s + R_i} \dot{A}_u \tag{2.3.14}$$

3. 放大电路输出电阻的概念

（1）什么是放大电路的输出电阻

我们知道,当放大电路的输出端接上负载电阻 R_L 后,其输出电压将低于空载时的输出

电压。根据这一事实,从放大电路的输出端看进去,可以把放大电路等效成一个具有内阻 R_o 的电压源 $\dot{U}'_o$,如图 2.3.6 所示。我们把这个等效电压源 $\dot{U}'_o$ 的内阻 R_o 称为放大电路的输出电阻。

由图 2.3.6 的输出回路可知,当放大电路的输出端接上负载电阻 R_L 后,由于在 R_o 上存在电压降,故会使输出电压小于空载电压。

（2）放大电路输出电阻的求法

利用"电路"课程中学到的加压求流法,即可求出放大电路的输出电阻 R_o。方法如图 2.3.7 所示:① 先将输入信号源电压 $\dot{U}_s$ 短路,保留其内阻 R_s;② 再在放大电路的输出端去掉负载电阻 R_L,并外加一交流电压 $\dot{U}$;③ 最后求出流进输出端的电流 $\dot{I}$。

图 2.3.7 求放大电路的输出电阻的方法

由图 2.3.7 即可求出放大电路的输出电阻 R_o 为

$$R_o = \frac{\dot{U}}{\dot{I}} \bigg|_{\dot{U}_s = 0, R_L = \infty} \tag{2.3.15}$$

由图 2.3.6 可知,有负载时的输出电压 $\dot{U}_o$ 与负载开路时的输出电压 $\dot{U}'_o$ 的关系为

$$\dot{U}_o = \frac{R_L}{R_L + R_o} \dot{U}'_o \tag{2.3.16}$$

由式（2.3.16）可知,放大电路的输出电阻可以用实验方法求得:在输出电压不失真的情况下,分别测出负载开路时输出电压的有效值 U'_o 和有负载时输出电压的有效值 U_o,即可根据下式计算出放大电路的输出电阻为

$$R_o = \left(\frac{U'_o}{U_o} - 1 \right) R_L \tag{2.3.17}$$

（3）对放大电路输出电阻的要求

一般情况下,希望放大电路的输出电阻尽可能小一些。由式（2.3.16）可以知道,放大电路的输出电阻越小,有负载和无负载时的输出电压越接近。由此可知,放大电路的输出电阻越小,当负载电阻变化时,输出电压的变化也越小,即放大电路的带负载能力越强。因此,放大电路的输出电阻是用来衡量放大电路带负载能力的一个重要指标。

应当注意:放大电路的输出电阻也是一个动态电阻。

4. 应用微变等效电路法求基本共发射极放大电路的输入电阻和输出电阻

在应用微变等效电路法求放大电路的输入电阻和输出电阻时,应先根据放大电路的交流通路画出它的微变等效电路。

（1）求放大电路的输入电阻

基本共发射极放大电路的微变等效电路如图 2.3.4 所示,由它的输入回路可得

$$\dot{I}_{\mathrm{i}} = \dot{I}_{R_{\mathrm{b}}} + \dot{I}_{\mathrm{b}} = \frac{\dot{U}_{\mathrm{i}}}{R_{\mathrm{b}}} + \frac{\dot{U}_{\mathrm{i}}}{r_{\mathrm{be}}}$$

根据放大电路输入电阻的定义,可得到基本共发射极放大电路的输入电阻为

$$R_{\mathrm{i}} = \frac{\dot{U}_{\mathrm{i}}}{\dot{I}_{\mathrm{i}}} = R_{\mathrm{b}} /\!/ r_{\mathrm{be}} \qquad (2.3.18)$$

由于 $R_{\mathrm{b}} \gg r_{\mathrm{be}}$,所以基本共发射极放大电路的输入电阻 R_{i} 近似等于晶体管的输入电阻 r_{be}。由于晶体管的 r_{be} 的数值只有几百欧到几千欧,所以基本共发射极放大电路的输入电阻是较低的。

（2）求放大电路的输出电阻

放大电路的输出电阻应该在信号源短路(保留其内阻)和负载电阻 R_{L} 开路的条件下计算,于是在图 2.3.4 电路的基础上,便可画出如图 2.3.8 所示的计算基本共发射极放大电路输出电阻的等效电路。在图中,因为信号源短路,所以 $\dot{I}_{\mathrm{b}} = 0$、受控电流源 $\beta \dot{I}_{\mathrm{b}} = 0$;晶体管的输出电阻 r_{ce} 很大,可视为开路。所以,基本共发射极放大电路的输出电阻为

$$R_{\mathrm{o}} = \frac{\dot{U}}{\dot{I}} = R_{\mathrm{c}} /\!/ r_{\mathrm{ce}} \approx R_{\mathrm{c}} \qquad (2.3.19)$$

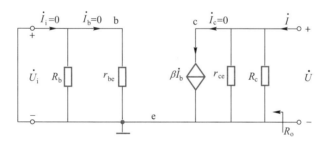

图 2.3.8　计算基本共发射极放大电路输出电阻的等效电路

例 2.3.1　基本共发射极放大电路如图 2.3.9(a)所示,设晶体管的 $\beta = 80$。① 计算静态工作点;② 计算电压放大倍数、输入电阻、输出电阻以及放大电路对信号源电压的电压放大倍数;③ 如果 $\beta = 100$,电路中的哪些指标会有改变?

解:① 画出直流通路,如图 2.3.9(b)所示。由图可得

$$I_{\mathrm{BQ}} = \frac{V_{\mathrm{CC}} - U_{\mathrm{BEQ}}}{R_{\mathrm{b}}} \approx \frac{12}{600}\ \mathrm{mA} = 20\ \mu\mathrm{A}$$

$$I_{\mathrm{CQ}} \approx \beta I_{\mathrm{BQ}} = 80 \times 20\ \mu\mathrm{A} = 1.6\ \mathrm{mA}$$

$$U_{\mathrm{CEQ}} = V_{\mathrm{CC}} - I_{\mathrm{CQ}} R_{\mathrm{c}} = (12 - 1.6 \times 3)\ \mathrm{V} = 7.2\ \mathrm{V}$$

② 画出放大电路的微变等效电路,如图 2.3.9(c)所示。

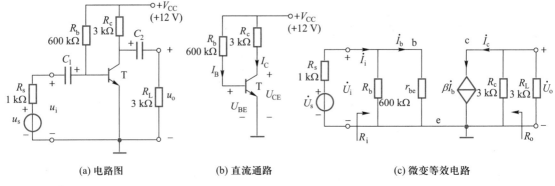

(a) 电路图   (b) 直流通路   (c) 微变等效电路

图 2.3.9 例 2.3.1 的电路

将静态 $I_{CQ} \approx I_{EQ}$ 或 I_{BQ} 的值代入式(2.3.3)中,有

$$r_{be} = 300\ \Omega + (1 + \beta)\frac{26\ \mathrm{mV}}{I_E} = 300\ \Omega + \frac{26\ \mathrm{mV}}{I_B} = 300\ \Omega + \frac{26\ \mathrm{mV}}{0.02\ \mathrm{mA}} = 1.6\ \mathrm{k}\Omega$$

电压放大倍数为

$$\dot{A}_u = -\frac{\beta(R_c /\!/ R_L)}{r_{be}} = -\frac{80 \times \dfrac{3 \times 3}{3 + 3}}{1.6} = -75$$

输入电阻为

$$R_i = R_b /\!/ r_{be} \approx r_{be} = 1.6\ \mathrm{k}\Omega$$

输出电阻为

$$R_o \approx R_c = 3\ \mathrm{k}\Omega$$

当考虑信号源的内阻时,放大电路对信号源电压的电压放大倍数为

$$\dot{A}_{us} = \frac{\dot{U}_o}{\dot{U}_s} = \frac{\dot{U}_i}{\dot{U}_s} \cdot \frac{\dot{U}_o}{\dot{U}_i} = \frac{R_i}{R_s + R_i} \cdot \dot{A}_u = \frac{1.6}{1 + 1.6} \times (-75) \approx -46$$

③ 当晶体管的 $\beta = 100$ 时,因为静态基极电流 I_{BQ} 与 β 无关,所以 I_{BQ} 不变。但是,I_{CQ} 增大了,U_{CEQ} 减小了;因为 I_{BQ} 不变,r_{be} 也不变,所以电压放大倍数会提高;输入电阻和输出电阻均不变。

2.4　放大电路静态工作点的稳定问题

2.4.1　固定偏流放大电路的优缺点

如前所述,放大电路的静态工作点对于电路的动态工作情况有着非常大的影响,它不仅关系到输出波形会不会失真,而且对电路的电压放大倍数也有着很大的影响(因为电压放大

倍数与晶体管的 r_{be} 有关,而 r_{be} 又与晶体管的静态电流密切相关)。因此,为使放大电路有较好的性能,必须为放大电路设置一个合适的静态工作点。

图 2.1.2 所示的基本共发射极放大电路又称为固定偏流放大电路,因为该电路的静态基极电流(称为偏流)为

$$I_B = \frac{V_{CC} - U_{BE}}{R_b} \approx \frac{V_{CC}}{R_b}$$

当电源电压 V_{CC} 和基极偏置电阻 R_b 选定后,偏流 I_B 可近似认为固定不变。

固定偏流放大电路的优点是:电路结构简单,调试方便,只要适当改变基极偏置电阻 R_b 的大小,即可改变偏流 I_B,使静态工作点处于合适位置,保证放大电路有较好的动态性能。

固定偏流放大电路的缺点是:当更换晶体管或环境温度变化引起管子的参数变化时,放大电路的静态工作点会发生移动,严重时会使放大电路不能正常工作。

因此,必须设计出一种放大电路,保证它的静态工作点基本上不受更换晶体管或环境温度变化的影响,即要求放大电路的静态工作点是稳定的。

2.4.2 温度对放大电路静态工作点的影响

造成固定偏流放大电路静态工作点不稳定的因素很多,例如电源电压和电路参数的变化,管子老化后使其参数发生变化以及环境温度的变化等,但主要因素是晶体管的参数 (I_{CBO}、β、U_{BE})随温度的变化。下面来讨论这些问题。

一、集电结反向饱和电流 I_{CBO} 随温度变化对静态工作点的影响

晶体管的集电结反向饱和电流 I_{CBO} 对温度的变化是十分敏感的。当环境温度上升时,集电区的少数载流子会急剧增多,使 I_{CBO} 随温度上升而按指数规律增大。一般来说,温度每升高 10℃,硅管和锗管的 I_{CBO} 要增加一倍。但是,由于硅管的 I_{CBO} 要比锗管小得多,所以,对硅管来说,I_{CBO} 随温度的变化常常不是引起放大电路静态工作点变化的主要原因。

I_{CBO} 随温度上升而增大这一现象,反映在晶体管的特性曲线上是使整个输出特性曲线向上平移。其原因是:当 I_{CBO} 随温度上升而增大时,管子的穿透电流 $I_{CEO} = (1 + \bar{\beta})I_{CBO}$ 也要随温度上升而急剧增大,使 $i_B = 0\ \mu A$ 的那条输出特性曲线上移,于是其他各条输出特性曲线也要同时上移相同的高度。图 2.4.1(a)表示了当 I_{CBO} 随温度上升而增大时输出特性曲线上移的情况,在图中,用实线表示温度较低时的输出特性曲线,用虚线表示温度较高时的输出特性曲线。

在固定偏流放大电路中,当电路的参数确定后,直流负载线和偏流 I_{BQ} 是固定的,在温度上升后,随着输出特性曲线的上移,静态工作点将沿直流负载线由 Q 点上移到 Q' 点,使静态集电极电流 I_C 增大,如图 2.4.1(a)所示。

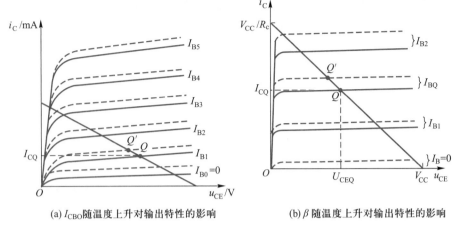

(a) I_{CBO} 随温度上升对输出特性的影响　　(b) β 随温度上升对输出特性的影响

图 2.4.1　晶体管的 I_{CBO} 和 β 随温度上升对输出特性的影响

二、电流放大系数 β 随温度变化对静态工作点的影响

实验证明,温度每上升 1℃,晶体管的 β 要增加 0.5% ~ 1.0% 左右。β 变大后,输出特性上相邻两曲线间的间隔将变宽,如图 2.4.1(b)所示,静态工作点将沿直流负载线由 Q 点上移到 Q' 点,静态集电极电流 I_C 将增大。

三、发射结正向压降 U_{BE} 随温度变化对静态工作点的影响

实验证明,温度上升时,晶体管的 U_{BE} 将减小,不论是硅管还是锗管,温度每上升 1℃ ,U_{BE} 将下降 2 ~ 2.5 mV。在固定偏流放大电路中,因 U_{BE} 减小,I_B 将增大,静态工作点将沿直流负载线上移,I_C 也随之增大。

四、结论

由以上讨论,可得出如下结论:在固定偏流放大电路中,当电路参数选定后,直流负载线是固定的,晶体管的 I_{CBO}、β、U_{BE} 随温度上升而变化的结果,都会使静态集电极电流 I_C 增大,进而导致放大电路静态工作点不稳定。严重时将使静态工作点靠近饱和区,输出电压的波形有可能出现饱和失真。

2.4.3　工作点稳定的发射极偏置放大电路

由以上分析可知,晶体管的参数随温度变化而变化是造成基本共发射极放大电路静态工作点不稳定的主要原因,且静态工作点的不稳定最终都反映在静态集电极电流 I_C 的变化上。因此,所谓稳定静态工作点,就是指当温度变化时,设法使放大电路的静态集电极电流 I_C 基本上保持不变。

如果能设计出一种新的放大电路,使该放大电路的静态集电极电流 I_C 基本上与晶体管的参数 I_{CBO}、β、U_{BE} 无关,那么这种放大电路的静态集电极电流 I_C 就基本上不会随温度变化而变化,因而它的静态工作点也基本上是稳定的。

下面介绍发射极偏置放大电路,只要电路的参数选择得合适,它的静态工作点就是稳定的。

一、电路的组成

图 2.4.2(a)是发射极偏置放大电路的原理图。它有以下两个特点。

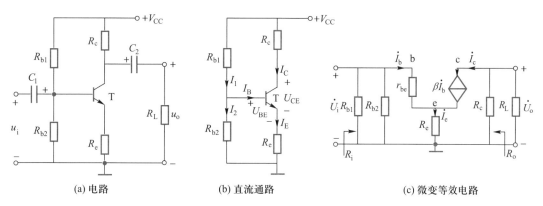

(a) 电路   (b) 直流通路   (c) 微变等效电路

图 2.4.2 发射极偏置放大电路

1. 利用电阻 R_{b1} 和 R_{b2} 组成的分压器固定晶体管的基极电位

由图 2.4.2(b)所示的直流通路可得

$$I_1 = I_B + I_2$$

若电路参数的选择能使

$$I_2 \gg I_B \tag{2.4.1}$$

则有

$$I_1 \approx I_2 \approx \frac{V_{CC}}{R_{b1} + R_{b2}}$$

这时,静态基极电位为

$$U_B = I_2 R_{b2} \approx V_{CC} \frac{R_{b2}}{R_{b1} + R_{b2}} \tag{2.4.2}$$

由此可见,当电路参数能满足式(2.4.1)要求的条件时,可以认为放大电路的静态基极电位 U_B 基本上与晶体管的参数无关,即 U_B 基本上不随温度变化而变化。

2. 发射极电阻 R_e 的作用

利用发射极电阻 R_e,将输出回路电流 I_E 的变化转换成电压 $I_E R_e$ 的变化,然后送回输入电路,使静态集电极电流 I_C 基本上是稳定的。

二、稳定静态工作点的物理过程和稳定条件分析

1. 稳定静态工作点的物理过程

发射极偏置放大电路稳定静态工作点的物理过程是这样的:由于某种原因使 I_C 上升时, I_E 将增大,发射极电阻 R_e 上的压降增大,发射极电位 U_E 上升,由于晶体管的基极电位 U_B 基本上是固定的,故 U_{BE} 要减小,从而使得 I_B 自动减小,最后牵制了 I_C 的增大,保证静态工作点基本稳定。以上稳定静态工作点的物理过程可以表示为

$$I_C\uparrow(I_E\uparrow) \xrightarrow{\quad R_e \quad} U_E\uparrow \xrightarrow{\quad U_B固定 \quad} U_{BE}\downarrow$$

$$I_C\downarrow \longleftarrow \qquad I_B\downarrow$$

由此可见,发射极偏置放大电路稳定静态工作点的实质是:利用静态电流 I_C(或 I_E)的变化,通过发射极电阻 R_e 转换成 U_E 的变化,再送回输入回路去控制静态基极电流 I_B 发生变化,从而控制集电极电流 I_C 保持基本不变。

2. 稳定条件分析

在发射极偏置放大电路中,要使静态工作点稳定,必须满足式(2.4.1)要求的条件,即 $I_2\gg I_B$,这个条件就是发射极偏置放大电路稳定静态工作点的条件。从稳定静态工作点的效果看,似乎 I_2 越大越好。但是,当 I_2 太大时,R_{b1} 和 R_{b2} 的数值必须取得较小,这不仅使电源的耗电增大,还会降低放大电路的输入电阻(将在下面分析)。因此,一般取

$$\left.\begin{array}{l} I_2 = (5\sim10)\,I_B(硅管) \\ I_2 = (10\sim20)\,I_B(锗管) \end{array}\right\} \tag{2.4.3}$$

三、性能指标分析

1. 静态工作点的估算

在分析发射极偏置放大电路的静态值时,应利用图 2.4.2(b)所示的直流通路。由式(2.4.2)可知

$$U_B = I_2 R_{b2} \approx V_{CC}\frac{R_{b2}}{R_{b1} + R_{b2}}$$

则

$$I_C \approx I_E = \frac{U_B - U_{BE}}{R_e} \tag{2.4.4}$$

所以

$$U_{CE} = V_{CC} - I_C R_c - I_E R_e \approx V_{CC} - I_C(R_c + R_e) \tag{2.4.5}$$

$$I_B \approx \frac{I_C}{\beta} \tag{2.4.6}$$

当电路参数已知时,即可利用以上各式估算出发射极偏置放大电路的静态工作点 I_C、I_B 和 U_{CE}。

2. 电压放大倍数的计算

发射极偏置放大电路的微变等效电路如图 2.4.2(c)所示。由图可得

$$\dot{U}_i = \dot{I}_b r_{be} + (1+\beta)\dot{I}_b R_e = \dot{I}_b[\,r_{be} + (1+\beta)R_e]$$

$$\dot{U}_o = -\dot{I}_c(R_c\,/\!/\,R_L) = -\beta\dot{I}_b R_L' \qquad (R_L' = R_c\,/\!/\,R_L)$$

所以,发射极偏置放大电路的电压放大倍数为

$$\dot{A}_u = \frac{\dot{U}_o}{\dot{U}_i} = \frac{-\beta\dot{I}_b R_L'}{\dot{I}_b[\,r_{be} + (1+\beta)R_e]} = -\frac{\beta R_L'}{r_{be} + (1+\beta)R_e} \tag{2.4.7}$$

若 $(1+\beta)R_e \gg r_{be}$,因 $\beta \gg 1$,故有

$$\dot{A}_u \approx -\frac{R'_L}{R_e}$$

3. 输入电阻和输出电阻的计算

（1）输入电阻

由图 2.4.2(c)可得发射极偏置放大电路的输入电阻为

$$R_i = \frac{\dot{U}_i}{\dot{I}_i} = R_{b1} \ /\!/ \ R_{b2} \ /\!/ \ R'_i$$

其中

$$R'_i = \frac{\dot{U}_i}{\dot{I}_b} = \frac{\dot{I}_b r_{be} + (1+\beta)\dot{I}_b R_e}{\dot{I}_b} = r_{be} + (1+\beta)R_e$$

所以

$$R_i = R_{b1} \ /\!/ \ R_{b2} \ /\!/ \ [\,r_{be} + (1+\beta)R_e\,] \tag{2.4.8}$$

（2）输出电阻

由图 2.5.2(c)的输出端看进去,可得发射极偏置放大电路的输出电阻为

$$R_o \approx R_c \tag{2.4.9}$$

四、具有旁路电容的发射极偏置放大电路

1. 电路的说明

式(2.4.7)表明:在发射极偏置放大电路中,发射极电阻 R_e 的接入,虽然能起到稳定静态工作点的作用,但却降低了放大电路的电压放大倍数,而且 R_e 越大,电压放大倍数降低得越多。为了解决这一矛盾,可在发射极电阻 R_e 两端并联一个大电容 C_e（容量为几十到几百微法的电解电容器）,如图 2.4.3(a)所示,这就是具有旁路电容的发射极偏置放大电路。

由于 C_e 的容量很大,它对交流信号来说相当于短路,可使发射极电流的交流分量直接入地,故称 C_e 为发射极旁路电容。加了旁路电容后,放大电路的微变等效电路如图 2.4.3(b)所示,图中,晶体管的发射极直接接地。

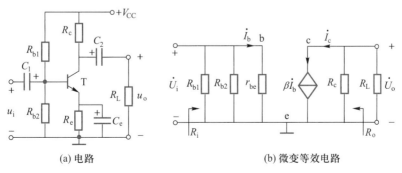

(a) 电路　　　　　　　　　(b) 微变等效电路

图 2.4.3　具有旁路电容的发射极偏置放大电路

2. 静态工作点

具有发射极旁路电容的发射极偏置放大电路的直流通路与图 2.4.2(b) 相同,所以静态工作点的计算方法与发射极偏置放大电路相同。

3. 动态指标

(1) 电压放大倍数

具有发射极旁路电容的发射极偏置放大电路的微变等效电路如图 2.4.3(b) 所示。由图 2.4.3(b) 可得电路的电压放大倍数为

$$\dot{A}_u = \frac{\dot{U}_o}{\dot{U}_i} = \frac{-\beta \dot{I}_b R'_L}{\dot{I}_b r_{be}} = -\frac{\beta R'_L}{r_{be}} \quad (R'_L = R_c \;/\!/\; R_L) \tag{2.4.10}$$

式 (2.4.10) 与式 (2.3.10) 完全相同。因此,具有发射极旁路电容的发射极偏置放大电路既能稳定静态工作点,又具有较高的电压放大倍数。

(2) 输入电阻

由图 2.4.3(b) 可得具有发射极旁路电容的发射极偏置放大电路的输入电阻为

$$R_i = \frac{\dot{U}_i}{\dot{I}_i} = R_{b1} \;/\!/\; R_{b2} \;/\!/\; r_{be} \tag{2.4.11}$$

当 $R_b = R_{b1} \;/\!/\; R_{b2} \gg r_{be}$ 时,有

$$R_i \approx r_{be}$$

(3) 输出电阻

由于图 2.4.3(b) 的输出回路与图 2.3.4 在忽略 r_{ce} 时的输出回路相同,故具有发射极旁路电容的发射极偏置放大电路在忽略 r_{ce} 时的输出电阻与式 (2.3.19) 相同,即

$$R_o \approx R_c \tag{2.4.12}$$

由以上讨论可知,具有发射极旁路电容的发射极偏置放大电路不仅能稳定静态工作点,电路的动态指标 $\dot{A}_u$、R_i 和 R_o 基本上与基本共发射极放大电路相同。

2.5　共集电极放大电路和共基极放大电路

根据放大电路输入回路和输出回路公共端的不同,可把放大电路分成三种基本组态:共发射极放大电路、共集电极放大电路和共基极放大电路。前面已对共发射极放大电路做了详细的讨论,下面分别讨论共集电极放大电路和共基极放大电路。

2.5.1　共集电极放大电路

一、电路的组成

共集电极放大电路的原理图如图 2.5.1(a) 所示,图 2.5.1(b) 和 (c) 分别是它的直流通

路和微变等效电路。由图 2.5.1(c) 可以看出,晶体管的集电极交流接地,是输入回路和输出回路的公共端,故称该电路为共集电极放大电路。负载电阻 R_L 接在晶体管的发射极上,即交流输出电压从晶体管的发射极输出,所以又把共集电极放大电路称为射极输出器。

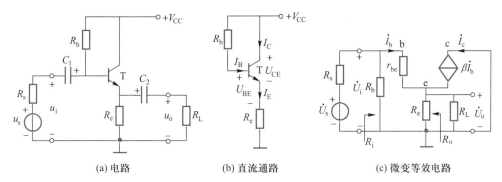

(a) 电路　　　　　　　(b) 直流通路　　　　　　(c) 微变等效电路

图 2.5.1　共集电极放大电路

二、静态工作点

由图 2.5.1(b) 所示的共集电极放大电路直流通路的基极回路可得

$$V_{CC} = I_B R_b + U_{BE} + U_E \tag{2.5.1}$$

式中,U_E 是发射极的静态电位,且

$$U_E = I_E R_e = (1 + \beta) I_B R_e \tag{2.5.2}$$

整理后可得

$$I_B = \frac{V_{CC} - U_{BE}}{R_b + (1 + \beta) R_e} \tag{2.5.3}$$

由此可求得静态工作点处的 I_E 和 U_{CE} 分别为

$$I_E = (1 + \beta) I_B \tag{2.5.4}$$

$$U_{CE} = V_{CC} - I_E R_e \tag{2.5.5}$$

应当指出,由于 R_e 的存在,射极输出器的静态工作点是稳定的。

三、动态指标分析

1. 电压放大倍数

由图 2.5.1(c) 所示的共集电极放大电路的微变等效电路的输入回路可得

$$\dot{U}_i = \dot{I}_b r_{be} + \dot{I}_e R'_L = \dot{I}_b r_{be} + (1 + \beta) \dot{I}_b R'_L$$

式中

$$R'_L = R_e \mathbin{/\mkern-5mu/} R_L$$

由输出回路可得

$$\dot{U}_o = \dot{I}_e R'_L = (1 + \beta) \dot{I}_b R'_L$$

所以,射极输出器的电压放大倍数为

$$\dot{A}_u = \frac{\dot{U}_o}{\dot{U}_i} = \frac{(1 + \beta) \dot{I}_b R'_L}{\dot{I}_b [r_{be} + (1 + \beta) R'_L]} = \frac{(1 + \beta) R'_L}{r_{be} + (1 + \beta) R'_L} \tag{2.5.6}$$

在一般情况下,有 $(1+\beta)R'_L \gg r_{be}$。所以,射极输出器的电压放大倍数略小于 1,但接近于 1。由式(2.5.6)可知,在射极输出器中,交流输出电压与交流输入电压同相。由于交流输出电压的大小和相位都跟随着交流输入电压而变化,故射极输出器又称为射极跟随器。

应该指出,射极输出器虽然没有电压放大作用,但它仍具有电流放大作用,即 $\dot{I}_e = (1+\beta)\dot{I}_b$。因此,射极输出器具有功率放大作用。

2. 输入电阻

射极输出器微变等效电路的输入回路与图 2.4.2(c)相似,故其输入电阻的表达式与式(2.4.8)相似,即

$$R_i = R_b \mathbin{//} [r_{be} + (1+\beta)R'_L] \tag{2.5.7}$$

通常,R_b 的数值很大(一般为几十千欧到几百千欧),而且 $[r_{be} + (1+\beta)R'_L]$ 也很大,所以,射极输出器的输入电阻是很高的,一般可达几十千欧到几百千欧。可见,射极输出器的输入电阻要比基本共发射极放大电路和具有发射极旁路电容的发射极偏置放大电路的输入电阻($R_i \approx r_{be}$)高得多。

式(2.5.7)表明,为了提高射极输出器的输入电阻,应选用 β 值大的晶体管。另外,应该注意,射极输出器的输入电阻与负载电阻 R_L 有关。

3. 输出电阻

射极输出器的输出电阻应该在信号源短路(保留其内阻 R_s)和负载电阻 R_L 开路的条件下计算。计算射极输出器输出电阻的微变等效电路如图 2.5.2 所示。

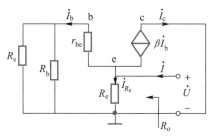

图 2.5.2 计算射极输出器输出电阻的微变等效电路

由图 2.5.2 可得

$$\dot{I} = \dot{I}_b + \beta\dot{I}_b + \dot{I}_{R_e}$$

$$= \frac{\dot{U}}{R'_s + r_{be}} + \beta\frac{\dot{U}}{R'_s + r_{be}} + \frac{\dot{U}}{R_e}$$

式中

$$R'_s = R_s \mathbin{//} R_b$$

将上式整理后可得

$$\frac{\dot{I}}{\dot{U}} = (1+\beta)\frac{1}{R'_s + r_{be}} + \frac{1}{R_e}$$

因此,射极输出器的输出电阻为

$$R_o = \frac{\dot{U}}{\dot{I}} = R_e \mathbin{//} \frac{R'_s + r_{be}}{1+\beta} \tag{2.5.8}$$

式(2.5.8)表明,射极输出器的输出电阻是由发射极电阻 R_e 与电阻 $(R'_s + r_{be})/(1+\beta)$ 并联所组成的。后一部分电阻是基极回路的电阻 $(R'_s + r_{be})$ 折算到发射极回路的等效电阻。因为发射极电流是基极电流的 $(1+\beta)$ 倍,故折算时要将 $(R'_s + r_{be})$ 除以 $(1+\beta)$。

在一般情况下,有 $R_e \gg \dfrac{R'_s + r_{be}}{1+\beta}$ 和 $\beta \gg 1$,故有

$$R_o \approx \dfrac{R'_s + r_{be}}{\beta} \qquad (2.5.9)$$

可见,射极输出器的输出电阻是很低的,一般只有几十欧到几百欧。由式(2.5.9)可知,为了降低射极输出器的输出电阻,也应选用 β 值较大的晶体管。

四、射极输出器的特点和应用

1. 射极输出器的特点

综上所述,射极输出器具有以下特点:① 电压放大倍数小于 1,但接近于 1;② 输出电压与输入电压同相;③ 输入电阻高;④ 输出电阻低。

2. 射极输出器的应用

射极输出器的应用有以下几方面。

① 尽管射极输出器没有电压放大作用,但是,由于它具有较高的输入电阻,可以减小对信号源的影响,所以常用射极输出器作多级放大电路的输入级。

② 由于它具有较低的输出电阻,带负载能力较强,负载变化时对放大倍数的影响较小,加之它具有较大的电流放大作用,所以常用射极输出器作多级放大电路的输出级。

③ 利用射极输出器输入电阻高和输出电阻低的特点,在多级放大电路中,常用它作中间级,以隔离前级和后级之间的相互影响,起到阻抗变换的作用。

例 2.5.1 射极输出器的电路如图 2.5.1(a)所示。试求它的静态工作点、电压放大倍数、输入电阻和输出电阻。已知:$V_{CC} = 24$ V,$R_b = 200$ kΩ,$R_e = 3.9$ kΩ,$R_L = 2$ kΩ,$R_s = 10$ kΩ,$\beta = 60$。

解:(1)求静态工作点

$$I_B \approx \dfrac{V_{CC} - U_{BE}}{R_b + (1+\beta)R_e} = \dfrac{24 - 0.7}{200 + (1 + 60) \times 3.9} \text{ mA} \approx 53.2 \ \mu\text{A}$$

$$I_E = (1 + \beta)I_B \approx (1 + 60) \times 0.0532 \text{ mA} \approx 3.25 \text{ mA}$$

$$U_{CE} = V_{CC} - I_E R_e \approx (24 - 3.25 \times 3.9)\text{V} \approx 11.3 \text{ V}$$

(2)求电压放大倍数

晶体管的输入电阻为

$$r_{be} = 300 \ \Omega + (1+\beta)\dfrac{26 \text{ mV}}{I_E}$$

$$\approx \left[300 + (1+60)\dfrac{26}{3.25} \right] \Omega = 788 \ \Omega = 0.788 \text{ kΩ}$$

又

$$R'_L = R_e \ /\!/ \ R_L = 3.9 \ /\!/ \ 2 \text{ kΩ} \approx 1.32 \text{ kΩ}$$

由式(2.5.6)可得

$$\dot{A}_u = \dfrac{(1 + \beta)R'_L}{r_{be} + (1 + \beta)R'_L} \approx \dfrac{(1 + 60) \times 1.32}{0.788 + (1 + 60) \times 1.32} \approx 0.99$$

（3）求输入电阻

由式（2.5.7）可得

$$R_i = R_b \mathbin{/\mkern-5mu/} [r_{be} + (1 + \beta) R'_L]$$

$$= \frac{200 \times [0.788 + (1 + 60) \times 1.32]}{200 + [0.788 + (1 + 60) \times 1.32]} \text{k}\Omega \approx 57.8 \text{ k}\Omega$$

（4）求输出电阻

$$R'_s = R_s \mathbin{/\mkern-5mu/} R_b = \frac{10 \times 200}{10 + 200} \text{k}\Omega \approx 9.52 \text{ k}\Omega$$

由式（2.5.8）可得

$$R_o = R_e \mathbin{/\mkern-5mu/} \frac{R'_s + r_{be}}{1 + \beta} = \frac{3.9 \times \dfrac{9.52 + 0.788}{1 + 60}}{3.9 + \dfrac{9.52 + 0.788}{1 + 60}} \text{k}\Omega \approx 0.162 \text{ k}\Omega = 162 \text{ }\Omega$$

2.5.2 共基极放大电路

一、电路的组成

共基极放大电路的原理电路如图 2.5.3（a）所示，R_c 是集电极电阻，R_{b1} 和 R_{b2} 是基极偏置电阻，用来为放大电路建立合适的静态工作点。

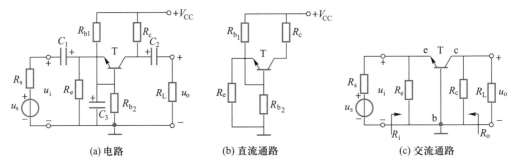

(a) 电路　　　　　　(b) 直流通路　　　　　　(c) 交流通路

图 2.5.3　共基极放大电路

共基极放大电路的交流通路如图 2.5.3（c）所示。由交流通路可知，交流输入电压加在晶体管的发射极和基极之间，交流输出电压从晶体管的集电极和基极之间取出，晶体管的基极是输入回路和输出回路的公共端，故被称为共基极放大电路。

二、静态工作点

将隔直电容 C_1、C_2 和 C_3 视为开路，便可得到共基极放大电路的直流通路，如图 2.5.3（b）所示。可见，它与图 2.4.2（a）所示的发射极偏置放大电路的直流通路图 2.4.2（b）相同。因此，两者静态工作点的计算公式完全相同，此处不再赘述。

三、动态指标分析

1. 电压放大倍数

将图 2.5.3(c)中的晶体管用其微变等效电路代替,可画出共基极放大电路的微变等效电路,如图 2.5.4 所示。

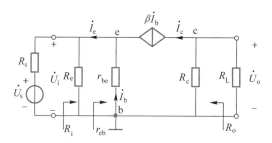

图 2.5.4 共基极放大电路的微变等效电路

由图 2.5.4 可得

$$\dot{U}_o = -\dot{I}_c R'_L$$

$$\dot{U}_i = -\dot{I}_b r_{be}$$

其中

$$R'_L = R_c \mathbin{/\mkern-5mu/} R_L$$

所以,共基极放大电路的电压放大倍数为

$$\dot{A}_u = \frac{\dot{U}_o}{\dot{U}_i} = \frac{-\dot{I}_c R'_L}{-\dot{I}_b r_{be}} = \frac{\beta R'_L}{r_{be}} \tag{2.5.10}$$

式(2.5.10)表明,共基极放大电路的电压放大倍数在数值上是与基本共发射极放大电路和具有发射极旁路电容的发射极偏置放大电路相同的,不同之处是相差一个负号。可见,在共基极放大电路中,交流输出电压与交流输入电压相位相同。

2. 输入电阻

由图 2.5.4 可知,在共基极放大电路中,晶体管发射极和基极间的输入电阻为

$$r_{eb} = \frac{\dot{U}_i}{-\dot{I}_e} = \frac{-\dot{I}_b r_{be}}{-(1+\beta)\dot{I}_b} = \frac{r_{be}}{1+\beta}$$

考虑到 $R_e \gg r_{eb}$,所以共基极放大电路的输入电阻为

$$R_i = R_e \mathbin{/\mkern-5mu/} r_{eb} \approx r_{eb} = \frac{r_{be}}{1+\beta} \tag{2.5.11}$$

式(2.5.11)表明,共基极放大电路的输入电阻比共发射极放大电路(含基本共发射极放大电路和两种发射极偏置放大电路)的输入电阻低得多。这是因为,在共基极放大电路中,晶体管的输入电阻 r_{eb} 只有后两种放大电路晶体管输入电阻 r_{be} 的 $1/(1+\beta)$。通常,共基极放大电路的输入电阻只有几欧到几十欧。

3. 输出电阻

若不考虑晶体管集电极和发射极之间的电阻 r_{ce},则在共基极放大电路的微变等效电路中,可以认为晶体管的输出电阻 r_{cb} 为无穷大。所以,共基极放大电路的输出电阻为

$$R_o = R_c \mathbin{/\mkern-5mu/} r_{cb} \approx R_c \qquad\qquad (2.5.12)$$

4. 共基极放大电路的特点

综上所述可知,共基极放大电路有以下特点:① 有与基本共发射极放大电路和具有发射极旁路电容的发射极偏置放大电路相同的电压放大倍数,但是其输出电压与输入电压同相;② 输入电阻很低;③ 输出电阻与共发射极放大电路的输出电阻相同。

2.5.3　三种基本放大电路的比较

三种基本放大电路的性能比较如表 2.5.1 所示。

表 2.5.1　三种基本放大电路的性能比较

电路名称	基本共发射极放大电路	共集电极放大电路	共基极放大电路
电路图	图 2.1.2	图 2.5.1(a)	图 2.5.3(a)
微变等效电路	图 2.3.4	图 2.5.1(c)	图 2.5.4
电压放大倍数	$\dot{A}_u = -\dfrac{\beta R'_L}{r_{be}}$　大	近似为 1,但小于 1	$\dot{A}_u = \dfrac{\beta R'_L}{r_{be}}$　大
电流放大系数	(β) 大	$(1+\beta)$ 大	$[\beta/(1+\beta)$ 近似为 1] 小
输入电阻	$R_i = R_b \mathbin{/\mkern-5mu/} r_{be}$ 中等(几百欧至几千欧)	$R_i = R_b \mathbin{/\mkern-5mu/} [r_{be} + (1+\beta)R'_L]$ 高(可大于一百千欧)	$R_i \approx \dfrac{r_{be}}{1+\beta}$ 低(可为几十欧)
输出电阻	$R_o \approx R_c$ 高(可达几十千欧)	$R_o \approx \dfrac{R'_s + r_{be}}{\beta}$ 低(可为几十欧)	$R_o \approx R_c$ 高(可达几十千欧)

对于三种基本放大电路的主要特点和应用可以大致归纳如下。

(1) 基本共发射极放大电路和具有发射极旁路电容的发射极偏置放大电路的特点是:具有较高的电压放大倍数和电流放大倍数;输入电阻和输出电阻适中。一般用于对输入电阻和输出电阻无特殊要求的场合,广泛地用作多级放大电路的输入级、中间级和输出级。

(2) 共集电极放大电路的特点是:输出电压跟随输入电压变化,电压放大倍数小于 1,但接近于 1;输入电阻高;输出电阻低。常被用作多级放大电路的输入级、输出级或作为起隔离作用的中间级。利用它为输入级可以减小对信号源电压的衰减程度,使放大电路尽可能多地获得输入电压;作为输出级,用以提高放大电路的带负载能力,使负载变化时仍能获得稳定的输出电压。

(3) 共基极放大电路的突出特点在于:具有很低的输入电阻,可减小晶体管结电容的影响,以改善放大电路的高频特性,所以这种接法常用于高频放大电路中。

在实际使用时,应根据需要选择合适的放大电路。

2.5.4 共射−共基放大电路和共集−共基放大电路

在实际应用中,仅使用三种基本放大电路并不能同时满足电路对电压放大倍数、输入电阻和输出电阻等综合指标的要求,这时只要利用三种基本放大电路各自的优点进行适当的组合,便可获得更好的动态性能。下面来介绍共射−共基放大电路和共集−共基放大电路。

一、共射−共基放大电路

1. 电路

图 2.5.5(a)是共射−共基放大电路的原理图,图中 T_1 组成共发射极放大电路,T_2 组成共基极放大电路。图 2.5.5(b)是共射−共基放大电路的交流通路,图中 $R_b = R_{b11} /\!/ R_{b21}$。

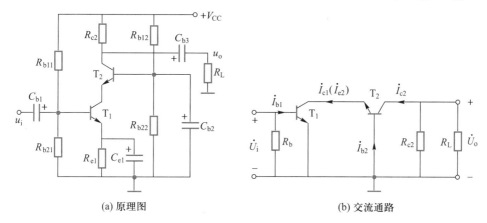

(a) 原理图　　　　　(b) 交流通路

图 2.5.5　共射−共基放大电路

2. 动态指标

（1）电压放大倍数

由图 2.5.5(b)可以求出共射−共基放大电路的电压放大倍数为

$$\dot{A}_u = \frac{\dot{U}_o}{\dot{U}_i} = \frac{\dot{I}_{c1}}{\dot{U}_i} \cdot \frac{\dot{U}_o}{\dot{I}_{e2}} = \frac{\beta_1 \dot{I}_{b1}}{\dot{I}_{b1} r_{be1}} \cdot \frac{-\beta_2 \dot{I}_{b2}(R_{c2} /\!/ R_L)}{(1+\beta_2)\dot{I}_{b2}}$$

因为 $\beta_2 \gg 1$,即 $\beta_2/(1+\beta_2) \approx 1$,故有

$$\dot{A}_u \approx \frac{-\beta_1(R_{c2} /\!/ R_L)}{r_{be1}}$$

可见共射−共基放大电路的电压放大倍数与单管共发射极放大电路接近。

（2）输入电阻

根据放大电路输入电阻的概念,可得共射−共基放大电路的输入电阻为

$$R_i = R_b /\!/ r_{be1} = R_{b11} /\!/ R_{b21} /\!/ r_{be1}$$

（3）输出电阻

根据放大电路输出电阻的概念,可得共射−共基放大电路的输出电阻为

$$R_o \approx R_{c2}$$

综上所述,将共发射极放大电路和共基极放大电路组合在一起,既保持了共发射极放大电路电压放大倍数高的优点,又可获得共基极放大电路较好的高频性能。

二、共集-共基放大电路

图 2.5.6(a)是共集-共基放大电路的原理图,图中 T_1 组成共集电极放大电路,接受输入信号,T_2 组成共基极放大电路。图 2.5.6(b)是共集-共基放大电路的交流通路。由于 T_2 的 $r_{eb2} = r_{be2}/1+\beta_2$,远小于 R_{e1},故可将 R_{e1} 视为开路,在图 2.5.6(b)中可将 R_{e1} 省略。

将共集电极放大电路和共基极放大电路组合在一起,可使组合后的放大电路既具有输入电阻高的优点,又具有较好的高频性能。

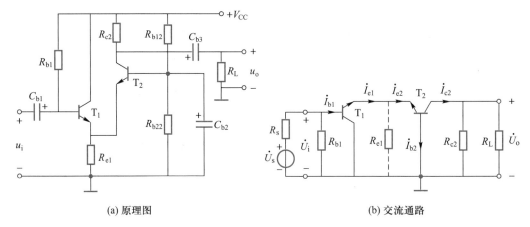

(a) 原理图　　　　　　　(b) 交流通路

图 2.5.6　共集-共基放大电路

2.6　场效晶体管放大电路

放大电路除了用双极型晶体管构成外,还可以用单极型场效晶体管来构成。

在实际应用中,有时信号源的信号不仅非常微弱而且还具有高内阻。为了放大高内阻的微弱信号,要求放大电路具有高达兆欧级甚至更高的输入电阻,才能在放大电路的输入端获得足够的电压信号。尽管共集电极放大电路的输入电阻很高,但是最大仅为几百千欧,不能满足上述要求。而场效晶体管的栅-源极间的输入电阻非常高,用它构成放大电路时,它的输入电阻就可以满足上述要求。

与晶体管放大电路类似,根据放大电路输入回路和输出回路公共端的不同,场效晶体管放大电路也有三种基本组态:共源极放大电路、共漏极放大电路和共栅极放大电路。以 N 沟道耗尽型绝缘栅场效晶体管为例,其三种接法的交流通路如图 2.6.1 所示。

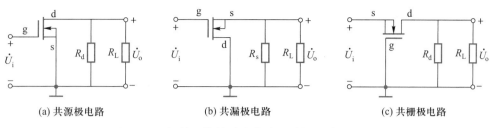

(a) 共源极电路　　　　　　(b) 共漏极电路　　　　　　(c) 共栅极电路

图 2.6.1　场效晶体管放大电路三种接法的交流通路

2.6.1　共源极放大电路

一、场效晶体管放大电路的直流偏置电路

与晶体管放大电路一样,为了保证场效晶体管放大电路能对输入信号起正常的放大作用,必须为放大电路预先设置合适的静态工作点。由于场效晶体管是电压控制器件,所以要为它提供合适的静态栅源电压 U_{GSQ}。下面介绍场效晶体管放大电路的两种直流偏置电路。

1. 自给栅偏压放大电路

图 2.6.2(a)所示为 N 沟道耗尽型 MOS 管组成的共源极放大电路,它是典型的自给栅偏压放大电路。

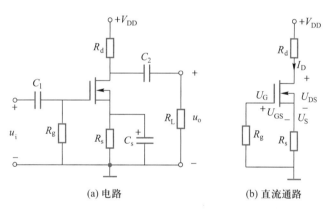

(a) 电路　　　　　　　　(b) 直流通路

图 2.6.2　N 沟道耗尽型 MOS 管构成的共源极放大电路

在图 2.6.2(b)所示的直流通路中,静态时,由于场效晶体管的栅极电流为零,电阻 R_g 上没有直流压降,静态栅极电位 $U_{GQ}=0$,而静态漏极电流 I_{DQ} 流过源极电阻 R_s 会产生电压降,使静态源极电位 $U_{SQ}=I_{DQ}R_s$,因此,静态栅源电压为

$$U_{GSQ} = U_{GQ} - U_{SQ} = - I_{DQ}R_s \qquad (2.6.1)$$

静态栅源电压 U_{GSQ} 称为场效晶体管放大电路的栅偏压。由于这个栅偏压是由管子自己的静态漏极电流 I_{DQ} 产生的,所以把如图 2.6.2(a)所示的放大电路称为自给栅偏压放大电路。

应该指出,自给栅偏压放大电路只能用耗尽型场效晶体管来组成。

2. 分压式自给栅偏压放大电路

分压式自给栅偏压放大电路是实用电路中常采用的另一种形式,它也能合理地设置静态工作点。图 2.6.3(a)所示为 N 沟道增强型 MOS 管构成的共源极放大电路,它是靠 R_{g1} 和 R_{g2} 对电源 V_{DD} 分压和静态漏极电流 I_{DQ} 在 R_s 上的压降一起为放大电路设置栅偏压的。

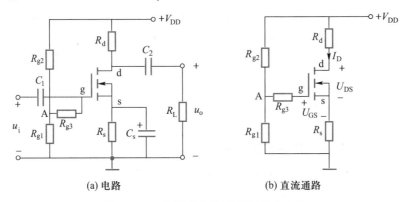

(a) 电路　　　　　　　　　　(b) 直流通路

图 2.6.3　分压式自给栅偏压放大电路

由图 2.6.3(b)所示的直流通路可知,静态时,由于栅极电流为零,所以电阻 R_{g3} 上的电流为零。此时,静态栅极电位和静态源极电位分别为

$$U_{GQ} = U_{AQ} = \frac{R_{g1}}{R_{g1} + R_{g2}} \cdot V_{DD}$$

$$U_{SQ} = I_{DQ} R_s$$

所以栅偏压为

$$U_{GSQ} = U_{GQ} - U_{SQ} = \frac{R_{g1}}{R_{g1} + R_{g2}} \cdot V_{DD} - I_{DQ} R_s \tag{2.6.2}$$

拓展阅读 2.3
场效晶体管
放大电路的
图解分析法

由于这种放大电路的栅偏压是通过分压和自给的方式共同获得的,故称该电路为分压式自给栅偏压放大电路。由式(2.6.2)可知,适当调节电路参数,可使 U_{GSQ} 为正值或负值,所以分压式自给栅偏压放大电路可用任何类型的场效晶体管来构成。

二、场效晶体管共源极放大电路的静态分析

1. 自给栅偏压放大电路

为分析自给栅偏压放大电路的静态工作情况,可利用如图 2.6.2(b)所示的直流通路。场效晶体管放大电路的静态工作点是指 U_{GSQ}、I_{DQ} 和 U_{DSQ}。只有当静态工作点 Q 位于输出特性曲线恒流区的适当位置时,才能保证放大电路对交流输入信号进行正常的放大。

在图 2.6.2(b)中,有

$$U_{DSQ} = V_{DD} - I_{DQ}(R_d + R_s) \tag{2.6.3}$$

我们知道 N 沟道耗尽型 MOS 管的转移特性为

$$I_{DQ} = I_{DSS}\left(1 - \frac{U_{GSQ}}{U_P}\right)^2 \tag{2.6.4}$$

将式(2.6.1)、式(2.6.3)和式(2.6.4)联立求解,即可求出静态工作点。电路的静态工作点也可以通过 N 沟道耗尽型 MOS 管的特性曲线,利用图解法求得,可参看拓展阅读 2.3。

2. 分压式自给栅偏压电路

图 2.6.3(b)所示的分压式自给栅偏压电路的直流通路中的漏极回路与图 2.6.2(b)的漏极回路相同,所以 U_{DSQ} 的表达式也与式(2.6.3)相同。

已知 N 沟道增强型 MOS 管的转移特性

$$I_{DQ} = I_{DO}\left(\frac{U_{GSQ}}{U_T} - 1\right)^2 \tag{2.6.5}$$

将式(2.6.2)、式(2.6.3)和式(2.6.5)联立求解即可求出分压式自给栅偏压放大电路的静态工作点。

例 2.6.1 用 N 沟道增强型 MOS 管组成的分压式自给栅偏压放大电路如图 2.6.3(a)所示,已知 $V_{DD} = 12$ V, $R_d = 1.5$ kΩ, $R_s = 1.1$ kΩ, $R_{g1} = 2.7$ MΩ, $R_{g2} = 1$ MΩ,场效晶体管的 $I_{DO} = 10$ mA, $U_T = 4$ V,试确定它的静态工作点。

解: 由式(2.6.2)可得

$$U_{GSQ} = 12 \times [2.7 / (2.7+1)] - 1.1 I_{DQ}$$

由式(2.6.3)可得

$$U_{DSQ} = 12 - I_{DQ}(1.5+1.1)$$

由式(2.6.5)可得

$$I_{DQ} = 10(U_{GSQ}/4 - 1)^2$$

由以上三式联立求解可求得

$$U_{GSQ} = 6 \text{ V}, I_{DQ} = 2.5 \text{ mA}, U_{DSQ} = 4.5 \text{ V}$$

例 2.6.2 用 N 沟道耗尽型 MOS 管组成的分压式自给栅偏压放大电路如图 2.6.4(a)所示,已知 $V_{DD} = 18$ V, $R_d = 20$ kΩ, $R_s = 2$ kΩ, $R_{g1} = 47$ kΩ, $R_{g2} = 2$ MΩ,场效晶体管为 3DO1,它的 $U_P = -2$ V, $I_{DSS} = 1.2$ mA,试确定它的静态工作点。

解: 由式(2.6.2)可得

$$U_{GSQ} = 18 \times [47/(47+2\,000)] - 2 I_{DQ}$$
$$= 0.413 - 2 I_{DQ}$$

由式(2.6.4)可得

$$I_{DQ} = 1.2(1 + U_{GSQ}/2)^2$$

将 U_{GSQ} 的表达式代入上式,可得

$$I_{DQ} = 1.2[1 + (0.413 - 2 I_{DQ})/2]^2$$

解上式可得

$$I_{DQ} \approx (1.623 \pm 1.086) \text{ mA}$$

因 $I_{DSS} = 1.2$ mA, I_{DQ} 不应大于 I_{DSS},所以取

$$I_{DQ} \approx 0.54 \text{ mA}$$

由此可得

$$U_{GSQ} \approx (0.413 - 2 \times 0.54) \text{ V} \approx -0.67 \text{ V}$$

由式（2.6.3）可得

$$U_{\text{DSQ}} = \left[18 - 0.54 \times (20 + 2)\right] \text{ V} \approx 6.1 \text{ V}$$

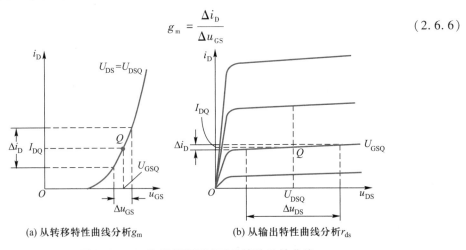

(a) 电路　　　　　　　　　　　(b) 直流通路

图 2.6.4　N 沟道耗尽型 MOS 管组成的分压式自给栅偏压放大电路

三、场效晶体管的微变等效电路

在分析场效晶体管放大电路的动态工作情况时，也需要分析交流通路，并画出放大电路的微变等效电路。

在低频小信号条件下，对于交流信号而言，也可像晶体管一样，把非线性的场效晶体管用一个线性电路来等效。

1. 考虑输入回路

在输入回路方面，由于场效晶体管工作时的栅极电流近似为零，所以在微变等效电路中，栅-源极之间相当于开路，如图 2.6.6（b）（c）所示。

2. 考虑输出回路

在输出回路方面，由于场效晶体管的漏极电流 i_{D} 受栅源电压 u_{GS} 控制，从图 2.6.5（a）所示的转移特性曲线可知，在小信号作用下，栅源电压的微小变化量 Δu_{GS} 与所产生的漏极电流的微小变化量 Δi_{D} 的比值的倒数就是场效晶体管的低频跨导，即

$$g_{\text{m}} = \frac{\Delta i_{\text{D}}}{\Delta u_{\text{GS}}} \tag{2.6.6}$$

(a) 从转移特性曲线分析 g_{m}　　　　　　(b) 从输出特性曲线分析 r_{ds}

图 2.6.5　N 沟道增强型 MOS 管的特性曲线

在小信号条件下,可用交流量代替微变量,得

$$g_{\mathrm{m}} = \frac{i_{\mathrm{d}}}{u_{\mathrm{gs}}} \qquad (2.6.7)$$

在小信号条件下,g_{m} 可以认为是常数。g_{m} 反映了栅源电压 u_{gs} 对场效晶体管输出回路中漏极电流 i_{d} 的控制关系,这种关系可用一个受控电流源 $i_{\mathrm{d}} = g_{\mathrm{m}} u_{\mathrm{gs}}$ 来等效,如图 2.6.6 所示,图中电流和电压均用复数值表示。

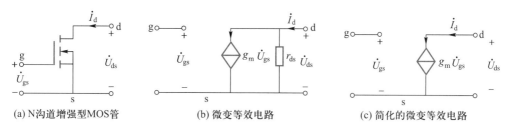

(a) N沟道增强型MOS管   (b) 微变等效电路   (c) 简化的微变等效电路

图 2.6.6 场效晶体管的微变等效电路

另外,场效晶体管的输出特性曲线与晶体管的相似,也不完全与横轴平行,而是略有上翘,所以参照对晶体管的做法,与晶体管的输出电阻 r_{ce} 一样,也可用场效晶体管的输出电阻 $r_{\mathrm{ds}} = \Delta u_{\mathrm{DS}}/\Delta i_{\mathrm{D}} = u_{\mathrm{ds}}/i_{\mathrm{d}}$[如图 2.6.5(b)所示]来描述其输出特性曲线的上翘程度。在小信号的条件下,r_{ds} 也可以认为是常数。r_{ds} 通常在几十千欧到几百千欧之间。

通过以上分析,在低频小信号条件下,场效晶体管的输出回路可用受控电流源 $g_{\mathrm{m}} u_{\mathrm{gs}}$ 和电阻 r_{ds} 的并联来等效,如图 2.6.6(b)所示。

如果外接电阻较小,因电阻 r_{ds} 很大,可将 r_{ds} 看成开路,这样便可得到场效晶体管在低频小信号时的简化微变等效电路,如图 2.6.6(c)所示。

应该指出,图 2.6.6(b)(c)所示的微变等效电路,适用于任何类型的场效晶体管。

3. N 沟道增强型 MOS 管的跨导

对于 N 沟道增强型 MOS 管,根据式(1.4.2)

$$i_{\mathrm{D}} = I_{\mathrm{DO}}\left(\frac{u_{\mathrm{GS}}}{U_{\mathrm{T}}} - 1\right)^{2}$$

求导可得

$$g_{\mathrm{m}} = \frac{\partial i_{\mathrm{D}}}{\partial u_{\mathrm{GS}}}\bigg|_{U_{\mathrm{DS}}} = \frac{2I_{\mathrm{DO}}}{U_{\mathrm{T}}}\left(\frac{u_{\mathrm{GS}}}{U_{\mathrm{T}}} - 1\right)\bigg|_{U_{\mathrm{DS}}} = \frac{2}{U_{\mathrm{T}}}\sqrt{I_{\mathrm{DO}} i_{\mathrm{D}}}$$

式中,I_{DO} 是 $u_{\mathrm{GS}} = 2U_{\mathrm{T}}$ 时的 i_{D} 值。

在小信号时,可用 I_{DQ} 来近似 i_{D},于是得到

$$g_{\mathrm{m}} \approx \frac{2}{U_{\mathrm{T}}}\sqrt{I_{\mathrm{DO}} I_{\mathrm{DQ}}} \qquad (2.6.8)$$

式(2.6.8)表明,N 沟道增强型场效晶体管的低频跨导 g_{m} 与静态漏极电流 I_{DQ} 密切相关,I_{DQ} 越大,g_{m} 越大。

四、场效晶体管共源极放大电路的动态分析

对于图 2.6.2(a)所示的自给栅偏压放大电路和图 2.6.3(a)所示的分压式自给栅偏压

放大电路,它们的简化微变等效电路如图 2.6.7 所示,由图可知,场效晶体管的源极是放大电路输入回路和输出回路的公共端,故两者都是共源极放大电路。对于图 2.6.3(a)所示的分压式自给栅偏压共源极放大电路,图 2.6.7 中的 R_g 为

$$R_g = R_{g3} + (R_{g1} /\!/ R_{g2})$$

R_{g3} 的作用是提高该放大电路的输入电阻。

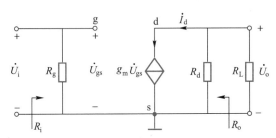

图 2.6.7　自给栅偏压和分压式自给栅偏压放大电路的简化微变等效电路

根据图 2.6.7 可得到共源极放大电路的动态指标:

① 电压放大倍数

$$\dot{A}_u = \frac{\dot{U}_o}{\dot{U}_i} = \frac{-\dot{I}_d(R_d /\!/ R_L)}{\dot{U}_{gs}} = -g_m(R_d /\!/ R_L) \tag{2.6.9}$$

② 输入电阻

$$R_i = R_g \tag{2.6.10}$$

③ 输出电阻

$$R_o = R_d \tag{2.6.11}$$

与晶体管共发射极放大电路类似,共源极放大电路具有一定的电压放大能力,且交流输出电压与交流输入电压反相。但是,共源极放大电路的输入电阻却比共发射极放大电路大得多。

2.6.2　共漏极放大电路

由 N 沟道增强型 MOS 管组成的共漏极放大电路的原理图如图 2.6.8(a)所示,它的直流通路和交流通路分别如图 2.6.8(b)(c)所示。

由图 2.6.8(c)所示的交流通路可知,场效晶体管的漏极是放大电路输入回路与输出回路的公共端,所以它是共漏极放大电路。由于交流输出电压 u_o 从源极输出,所以共漏极放大电路又称为源极输出器。

一、静态分析

在共漏极放大电路中,源极电阻 R_{s1} 具有稳定静态工作点的作用。

放大电路的静态值可以利用以下三式联立求解;

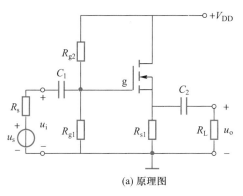

(a) 原理图

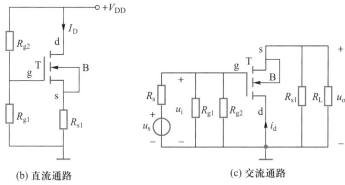

(b) 直流通路　　　　　　　(c) 交流通路

图 2.6.8　N 沟道增强型 MOS 管组成的共漏极放大电路

$$U_{GSQ} = \frac{R_{g1}}{R_{g1}+R_{g2}} V_{DD} - I_{DQ}R_{s1}$$

$$U_{DSQ} = V_{DD} - I_{DQ}R_{s1}$$

$$I_{DQ} = I_{DO}\left(\frac{U_{GSQ}}{U_T} - 1\right)^2$$

二、动态分析

用场效晶体管的简化微变等效电路取代图 2.6.8(c) 中的场效晶体管,可以得到如图 2.6.9 所示的共漏极放大电路的微变等效电路。

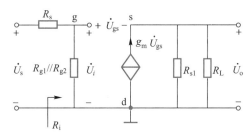

图 2.6.9　共漏极放大电路的微变等效电路

1. 电压放大倍数

由图 2.6.9 可得

$$\dot{U}_{o} = (g_{m}\dot{U}_{gs})(R_{s1}/\!/R_{L})$$

$$\dot{U}_{i} = \dot{U}_{gs} + \dot{U}_{o} = \dot{U}_{gs} + g_{m}\dot{U}_{gs}(R_{s1}/\!/R_{L})$$

由以上两式可得共漏极放大电路的电压放大倍数为

$$\dot{A}_{u} = \frac{\dot{U}_{o}}{\dot{U}_{i}} = \frac{(g_{m}\dot{U}_{gs})(R_{s1}/\!/R_{L})}{\dot{U}_{gs} + g_{m}\dot{U}_{gs}(R_{s1}/\!/R_{L})} \tag{2.6.12}$$

$$= \frac{g_{m}(R_{s1}/\!/R_{L})}{1 + g_{m}(R_{s1}/\!/R_{L})}$$

式(2.6.12)表明共漏极放大电路的电压放大倍数小于 1,但接近于 1,输出电压与输入电压同相。

2. 输入电阻

由图 2.6.9 可得共漏极放大电路的输入电阻为

$$R_{i} = R_{g1}/\!/R_{g2} \tag{2.6.13}$$

3. 输出电阻

共漏极放大电路的输出电阻应该在信号源短路(保留其内阻 R_{s})和负载电阻 R_{L} 开路的条件下计算。求共漏极放大电路输出电阻的微变等效电路如图 2.6.10 所示。

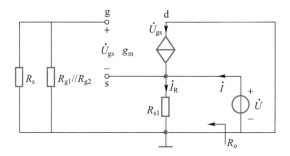

图 2.6.10 求共漏极放大电路输出电阻的微变等效电路

由图 2.6.10 可得

$$\dot{I} = \dot{I}_{R} - g_{m}\dot{U}_{gs} = \frac{\dot{U}}{R_{s1}} - g_{m}\dot{U}_{gs}$$

$$\dot{U}_{gs} = -\dot{U}$$

于是可得

$$\dot{I} = \dot{U}\left(\frac{1}{R_{s1}} + g_{m}\right)$$

所以共漏极放大电路的输出电阻为

$$R_{o} = \frac{\dot{U}}{\dot{I}} = \frac{1}{\dfrac{1}{R_{s1}} + g_{m}} = R_{s1}/\!/\frac{1}{g_{m}} \tag{2.6.14}$$

当 $R_{s1} \gg 1/g_{m}$ 时,则有

$$R_o \approx 1/g_m$$

上式表明,当 $R_{s1} \gg 1/g_m$ 时,源极输出器的输出电阻主要由场效晶体管的跨导 g_m 决定,g_m 越大,输出电阻越低。但是,场效晶体管的 g_m 一般只有 $0.1 \sim 10$ mS,所以源极输出器的输出电阻比射极输出器的输出电阻大得多,可达几百欧至几千欧。

由以上分析可知,源极输出器和射极输出器有着相似的特点,其电压放大倍数小于1,但接近于1,输出电压与输入电压同相,输入电阻很高,输出电阻较低。

场效晶体管放大电路还有共栅极接法(见习题 2.6.8 中的图 P2.6.8)。

例 2.6.3 N 沟道增强型 MOS 管组成的共漏极放大电路如图 2.6.8(a)所示,已知场效晶体管的开启电压 $U_T = 3$ V,$I_{DO} = 8$ mA,$R_{s1} = 3$ kΩ,$R_L = 3$ kΩ,场效晶体管工作在恒流区,静态 $I_{DQ} = 2.5$ mA。试估算电路的电压放大倍数 $\dot{A}_u$ 和输出电阻 R_o。

解:由式(2.6.8)可求出跨导为

$$g_m \approx \frac{2}{U_T}\sqrt{I_{DO}I_{DQ}} = \left(\frac{2}{3}\sqrt{8 \times 2.5}\right) \text{ mS} \approx 2.98 \text{ mS}$$

由式(2.6.12)可求出电路的电压放大倍数为

$$\dot{A}_u = \frac{g_m R'_L}{1 + g_m R'_L} \approx \frac{2.98 \times 1.5}{1 + 2.98 \times 1.5} \approx 0.82$$

其中

$$R'_L = R_{s1} /\!/ R_L = \frac{3 \times 3}{3 + 3} \text{ kΩ} = 1.5 \text{ kΩ}$$

由式(2.6.14)可得电路的输出电阻为

$$R_o = R_{s1} /\!/ \frac{1}{g_m} \approx \left(\frac{3 \times \dfrac{1}{2.98}}{3 + \dfrac{1}{2.98}}\right) \text{ kΩ} \approx 0.302 \text{ kΩ} = 302 \text{ Ω}$$

2.6.3 三种场效晶体管基本放大电路的性能比较

共源极放大电路:电压放大倍数较高,通常都大于1;输出电压与输入电压反相;输入电阻很高;输出电阻主要由漏极电阻 R_d 决定。

共漏极放大电路:电压放大倍数小于1,但接近于1,输出电压与输入电压同相,具有电压跟随作用;输入电阻很高;输出电阻较低;可用作阻抗变换。

共栅极放大电路:电压放大倍数较高;输出电压与输入电压同相;电流放大倍数接近于1,具有电流跟随作用;输入电阻低;输出电阻主要由漏极电阻 R_d 决定;高频性能好,常用于高频和宽带放大。

场效晶体管放大电路最突出的优点是具有很高的输入电阻。此外,场效晶体管放大电路还具有噪声低、温度稳定性好、抗辐射能力强、便于集成化和功耗低等优点。

2.7　复合管放大电路

2.7.1　复合管

一、组成复合管的原则

复合管是指用两个或多个晶体管或场效晶体管按一定规律进行组合而成的等效晶体管或等效场效晶体管。用复合管组成放大电路,可以改善放大电路的某些动态性能(复合管又称达林顿管)。

组成复合管的原则是:组成复合管的各个管子必须处于放大状态。

二、用晶体管组成的复合管

1. 用晶体管组成复合管的规律

用两个晶体管组成复合管时的连接方法如图 2.7.1 所示。由图可以总结出以下规律:

① 用同型管(即两管都是 NPN 型管或都是 PNP 型管)组成复合管时,应将 T_1 管的发射极接到 T_2 管的基极,用异型管(一个是 NPN 型管,另一个是 PNP 型管)组成复合管时,应将 T_1 管的集电极接到 T_2 管的基极。

② 用同型管组成复合管时,其管型不变,称为跟随型复合管。即由两个 NPN 型管组成的复合管仍为 NPN 型管,如图 2.7.1(a)所示;由两个 PNP 型管组成的复合管仍为 PNP 型管,如图 2.7.1(b)所示。

③ 用异型管组成复合管时,其管型由第一个管子的类型确定,称为互补型复合管。图 2.7.1(c)为 NPN 型复合管;图 2.7.1(d)为 PNP 型复合管。

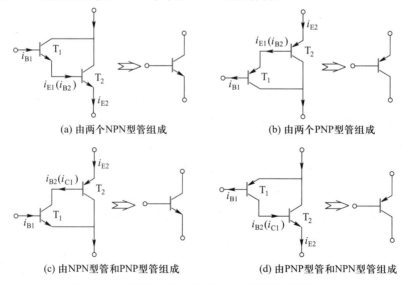

(a) 由两个NPN型管组成　　　　　　　　(b) 由两个PNP型管组成

(c) 由NPN型管和PNP型管组成　　　　　　(d) 由PNP型管和NPN型管组成

图 2.7.1　用两个晶体管组成复合管时的连接方法

2. 晶体管复合管的总电流放大系数

我们以图 2.7.1(a)为例来证明晶体管复合管总电流放大系数与两个晶体管电流放大系数的关系。

由图 2.7.1(a)可知,复合管的基极电流 i_B 就是 T_1 管的基极电流 i_{B1},复合管的集电极电流 i_C 为 T_1 管的集电极电流 i_{C1} 与 T_2 管的集电极电流 i_{C2} 之和,T_2 管的基极电流 i_{B2} 是 T_1 管的发射极电流 i_{E1},于是可得

$$i_C = i_{C1} + i_{C2} = \beta_1 i_{B1} + \beta_2 i_{B2} = \beta_1 i_{B1} + \beta_2 (1+\beta_1) i_{B1}$$
$$= (\beta_1 + \beta_2 + \beta_1\beta_2) i_{B1} = (\beta_1 + \beta_2 + \beta_1\beta_2) i_B$$

所以晶体管复合管的电流放大系数为

$$\beta = i_C / i_B = (\beta_1 + \beta_2 + \beta_1\beta_2)$$

由于晶体管 T_1 和 T_2 的 β_1 和 β_2 至少为几十,必有 $\beta_1\beta_2 \gg (\beta_1 + \beta_2)$,所以晶体管复合管的总电流放大系数近似为

$$\beta \approx \beta_1\beta_2 \tag{2.7.1}$$

式(2.7.1)表明,由晶体管组成的复合管,其电流放大系数近似等于各组成管电流放大系数的乘积。

用同样方法可以证明如图 2.7.1(b)(c)(d)所示晶体管复合管的总电流放大系数都近似等于 $\beta_1\beta_2$。

3. 晶体管复合管的总输入电阻

(1)用同型管组成复合管时的输入电阻

由图 2.7.1(a)(b)可知,由两个同型的晶体管组成复合管时,其输入电阻为

$$r_{be} = r_{be1} + (1+\beta_1) r_{be2} \tag{2.7.2}$$

(2)用异型管组成复合管时的输入电阻

由图 2.7.1(c)(d)可知,由两个异型的晶体管组成复合管时,其输入电阻为

$$r_{be} = r_{be1} \tag{2.7.3}$$

式(2.7.2)和式(2.7.3)表明,用晶体管组成复合管时,其输入电阻与两管的连接方法有关。

综上所述可知,晶体管复合管具有很高的电流放大系数,而且用同型管组成复合管时,其输入电阻会增大。

三、用场效晶体管和晶体管组成的复合管

1. 连接方法

在现代集成电路中,经常用场效晶体管和晶体管一起组成复合管。用 N 沟道增强型场效晶体管和 NPN 型晶体管组成的复合管如图 2.7.2(a)所示,此时复合管的导电类型与 T_1 管相同。图 2.7.2(b)是它的微变等效电路。

2. 场效晶体管和晶体管复合管的跨导

下面证明用场效晶体管和晶体管组成的复合管的跨导 g_m 与场效晶体管的跨导 g_{m1} 和晶体管的电流放大系数 β_2 之间的关系。

由图 2.7.2(b)可得复合管的栅-源电压和漏极电流分别为

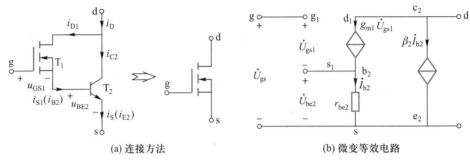

(a) 连接方法　　　　　　　　　　　(b) 微变等效电路

图 2.7.2　用场效晶体管和晶体管组成的复合管

$$\dot{U}_{gs} = \dot{U}_{gs1} + \dot{U}_{be2} = \dot{U}_{gs1} + g_{m1}\dot{U}_{gs1}r_{be2} = (1 + g_{m1}r_{be2})\dot{U}_{gs1}$$

$$\dot{I}_d = \dot{I}_{d1} + \dot{I}_{c2} = g_{m1}\dot{U}_{gs1} + \beta_2 g_{m1}\dot{U}_{gs1} = (1 + \beta_2)g_{m1}\dot{U}_{gs1}$$

由此可得复合管的跨导为

$$g_m = \frac{\Delta i_D}{\Delta u_{GS}} = \frac{\dot{I}_d}{\dot{U}_{gs}} = \frac{(1 + \beta_2)g_{m1}\dot{U}_{gs1}}{(1 + g_{m1}r_{be2})\dot{U}_{gs1}} = \frac{(1 + \beta_2)g_{m1}}{1 + g_{m1}r_{be2}}$$

因为晶体管的 $\beta \gg 1$，所以可以认为场效晶体管和晶体管组成的复合管的跨导为

$$g_m \approx \frac{\beta_2 g_{m1}}{1 + g_{m1}r_{be2}} \tag{2.7.4}$$

3. 两点说明

（1）场效晶体管和晶体管还可用其他连接方法组成复合管，但是场效晶体管必须在前。

（2）用场效晶体管和晶体管一起组成的复合管，其输入电阻可视为无穷大。

2.7.2　复合管放大电路

一、复合管共发射极放大电路

1. 电路

将图 2.1.2 所示的基本共发射极放大电路中的放大管用晶体管复合管代替，即可得到复合管共发射极放大电路，如图 2.7.3（a）所示。图 2.7.3（b）是它的微变等效电路。

2. 利用晶体管复合管的概念求解动态参数

只要利用如图 2.1.2 所示的基本共发射极放大电路电压放大倍数和输入电阻的表达式

$$\dot{A}_u = -\frac{\beta R_L'}{r_{be}} \quad (R_L' = R_c \mathbin{/\mkern-5mu/} R_L)$$

和

$$R_i = R_b \mathbin{/\mkern-5mu/} r_{be}$$

并将晶体管复合管的电流放大系数 $\beta \approx \beta_1 \beta_2$ 和同型复合管时的输入电阻 $r_{be} = r_{be1} + (1 + \beta_1)r_{be2}$ 代入以上两式，即可得到晶体管复合管共发射极放大电路电压放大倍数和输入电阻的表达式，即

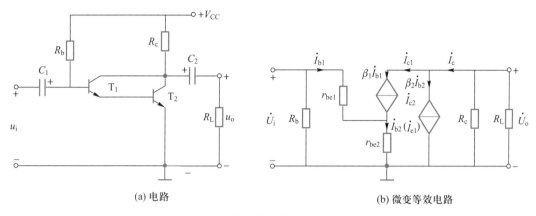

(a) 电路　　　　　　　　　　(b) 微变等效电路

图 2.7.3　复合管共发射极放大电路

$$\dot{A}_u \approx -\frac{\beta_1\beta_2(R_c /\!/ R_L)}{r_{be1}+(1+\beta_1)r_{be2}} \tag{2.7.5}$$

和

$$R_i = R_b /\!/ [r_{be1}+(1+\beta_1)r_{be2}] \tag{2.7.6}$$

由此可见,晶体管复合管共发射极放大电路比单管基本共发射极放大电路有着更高的输入电阻。

3. 利用微变等效路法求解电压放大倍数

由图 2.7.3(b)可得

$$\dot{I}_C = \dot{I}_{C1}+\dot{I}_{C2} = \beta_1\dot{I}_{b1}+\beta_2\dot{I}_{b2} = \beta_1\dot{I}_{b1}+(1+\beta_1)\beta_2\dot{I}_{b1} \approx \beta_1\beta_2\dot{I}_{b1}$$

$$\dot{U}_i = \dot{I}_{b1}r_{be1}+\dot{I}_{b2}r_{be2} = \dot{I}_{b1}r_{be1}+\dot{I}_{b1}(1+\beta_1)r_{be2}$$

$$\dot{U}_o = -\dot{I}_c(R_c /\!/ R_L) \approx -\beta_1\beta_2\dot{I}_{b1}(R_c /\!/ R_L)$$

由此也可得到晶体管复合管共发射极放大电路的电压放大倍数为

$$\dot{A}_u \approx -\frac{\beta_1\beta_2(R_c /\!/ R_L)}{r_{be1}+(1+\beta_1)r_{be2}}$$

二、复合管共集电极放大电路

1. 电路

将图 2.5.1(a)所示的单管共集电极放大电路中的放大管用晶体管复合管代替,便可得到复合管共集电极放大电路,如图 2.7.4 所示。

2. 利用晶体管复合管的概念求解动态参数

只要利用如图 2.5.1(a)所示的单管共集电极放大电路电压放大倍数、输入电阻和输出电阻的表达式

$$\dot{A}_u = \frac{(1+\beta)R_L'}{r_{be}+(1+\beta)R_L'}$$

$$R_L' = R_e /\!/ R_L$$

$$R_i = R_b /\!/ [r_{be}+(1+\beta)R_L']$$

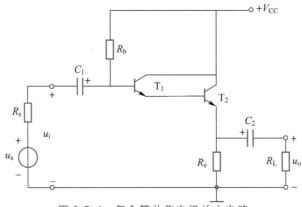

图 2.7.4　复合管共集电极放大电路

$$R_o = R_e \text{ // } \frac{R'_s + r_{be}}{1 + \beta}$$

$$R'_s = R_s \text{ // } R_b$$

并将晶体管复合管的电流放大系数 $\beta \approx \beta_1 \beta_2$ 和同型复合管的输入电阻 $r_{be} = r_{be1} + (1 + \beta_1) r_{be2}$ 代入以上有关公式，便可获得晶体管复合管共集电极放大电路的电压放大倍数、输入电阻和输出电阻的表达式，即

$$\dot{A}_u \approx \frac{\beta_1 \beta_2 R'_L}{r_{be1} + \beta_1 r_{be2} + \beta_1 \beta_2 R'_L} \tag{2.7.7}$$

$$R_i \approx R_b \text{ // } (r_{be1} + \beta_1 r_{be2} + \beta_1 \beta_2 R'_L) \tag{2.7.8}$$

$$R_o \approx R_e \text{ // } \frac{R'_s + r_{be1} + \beta_1 r_{be2}}{\beta_1 \beta_2} \tag{2.7.9}$$

3. 结论

以上各式表明，用复合管组成的共集电极放大电路有着比单管共集电极放大电路更好的动态指标：电压跟随特性更好，电压放大倍数更接近于 1；输入电阻更高；输出电阻更低。

三、复合管共源极放大电路

1. 电路

复合管共源极放大电路如图 2.7.5(a) 所示，它的微变等效电路如图 2.7.5(b) 所示。

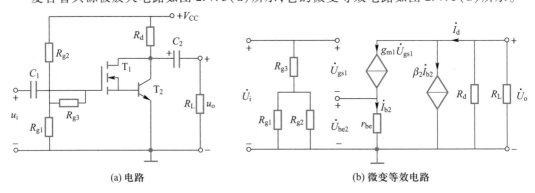

(a) 电路　　　　　　　　　　　　　　(b) 微变等效电路

图 2.7.5　复合管共源极放大电路

2. 动态参数

（1）电压放大倍数

由图 2.7.5（b）可得

$$\dot{I}_{\mathrm{d}} = \dot{I}_{\mathrm{d1}} + \dot{I}_{\mathrm{c2}} = g_{\mathrm{m1}}\dot{U}_{\mathrm{gs1}} + \beta_2 g_{\mathrm{m1}}\dot{U}_{\mathrm{gs1}} = (1+\beta_2) g_{\mathrm{m1}}\dot{U}_{\mathrm{gs1}} \approx g_{\mathrm{m1}}\beta_2 \dot{U}_{\mathrm{gs1}}$$

$$\dot{U}_{\mathrm{i}} = \dot{U}_{\mathrm{gs1}} + \dot{U}_{\mathrm{be2}} = \dot{U}_{\mathrm{gs1}} + g_{\mathrm{m1}}\dot{U}_{\mathrm{gs1}} r_{\mathrm{be}} = (1+g_{\mathrm{m1}}r_{\mathrm{be}})\dot{U}_{\mathrm{gs1}}$$

$$\dot{U}_{\mathrm{o}} = -\dot{I}_{\mathrm{d}}(R_{\mathrm{d}}\,/\!/\,R_{\mathrm{L}}) \approx -g_{\mathrm{m1}}\beta_2\dot{U}_{\mathrm{gs1}}(R_{\mathrm{d}}\,/\!/\,R_{\mathrm{L}})$$

所以复合管共源极放大电路的电压放大倍数为

$$\dot{A}_u \approx \frac{\dot{U}_{\mathrm{o}}}{\dot{U}_{\mathrm{i}}} \approx -\frac{g_{\mathrm{m1}}\beta_2(R_{\mathrm{d}}\,/\!/\,R_{\mathrm{L}})}{1+g_{\mathrm{m1}}r_{\mathrm{be}}} \tag{2.7.10}$$

（2）输入电阻

复合管共源极放大电路的输入电阻为

$$R_{\mathrm{i}} = R_{\mathrm{g3}} + R_{\mathrm{g1}}\,/\!/\,R_{\mathrm{g2}} \tag{2.7.11}$$

式（2.7.11）表明，只要加大 R_{g3}（一般取几兆欧），便可使复合管共源极放大电路的输入电阻远大于复合管共发射极放大电路的输入电阻，这是场效晶体管放大电路的突出优点。

2.8 放大电路的频率特性

2.8.1 放大电路频率特性的基本概念

一、什么是放大电路的频率特性

在这以前，我们在分析各种放大电路的动态工作情况时，都是以单一频率的正弦电压作为输入信号的。在实际应用中，输入信号往往不是单一频率的正弦波，而是非正弦波，其中含有基波和各种频率的谐波。因此，我们不仅需要知道放大电路对某一特定频率信号的放大作用，还要知道放大电路对各种不同频率的输入信号的放大作用。

放大电路在放大交流输入信号时，对于不同频率的信号，交流输出信号与交流输入信号间的幅值关系和相位关系都会有所不同，因此放大电路的电压放大倍数是信号频率的函数，即

$$\dot{A}_u = |\dot{A}_u(f)|\,\underline{/\varphi(f)} \tag{2.8.1}$$

式中，$|\dot{A}_u(f)|$ 表示电压放大倍数的幅值 $|\dot{A}_u|$ 与信号频率 f 的关系，称为放大电路的**幅频特性**；$\varphi(f)$ 表示 $\dot{A}_u$ 的相角 φ（即交流输出电压与交流输入电压之间的相位差）与信号频率 f 的关系，称为放大电路的**相频特性**。幅频特性和相频特性一起总称为放大电路的**频率特性**（也称为放大电路的**频率响应**）。

二、对放大电路频率特性的几点说明

由实验测得的单级阻容耦合共发射极放大电路的频率特性如图 2.8.1 所示。现对放大电路的频率特性作以下几点说明。

（1）在一个较宽的频率范围内，电压放大倍数的幅值基本上与信号频率无关，交流输出电压与交流输入电压之间的相位差为 $\varphi = -180°$，我们把这个频率范围称为放大电路的中频段（或中频区）。在中频段的电压放大倍数 $|\dot{A}_{um}|$ 称为放大电路的中频电压放大倍数。

（2）在中频段以外，随着信号频率的升高和降低，电压放大倍数的幅值都要下降，交流输出电压和交流输入电压之间的相位差也将在中频段的 -180° 的基础上发生变化，放大电路产生了附加相位移。

（3）我们把电压放大倍数的幅值下降到中频电压放大倍数 $|\dot{A}_{um}|$ 的 $1/\sqrt{2}$（≈ 0.707）倍时的两个频率分别称为放大电路的下限频率 f_L 和上限频率 f_H。把 f_L 以下的频率范围称为低频段（或低频区）；把 f_H 以上的频率范围称为高频段（或高频区）；把 $f_L \sim f_H$ 之间的频率范围称为放大电路的通频带或带宽，并将带宽表示为 $BW = f_H - f_L$。

三、放大电路的波特图

交流放大电路的信号频率范围很宽，可以从几赫兹到几万赫兹，甚至为兆赫数量级，电压放大倍数可以从几倍到几万倍，甚至为几百万倍。这时，为了缩短坐标，扩大视野，在画频率特性时常常采用对数坐标。用对数坐标表示的频率特性称为放大电路的波特图。波特图由对数幅频特性和对数相频特性两部分组成，它们的横轴频率坐标采用对数分度 $\lg f$，但是常常标注为 f；幅频特性的纵轴电压放大倍数则用 $20\lg |\dot{A}_u|$ 表示，称为放大电路的增益，单位为分贝（dB）；相频特性的纵轴仍用 φ 表示，图 2.8.1 所示的频率特性用波特图表示，如图 2.8.2 所示。因为 $20\lg 0.707 = -3$ dB，所以在 f_L 和 f_H 处的增益下降 3 dB。

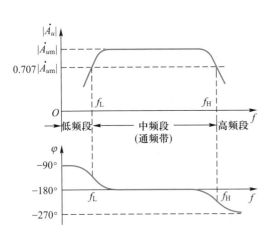

图 2.8.1　单级阻容耦合共发射极放大
电路的频率特性

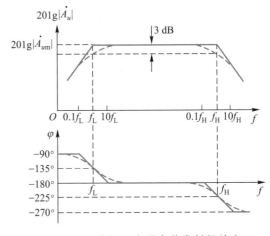

图 2.8.2　单级阻容耦合共发射极放大
电路的波特图

电压放大倍数用分贝表示，不仅可以压缩电压放大倍数的坐标，而且可以将多级放大电路的电压放大倍数的相乘运算简化为相加运算（关于多级放大电路的电压放大倍数将在第

3 章中介绍）。

四、放大电路的频率失真

研究放大电路的频率特性是具有实际意义的。例如，当要求一个放大电路放大含有丰富频率成分的非正弦波交流输入信号时，如果放大电路的通频带不够宽，它就不能使不同频率的信号得到"同等放大"（所谓"同等放大"，不仅应将输入信号中各种频率成分的幅值放大相同的倍数，而且应该使各频率成分之间的相对相位关系保持不变），就会造成输出信号波形的失真，这种失真称为放大电路的频率失真。我们把因为输入信号中各种频率成分的电压放大倍数不同而造成的输出波形失真称为幅度失真，把因为不同频率的信号产生不同的相移所造成的输出波形的失真称为相位失真。

应该指出，频率失真并没有改变交流输出信号中的频率成分，只是原有各频率成分之间的相对大小和相对相位关系发生了变化。但是，因半导体器件的非线性所造成的非线性失真则与频率失真不同，非线性失真会使交流输出波形中产生交流输入波形中所没有的频率成分。

2.8.2　单管共发射极放大电路频率特性的定性分析

为了分析放大电路的频率特性，我们先来讨论一下两种简单 RC 电路的频率特性。

一、简单 RC 电路的频率特性

1. 高通 RC 电路的频率特性

高通 RC 电路如图 2.8.3（a）所示。由图 2.8.3（a）可得其输出电压与输入电压的比为

$$\dot{A}_u = \frac{\dot{U}_o}{\dot{U}_i} = \frac{R}{R + \frac{1}{j\omega C}} = \frac{1}{1 + \frac{1}{j\omega RC}} = \frac{1}{1 - j\frac{\omega_L}{\omega}} = \frac{1}{1 - j\frac{f_L}{f}} \tag{2.8.2}$$

其中

$$\omega_L = \frac{1}{RC} \qquad f_L = \frac{1}{2\pi RC} \tag{2.8.3}$$

ω_L 和 f_L 分别被称为高通 RC 电路的下限截止角频率和下限截止频率。

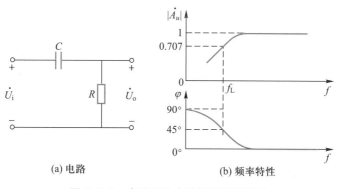

(a) 电路　　　　　　　　(b) 频率特性

图 2.8.3　高通 RC 电路及其频率特性

由式(2.8.2)可得高通 RC 电路的幅频特性和相频特性分别为

$$|\dot{A}_u| = \cfrac{1}{\sqrt{1 + \left(\cfrac{f_L}{f}\right)^2}} \qquad (2.8.4)$$

$$\varphi = \arctan\left(\cfrac{f_L}{f}\right) \qquad (2.8.5)$$

根据式(2.8.4)和式(2.8.5)可画出高通 RC 电路的频率特性,如图 2.8.3(b)所示。

由图 2.8.3(b)可知:① 当 $f \gg f_L$ 时,可得 $|\dot{A}_u| \approx 1$, $\varphi \to 0°$;② 当 $f = f_L$ 时, $|\dot{A}_u| = \dfrac{1}{\sqrt{2}} \approx$

0.707, $\varphi = +45°$;③ 当 $f \ll f_L$ 时, $|\dot{A}_u| \approx \dfrac{f}{f_L}$,表明 f 每下降至原来的 $\dfrac{1}{10}$,放大倍数 $|\dot{A}_u|$ 也下

降至原来的 $\dfrac{1}{10}$;④ 当 $f \to 0$ 时, $|\dot{A}_u| \to 0$, $\varphi \to +90°$。

由图 2.8.3(b)可以看出:① 当信号频率较低时, $|\dot{A}_u|$ 将随 f 下降而减小,信号频率越低,信号衰减越厉害;② 只有当信号频率较高时, $|\dot{A}_u|$ 才接近于 1,信号才能顺利地通过 RC 电路。由于这个缘故,常把图 2.8.3(a)所示的 RC 电路称为高通电路。

2. 低通 RC 电路的频率特性

低通 RC 电路如图 2.8.4(a)所示。由图 2.8.4(a)可得其输出电压与输入电压的比为

$$\dot{A}_u = \frac{\dot{U}_o}{\dot{U}_i} = \cfrac{\cfrac{1}{j\omega C}}{R + \cfrac{1}{j\omega C}} = \cfrac{1}{1 + j\omega RC} = \cfrac{1}{1 + j\dfrac{\omega}{\omega_H}} = \cfrac{1}{1 + j\dfrac{f}{f_H}} \qquad (2.8.6)$$

式中

$$\omega_H = \frac{1}{RC} \qquad f_H = \frac{1}{2\pi RC} \qquad (2.8.7)$$

ω_H 和 f_H 分别称为低通 RC 电路的上限截止角频率和上限截止频率。

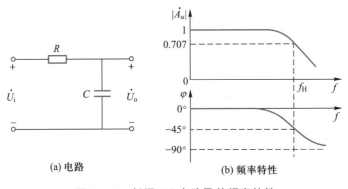

(a) 电路　　　　　　　　　　　　(b) 频率特性

图 2.8.4　低通 RC 电路及其频率特性

由式(2.8.6)可得低通 RC 电路的幅频特性和相频特性分别为

$$|\dot{A}_u| = \frac{1}{\sqrt{1 + \left(\dfrac{f}{f_{\mathrm{H}}}\right)^2}} \qquad (2.8.8)$$

$$\varphi = -\arctan\left(\frac{f}{f_{\mathrm{H}}}\right) \qquad (2.8.9)$$

根据式(2.8.8)和式(2.8.9)可画出低通 RC 电路的频率特性,如图 2.8.4(b)所示。

由图 2.8.4(b)可知:① 当 $f \ll f_{\mathrm{H}}$ 时,可得 $|\dot{A}_u| \approx 1$,$\varphi \to 0°$;② 当 $f = f_{\mathrm{H}}$ 时,$|\dot{A}_u| = \dfrac{1}{\sqrt{2}} \approx$ 0.707,$\varphi = -45°$;③ 当 $f \gg f_{\mathrm{H}}$ 时,$|\dot{A}_u| \approx \dfrac{f_{\mathrm{H}}}{f}$,表明 f 每升高 10 倍,放大倍数将下降至原来的 $\dfrac{1}{10}$;④ 当 $f \to \infty$ 时,$|\dot{A}_u| \to 0$,$\varphi \to -90°$。

拓展阅读 2.6 单级共源极放大电路频率特性的定性分析

由图 2.8.4(b)可以看出:① 当信号频率较高时,$|\dot{A}_u|$ 将随 f 增大而减小,信号频率越高,信号衰减越厉害;② 只有当信号频率较低时,$|\dot{A}_u|$ 才接近于 1,信号才能顺利地通过 RC 电路。由于这个缘故,常把图 2.8.4(a)所示的 RC 电路称为低通电路。

二、单管基本共发射极放大电路频率特性的定性分析

现在来分析如图 2.8.5(a)所示的单管基本共发射极放大电路的电压放大倍数随信号频率变化而变化的原因。

在图 2.8.5(a)中,电容 C_i 是晶体管 b-e 之间电容 C_{be} 和 b-c 之间电容 C_{bc}[见图 2.8.5(b)]折算到输入回路的电容以及接线分布电容所组成的等效电容;电容 C_o 是晶体管 b-c 之间电容 C_{bc} 折算到输出回路的电容、c-e 之间电容 C_{ce}、接线分布电容和下一级的输入电容所组成的等效电容。C_i 和 C_o 的数值都很小,一般只有几十皮法到几百皮法(pF)。

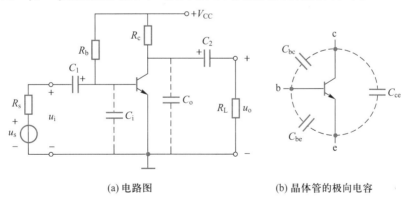

(a) 电路图　　　　　　　　(b) 晶体管的极向电容

图 2.8.5　分析频率特性所用的单管基本共发射极放大电路及晶体管的极间电容

为了在分析时突出主要矛盾,我们分三个频段(或频区)来分析单管基本共发射极放大电路的频率特性。

1. 中频段

在中频段,由于电容 C_1、C_2 的容量足够大,它们对中频段信号所呈现的容抗都很小,故可以将它们视为短路。电容 C_i 和 C_o 的容量均很小,它们对中频段信号所呈现的容抗都很大,故可以将它们视为开路。因此,在中频段,图 2.8.5(a)所示的单管基本共发射极放大电路的微变等效电路如图 2.8.6 所示,它与以前介绍的基本共发射极放大电路的微变等效电路是一致的。放大电路中所有的电容均不会影响交流信号的畅通传送,放大电路的中频电压放大倍数与信号的频率无关,交流输出电压与交流输入电压之间的相位差为 180°。

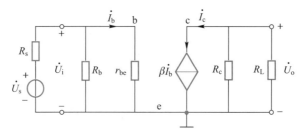

图 2.8.6　单管基本共发射极放大电路的中频微变等效电路

由此可见,在此以前,我们在分析基本共发射极放大电路时所得到的电压放大倍数的表达式 $\dot{A}_u = -\dfrac{\beta R'_L}{r_{be}}$ 就是对中频段而言的。在本书的例题和习题中,如不做特殊说明,所要求计算的各种放大电路的电压放大倍数都是指中频电压放大倍数。

2. 低频段

在低频段,由于信号频率较低,电容 C_i 和 C_o 的容抗比中频段时更大,更可以把它们视为开路。电容 C_1 和 C_2 的容抗却比较大,不能再把它们视为短路。考虑 C_1 和 C_2 后,图 2.8.5(a)所示放大电路的低频段微变等效电路如图 2.8.7 所示。

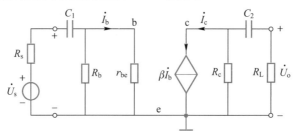

图 2.8.7　单管基本共发射极放大电路的低频段微变等效电路

由图 2.8.7 可以看出,在低频段,输入回路和输出回路的耦合电路形式与图 2.8.3(a)所示的高通 RC 电路相似,所以单管基本共发射极放大电路在低频段的频率特性与高通 RC 电路的频率特性相似。随着信号频率的下降,由于 C_1 和 C_2 上的电压降加大,电路的电压放大倍数 $|\dot{A}_u|$ 会随之减小。与此相应,交流输出电压与交流输入电压之间的相位差将在中频段相位差的基础上产生一个超前的附加相位移,信号频率越低,超前的附加相位移越大,从而使交流输出电压与交流输入电压之间的相位差在 −90° 至 −180° 的范围内变化。

为了改善放大电路的低频特性,使通频带向低频端扩展,应选用数值足够大的 C_1 和 C_2。根据经验和理论计算,C_1 和 C_2 一般取几微法到几十微法。

3. 高频段

在高频段,由于信号频率较高,C_1 和 C_2 的容抗比中频段小,更可以把它们视为短路;但是,C_i 和 C_o 的容抗将明显减小,它们的分流作用已不能忽略。于是可画出单管基本共发射极放大电路在高频段的交流通路,如图 2.8.8 所示。

对于输入回路,可用图 2.8.9(a)所示的等效电路来分析;对于输出电路,则可用图 2.8.9(b)所示的电路来分析。图 2.8.9(a)和(b)都是与图 2.8.4(a)相似的低通 RC 电路,所以,单管基本共发射极放大电路在高频段的频率特性是与低通 RC 电路的频率特性相似的。随着信号频率的升高,C_i 和 C_o 的容抗随之减小,交流输入电压和交流输出电压都将减小,使放大电路在高频段的电压放大倍数 $|\dot{A}_u|$ 随信号频率的升高而减小。与此相应,交流输出电压与交流输入电压之间的相位差将在中频段相位差的基础上产生一个滞后的附加相位移,信号频率越高,滞后的附加相位移越大,从而使交流输出电压与交流输入电压之间的相位差在 $-180°$ 至 $-270°$ 范围内变化。

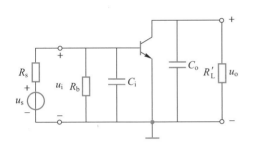

图 2.8.8 单管基本共发射极放大
电路在高频段交流通路

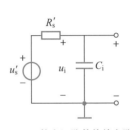

(a) 输入回路的等效电路

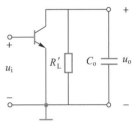

(b) 输出回路的交流通路

图 2.8.9 单管基本共发射极放大电路高频段
交流通路中的输入回路和输出回路

此外,在高频段,晶体管的电流放大系数 $|\dot{\beta}|$ 将随信号频率的升高而减小,也会使放大电路的电压放大倍数下降。图 2.8.10 画出了晶体管的电流放大系数 $|\dot{\beta}|$ 与信号频率 f 之间的关系曲线,图中 β_0 是低频电流放大系数。由图可知,当信号频率升高到一定程度时,$|\dot{\beta}|$ 将随 f 的升高而减小。我们把使电流放大系数 $|\dot{\beta}|$ 减小到等于 1(即 0 dB)时的信号频率称为晶体管的特征频率 f_T。f_T 是标志一个晶体管能保持电流放大作用的最高频率。当 $f > f_T$ 时,晶体管将失去电流放大作用。

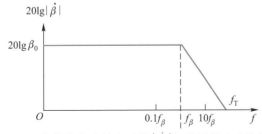

图 2.8.10 晶体管的电流放大系数 $|\dot{\beta}|$ 与信号频率 f 的关系曲线

由以上分析可知,为改善放大电路的高频特性,使通频带向高频端扩展,首先应选用高频性能良好(即极间电容小、f_T 高)的晶体管(如高频管)。另外还要使电路的布线合理,以减小接线分布电容。

📖 本章小结

1. 放大电路实际上是一个能量控制器。放大作用的实质是通过晶体管或场效晶体管对集电极电流或漏极电流的控制作用,以实现用输入信号的微弱能量去控制为放大电路供电的直流电源给出能量,最后使输出端的负载上得到能量比较大的不失真信号。所以我们常说:"放大"的实质是"小能量控制大能量"。

必须特别强调:放大电路的输入信号是随时间作连续变化的模拟信号,它们都是变化量,所以我们又说"放大的对象是变化量"。

2. 放大电路的组成原则是:① 为放大电路供电的直流电源,必须有合适的极性和数值,以保证晶体管工作在放大区,场效晶体工作在恒流区,且电路的参数要合适,保证电路有合适的静态工作点,以防止输出波形失真;② 交流输入信号能够有效地作用到有源器件(晶体管或场效晶体管)的输入回路,交流输出信号能够有效地传送到负载上。

3. 放大电路的工作状态有静态和动态两种。在静态时,放大电路中的电流和电压都是固定不变的直流量,所以在分析和计算放大电路的静态工作点时,应先画出直流电流在放大电路中流通的路径,这就是放大电路的直流通路,然后根据直流通路用估算法或图解法求出晶体管或场效晶体管的静态电流和静态电压值 I_B、I_C 和 U_{CE} 或 I_D 和 U_{GS}、U_{DS}。

动态时,在交流输入信号作用下,当放大电路在特性曲线的线性区工作时,放大电路中的电流和电压都在静态值的基础上叠加了交流分量。为了便于对动态情况的分析,可以设想把交流分量从放大电路中分离出来,并单独画出交流电流流通的路径,这就是放大电路的交流通路。所以,应该强调:放大电路的交流通路是为分析动态情况的方便,从放大电路中抽象出来的。在分析和计算放大电路的动态工作情况时,应先画出放大电路的交流通路,用图解法分析交流输出信号波形的失真情况和最大不失真输出电压,然后画出放大电路的微变等效电路,用微变等效电路法计算放大电路的动态指标:电压放大倍数、输入电阻和输出电阻。

必须强调,建立合适的静态工作点,是保证放大电路有良好动态工作的基础,静态工作点建立得是否合适,不仅会影响输出信号是否失真,还会影响放大电路的动态指标。

4. 放大电路的图解分析法的优点是:能清楚地看到放大过程中电压和电流的波形,能了解静态工作点的选择是否合理、输出波形是否会产生失真、放大电路的动态工作范围有多大等。图解法的缺点是:当输入信号较小时,很难准确画图和读取数值;作图过程较麻烦;不适用于分析复杂电路;在高频时,仅用特性曲线已不能代表管子的性能,图解法已不再适用。因此,图解法仅适用于分析低频大信号情况下的简单放大电路。

用图解法分析晶体管共发射极基本放大电路的步骤是:① 画出放大电路的直流通路,

用估算法确定静态基极电流 I_B;② 根据放大电路的直流通路,作输出回路的直流负载线,直流负载线和 $i_B = I_B$ 的那一条输出特性曲线的交点 Q 即为静态工作点,由 Q 点可得到 I_C 和 U_{CE};③ 根据交流输入电压 u_i 的波形,通过输入特性曲线作出基极总电流 i_B 的波形;④ 画出放大电路的交流通路,列出交流负载线方程,画出交流负载线;⑤ 根据基极总电流 i_B 的波形,在输出特性曲线上,通过交流负载线作出集电极总电流 i_C 和总管压降 u_{CE} 的波形;u_{CE} 中的交流分量 u_{ce} 就是交流输出电压 u_o。

为了对交流输入信号进行不失真地放大,必须为放大电路设置一个合适的静态工作点。静态工作点设置得过低时,容易产生截止失真;相反,静态工作点设置得过高时,容易产生饱和失真。当交流输入信号的幅度太大时,即使静态工作点选择得合适,也会同时产生截止失真和饱和失真。

5. 提出晶体管放大电路微变等效电路分析法的指导思想是:在小信号条件下,对于变化量来说,把非线性的晶体管用一个线性电路来等效,即用管子的输入电阻 r_{be} 表示晶体管的输入回路,用受控电流源 βi_b 表示晶体管的输出回路,从而把非线性的放大电路转化为线性电路,进而用分析线性电路的方法来分析计算放大电路的动态性能指标。

用微变等效电路法分析晶体管放大电路的步骤是:① 用计算法或图解法求出静态工作点;② 求出静态工作点附近的微变参数 r_{be};③ 画出放大电路的交流通路;④ 用晶体管的微变等效电路去替代交流通路中的晶体管,画出放大电路的微变等效电路;⑤ 用求解一般交流电路的方法求出放大电路的动态指标。

必须注意,晶体管的简化微变等效电路是在低频小信号的条件下得到的。因为只有在小信号的条件下,非线性的晶体管才能用线性电路来等效。还应记住,微变等效电路法只能用来分析放大电路在低频小信号条件下的动态工作情况,千万不能用它去计算放大电路的静态工作点。

6. 衡量放大电路动态性能的主要指标有放大倍数、输入电阻、输出电阻、频带宽度等。

电压放大倍数是用来衡量放大电路放大能力的重要指标,是输出正弦电压的复数值 $\dot{U}_o$ 和输入正弦电压的复数值 $\dot{U}_i$ 之比,通常用 $\dot{A}_u$ 来表示。讨论电压放大倍数的前提是,放大电路应在不失真的情况下工作,即当输入电压为正弦波时,应保证输出电压也为正弦波。

当输入信号为缓慢的变化量时,输入电压用 ΔU_i 表示,输出电压用 ΔU_o 表示,则电压放大倍数为 $A_u = \Delta U_o / \Delta U_i$,见第 3 章。

放大电路的放大倍数还有电流放大倍数、互阻放大倍数和互导放大倍数,见第 4 章。

引入放大电路输入电阻和输出电阻的概念,能够帮助我们正确理解放大电路与信号源之间、放大电路与负载之间以及放大电路的前级与后级之间的互相影响,其不仅能帮助我们正确理解这些相互影响,而且可定量地估算这些影响。

放大电路的输入电阻是从放大电路输入端看进去的等效交流电阻,是交流输入电压与交流输入电流之比,是用来衡量放大电路对输入信号源电压衰减程度的一个指标,一般希望它尽可能大些。

放大电路的输出电阻是从放大电路输出端看进去的等效输出信号源的内阻。它是用来衡量放大电路带负载能力的一个指标。计算输出电阻时,应将信号源短路(保留其内阻),并将负载开路,然后求出输出端所加交流电压和由它所产生的交流电流,两者之比即为放大电路的输出电阻。一般希望它尽可能小些。

放大电路的通频带反映了放大电路对信号频率的适应能力。

7. 晶体管的基本放大电路有共发射极、共集电极和共基极三种基本组态。共发射极放大电路具有既能放大电压信号又能放大电流信号、输入电阻中等、输出电阻大等特点,适用于一般放大;共集电极放大电路具有电压放大倍数小于 1 而接近于 1、输出电压与输入电压同相、输出电压跟随输入电压变化、输入电阻高,输出电阻低等特点,常被用作多级放大电路的输入级、输出级或作为起隔离作用的中间级;共基极放大电路的突出特点在于它具有很低的输入电阻,能减小晶体管结电容的影响,因而能改善高频响应,所以这种接法常用于宽频带放大电路中。

8. 放大电路静态工作点的不稳定最终都表现在静态集电极电流 I_C 的变化上。发射极偏置放大电路稳定静态工作点的原理是:利用 I_C 本身的变化,使发射极电阻 R_e 上的压降发生变化,然后再送回输入回路去抑制 I_C 的变化。

9. 为了保证场效晶体管放大电路能对输入信号起正常的放大作用,也必须为它预先设置合适的静态工作点。由于场效晶体管是电压控制器件,所以要为它提供合适的静态栅-源电压 U_{GSQ}。为场效晶体管放大电路提供合适静态栅-源电压的偏置电路有两种:自给栅偏压电路和分压式自给栅偏压电路,前者只适用于耗尽型场效晶体管,后者则适用于各种类型的场效晶体管。

分析场效晶体管放大电路也可采用图解法和微变等效电路法。

场效晶体管放大电路有共源极、共漏极和共栅极三种基本组态。与晶体管放大电路相比,共源极、共漏极放大电路具有很高的输入电阻,且噪声系数低、温度稳定性好,抗辐射能力强,所以它们更适合于做多级电压放大电路的输入级。共栅极放大电路的高频特性较好,常用于高频或宽带低输入阻抗场合。

由于结型场效晶体管的噪声系数更低,由它组成的放大电路在低噪声放大方面得到了更广泛的应用。

10. 当基本放大电路的动态指标不能满足要求时,可采用共射-共基放大电路、共集-共基放大电路、共漏-共射放大电路等,以便将两种放大电路的优点集中于一个电路。将共发射极放大电路和共基极放大电路组合在一起的共射-共基放大电路,既保持了共发射极放大电路电压放大倍数高的优点,又可获得共基极放大电路较好的高频性能。将共集电极放大电路和共基极放大电路组合在一起的共集-共基放大电路,既保持了共集电极放大电路具有高输入电阻的优点,又获得了共基极放大电路较好的高频性能。将共漏极放大电路和共发射极放大电路组合在一起的共漏-共射放大电路,既保持了共漏极放大电路的高输入电阻,又保持了共发射极放大电路的高电压放大倍数。

11. 当基本放大电路的性能不能满足要求时,可用晶体管或场效晶体管组成的复合管代替基本放大电路中的放大管,以提高放大电路的某些动态指标。采用晶体管组成的复合管共发射极放大电路比单管共发射极放大电路具有更高的输入电阻;采用晶体管组成的复合管共集电极放大电路比单管共集电极放大电路具有更高的输入电阻和更低的输出电阻。

12. 放大电路中存在电抗元件会使电压放大倍数随信号频率而变化。放大电路的电压放大倍数与信号频率的关系称为放大电路的频率特性。衡量放大电路频率特性的主要指标是上限频率和下限频率。当电抗元件的影响可以忽略时,使电压放大倍数基本不随信号频率改变的频率范围称为放大电路的中频段。放大电路在中频段的电压放大倍数称为中频电压放大倍数。对于晶体管基本共发射极放大电路,低频段电压放大倍数降低的原因是耦合电容和发射极旁路电容的影响,而高频段电压放大倍数降低是晶体管的 β 值减小和管子的极间电容、电路的布线电容等小电容作用的结果。

习题

2.1.1 试画出用 PNP 型晶体管组成的单管基本共发射极放大电路,标出电源和隔直电容的极性、静态电流 I_B 和 I_C 的实际流向以及静态电压 U_{BE} 和 U_{CE} 的实际极性。

2.1.2 试分析图 P2.1.2 所示的各电路是否能够正常放大正弦交流输入信号,简述理由。设图中所有的电容对交流信号均可视为短路。

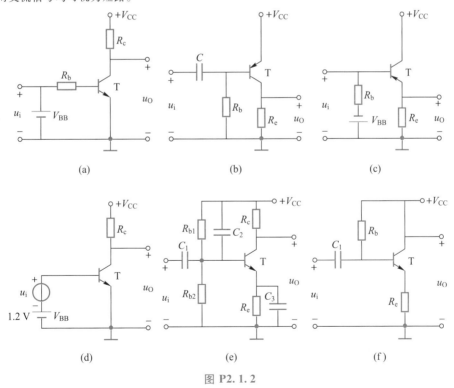

图 P2.1.2

2.2.1 放大电路如图 P2.2.1 所示。已知:$V_{CC} = 12$ V,$R_c = 3$ kΩ,$\beta = 40$,$U_{BE} = 0.7$ V。求:当 $I_C = 2$ mA 时 I_B、U_{CE} 以及 R_b 的值。

2.2.2 放大电路如图 P2.2.1 所示,其晶体管的输出特性曲线如图 P2.2.2 所示。已知:$V_{CC} = 12$ V,$R_c = 3$ kΩ,$R_b = 300$ kΩ,U_{BE} 可以忽略不计。(1)画直流负载线,求静态工作点;(2)当 R_c 由 3 kΩ 变为 4 kΩ 时,工作点将移向何处?(3)当 R_b 由 300 kΩ 减小到 200 kΩ 时,工作点将移向何处?(4)当 V_{CC} 由 12 V 减小到 6 V 时,工作点将移向何处?(5)当 R_b 变为开路时,工作点将移向何处?

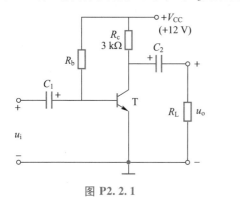
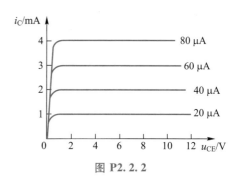

图 P2.2.1　　　　　　　　　　　　　　图 P2.2.2

2.2.3 基本共发射极放大电路如图 P2.2.1 所示。已知:负载电阻 $R_L = 3$ kΩ,晶体管的输出特性曲线如图 P2.2.2 所示。试分别画出有负载和无负载时的交流负载线,并说明两种情况下最大不失真输出电压的幅值 U_{om} 为多大。

2.2.4 在图 P2.2.1 所示电路中,由于电路参数不同,当输入信号为正弦波时,测得的输出信号波形分别如图 P2.2.4(a)(b)(c)所示,试说明电路分别产生了什么失真,如何消除?

(a)　　　　　　　　　(b)　　　　　　　　　(c)

图 P2.2.4

2.2.5 放大电路如图 P2.2.5 所示。已知:晶体管的 $\beta = 50$、饱和管压降 $U_{CES} = 0.5$ V,$V_{CC} = 12$ V。问:在下列五种情况下,若用直流电压表测量晶体管的集电极电位,它们的读数分别为多少?(1)正常情况;(2)R_{b1} 短路;(3)R_{b1} 开路;(4)R_{b2} 开路;(5)R_c 短路。

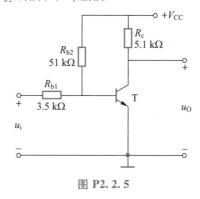

图 P2.2.5

2.2.6 试画出图 P2.2.6 所示各电路的直流通路和交流通路。设所有电容对交流信号均可视为短路。

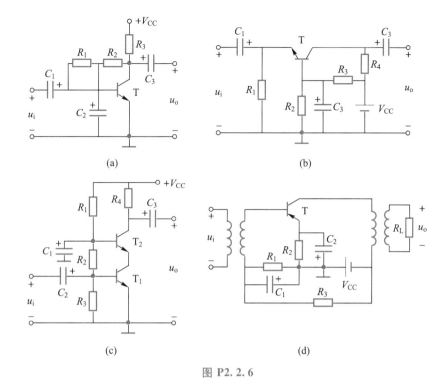

图 P2.2.6

2.2.7 在图 P2.2.7 所示的电路中,已知晶体管的 $\beta = 100$、$r_{be} = 1\ k\Omega$。试回答:

(1) 若测得静态管压降 $U_{CEQ} = 6\ V$,R_b 约为多少千欧?

(2) 若测得输入电压 u_i 和输出电压 u_o 的有效值分别为 $1\ mV$ 和 $100\ mV$,则负载电阻 R_L 为多少千欧?

(3) 若忽略晶体管的饱和压降,电路的最大不失真输出幅度为多大?

2.3.1 电路如图 P2.3.1 所示,晶体管的 $\beta = 60$,$r_{bb'} = 100\ \Omega$。

(1) 求电路的静态工作点、电压放大倍数、输入电阻和输出电阻。

(2) 设 $U_s = 10\ mV$(有效值),问 U_i 为多少? U_o 为多少? 若 C_e 开路,则 U_i 为多少? U_o 为多少?

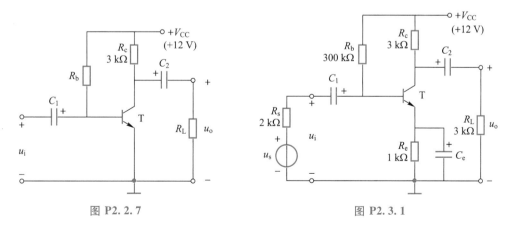

图 P2.2.7   图 P2.3.1

2.4.1 电路如图 P2.4.1 所示,晶体管的 $\beta = 50$。(1) 估算静态工作点;(2) 分析静态工作点的稳定过程。

2.4.2 电路如图 P2.4.2 所示,晶体管的 $\beta = 100$、$r_{bb'} = 100\ \Omega$。

(1) 求电路的静态工作点、电压放大倍数、输入电阻和输出电阻;

(2) 若电容 C_e 开路,则电路的哪些动态参数将发生变化? 是如何变化的?

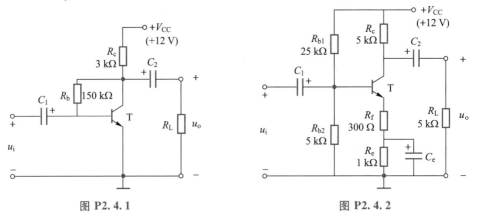

图 P2.4.1   图 P2.4.2

2.5.1 电路如图 P2.5.1 所示,晶体管的 $\beta = 80$。

(1) 计算静态工作点;

(2) 当 $R_L = \infty$ 和 $R_L = 3\ k\Omega$ 时,分别求出电路的电压放大倍数、对信号源电压的电压放大倍数、输入电阻和输出电阻。

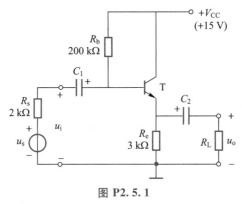

图 P2.5.1

2.5.2 电路如图 P2.5.2 所示。已知:输入电压为正弦波,$\beta = 80$。试求:

(1) $\dot{A}_{u1}\ (= \dot{U}_{o1}/\dot{U}_i)$;   (2) $\dot{A}_{u2}\ (= \dot{U}_{o2}/\dot{U}_i)$。

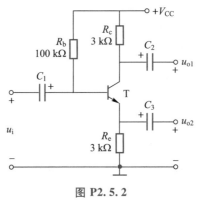

图 P2.5.2

2.6.1 在保留电路共源极接法的条件下,改正图 P2.6.1 所示各电路中的错误,使它们能正常放大正弦波输入电压。

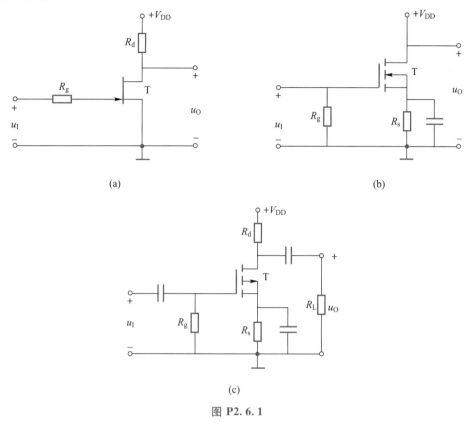

(a)

(b)

(c)

图 P2.6.1

2.6.2 试分析图 P2.6.2 中的各电路对正弦交流输入信号能否起放大作用,并说明理由。

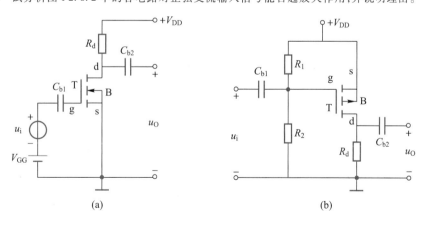

(a)

(b)

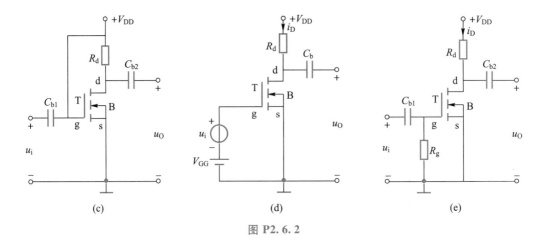

图 P2.6.2

2.6.3 某结型场效晶体管的漏极特性如图 P2.6.3 所示。

（1）试判断该管导电沟道的类型；

（2）求该管的 I_{DSS}、U_P、$U_{(BR)DS}$；

（3）画出 $u_{DS} = -10$ V 时的转移特性；

（4）求 $u_{GS} = 1$ V 时的 g_m 值。

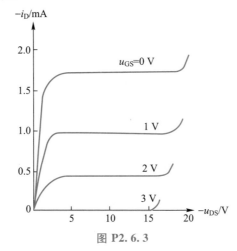

图 P2.6.3

2.6.4 场效晶体管放大电路如图 P2.6.4（a）所示。已知 $V_{DD} = 20$ V，$R_g = 1$ MΩ，$R_d = 43$ kΩ，$R_s = 5.1$ kΩ，$R_L = 1$ MΩ，场效晶体管的漏极特性如图 P2.6.4(b)所示。试用图解法确定电路的静态工作点。

2.6.5 分压式自给栅偏压放大电路如图 P2.6.5 所示，已知 $V_{DD} = 24$ V，$R_{g1} = 64$ kΩ，$R_{g2} = 200$ kΩ，$R_{g3} = 1$ MΩ，$R_d = 10$ kΩ，$R_s = 8.2$ kΩ，$R_{sf} = 2$ kΩ，$R_L = 10$ kΩ，场效晶体管的跨导 $g_m = 1.2$ mS。

（1）画出放大电路的微变等效电路。

（2）写出放大电路电压放大倍数、输入电阻和输出电阻的表达式，并计算它们的值。

（3）试说明电阻 R_{sf} 的作用。

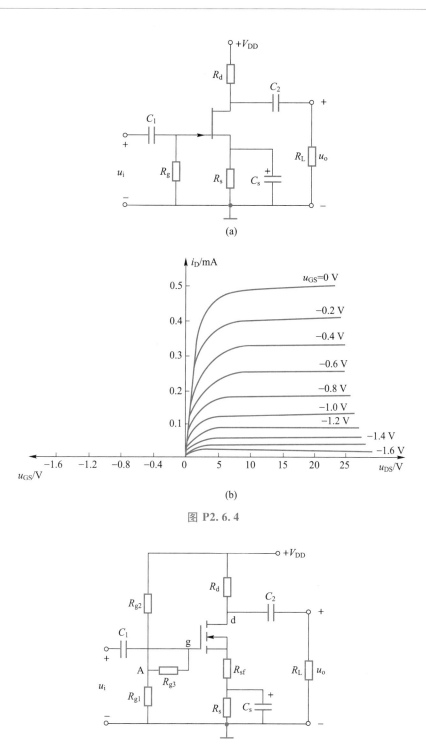

图 P2.6.4

图 P2.6.5

2.6.6 电路如图 P2.6.6 所示。已知场效晶体管的低频跨导 $g_m = 1\ \text{mS}$。求电路的电压放大倍数、输入电阻和输出电阻。

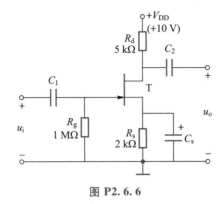

图 P2.6.6

2.6.7 电路如图 P2.6.7 所示。已知场效晶体管的低频跨导 g_m。

（1）画出放大电路的交流通路和微变等效电路；

（2）写出电路的电压放大倍数、输入电阻和输出电阻的表达式；

（3）若输出电压产生顶部失真，应采取哪些措施消除？

（4）若输出电压产生底部失真，应采取哪些措施消除？

（5）若想增大电路的电压放大倍数，应采取哪些措施？

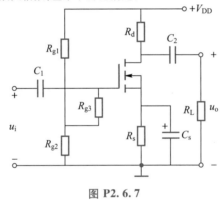

图 P2.6.7

2.6.8 共栅极放大电路如图 P2.6.8 所示。

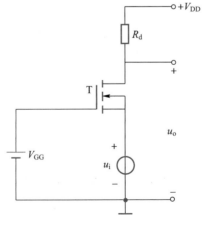

图 P2.6.8

（1）画出放大电路的交流通路和微变等效电路；

（2）写出电压放大倍数、输入电阻和输出电阻的表达式。

2.6.9 共源-共漏放大电路如图 P2.6.9 所示。

（1）画出放大电路的交流通路和微变等效电路；

（2）写出放大电路电压放大倍数、输入电阻和输出电阻的表达式。

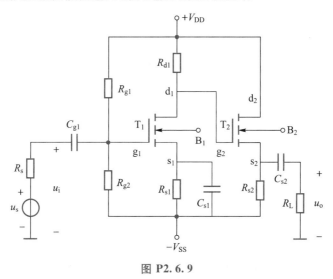

图 P2.6.9

2.6.10 共源-共栅放大电路如图 P2.6.10 所示。

（1）画出放大电路的交流通路和微变等效电路；

（2）写出放大电路电压放大倍数、输入电阻和输出电阻的表达式。

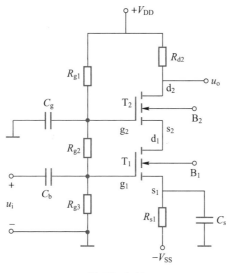

图 P2.6.10

2.7.1 图 P2.7.1 中哪些接法可以构成复合管？标出它们的等效管型（如 NPN 型、PNP 型、N 沟道结型等）及引脚（b、c、e、g、d、s）。

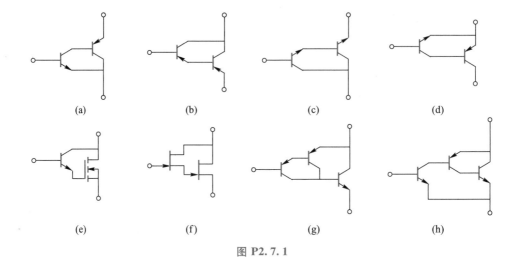

(a)　　　　　　　(b)　　　　　　　(c)　　　　　　　(d)

(e)　　　　　　　(f)　　　　　　　(g)　　　　　　　(h)

图 P2.7.1

2.7.2　复合管共集电极放大电路如图 2.7.4 所示。

（1）画出放大电路的交流通路和微变等效电路；

（2）写出放大电路电压放大倍数、输入电阻和输出电阻的表达式。

第 2 章　重要题型分析方法　　　　　　　第 2 章　部分习题解答

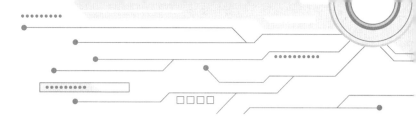

第3章

集成运算放大器

 引言

　　集成运算放大器是用集成工艺制成的具有优良性能和很高电压放大倍数的多级直接耦合放大电路。在它的基础上外接不同形式的反馈电路,能对输入信号执行一定的数学运算,例如加、减、乘、除、积分、微分、对数和反对数等运算,所以人们常把它称为集成运算放大器,简称集成运放。目前运算放大器的应用已远远超出了对信号进行运算的范畴,在信号的测量、处理、变换和产生等方面均获得了广泛的应用。

　　本章先讨论多级放大电路的级间耦合方式、直接耦合放大电路的特殊问题、多级放大电路的动态分析和频率特性,然后介绍差分放大电路、功率放大电路,最后讨论一种典型的通用型集成运算放大器以及集成运算放大器的电压传输特性、主要参数和使用常识。

3.1　多级放大电路

　　在实际应用中,大多数电子系统都要求放大电路具有较高的电压放大倍数,而单级放大电路难以满足这个要求。因此,需要把多个基本放大电路连接起来,构成多级放大电路。由于之前介绍的基本放大电路的性能各不相同,在构成多级放大电路时,应充分利用它们的特点,合理组合,用尽可能少的级数来满足实际的要求。

3.1.1　多级放大电路的级间耦合方式

　　组成多级放大电路的每一个基本放大电路称为一级,级与级之间的连接方式称为级间耦合,也称耦合方式。在多级放大电路中,进行级间耦合时,一方面要确保各级放大电路有合适的静态工作点,另一方面应使前级的输出信号尽可能不衰减地加到后级的输入端。多级放大电路的耦合方式主要有四种:阻容耦合、直接耦合、光电耦合和变压器耦合。本节简单介绍前三种耦合方式。

一、阻容耦合方式

如图 3.1.1 所示,将放大电路前一级的输出端通过电容 C_2 连接到后一级的输入端,由于从后级放大电路的输入端看进去有一个放大电路的输入电阻 R_{i2} 存在,故把这种耦合方式称为阻容耦合方式。图中,第一级为共发射极放大电路,第二级为共集电极放大电路。

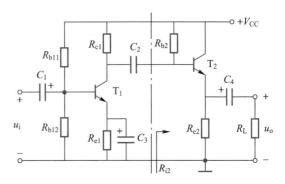

图 3.1.1 阻容耦合放大电路

由于耦合电容具有隔离直流的作用,因此各级的静态工作点互不影响,在求解或调试静态工作点时,每一级可独立处理,从而给电路的分析、设计和调试带来了方便。

应该指出,阻容耦合放大电路只能用来放大低频(20 Hz ~ 200 kHz)交流信号。但是,在生产实践和科学实验中,经常要求放大变化非常缓慢的信号。然而,在阻容耦合放大电路中,耦合电容对变化非常缓慢的信号呈现的容抗很大,会阻碍信号的传送,使其低频特性变差。

此外,在阻容耦合放大器中,耦合电容器的容量常达微法(μF)数量级,而在集成电路中,因硅片面积的限制,不易制造容量大的电容器(一般小于 100 pF)。

二、直接耦合方式

为了放大变化非常缓慢的信号,又便于放大电路的集成化,可取消多级放大电路中的电容器,将放大电路前一级的输出端直接连接到后一级的输入端,这种连接方式称为直接耦合方式。直接耦合方式共有四种电路:简单直接耦合方式;后级发射极加电阻或二极管的直接耦合方式;后级发射极加稳压管的直接耦合方式和 NPN 管和 PNP 管混合使用的直接耦合方式。

1. 简单直接耦合方式

如图 3.1.2(a)所示。图中,省去了第二级的基极电阻,而把电阻 R_{c1} 既作为第一级的集电极电阻,又作为第二级的基极电阻,只要 R_{c1} 的取值合适,就可为 T_2 管提供合适的静态基极电流。

由图 3.1.2(a)可知,当采用简单的直接耦合方式时,第一级的静态管压降太小,即 $U_{CE1} = U_{BE2} \approx 0.7$ V,会使第一级的静态工作点处于饱和区的边缘,只要输入信号稍大一点,便会导致输出波形产生饱和失真。

由此可见,当放大电路的级与级之间采用了直接耦合方式以后,前后级的静态工作点是互相牵连、互相影响的。所以在直接耦合多级放大电路中,在确定电路的结构和参数时,必须保证各级都有合适的静态工作点,这是直接耦合放大电路要解决的第一个特殊问题。

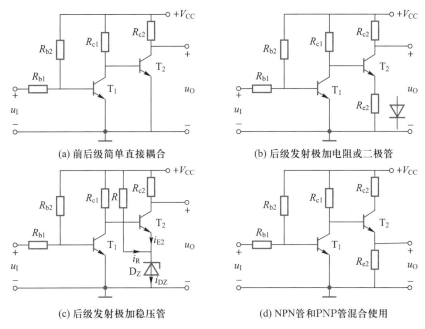

(a) 前后级简单直接耦合　　　　(b) 后级发射极加电阻或二极管

(c) 后级发射极加稳压管　　　　(d) NPN 管和 PNP 管混合使用

图 3.1.2　直接耦合放大电路

2. 后级发射极加电阻或二极管和稳压管的直接耦合方式

为使第一级有合适的静态工作点,就要设法抬高第二级 T_2 管的基极电位。这时,可采用如图 3.1.2(b)所示的电路,只要在 T_2 管的发射极加一个电阻 R_{e2},便可抬高 T_1 管的 U_{CE1},当参数选择得合适时,两级均可获得合适的静态工作点。

但是,电阻 R_{e2} 的存在,会降低第二级的电压放大倍数。因此,需要选择一个器件代替 R_{e2},它对直流量具有一定的电压降,而对交流量却具有很小的动态电阻。二极管和稳压管都具有这个特性,用它们取代电阻 R_{e2},就产生了后级发射极加二极管或稳压管的直接耦合方式,如图 3.1.2(b)(图中可用几个二极管串联)和(c)所示。

3. NPN 管和 PNP 管混合使用的直接耦合方式

在图 3.1.2(b)和(c)所示的电路中,为使各级晶体管都工作于放大区,必然要求每级晶体管的集电极电位高于其基极电位。当级数增多时,集电极电位会逐级升高,以至于使后级的集电极电位接近于电源电压,使得后级的静态工作点不再合适(因为在不提高电源电压的情况下,后级的集电极电位过高,集电极电阻上的直流压降变得很小,导致其静态集电极电流过小),使后级(亦即使整个放大电路)的动态范围大为减小。因此,在直接耦合多级放大电路中,常采用 NPN 型管和 PNP 型管混合使用的直接耦合方式,如图 3.1.2(d)所示。

在图 3.1.2(d)中,T_1 为 NPN 型管,T_2 为 PNP 型管。利用 NPN 型管和 PNP 型管对电源极性的要求相反,且 NPN 型管的集电极电位比基极高,PNP 型管的集电极电位比基极低的特点,用两种不同类型管子的互相配合,就能避免后级集电极电位逐级升高的现象,在不提高电源电压的情况下,也能保证每一级均有合适的静态工作点。

在直接耦合多级放大电路中,级与级之间采用直接耦合方式虽然会给电路的分析、设计和调试带来一定的困难,但是,由于在直接耦合放大电路中没有大容量的电容器存在,故不仅使放大电路具有良好的低频特性,可以放大变化非常缓慢的信号,而且使放大电路易于集成化,制成集成运算放大器。在集成运算放大器中,级与级之间都采用直接耦合方式。

三、光电耦合方式

光电耦合是以光信号作为媒介、用以实现电信号的耦合和传送的一种耦合方式,它具有抗干扰能力强的显著特点,应用日益广泛。

1. 光电耦合器

光电耦合器是一种用以实现光电耦合的器件,它将发光二极管和光电晶体管以绝缘的方式组合在一起,如图 3.1.3(a)所示。图中发光二极管作为输入回路,将电信号转换为光信号;光电晶体管是输出回路,将光信号再转换回电信号。由于输入回路和输出回路在电气上是绝缘的,故可有效地抑制两个回路间的电干扰。为了提高放大倍数,输出回路的光电晶体管采用复合管结构。

光电耦合器的传输特性如图 3.1.3(b)所示,它表示当发光二极管的电流 i_D 为某一常数时,光电晶体管的集电极电流 i_C 与管压降 u_{CE} 之间的关系曲线,即

$$i_C = f(u_{CE}) \mid i_D = 常数$$

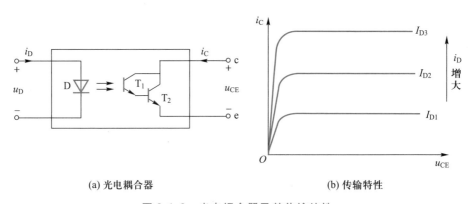

(a) 光电耦合器　　　　　　　　　　　　　(b) 传输特性

图 3.1.3　光电耦合器及其传输特性

光电耦合器的传输特性与晶体管的输出特性相似,当管压降 u_{CE} 足够大时,光电晶体管的集电极电流 i_C 基本上取决于发光二极管的电流 i_D,几乎与 u_{CE} 无关。我们定义:在光电晶体管的 u_{CE} 一定的情况下,光电晶体管的集电极电流 i_C 的变化量与发光二极管电流 i_D 的变化量之比称为光电耦合器的传输比,即

$$CTR = \frac{\Delta i_C}{\Delta i_D} \bigg|_{u_{CE} = 常数}$$

一般 $CTR = 0.1 \sim 1.5$。

2. 光电耦合放大电路

光电耦合放大电路如图 3.1.4 所示。图中信号源可以是实际信号,也可以是前级放大电路。当 $u_s = 0$ 时,输入和输出回路只有静态电流;当有信号 u_s 输入时,光电晶体管的 i_C 和

u_{CE}将随发光二极管的i_D作线性变化,最后使输出电压u_o随u_s作线性变化。由于光电耦合器的传输比较小,故还需要通过集成光电耦合放大电路将其输出信号u_o进行放大。

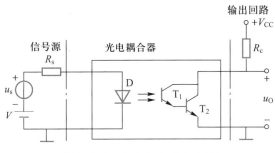

图 3.1.4　光电耦合放大电路

3.1.2　多级放大电路的动态分析

一、多级放大电路的电压放大倍数

多级放大电路的框图如图 3.1.5 所示。由图可知,放大电路中前级的输出电压就是后级的输入电压,即$\dot{U}_{o1} = \dot{U}_{i2}$、$\dot{U}_{o2} = \dot{U}_{i3}$、$\cdots$、$\dot{U}_{o(n-1)} = \dot{U}_{in}$,所以,多级放大电路的电压放大倍数为

$$\dot{A}_u = \frac{\dot{U}_{o1}}{\dot{U}_i} \cdot \frac{\dot{U}_{o2}}{\dot{U}_{i2}} \cdot \cdots \cdot \frac{\dot{U}_o}{\dot{U}_{in}} = \dot{A}_{u1} \cdot \dot{A}_{u2} \cdots \dot{A}_{un}$$

即

$$\dot{A}_u = \prod_{i=1}^{n} \dot{A}_{ui} \tag{3.1.1}$$

式(3.1.1)说明,多级放大电路的电压放大倍数等于组成它的各级放大电路的电压放大倍数的乘积。应该指出,每一级的电压放大倍数应该是以后级的输入电阻作为负载时的电压放大倍数。

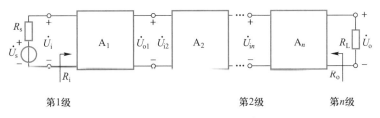

图 3.1.5　多级放大电路的框图

二、多级放大电路的输入电阻

根据放大电路输入电阻的定义,多级放大电路的输入电阻就是第一级放大电路的输入电阻,即

$$R_i = R_{i1} \tag{3.1.2}$$

三、多级放大电路的输出电阻

根据放大电路输出电阻的定义,多级放大电路的输出电阻就是最后一级放大电路的输出电阻,即

$$R_{o} = R_{on} \tag{3.1.3}$$

应当注意:当用共集电极放大电路作为第一级(输入级)时,它的输入电阻与其负载有关,即与第二级的输入电阻有关;而当共集电极放大电路作为最后一级(输出级)时,它的输出电阻与其信号源的内阻有关,即与其前一级的输出电阻有关。

例 3.1.1 电路如图 3.1.6 所示。已知:$R_{b1} = 250\ \text{k}\Omega$、$R_{c1} = 3\ \text{k}\Omega$、$R_{b2} = 150\ \text{k}\Omega$、$R_{e2} = R_{L} = 5\ \text{k}\Omega$,$V_{CC} = 12\ \text{V}$,晶体管的 $\beta_{1} = \beta_{2} = \beta = 50$、$r_{be1} = 1.5\ \text{k}\Omega$、$r_{be2} = 2.2\ \text{k}\Omega$、$U_{BE1} = U_{BE2} = U_{BE} = 0.7\ \text{V}$。计算电路的静态工作点、电压放大倍数 $\dot{A}_{u}$、输入电阻 R_{i} 和输出电阻 R_{o}。

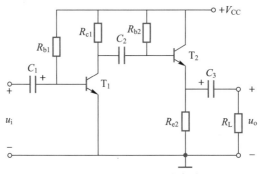

图 3.1.6 例 3.1.1 的电路

解:(1)求静态工作点 Q

由于电路采用阻容耦合方式,所以每一级放大电路的静态工作点都是独立的,可以根据它们的直流通路单独计算。

第一级为基本共发射极放大电路,根据参数可得

$$I_{B1} = \frac{V_{CC} - U_{BE1}}{R_{b1}} = \frac{12 - 0.7}{250 \times 10^{3}}\ \text{A} = 45.2\ \mu\text{A}$$

$$I_{C1} = \beta I_{B1} = 50 \times 45.2 \times 10^{-6}\text{A} = 2.26\ \text{mA}$$

$$U_{CE1} = V_{CC} - I_{c1}R_{c1} = (12 - 2.26 \times 3)\text{V} = 5.22\ \text{V}$$

第二级为共集电极放大电路,根据参数可得

$$I_{B2} = \frac{V_{CC} - U_{BE2}}{R_{b2} + (1 + \beta)R_{e2}} = \frac{12 - 0.7}{150 + (1 + 50) \times 5}\ \text{mA} = 27.9\ \mu\text{A}$$

$$I_{E2} \approx I_{C2} = \beta I_{B2} = 50 \times 27.9 \times 10^{-6}\text{A} = 1.395\ \text{mA}$$

$$U_{CE2} \approx V_{CC} - I_{C2}R_{e2} = (12 - 1.395 \times 5)\text{V} = 5.025\ \text{V}$$

(2)求解动态指标 $\dot{A}_{u}$、R_{i} 和 R_{o}

画出放大电路的微变等效电路,如图 3.1.7 所示。

为了求出第一级的电压放大倍数 $\dot{A}_{u1}$,首先应求出其负载电阻,即第二级的输入电阻为

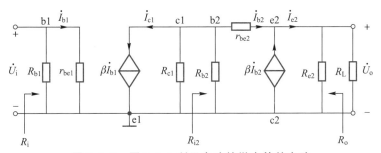

图 3.1.7　图 3.1.6 所示电路的微变等效电路

$$R_{i2} = R_{b2} \ // \ [r_{be2} + (1 + \beta)(R_{e2} \ // \ R_L)] \approx 69.6 \ k\Omega$$

则第一级的电压放大倍数为

$$\dot{A}_{u1} = -\frac{\beta(R_{c1} \ // \ R_{i2})}{r_{be1}} = -\frac{50 \times \dfrac{3 \times 69.6}{3 + 69.6}}{1.5} \approx -95.9$$

第二级的电压放大倍数为

$$\dot{A}_{u2} = \frac{(1 + \beta)(R_{e2} \ // \ R_L)}{r_{be2} + (1 + \beta)(R_{e2} \ // \ R_L)} = \frac{51 \times \dfrac{5 \times 5}{5 + 5}}{2.2 + 51 \times \dfrac{5 \times 5}{5 + 5}} \approx 0.983$$

所以整个放大电路的放大倍数为

$$\dot{A}_u = \dot{A}_{u1} \cdot \dot{A}_{u2} = -95.9 \times 0.983 \approx -94.3$$

放大电路的输入电阻为

$$R_i = R_{b1} \ // \ r_{be1} = \frac{200 + 1.5}{200 + 1.5} \ k\Omega \approx 1.49 \ k\Omega$$

放大电路的输出电阻为

$$R_o = R_{e2} \ // \ \frac{r_{be2} + (R_{c1} \ // \ R_{b2})}{1 + \beta} \approx 98.8 \ \Omega$$

3.1.3　多级放大电路的频率特性

图 3.1.8 是两级放大电路的框图。

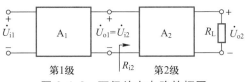

图 3.1.8　两级放大电路的框图

两级放大电路的总电压放大倍数为

$$\dot{A}_u = \frac{\dot{U}_{o1}}{\dot{U}_i} \cdot \frac{\dot{U}_{o2}}{\dot{U}_{i2}} = \dot{A}_{u1} \cdot \dot{A}_{u2} \tag{3.1.4}$$

已知 n 级放大电路的电压放大倍数为

$$\dot{A}_u = \dot{A}_{u1} \cdot \dot{A}_{u2} \cdots \dot{A}_{un}$$

或

$$\dot{A}_u = |\dot{A}_u| \angle \varphi$$

上式中

$$|\dot{A}_u| = |\dot{A}_{u1}| \cdot |\dot{A}_{u2}| \cdots |\dot{A}_{un}| \tag{3.1.5}$$

$$\varphi = \varphi_1 + \varphi_2 + \cdots + \varphi_n \tag{3.1.6}$$

若将式(3.1.5)取对数,则得

$$20\lg |\dot{A}_u| = 20\lg |\dot{A}_{u1}| + 20\lg |\dot{A}_{u2}| + \cdots + 20\lg |\dot{A}_{un}| \tag{3.1.7}$$

根据式(3.1.7)和式(3.1.6),在已知各级放大电路波特图的情况下,只要将各级的波特图在同频率坐标下的纵坐标值相加,便可画出多级放大电路的波特图。例如,对于由两个频率特性相同的单级放大电路组成的两级阻容耦合放大电路,只要把单级放大电路的波特图的纵坐标值加大一倍,就是两级放大电路的波特图,如图 3.1.9 所示。由图 3.1.9 可得如下结论。

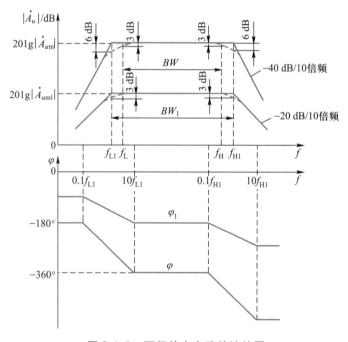

图 3.1.9　两级放大电路的波特图

（1）在单级放大电路的 f_{L1} 和 f_{H1} 处,两级电压放大倍数的幅值比中频段下降了 6 dB。

（2）在两级放大电路的幅频特性上,电压放大倍数的幅值下降 3 dB 所对应的上限和下限频率分别为 f_H 和 f_L,且 $f_L > f_{L1}$,$f_H < f_{H1}$,即两级放大电路的通频带 $BW = f_H - f_L$ 比单级放大电路的通频带 $BW_1 = f_{H1} - f_{L1}$ 窄。由此可见,采用多级放大电路来提高总电压放大倍数必然要牺

性通频带。

（3）单级放大电路在低频段和高频段的幅频特性的斜率分别为 20 dB/10 倍频和 −20 dB/10 倍频,而两级放大电路的幅频特性在低频段和高频段的幅频特性的斜率分别为 40 dB/10 倍频和−40 dB/10 倍频。

（4）两级放大电路的相频特性,在中频段的相位差由−180°变为−360°,最大附加相移由 90°增大到 180°。

3.1.4 多级直接耦合放大电路的零点漂移现象

一、零点漂移现象

实践证明,即使将多级直接耦合放大电路的输入端短路,令 $u_1 = 0$,输出电压 u_0 也会偏离静态值而随时间作缓慢、无规则的变化,如图 3.1.10 所示,这种现象称为直接耦合放大电路的零点漂移现象。

二、产生零点漂移的原因

在多级直接耦合放大电路中,产生零点漂移的内因是放大电路的级与级之间采用直接耦合方式和晶体管是个温度敏感器件,外因是环境温度的变化和电源电压的

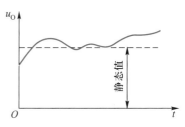

图 3.1.10　直接耦合放大
电路的零点漂移现象

波动。当环境温度发生变化时,由于晶体管参数(I_{CBO}、U_{BE} 和 β)的变化,会使放大电路的静态工作点发生变化;电源电压的波动,也会使静态工作点发生变化。尤其是第一级静态工作点的微小而缓慢地变化,在直接耦合多级放大电路中会被逐级放大,使输出电压偏离静态值而随时间作明显的缓慢而无规则的变化。因此,在多级直接耦合放大电路中,输出端的零点漂移主要是由第一级的零点漂移决定的,而且放大电路的电压放大倍数越大,输出电压的零点漂移就越严重。有时零点漂移的大小和有效输出信号相比可以达到同一数量级,这时将无法分辨放大电路的输出信号究竟是由输入信号引起的,还是由零点漂移造成的。在这种情况下,放大电路也就不能正常工作了。因此,如何既提高电压放大倍数,又减小零点漂移现象,就成为直接耦合放大电路要解决的第二个特殊问题。

应该说明,电源电压的波动可用精密稳压电源加以克服。因此,可以认为,在多级直接耦合放大电路中,零点漂移主要是由环境温度变化引起的。我们把放大电路输入端短路时,直接耦合放大电路输出电压随温度变化而产生的零点漂移称为温度的零点漂移,简称温漂。

三、抑制零点漂移的方法

对于直接耦合放大电路,如果不采取措施抑制温度漂移,会使放大电路不能正常工作,为了减小零点漂移,常采用以下几种措施。

（1）采用 I_{CBO} 小的高质量硅管。

（2）在电路中引入直流负反馈,例如,在稳定静态工作点的发射极偏置放大电路中发射极电阻 R_e 所起的作用。

（3）采用温度补偿措施,利用热敏元件来抵消晶体管参数的变化,如引入二极管等。

（4）采用特性相同的管子,构成"差分放大电路",使两管产生的零点漂移在输出端相互抵消。

3.2　集成运算放大器中的差分放大电路和电流源电路

通用型集成运算放大器是由差分放大电路、复合管共发射极放大电路、互补输出级和偏置电路组成的直接耦合放大电路。复合管共发射极放大电路的内容见第 2 章。本节先介绍差分放大电路和组成偏置电路的电流源电路,然后在下一节介绍互补对称功率放大电路。

3.2.1　差分放大电路

一、典型长尾式晶体管差分放大电路

1. 电路的组成

典型长尾式晶体管差分放大电路如图 3.2.1 所示。

（1）它是由两个完全相同的单管放大电路组成的即:T_1、T_2采用同型号且特性完全相同的晶体管（$\beta_1 = \beta_2 = \beta$）;$R_{c1} = R_{c2} = R_c$;$R_{b1} = R_{b2} = R_b$（$R_b$ 的阻值很小,一般为信号源内阻）。

（2）两个单管放大电路共用两个直流电源 V_{CC} 和 V_{EE}。

（3）两管接有数值较大的公共发射极电阻 R_e,其阻值一般为几千欧至几十千欧。由于 R_e 接负电源 $-V_{EE}$,好像电路有一个长尾巴,故称为长尾式电路。

（4）电路有两个输入端,分别接受输入信号 u_{I1} 和 u_{I2},加在各自的输入端和地之间。

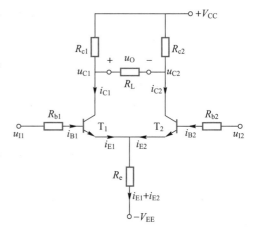

图 3.2.1　典型长尾式晶体管
差分放大电路

（5）电路有两个输出端,它们有两种输出方式:当从每管的集电极和地之间输出时,称为单端输出,输出信号为 $u_{O1} = u_{C1}$ 和 $u_{O2} = u_{C2}$;当输出信号从两个管子的集电极之间输出时,称为双端输出,输出信号为 u_O。

2. 工作原理

（1）静态工作情况

当没有输入信号电压,即 $u_{I1} = u_{I2} = 0$ 时,相当于两个输入端对地短路,由于电路参数完全对称,两个晶体管的静态集电极电流和静态集电极电位都是相等的,即 $I_{C1} = I_{C2}$, $U_{C1} =$

U_{C2}，所以差分放大电路的双端输出电压等于零，即

$$u_O = U_{C1} - U_{C2} = 0$$

由此可知，当输入信号电压为零时，双端输出信号电压也为零。

（2）动态工作情况

若把输入信号电压 u_{Id} 加在两个输入端之间，如图 3.2.2 所示，称为双端输入。因为电路参数对称，两个单管放大电路所得到的输入信号电压 u_{I1} 和 u_{I2} 是大小相等、极性相反的，即

$$u_{I1} = \frac{1}{2} u_{Id}$$

$$u_{I2} = -\frac{1}{2} u_{Id}$$

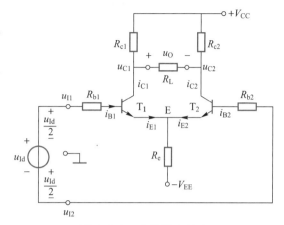

图 3.2.2　差模输入情况

这种输入方式称为差模输入，所加的输入信号 u_{Id} 称为差模输入信号。在差模输入信号的作用下，两管的集电极电流和集电极电位的变化相反，所以双端输出电压为 $u_O = u_{o1} - u_{o2} = u_{C1} - u_{C2} \neq 0$，此时两个输出端之间就有信号电压输出。由于图 3.2.2 所示的电路在差模输入信号作用下双端输出才会有变化，故称为差分放大电路。

3. 抑制零点漂移的原理

（1）当电路参数完全对称时

由于电路参数完全对称，无论是环境温度变化或电源电压波动时，两管产生的集电极电流和集电极电位的变化是完全相等的，故双端输出电压 $u_O = u_{o1} - u_{o2} = 0$，即两管的漂移可在双端输出时完全抵消，双端输出电压就没有零点漂移，这是差分放大电路抑制零点漂移的基本原理。

（2）当电路参数不完全对称时

在实际情况下，电路的参数是不可能完全对称的，这时两管的漂移不会完全相等，在双端输出时不可能完全抵消，双端输出电压就有零点漂移。为了减小电路参数不完全对称引起的零点漂移，必须减小每管集电极对地的漂移电压。为了做到这一点，在电路中接入了阻值较大的发射极公共电阻 R_e，利用电阻 R_e 的作用，可以减小每管集电极对地的漂移电压。例如，当温度升高时，电路中会产生如下的过程，即

$$T\uparrow \quad \begin{matrix} I_{C1}\downarrow \\ I_{C1}\uparrow \\ I_{C2}\uparrow \\ I_{C2}\downarrow \end{matrix} \quad (I_{E1}+I_{E2})\uparrow \xrightarrow{R_e} (I_{E1}+I_{E2})\; R_e\uparrow \rightarrow U_E\uparrow \quad \begin{matrix} U_{BE1}\downarrow & I_{B1}\downarrow \\ U_{BE2}\downarrow & I_{B2}\downarrow \end{matrix}$$

由此可见，当环境温度变化时，由于电阻 R_e 的作用，能使每管的集电极电流基本稳定，因此能减小每管集电极对地的漂移电压，在双端输出时，就能使输出电压的漂移大大减小。很

明显，电阻 R_e 越大，抑制零点漂移的效果越好。

4. 静态工作点

由图 3.2.1 可知，由于电路参数完全对称，即 $R_{c1} = R_{c2} = R_c$，$R_{b1} = R_{b2} = R_b$，当 $u_{11} = u_{12} = 0$ 时，$I_{E1} = I_{E2} = I_E$，则由两管的输入回路可得

$$V_{EE} = I_B R_b + U_{BE} + 2 I_E R_e$$
$$= I_B R_b + U_{BE} + 2(1 + \beta) I_B R_e$$

故可得每管的静态基极电流为

$$I_B = \frac{V_{EE} - U_{BE}}{R_b + 2(1 + \beta) R_e} \tag{3.2.1}$$

每管的静态集电极电流为

$$I_C = \beta I_B \tag{3.2.2}$$

每管的静态管压降为

$$U_{CE} \approx V_{CC} + V_{EE} - I_C(R_c + 2R_e) \tag{3.2.3}$$

5. 差模动态指标分析

（1）差模交流通路

前已指出，差分放大电路在差模输入信号作用下，会产生双端输出信号，即它对差模输入信号具有放大作用。

在图 3.2.2 所示的电路中，在差模输入信号 u_{1d} 的作用下，因为 $u_{11} = -u_{12} = \frac{1}{2} u_{1d}$，所以，当放大电路参数完全对称，并在线性范围内工作时，一管集电极电流的增加量一定等于另一管集电极电流的减少量。所以流过发射极公共电阻 R_e 的电流不变，与静态电流相同，发射极电位保持恒定，即在图 3.2.2 中 E 点电位的交流量 $u_e = 0$。因此，电阻 R_e 对差模电压放大倍数没有影响，在画放大电路的差模交流通路时可将 R_e 视为短路。

另外，当负载电阻 R_L 接在两管的集电极之间时，由于在差模输入信号的作用下，当电路参数对称时，两管的集电极电位总是向相反方向变化的，而且大小相等，故负载电阻 R_L 的中点相当于交流接"地"，因此每管的负载电阻为 $R_L / 2$。

通过上述分析，可画出典型长尾式晶体管差分放大电路的差模交流通路，如图 3.2.3 所示。

利用差模交流通路，我们来分析典型长尾式晶体管差分放大电路在差模信号作用下的各项动态性能指标。

（2）差模电压放大倍数

在双端输出时，输出电压为

$$u_{Od} = u_{O1} - u_{O2} = 2u_{O1} = -2u_{O2}$$

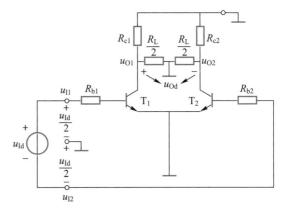

图 3.2.3　典型长尾式晶体管差分放大电路的差模交流通路

而差模输入电压为

$$u_{Id} = u_{I1} - u_{I2} = 2u_{I1} = -2u_{I2}$$

因此,典型长尾式晶体管差分放大电路在双端输出时的差模电压放大倍数为

$$A_d = \frac{u_{Od}}{u_{Id}} = \frac{u_{O1}}{u_{I1}} = \frac{u_{O2}}{u_{I2}} = -\frac{\beta\left(R_c \mathbin{/\!/} \dfrac{R_L}{2}\right)}{R_b + r_{be}} \tag{3.2.4}$$

当负载开路时,双端输出时的差模电压放大倍数为

$$A_d = -\frac{\beta R_c}{R_b + r_{be}} \tag{3.2.5}$$

由此可见,在电路参数完全对称的情况下,双端输出时,在负载都开路的情况下,典型长尾式晶体管差分放大电路双端输出时的差模电压放大倍数与单管放大电路的电压放大倍数相同。

在单端输出时,有

$$A_{d1} = \frac{u_{O1}}{u_{Id}} = \frac{u_{O1}}{2u_{I1}} = \frac{1}{2}A_d \tag{3.2.6}$$

或

$$A_{d2} = \frac{u_{O2}}{u_{Id}} = -\frac{u_{O2}}{2u_{I2}} = -\frac{1}{2}A_d \tag{3.2.7}$$

带负载 R_L 时,单端输出的差模电压放大倍数为

$$A_d = \mp\frac{\beta(R_c \mathbin{/\!/} R_L)}{2(R_b + r_{be})} \tag{3.2.8}$$

可见,当负载 R_L 开路时,单端输出时的差模电压放大倍数为双端输出时的一半,且两输出端的信号相位相反。当输出信号由 T_1 管的集电极输出时,为反相输出;当输出信号由 T_2 管的集电极输出时,为同相输出。应该注意,双端输出时计算 A_d 的负载为 $R_L/2$(此时 R_L 接在两个晶体管的集电极之间),单端输出时计算 A_d 的负载则为 R_L(此时 R_L 接在每个晶体管的集电极和地之间)。

(3) 差模输入电阻

由图 3.2.3 所示的差模输入交流通路可得典型长尾式晶体管差分放大电路的差模输入电阻为

$$R_{id} = 2(R_b + r_{be}) \tag{3.2.9}$$

(4) 输出电阻

典型长尾式晶体管差分放大电路在双端输出时的输出电阻为

$$R_o \approx 2R_c \tag{3.2.10a}$$

在单端输出时的输出电阻为

$$R_o \approx R_c \tag{3.2.10b}$$

6. 共模动态指标分析

（1）对共模信号的抑制作用

如果在图 3.2.1 所示的电路中，加入的 u_{I1} 和 u_{I2} 是大小相等、极性相同的信号，这种信号称为共模信号，用 u_{Ic} 表示，此时

$$u_{Ic} = u_{I1} = u_{I2}$$

由于电路参数对称，差分放大电路在共模信号作用下，两管集电极电位的变化大小相等、极性相同，因而双端输出电压 u_{Oc} 为零。可见，在电路参数完全对称的情况下，双端输出的差分放大电路对共模信号没有放大作用。

（2）共模交流通路

在共模信号的作用下，两管的发射极具有相同的电流变化 Δi_E，流过 R_e 的电流变化为 $2\Delta i_E$，两管发射极电位的变化为 $2R_e\Delta i_E$。因此，从电压等效的角度来看，相当于每管的发射极各接有 $2R_e$ 的电阻。

在输出端，由于共模输入信号引起的两管的集电极电位变化完全相同，双端输出时流过负载 R_L 的电流为零，故可把它视为开路。

通过上述分析，即可画出典型长尾式晶体管差分放大电路的共模交流通路，如图 3.2.4 所示。利用共模交流通路，我们来分析典型长尾式晶体管差分放大电路在共模信号作用下的各项性能指标。

（3）共模电压放大倍数

双端输出时共模电压放大倍数的定义为

$$A_c = \frac{u_{Oc}}{u_{Ic}}$$

当电路参数完全对称时，有

$$u_{O1} = u_{O2}$$

$$u_{Oc} = u_{O1} - u_{O2} = 0$$

所以，双端输出时典型长尾式晶体管差分放大电路的共模电压放大倍数为零，即

$$A_c = 0$$

单端输出时共模电压放大倍数的定义为

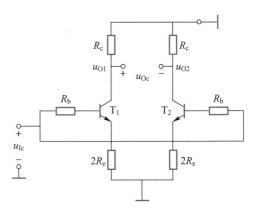

图 3.2.4　典型长尾式晶体管差分放大电路的共模交流通路

$$A_{c1} = \frac{u_{O1}}{u_{Ic}} \text{ 或 } A_{c2} = \frac{u_{O2}}{u_{Ic}}$$

由图 3.2.4 可得典型长尾式晶体管差分放大电路在单端输出时的共模电压放大倍数为

$$A_{c1} = \frac{u_{O1}}{u_{Ic}} = \frac{u_{O2}}{u_{Ic}} = -\frac{\beta R_c}{R_b + r_{be} + 2(1 + \beta) R_e} \tag{3.2.11}$$

式（3.2.11）进一步说明，由于公共发射极电阻 R_e 的存在，使得单端输出的共模电压放大倍数大为减小，即 R_e 具有抑制每管零点漂移的作用。

在实际电路中，由于 R_e 总是大于 R_c，且 $2(1+\beta)R_e \gg R_b + r_{be}$，$\beta \gg 1$，所以有

$$A_{c1} \approx - \frac{R_c}{2R_e}$$

一般情况下 $A_{c1} < 1$，即差分放大电路对共模信号不是起放大作用而是起抑制作用。公共发射极电阻 R_e 越大，抑制共模信号的作用越强。

研究差分放大电路的共模信号是有实际意义的。因为，无论是温度的变化或是电源电压的波动，在电路参数完全对称的情况下，每管集电极对地都会产生相同的漂移电压，把它们折算到输入端，就相当于在差分放大电路的两个输入端加入了共模信号。所以，漂移信号就是共模信号。在实际工作中，也经常会遇到伴随着输入信号的加入而混入了较大共模干扰信号的情况。

（4）共模抑制比

由以上分析可知，在电路参数完全对称的情况下，在双端输出时，差分放大电路对共模信号是没有放大作用的，即它的共模电压放大倍数为

$$A_c = \frac{u_{Oc}}{u_{Ic}} = 0$$

实际上，由于电路参数不可能完全对称，输出电压总会产生较小的零点漂移，故 $A_c \neq 0$。

为了全面衡量差分放大电路对差模信号的放大能力和对共模信号的抑制能力，就要引入共模抑制比的概念，其定义为差分放大电路的差模电压放大倍数 A_d 与共模电压放大倍数 A_c 之比的绝对值，即

$$K_{CMR} = \left| \frac{A_d}{A_c} \right| \tag{3.2.12}$$

在电路参数完全对称的情况下，在双端输出时，差分放大电路的共模电压放大倍数 $A_c = 0$，$K_{CMR} = \infty$。在单端输出时，由式（3.2.8）和式（3.2.11）可得共模抑制比为

$$K_{CMR} = \left| \frac{A_d}{A_c} \right| = \frac{R_b + r_{be} + 2(1 + \beta)R_e}{2(R_b + r_{be})} \tag{3.2.13}$$

由式（3.2.11）和式（3.2.13）可知，公共发射极电阻 R_e 越大，A_{c1} 越小，K_{CMR} 越大，电路放大差模信号的能力和抑制共模信号的能力越强，电路的性能就越好。所以，增大 R_e 是提高 K_{CMR} 的重要措施。

共模抑制比有时也用分贝数表示，即

$$K_{CMR} = 20\lg \left| \frac{A_d}{A_c} \right| (dB)$$

一般的差分放大电路的 $K_{CMR} = 60 \sim 120\ dB$（或 $K_{CMR} = 10^3 \sim 10^6$）。

例 3.2.1 典型长尾式晶体管差分放大电路如图 3.2.1 所示。已知：$V_{CC} = 12\ V$，$V_{EE} = 6\ V$，$R_{c1} = R_{c2} = R_c = 5.6\ k\Omega$，$R_{b1} = R_{b2} = R_b = 20\ k\Omega$，$R_e = 3.3\ k\Omega$，负载 R_L 开路，晶体管的 $\beta_1 = \beta_2 = \beta = 50$，$U_{BE1} = U_{BE2} = U_{BE} = 0.7\ V$。计算：（1）电路的静态工作点；（2）双端输出时的差模电压放大倍数 A_d、差模输入电阻 R_{id} 和输出电阻 R_o；（3）单端（T_1 管集电极）输出时的差模电压放大倍数、共模电压放大倍数和共模抑制比。

解：（1）求静态工作点

由式（3.2.1）~式（3.2.3）可知每管的静态基极电流为

$$I_B = \frac{V_{EE} - U_{BE}}{R_b + 2(1 + \beta)R_e}$$

$$= \frac{6 - 0.7}{20 \times 10^3 + 2(1 + 50) \times 3.3 \times 10^3} A$$

$$\approx 14.9\ \mu A$$

每管的静态集电极电流为

$$I_C = \beta I_B = 50 \times 14.9 \times 10^{-6} A \approx 0.74\ mA$$

每管的静态管压降为

$$U_{CE} = V_{CC} + V_{EE} - I_C(R_c + 2R_e)$$

$$= [12 + 6 - 0.74 \times 10^{-3}(5.6 + 2 \times 3.3) \times 10^3] V$$

$$\approx 8.97\ V$$

每管的输入电阻为

$$r_{be} = 300\ \Omega + (1 + \beta)\frac{26\ mV}{I_E} = \left[300 + (1 + 50)\frac{26}{0.74}\right]\Omega \approx 2.09\ k\Omega$$

（2）求动态指标 A_d、R_{id} 和 R_o

由式（3.2.5）可知电路在双端输出、负载开路时的差模电压放大倍数为

$$A_d = -\frac{\beta R_c}{R_b + r_{be}} = -\frac{50 \times 5.6 \times 10^3}{(20 + 2.09) \times 10^3} \approx -12.7$$

由式（3.2.9）可知电路的差模输入电阻为

$$R_{id} = 2(R_b + r_{be}) = 2 \times (20 + 2.09)\ k\Omega \approx 44.18\ k\Omega$$

由式（3.2.10a）可知电路在双端输出时的输出电阻为

$$R_o \approx 2R_c = 2 \times 5.6\ k\Omega = 11.2\ k\Omega$$

（3）求单端输出时的 A_d、A_{c1} 和 K_{CMR}

由式（3.2.8）可知电路在单端输出、负载开路时的差模电压放大倍数为

$$A_d = -\frac{\beta R_c}{2(R_b + r_{be})} = -\frac{50 \times 5.6 \times 10^3}{2 \times (20 + 2.09) \times 10^3} \approx -6.34$$

由式（3.2.11）可知电路在单端输出、负载开路时的共模电压放大倍数为

$$A_{c1} = -\frac{\beta R_c}{R_b + r_{be} + 2(1 + \beta)R_e} = -\frac{50 \times 5.6 \times 10^3}{[20 + 2.09 + 2 \times (1 + 50) \times 3.3] \times 10^3} \approx -0.78$$

电路在单端输出、负载开路时的共模抑制比为

$$K_{CMR} = \left|\frac{A_d}{A_c}\right| = \frac{R_b + r_{be} + 2(1 + \beta)R_e}{2(R_b + r_{be})}$$

$$= \frac{[20 + 2.09 + 2 \times (1 + 50) \times 3.3] \times 10^3}{2 \times (20 + 2.09) \times 10^3} \approx 8.12$$

计算结果表明,此例中的参数不尽合理,单管输出时的 K_{CMR} 较小,请读者分析其原因,并提出解决办法。

二、单端输入的晶体管差分放大电路

在实际应用中,当信号源接到差分放大电路的两个输入端时,如果信号源是浮地的,即两端都不接地,这种接法称为双端输入。如果信号源的一端接地,这种接法称为单端输入。单端输入的晶体管差分放大电路如图 3.2.5(a)所示,输入信号加在一个输入端和地之间,另一个输入端直接接地。

为了说明单端输入时的特点,可以将电路的输入回路做一下等效变换,如图 3.2.5(b)所示。由图可知,单端输入时两个单管放大电路不仅接受了差模信号,而且还接受了共模信号,这是单端输入电路与双端输入电路的显著区别。

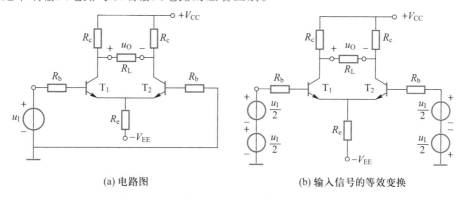

(a) 电路图 (b) 输入信号的等效变换

图 3.2.5 单端输入的晶体管差分放大电路

单端输入、双端输出电路与双端输入、双端输出电路动态指标的分析完全相同。单端输入、单端输出电路与双端输入、单端输出电路动态指标的分析也完全相同。当电路参数完全对称时,由于双端输出的共模电压放大倍数 $A_c = 0$,所以输出只有差模信号作用的输出电压。但是由于单端输出的 A_c 不等于 0,所以输出不仅有差模信号作用的输出电压,还有共模信号作用的输出电压。

综上所述可知,差分放大电路有双端输入双端输出、双端输入单端输出、单端输入单端输出和单端输入双端输出四种接法,它们的性能指标归纳如下。

(1)四种接法下差模输入电阻均为 $2(R_b + r_{be})$;

(2) A_d、A_c、R_o 均与输出方式有关,与输入方式无关。在 R_L 都开路的情况下,双端输出时,A_d 与单管放大倍数相同,$R_o = 2R_c$,电路参数完全对称时 $A_c = 0$;单端输出时,A_d 是单管放大倍数的一半,A_c 与 R_e 有关,$R_o = R_c$。

(3)单端输入时,在差模信号输入的同时伴有共模信号输入。在单端输入双端输出时动态性能指标的计算与双端输入、双端输出电路相同;在单端输入单端输出时动态性能指标的计算与双端输入、单端输出电路相同。

三、具有恒流源的差分放大电路

1. 具有恒流源的晶体管差分放大电路

如果用一个恒流源代替图 3.2.1 中的公共发射极电阻 R_e,就可以得到如图 3.2.6 所示的

具有恒流源的晶体管差分放大电路。在图 3.2.6 中，T_3、R_1、R_2、R_3 和 D_1、D_2 组成恒流源；电阻 R_1、R_2 和 R_3 用来确定 T_3 的静态工作电流 I_{C3}；二极管 D_1 和 D_2 用作温度补偿。

若忽略 T_3 的静态基极电流，则由 T_3 的基极回路可得

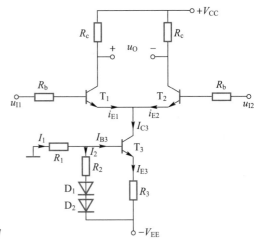

$$I_{E3}R_3 + U_{BE3} = 2U_D + (V_{EE} - 2U_D)\frac{R_2}{R_1 + R_2}$$

$$（3.2.14）$$

式中，U_D 是二极管的正向压降。

由式(3.2.14)可得 T_3 管的静态集电极电流为

$$I_{C3} \approx I_{E3} = \frac{1}{R_3}\left(\frac{V_{EE}R_2}{R_1 + R_2} + \frac{2U_D R_1}{R_1 + R_2} - U_{BE3}\right)$$

若电路的参数选择得合适，能使

图 3.2.6　具有恒流源的晶体管差分放大电路

$$\frac{2U_D R_1}{R_1 + R_2} = U_{BE3} \tag{3.2.15}$$

则有

$$I_{C3} \approx I_{E3} = \frac{V_{EE}R_2}{R_3(R_1 + R_2)} \tag{3.2.16}$$

由此可见，在电路参数的选择能满足式(3.2.15)的条件下，由于二极管的正向压降 U_D 对晶体管 U_{BE3} 的温度补偿作用，T_3 的静态集电极电流是与晶体管的参数无关的常数，只要 V_{EE} 采用精密稳压电源，R_1、R_2 和 R_3 采用性能很稳定的电阻，I_{C3} 就是一个不受温度变化影响的恒流，T_1 和 T_2 的发射极所接的电路就可以等效为一个恒流源。I_{C3} 稳定了，T_1 和 T_2 的 I_{C1} 和 I_{C2} 也是与晶体管的参数无关的不受温度变化影响的常数。所以，具有恒流源的晶体管差分放大电路有着很强的抑制零点漂移的能力。

我们知道，当 T_3 的输出特性为理想时，在放大区可把它看成是平行于横轴的直线，即 T_3 的输出电阻 $r_{ce3} = \infty$，则恒流源的动态电阻为无穷大，相当于 T_1、T_2 的发射极接了一个阻值为无穷大的公共电阻，即使在单端输出的情况下也可使 $|A_{c1}| = 0$，$K_{CMR} = \infty$。实际情况下，r_{ce3} 也可达几百千欧，其共模抑制比可达 $60 \sim 80$ dB。

对于差模信号来说，具有恒流源的晶体管差分放大电路的交流通路与典型长尾式晶体管差分放大电路相同，所以它的差模电压放大倍数、差模输入电阻和输出电阻的计算公式均与典型长尾式晶体管差分放大电路相同。

在图 3.2.6 中，由于 I_{C3} 是一个不受温度变化影响的恒流，T_1 和 T_2 的发射极所接的电路就可以等效为一个恒流源。如果用恒流源符号取代图 3.2.6 中的由 T_3、R_1、R_2、R_3 和 D_1、D_2 组成的恒流源，就可以得到如图 3.2.7 所示的恒流源晶体管差分放大电路的简化画法。

图中 R_P 是调零电位器，调节它的滑动端，可在电路参数不完全对称时，保证当 $u_{I1} = u_{I2} = $

0 时,$u_O = 0$。

2. 具有恒流源的场效晶体管差分放大电路

图 3.2.8 是恒流源场效晶体管差分放大电路,这种电路具有高输入电阻,常用于多级直接耦合放大电路的输入级,它对共模信号也具有很强的抑制能力,也可以大大减小放大电路输出电压的漂移。场效晶体管差分放大电路也有四种接法,对它们的分析可以参照晶体管差分放大电路四种接法的分析方法进行。

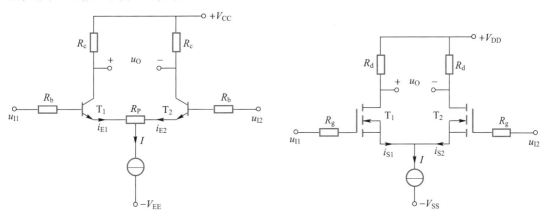

图 3.2.7 恒流源晶体管差分放大电路的简化画法 图 3.2.8 恒流源场效晶体管差分放大电路

恒流源场效晶体管差分放大电路主要动态性能指标的比较如表 3.2.1 所示。

表 3.2.1 恒流源场效晶体管差分放大电路主要动态性能指标的比较

输出方式	双端输出	单端输出
原理电路图		
输入方式	双端 $u_{I1} = -u_{I2} = u_{Id}/2$；单端 $u_{I1} = u_{Id}$，$u_{I2} = 0$	
典型电路形式	双端输入-双端输出； 单端输入-双端输出	双端输入-单端输出； 单端输入-单端输出
差模电压放大倍数	$A_d = \dfrac{u_o}{u_{Id}} = -g_m\left(R_d \mathbin{/\!/} \dfrac{R_L}{2}\right)$	$A_{d1} = \dfrac{u_{O1}}{u_{Id}} = -\dfrac{u_{O2}}{u_{Id}} = -\dfrac{g_m(R_d \mathbin{/\!/} R_L)}{2}$

145

续表

输出方式	双端输出	单端输出
共模电压放大倍数	$A_c \to 0$	$A_{c1} = A_{c2} = -\dfrac{g_m(R_d /\!/ R_L)}{1 + 2g_m r_o} \approx -\dfrac{R_d /\!/ R_L}{2r_o}$
共模抑制比	$K_{CMR} \to \infty$	$K_{CMR1} \approx \dfrac{1 + 2g_m r_o}{2} \approx g_m r_o$
差模输入电阻	$R_{id} = \infty$	
输出电阻	$R_O = 2R_d$	$R_O = R_d$

* r_o 是恒流源交流等效电阻。

3.2.2 电流源电路

在集成运算放大器中,晶体管和场效晶体管除了用来组成放大电路外,还可用来组成各种电流源电路,为运算放大器的各级提供合适的静态工作电流。

一、基本电流源电路

1. 镜像电流源

镜像电流源的电路如图 3.2.9 所示。

图中,电源 V_{CC} 通过 T_1 在电阻 R 上产生一个基准电流 I_R。T_2 的集电极电流 I_{C2} 用来为其他放大级提供偏置电流。由图可知,基准电流 I_R 为

$$I_R = \frac{V_{CC} - U_{BE}}{R} \approx \frac{V_{CC}}{R} \qquad (3.2.17)$$

由于 T_1 和 T_2 处于同一块硅片上,且用同一种工艺制成,故两管参数相同,即 $U_{BE1} = U_{BE2} = U_{BE}$,$\beta_1 = \beta_2 = \beta$,$I_{CEO1} = I_{CEO2} = I_{CEO}$,因此,两管的基极电流和集电极电流必相等,即

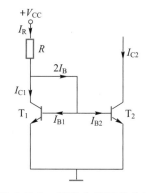

图 3.2.9 镜像电流源的电路

$$I_{B1} = I_{B2} = I_B$$
$$I_{C1} = I_{C2} = I_C$$

而

$$I_{C1} = I_{C2} = I_R - 2I_B = I_R - 2\frac{I_{C2}}{\beta}$$

所以

$$I_{C2} = \frac{\beta}{\beta + 2} I_R \qquad (3.2.18)$$

当 $\beta \gg 2$ 时，T_2 的集电极电流 I_{C2} 近似等于基准电流 I_R，由式(3.2.17)和式(3.2.18)可得

$$I_{C2} \approx I_R \approx V_{CC}/R \tag{3.2.19}$$

式(3.2.19)表明，当 V_{CC} 和 R 确定后，I_R 和 I_{C2} 就随之确定。只要 V_{CC} 和 R 非常稳定，I_{C2} 就是一个恒流源。此外，镜像电流源具有一定的温度补偿作用，即当温度升高使 I_{C2} 增大时，I_{C1} 也会增大，从而使 R 上的压降增大，引起晶体管基极电位降低，使 T_2 的基极电流 I_{B2} 下降，牵制了 I_{C2} 的增大，提高了输出电流 I_{C2} 的稳定性。

在图 3.2.9 中，由于输出电流 I_{C2} 和基准电流 I_R 近似相等，它们之间的关系与平面镜中的像与物的关系相似，故称为镜像电流源。

镜像电流源的优点是电路简单。它的缺点是：① 欲提高输出电流 I_{C2} 的稳定性，应采用非常稳定的电源和电阻 R；② 在 V_{CC} 一定的情况下，欲加大输出电流 I_{C2}，因 $I_{C2} \approx I_R$，故 I_R 也应增大，就会增大 R 上的功耗，导致集成电路发热加大；③ 它的输出电流较大（为毫安数量级），欲将 I_{C2} 减小到微安数量级，R 的数值将太大，占用的硅片面积就太大，这在集成电路中是不易实现的。为了克服镜像电流源的缺点，人们设计出了比例电流源和微电流源。

2. 比例电流源

比例电流源的电路如图 3.2.10 所示，它与镜像电流源的不同之处是在 T_1 和 T_2 的发射极增加了电阻 R_{e1} 和 R_{e2}。由图可知

$$U_{BE1} + I_{E1}R_{e1} = U_{BE2} + I_{E2}R_{e2} \tag{3.2.20}$$

已知晶体管发射结电压 U_{BE} 与发射极电流 I_E 的关系为

$$U_{BE} \approx U_T \ln \frac{I_E}{I_S}$$

式中，U_T 为温度电压当量，在热力学温度为 300 K 时，$U_T \approx 26$ mV。

因为 T_1 和 T_2 的特性相同，故有.

$$U_{BE1} - U_{BE2} \approx U_T \ln \frac{I_{E1}}{I_{E2}}$$

代入式(3.2.20)，经整理后可得

$$I_{E2}R_{e2} \approx I_{E1}R_{e1} + U_T \ln \frac{I_{E1}}{I_{E2}}$$

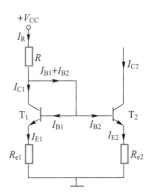

图 3.2.10 比例电流源的电路

当 $\beta \gg 2$ 时，取 $I_{C1} \approx I_{E1} \approx I_R$，$I_{C2} \approx I_{E2}$，可得

$$I_{C2} \approx \frac{R_{e1}}{R_{e2}} \cdot I_R + \frac{U_T}{R_{e2}} \ln \frac{I_R}{I_{C2}} \tag{3.2.21}$$

若式(3.2.21)中的对数项可以忽略，则有

$$I_{C2} \approx \frac{R_{e1}}{R_{e2}} I_R \tag{3.2.22}$$

式(3.2.22)中的基准电流为

$$I_R \approx \frac{V_{CC} - U_{BE1}}{R + R_{e1}}$$

由式(3.2.22)可知:① 比例电流源的输出电流 I_{C2} 与基准电流 I_R 成比例关系,在 I_R 不变的情况下,只要改变 R_{e1} 和 R_{e2} 的大小,便可改变 I_{C2} 和 I_R 的比例关系,而且输出电流 I_{C2} 既可大于基准电流 I_R,也可小于基准电流 I_R;② T_1 和 T_2 的发射极电阻 R_{e1} 和 R_{e2} 具有稳定输出电流 I_{C2} 的作用,可见比例电流源比镜像电流源的输出电流具有更高的温度稳定性。

3. 微电流源

为了获得微安级的输出电流,只要在镜像电流源 T_2 的发射极加一个电阻 R_{e2},便可构成如图 3.2.11 所示的微电流源。

在图 3.2.11 中,由于加入了阻值为几千欧的 R_{e2},使 $U_{BE2} \ll U_{BE1}$,这样,即使 I_R 较大,也可获得很小的输出电流 I_{C2}。

由图 3.2.11 可得

$$U_{BE1} - U_{BE2} = \Delta U_{BE} = I_{E2}R_{e2}$$

所以,输出电流为

$$I_{C2} \approx I_{E2} = \frac{\Delta U_{BE}}{R_{e2}} \qquad (3.2.23)$$

式(3.2.23)表明,由于 ΔU_{BE} 的数值很小,所以采用阻值不大的 R_{e2},就可获得微小的输出电流 I_{C2},故称为微电流源。

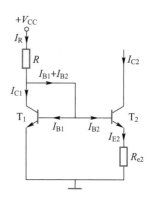

图 3.2.11　微电流源

可以证明,输出电流 I_{C2} 与基准电流 I_R 之间的关系为

$$I_{C2} \approx \frac{U_T}{R_{e2}}\ln\frac{I_R}{I_{C2}} \qquad (3.2.24)$$

式(3.2.24)表明,I_{C2} 与 I_R 成对数关系,所以,即使 I_R 有较大的变化,I_{C2} 的变化也是很小的,故 I_{C2} 具有良好的恒流特性。

镜像电流源、比例电流源和微电流源也可由场效晶体管组成。

二、具有射极输出器的镜像电流源

在对镜像电流源电路的讨论中,我们忽略了基极电流对输出电流的影响,所得出的结论只有在晶体管的 β 值足够大的情况下才能成立。为了减小基极电流的影响,可以采用具有射极输出器的电流源电路,如图 3.2.12 所示。图中 T_3 组成射极输出器,以减小 I_{B1} 和 I_{B2} 对基准电流 I_R 的分流。

由于 $T_1 \sim T_3$ 的特性相同,$\beta_1 = \beta_2 = \beta_3 = \beta$,$U_{BE1} = U_{BE2}$,$I_{B1} = I_{B2} = I_B$,所以输出电流 I_{C2} 为

$$I_{C2} = I_{C1} = I_R - I_{B3} = I_R - \frac{I_{E3}}{1+\beta} = I_R - \frac{2I_B}{1+\beta} = I_R - \frac{2I_{C2}}{(1+\beta)\beta}$$

经过整理后可得

$$I_{C2} = \frac{I_R}{1 + \dfrac{2}{(1+\beta)\beta}} \approx I_R \qquad (3.2.25)$$

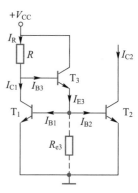

图 3.2.12　具有射极
输出器的电流源

与式(3.2.18)相比,式(3.2.25)表明,与简单镜像电流源相比,具有射极输出器的镜像电流源即使在 β 值很小的情况下,也有 $I_{C2} \approx I_R$,I_{C2} 与 I_R 仍能保持良好的镜像关系。

在实际电路中,常在 T_3 的发射极和地之间加一个电阻 R_{e3} ,以增大 T_3 的工作电流,从而增大 T_3 的 β 值,使 I_{C2} 与 I_R 保持更好的镜像关系。

三、多路输出电流源

集成运算放大器是一个多级放大电路,需要用多路电流源为各级提供需要的静态电流。这时就需要只利用一个基准电流就能为各级提供不同输出电流的电路,多路电流源电路即可满足这一要求。

多路电流源电路如图 3.2.13 所示,它是根据比例电流源的原理得出的电路。图中,I_R 是基准电流,I_{C1} 、I_{C2} 和 I_{C3} 是三路输出电流。

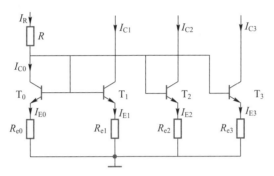

图 3.2.13　多路电流源电路

根据 $T_0 \sim T_3$ 的连接方法,可得

$$U_{BE0} + I_{E0}R_{e0} = U_{BE1} + I_{E1}R_{e1} = U_{BE2} + I_{E2}R_{e2} = U_{BE3} + I_{E3}R_{e3}$$

因为 $T_0 \sim T_3$ 的特性基本相同,它们的 U_{BE} 也基本相等,故有

$$I_{E0}R_{e0} \approx I_{E1}R_{e1} \approx I_{E2}R_{e2} \approx I_{E3}R_{e3}$$

因此,当基准电流 I_R 确定 I_{E0} 后,只要为 $T_1 \sim T_3$ 选择合适的电阻 $R_{e1} \sim R_{e3}$,即可得到需要的输出电流 $I_{C1} \sim I_{C2}$ 。

图 3.2.14 是用增强型 MOS 管实现的多路电流源,在制作集成电路时,只要改变场效晶体管的几何尺寸(导电沟道的宽长比),便可获得所需要的多路输出电流。

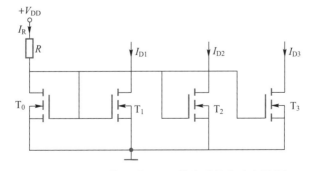

图 3.2.14　用增强型 MOS 管实现的多路电流源

四、用电流源作有源负载的放大电路

1. 用加大集电极电阻提高共发射极放大电路电压放大倍数的局限性

我们知道,在共发射极放大电路中,为了提高电压放大倍数,可以用加大集电极电阻 R_c 的方法来实现。但是,为了保持晶体管的静态电流不变,在加大集电极电阻 R_c 的同时,必须相应地提高电源电压,而当电源电压太高时,会造成电路设计得不合理。同样的问题,也存在于共源极放大电路中。

2. 有源负载共发射极放大电路

我们知道,对于交流信号来说,电流源具有很大的动态电阻,因此用电流源电路代替集电极电阻 R_c,在电源电压不变的情况下,既可以保持放大电路的静态电流不变,又可在交流信号时因获得了很大的等效集电极电阻而大大提高电压倍数。

用电流源电路取代集电极电阻后组成的有源负载共发射极放大电路如图 3.2.15(a)所示。由于是用有源器件的晶体管组成的电流源电路作为集电极负载,所以称为有源负载。图中,T_1 为放大管,T_2 和 T_3 组成镜像电流源。

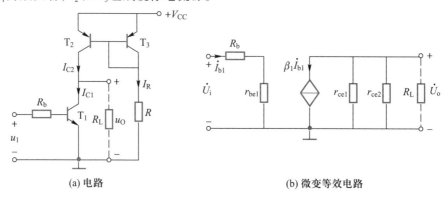

(a) 电路　　　　　　　　　(b) 微变等效电路

图 3.2.15　有源负载共发射极放大电路

因 T_2 和 T_3 的特性相同,故有 $\beta_2 = \beta_3 = \beta$,$I_{C2} = I_{C3}$。由图可得基准电流为

$$I_R = \frac{V_{CC} - U_{EB3}}{R}$$

由式(3.2.18)可得空载时 T_1 的静态集电极电流为

$$I_{C1Q} = I_{C2} = \frac{\beta}{\beta + 2} I_R$$

由以上两式可知,在有源负载共发射极放大电路中,并不需要很高的电源电压,只要 V_{CC} 和 R 配合得当,就可为 T_1 建立合适的静态电流 I_{C1Q}。

电路的微变等效电路如图 3.2.15(b)所示。图中,当 R_L 很大时,考虑了 T_1 集电极–发射极间的动态电阻 r_{ce1} 和镜像电流源的动态电阻 r_{ce2} 的分流作用,这时有源负载共发射极放大电路的电压放大倍数为

$$\dot{A}_u = -\frac{\beta_1(r_{ce1} /\!/ r_{ce2} /\!/ R_L)}{R_b + r_{be1}}$$

当 $R_L \ll (r_{ce1} /\!/ r_{ce2})$ 时,说明此时 T_1 的动态电流全部流向负载电阻 R_L,有源负载共发射极

放大电路的电压放大倍数得到大大提高。此时

$$\dot{A}_u \approx -\frac{\beta_1 R_L}{R_b + r_{be1}}$$

若将图 3.2.15(a)中的晶体管用 MOS 场效晶体管代替,就可构成 MOS 有源负载共源极放大电路。

3. 有源负载 MOS 差分放大电路

利用电流源电路作有源负载的 MOS 差分放大电路如图 3.2.16 所示。图中 N 沟道增强型场效晶体管 T_1 和 T_2 是放大管,P 沟道增强型场效晶体管 T_3 和 T_4 是镜像电流源,作为有源负载。

静态时:T_1 和 T_2 的源极电流和漏极电流为 $I_{S1} = I_{S2} = I/2$,$I_{D1} = I_{D2} = I/2$;因 MOS 管的栅极电流为零,故有 $I_{D3} = I_{D1}$;又因镜像关系,故有 $I_{D4} = I_{D3} = I_{D1}$。所以

$$i_O = I_{D4} - I_{D2} = 0$$

动态时:有差模信号 Δu_1 输入,因为是差分放大电路,故有 $\Delta i_{D1} = -\Delta i_{D2}$;而 $\Delta i_{D3} = \Delta i_{D1}$;根据镜像关系,有 $\Delta i_{D4} = \Delta i_{D3} = \Delta i_{D1}$。所以

$$\Delta i_O = \Delta i_{D4} - \Delta i_{D2} = \Delta i_{D1} - (-\Delta i_{D1}) = 2\Delta i_{D1}$$

由此可见,与采用漏极电阻 R_d 的单端输出 MOS 管差分放大电路相比,采用镜像电流源作有源负载后,其输出电流是前者的两倍。

若将图 3.2.16 中的场效晶体管用晶体管代替,就可构成有源负载晶体管差分放大电路。

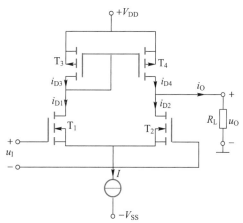

图 3.2.16 利用电流源电路作有源负载的 MOS 差分放大电路

3.3 功率放大电路

在实际应用中,往往要求放大电路的末级(即输出级)输出一定的信号功率,以驱动负载。例如,使扬声器的音圈振动发出声音、使继电器动作、推动伺服电动机转动等。这时,就要求多级放大电路的输出级向负载提供足够大的信号功率。能够向负载提供足够大的信号功率的放大电路称为功率放大电路,简称功放。因此,功率放大电路从电路的组成和元器件的选择到分析方法,都与小信号放大电路有明显的区别。

3.3.1 功率放大电路的特点

为了能向负载提供足够大的信号功率,功率放大电路中的晶体管总是在大信号状态下

工作,因此,在它的前面总要加电压放大级。

　　不论是电压放大电路,还是功率放大电路,它们的输出功率均来自直流电源,都是通过晶体管的控制作用,把直流电源提供的一部分电能转换为按输入信号变化的交流电能,并传送给负载。我们知道,对电压放大电路的要求是在不失真的条件下,输出尽可能大的信号电压,而它的输出功率并不一定大。

　　对功率放大电路的要求是:① 由于功率放大电路在大信号状态下工作,总要产生非线性失真,所以,希望它在失真较小的条件下,输出尽可能大的信号功率;② 尽量减小晶体管和电路中的功率损耗,以提高功率放大电路的效率。由于功率放大电路中的晶体管在大电流(i_C 可能接近 I_{CM})、大电压(u_{CE} 可能接近 $U_{(BR)CEO}$)状态下工作,管子损耗的功率大(可能接近 P_{CM}),发热严重,为保证管子安全可靠地工作,必须考虑管子的散热问题,为管子加装符合规定的散热装置。有时,还要考虑采取过电压、过电流保护措施。

3.3.2　提高功率放大电路效率的方法

一、静态工作点与放大电路工作状态的关系

静态工作点位置的不同对放大电路工作状态的影响如图 3.3.1 所示。

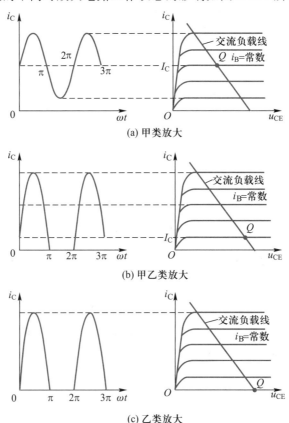

(a) 甲类放大

(b) 甲乙类放大

(c) 乙类放大

图 3.3.1　静态工作点的位置对放大电路工作状态的影响

1. 甲类放大状态

如图 3.3.1(a)所示,当静态工作点选择在交流负载线中间部分时,在信号的一个周期中,晶体管的集电极电流 i_{C} 始终大于零。我们把放大电路的这种工作状态称为甲类放大状态。以前章节中所讨论的电压放大电路就工作在甲类放大状态。

2. 甲乙类放大状态

如图 3.3.1(b)所示,当静态工作点选择在交流负载线下部时,在信号的一个周期中,晶体管集电极电流 i_{C} 大于零的时间大于半个周期。我们把放大电路的这种工作状态称为甲乙类放大状态。

3. 乙类放大状态

如图 3.3.1(c)所示,当静态工作点选择在输出特性的横坐标轴上时,晶体管的静态集电极电流 $I_{\mathrm{C}}=0$,则在信号的一个周期中,集电极电流 i_{C} 大于零的时间只有半个周期。我们把放大电路的这种工作状态称为乙类放大状态。

二、提高效率的方法

由图 3.3.1(a)可知,在甲类放大状态下,不论有无输入信号,直流电源供给的功率 $P_{\mathrm{V}}=V_{\mathrm{CC}}I_{\mathrm{C}}$ 总是不变的。静态时,因静态集电极电流 I_{C} 较大,直流电源提供的功率均以发热的形式消耗在晶体管内部和外部电阻上。当有输入信号时,直流电源提供的功率有一部分转换为有用的输出功率。信号越大,供给负载的有用功率越大。理论分析证明,即使在理想情况下,甲类放大电路的效率最高也只有 50%。

为了提高效率,在 V_{CC} 一定的条件下,应减小晶体管的静态集电极电流 I_{C},以减小静态时晶体管的功率损耗(简称静态管耗)。由图 3.3.1(c)可以看出,在乙类放大状态,晶体管的静态集电极电流 $I_{\mathrm{C}}=0$,没有静态管耗,所以效率较高。但是,在乙类放大状态,波形失真严重。为了既提高效率,又减小波形失真,可以采用互补对称功率放大电路。

拓展阅读 3.1
甲类功率放大电路的输出功率及效率的计算

3.3.3 互补对称功率放大电路

一、双电源乙类互补对称功率放大电路

双电源乙类互补对称功率放大电路又称为无输出电容的功率放大电路,简称 OCL 电路,如图 3.3.2(a)所示。

1. 电路的特点

双电源乙类互补对称功率放大电路有以下特点:① 电路参数是对称的,即 T_1(NPN 型)和 T_2(PNP 型)的特性相同,且 $V_{\mathrm{CC1}}=V_{\mathrm{CC2}}=V_{\mathrm{CC}}$;② 可把整个电路看作是由两个射级输出器组合而成的,如图 3.3.2(b)和(c)所示。

在图 3.3.2(a)中,T_1 和 T_2 的发射极相连,作为输出端,接负载电阻 R_{L}。T_1 和 T_2 的基极相连,作为输入端。前级电压放大级输出的较大幅度的信号作为电路的输入信号 u_{i}。

2. 工作原理

当 $u_{\mathrm{i}}=0$ 时,因电路上下对称,静态发射极电位 $U_{\mathrm{E}}=0$,负载电阻中无电流流过,$u_{\mathrm{o}}=0$。

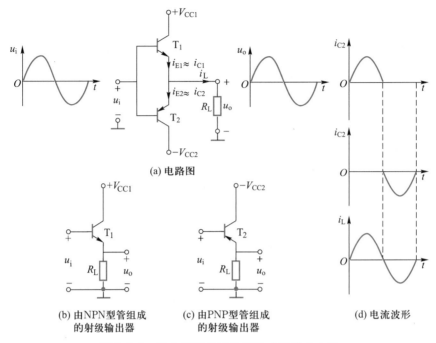

(a) 电路图

(b) 由NPN型管组成
的射级输出器

(c) 由PNP型管组成
的射级输出器

(d) 电流波形

图 3.3.2　双电源乙类互补对称功率放大电路

因晶体管无偏置电路，$I_B = 0$，$I_C = 0$，故晶体管工作于乙类状态，电路中无静态损耗。

在 u_i 的正半周，T_1 导通（若忽略晶体管的死区电压，可认为当 $u_{BE} > 0$ 时管子就导通），T_2 因发射结反偏而截止，V_{CC1} 通过 T_1 向 R_L 供电，R_L 上获得正半周的电流和电压。在 u_i 的负半周，T_1 截止，T_2 导通，V_{CC2} 通过 T_2 向 R_L 供电，R_L 上获得负半周的电流和电压。

由此可见，尽管两个晶体管都工作在乙类状态，由于 T_1 和 T_2 轮流导通，R_L 上仍能得到与输入信号相似的接近于正弦波的电压和电流，如图 3.3.2(a) 和 (d) 所示。

由于该电路参数对称，工作在乙类状态，两个晶体管互相补充对方所缺少的半个周期的电流，故称这种电路为乙类互补对称功率放大电路。

3. 输出功率和效率

（1）输出功率 P_o

若输入信号为正弦波，当忽略晶体管的死区和波形的非线性失真时，输出电压也为正弦波，即

$$u_o = \sqrt{2}\, U_o \sin \omega t = U_{om} \sin \omega t$$

式中，U_o 为输出电压的有效值，U_{om} 为输出电压的幅值。

输出功率用输出电压的有效值 U_o 和输出电流的有效值 I_o 的乘积来表示，即

$$P_o = U_o I_o = \frac{U_{om}}{\sqrt{2}} \cdot \frac{U_{om}}{\sqrt{2}\, R_L} = \frac{U_{om}^2}{2R_L} \tag{3.3.1}$$

因为 T_1、T_2 接成射级输出器，它们的电压放大倍数接近于 1，故有 $U_{om} \approx U_{im}$。因此，输出功率的表达式也可写为

$$P_{\text{o}} \approx \frac{U_{\text{im}}^2}{2R_{\text{L}}} \tag{3.3.2}$$

（2）直流电源供给的功率 P_{V}

直流电源供给的功率 P_{V} 是两个直流电源电压（$V_{\text{CC1}}/V_{\text{CC2}}$）与晶体管的平均电流（$i_{\text{C1(AV)}}/i_{\text{C2(AV)}}$）的乘积的和，即

$$P_{\text{V}} = i_{\text{C1(AV)}} V_{\text{CC1}} + i_{\text{C2(AV)}} V_{\text{CC2}}$$

由于电路参数对称，故有

$$V_{\text{CC1}} = V_{\text{CC2}} = V_{\text{CC}}$$

$$i_{\text{C1(AV)}} = i_{\text{C2(AV)}} = i_{\text{C(AV)}}$$

因此，两个直流电源供给的功率为

$$P_{\text{V}} = 2i_{\text{C(AV)}} V_{\text{CC}}$$

即

$$\begin{aligned}
P_{\text{V}} &= 2V_{\text{CC}} \frac{1}{2\pi} \int_0^\pi I_{\text{cm}} \sin\omega t \, \text{d}(\omega t) \\
&= 2V_{\text{CC}} \frac{1}{2\pi} \int_0^\pi \frac{U_{\text{om}} \sin\omega t}{R_{\text{L}}} \text{d}(\omega t) \\
&= \frac{2U_{\text{om}}}{\pi R_{\text{L}}} V_{\text{CC}} \\
&\approx \frac{2U_{\text{im}}}{\pi R_{\text{L}}} V_{\text{CC}}
\end{aligned} \tag{3.3.3}$$

（3）效率 η

功率放大电路的效率是输出功率 P_{o} 与直流电源供给的功率 P_{V} 的比值，即

$$\eta = \frac{P_{\text{o}}}{P_{\text{V}}} = \frac{U_{\text{om}}^2}{2R_{\text{L}}} \bigg/ \frac{2U_{\text{om}} V_{\text{CC}}}{\pi R_{\text{L}}} = \frac{\pi U_{\text{om}}}{4V_{\text{CC}}} \approx \frac{\pi U_{\text{im}}}{4V_{\text{CC}}} \tag{3.3.4}$$

当输入信号的幅度足够大时，若忽略晶体管的饱和压降 U_{CES}，则输出电压的幅值最大可达 $U_{\text{om}} \approx V_{\text{CC}}$。这时，电路的最大不失真输出功率可达

$$P_{\text{om}} \approx \frac{V_{\text{CC}}^2}{2R_{\text{L}}} \tag{3.3.5}$$

两个直流电源供给的总平均功率则为

$$P_{\text{Vm}} \approx \frac{2V_{\text{CC}}^2}{\pi R_{\text{L}}} \tag{3.3.6}$$

因此，双电源乙类互补对称功率放大电路在输出最大不失真功率时的效率（称为在理想情况下的效率）为

$$\eta = \frac{P_{\text{om}}}{P_{\text{Vm}}} \approx \frac{\pi}{4} \times 100\% = 78.5\% \tag{3.3.7}$$

应该指出，式（3.3.7）是在电路工作在乙类放大状态、输入电压幅值足够人和忽略晶体

管的饱和压降 U_{CES} 的条件下得出的。实际上,电路的效率要低于 78.5%。

（4）管耗 P_T

直流电源提供的功率一部分转换成了输出功率,其余部分消耗在晶体管中了,两个晶体管的管耗为

$$2P_T = P_V - P_o \qquad\qquad (3.3.8)$$

式中,P_T 为一个晶体管的管耗。

拓展阅读 3.2
功率管的选择

二、双电源甲乙类互补对称功率放大电路

1. 双电源乙类互补对称功率放大电路的缺点

双电源乙类互补对称功率放大电路的优点是电路简单、效率高。但是,它却存在着一个明显的缺点,即输出波形存在所谓"交越失真"现象。因为在乙类放大状态,没有偏置电流 I_B,晶体管的输入特性又有一个死区,所以,在输入信号较小时,i_{B1}、i_{B2}、i_{C1}、i_{C2} 基本上为零,负载电阻 R_L 上有一小段时间没有电流和电压,使输出波形产生失真,如图 3.3.3 所示。因为这种波形失真是在两管交换导通时的一小段时间内产生的,故称为交越失真。

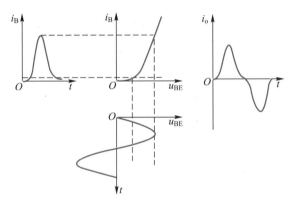

图 3.3.3　交越失真

2. 减小交越失真的原理

双电源甲乙类互补对称功率放大电路如图 3.3.4(a)所示。图中,在 T_1 和 T_2 的基极之间加了两个二极管 D_1 和 D_2(也可以采用电阻或二极管和电阻的组合代替)。利用二极管的正向压降为 T_1 和 T_2 提供用来克服死区电压的正向偏压,使两个晶体管在静态时均处于微导通状态,流过一个很小的静态集电极电流,从而保证电路工作在甲乙类放大状态。这样,在两个晶体管的波形合成负载电流时,就能使输出波形的交越失真明显减小,如图 3.3.4(b)中 i_L 的实线波形所示。

在图 3.3.4(a)中,晶体管 T_3 组成前置电压放大级,R_c 是它的集电极电阻。由于二极管的动态电阻很小,对于交流信号而言,T_1、T_2 的基极仍可认为是等电位的,所以 T_1 和 T_2 的基极仍接受相同的输入电压(即前置电压放大级的输出电压)。

由于该电路的静态集电极电流很小,在忽略 T_1、T_2 的饱和压降时,双电源甲乙类互补对称功率放大电路的输出功率和效率仍可按乙类电路的计算公式来估算。

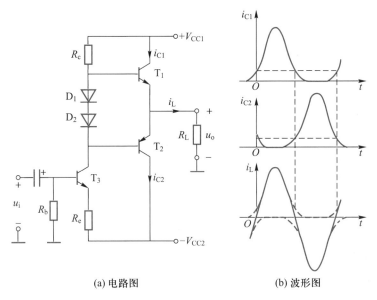

(a) 电路图   (b) 波形图

图 3.3.4 双电源甲乙类互补对称功率放大电路

例 3.3.1 双电源甲乙类互补对称功率放大电路如图 3.3.4(a)所示。设 $V_{CC1} = V_{CC2} = V_{CC} = 12\text{ V}$，$R_L = 8\ \Omega$。试估算：(1) 当正弦输入电压的幅值 $U_{im} = 8\text{ V}$ 时，电路的输出功率、直流电源供给的功率、管耗和效率。(2) 当正弦输入信号能使电路输出最大不失真功率时，电路的最大不失真输出功率、直流电源供给的功率和理想情况下的效率。

解:(1) 当 $U_{im} = 8\text{ V}$ 时，由式(3.3.2)可求得输出功率为

$$P_o \approx \frac{U_{im}^2}{2R_L} = \frac{8^2}{2 \times 8}\text{W} = 4\text{ W}$$

由式(3.3.3)可求得直流电源供给的功率为

$$P_V \approx \frac{2U_{im}}{\pi R_L}V_{CC} = \frac{2 \times 8}{\pi \times 8} \times 12\text{ W} \approx 7.64\text{ W}$$

由式(3.3.8)可求得两管的管耗为

$$2P_T = P_V - P_o \approx (7.64 - 4)\text{W} = 3.64\text{ W}$$

电路的效率为

$$\eta = \frac{P_o}{P_V} \approx \frac{4}{7.64} \times 100\% \approx 52.4\%$$

(2) 当正弦输入信号能使电路输出最大不失真功率时，由式(3.3.5)可求得电路的最大不失真输出功率为

$$P_{om} \approx \frac{V_{CC}^2}{2R_L} = \frac{12^2}{2 \times 8}\text{W} = 9\text{ W}$$

由式(3.3.6)可求得直流电源供给的功率为

$$P_{Vm} \approx \frac{2V_{CC}^2}{\pi R_L} = \frac{2 \times 12^2}{\pi \times 8}\text{W} \approx 11.46\text{ W}$$

由式(3.3.8)可求得两管的管耗为

$$2P_T = P_{Vm} - P_{om} \approx (11.46 - 9)\,W = 2.46\,W$$

在理想情况下,电路的效率为

$$\eta_{max} = \frac{P_{om}}{P_{Vm}} \approx \frac{9}{11.46} \times 100\% \approx 78.5\%$$

三、双电源甲乙类 CMOS 互补对称功率放大电路

利用 MOS 管也可构成甲乙类互补对称功率放大电路,如图 3.3.5(a)所示。图中 T_1 为 NMOS 增强型管,T_2 为 PMOS 增强型管,T_1 和 T_2 的特性相同。这种电路称为 CMOS 互补对称功率放大电路。

双电源甲乙类 CMOS 互补对称功率放大电路的工作原理与晶体管互补对称功率放大电路相同。在正弦输入电压 u_i 的正半周,T_1 导通,T_2 截止,由 $+V_{DD}$ 供电的 T_1 源极输出器使输出电压 u_o 跟随输入电压 u_i 而变化;在正弦输入电压 u_i 的负半周,T_2 导通,T_1 截止,由 $-V_{DD}$ 供电的 T_2 源极输出器使输出电压 u_o 跟随输入电压 u_i 而变化。

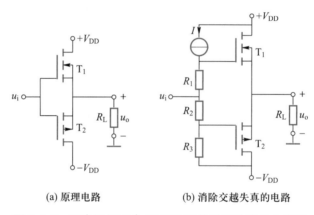

(a) 原理电路　　　　　(b) 消除交越失真的电路

图 3.3.5　双电源甲乙类 CMOS 互补对称功率放大电路

由于增强型 MOS 管的开启电压一般为几伏,为消除交越失真,必须采用如图 3.3.5(b)所示的电路。图中利用电流源 I 在电阻 R_1 和 R_2 上产生的电压降,作为 T_1 和 T_2 栅极间的静态电压,使两者处于微导通状态。

四、单电源甲乙类互补对称功率放大电路

在图 3.3.4(a)所示的功率放大电路中,用了两个直流电源,既不方便,也不经济。为此可采用如图 3.3.6(a)所示的单电源甲乙类互补对称功率放大电路。电路中,T_1 和 T_2 基极间的两个二极管 D_1 和 D_2 用以保证电路工作在甲乙类放大状态;T_3 组成工作点稳定的发射极偏置放大电路,作为功率放大电路的前置放大级;T_1 和 T_2 的发射极和负载 R_L 之间加了一个电容为几百微法的电容器 C_2,以代替负电源的作用。这种单电源互补对称功率放大电路又称为无输出变压器的功率放大电路,简称 OTL 电路。

静态时,由于 T_1、T_2 管的特性相同,它们的静态管压降 U_{CE} 均为 $V_{CC}/2$,故电容器 C_2 上充有 $V_{CC}/2$ 的直流电压,其极性如图 3.3.6(a)中所示。

动态时,在 u_{o3} 的正半周,T_1 导通,T_2 在大部分时间内截止,直流电源 V_{CC} 经 T_1 向负载供电,同时向电容器 C_2 充电;在 u_{o3} 的负半周,T_2 导通,T_1 在大部分时间内截止,已充电的电容器 C_2 向负载放电。只要选择容量足够大的电容器,使时间常数 $R_L C_2$ 比信号的最大周期大得多,就可以认为在充放电过程中,C_2 上的电压基本不变,可以把它看作是一个恒定的直流电源。

在图 3.3.6(a) 中,为了将 A 点的静态电位稳定在 $V_{CC}/2$,把电位器 R_{b1} 的一端接在 A 点。当某种原因使 U_A 降低时,经 R_{b1} 和 R_{b2} 分压后,会使 T_3 的基极电位 U_{B3} 降低、集电极电位 U_{C3} 升高,最终使 U_A 稳定在 $V_{CC}/2$。由于电容器 C_2 上的电压稳定在 $V_{CC}/2$,故 T_1 和 T_2 的工作电源将是 $V_{CC}/2$,由 T_1 和 T_2 组成的两个等效射极输出器如图 3.3.6(b) 和 (c) 所示(图中未画出偏置电路)。

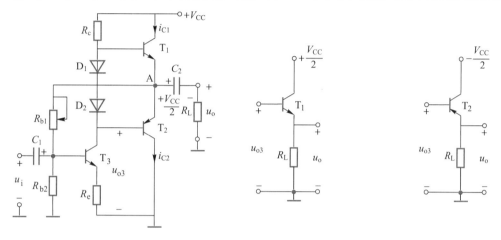

(a) 电路图　　　　　　(b) 由NPN型管组成的射级输出器　　(c) 由PNP型管组成的射级输出器

图 3.3.6　单电源甲乙类互补对称功率放大电路

在单电源甲乙类互补对称功率放大电路中,由于 T_1、T_2 的工作电压是 $V_{CC}/2$,故只要将式(3.3.3)至式(3.3.6)中的 V_{CC} 用 $V_{CC}/2$ 代替,就可以计算 P_V、η、P_{om} 和 P_{Vm}。

五、采用复合管的互补对称功率放大电路

当要求的输出功率较大时,互补对称功率放大电路中的输出管 T_1、T_2 要求采用异型(一个为 NPN 型,另一个为 PNP 型)中功率甚至大功率晶体管。但是,要使两个大功率异型管的特性完全相同是很困难的,所以,经常用同型大功率晶体管作为输出管。然而,用一个信号是不能使两个同型管轮流工作的。为此,常在两个输出管前加上异型的小功率晶体管,这样便组成了复合互补对称功率放大电路。

由复合管组成的单电源甲乙类互补对称功率放大电路如图 3.3.7 所示。图中,T_1、T_2 组成 NPN 型复合管,T_3、T_4 组成 PNP 型复合管,T_2、T_4

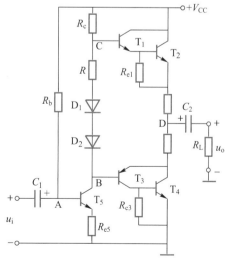

图 3.3.7　由复合管组成的单电源甲乙类
互补对称功率放大电路

为特性相同的 NPN 型大功率晶体管，T_1、T_2 和 T_3、T_4 四个管子组成复合管互补对称电路；T_1、T_3 基极间的电阻 R 和二极管 D_1、D_2 上的电压可使输出级处于甲乙类放大状态。

当正半周信号加到 T_1、T_3 管的基极时，T_1、T_2 导通，电源 V_{CC} 经 T_2 对电容 C_2 充电，有电流流过 R_L；当负半周信号加到 T_1、T_3 管的基极时，T_3、T_4 导通，C_2 经 T_4 向 R_L 放电，有反方向的电流流过 R_L。结果，在 R_L 上可获得完整的正弦输出信号。

在图 3.3.7 中，由 T_5 组成的单管电压放大电路其动态输出电流只有几个 mA，采用复合管后，便可为大功率晶体管提供很大的驱动电流。

复合管的缺点是穿透电流较大。由图 3.3.8 可知，复合管的总穿透电流 $I_{CEO} = I_{CEO2} + \beta_2 I_{CEO1}$，$I_{CEO2}$ 为 T_2 管本身的穿透电流，$\beta_2 I_{CEO1}$ 是 T_1 管的穿透电流经 T_2 放大后在 T_2 中产生的电流。由于穿透电流受温度影响很大，所以复合管的温度稳定性较差。为了减小总穿透电流 I_{CEO}，在图 3.3.7 中接入了 R_{e1} 和 R_{c3}。这样，T_1 的穿透电流被 R_{e1} 分流，T_3 的穿透电流被 R_{c3} 分流，不再全部流入 T_2 和 T_4 的基极，因而减小了复合管的总穿透电流 I_{CEO}，提高了复合管的温度稳定性。

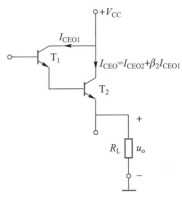

图 3.3.8　复合管的穿透电流

六、集成功率放大电路

随着集成电路技术的发展，功率放大电路已制成集成化器件。它的种类很多，有通用型和专用型两大类。前者可应用于多种场合，后者只能应用于某些特殊场合（如收音机和电视机中）。下面以 LM386 型集成功率放大电路为例，对集成功率放大电路做一个简要的介绍。

LM386 型集成功率放大电路的内部电路如图 3.3.9 所示。它由输入级、中间级和输出级三部分组成。

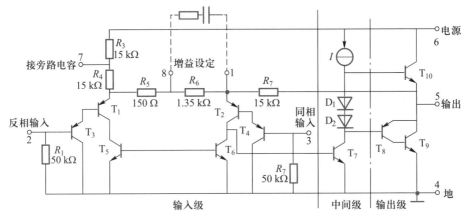

图 3.3.9　LM386 型集成功率放大电路的内部电路

1. 输入级

输入级是一个双端输入、单端输出的差分放大电路。由 T_1、T_3 和 T_2、T_4 组成的两个复合管是差分放大电路的放大管；由 T_5、T_6 组成的镜像电流源（即将在下一节介绍）作为 T_1、T_2 的有源负载;输入信号从 T_3、T_4 的基极输入(利用瞬时极性法可以确定 T_3 的基极引脚 2 为反相输入端,T_4 的基极引脚 3 为同相输入端),输出信号从 T_2 的集电极单端输出,加到中间级 T_7 的基极。由于有镜像电流源作为差分放大电路的有源负载(其动态电阻非常大),可使单端输出时的差模电压放大倍数近似等于双端输出时的差模电压放大倍数。

应该指出,在引脚 1 和 8 之间外接不同阻值的电阻时,可以调节电路的电压放大倍数,但此时只允许改变其交流通路,故必须在外接电阻回路中,串联一个大容量的电容器,如图 3.3.9 所示。在外接不同阻值的电阻时,电压放大倍数的调节范围为 20~200,即电压增益的调节范围为 26~46 dB。

2. 中间级

中间级是一个由 T_7 组成的共发射极放大电路。由于有恒流源 I 作为它的集电极有源负载,所以中间级具有很高的电压放大倍数。

3. 输出级

输出级是一个采用复合管的单电源甲乙类互补对称功率放大电路。T_8、T_9 组成 PNP 型复合管,与 NPN 型管 T_{10} 互补工作。二极管 D_1、D_2 是输出级的偏置电路,用以消除输出波形的交越失真。由于输出级是一个单电源甲乙类互补对称功率放大电路,即为 OTL 电路,所以在输出端 5 外接负载电阻时,必须先在输出端外接一个大容量的电容器。

图 3.3.10 是 LM386 型集成功率放大电路的一个基本应用电路,是外接元件最少的一种用法。它的负载为扬声器,调节电位器 R_P 滑动触点的位置,可以调节扬声器的音量。由于引脚 1 和 8 开路,集成功率放大器的电压放大倍数为 20,即其电压增益为 26 dB。R 和 C_2 组成校正网络,用作相位补偿,以消除电路的自激振荡(见第 4 章)。使用时,引脚 7 和地之间应接旁路电容,一般为 10 μF。

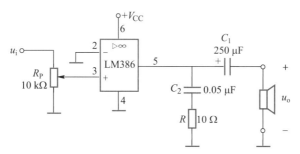

图 3.3.10 LM386 型集成功率放大电路
的一个基本应用电路

静态时,输出端电容 C_1 上的电压为 $V_{CC}/2$。LM386 的最大不失真输出电压的峰值约为 $V_{CC}/2$,则它的最大输出功率约为

$$P_{om} \approx \frac{V_{CC}^2}{8R_L}$$

对于 LM386 型集成功率放大电路,当 $V_{CC} = 16$ V,$R_L = 8$ Ω 时,$P_{om} \approx 4$ W。

3.4　集成运算放大器

在此之前介绍的电子电路,都是用电阻、电容和半导体器件按一定的功能借助导线或印制电路板连接而成的。在这种电子电路中,组成电路的各种元器件在结构上是各自独立的,所以把这种电子电路称为分立元件电路。

在集成电路制造工艺迅速发展的今天,已能把具有一定功能的电子电路中所需的电子元器件和电路的连接线都制造在一块很小的硅片上,然后封装在一个管壳内。用这种方式制成的电子电路称为集成电路。集成电路的突出优点是体积小,重量轻,功耗低,元器件的密度大,连接线短,外部连接线和焊点少,因而可以提高电子设备工作的可靠性,降低成本。

集成电路按其功能可分为模拟集成电路和数字集成电路两大类。后者将在数字电路部分介绍。在这一节里要讨论的集成运算放大器是模拟集成电路中的一种应用非常广泛的产品,它实际上是一个制作在很小硅片上的具有很高电压放大倍数的多级直接耦合放大电路。由于在它的基础上外接不同的反馈网络可以实现对模拟输入信号的多种数学运算,所以人们常把它称为集成运算放大器,简称集成运放。

3.4.1　集成运算放大器的组成和特点

一、集成运算放大器的组成

集成运算放大器是使用集成电路工艺制成的具有高输入电阻、低输出电阻和很高电压放大倍数的直接耦合的多级放大电路。集成运算放大器的原理框图如图 3.4.1 所示。集成运算放大器由输入级、中间级、输出级和偏置电路四部分组成。

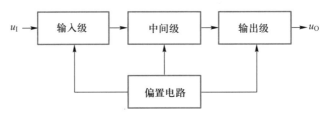

图 3.4.1　集成运算放大器的原理框图

输入级应具有尽可能低的零点漂移,较小的偏置电流,较高的共模抑制比,较高的输入电阻,因此常采用能提高输入电阻的改进型差分放大电路。

中间级主要承担电压放大的作用,多采用共发射极或共源极放大电路。为了提高电压放大倍数,经常采用复合管作为放大管,并用恒流源做有源负载。

输出级应具有一定的带负载能力和一定的输出电压及电流,因此常采用射级输出型的互补对称功率放大电路。

偏置电路用于为集成运算放大器中的各级电路设置稳定的偏置电流,一般采用恒流源。

二、集成运算放大器的特点

与分立元件电路相比,集成运算放大器有以下一些特点。

（1）由于集成电路工艺不适宜制造几十皮法以上的电容器（容量大的电容器占用的硅片面积太大）,故集成运算放大器的级间都采用直接耦合方式。

（2）由于集成运算放大器中各元器件都处于同一块很小的硅片上,又是用相同的工艺过程制成的,故容易制成两个特性相同的管子和两个阻值相等的电阻。因此,用集成电路工艺制成的差分放大电路的参数对称性好。为了减小集成运算放大器的温漂,它的输入级都采用差分放大电路。

（3）由于制造阻值大的电阻所占用的硅片面积较大,所以集成运算放大器中的电阻值一般在几十欧到 50 kΩ 的范围内。在需要大电阻的场合,常用晶体管或场效晶体管构成的恒流源代替,或采用外接大电阻的方法解决。

（4）集成运算放大器中的二极管常用将晶体管集电极和基极短接的方法解决。

（5）在集成运算放大器中,一般情况下,PNP 管常做成横向管。在集成电路中,PNP 管有纵向和横向两种结构形式。在纵向管中,载流子是沿着晶体管断面的垂直方向运动的,其基区可以做得很薄,故 β 值较大;由于纵向 PNP 管的集电极必须接到电路中电位的最低点,因而限制了它的应用。在横向管中,载流子是沿着晶体管断面的水平方向运动的,受工艺的限制其基区不能做得很薄,故 β 值较小,一般 $\beta < 10$。横向管的优点是发射结和集电结均具有较高的反向击穿电压;它的缺点是结电容较大,特征频率 f_{T} 较低,一般为几兆赫~几十兆赫。

3.4.2　通用型集成运算放大器

集成运算放大器是一种高性能的多级直接耦合放大电路。集成运算放大器的类型很多,例如有高速型（反应速度快）、高输入电阻型、低漂移型（温漂小）、低功耗型（电源电压仅几伏、电源电流仅 $10 \sim 100 \, \mu\mathrm{A}$）、高压型（输出电压可达 100 V 以上）、大功率型（输出电流可达几安）等,它们的电路也各不相同,但是它们的基本组成部分、结构形式和组成原则是基本一致的。

本节以通用型集成运算放大器 F007 为例,分析各组成部分的工作原理,以此理解集成运算放大器的性能特点,并学习复杂电路的分析方法。

一、通用型集成运算放大器 F007 的电路分析

通用型集成运算放大器 F007 的电路如图 3.4.2 所示。图中各引出端所标数字为它的引脚编号。下面分析电路的组成和工作原理。

1. F007 的偏置电路

偏置电路的作用是为输入级、中间级和输出级提供合适的偏置电流,从而建立各级的静

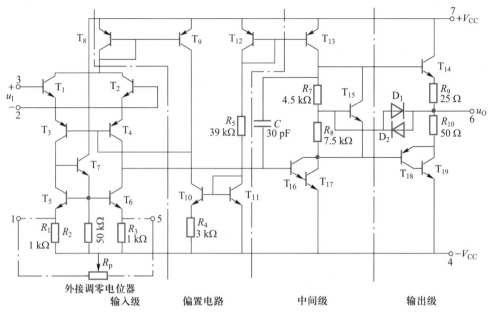

图 3.4.2 通用型集成运算放大器 F007 的电路

态工作点。为了提高集成运算放大器的性能,要求为输入级提供基本上不随温度和电源电压变化的微安级工作电流。在分立元件电路中,只要加大偏置电阻的数值,就可减小工作电流。但是,在集成电路中,由于制造阻值太大的电阻是不现实的,因此常采用电流源作为偏置电路。在集成运算放大器中,常用的电流源有镜像电流源和微电流源,这两种电流源都是用阻值不太大的电阻获得很小电流的电路。

通用型集成运算放大器 F007 的偏置电路如图 3.4.3 所示,它是由 R_4、R_5 和 $T_8 \sim T_{13}$ 等元器件组成的。

在图 3.4.3 中,流过电阻 R_5 的电流为基准电流 I_R。在忽略 T_{13} 和 T_{10} 的基极电流、$U_{BE11} = U_{BE12} = U_{BE}$ 时,基准电流为

$$I_R = \frac{2V_{CC} - 2U_{BE}}{R_5} \approx \frac{2V_{CC}}{R_5}$$

由图 3.4.3 中所给的参数,可求得 $I_R = 0.73$ mA。根据 I_R,再通过镜像电流源和微电流源的关系,便可求出其他支路的偏置电流。

T_{10} 和 T_{11} 组成微电流源,故有 $I_{C10} \ll I_R$,且 I_{C10} 具有很好的恒流特性。根据式(3.2.24)有

$$I_{C10} \approx \frac{U_T}{R_4} \ln \frac{I_R}{I_{C10}}$$

这是一个超越方程,用图解法或累试法可求得 $I_{C10} = 28$ μA。可见 I_{C10} 是很微小的。I_{C10} 既为 T_9 提供集电极电流 I_{C9},也为输入级的 T_3、T_4 提供基极电流 $I_{B3} + I_{B4}$。

由横向 PNP 管 T_{12} 和 T_{13} 组成镜像电流源。T_{13} 输出的恒流 I_{C13} 为中间级和输出级提供偏置电流,同时作为中间级的有源负载。

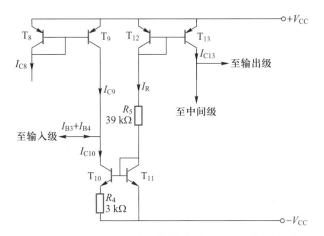

图 3.4.3 通用型集成运算放大器 F007 的偏置电路

由横向管 T_8 和 T_9 组成另一个镜像电流源,它产生的 $I_{C8}(\approx I_{C9} \approx I_{C10})$ 为输入级的 T_1、T_2 提供集电极电流。

由以上分析可知,偏置电路可为输入级提供恒定的工作电流,因而提高了集成运算放大器的共模抑制比。

2. 输入级

输入级对集成运算放大器的差模输入电阻、最大差模输入电压、最大共模输入电压和共模抑制比等性能指标起着决定性的作用,是提高集成运算放大器性能的关键。

(1)电路的组成

通用型集成运算放大器 F007 的输入级如图 3.4.4 所示,它是由 $T_1 \sim T_7$ 组成的。T_1、T_3 和 T_2、T_4 组成共集-共基差分放大电路,T_5、T_6 是差分放大电路的有源负载,用来代替一般差分放大电路中的集电极负载电阻 R_c。T_7 是 T_5、T_6 的偏置电路。

差模输入信号由 T_1、T_2 的基极输入(双端输入)。放大后的信号从 T_4 的集电极输出(单端输出),并加到中间级 T_{16} 的基极。

(2)输入级采用共集-共基差分放大电路的优点

采用共集-共基差分放大电路作为输入级的优点是:① 由于 T_1、T_2 采用共集电极接法(射极输出),故可提高电路的差模输入电阻;② T_3、T_4 采用共基极接法,可弥补横向 PNP 管高频特性差的缺点[理论分析指出,晶体管的共基极截

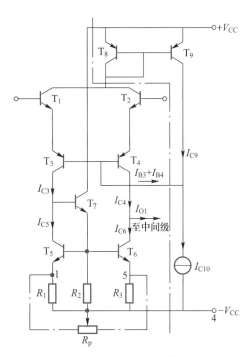

图 3.4.4 通用型集成运算放大器
F007 的输入级

165

止频率 f_α 为共发射极截止频率 f_β 的（$1+\beta$）倍］；③ 由于横向 PNP 管 T_3、T_4 基极和发射极间反向击穿电压 $U_{(BR)EBO}$ 可达 30 V 左右，故当最大差模输入电压扩展到 ±30 V 时也不会损坏晶体管；④ T_3、T_4 采用共基极接法，具有电压放大作用，加上有 T_5、T_6 作为 T_3、T_4 的集电极有源负载，而 T_5、T_6 的集电极和发射极之间具有很大的交流电阻 r_{ce}，动态时相当于 T_3、T_4 的集电极具有很大的负载电阻 R_c，故可大大提高差分放大电路的差模电压放大倍数。

（3）减小输入级温漂的方法

在通用型集成运算放大器 F007 的输入级中，用 T_8、T_9 组成镜像电流源 I_{C9}，与 T_{10}、T_{11} 组成的微电流源 I_{C10} 相配合，为 T_3、T_4 提供偏置电流 $I_{B3}+I_{B4}$，可以减小输入级的温漂。因为，当温度升高引起 I_{C3}、I_{C4} 增大时，会产生以下的自动调整过程，即

$$T\uparrow \ \begin{cases} I_{C1}\uparrow \to I_{C3}\uparrow \\ I_{C2}\uparrow \to I_{C4}\uparrow \end{cases} \to I_{C8}\uparrow \to I_{C9}\uparrow \begin{cases} I_{B3}\uparrow \\ I_{B4}\uparrow \end{cases} \to \begin{cases} I_{C1}\downarrow \leftarrow I_{C3}\downarrow \\ I_{C2}\downarrow \leftarrow I_{C4}\downarrow \end{cases}$$

可见，通用型集成运算放大器 F007 中所采用的偏置电路能提高电路的共模抑制比。

此外，由于偏置电路为输入级提供了很稳定的工作电流，也可减小输入级的温漂。

（4）静态工作情况

在通用型集成运算放大器 F007 中，由于 T_7 的 β 值较大，中间级的 T_{16}、T_{17} 组成复合管，其等效 β 也很大，故 I_{B7} 和 I_{B16} 均很小，可以忽略不计，可将 T_7 和 T_{16} 的基极视为开路。因为输入级电路的参数是对称的，当输入信号为零时，差分输入级处于平衡状态，这时，必有 $I_{C3}=I_{C4}=I_{C5}=I_{C6}$，所以静态时的输出电流 $I_{O1}=I_{C4}-I_{C6}=0$。

（5）对差模信号的放大作用

输入级加差模信号时的情况如图 3.4.5 所示。图中，虚线所画的电阻 R_{i2} 是中间级的输入电阻。

在如图所示极性的差模输入信号的作用下，有

$$\Delta i_{C3} = -\Delta i_{C4}$$

Δi_{C3} 将产生 Δi_{B7} 和 Δi_{E7}，Δi_{E7} 又产生 Δi_{B5}、Δi_{B6} 和 Δi_{C5}、Δi_{C6}。因为参数对称，故有

$$\Delta i_{B5} = \Delta i_{B6}$$
$$\Delta i_{C5} = \Delta i_{C6}$$

因 T_7 的 β 值较大，Δi_{B7} 较小，可以忽略不计，故有

$$\Delta i_{C3} \approx \Delta i_{C5} = \Delta i_{C6} = -\Delta i_{C4}$$

因此，输入级为中间级提供的输出电流为

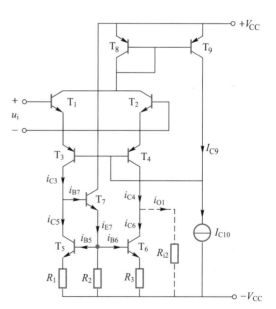

图 3.4.5　通用型集成运算放大器 F007 的
输入级加差模信号的情况

$$\Delta i_{O1} = \Delta i_{C4} - \Delta i_{C6} \approx 2\Delta i_{C4} = -2\Delta i_{C3}$$

由此可见,加入 T_7 以后,输入级的输出电流为差分电路两边电流变化量的总和。因此,F007 通用型集成运算放大器的输入级在把双端输入变为单端输出时,其差模电压放大倍数与双端输出时近似相等。

（6）对共模信号的抑制作用

当输入端加共模信号时,必有 $\Delta i_{C3} = \Delta i_{C4}$,又有 $\Delta i_{C3} \approx \Delta i_{C5} = \Delta i_{C6}$,故有 $\Delta i_{O1} \approx 0$。由此可见,电路具有很高的共模抑制比。

（7）零点调整

实际的集成运算放大器不可能是完全理想的,常会出现输入电压为零时输出电压不为零的情况。为保证输入电压为零时输出电压也为零,在通用型集成运算放大器 F007 中,如图 3.4.4 所示,在 1、5 以及 4 三个端子间外接调零电位器 R_P。调节 R_P 的滑动触点的位置,可以改变 T_5、T_6 的发射极电阻,便可达到零点调整的目的。

3. 中间级

中间级的主要任务是为整个电路提供足够大的电压放大倍数。对于中间级,不仅要求它具有较高的电压放大倍数,还要求它具有较高的输入电阻,以减小对输入级的影响。

如图 3.4.2 所示,通用型集成运算放大器 F007 的中间级由复合管 T_{16}、T_{17} 组成,它是一个以 T_{13} 的 I_{C13} 为有源负载的共发射极放大电路。它的输入信号来自输入级的输出电流,它的输出信号加到输出级 T_{18} 的基极。复合管的等效 β 很大,不仅可以提高中间级的输入电阻,而且与有源负载相配合,还可使中间级具有很高的电压放大倍数,通用型集成运算放大器 F007 中间级的电压放大倍数可达 1 000 多倍。

中间级中 30 pF 的电容是作相位补偿用的,可以破坏放大电路产生自激振荡的条件,达到消除自激振荡的目的（放大电路的自激振荡现象将在第 4 章中讨论）。

4. 输出级

输出级主要为负载提供足够大的输出电流,要求它具有较高的输入电阻和较低的输出电阻,以减小对中间级的影响,并提高电路的带负载能力。

（1）电路的组成

在图 3.4.2 中,通用型集成运算放大器 F007 的输出级,主要是由 NPN 型管 T_{14} 和由 T_{18}、T_{19} 复合成的 PNP 型管组成的工作于甲乙类放大状态的互补对称电路。为了弥补电路的不对称性,在输出级中加了两个阻值不同的电阻 R_9 和 R_{10}。

通用型集成运算放大器 F007 输出级的偏置电路如图 3.4.6 所示。R_7、R_8 和 T_{15} 组成

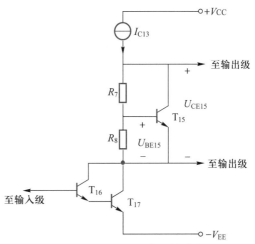

图 3.4.6　通用型集成运算放大器
F007 输出级的偏置电路

U_{BE} 倍压电路,使 T_{15} 的 $U_{CE15} = (R_7 + R_8) U_{BE15}/R_8 = 1.6 U_{BE15}$,为输出级设置合适的静态工作点,以消除输出波形的交越失真。从图 3.4.2 和图 3.4.6 可知,由于有 T_{12} 和 T_{13} 组成的镜像电流源 I_{C13} 为此偏置电路提供工作电流,使偏置电路能输出稳定的电压 U_{CE15},所以输出级的静态工作点是很稳定的。

在通用型集成运算放大器 F007 的输出级中,T_{18}、T_{19} 复合成的 PNP 型管接成射极输出电路,可以提高输出级的输入电阻,减小对中间级的影响。

（2）输出级的过载保护

为了防止因输出端意外短路或因负载电流过大而烧坏输出级的晶体管,在通用型集成运算放大器 F007 中,由 D_1、D_2 和 R_9、R_{10} 组成过载保护电路,见图 3.4.2。R_9 和 R_{10} 是输出电流的取样电阻。

当正向输出电流过大时,流过 T_{14} 和 R_9 的电流加大,R_9 上的压降加大,使 D_1 由截止状态变为导通状态,分流了 T_{14} 的基极电流,从而限制了 T_{14} 的发射极电流,保护了 T_{14}。当负向输出电流过大时,流过复合管 T_{18}、T_{19} 和 R_{10} 的电流加大,R_{10} 上的压降加大,使 D_2 由截止状态变为导通状态,分流了复合管中 T_{18} 的基极电流,进而限制了复合管 T_{18}、T_{19} 的电流,保护了复合管 T_{18}、T_{19}。

5. 通用型集成运算放大器 F007 的外部接线图

图 3.4.7 是通用型集成运算放大器 F007 在使用时的外部接线图。图中,引脚"7"接正电源(+15 V),"4"接负电源(-15 V),"6"为输出端,"1""5"和"4"接调零电位器,"2"和"3"是两个输入端。

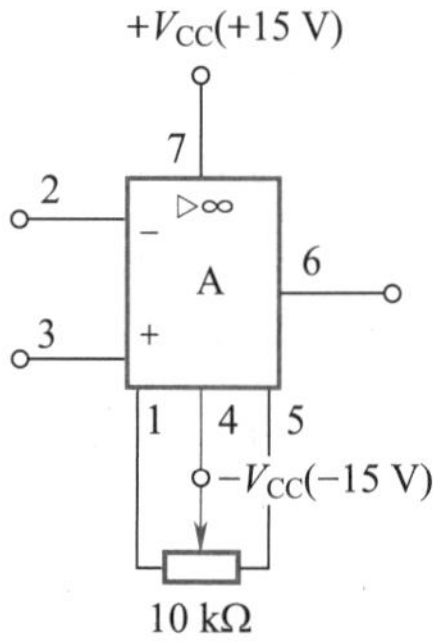

由图 3.4.2 可知,在单端输入时,若在"3"端加正输入信号,将产生以下的信号传输过程:

$$\Delta u_{B1}(+) \rightarrow \Delta i_{C3}(+) [亦即 \ \Delta i_{C4}(-)] \rightarrow \Delta i_{B16}(-) [亦即 \ \Delta u_{B16}(-)] \rightarrow \Delta u_{C16}(+) \rightarrow \Delta u_0(+)。$$

图 3.4.7　通用型集成运算放大器 F007 的外部接线图

由此可见,当输入信号从"3"端输入时,输出信号与输入信号同相,故称"3"端为同相输入端,标以符号"+"。同理可知,当输入信号从"2"端输入时,输出信号将与输入信号反相,故称"2"端为反相输入端,标以符号"-"。

二、LF163 双运算放大器简介

为了提高集成运算放大器的性能,常采用晶体管和场效晶体管共同组成其内部电路。LF163 是双运算放大器,一个管壳内装有两个相同的运算放大器,每个运算放大器都由输入级、中间级、输出级和偏置电路四部分组成,如图 3.4.8(a)所示。

图 3.4.8(a)中 $T_{12} \sim T_{16}$ 和 R_{11}、D_Z 组成偏置电路,为各级提供静态电流。LF163 的简化电路如图 3.4.8(b)所示。

LF163 的输入级与 F007 相似,除了用结型场效晶体管 T_1、T_2 取代 F007 中的 $T_1 \sim T_4$ 以外,其余部分几乎一样。采用结型场效晶体管做输入级,不仅输入电阻高、输入偏置电流低,而且还具有低噪声、高速和宽带的优点。

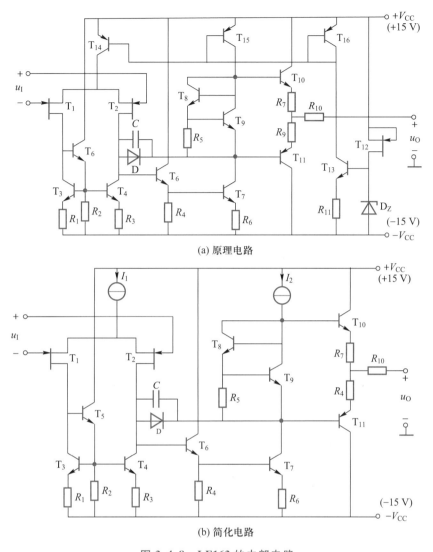

(a) 原理电路

(b) 简化电路

图 3.4.8 LF163 的内部电路

中间级由 T_6、T_7 组成,是主放大器。T_6 是射极输出器,可增大电流放大能力;T_7 的集电极采用有源负载,以提高电压放大倍数。

LF163 的输出级由 T_{10}、T_{11} 组成互补输出级,T_8、T_9 和 R_5 是消除交越失真的电路,电阻 R_{10} 是输出端短路时的限流电阻。

与 F007 相比,LF163 具有更高的输入电阻、更小的偏置电流和更低的功耗。

3.4.3　集成运算放大器的电压传输特性和主要参数

一、集成运算放大器的电压传输特性

集成运算放大器的电压传输特性是指输出电压 u_O 与差模输入电压(即同相输入端与反

169

相输入端之间的电位差)$(u_P - u_N)$之间的关系曲线,即

$$u_O = f(u_P - u_N)$$

对于采用正、负双电源供电的集成运算放大器,它的电压
传输特性如图 3.4.9 所示。从图中可以看出,集成运算放大
器有线性区和非线性区两部分。在线性区,电压传输特性的
斜率就是开环差模电压放大倍数;在非线性区,输出电压只
有 $+U_{OM}$ 或 $-U_{OM}$ 两种可能情况:$+U_{OM}$ 称为正向饱和电压,$-U_{OM}$
称为负向饱和电压。

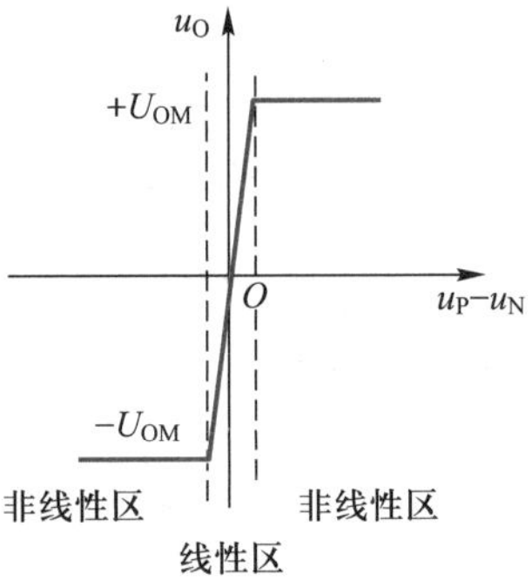

当集成运算放大器没有引入外部反馈网络时,它对差模
信号的电压放大倍数称为开环差模电压放大倍数,记作 A_{od}。
当集成运算放大器在线性区工作时

$$u_O = A_{od}(u_P - u_N)$$

图 3.4.9 集成运算放大
器的电压传输特性

通常 A_{od} 非常高,可达几十万倍,因此集成运算放大器电压传输特性线性区的斜率非常
大,线性区非常窄。

二、集成运算放大器的主要参数

为了正确选择和使用集成运算放大器,必须掌握它的参数及其含义。集成运算放大器
的主要参数如下。

1. 开环差模电压放大倍数 A_{od}

集成运算放大器的开环差模电压放
大倍数是指在没有外加反馈网络情况下
的差模电压放大倍数,通常用分贝表
示,即$20 \lg |A_{od}|$。性能较好的集成运算放
大器 A_{od} 可达 140 dB。

实际上,集成运算放大器的开环差模
电压放大倍数是随频率上升而下降的,如
图 3.4.10 所示的 μA741 型运算放大器的
幅频特性所示。

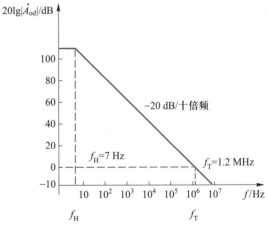

图 3.4.10 μA741 型运算放大器的幅频特性

2. 输入失调电压 U_{IO}

对于一个理想的集成运算放大器来说,当输入电压为零时,输出电压也应为零。实际
上,输入差分级的参数很难做到完全对称,故当输入电压为零时,输出端仍有一定的输出电
压。为了反映这一情况,引入了输入失调电压这个参数。

输入失调电压指的是,在无调零电位器的情况下,为使输出电压为零时,应该在集成运
算放大器的两个输入端之间施加的直流补偿电压。

输入失调电压越小,说明输入级参数的对称性越好。U_{IO} 一般为 $\pm(1 \sim 10)$ mV。

3. 输入偏置电流 I_{IB}

对于由晶体管组成的集成运算放大器而言,它的两个输入端是输入级差分放大电路两

个晶体管的基极,故两个输入端总要流过一定的静态输入电流 I_{BN} 和 I_{BP}。

输入偏置电流指的是,流入集成运算放大器两个输入端的静态基极电流的平均值,即

$$I_{IB} = \frac{I_{BN} + I_{BP}}{2}$$

从使用的角度看,希望 I_{IB} 越小越好,因为 I_{IB} 越小,当信号源内阻变化时,所引起的集成运算放大器输出电压的变化也越小。I_{IB} 一般为 $10\ nA \sim 1\ \mu A (1\ nA = 10^{-3}\ \mu A)$。

4. 输入失调电流 I_{IO}

对于由晶体管组成的集成运算放大器而言,输入失调电流指的是当输出电压为零时,流入集成运算放大器两个输入端静态基极电流之差的绝对值,即

$$I_{IO} = |I_{BN} - I_{BP}|$$

由于输入回路总存在一定的电阻(包括信号源内阻),所以失调电流会在集成运算放大器的输入端产生一个附加差模输入电压,破坏电路的平衡,使输出电压不为零。因此,希望 I_{IO} 越小越好。I_{IO} 一般为 $1\ nA \sim 0.1\ \mu A$。

5. 输入失调电压温漂 $\dfrac{dU_{IO}}{dT}$ 和输入失调电流温漂 $\dfrac{dI_{IO}}{dT}$

输入失调电压温漂指的是在规定的工作温度范围内,输入失调电压的温度系数。高质量的低漂移型集成运算放大器的 $\dfrac{dU_{IO}}{dT}$ 约为 $\pm (10 \sim 20)\ \mu V/℃$。

输入失调电流温漂指的是在规定的工作温度范围内,输入失调电流的温度系数。高质量的集成运算放大器的 $\dfrac{dI_{IO}}{dT}$ 一般为几个皮安(pA)($1\ pA = 10^{-6}\ \mu A$)。

输入失调电压温漂和输入失调电流温漂都是衡量集成运算放大器温漂的重要指标,它们的数值越小,集成运算放大器的温漂就越小。

6. 最大差模输入电压 U_{Idmax}

最大差模输入电压指的是集成运算放大器两个输入端之间允许施加的最大电压。对于由晶体管组成的输入端而言,若所加的差模信号超过此值,输入级差分放大电路中晶体管的发射结将被反向击穿(指发射结加反向电压的晶体管),轻则使集成运算放大器的性能显著恶化,严重时,会造成放大器的永久性损坏。

7. 最大共模输入电压 U_{Icmax}

最大共模输入电压指的是集成运算放大器所允许施加的共模输入电压的最大值。使用时,若所加的共模信号超过 U_{Icmax},集成运算放大器将不能正常工作。

8. 开环带宽 BW 和单位增益带宽 BW_G

开环带宽是指开环差模电压放大倍数下降 3 dB(即下降到中频值的 $\dfrac{1}{\sqrt{2}}$)时所对应的信号频率。

单位增益带宽是指集成运算放大器的开环差模电压放大倍数下降到 0 dB(即开环差模

电压放大倍数下降到等于 1）时所对应的信号频率。

9. 转换速率 S_R

转换速率是指集成运算放大器在闭环（外加反馈网络后）情况下，输入为高速变化的信号（例如阶跃信号）时，输出电压对时间的最大变化速率，即

$$S_R = \left| \frac{du_o}{dt} \right|_{max}$$

S_R 越大，集成运算放大器的高频性能越好。S_R 反映了集成运算放大器对高速变化输入信号的响应情况。

除了以上所介绍的参数外，还有共模抑制比 K_{CMR}、差模输入电阻 r_{id}、输出电阻 r_o、额定输出电流、最大输出电压和静态功耗等，这里不再赘述。

3.4.4　集成运算放大器的使用

一、集成运算放大器的封装方式和接线端子

目前，集成运算放大器常见的封装方式有两种：金属壳封装和双列直插式塑料封装，它们的外形如图 3.4.11（a）（b）所示。金属壳封装方式的接线端子（引脚）有 8、10、12个等几种；双列直插式塑料封装的接线端子有 8、10、12、14、16 个等几种。

(a) 金属壳封装　　　　　(b) 双列直插式塑料封装

图 3.4.11　集成运算放大器的两种封装方式

二、集成运算放大器的使用常识

1. 集成运算放大器的调零

为了提高集成运算放大器的运算精度，必须设法消除因失调电压引起的误差。失调电压可用外接调零电位器来消除，外接调零电位器的连接可根据生产厂家提供的说明进行。通用型集成运算放大器 F007 的调零电位器的接法如图 3.4.7 所示。

拓展阅读 3.3
集成运算放
大器的分类

2. 集成运算放大器的相位补偿

由于集成运算放大器具有很高的开环差模电压放大倍数，而且一般都工作在深度负反馈的情况下，因此放大器很容易产生自激振荡，破坏电路的正常工作。为了消除自激振荡，应采取措施破坏产生自激振荡的条件，这种措施称为相位补偿技术。

为了便于进行相位补偿，厂家生产的集成运算放大器一般都具有相位补偿接线端子，使用时，只要按厂家提供的参数接入规定的相位补偿元件即可。对于无相位补偿接线端子的集成运算放大器，其相位补偿元件已制作在集成运算放大器内部。

3. 集成运算放大器的保护

为了保证集成运算放大器在电路中安全可靠地工作，在使用时，应采取一些保护措施。

（1）输入端保护电路

在使用中，为了使加到集成运算放大器输入端的差模和共模信号不超过最大差模输入

电压和最大共模输入电压,可在集成运算放大器的输入端加一定的保护电路。常用的保护电路如图 3.4.12 所示。图 3.4.12(a)可将差模输入电压限制在±0.6 V 之间。图 3.4.12(b)可将共模输入电压限制在±V 之间。

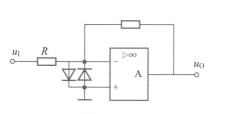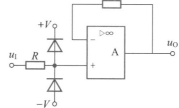

(a)限制差模输入电压的保护电路　　　　(b)限制共模输入电压的保护电路

图 3.4.12　集成运算放大器输入端的保护电路

（2）输出端的保护电路

为了防止集成运算放大器的输出端误接到外部电压上而产生过流或击穿的情况,可如图 3.4.13 所示,在输出端接入两个反向串联的稳压管。这样,即使 u_O 很高,集成运算放大器输出端的电压也不会超过稳压管的稳定电压值,因而可使集成运算放大器免遭损坏。为了不破坏集成运算放大器的正常工作,被选稳压管的稳定电压值应略高于集成运算放大器的最大输出电压。

（3）电源端的保护电路

为了防止因电源极性接反而损坏集成运算放大器,可如图 3.4.14 所示,在集成运算放大器两个接电源的接线端子外接二极管。这样,当电源极性接反时,D_1 和 D_2 均处于截止状态,从而可切断错接的电源。

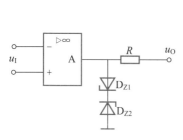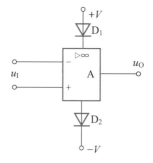

图 3.4.13　集成运算放大器　　　　图 3.4.14　集成运算放大器
　　　输出端的保护电路　　　　　　　　电源端的保护电路

本章小结

1. 多级放大电路的级间耦合方式有:阻容耦合、直接耦合、光电耦合和变压器耦合。

在阻容耦合多级放大电路中,各级的静态工作点是独立的,互不影响。但是,由于电路中存在大容量的电容器,故使它的低频特性变差,既不能放大变化非常缓慢的信号,又不利于集成化。

在直接耦合多级放大电路中,级与级之间采用直接耦合方式,不仅具有良好的低频特性,可以放大变化非常缓慢的信号,又易于集成化。在集成运算放大器中,级与级之间都采用直接耦合方式。

直接耦合放大电路的低频响应可以达到 0 Hz,其幅频特性如图 J3.1 所示。

当放大电路的级与级之间采用了直接耦合方式以后,前后级的静态工作点是互相牵连、互相影响的。所以在直接耦合多级放大电路中,在确定电路的结构和参数时,必须保证各级都有合适的静态工作点,这是直接耦合放大电路要解决的第一个特殊问题。为此本章介绍了后级加发射极电阻或二极管、后级发射极加稳压管以及采用 NPN 管和 PNP 管混合使用的直接耦合方式。

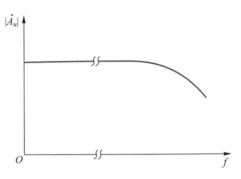

图 J3.1　直接耦合放大电路的幅频特性

在求解多级放大电路的动态指标时,也可采用微变等效电路法进行分析。多级放大电路的总电压放大倍数等于各个单级电压放大倍数的乘积,但在计算时必须把后级放大电路的输入电阻作为前级放大电路的负载电阻。多级放大电路的输入电阻就是第一级放大电路(输入级)的输入电阻。多级放大电路的输出电阻就是最后一级放大电路(输出级)的输出电阻。

应当注意:当用共集电极放大电路作为第一级(输入级)时,它的输入电阻与其负载有关,即与第二级的输入电阻有关;而当共集电极放大电路作为最后一级(输出级)时,它的输出电阻与其信号源的内阻有关,即与其前一级的输出电阻有关。

采用多级放大电路虽然可以提高电压放大倍数,但会使它的上限频率下降,下限频率升高,通频带变窄,并使附加相移增大。多级放大电路的波特图可以由各级放大电路的波特图叠加而成。

如何既提高电压放大倍数,又减小零点漂移现象,是直接耦合放大电路要解决的第二个特殊问题。可以认为,在多级直接耦合放大电路中,零点漂移主要是由环境温度变化引起的。我们把放大电路输入端短路时,直接耦合放大电路输出电压随温度变化而产生的零点漂移称为温度的零点漂移,简称温漂。

为了减小零点漂移,常采用以下几种措施:① 采用 I_{CBO} 小的高质量硅管;② 在电路中引入直流负反馈;③ 采用温度补偿措施,利用热敏元件来抵消晶体管参数的变化,如引入二极管等;④ 采用特性相同的管子,构成“差分放大电路”,使两管产生的零点漂移在输出端相互抵消。

2. 差分放大电路是减小零点漂移的有效电路。当电路参数对称且为双端输出时,差分放大电路中每管的漂移在输出端可以完全抵消。当电路参数不完全对称时,可以利用数值较大的公共发射极电阻或恒流源减少每管的零点漂移。

差分放大电路对差模信号具有放大作用,对共模信号具有抑制作用,这样可以较好地解决提高电压放大倍数和减小零点漂移之间的矛盾。差模电压放大倍数与共模电压放大倍数之比的绝对值称为共模抑制比。共模抑制比越大,差分放大电路放大差模信号的能力和抑制零点漂移的能力越强。

漂移信号就是共模信号。在单端输入时,在差模信号输入的同时伴有共模信号输入。在实际工作中,也经常会遇到伴随着输入信号的加入而混入了较大共模干扰信号的情况。为了更好地克服零点漂移和抑制共模干扰,经常要求差分放大电路具有很高的共模抑制比。

在用有源器件晶体管或场效晶体管等组成的恒流源差分放大电路中,由于恒流源的动态电阻非常大,因而可以大大提高抑制零点漂移和共模干扰的能力。实际应用的差分放大电路几乎都是具有恒流源的差分放大电路。

恒流源具体电路的种类较多,在集成运算放大器中,常采用本章 3.2.4 节介绍的电流源电路。

根据输入和输出端连接方式的不同,晶体管差分放大电路有四种接法,它们的性能比较如表 J3.1 所示。

表 J3.1　四种不同接法的差分放大电路的动态指标和适用范围

接法	差模电压放大倍数 A_d	共模抑制比 K_{CMR}	差模输入电阻 R_{id}	输出电阻 R_o	用途
双端输入双端输出	$-\dfrac{\beta\left(R_c \,//\, \dfrac{1}{2}R_L\right)}{R_b + r_{be}}$	很高	$2(R_b + r_{be})$	$\approx 2R_c$	适用于对称输入、对称输出且输入、输出均不接地的场合
双端输入单端输出	$\mp\dfrac{\beta(R_c \,//\, R_L)}{2(R_b + r_{be})}$	较高	$2(R_b + r_{be})$	$\approx R_c$	适用于将双端输入转换为单端输出的场合,也可用于要求输出信号有一端接地的场合
单端输入双端输出	$-\dfrac{\beta\left(R_c \,//\, \dfrac{1}{2}R_L\right)}{R_b + r_{be}}$	很高	$2(R_b + r_{be})$	$\approx 2R_c$	适用于将单端输入转换为双端输出的场合,也可用于负载两端均不接地的场合
单端输入单端输出	$\mp\dfrac{\beta(R_c \,//\, R_L)}{2(R_b + r_{be})}$	较高	$2(R_b + r_{be})$	$\approx R_c$	适用于放大电路输入电路和输出电路均需有一端接地的电路中

四种不同接法的场效晶体管差分放大电路的主要动态性能指标如表 3.2.1 所示。

3. 对功率放大电路的要求是:在电源电压一定的情况下,输出尽可能大的不失真信号功率,并具有尽可能高的转换效率。功率放大电路中的晶体管常工作在极限状态,要考虑管子的散热问题。功率放大电路的输入信号幅值较大,分析时应采用图解法。

低频功率放大电路有 OCL 电路和 OTL 电路等。OCL 电路为双电源互补对称功率放大电路,为了消除交越失真,静态时应使功率放大管微导通,处于甲乙类工作状态;OTL 电路为单电源互补对称功率放大电路。理想情况下,互补对称功率放大电路的效率可以达到 78.5%。两种电路的一些计算公式如表 J3.2 所示。

表 J3.2　OCL 和 OTL 电路的输出功率和效率

电路的指标	OCL 电路	OTL 电路
输出功率 P_{o}	$P_{\text{o}} = \dfrac{U_{\text{om}}^2}{2R_{\text{L}}} \approx \dfrac{U_{\text{im}}^2}{2R_{\text{L}}}$	$P_{\text{o}} = \dfrac{U_{\text{om}}^2}{2R_{\text{L}}}$
最大不失真输出功率 P_{om}	$P_{\text{om}} \approx \dfrac{V_{\text{CC}}^2}{2R_{\text{L}}}$	$P_{\text{om}} \approx \dfrac{V_{\text{CC}}^2}{8R_{\text{L}}}$
在 P_{om} 时直流电源供给的功率 P_{Vm}	$P_{\text{Vm}} \approx \dfrac{2V_{\text{CC}}^2}{\pi R_{\text{L}}}$	$P_{\text{Vm}} \approx \dfrac{V_{\text{CC}}^2}{2\pi R_{\text{L}}}$
理想效率 η_{m}	$\eta_{\text{m}} = 78.5\%$	$\eta_{\text{m}} = 78.5\%$

为使大功率输出管采用同型晶体管以利于配对,并减小前置放大级的输出电流,可以采用复合管组成互补对称功率放大电路。

复合管的缺点是穿透电流较大,温度稳定性较差。为了提高复合管的温度稳定性,应设法减小其总穿透电流。

4. 集成运算放大器是用集成工艺制成的、能有效抑制零点漂移、具有低输入偏置电流、高共模抑制比、高输入电阻、低输出电阻和很高电压放大倍数的直接耦合多级放大电路。它一般由输入级、中间级、输出级和偏置电路四部分组成。输入级的性能是提高集成运算放大器质量的关键,为了抑制温漂和提高共模抑制比,输入级常采用高性能差分放大电路,如采用微电流源提供偏置的、有源负载共集-共基差分式放大电路。中间级的作用是提供足够大的电压放大倍数,一般常采用有源负载的共发射极或共源极放大电路。输出级的主要作用是为负载提供足够大的输出电压和电流,为了提高带负载能力,并使输出的正、负方向对称,常采用具有过载保护的、复合互补对称功率放大电路。偏置电路的作用是为各级设置合适而稳定的静态工作点,常采用电流源电路。

集成运算放大器的电压传输特性由线性区和非线性区两部分组成。在线性区,电压传输特性的斜率就是开环差模电压放大倍数;在非线性区,输出电压只有 $+U_{\text{OM}}$ 或 $-U_{\text{OM}}$ 两种可能情况。在分析由集成运算放大器组成的应用电路的工作原理时,首先要分清运算放大器是工作在线性区还是非线性区。

集成运算放大器的主要性能指标有开环差模电压放大倍数 A_{od}、输入偏置电流 I_{IB}、输入失调电压 U_{IO} 和它的温漂 $\mathrm{d}U_{\text{IO}}/\mathrm{d}T$、输入失调电流 I_{IO} 和它的温漂 $\mathrm{d}I_{\text{IO}}/\mathrm{d}T$、最大差模输入电压

U_{Idmax}、最大共模输入电压 U_{Icmax}、开环带宽 BW 和单位增益带宽 BW_G 以及转换速率 S_R 等。在一般使用场合,常采用通用型集成运算放大器。在有特殊要求的使用场合,可采用专用型集成运算放大器。

✍ 习题

3.1.1 在图 P3.1.1 所示的两级放大电路中,试判断 T_1 和 T_2 分别组成哪种基本接法的放大电路。设图中所有的电容对于交流信号均可视为短路。

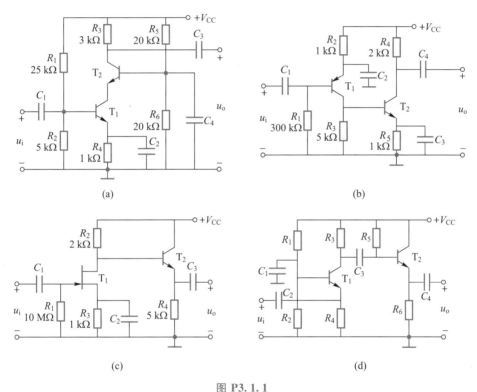

图 **P3.1.1**

3.1.2 设图 P3.1.2 所示的各放大电路的静态工作点均合适,试分别画出它们的微变等效电路,并写出 $\dot{A}_u$、R_i 和 R_o 的表达式。

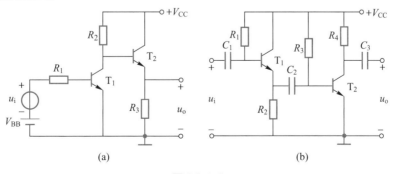

图 **P3.1.2**

3.2.1 在图 P3.2.1 所示的电路中,设电路参数对称,
$\beta_1 = \beta_2 = \beta$,$r_{be1} = r_{be2} = r_{be}$。

（1）写出 R_P 的滑动端在中点时 A_d 的表达式；

（2）写出 R_P 的滑动端在最右端时 A_d 的表达式；

（3）比较两个结果有什么不同。

3.2.2 在图 P3.2.2 所示的电路中,设电路参数对称,晶体
管的 $\beta = 50$、$r_{bb'} = 100\ \Omega$、$U_{BE} \approx 0.7\ V$。试计算 R_P 的滑动端在中
点时,T_1 和 T_2 的发射极电流的静态值 I_{EQ} 以及放大电路的动态参
数 A_d 和 R_{id}。

3.2.3 电路如图 P3.2.3 所示,T_1 和 T_2 的 $\beta = 40$、$r_{be} = 3\ k\Omega$。
试问:若输入直流信号 $u_{I1} = 20\ mV$,$u_{I2} = 10\ mV$,则电路的共模输
入电压 $u_{Ic} = ?$ 差模输入电压 $u_{Id} = ?$ 输出直流信号 $u_O = ?$

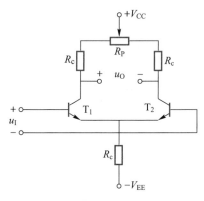

图 **P3.2.1**

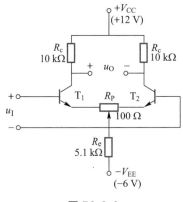

图 **P3.2.2**

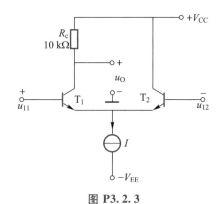

图 **P3.2.3**

3.2.4 恒流源场效晶体管差分放大电路如图 P3.2.4 所示,恒流源的动态电阻为 r_o。

（1）推导单端输入即 $u_{I1} = u_{Id}$、$u_{I2} = 0$ 时,双端输出和单端输出差模电压放大倍数的表达式；

（2）推导单端输出时共模电压放大倍数的表达式。

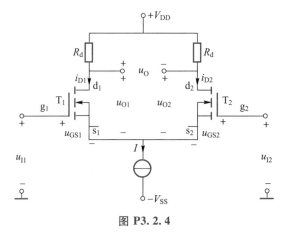

图 **P3.2.4**

3.2.5 电路如图 P3.2.5 所示。$R_d = 20\ k\Omega$，T_1 和 T_2 的低频跨导 $g_m = 2\ mA/V$。试求放大电路的差模电压放大倍数和差模输入电阻。

3.2.6 由镜像电流源作偏置电路的场效晶体管差分放大电路如图 P3.2.6 所示。已知 $V_{DD} = -V_{ss} = 5\ V$，$I_{REF} = I = 1.4\ mA$，$R_d = 5\ k\Omega$，$g_m = 1.45\ mS$。试求：

（1）电路的静态工作点；

（2）双端输入双端输出时的差模电压放大倍数、差模输入电阻和输出电阻：

（3）双端输入单端输出时的差模电压放大倍数、差模输入电阻、输出电阻、共模电压放大倍数和共模抑制比。

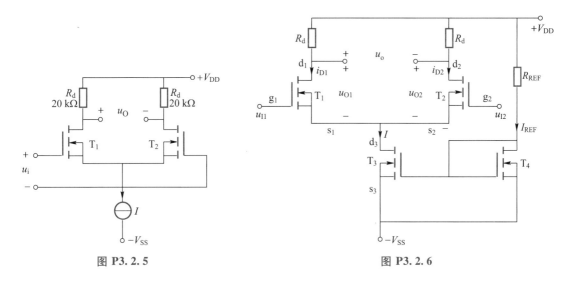

图 P3.2.5　　　　　　　　　　　图 P3.2.6

3.2.7 电流源电路如图 P3.2.7 所示。已知所有晶体管的特性相同，它们的 $U_{BE} = 0.7\ V$，$V_{CC} = 12\ V$，$R = 120\ k\Omega$。试求 I_{C2} 和 I_{C3} 的值。

3.2.8 在图 P3.2.8 所示的电路中，T_1、T_2 特性相同，低频跨导均为 g_m，T_3、T_4 特性对称；T_2 与 T_4 管 d-s 间的动态电阻分别为 r_{ds2} 和 r_{ds4}。试推导电压放大倍数 $A_u = \Delta u_o/(u_{I1} - u_{I2})$ 的表达式。

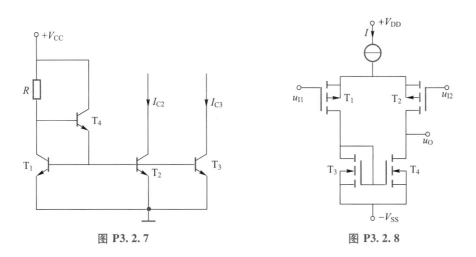

图 P3.2.7　　　　　　　　　　　图 P3.2.8

3.2.9 电路如图 P3.2.9 所示。已知 $\beta_1 = \beta_2 = \beta_4 = \beta_5 = 50$，各晶体管的发射结正向压降 $U_{BE} = 0.7$ V。试计算电路的静态工作点和电压放大倍数。

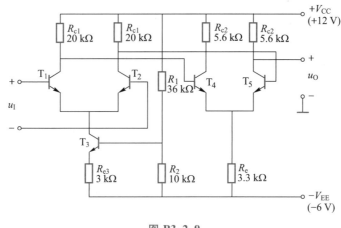

图 P3.2.9

3.3.1 电路如图 P3.3.1 所示，已知 T_1 和 T_2 的饱和管压降 $|U_{CES}| = 2$ V，直流功耗可忽略不计。试回答下列问题：

（1）R_3、R_4 和 T_3 的作用是什么？

（2）负载上可能获得的最大输出功率 P_{om} 和电路的效率 η 各为多少？

（3）设最大输入电压的有效值为 1 V。为了使电路的最大不失真输出电压的峰值达到 16 V，电阻 R_6 至少应取多少千欧？

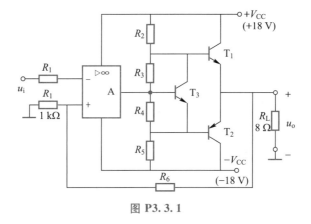

图 P3.3.1

3.3.2 电路如图 P3.3.2 所示，T_1 和 T_2 的饱和管压降 $|U_{CES}| = 1$ V，$V_{CC} = 15$ V，$R_L = 8$ Ω。输入电压足够大。试问：

（1）最大输出功率 P_{om} 和效率 η 各为多少？

（2）晶体管的最大功耗 P_{Tm} 为多少？

（3）为了使输出功率达到 P_{om}，输入电压的有效值约为多少？

3.3.3 OTL 电路如图 P3.3.3 所示，R_4 和 R_5 可起输出端短路保护作用。已知 $V_{CC} = 15$ V，T_1 和 T_2 的饱和管压降 $|U_{CES}| = 2$ V，输入电压足够大。求解：

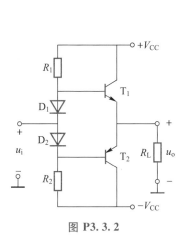

图 P3.3.2

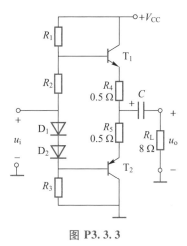

图 P3.3.3

（1）最大不失真输出电压的有效值；

（2）负载电阻 R_L 上电流的最大值；

（3）最大输出功率 P_{om} 和效率 η。

3.4.1 一种简单运算放大器的电路如图 P3.4.1 所示。设所有晶体管的 $\beta = 100$，$U_{BE} = 0.7\ \text{V}$，$r_{ce} = \infty$，$r_{be1} = r_{be2} = 5.2\ \text{k}\Omega$，$r_{be3} = 260\ \text{k}\Omega$，$r_{be4} = r_{be5} = 2.6\ \text{k}\Omega$ 和 $r_{be6} = 0.25\ \text{k}\Omega$。

（1）计算放大电路的直流工作状态；

（2）计算放大电路的总电压放大倍数。

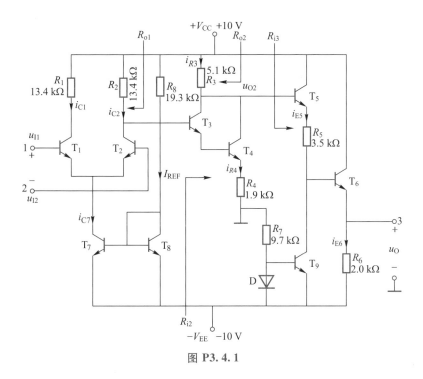

图 P3.4.1

3.4.2　集成运算放大器 5G28 的内部电路如图 P3.4.2 所示。试回答：

（1）电路中的输入级、中间级和输出级是什么基本放大电路？它们由哪些放大管组成？

（2）电阻 R_7 和 R_9 起什么作用？

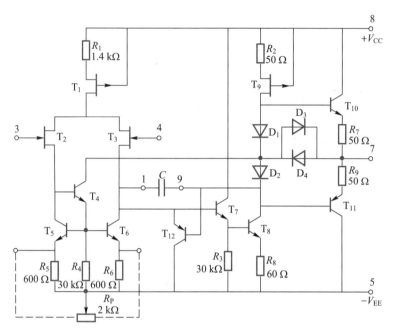

图 P3.4.2

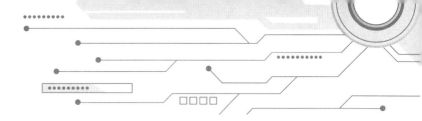

第4章

放大电路中的负反馈

 引言

> 在实用的放大电路中,负反馈的应用是极为普遍的。因此,掌握负反馈放大电路的基本概念和基本分析方法显得尤为重要。本章介绍了有关反馈的基本概念、反馈的分类、负反馈放大电路的四种类型及判断方法、反馈放大电路放大倍数的一般表达式、深度负反馈放大电路的近似计算方法和负反馈对放大电路性能的影响。本章还简要介绍了负反馈放大电路的自激振荡现象及消除方法。

4.1 反馈的基本概念及分类

4.1.1 反馈的基本概念

一、什么是反馈

为了改善放大电路的性能,用得最多的方法是在放大电路中引进负反馈。在静态工作点稳定的发射极偏置放大电路中,我们已经遇到了反馈的概念。

所谓反馈,就是把放大电路中输出回路的电压或电流的一部分或全部,通过一定的电路,以一定的方式送回输入回路的过程。例如,对于如图 4.1.1(a)所示的无发射极旁路电容的发射极偏置放大电路,为了稳定静态工作点,利用发射极电阻 R_e,把输出回路中的静态发射极电流 I_E 的变化送回输入回路,以便产生以下稳定静态工作点的物理过程,即

$$I_C\uparrow(I_E\uparrow) \xrightarrow{R_e} U_E\uparrow \xrightarrow{U_B\text{固定}} U_{BE}\downarrow$$

$$I_C\downarrow \longleftarrow I_B\downarrow \longleftarrow$$

即当环境温度升高时,静态电流 I_C、I_E 均增大,通过电阻 R_e 提高了晶体管的静态发射极电位 U_E,U_E 再送回输入回路,使静态 U_{BE} 减小,从而抑制了 I_C 的增大,稳定了静态工作点。这个过程就是一个反馈过程。

由图 4.1.1(b)可知,在上述过程中,是发射极电阻 R_e 把放大电路中输出回路电流 I_E 的

变化,转换成了电位 U_E 的变化。由于电阻 R_e 既在输出回路中,又在输入回路中,所以 U_E 就被送回输入回路中。在图 4.1.1 中,电阻 R_e 是沟通输出回路和输入回路的中间环节,通过这个中间环节,可把输出回路的电量 U_E 送回输入回路中。沟通输出回路和输入回路的中间环节称为反馈电路(或反馈网络)。在图 4.1.1 中,电阻 R_e 就是反馈电路。

送回输入回路的电量称为反馈信号。在图 4.1.1(b) 中, $U_E = I_E R_e$ 称为反馈电压,并以 U_F 表示,即 $U_F = U_E$。

输入信号与反馈信号比较后得到的信号称为净输入信号。在图 4.1.1(b) 中,输入信号为静态基极电位 U_B,反馈信号为静态发射极电位 U_E 则净输入信号为 $U_{BE} = U_B - U_E$。

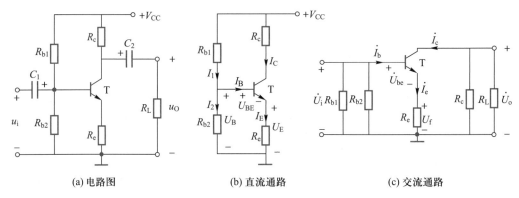

(a) 电路图　　　　　　　　(b) 直流通路　　　　　　　(c) 交流通路

图 4.1.1　无发射极旁路电容的发射极偏置放大电路

二、反馈放大电路的框图

具有反馈网络的放大电路称为反馈放大电路。各种反馈放大电路都可以用图 4.1.2 所示的框图表示。它由未加反馈的基本放大电路 $\dot{A}$ 和反馈网络 $\dot{F}$ 两部分组成。图中,反馈网络是沟通输出回路和输入回路的中间环节,它一般由电阻组成。信号的传输方向用箭头表示:信号从输入端到输出端只能通过基本放大电路,不通过反馈网络;反馈信号只能通过反馈网络送回输入端,不通过基本放大电路。$\dot{X}_i$、$\dot{X}_o$ 和 $\dot{X}_f$ 分别表示输入、输出和反馈信号。符号 $\otimes$ 表示比较环节,即 $\dot{X}_i$ 和 $\dot{X}_f$ 在这里进行比较,其上所标的+、-极性表示 $\dot{X}_i$ 和 $\dot{X}_f$ 比较时的参考极性。

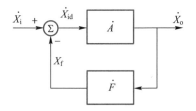

图 4.1.2　反馈放大电路的框图

输入信号 X_i 与反馈信号 $\dot{X}_f$ 比较后得到的净输入信号 $\dot{X}_{id}$ 直接作用于基本放大电路的输入端。由图可得

$$\dot{X}_{id} = \dot{X}_i - \dot{X}_f$$

反馈信号 $\dot{X}_f$ 与输出信号 $\dot{X}_o$ 的比值称为反馈网络的反馈系数,即

$$\dot{F} = \frac{\dot{X}_f}{\dot{X}_o}$$

4.1.2 反馈的分类

在反馈放大电路中,对反馈可以进行以下的分类。

一、直流反馈和交流反馈

1. 什么是直流反馈和交流反馈

根据反馈信号的交、直流性质,可把反馈分为直流反馈和交流反馈。如果反馈信号中只有直流成分,则称为直流反馈;如果反馈信号中只有交流成分则称为交流反馈。在一个实用的放大电路中,往往同时存在着直流反馈和交流反馈。根据直流反馈和交流反馈的定义,分析反馈是存在于放大电路的直流通路之中,还是存在于交流通路(或微变等效电路)之中,就可以方便地判断出电路中引进的是直流反馈还是交流反馈。

应该指出,直流反馈在放大电路中起着稳定静态工作点的作用。

2. 直流反馈和交流反馈判断举例

例 4.1.1 在图 4.1.1(b)所示的直流通路中,反馈元件 R_e 上的反馈电压 $U_F = U_E = I_E R_e$ 反映的是输出回路中的直流信号,故电路中引进的是直流反馈;在图 4.1.1(c)所示的交流通路中,R_e 上的反馈电压 $\dot{U}_f = \dot{U}_e = \dot{I}_e R_e$ 反映的是输出回路中的交流信号,故电路中引入的是交流反馈。由此可见,在如图 4.1.1(a)所示的无发射极旁路电容的发射极偏置放大电路中同时存在着直流反馈和交流反馈。

例 4.1.2 在图 4.1.3 所示的电路中,R_2、R_1 和 C 是沟通输出回路和输入回路的中间环节,组成反馈电路,可见该电路是一个反馈放大电路。若电容 C 对交流信号可视为短路,则 $u_f = 0$,电路中就没有引进交流反馈;对于直流而言,电容 C 可视为开路,因而电路通过反馈电路 R_2 和 R_1 引进了直流反馈;若将电容 C 去掉,则电路通过反馈电路 R_2 和 R_1 同时引进直流反馈和交流反馈。

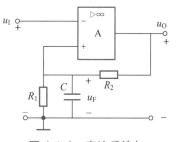

图 4.1.3 直流反馈与交流反馈的判断

例 4.1.3 在图 4.1.4 所示的典型长尾式晶体管差分放大电路中,为了减小电路参数不完全对称引起的零点漂移,必须减小每个晶体管集电极对地的漂移电压。为了做到这一点,在电路中接入了数值较大的公共发射极电阻 R_e。利用电阻 R_e 的作用,可以减小每个晶体管集电极对地的漂移电压。图(a)是它的直流通路,对于每个单管放大电路来说,电阻 R_e 是反馈元件,通过它引进了直流反馈。而在图(b)所示的差模输入时的交流通路中,电阻 R_e 不存在了,所以它对差模输入信号没有交流反馈作用。可是在图(c)所示的共模输入时的交流通路中,对于每个单管放大电路来说,它却以 $2R_e$ 出现,所以它对共模输入信号具有交流反馈作用。

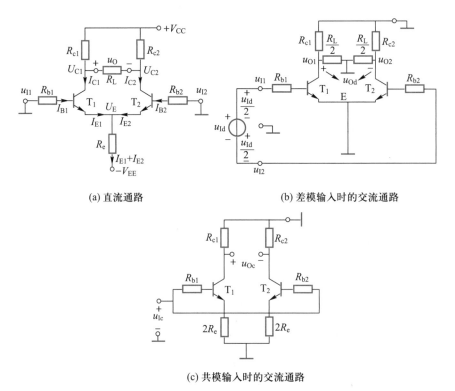

(a) 直流通路　　　　　　　　　　　　　　(b) 差模输入时的交流通路

(c) 共模输入时的交流通路

图 4.1.4　典型长尾式晶体管差分放大电路

二、正反馈和负反馈

1. 什么是正反馈和负反馈

在放大电路中,引进反馈以后,根据反馈对电路放大倍数的影响可以将反馈分为正反馈和负反馈。凡是能使放大倍数提高的反馈称为正反馈;凡是能使放大倍数降低的反馈称为负反馈。进一步讲,当输入信号一定时,若反馈信号增强了净输入信号,放大倍数将提高,引进的反馈就是正反馈;反之,当输入信号一定时,若反馈信号削弱了净输入信号,放大倍数将降低,引进的反馈就是负反馈。

2. 反馈极性的判断方法

反馈的正、负称为反馈的极性。反馈极性的判断一般采用瞬时极性法(也称瞬时变化极性法)。应用瞬时极性法判断反馈极性的步骤是:① 假定放大电路的输入电压(或输入电流)在某一瞬时的对地极性(或瞬时流向),在电路中用符号(+)或(−)分别表示输入电压的瞬时极性的正或负(用箭头的方向表示瞬时电流的流向),并用它们分别代表电路中某处信号电压的瞬时值对地是正向变化或负向变化;② 根据放大电路的工作原理,逐级推断出电路中有关各点电压信号的瞬时极性和相关支路电流信号的瞬时流向,进而得到该瞬时输出电压的对地极性(或输出电流的瞬时流向);③ 根据反馈到输入回路的反馈信号的瞬时极性(或瞬时流向),判断反馈信号是增强了还是削弱了基本放大电路的净输入信号来确定是正反馈还是负反馈。

例 4.1.4 反馈放大电路如图 4.1.5 所示,试用瞬时极性法判断其反馈极性。

解:设输入电压 u_1 的瞬时极性对地为(+),因为 u_1 从集成运算放大器的同相输入端输入,因而输出电压 u_0 在该瞬时的极性对地也为(+),u_0 经过反馈网络 R_2 和 R_1 分压后,在 R_1 上产生反馈电压 u_F,u_F 在此瞬时的极性对地也为(+),因此集成运算放大器的净输入电压 $u_{ID}=(u_1-u_F)$ 的数值比无反馈时减小了,说明电路中引进的是负反馈。

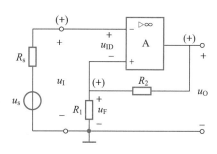

图 4.1.5 反馈极性的判断

4.2 负反馈放大电路的分类及判断方法

4.2.1 负反馈放大电路的四种类型

在负反馈放大电路中,为了达到不同的目的,可以将反馈网络与基本放大电路在输出回路和输入回路中分别采取不同的连接方式,组成四种不同类型(组态)的负反馈放大电路,它们的框图如图 4.2.1 所示。

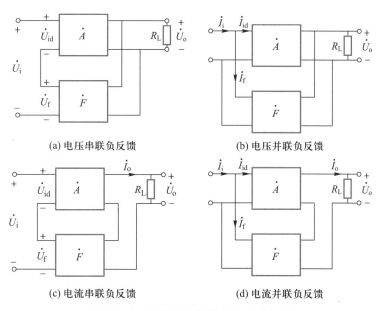

(a) 电压串联负反馈

(b) 电压并联负反馈

(c) 电流串联负反馈

(d) 电流并联负反馈

图 4.2.1 四种负反馈放大电路的框图

一、串联反馈和并联反馈

根据反馈信号与输入信号在输入回路中的连接形式不同,可把反馈分为串联反馈和并联反馈。如果反馈信号与输入信号在输入回路中以串联形式进行比较,则为串联反馈;若以并联形式进行比较,则为并联反馈。

1. 串联反馈

从图 4.2.1 可以看出,图(a)和图(c)输入回路的接线形式相同,反馈网络的输出端串联于输入回路中,反馈电压 $\dot{U}_\mathrm{f}$ 与输入电压 $\dot{U}_\mathrm{i}$ 串联后共同作用于基本放大电路的输入端,这种反馈方式称为串联反馈。由图(a)和图(c)可以看出,凡是串联反馈,反馈信号在输入回路中总是以电压的形式出现的。

2. 并联反馈

从图 4.2.1 可以看出,图(b)和图(d)输入回路的接线形式相同,反馈网络的输出端并联于输入回路中,反馈电流 $\dot{I}_\mathrm{f}$ 与输入电流 $\dot{I}_\mathrm{i}$ 并联后共同作用于基本放大电路的输入端,这种反馈方式称为并联反馈。由图(b)和图(d)可以看出,凡是并联反馈,反馈信号在输入回路中总是以电流的形式出现的。

二、电压反馈和电流反馈

根据反馈信号在输出回路采样方式的不同,可把反馈分为电压反馈和电流反馈。

1. 电压反馈

从图 4.2.1 可以看出,图(a)和图(b)的输出回路的接线形式相同,反馈网络的输入端并联于输出电压 $\dot{U}_\mathrm{o}$ 的两端,反馈信号来自输出电压 $\dot{U}_\mathrm{o}$(即反馈信号由输出电压取样),并与输出电压成正比,这种反馈方式称为电压反馈。

2. 电流反馈

从图 4.2.1 可以看出,图(c)和图(d)的输出回路的接线形式相同,反馈网络的输入端串联于输出回路中,反馈信号来自输出电流 $\dot{I}_\mathrm{o}$(即反馈信号由输出电流取样),并与输出电流成正比,这种反馈方式称为电流反馈。

这里要指出的是,电压反馈和电流反馈并不是由反馈信号是电压还是电流决定的,而是由反馈信号的来源决定的。

3. 判断电压反馈和电流反馈的方法

在判断一个放大电路中引入的反馈是电压反馈还是电流反馈时,经常采用一种简便的方法——"短接法"。其具体做法是:假想把放大电路的输出端对地(公共端)短路,令 $\dot{U}_\mathrm{o}$ = 0,若反馈信号消失,则引进的反馈一定是电压反馈;若反馈信号依然存在,则引进的反馈一定是电流反馈。这是因为,当 $\dot{U}_\mathrm{o}$ = 0 时,若反馈信号也为零,说明反馈信号取决于输出电压,故为电压反馈;若反馈信号不为零,说明反馈信号不取决于输出电压,故为电流反馈。

4.2.2　四种负反馈放大电路的实际电路、判断及选择原则

一、电压串联负反馈放大电路

在图 4.1.5 中,电阻 R_2 和 R_1 是沟通放大电路输出回路与输入回路的中间环节,是反馈

网络,可见该电路是一个反馈放大电路。

1. 判断反馈极性

在例 4.1.4 中,已用瞬时极性法判断其反馈极性为负反馈。

2. 判断是电压反馈还是电流反馈

由图 4.1.5 可知,反馈网络的输入端并联在输出电压两端,反馈电压为

$$u_F = \frac{R_1}{R_1 + R_2} \cdot u_O$$

可见,反馈电压不仅来自于输出电压 u_O,还与 u_O 成正比,故电路中引进的是电压反馈。

3. 判断是串联反馈还是并联反馈

由图 4.1.5 可知,反馈网络的输出端串联在放大电路的输入回路中,即反馈电压 u_F 与输入电压 u_I 串联后共同作用于基本放大电路的输入端,故电路中引进的是串联反馈。

结论:综合以上分析可知,图 4.1.5 的电路是一个电压串联负反馈放大电路。

4. 电压负反馈具有稳定输出电压的作用

因为是电压负反馈,反馈网络的输入端并联在输出电压 u_O 上,所以只要 u_O 有变化,就会通过反馈网络对放大电路的 u_O 起自动调节作用。例如,在输入电压 u_I 一定的条件下,由于某种原因使输出电压 u_O 下降时,在图 4.1.5 所示的电路中会产生以下的自动调节过程,即

$$u_O \downarrow \longrightarrow u_F \downarrow \xrightarrow{u_I 一定} u_{ID} \uparrow \longrightarrow$$
$$u_O \uparrow \longleftarrow$$

这个过程进行的结果,牵制了输出电压 u_O 的减小,可见电压负反馈能起稳定输出电压的作用。

5. 信号源的内阻越小串联负反馈的效果越好

由图 4.1.5 可知,在仅考虑反馈电压的作用时,信号源的内阻是和基本放大电路的输入电阻(集成运算放大器的差模输入电阻)相串联的,当信号源的内阻越小时,反馈电压被信号源内阻分去的部分越小,反馈电压对净输入电压的影响越大,反馈效果就越好。

例 4.2.1 判断图 4.2.2 电路中交流反馈的极性,并说明交流反馈的类型。

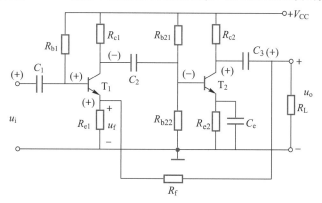

图 4.2.2 例 4.2.1 的电路

解:在图 4.2.2 所示的电路中,电阻 R_f 和 R_{e1} 是沟通放大电路输出回路与输入回路的中间环节,是反馈网络,可见该电路是一个反馈放大电路。

判断反馈极性:在图 4.2.2 中,在中频信号范围内,假定输入电压 u_i 在某个瞬时的极性为 (+),根据共发射极放大电路的特点,第一级放大电路的输出电压的极性为 (−),第二级放大电路的输出电压 u_o 的极性为 (+),u_o 经 R_f 和 R_{e1} 组成的反馈网络后,将 R_{e1} 上的反馈电压 u_f 送回输入回路,反馈电压 u_f 在此瞬时的极性也为 (+)。反馈电压 u_f 和输入电压 u_i 在放大电路的输入回路中进行串联比较后,使基本放大电路的净输入电压 $u_{id} = u_i - u_f$ 的数值比无反馈时减小了,因此电路中引进的是负反馈。

判断是电压反馈还是电流反馈:利用短接法,令输出电压 $u_o = 0$,则反馈电压 $u_f = 0$,因此电路中引进的是电压反馈。

判断是串联反馈还是并联反馈:观察图 4.2.2 可知,反馈网络的输出端串联在输入回路中,反馈电压 u_f 在输入回路中与输入电压 u_i 进行串联比较后获得净输入电压,故电路中引进的为串联反馈。

结论:综上所述可知,图 4.2.2 所示的电路是一个电压串联负反馈放大电路。

二、电压并联负反馈放大电路

在图 4.2.3 所示电路中,电阻 R_2 是沟通放大电路输出回路与输入回路的中间环节,是反馈网络,可见该电路是一个反馈放大电路。

1. 判断反馈极性

在电路的输入端加一个变化的输入电压 u_1,设其瞬时极性为 (+),如图 4.2.3 所示。由 u_1 引起的输入电流 i_1 的瞬时流向如图中所示。由于输入电压 u_1 从集成运算放大器的反相输入端加入,输出电压 u_0 在该瞬时的极性为 (−)。流过 R_2 的电流为反馈电流 i_F,i_F 在该瞬时的流向如图中所示。反馈电流 i_F 在输入端与放大电路的输入电流 i_1 作并联比较后得到净输入电流 $i_{ID} = i_1 - i_F$,其数值比无反馈时减小了,因此电路中引进的是负反馈。

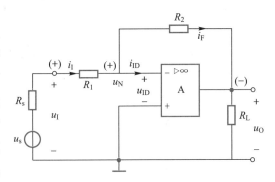

图 4.2.3　电压并联负反馈放大电路

2. 判断是电压反馈还是电流反馈

由图 4.2.3 可知,反馈电流 i_F 取决于输出电压 u_0,且

$$i_F \approx -\frac{u_o}{R_2}$$

所以放大电路中引进的是电压反馈。

3. 判断是串联反馈还是并联反馈

在图 4.2.3 中,反馈网络的输出端与基本放大电路的输入端相并联,或者说反馈电流 i_F 与输入电流 i_1 是以并联的方式为基本放大电路提供净输入电流 i_{ID} 的,所以电路引进了并联

反馈。

结论:综合以上分析可知,图 4.2.3 所示电路是一个电压并联负反馈放大电路。

4. 信号源的内阻越大并联负反馈的效果越好

如图 4.2.3 所示,在仅考虑反馈电流的情况下,信号源的内阻是和基本放大电路的输入电阻(集成运算放大器的差模输入电阻)相并联的。当信号源的内阻越大时,反馈电流被信号源内阻分流的部分越小,反馈电流对净输入电流的影响就越大,反馈的效果就越好。

例 4.2.2　在图 4.2.4 所示的电路中,试判断交流反馈的极性,并说明交流反馈的类型。

解:在图 4.2.4 中,电阻 R_f 是沟通放大电路输出回路与输入回路的中间环节,是反馈网络,可见该电路是一个反馈放大电路。

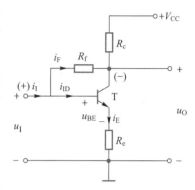

图 4.2.4　例 4.2.2 的电路

判断反馈极性:假定输入电压 u_I 在某个瞬时的极性为(+),如图 4.2.4 所示。由 u_I 产生的输入电流 i_I 的瞬时流向如图所示。共发射极放大电路具有倒相作用,它的输出电压 u_O 在该瞬时的极性为(−)。反馈网络 R_f 上的反馈电流 i_F 在该瞬时的流向如图中所示。反馈电流 i_F 和输入电流 i_I 在放大电路的输入端进行并联比较后得到净输入电流 $i_{ID} = i_I - i_F$,其数值比无反馈时减小了,因此电路中引进的是负反馈。

判断是电压反馈还是电流反馈:由于反馈电流 i_F 取自输出电压 u_O,所以引进的反馈是电压反馈。

判断是串联反馈还是并联反馈:在图 4.2.4 中,反馈网络的输出端与放大电路的输入端相并联,或者说反馈电流 i_F 与输入电流 i_I 是以并联的方式为基本放大电路提供净输入电流 i_{ID} 的,所以电路引进了并联反馈。

结论:综合以上分析可知,图 4.2.4 所示的电路是一个电压并联负反馈放大电路。

三、电流串联负反馈放大电路

在图 4.2.5 所示的电路中,电阻 R_1 通过负载电阻 R_L 沟通了放大电路的输出回路与输入回路,存在反馈网络,可见该电路是一个反馈放大电路。

1. 判断反馈极性

假定在某个瞬时输入电压 u_I 的极性为(+),如图 4.2.5所示。因为 u_I 从集成运算放大器的同相输入端加入,所以输出电压 u_O 在该瞬时的极性也为(+)。输出电流 i_O 经反馈网络后,在电阻 R_1 上得到反馈电压 u_F,u_F 在此瞬时的极性也为(+)。反馈电压 u_F 和输入电压 u_I 在放大电路的输入回路中进行串联比较后得到净输入电压 $u_{ID} = u_I - u_F$,其数值比无反馈时减小了,因此电路中引进的是负反馈。

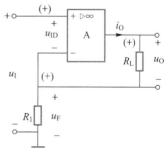

图 4.2.5　电流串联负反馈
放大电路

2. 判断是电压反馈还是电流反馈

若令 $u_O = 0$，反馈电压 u_F 并不消失，而取决于输出电流 i_O，故电路中引进了电流反馈。

3. 判断是串联反馈还是并联反馈

观察图 4.2.5，反馈电压 u_F 和输入电压 u_I 在输入回路中进行串联比较后获得净输入电压 u_{ID}，故电路中引进的为串联反馈。

结论：综上所述可知，图 4.2.5 所示的电路是一个电流串联负反馈放大电路。

四、电流并联负反馈放大电路

在图 4.2.6 中，集成运算放大器组成基本放大电路，电阻 R_1 和 R_2 通过负载电阻 R_L 沟通了放大电路的输出回路和输入回路，存在反馈网络，可见该电路是一个反馈放大电路。

1. 判断反馈极性

假设输入电压 u_I 的瞬时极性为 $(+)$，如图 4.2.6 所示，由 u_I 引起的输入电流 i_I 的瞬时流向如图所示。由于 u_I 加在集成运算放大器的反相输入端，则该瞬时输出端对地电位的极性为 $(-)$。输出电流 i_O 的瞬时流向如图中向上的箭头所示。反馈网络 R_1 和 R_2 将输出电流 i_O 分流，在电阻 R_1 上得到反馈电流 i_F。反馈电流 i_F 的瞬时流向如图中向右的箭头所示。反馈电流 i_F 和输入电流 i_I 在集成运算放大器的反相输

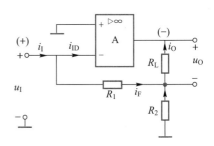

图 4.2.6　电流并联负反馈放大电路

入端作并联比较后得到净输入电流 $i_{ID} = i_I - i_F$，其数值比无反馈时减小了，因此电路引进的是负反馈。

2. 判断是串联反馈还是并联反馈

在图 4.2.6 中，输入信号和反馈信号均是电流信号，反馈电流和输入电流在放大电路的输入端是以并联的方式进行比较的，故电路中引进的为并联反馈。

3. 判断是电压反馈还是电流反馈

在图 4.2.6 中，如果将负载电阻 R_L 开路，令 $i_O = 0$，则有 $i_F = 0$，可见反馈电流 i_F 取决于输出电流 i_O，故电路中引进的是电流反馈。

结论：综上所述可知，图 4.2.6 所示的电路是一个电流并联负反馈放大电路。

4. 电流负反馈具有稳定输出电流的作用

电路的负反馈作用将引起如下的自动调整过程，即

$$i_O\uparrow \longrightarrow i_F\uparrow \xrightarrow{\;i_I\text{一定}\;} i_{ID}\downarrow$$
$$i_O\downarrow \longleftarrow \qquad\qquad\qquad\qquad$$

可见，在输入电流一定的条件下，不论什么原因使输出电流增大时，反馈电流也增大，电路的负反馈作用将使净输入电流的数值比无反馈时减小，从而牵制了输出电流的增大，故电流负反馈具有稳定输出电流的作用。

五、选择反馈放大电路的原则

综上所述，可以总结出选择反馈放大电路的原则：

① 欲提高放大电路的输入电阻时,可引进串联负反馈;当信号源为恒压源或内阻较小的电压源时,引进串联负反馈可以使放大电路获得更大的输入电压。欲减小放大电路的输入电阻时,可引进并联负反馈;当信号源为恒流源或内阻很大的电流源时,引进并联负反馈可以使放大电路获得更大的输入电流。

② 欲使负载上获得稳定的输出电压时,可引进电压负反馈;欲使负载上获得稳定的输出电流时,可引进电流负反馈。

③ 欲将电流信号转换为电压信号时,可引进电压并联负反馈;欲将电压信号转换为电流信号时,可引进电流串联负反馈。

4.3 深度负反馈放大电路的分析

视频 4.1
深度负反馈
放大电路的
分析

4.3.1 反馈放大电路放大倍数的一般表达式

为了研究反馈放大电路放大倍数(也称为增益)的一般表达式,我们把反馈放大电路的框图重画于图 4.3.1 中。

放大电路未引进反馈时的放大倍数称为开环放大倍数(或开环增益),它是基本放大电路的放大倍数,即

$$\dot{A} = \frac{\dot{X}_{\mathrm{o}}}{\dot{X}_{\mathrm{id}}} \qquad (4.3.1)$$

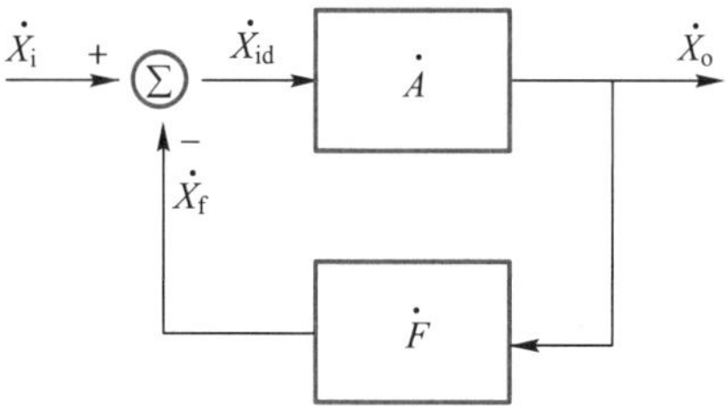

引进反馈后的净输入信号为

$$\dot{X}_{\mathrm{id}} = \dot{X}_{\mathrm{i}} - \dot{X}_{\mathrm{f}} \qquad (4.3.2)$$

已知反馈系数为

图 4.3.1 反馈放大电路的框图

$$\dot{F} = \frac{\dot{X}_{\mathrm{f}}}{\dot{X}_{\mathrm{o}}} \qquad (4.3.3)$$

包括反馈网络在内的整个放大电路的放大倍数称为闭环放大倍数(或闭环增益),即

$$\dot{A}_{\mathrm{f}} = \frac{\dot{X}_{\mathrm{o}}}{\dot{X}_{\mathrm{i}}} \qquad (4.3.4)$$

根据式(4.3.1)、式(4.3.2)、式(4.3.3)和式(4.3.4)可推导出

$$\dot{A}_{\mathrm{f}} = \frac{\dot{X}_{\mathrm{o}}}{\dot{X}_{\mathrm{i}}} = \frac{\dot{A}}{1 + \dot{A}\dot{F}} \qquad (4.3.5)$$

式(4.3.5)表明:反馈放大电路的闭环放大倍数 $\dot{A}_{\mathrm{f}}$ 是开环放大倍数 $\dot{A}$ 的 $1/(1+\dot{A}\dot{F})$。

当只考虑闭环放大倍数的幅值时,可对式(4.3.5)取模,则有

$$| \dot A_{\mathrm f} | = \frac{| \dot A |}{| 1 + \dot A \dot F |} \qquad (4.3.6)$$

由式(4.3.6)可得以下结论。

(1) 若 $| 1 + \dot A \dot F | > 1$,则 $| \dot A_{\mathrm f} | < | \dot A |$,即引进反馈后使放大电路的闭环放大倍数下降了,说明电路中引进了负反馈。

(2) 若 $| 1 + \dot A \dot F | < 1$,则 $| \dot A_{\mathrm f} | > | \dot A |$,即引进反馈后使放大电路的闭环放大倍数提高了,说明电路中引进了正反馈;或者是,在中频段接成负反馈的放大电路,在低频段或高频段由于附加相移达到 $\pm 180°$,反馈信号的极性与中频段相反,使负反馈变成了正反馈。关于这个问题将在后面讨论。

(3) 若 $| 1 + \dot A \dot F | = 0$,则 $| \dot A_{\mathrm f} | \to \infty$,这时,在没有输入信号作用的情况下,电路也会有输出信号产生,这种现象称为放大电路的自激振荡。关于这个问题也将在后面讨论。

4.3.2　深度负反馈条件下的放大倍数

一、深度负反馈条件下的放大倍数

我们已经知道,在式(4.3.6)中,若 $| 1 + \dot A \dot F | > 1$,引入反馈后会使放大电路的闭环放大倍数下降,而且当 $| 1 + \dot A \dot F |$ 比 1 大得越多时,$| \dot A_{\mathrm f} |$ 下降得越厉害,说明电路中引进的负反馈越强,所以常把 $| 1 + \dot A \dot F |$ 称为反馈深度。常把 $| 1 + \dot A \dot F | \gg 1$ 时的负反馈,称为深度负反馈。一般情况下,当 $| 1 + \dot A \dot F | \geq 10$ 时,就可以认为放大电路中引进的是深度负反馈。

由式(4.3.5)可知,当 $| 1 + \dot A \dot F | \gg 1$ 时,有

$$\dot A_{\mathrm f} \approx \frac{1}{\dot F} \qquad (4.3.7)$$

式(4.3.7)表明,引入深度负反馈后,放大电路的闭环放大倍数仅与反馈网络的反馈系数有关,而几乎与基本放大电路的参数无关。因此,计算深度负反馈条件下的闭环放大倍数的问题,就转化成了计算反馈网络的反馈系数问题,使得深度负反馈条件下放大电路闭环放大倍数的计算大为简化。

二、深度负反馈的特点

当 $| 1 + \dot A \dot F | \gg 1$ 时,在深度负反馈条件下,由式(4.3.3)、式(4.3.4)和式(4.3.7)可得

$$\dot A_{\mathrm f} = \frac{\dot X_{\mathrm o}}{\dot X_{\mathrm i}} \approx \frac{\dot X_{\mathrm o}}{\dot X_{\mathrm f}}$$

由此可知,在深度负反馈条件下,反馈信号与输入信号近似相等

$$\dot X_{\mathrm f} \approx \dot X_{\mathrm i}$$

此时,净输入信号近似为零,即

$$\dot{X}_{id} = \dot{X}_i - \dot{X}_f \approx 0$$

反馈信号与输入信号近似相等,净输入信号近似为零,这就是深度负反馈放大电路的特点。利用这种特点,可以大大简化深度负反馈放大电路的计算。

应该强调的是,净输入信号只是近似为零,而不是等于零。若净输入信号等于零,输出信号也等于零,反馈信号也就不存在了。

4.3.3 深度负反馈放大电路的分析

利用深度负反馈的特点,就可以对深度负反馈放大电路进行近似计算了。

应该指出,在电压负反馈电路中,$\dot{X}_o = \dot{U}_o$;在电流负反馈电路中,$\dot{X}_o = \dot{I}_o$;在串联负反馈电路中,$\dot{X}_i = \dot{U}_i$,$\dot{X}_f = \dot{U}_f$,$\dot{X}_{id} = \dot{U}_{id}$;在并联负反馈电路中,$\dot{X}_i = \dot{I}_i$,$\dot{X}_{id} = \dot{I}_{id}$,$\dot{X}_f = \dot{I}_f$。所以,对于不同的反馈组态,基本放大电路的开环放大倍数 $\dot{A}$、反馈系数 $\dot{F}$ 以及闭环放大倍数 $\dot{A}_f$ 的物理意义是不同的,量纲也是不同的,电路实现的控制关系不同,因而功能也就不同,如表 4.3.1 所示。

表 4.3.1 四种组态负反馈放大电路的比较

反馈组态	参数		
	$\dot{A}$	$\dot{F}$	$\dot{A}_f$
电压串联	$\dot{A}_{uu} = \dfrac{\dot{U}_o}{\dot{U}_{id}}$	$\dot{F}_{uu} = \dfrac{\dot{U}_f}{\dot{U}_o}$	$\dot{A}_{uuf} = \dfrac{\dot{U}_o}{\dot{U}_i}$
电流串联	$\dot{A}_{iu} = \dfrac{\dot{I}_o}{\dot{U}_{id}}$	$\dot{F}_{ui} = \dfrac{\dot{U}_f}{\dot{I}_o}$	$\dot{A}_{iuf} = \dfrac{\dot{I}_o}{\dot{U}_i}$
电压并联	$\dot{A}_{ui} = \dfrac{\dot{U}_o}{\dot{I}_{id}}$	$\dot{F}_{iu} = \dfrac{\dot{I}_f}{\dot{U}_o}$	$\dot{A}_{uif} = \dfrac{\dot{U}_o}{\dot{I}_i}$
电流并联	$\dot{A}_{ii} = \dfrac{\dot{I}_o}{\dot{I}_{id}}$	$\dot{F}_{ii} = \dfrac{\dot{I}_f}{\dot{I}_o}$	$\dot{A}_{iif} = \dfrac{\dot{I}_o}{\dot{I}_i}$

一、电压串联负反馈放大电路的近似计算

图 4.2.2 所示的电路是典型的电压串联负反馈放大电路,它的交流通路如图 4.3.2 所示。图中,输入信号 $\dot{X}_i = \dot{U}_i$,输出信号 $\dot{X}_o = \dot{U}_o$,净输入信号 $\dot{X}_{id} = \dot{U}_{id}$。

在深度负反馈条件下,净输入电压 $\dot{U}_{id} \approx 0$,晶体管 T_1 的基极电流和发射极电流也近似为 0。故反馈电压近似为

$$u_f \approx \frac{R_{e1}}{R_{e1} + R_f} u_o$$

反馈系数近似为

$$F_{uu} = \frac{u_{\mathrm{f}}}{u_{\mathrm{o}}} \approx \frac{R_{\mathrm{e1}}}{R_{\mathrm{e1}} + R_{\mathrm{f}}}$$

所以,电路的闭环电压放大倍数近似为

$$A_{uuf} \approx \frac{1}{F_{uu}} \approx \frac{R_{\mathrm{e1}} + R_{\mathrm{f}}}{R_{\mathrm{e1}}}$$

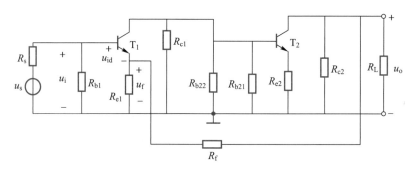

图 4.3.2　图 4.2.2 电路的交流通路

例 4.3.1　反馈放大电路如图 4.1.5 所示,近似计算电路在深度负反馈条件下的闭环电压放大倍数。

解: 在用集成运算放大器组成的反馈放大电路中,集成运算放大器的开环差模电压放大倍数非常高,由它组成反馈放大电路时,很容易满足深度负反馈的条件,引入的反馈一定是深度负反馈。前已判断该电路是电压串联负反馈放大电路,所以在深度反馈的情况下,净输入电压 $u_{\mathrm{ID}} \approx 0$,集成运算放大器两个输入端的电流也近似为 0。

反馈电压近似为

$$u_{\mathrm{F}} \approx \frac{R_1}{R_1 + R_2} u_{\mathrm{o}}$$

反馈系数近似为

$$F_{uu} = \frac{u_{\mathrm{F}}}{u_{\mathrm{o}}} \approx \frac{R_1}{R_1 + R_2}$$

因此,放大电路的闭环电压放大倍数近似为

$$A_{uuf} = \frac{u_{\mathrm{o}}}{u_{\mathrm{I}}} \approx \frac{1}{F_{uu}} \approx \frac{R_1 + R_2}{R_1}$$

二、电流并联负反馈放大电路的近似计算

在图 4.2.6 所示的电流并联负反馈放大电路中,在深度负反馈的情况下,净输入电流 $i_{\mathrm{ID}} \approx 0$。

反馈电流近似为

$$i_{\mathrm{F}} \approx \frac{R_2}{R_2 + R_1} i_{\mathrm{o}}$$

反馈系数近似为

$$F_{ii} = \frac{i_F}{i_O} \approx \frac{R_2}{R_2 + R_1}$$

因此,放大电路的闭环电流放大倍数近似为

$$A_{iif} = \frac{i_O}{i_1} \approx \frac{1}{F_{ii}} \approx \frac{R_2 + R_1}{R_2}$$

式中,A_{iif}是电流与电流的比,无量纲,故称为闭环电流放大倍数。

三、电压并联负反馈放大电路的近似计算

在图 4.2.3 所示的电压并联负反馈放大电路中,在深度负反馈的情况下,净输入电流 $i_{ID} \approx 0$,集成运算放大器的差模输入电压 $u_{ID} \approx 0$,运放的反相输入端电位 $u_N \approx 0$。

反馈电流近似为

$$i_F \approx i_1$$

$$i_F \approx -\frac{u_O}{R_2}$$

反馈系数近似为

$$F_{iu} = \frac{i_F}{u_O} \approx -\frac{1}{R_2}$$

因此,放大电路的闭环互阻放大倍数近似为

$$A_{uif} = \frac{u_O}{i_1} \approx \frac{1}{F_{iu}} = -R_2$$

例 4.3.2 假定在图 4.3.3 所示的电路中引进了深度负反馈,估算其闭环放大倍数。

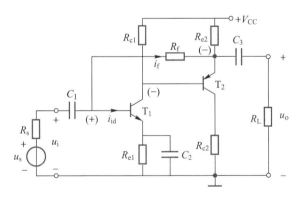

图 4.3.3 例 4.3.2 的电路

因为电路中通过 R_f 引入了电压并联负反馈,所以在深度负反馈的情况下,净输入电流 $i_{id} \approx 0$,因此晶体管 T_1 的 $u_{be1} \approx 0$、$i_{e1} \approx 0$、$u_{e1} \approx 0$,导致 $u_{b1} \approx 0$。

故反馈电流近似为

$$i_f \approx -\frac{u_O}{R_f}$$

反馈系数近似为

$$F_{iu} = \frac{i_\mathrm{f}}{u_\mathrm{o}} \approx -\frac{1}{R_\mathrm{f}}$$

因此,放大电路的闭环互阻放大倍数近似为

$$A_{uif} = \frac{u_\mathrm{o}}{i_\mathrm{i}} \approx \frac{1}{F_{iu}} \approx -R_\mathrm{f}$$

上式中,A_{uif} 的量纲为电阻,故称为闭环互阻放大倍数。

四、电流串联负反馈放大电路的近似计算

在图 4.2.5 所示的电流串联负反馈放大电路中,在深度负反馈的情况下,净输入电压 $u_\mathrm{ID} \approx 0$,集成运算放大器两个输入端的电流也为 0。

反馈电压近似为

$$u_\mathrm{F} \approx i_\mathrm{O} R_1$$

反馈系数近似为

$$F_{ui} = \frac{u_\mathrm{F}}{i_\mathrm{O}} \approx R_1$$

因此,放大电路的闭环互导放大倍数近似为

$$A_{iuf} = \frac{i_\mathrm{O}}{u_1} \approx \frac{1}{F_{ui}} \approx \frac{1}{R_1}$$

上式中,A_{iuf} 的量纲为电导,故称为闭环互导放大倍数。

4.4 负反馈对放大电路性能的影响

放大电路中引进交流负反馈后,虽然会降低电路的闭环放大倍数,但是放大电路的性能会得到多方面的改善,例如,可以稳定放大电路的放大倍数,改变输入电阻和输出电阻,展宽通频带,减小非线性失真等。

4.4.1 提高放大倍数的稳定性

在放大电路中,由于各种因素的变化(例如,当电源电压、环境温度、元器件参数以及负载电阻的变化),均会使放大倍数发生变化。在放大电路中引进负反馈以后,就能提高放大倍数的稳定性。现说明如下。

若电路中引进的是深度负反馈,由式(4.3.7)可知

$$\dot{A}_\mathrm{f} \approx \frac{1}{\dot{F}}$$

上式表明,引进深度负反馈以后,放大电路的放大倍数仅与反馈网络的参数有关,而几乎与基本放大电路的参数无关。当反馈网络用性能很稳定的电阻组成时,深度负反馈放大电路的放大倍数是很稳定的。

一般来说,基本放大电路的开环放大倍数越大,越容易满足深度负反馈的条件,所以总希望集成运算放大器具有很高的开环差模放大倍数。

也可以用在有、无反馈两种情况下放大倍数的相对变化,来评定放大倍数的稳定程度。由式(4.3.5)已知

$$\dot{A}_{\mathrm{f}} = \frac{\dot{A}}{1 + \dot{A}\dot{F}}$$

对上式求微分得

$$\frac{\mathrm{d}\dot{A}_{\mathrm{f}}}{\mathrm{d}\dot{A}} = \frac{1}{(1 + \dot{A}\dot{F})^2}$$

两边除以

$$\dot{A}_{\mathrm{f}} = \frac{\dot{A}}{1 + \dot{A}\dot{F}}$$

则有

$$\frac{\mathrm{d}\dot{A}_{\mathrm{f}}}{\dot{A}_{\mathrm{f}}} = \frac{\mathrm{d}\dot{A}}{(1 + \dot{A}\dot{F})^2} \cdot \frac{(1 + \dot{A}\dot{F})}{\dot{A}}$$

由此可得

$$\frac{\mathrm{d}\dot{A}_{\mathrm{f}}}{\dot{A}_{\mathrm{f}}} = \frac{1}{(1 + \dot{A}\dot{F})} \cdot \frac{\mathrm{d}\dot{A}}{\dot{A}} \tag{4.4.1a}$$

式(4.4.1a)表明,加入负反馈以后,反馈放大电路放大倍数的相对变化是基本放大电路放大倍数相对变化的 $\dfrac{1}{1 + \dot{A}\dot{F}}$。

在中频段,放大电路的放大倍数为实数,当反馈网络由电阻组成时,反馈系数也是实数,则式(4.4.1a)可写为

$$\frac{\mathrm{d}A_{\mathrm{f}}}{A_{\mathrm{f}}} = \frac{1}{(1 + AF)} \cdot \frac{\mathrm{d}A}{A} \tag{4.4.1.b}$$

可见,引进负反馈以后,在中频段,反馈放大电路放大倍数的相对变化是基本放大电路放大倍数相对变化的 $1/(1+AF)$,中频放大倍数的稳定性提高了。

4.4.2　减小非线性失真

在放大电路中,引进负反馈能减小非线性失真。我们用图4.4.1进行定性解释:若正弦输入信号经过放大后,产生正半周大、负半周小的失真波形,经过反馈网络后,所得到的反馈

信号也是正半周大、负半周小的失真信号,但输入信号和反馈信号相减后,得到的净输入信号却是正半周小、负半周大的失真波形,这样的信号,经过基本放大电路放大后,就能得到接近于正弦波的输出信号。可见,引进负反馈后,的确能减小非线性失真。

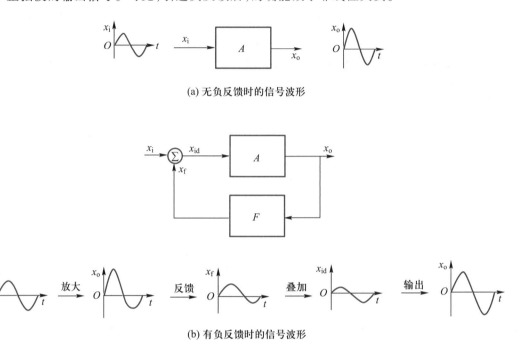

(a) 无负反馈时的信号波形

(b) 有负反馈时的信号波形

图 4.4.1　负反馈对非线性失真的改善

实际上,在深度负反馈条件下,因为

$$\dot{A}_f = \frac{\dot{X}_o}{\dot{X}_i} \approx \frac{1}{\dot{F}}$$

此时,放大电路的闭环放大倍数仅与反馈网络的参数有关,在反馈网络是电阻性的情况下,输出信号与输入信号几乎为线性关系,故当输入信号为正弦波时,输出信号基本上也是正弦波,引进负反馈后使输出信号的非线性失真减小了。

应该指出,如果信号源波形本身有失真,引进负反馈是无能为力的。

4.4.3　扩展放大电路的通频带

在放大电路中引进负反馈,能够扩展放大电路通频带的原理如下。

在中频段,放大电路的开环放大倍数较高,输出信号较大,反馈信号也较大,负反馈削弱净输入信号的能力较强,使闭环放大倍数下降得较多;在低频段和高频段,开环放大倍数较低,输出信号较中频段为小,反馈信号也较小,负反馈削弱净输入信号的能力较弱,闭环放大倍数下降得较少。因此,引进负反馈后,就能把放大电路的通频带展宽,如图 4.4.2 所示。

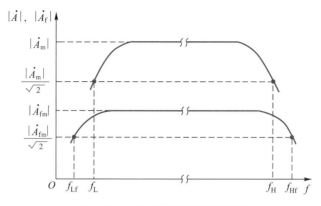

图 4.4.2　负反馈能展宽通频带

实际上,在深度负反馈的条件下,负反馈放大电路的放大倍数仅与反馈网络的参数有关。若反馈网络为电阻性网络,则反馈放大电路的闭环放大倍数近似为一常数,几乎与信号频率无关。所以,引进深度负反馈能很好地展宽放大电路的通频带。

理论分析表明:引进负反馈后,通频带的上限频率为

$$f_{\mathrm{Hf}} = \left| 1 + \dot A \dot F \right| f_{\mathrm{H}} \tag{4.4.2}$$

下限频率为

$$f_{\mathrm{Lf}} = \frac{f_{\mathrm{L}}}{\left| 1 + \dot A \dot F \right|} \tag{4.4.3}$$

由此可见,引进负反馈后,放大电路的上限频率提高了 $\left| 1 + \dot A \dot F \right|$ 倍,下限频率降低了 $\left| 1 + \dot A \dot F \right|$ 倍,通频带约展宽 $\left| 1 + \dot A \dot F \right|$ 倍。

4.4.4　负反馈对输入、输出电阻的影响

一、负反馈对输入电阻的影响

负反馈对输入电阻的影响,由引进的负反馈是串联反馈还是并联反馈来决定。

1. 串联负反馈使输入电阻增大

图 4.4.3 是串联负反馈放大电路。

无反馈时,基本放大电路的输入电阻称为开环输入电阻,即

$$R_{\mathrm{i}} = \frac{\dot U_{\mathrm{id}}}{\dot I_{\mathrm{i}}}$$

由图 4.4.3 可得

$$\dot I_{\mathrm{i}} = \frac{\dot U_{\mathrm{id}}}{R_{\mathrm{i}}}$$

$$\dot U_{\mathrm{i}} = \dot U_{\mathrm{id}} + \dot U_{\mathrm{f}}$$

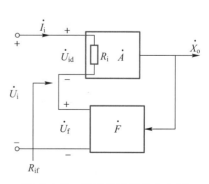

图 4.4.3　串联负反馈放大电路

201

反馈放大电路的输入电阻称为闭环输入电阻,即

$$R_{if} = \frac{\dot{U}_i}{\dot{I}_i}$$

经整理后可得

$$R_{if} = \frac{\dot{U}_{id} + \dot{U}_f}{\dfrac{\dot{U}_{id}}{R_i}} = (1 + \dot{A}\dot{F})R_i \tag{4.4.4}$$

式(4.4.4)表明:引入串联负反馈后,放大电路的闭环输入电阻增大为基本放大电路输入电阻的 $(1 + \dot{A}\dot{F})$ 倍。

2. 并联负反馈使输入电阻减小

图 4.4.4 是并联负反馈放大电路。

无反馈时,基本放大电路的输入电阻(开环输入电阻)为

$$R_i = \frac{\dot{U}_i}{\dot{I}_{id}}$$

引进并联负反馈后,放大电路的闭环输入电阻为

$$R_{if} = \frac{\dot{U}_i}{\dot{I}_i}$$

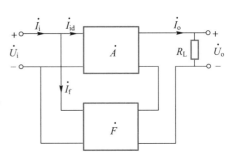

图 4.4.4　并联负反馈放大电路

而

$$\dot{I}_i = \dot{I}_{id} + \dot{I}_f = (1 + \dot{A}\dot{F})\dot{I}_{id}$$

整理后可得

$$R_{if} = \frac{\dot{U}_i}{\dot{I}_i} = \frac{R_i}{1 + \dot{A}\dot{F}} \tag{4.4.5}$$

式(4.4.5)表明:引进并联负反馈后,放大电路的闭环输入电阻减小为基本放大电路输入电阻的 $\dfrac{1}{1 + \dot{A}\dot{F}}$。

二、负反馈对输出电阻的影响

负反馈对输出电阻的影响,由引进的负反馈是电压反馈还是电流反馈来决定。

1. 电压负反馈使输出电阻减小

因为电压负反馈具有稳定输出电压的作用,即放大电路具有恒压输出的特性,而恒压源具有较低的内阻,故引进电压负反馈会使放大电路的输出电阻降低。理论分析表明:电压负反馈放大电路的闭环输出电阻减小为基本放大电路的 $\dfrac{1}{1 + \dot{A}\dot{F}}$。

2. 电流负反馈使输出电阻增大

因为电流负反馈具有稳定输出电流的作用,即放大电路具有恒流输出的特性,而恒流源

具有很高的内阻,故引进电流负反馈会使放大电路的输出电阻增大。理论分析表明:电流负反馈放大电路的闭环输出电阻增大为基本放大电路的 $(1 + \dot{A}\dot{F})$ 倍。

4.5 负反馈放大电路的自激振荡

前已指出,在放大电路中引进负反馈,可以改善放大电路的一系列性能,而且改善的程度与反馈深度 $|1 + \dot{A}\dot{F}|$ 密切相关。一般来说,反馈深度 $|1 + \dot{A}\dot{F}|$ 越大,改善放大电路性能的效果越明显。但是,事实证明,当反馈深度 $|1 + \dot{A}\dot{F}|$ 太大时,在一定条件下,会使放大电路产生自激振荡现象。此时,即使将放大电路的输入端短路,不加输入信号,在输出端也会出现一定频率和一定幅度的输出信号。自激振荡现象的出现,将破坏放大电路的正常工作,应设法加以避免。

4.5.1 产生自激振荡的原因

应该指出,前面所指的负反馈和正反馈,实际上是对于中频段而言的。此时,可忽略放大电路中电抗元件的影响,输出信号与输入信号之间的相位差不是 0° 就是 180°。

实际上,在讨论放大电路的频率特性时,已经指出,放大电路输出电压的大小和相位都是与输入信号的频率密切相关的。对于一个负反馈放大电路来说,情况也是如此。在负反馈放大电路中,在中频范围内,反馈信号的极性是与输入信号相反的,因而削弱了净输入信号。然而,在低频和高频情况下,$\dot{A}\dot{F}$ 将产生附加相移。如果在某一特定的频率下,$\dot{A}\dot{F}$ 的附加相移达到了 180°,反馈信号的极性将从与输入信号相反变为相同,因而增强了净输入信号,使负反馈变为正反馈。当反馈很强时,反馈信号的幅值将等于或大于净输入信号的幅值,这时,即使除去输入信号,放大电路的输出端也会出现一定的输出信号,放大电路便产生自激振荡。

4.5.2 产生自激振荡的条件

为了说明产生自激振荡的条件,先从放大电路的频率特性谈起。

在反馈放大电路中,反馈网络一般由电阻元件组成,即反馈系数 $\dot{F}$ 是实数,此时只要考虑基本放大电路的频率特性就可以了。由图 4.5.1 所示的单级共发射极放大电路的频率特性可知,在低频段和高频段,$\dot{A}$ 的最大附加相移 $\Delta\varphi_{\max}$(以中频段的相位差 $\varphi_{\mathrm{m}} = -180°$ 为基准,把低频和高频时偏离 φ_{m} 的相移称为附加相移 $\Delta\varphi$)可达 ±90°。对于两级放大电路来说,最大附加相移 $\Delta\varphi_{\max} = \pm180°$。对于三级或三级以上的放大电路来说,它们的最大附加相

拓展阅读 4.1
负反馈放大
电路稳定性
的判断

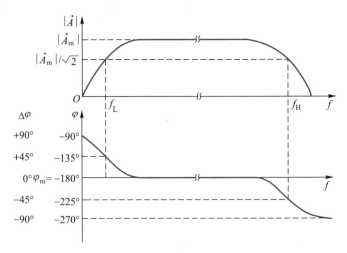

图 4.5.1　单级共发射极放大电路的频率特性

移 $\Delta\varphi_{\mathrm{max}}$ 均大于 $\pm180°$。

　　现在来说明负反馈放大电路产生自激振荡的条件。

　　在负反馈放大电路放大倍数的一般表达式 $\dot{A}_{\mathrm{f}} = \dfrac{\dot{A}}{1 + \dot{A}\dot{F}}$ 中,已经指出,当 $|1 + \dot{A}\dot{F}| = 0$ 时,$|\dot{A}_{\mathrm{f}}| \to \infty$。这时,即使把放大电路的输入端短路,即没有输入信号,也会有输出信号产生,放大电路便产生自激振荡。由此可得到负反馈放大电路产生自激振荡的条件为

$$1 + \dot{A}\dot{F} = 0$$

或

$$\dot{A}\dot{F} = -1 \tag{4.5.1}$$

式(4.5.1)又可表示为

$$|\dot{A}\dot{F}| = \frac{|\dot{X}_{\mathrm{f}}|}{|\dot{X}_{\mathrm{id}}|} = 1 \tag{4.5.2}$$

$$\varphi_{\mathrm{A}} + \varphi_{\mathrm{F}} = \pm(2n + 1)\pi \quad (n = 0, 1, 2, \cdots) \tag{4.5.3}$$

式中,φ_{A} 和 φ_{F} 分别为 $\dot{A}$ 和 $\dot{F}$ 的相角。

　　式(4.5.2)称为负反馈放大电路产生自激振荡的幅值条件。它表明,要使负反馈放大电路产生自激振荡,反馈应足够强,以使反馈信号的幅值等于净输入信号的幅值。式(4.5.3)称为负反馈放大电路产生自激振荡的相位条件。它表明,要使负反馈放大电路产生自激振荡,$\dot{A}\dot{F}$ 产生的附加相移应等于 $\pm180°$,以使反馈极性由负反馈变为正反馈。

　　由式(4.5.3)可知,由电阻元件组成反馈网络的单级负反馈放大电路是不能产生自激振荡的,因为 $\dot{A}\dot{F}$ 产生的最大附加相移不会超过 $\pm90°$。两级负反馈放大电路(反馈网络由电阻组成时)一般也不可能产生自激振荡。因为,当频率 $f=0$ 或 $f\to\infty$ 时,$\dot{A}$ 的相移虽然可达 $\pm180°$,但此时 $|\dot{A}\dot{F}| = 0$,无法满足产生自激振荡的幅值条件。对于三级或三级以上的负反馈放大电

路来说,它们$\dot{A}$的最大附加相移均大于$\pm 180°$,在引进负反馈以后,只要使$\dot{A}\dot{F}$的附加相移等于$\pm 180°$,并且使$|\dot{A}\dot{F}| = 1$,就能产生自激振荡。

4.5.3 消除自激振荡的方法

负反馈放大电路一旦产生自激振荡,就无法对输入信号起正常的放大作用了。因此,必须采取有效措施消除自激振荡。要消除自激振荡,最有效的方法就是破坏产生自激振荡的幅值条件和相位条件。

破坏产生自激振荡的最简单方法是减小反馈系数或反馈深度,使$\dot{A}\dot{F}$的附加相移等于$\pm 180°$时,$|\dot{A}\dot{F}| < 1$,以破坏幅值条件。

减小反馈系数$|\dot{F}|$虽然可以达到消除自激振荡的目的,但会使反馈深度$|1 + \dot{A}\dot{F}|$下降,这对改善放大电路的性能是不利的。消除自激振荡的理想措施,应在保证放大电路有足够反馈深度的前提下,破坏自激振荡条件。经常采用的措施是相位补偿法。

相位补偿法的指导思想是在放大电路中适当地接入一些元件,以改变放大电路的频率特性,达到破坏自激振荡条件的目的。

一、电容滞后补偿

如图4.5.2(a)所示,在两级放大电路中间接入相位补偿电容C,其等效电路如图4.5.2(b)所示。因为电容C与第二级的输入阻抗Z_{i2}并联,高频时C的容抗变小,会使第一级的高频放大倍数下降,以致在$\dot{A}\dot{F}$的附加相移等于$-180°$时,$|\dot{A}\dot{F}| < 1$,所以能破坏自激振荡的幅值条件。由于这种补偿具有滞后相位的作用,故称滞后补偿。又由于这种补偿会使放大电路的高频放大倍数降低,导致放大电路高频部分的频带变窄,所以又称为窄带补偿。

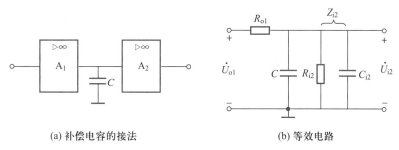

(a) 补偿电容的接法 (b) 等效电路

图 4.5.2 电容滞后补偿

电容滞后补偿的优点是简单易行,缺点是会使放大电路的频带变窄。

二、阻容滞后补偿

如图4.5.3(a)所示,在两级放大电路之间接入RC补偿网络,其等效电路如图4.5.3(b)所示。

阻容滞后补偿的指导思想是在消除自激振荡的同时,利用减小C在高频时的并联作用,使高频放大倍数不致下降太多,以适当加宽放大电路的频带。

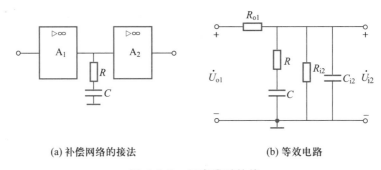

(a) 补偿网络的接法　　　　　　　(b) 等效电路

图 4.5.3　阻容滞后补偿

　　理论分析指出,为了使补偿效果更加显著,RC 补偿网络最好接在前级输出电阻和后级输入电阻都比较高,而且极间电容又比较小的节点上。

三、密勒效应补偿

　　电容和阻容滞后补偿所需的电容和电阻值都比较大,对电路的集成化不利。为了减小电容器的容量,可以利用密勒效应,将补偿网络接在放大电路输入端和输出端之间,如图 4.5.4所示。这时折合到放大电路输入端的阻抗将减小至原来的 $\dfrac{1}{A_2}$,因而可使补偿网络的电容大大减小,电容器的体积也将大大减小,便于集成化。

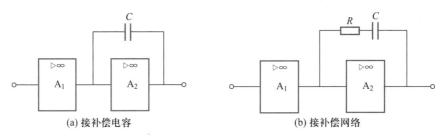

(a) 接补偿电容　　　　　　　　　　(b) 接补偿网络

图 4.5.4　密勒效应补偿

　　在通用型集成运算放大器 F007 中就采用了密勒效应补偿方式。如图 3.4.2 所示,在中间级的输入端和输出端之间并联了一个 30 pF 的小电容。当中间级的电压放大倍数为 1 000时,相当于中间级的输入端和地之间并联了一个 30 000 pF 的电容器,因而能获得较好的补偿效果。

　　集成运算放大器的补偿网络,有的已经制造在集成电路内部,也有引出补偿端的,使用时只要根据生产厂家提供的补偿网络形式和数值范围连接,就可达到消除自激振荡的目的。

　　实现相位补偿的方式很多,我们仅作了初步介绍,更详细的内容可参阅其他资料。

📑 本章小结

　　反馈是电子技术和自动控制领域中的一个重要概念,负反馈可以改善放大电路多方面的性能。本章主要介绍了有关反馈的一些基本概念、负反馈放大电路的分析方法、深度负反馈放大电路的近似计算、负反馈对放大电路性能的影响和负反馈放大电路的自激振荡及消除方法。

1. 把放大电路中输出信号的一部分或全部,通过反馈网络,以一定的方式送回输入回路的过程称为反馈。若反馈信号是直流信号,称为直流反馈;若反馈信号是交流信号,称为交流反馈。若反馈信号削弱净输入信号,称为负反馈;若反馈信号增强净输入信号,称为正反馈。在放大电路中引进负反馈,可以改善放大电路的一系列性能;在放大电路中引进正反馈,虽然可以提高放大倍数,但会使放大电路工作的稳定性降低,因此在放大电路中应用极少。

2. 具有反馈网络的放大电路称为反馈放大电路。要判断一个放大电路是不是反馈放大电路,关键是检查放大电路中有没有沟通放大电路输出回路和输入回路的中间环节,这个中间环节就是反馈网络。若放大电路中存在反馈网络,则该放大电路一定是反馈放大电路。

3. 判断反馈极性可以用瞬时极性法进行:① 假定放大电路的输入信号处于某一瞬时极性或瞬时流向;② 根据放大电路的工作原理,标出电路中各处信号的瞬时极性或瞬时流向;③ 判断反馈回输入回路的反馈信号是削弱还是增强净输入信号。若判断出反馈信号是削弱净输入信号,则引进的反馈是负反馈;若反馈信号是增强净输入信号,则引进的反馈是正反馈。

4. 负反馈放大电路共有四种类型(组态):① 电压串联负反馈放大电路。在这种放大电路中,反馈电压与输出电压成正比,反馈电压与输入电压以串联的方式向基本放大电路提供净输入电压。② 电压并联负反馈放大电路。在这种放大电路中,反馈电流与输出电压成正比,反馈电流与输入电流以并联的方式向基本放大电路提供净输入电流。③ 电流串联负反馈放大电路。在这种放大电路中,反馈电压与输出电流成正比,反馈电压与输入电压以串联的方式向基本放大电路提供净输入电压。④ 电流并联负反馈放大电路。在这种放大电路中,反馈电流与输出电流成正比,反馈电流与输入电流以并联的方式向基本放大电路提供净输入电流。

5. 判断电压反馈的简便方法是将放大电路的输出端对地短路,令 $u_0 = 0$,若此时反馈信号消失,则引进的反馈一定是电压反馈。判断电流反馈的简便方法是将负载电阻 R_L 开路,令 $i_0 = 0$,若此时反馈信号消失,则引进的反馈一定是电流反馈。

6. 电压负反馈具有稳定输出电压的作用,因而可降低放大电路的输出电阻。电流负反馈具有稳定输出电流的作用,因而提高了放大电路的输出电阻。

7. 串联负反馈的特点是信号源的内阻越小,负反馈的效果越好。引进串联负反馈,可以提高放大电路的输入电阻。并联负反馈的特点是信号源的内阻越大,负反馈的效果越好。引进并联负反馈,会使放大电路的输入电阻降低。

8. 在放大电路中有目的地引进负反馈,可以提高放大电路放大倍数(或增益)的稳定性,减小非线性失真,展宽通频带,抑制放大电路的内部噪声,改变输入电阻和输出电阻。反馈深度 $|1 + \dot{A}\dot{F}|$ 越大,负反馈对放大电路性能改善的效果越显著。但是,负反馈对放大电路性能的改善是以牺牲放大倍数为代价的。

9. 在实际应用中,可根据需要,有目的地引进负反馈,其一般原则如下。

① 欲稳定放大电路的静态工作点时,可引进直流负反馈;欲改善放大电路的动态性能时,可引进交流负反馈。

② 欲提高放大电路的输入电阻时,可引进串联负反馈;当信号源为恒压源或内阻较小的电压源时,引进串联负反馈可以使放大电路获得更大的输入电压。欲减小放大电路的输入电阻时,可引进并联负反馈;当信号源为恒流源或内阻很大的电流源时,引进并联负反馈可以使放大电路获得更大的输入电流。

③ 欲使负载上获得稳定的输出电压时,可引进电压负反馈;欲使负载上获得稳定的输出电流时,可引进电流负反馈。

④ 欲将电流信号转换为电压信号时,可引进电压并联负反馈;欲将电压信号转换为电流信号时,可引进电流串联负反馈。

10. 简单的负反馈放大电路可以利用微变等效电路法进行计算。对于具有深度负反馈的放大电路,在进行近似计算时,应抓住 $\dot{X}_{\mathrm{id}} \approx 0$ 和 $\dot{X}_{\mathrm{f}} \approx \dot{X}_{\mathrm{i}}$ 的特点,以简化计算;在计算闭环放大倍数时,可以利用 $\dot{A}_{\mathrm{f}} = \dfrac{\dot{X}_{\mathrm{o}}}{\dot{X}_{\mathrm{i}}} \approx \dfrac{1}{\dot{F}}$ 这一近似关系,然后通过计算反馈系数 $\dot{F}$ 求出 $\dot{A}_{\mathrm{f}}$。

11. 负反馈放大电路在一定条件下会产生自激振荡。负反馈放大电路产生自激振荡的幅值条件和相位条件分别是 $|\dot{A}\dot{F}| = 1$ 和 $\varphi_{\mathrm{A}} + \varphi_{\mathrm{F}} = \pm(2n+1)\pi$($n = 0, 1, 2, \cdots$)。幅值条件要求反馈足够强,以使反馈信号的幅值等于净输入信号的幅值。相位条件要求 $\dot{A}\dot{F}$ 的附加相移等于 $\pm 180°$,以使负反馈变为正反馈。为了消除负反馈放大电路的自激振荡,可以采取相位补偿措施,以使 $\dot{A}\dot{F}$ 的附加相移等于 $\pm 180°$ 时,$|\dot{A}\dot{F}| < 1$,从而破坏产生自激振荡的条件。经常采用的相位补偿措施是滞后补偿法。密勒补偿法常应用于集成运算放大器中。

✎ 习题

4.1.1 试判断下列说法是否正确。

(1) 一个放大电路只要接成负反馈,就一定能改善其性能。

(2) 接入反馈后与未接入反馈时相比,净输入量减少的为负反馈。

(3) 直流负反馈是指只有在放大直流信号时才有的反馈。

(4) 交流负反馈是指交流通路中存在的负反馈。

(5) 既然深度负反馈能稳定放大倍数,那么电路中就不必选用性能稳定的元件了。

(6) 反馈量越大,则表示反馈越强。

4.1.2 选择题

(1) 对于放大电路,开环是指(　　　　)

　　A. 无信号源　　　　　　B. 无反馈网络　　　　　C. 无电源　　　　　　D. 无负载

（2）对于放大电路,闭环是指(　　)

  A. 考虑信号源内阻   B. 存在反馈网络

  C. 接入电源   D. 接入负载

（3）交流负反馈是指存在于(　　)

  A. 阻容耦合放大电路中的负反馈   B. 放大交流信号时的负反馈

  C. 存在于交流通路中的负反馈   D. 放大正弦或余弦信号时的负反馈

（4）直流负反馈是指(　　)

  A. 直接耦合放大电路中的负反馈   B. 放大直流信号时的负反馈

  C. 存在于直流通路中的负反馈   D. 含有直流电源的负反馈

4.2.1 试判断图 P4.2.1 所示的四个电路中是否存在反馈。若存在反馈,进一步判断反馈的极性和组态。

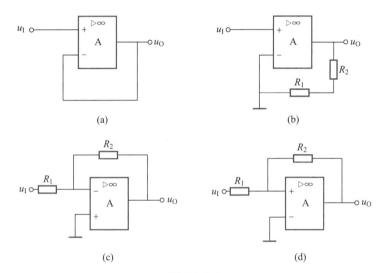

图 **P4.2.1**

  4.2.2 在图 P4.2.2 中,设所有电容对交流信号均可视为短路。试判断各电路中是否引进了反馈。若引进了反馈,试判断是正反馈还是负反馈,是直流反馈还是交流反馈。若引进了交流负反馈,试判断是哪种组态的负反馈。

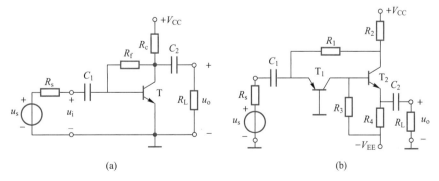

图 **P4.2.2**

4.2.3　电路如图 P4.2.3 所示,设所有电容对交流信号均可视为短路。试判断电路中引进的反馈是正反馈还是负反馈,是直流反馈还是交流反馈。若引进了交流负反馈,试判断是哪种组态的负反馈。

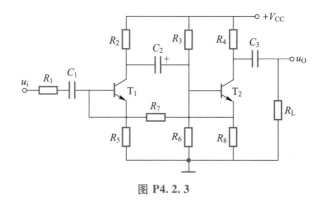

图 P4.2.3

4.2.4　放大电路如图 P4.2.4 所示,设图中所有电容对交流信号均可视为短路。试判断各电路中是否引进了反馈。若引进了反馈,试判断是正反馈还是负反馈。若引进了交流负反馈,试判断是哪种组态的负反馈,并指出反馈系数是哪两个量的比值。

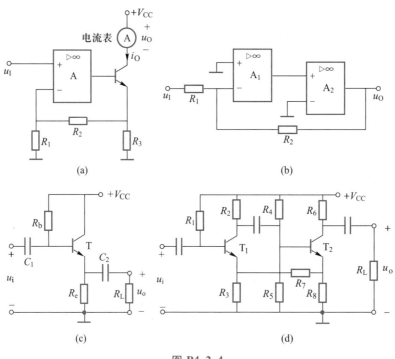

图 P4.2.4

4.2.5　放大电路如图 P4.2.5 所示,试判断电路的反馈极性和组态。

4.3.1　某负反馈放大电路的组成框图如图 P4.3.1 所示,试推导其闭环放大倍数 $\dot{A}_f = \dot{X}_o / \dot{X}_i$。

4.3.2　某一负反馈放大电路的开环电压放大倍数为 $A = 10\,000$,闭环电压放大倍数为 $A_{uf} = 50$。若 A 变化 10%,A_{uf} 变化多少?

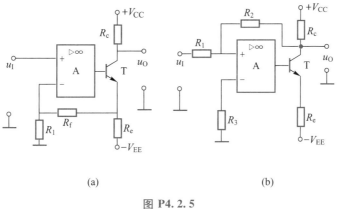

(a)   (b)

图 **P4.2.5**

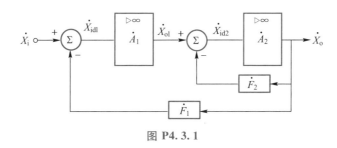

图 **P4.3.1**

4.3.3 试回答下列问题：

（1）什么是深度负反馈放大电路？它有何特点？其闭环放大倍数如何估算？

（2）如何判断正反馈和负反馈？

（3）如何判断直流反馈和交流反馈？

（4）如何判断串联反馈和并联反馈？

（5）如何判断电压反馈和电流反馈？

4.3.4 放大电路如图 P4.3.4 所示。试判断负反馈的组态，并估算深度负反馈条件下的闭环放大倍数。

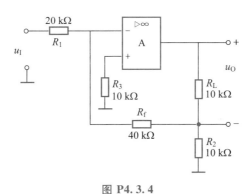

图 **P4.3.4**

4.3.5 对图 P4.2.2 中引进交流负反馈的电路，求深度负反馈下电路的电压放大倍数。

4.3.6 对图 P4.2.3 中引进交流负反馈的电路,求深度负反馈下电路的电压放大倍数。

4.3.7 对图 P4.2.4 中引进交流负反馈的电路,求深度负反馈下电路的电压放大倍数。

4.4.1 选择合适答案填入括号内。

A. 电压 　　　　　　B. 电流 　　　　　　C. 串联 　　　　　　D. 并联

(1) 为了提高放大电路的输入电阻,应引进( )负反馈;

(2) 为了稳定放大电路的输出电压,应引进( )负反馈;

(3) 为了稳定放大电路的输出电流,应引进( )负反馈;

(4) 为了降低放大电路的输入电阻,应引进( )负反馈;

(5) 为了降低放大电路的输出电阻,应引进( )负反馈;

(6) 为了提高放大电路的输出电阻,应引进( )负反馈。

4.4.2 对图 P4.2.2 中引进交流负反馈的电路,说明反馈对输入电阻和输出电阻的影响。

4.4.3 对图 P4.2.4 中引进交流负反馈的电路,说明反馈对输入电阻和输出电阻的影响。

第 4 章 重要题型分析方法

第 4 章 部分习题解答

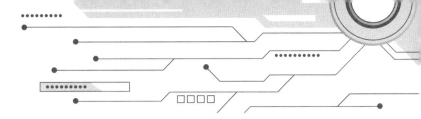

第 5 章

集成运算放大器的应用

 引言

> 前已指出,集成运算放大器是用集成电路工艺制造而成的、具有优良性能的、高电压放大倍数的多级直接耦合放大电路。在集成运算放大器的基础上,外接不同的反馈网络,可以组成很多基本应用电路。从这些基本应用电路实现的功能来看,可分为信号运算电路、信号处理电路和波形产生电路等。
>
> 我们所讨论的信号运算电路是指对模拟信号(即随时间作连续变化的信号)的运算电路,包括比例、加法、减法、微分、积分、对数、指数(反对数)、乘法、除法、乘方和开方等电路。信号处理电路一般包括有源滤波电路、电压比较器、精密整流电路和采样-保持电路等。在这一章里,我们只讨论有源滤波电路和电压比较器,采样-保持电路将在第 12 章介绍。在波形产生电路方面,介绍正弦波、方波、三角波和锯波发生器。

通过本章学习,应掌握集成运算放大器应用电路的分析方法,以作为进一步学习、理解和使用其他应用电路的基础。

为了与由集成运算放大器组成的正弦波振荡电路相配合,本章还介绍了分立元件 LC 正弦波振荡电路和石英晶体正弦波振荡电路。

5.1　理想集成运算放大器

视频 5.1
集成运放应用电路的分析方法

5.1.1　理想集成运算放大器的条件

所谓理想集成运算放大器,应满足以下一些条件:

① 开环差模电压放大倍 $A_{od} = \infty$;

② 差模输入电阻 $r_{id} = \infty$;

③ 输出电阻 $r_o = 0$;

④ 共模抑制比 $K_{CMR} = \infty$ ；

⑤ 开环带宽 $BW = \infty$ ；

⑥ 没有温度漂移和噪声。

理想集成运算放大器实际上是不存在的,但是,随着集成运算放大器制造技术的不断发展,现在已能生产出很多类型的高性能集成运算放大器,它们的性能指标已日趋接近理想条件。所以,利用理想集成运算放大器的概念,对各种集成运算放大器的应用电路进行分析和计算,既可简化分析和计算过程,又不致引起明显的误差。因此,在以后对集成运算放大器的各种应用电路的分析中,都将集成运算放大器当成理想器件来考虑。

在理想情况下,运算电路的输出电压与输入电压的关系仅取决于输入电路和反馈网络的形式和参数,而与集成运算放大器的参数无关。改变输入电路和反馈网络的形式和参数,便可实现不同的运算关系。实际运算放大器的参数越接近理想情况,运算电路的运算精度就越高。

5.1.2 工作在线性区的理想集成运算放大器

从第 3 章介绍的集成运算放大器的电压传输特性可知,集成运算放大器可工作在线性区和非线性区。

当集成运算放大器的输出和输入之间引入深度负反馈时,集成运算放大器将工作在线性区。对于工作在输出电压与输入电压呈线性关系范围内的理想集成运算放大器,利用理想条件,可以得到以下两个极为重要的概念。

1. 关于"虚短"的概念

当理想集成运算放大器工作在线性区时,因它的输出电压 u_O 为有限值,而在理想条件下 $A_{od} = \infty$,所以有

$$u_{ID} = u_P - u_N = \frac{u_O}{A_{od}} = 0 \tag{5.1.1}$$

或

$$u_P = u_N \tag{5.1.2}$$

这就是说,对于工作在线性区的理想集成运算放大器而言,它的同相输入端与反相输入端之间相当于短路。但是,相当于短路并不是真正短路,因为真正短路后就没有输出电压了,故称为"虚短"。

2. 关于"虚断"概念

因为理想集成运算放大器的净输入电压 $u_{ID} = 0$,而且它的差模输入电阻 $r_{id} = \infty$,所以,理想集成运算放大器的同相输入端和反相输入端就不会从外电路吸取电流,可见流过理想集成运算放大器两个输入端的电流为零,即

$$i_P = i_N = 0 \tag{5.1.3}$$

这样,就可以把理想集成运算放大器的同相输入端和反相输入端视为断开的。但

是,视为断开并不是真正断开,因为真正断开后由运算放大器组成的电路就无法正常工作了,故称它为"虚断"。

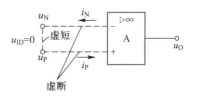

图 5.1.1 关于"虚短"和"虚断"的概念

"虚短"和"虚断"是理想集成运算放大器工作在线性区的两个重要概念。图 5.1.1 形象地表示了"虚短"和"虚断"的概念。

5.2 模拟信号运算电路

为了实现输出电压与输入电压的某种运算关系,运算电路中的集成运算放大器应工作在线性区。为了稳定输出电压,电路中必须引进深度的电压负反馈。

在运算电路中,输入电压和输出电压均为对"地"而言。

5.2.1 比例运算电路

能将模拟输入信号进行比例运算的电路称为比例运算电路,简称比例电路。比例运算电路有反相输入和同相输入两种形式,下面分别加以介绍。

一、反相比例运算电路

1. 电路的说明

反相比例运算电路如图 5.2.1 所示。该电路与图 4.2.3 相似,是一个电压并联负反馈电路。

在图 5.2.1 中,模拟输入信号 u_1 经电阻 R_1 加到集成运算放大器的反相输入端;电阻 R_f 是沟通输出回路和输入回路的中间环节,给电路引进负反馈。

在图 5.2.1 中,集成运算放大器的同相输入端接有电阻 R_2。这个电阻称为平衡电阻,其作用是保证集成运算放大器两个输入端的静态输入电流在两个输入端的外接电阻上产生相等的压降。我们知道,当集成运算放大器的输入级是由晶体管差分放大电路组成时,静态时(即 $u_1 = 0$,相当于电路的输入端接地),会有电流 I_{IB} 流入差分放大电路的两个输入端(即集成运算放大器的同相和反相输入端),若集成运算放大器的两个输入端的外接电阻不相等,就会有一个附加差模输入电压加在两个输入端之间,使静态时的输出电压不为零。为了保证静态时的输出电压等于零(相当于输出端接地),则由图 5.2.2 所示的等效电路可知,必须使平衡电阻 R_2 为

$$R_2 = R_1 \mathbin{/\mkern-5mu/} R_f = \frac{R_1 R_f}{R_1 + R_f} \tag{5.2.1}$$

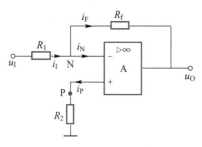

图 5.2.1　反相比例运算电路

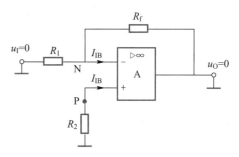

图 5.2.2　求平衡电阻的等效电路

2. 关于"虚地"的概念

对于如图 5.2.1 所示的反相比例运算电路,利用"虚短"和"虚断"的概念,可得

$$u_N = u_P = 0$$

即在反相比例运算电路中,集成运算放大器的反相输入端与地等电位,但是,又不是真正接地,故称为"虚地"。"虚地"概念的存在,是反相输入运算电路的重要特征。

3. 输出电压与输入电压的关系

在图 5.2.1 中,利用"虚地"和"虚断"的概念,可得

$$u_N = u_P = 0$$

$$i_P = i_N = 0$$

故有

$$i_I = i_F$$

而

$$i_I = \frac{u_I - u_N}{R_1} = \frac{u_I}{R_1}$$

$$i_F = \frac{u_N - u_O}{R_f} = -\frac{u_O}{R_f}$$

因此,可得

$$u_O = -\frac{R_f}{R_1}u_I \tag{5.2.2}$$

式(5.2.2)表明,在集成运算放大器为理想的情况下,在如图 5.2.1 所示的反相比例运算电路中,输出电压与输入电压之间具有比例关系,其比例系数为 R_f/R_1,其值可大于、等于和小于 1。式(5.2.2)中的负号表示输出电压与输入电压的变化方向相反。对于正弦信号而言,其表示输出电压与输入电压反相;对于直流信号而言,其表示输出电压与输入电压的极性相反。

在图 5.2.1 中,当 $R_f = R_1$ 时,有 $u_O = -u_I$,此时,电路成为一个反相器,可用来完成变号运算。

4. 电路的主要特点

反相比例运算电路的主要特点如下。

① 由于 $u_P = u_N = 0$，即集成运算放大器的共模输入电压为零,因此,反相比例运算电路对集成运算放大器的共模抑制比 K_{CMR} 的要求较低。

② 由于电路中引进了深度电压负反馈,且 $1+AF \to \infty$,使电路的输出电阻 $R_o \to 0$,所以电路即使带上负载后其运算关系也不会改变。

③ 由于电路中引进了并联负反馈,尽管集成运算放大器的输入电阻为无穷大,但从电路的输入端和地之间看进去(也就是从电路的输入端和虚地之间看进去)电路的输入电阻为 $R_{if} = R_1$,即反向比例运算电路的输入电阻并不高。欲提高电路的输入电阻,必须增大 R_1。但是,在要求的比例系数 R_f/R_1 一定的情况下,若要增大 R_1 的值,就必须增大 R_f 的值,例如,当要求比例系数 $R_f/R_1 = 50$ 时,欲使电路的输入电阻 $R_{if} = R_1 = 100$ kΩ,就要求 $R_f = 5$ MΩ。当要求运算电路具有更高的输入电阻时,势必要求有更大的 R_f。然而当电阻的阻值太大时,由于制造工艺的原因,不仅会使电阻的稳定性变差、噪声增大,而且当电阻阻值的数量级接近于集成运算放大器的输入电阻时,电路的运算结果将不仅仅取决于反馈网络的参数,还将与集成运算放大器的参数有关。在实际运算电路中,常要求仅用阻值较小的电阻,就能达到既提高运算电路的比例系数又获得较高的输入电阻的目的,为满足这个要求,可利用 T 型网络代替图 5.2.1 中的 R_f(见习题 5.4.2 的图 P5.4.2)。

二、同相比例运算电路

1. 电路的说明

同相比例运算电路如图 5.2.3 所示。该电路是一个电压串联负反馈电路。在图 5.2.3 中,模拟输入信号 u_1 经电阻 R_2 加到集成运算放大器的同相输入端;电阻 R_f 是沟通输出回路与输入回路的中间环节,给电路引进负反馈;电阻 R_2 是平衡电阻,为保证集成运算放大器同相输入端和反相输入端的外接电阻相等,应使

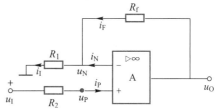

$$R_2 = R_1 \mathbin{/\!/} R_f = \frac{R_1 R_f}{R_1 + R_f}$$

图 5.2.3　同相比例运算电路

2. 输出电压与输入电压的关系

在图 5.2.3 中,利用"虚短"和"虚断"的概念,可得

$$u_N = u_P = u_I$$

$$i_P = i_N = 0$$

故有

$$i_I = i_F$$

而

$$i_F = \frac{u_O - u_N}{R_f} = \frac{u_O - u_I}{R_f}$$

$$i_I = \frac{u_N}{R_1} = \frac{u_I}{R_1}$$

因此,可得

$$u_0 = \frac{R_1 + R_f}{R_1} u_I = \left(1 + \frac{R_f}{R_1} \right) u_I \tag{5.2.3}$$

式(5.2.3)表明:① 在集成运算放大器为理想的情况下,在如图 5.2.3 所示的同相比例运算电路中,输出电压与输入电压之间也具有一定的比例关系,其比例系数($1+R_f/R_1$)总大于 1,即输出电压总大于输入电压;② 输出电压与输入电压的变化方向相同(对于正弦信号而言,表示输出电压与输入电压同相;对于直流信号而言,表示输出电压与输入电压的极性相同)。

3. 电路的主要特点

同相比例运算电路的主要特点是:

① 由于引进了深度的电压串联负反馈,同相比例运算电路的输入电阻可高达 1 000 MΩ 以上,但它的输出电阻则很低,一般可认为等于零。因此,同相比例运算电路实际上是一个受同相输入端电位控制的电压源,其输出电压非常稳定。

② 前已指出,在同相比例运算电路中,因 $u_N = u_P = u_I$,故电路中不仅不存在"虚地",而且在集成运算放大器的两个输入端加有大小等于输入电压的共模电压。因此,为了提高运算精度,在同相比例运算电路中,应采用共模抑制比 K_{CMR} 高的集成运算放大器。

三、电压跟随器

若将同相比例运算电路中的 R_1 开路,即可组成电压跟随器,如图 5.2.4 所示。

利用"虚断"和"虚短"的概念,可得

$$i_P = i_N = 0$$

$$u_P = u_N$$

$$u_I = u_P = u_N = u_O$$

由此可知,在图 5.2.4 所示的电路中,输出电压 u_O 与输入电压 u_I 不仅大小相等,而且相位相同(或极性相同),即输出电压完全跟随着输入电压而变化,故称为电压跟随器。由于它是一个深度

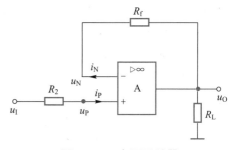

图 5.2.4　电压跟随器

电压串联负反馈电路,它的输入电阻可高达 10^{12} Ω,输出电阻可降低到 10^{-3} Ω,因此,与射极输出器和源极输出器相比,它具有更好的跟随性能,不仅能将输入信号真实地传输到负载电阻 R_L 上,而且从信号源吸取的电流极小。

5.2.2　加法运算电路和减法运算电路

如果要将几个模拟输入电压相加或相减,可以采用加法运算电路或减法运算电路来实现。对于加法运算电路,将介绍反相加法运算电路和同相加法运算电路。对于减法运算电路,将介绍差分式减法运算电路和具有高输入电阻的减法运算电路。

一、反相加法运算电路

1. 电路的说明

将两个模拟输入电压相加的反相加法运算电路
如图 5.2.5 所示,它是一个两端输入的电压并联负反
馈电路。图中,R_3 是平衡电阻,它应为

$$R_3 = R_1 /\!/ R_2 /\!/ R_f$$

2. 输出电压与输入电压的关系

利用"虚断"和"虚地"的概念,可得

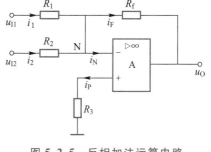

图 5.2.5 反相加法运算电路

$$i_P = i_N = 0$$

$$u_N = 0$$

$$i_1 = \frac{u_{I1}}{R_1}$$

$$i_2 = \frac{u_{I2}}{R_2}$$

$$i_F = -\frac{u_O}{R_f}$$

$$i_F = i_1 + i_2$$

故有

$$\frac{u_{I1}}{R_1} + \frac{u_{I2}}{R_2} = -\frac{u_O}{R_f}$$

因此,可得

$$u_O = -R_f\left(\frac{u_{I1}}{R_1} + \frac{u_{I2}}{R_2}\right) \tag{5.2.4}$$

若取 $R_1 = R_2 = R_f$,则式(5.2.4)变为

$$u_O = -(u_{I1} + u_{I2}) \tag{5.2.5}$$

这时,电路即可实现对两个输入信号的加法运算。

3. 电路的主要特点

反相加法运算电路的主要特点与反相比例运算电路相似。但是,应该指出:在反相加法
运算电路中,由于各个输入信号为运算电路提供的输入电流是各不相同的,所以从不同的输
入端看进去,电路的输入电阻是各不相同的。

在如图 5.2.5 所示的反相加法运算电路的基础上,可以扩展多个模拟输入电压的相加
运算。

二、同相加法运算电路

1. 电路的说明

图 5.2.6 是同相加法运算电路,模拟输入电压 u_{I1} 和 u_{I2} 经电阻加到集成运算放大器的同
相输入端,它是一个两端输入的电压串联负反馈电路。为了保证集成运算放大器两个输入

端的外接电阻相等,应使

$$R_4 /\!/ R_f = R_1 /\!/ R_2 /\!/ R_3$$

2. 输出电压与输入电压的关系

在图 5.2.6 中,利用同相比例运算电路的结果,可得输出电压 u_O 与集成运算放大器同相输入端电位 u_P 的关系为

$$u_O = \left(1 + \frac{R_f}{R_4}\right) u_P \qquad (5.2.6)$$

而 u_P 可由下式求得

$$\frac{u_{I1} - u_P}{R_1} + \frac{u_{I2} - u_P}{R_2} = \frac{u_P}{R_3}$$

$$u_P = R_P \left(\frac{u_{I1}}{R_1} + \frac{u_{I2}}{R_2}\right) \qquad (5.2.7)$$

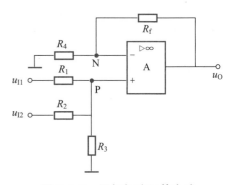

图 5.2.6 同相加法运算电路

式中

$$R_P = R_1 /\!/ R_2 /\!/ R_3$$

将式(5.2.7)代入式(5.2.6)中,可得

$$u_O = \left(1 + \frac{R_f}{R_4}\right) R_P \left(\frac{u_{I1}}{R_1} + \frac{u_{I2}}{R_2}\right) \qquad (5.2.8)$$

令

$$R_N = R_4 /\!/ R_f$$

则有

$$1 + \frac{R_f}{R_4} = \frac{R_f}{R_N}$$

此时,式(5.2.8)变为

$$u_O = \frac{R_P}{R_N} R_f \left(\frac{u_{I1}}{R_1} + \frac{u_{I2}}{R_2}\right)$$

当取 $R_P = R_N$ 时,即在 $R_4 /\!/ R_f = R_1 /\!/ R_2 /\!/ R_3$ 的条件下,同相加法运算电路输出电压与输入电压之间的关系为

$$u_O = R_f \left(\frac{u_{I1}}{R_1} + \frac{u_{I2}}{R_2}\right) \qquad (5.2.9)$$

式(5.2.9)与式(5.2.4)相比,只相差一个负号。

3. 电路的优缺点

（1）优点

与反相加法运算电路相比,同相加法运算电路的优点是输入电阻很高。

（2）缺点

① 在同相加法运算电路中,当调整某一路输入信号的电阻（R_1 或 R_2）时,必须同时改变 R_3 的数值,才能保证 $R_4 /\!/ R_f = R_1 /\!/ R_2 /\!/ R_3$ 的条件不受破坏,所以,使用起来不方便。

② 在同相加法运算电路中,集成运算放大器的共模输入电压较高。

三、减法运算电路

1. 利用差分式电路实现减法运算

（1）电路的说明

图 5.2.7 是用以实现两个模拟输入电压 u_{I1} 和 u_{I2} 相减的运算电路。图中,u_{I1} 经电阻 R_1 加到集成运算放大器的反相输入端,u_{I2} 经电阻 R_2 和 R_3 加到同相输入端,电阻 R_f 沟通了输出回路和输入回路,给电路引进负反馈。

为保证集成运算放大器两个输入端的外接电阻相等,应使 $R_2 /\!/ R_3 = R_1 /\!/ R_f$。

（2）输出电压与输入电压的关系

利用"虚短"和"虚断"的概念,可得

$$u_P = u_N$$

$$i_P = i_N = 0$$

$$i_F = i_1$$

$$u_N = u_{I1} - \frac{u_{I1} - u_O}{R_1 + R_f} R_1$$

$$u_P = \frac{R_3}{R_2 + R_3} u_{I2}$$

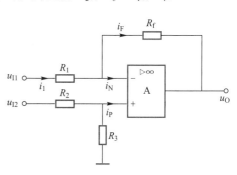

图 5.2.7　差分式电路实现减法运算

整理后可得

$$u_O = \left(1 + \frac{R_f}{R_1}\right) \frac{R_3}{R_2 + R_3} u_{I2} - \frac{R_f}{R_1} u_{I1} \tag{5.2.10}$$

若取 $R_1 = R_2$ 和 $R_3 = R_f$,则式（5.2.10）可简化为

$$u_O = \frac{R_f}{R_1}(u_{I2} - u_{I1}) \tag{5.2.11}$$

可见输出电压 u_O 与两个输入电压之差（$u_{I2} - u_{I1}$）成正比,故图 5.2.7 所示的差分式减法运算电路实际上是一个差分放大电路。

若取 $R_1 = R_2 = R_3 = R_f$,则式（5.2.11）变为

$$u_O = u_{I2} - u_{I1} \tag{5.2.12}$$

这时,电路可对两个模拟输入电压实现减法运算。

（3）几点说明

① 在差分式减法运算电路中不存在"虚地"。

② 在差分式减法运算电路中,集成运算放大器两个输入端加有共模输入电压,为保证运算精度,应选用共模抑制比较高的集成运算放大器。

③ 该电路对元件的对称性要求较高,如果对称性较差,会带来较大的附加误差。

④ 电路的输入电阻不够高。

差分式减法运算电路常用作测量放大器。

2. 具有高输入电阻的减法运算电路

（1）电路的组成

由于用单个集成运算放大器组成的减法运算电路输入电阻不高,而且电阻的选取和调整也不方便,故在实际应用中常采用两级运算放大器组成减法运算电路。

图 5.2.8 是具有高输入电阻的减法运算电路。第一级为同相比例运算电路,第二级为差分式减法运算电路。

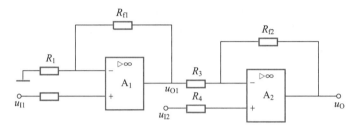

图 5.2.8　具有高输入电阻的减法运算电路

（2）输出电压与输入电压的关系

在分析多级运算电路时,由于电路中一般都引进了深度电压负反馈,其输出电阻可视为零,因此,可不考虑后级输入电阻对前级的影响,只要分别列出各级输出电压与输入电压之间的关系,通过联立求解的方法,即可获得整个电路输出电压与各输入电压之间的关系。

在图 5.2.8 中,由于第一级为同相比例运算电路,故有

$$u_{O1} = \left(1 + \frac{R_{f1}}{R_1} \right) u_{I1}$$

由于第二级为差分式减法运算电路,故利用叠加定理可得其输出电压为

$$u_O = - \frac{R_{f2}}{R_3} u_{O1} + \left(1 + \frac{R_{f2}}{R_3} \right) u_{I2}$$

若取 $R_1 = R_{f2}$、$R_3 = R_{f1}$,则有

$$u_O = \left(1 + \frac{R_{f2}}{R_3} \right) (u_{I2} - u_{I1}) \tag{5.2.13}$$

从图 5.2.8 所示电路的组成可知,无论是对于 u_{I1} 还是对于 u_{I2},由于两级运算电路均引进了深度串联负反馈,所以它们的输入电阻均可认为是无穷大。

5.2.3　积分运算电路和微分运算电路

一、积分运算电路

积分运算电路是自动控制和测量系统中的重要单元。利用积分运算电路与其他电路配合还可以组成方波、三角波和锯齿波发生器。

若将图 5.2.1 所示的反相比例运算放大电路中的反馈电阻改为电容 C,即可构成基本积分运算电路,如图 5.2.9 所示。积分运算电路是模拟计算机中的基本单元,也是控制和测量系统

中的重要单元。利用积分运算电路可以实现对输入信号的延时、定时,也可以和其他电路配合产生各种波形。

由于电路采用反相输入结构,可利用"虚地"和"虚断"的概念。由图 5.2.9 可得

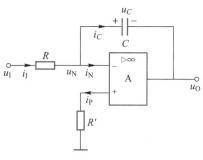

图 5.2.9 基本积分运算电路

$$i_P = i_N = 0$$

$$u_N = 0$$

$$i_I = i_C = \frac{u_I - u_N}{R} = \frac{u_I}{R}$$

i_C 就是电容器 C 的充电电流。设电容器 C 上的起始电压为零,则 C 上电压的变化规律为

$$u_C = u_N - u_O = \frac{1}{C}\int i_C \mathrm{d}t = \frac{1}{C}\int \frac{u_I}{R}\mathrm{d}t$$

或

$$u_O = -\frac{1}{RC}\int u_I \mathrm{d}t \tag{5.2.14}$$

式(5.2.14)表明,输出电压 u_O 与输入电压 u_I 成积分关系,负号表示输出电压与输入电压的变化方向相反。积分时间常数为 $\tau = RC$。

当输入电压 u_I 为如图 5.2.10(a)所示的阶跃电压时,$i_C = U_I/R = $ 常数,电容器 C 进行恒流充电,则有

$$u_O = -\frac{U_I}{RC}t \tag{5.2.15}$$

此时,输出电压 u_O 随时间作线性变化,如图 5.2.10 所示。由式(5.2.15)和图 5.2.10 可知,当 $t = \tau$ 时,$u_O = -U_I$。当 $t > \tau$ 时,u_O 随时间作线性下降,直到集成运算放大器进入饱和状态,使输出电压 $u_O = -U_{OM}$ 时,电路便停止积分。为克服这种情况,可在电容 C 的两端并联一个电阻,使电路形成负反馈通路,以阻止集成运算放大器进入饱和状态。

积分运算电路除了能完成积分运算电路外,还可以用来进行波形变换,将方波转换为三角波,如图 5.2.10(b)所示。

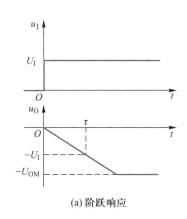

(a) 阶跃响应

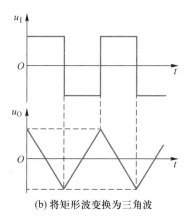

(b) 将矩形波变换为三角波

图 5.2.10 积分运算电路的波形分析

应该指出,式(5.2.14)和式(5.2.15)是在集成运算放大器为理想的情况下得到的。实际上,集成运算放大器的偏置电流、失调电压和失调电流及它们的温度漂移均不等于零,开环差模电压放大倍数、差模输入电阻及开环带宽也不是无穷大,积分电容器也存在着漏电,因此,实际的积分电路会产生积分误差。为了减小积分误差,可选用 A_{od} 和 r_{id} 大,I_{IB}、I_{IO} 和 U_{IO} 及它们的温度漂移都小的集成运算放大器,或选用输入级为场效晶体管的集成运算放大器,积分电容则应选用漏电小的电容器(如聚苯乙烯电容器、薄膜电容器等)。

二、微分运算电路

1. 基本微分运算电路

若将积分运算电路中电容和电阻的位置对调,便可组成基本微分运算电路,如图 5.2.11 所示。

由于电路采用反相输入结构,可以利用"虚地"和"虚断"的概念,故有

$$u_N = 0$$
$$i_P = i_N = 0$$
$$i_F = i_I$$

设电容器 C 上的起始电压为零,则当加入输入电压后,流过电容 C 的电流为

$$i_I = C \frac{du_I}{dt}$$

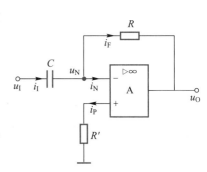

图 5.2.11　基本微分运算电路

利用 $i_F = i_I$ 和上式,由图 5.2.11 可得

$$u_N - u_O = i_F R = i_I R = RC \frac{du_I}{dt}$$

由于 $u_N = 0$,因此,可得

$$u_O = -RC \frac{du_I}{dt} \tag{5.2.16}$$

式(5.2.16)表明,输出电压 u_O 与输入电压 u_I 成微分关系。

当输入电压 u_I 为阶跃电压时,由于信号源总有内阻存在,所以,在 $t = 0$ 时,输出电压 u_O 仍为有限值。随着电容器 C 的充电,输出电压 u_O 将逐渐衰减到零,如图 5.2.12(a)所示。

微分运算电路除了能完成微分运算外,还可用来进行波形变换,将矩形波变换为尖脉冲。如图 5.2.12(b)所示。

2. 实用微分运算电路

(1) 基本微分运算电路的缺点

① 基本微分运算电路对高频噪声的反应特别敏感。

例如,当输入电压为正弦波 $u_I = \sin\omega t$ 时,其输出电压 $u_O = -RC\omega\cos\omega t$,即 u_O 的幅度将随信号频率的升高按线性规律增大,可见基本微分运算电路对高频噪声的反应特别敏感,严重时,输出端的高频噪声可将微分后的正常信号完全淹没。

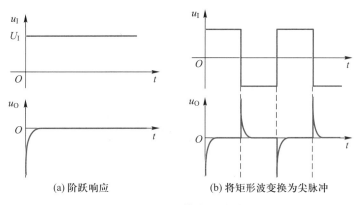

(a) 阶跃响应　　　　　　　　　(b) 将矩形波变换为尖脉冲

图 5.2.12　微分运算电路的波形分析

② 当输入电压发生突变时,因图 5.2.11 中 C 呈现的容抗极小,输入电流 i_1 和反馈电流 i_F 都会突然增大,可能导致反馈电流 i_F 与反馈电阻 R 的乘积超过集成运算放大器的最大输出电压 $\pm U_{OM}$,集成运算放大器因脱离放大区使基本微分运算电路无法正常工作。

（2）实用微分运算电路的工作原理

为了克服基本微分运算电路的缺点,可采取如图 5.2.13 所示的方法。

① 为了抑制高频噪声,可以在反馈电阻 R 两端并联电容器 C_1。在正常工作频率范围内,选择 $R_1 \ll 1/\omega C$（R_1 相当于短路）和 $R \ll 1/\omega C_1$（C_1 相当于开路）,R_1 和 C_1 对微分电路的正常工作影响极小。当频率升高到一定程度时,由于 C_1 容抗的减小,R 和 C_1 的作用会使电路的闭环放大倍数下降,从而达到了抑制高频干扰的目的。

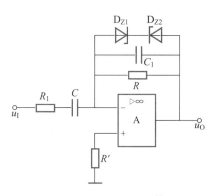

图 5.2.13　实用微分运算电路

② 为了限制输入电流 i_1 和反馈电流 i_F,可用一个小电阻 R_1 与微分电容器 C 相串联,并在反馈电阻 R 两端并联稳压管 D_{Z1} 和 D_{Z2},以限制输出电压的幅度,保证集成运算放大器工作在放大区。

三、比例-积分-微分（PID）运算电路

PID 运算电路如图 5.2.14 所示。根据"虚短"和"虚断"的概念,有

$$u_P = u_N = 0$$

由图可得

$$i_F = i_{C1} + i_1$$

$$i_{C1} = C_1 \frac{\mathrm{d} u_1}{\mathrm{d} t}$$

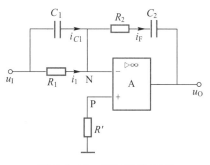

图 5.2.14　PID 运算电路

$$i_1 = \frac{u_1}{R_1}$$

$$u_O = -(u_{R2} + u_{C2})$$

$$u_{R2} = i_F R_2 = \frac{R_2}{R_1} u_1 + R_2 C_1 \frac{\mathrm{d}u_1}{\mathrm{d}t}$$

$$u_{C2} = \frac{1}{C_2} \int i_F \mathrm{d}t = \frac{1}{C_2} \int \left(C_1 \frac{\mathrm{d}u_1}{\mathrm{d}t} + \frac{u_1}{R_1} \right) \mathrm{d}t$$

$$= \frac{C_1}{C_2} u_1 + \frac{1}{C_2 R_1} \int u_1 \mathrm{d}t$$

所以

$$u_O = -\left(\frac{R_2}{R_1} + \frac{C_1}{C_2} \right) u_1 - \frac{1}{R_1 C_2} \int u_1 \mathrm{d}t - R_2 C_1 \frac{\mathrm{d}u_1}{\mathrm{d}t} \tag{5.2.17}$$

由式(5.2.17)可知,电路中包含比例、积分和微分运算,故称为 PID 运算电路。

由式(5.2.17)还可知:当 $R_2 = 0$(即将 R_2 短路)时,电路只进行比例和积分运算,成为 PI 运算电路;当 $C_2 = 0$(即将 C_2 短路)时,电路只进行比例和微分运算,成为 PD 运算电路。在自动控制系统中,常根据不同的控制要求,将 PID 运算电路组成不同的自动调节系统。在自动调节系统中,比例运算起放大作用,积分运算用以提高调节精度,微分运算则用以加速过渡过程。

5.2.4　对数运算电路和指数运算电路

在自动控制系统和测量仪表中,经常会遇到对数和指数运算的情况。例如,要实现两个变化量的相乘,可分别对它们取对数,然后将它们相加,最后取反对数,即可达到目的。

一、对数运算电路

1. 基本对数运算电路

(1) 电路的说明

若将反相比例运算电路中的反馈电阻 R_f 用一个晶体管代替,就可组成基本对数运算电路,如图 5.2.15 所示。

在图 5.2.15 中,晶体管的集电极为"虚地",相当于集电结短接,根据 PN 结的理想伏安特性可知,当集电极电流在 $10^{-9} \sim 10^{-8}$ A 的较宽广范围内变化时,集电极电流 i_C 与基极-发射极电压 u_{BE} 之间具有良好的对数关系,即

$$i_C \approx i_E = I_{ES}(\mathrm{e}^{u_{BE}/U_T} - 1) \tag{5.2.18}$$

在室温下, $U_T = 26$ mV。当 $u_{BE} \gg U_T$ 时, $\mathrm{e}^{u_{BE}/U_T} \gg 1$,则式(5.2.18)可简化为

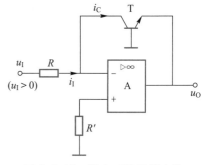

图 5.2.15　基本对数运算电路

$$i_{\mathrm{C}} \approx I_{\mathrm{ES}} \mathrm{e}^{u_{\mathrm{BE}}/U_T} \tag{5.2.19}$$

式中，I_{ES} 是晶体管发射结的反向饱和电流。

由式（5.2.19）可得

$$u_{\mathrm{BE}} \approx U_T \ln \frac{i_{\mathrm{C}}}{I_{\mathrm{ES}}} \tag{5.2.20}$$

（2）输出电压与输入电压的关系

在图 5.2.15 中，利用"虚地"的概念，可得

$$u_{\mathrm{O}} = - u_{\mathrm{BE}} \tag{5.2.21}$$

则由式（5.2.20）和式（5.2.21）可得

$$u_{\mathrm{O}} \approx - U_T \ln \frac{i_{\mathrm{C}}}{I_{\mathrm{ES}}} = - U_T \ln \frac{i_{\mathrm{I}}}{I_{\mathrm{ES}}}$$

$$= - U_T \ln \frac{u_{\mathrm{I}}}{R I_{\mathrm{ES}}} \tag{5.2.22}$$

式（5.2.22）表明，电路的输出电压和输入电压之间具有对数关系。

（3）几点说明

① 因 $u_{\mathrm{O}} = -u_{\mathrm{BE}}$，故电路输出电压的幅值不能超过 0.7 V。

② 该电路要求输入信号为正值，否则晶体管的发射结将处于反向偏置，使电路处于开环状态，输出电压将等于集成运算放大器的正向最大电压 $+U_{\mathrm{OM}}$，使对数运算终止。

③ 对于图 5.2.15 所示的电路，它的输出电压 u_{O} 与对温度敏感的 U_T 和 I_{ES} 有关，故电路的运算精度受温度的影响很大。

2. 有温度补偿的集成对数运算电路

为了减小温度变化对对数运算结果的影响，人们设计出了具有温度补偿的集成对数运算电路。

（1）电路的说明

具有温度补偿的 ICL8048 型集成对数运算电路如图 5.2.16 所示，点画线框内为集成电路，点画线框外为外接电阻。图中 A_1 和 T_1 组成基本对数运算电路；T_2 对 T_1 进行补偿（在集成电路中 T_2 和 T_1 特性相同），用以消除 I_{ES} 对运算结果的影响；A_2 组成同相比例运算电路。

（2）工作原理

在图 5.2.16 中，对于 T_1 和 T_2 而言，有

$$u_{\mathrm{BE1}} \approx U_T \ln \frac{i_{\mathrm{C1}}}{I_{\mathrm{ES1}}}$$

$$u_{\mathrm{BE2}} \approx U_T \ln \frac{i_{\mathrm{C2}}}{I_{\mathrm{ES2}}}$$

因 T_1、T_2 的 $I_{\mathrm{ES1}} = I_{\mathrm{ES2}}$，故可得

$$u_{\mathrm{B2}} = u_{\mathrm{BE2}} - u_{\mathrm{BE1}} = -U_T \ln \frac{i_{\mathrm{C1}}}{i_{\mathrm{C2}}} \tag{5.2.23}$$

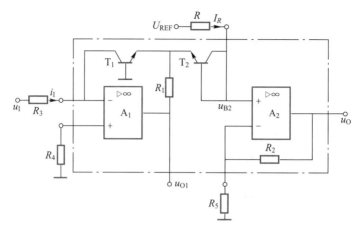

图 5.2.16　具有温度补偿的 ICL8048 型集成对数运算电路

由于

$$i_{C1} = i_I = \frac{u_1}{R_3} \tag{5.2.24}$$

$$i_{C2} = I_R = \frac{U_{REF} - u_{B2}}{R}$$

当 $U_{REF} \gg u_{B2}$ 时, 可得

$$i_{C2} \approx \frac{U_{REF}}{R} \tag{5.2.25}$$

将式(5.2.24)和式(5.2.25)代入式(5.2.23)中, 可得

$$u_{B2} = -U_T \ln\frac{i_{C1}}{i_{C2}} \approx -U_T \ln\frac{u_1 R}{U_{REF} R_3}$$

因此, 可得电路的输出电压为

$$u_O = \left(1 + \frac{R_2}{R_5}\right) u_{B2} = -\left(1 + \frac{R_2}{R_5}\right) U_T \ln\frac{u_1 R}{U_{REF} R_3} \tag{5.2.26}$$

式(5.2.26)表明, 在图 5.2.16 所示的 ICL8048 型集成对数运算电路中, 由于利用了两个特性相同的晶体管进行补偿, 消去了 I_{ES} 对对数运算的影响, 故可使运算结果的温度稳定性大为提高。

图 5.2.16 所示电路还利用具有正温度系数的热敏电阻 R_5 对 U_T 进行补偿。当环境温度升高时, R_5 的阻值会增大, 使同相比例运算电路的放大倍数 $(1 + R_2/R_5)$ 减小, 补偿了因 U_T 随环境温度升高而增大对运算结果的影响。

二、指数运算电路

若将图 5.2.15 中的晶体管与电阻的位置对调, 便可组成基本指数运算电路, 如图 5.2.17 所示。

1. 输出电压与输入电压的关系

利用"虚地"和"虚断"的概念, 可得

$$i_F = i_E \approx I_{ES} e^{u_{BE}/U_T} \qquad (5.2.27)$$

因为 $u_{BE} = u_1$，故有

$$i_F \approx I_{ES} e^{u_1/U_T}$$

考虑到 $u_O = -i_F R_f$，因此可得

$$u_O = -i_F R_f \approx -I_{ES} R_f e^{u_1/U_T} \qquad (5.2.28)$$

式(5.2.28)表明，电路的输出电压与输入电压之间呈指数关系。

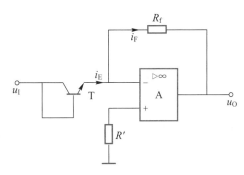

图 5.2.17　基本指数运算电路

2. 几点说明

① 为了保证晶体管的发射结处于正向偏置状态，输入电压必须为正值。

② 对于图 5.2.17 所示的电路，它的输出电压 u_O 也与对温度敏感的 U_T 和 I_{ES} 有关，故电路的运算精度受温度的影响也很大。

③ 为了减小温度变化对指数运算结果的影响，人们又设计出了具有温度补偿的集成指数运算电路，如图 5.2.18 所示。它的工作原理与集成对数运算电路类似：利用两个晶体管特性的对称性以消除 I_{ES} 对指数运算结果的影响；利用热敏电阻补偿 U_T 的变化对运算结果的影响，读者可以自己推导电路的运算关系。

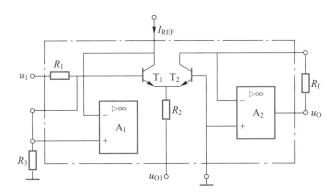

图 5.2.18　具有温度补偿的集成指数运算电路

5.3　集成模拟乘法器

模拟乘法器是能使输出电压与两个模拟输入电压的乘积成正比的非线性电子器件，是模拟集成电路的一个主要分支。利用模拟乘法器，既可以实现乘法、除法、乘方、开方运算，还可以用于模拟信号的处理，其在自动控制系统、仪表、广播电视和通信设备中有着广泛的应用。模拟乘法器的种类很多，下面介绍对数跨导式模拟乘法器的工作原理及其简单应用。

5.3.1 对数模拟乘法器的框图

欲实现对两个模拟输入电压的相乘,根据对数的性质,可按这样的思路进行:① 先将两个模拟输入电压 u_{I1} 和 u_{I2} 分别作为两个对数运算电路的输入电压,进行对数运算;② 再把两个对数运算电路的输出电压作为加法运算电路的输入电压,进行加法运算;③ 最后把加法运算电路的输出电压作为反对数运算电路的输入电压,进行反对数运算。那么,反对数运算电路的输出电压必将与 u_{I1} 和 u_{I2} 的乘积成正比。根据以上的思路,便可得到如图 5.3.1 所示的对数模拟乘法器的原理框图。

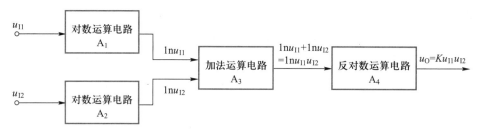

图 5.3.1 对数模拟乘法器的原理框图

由图 5.3.1 可得

$$u_O = K u_{I1} u_{I2}$$

若将图 5.3.1 中的 A_3 改为减法运算电路,便可完成除法运算,即

$$u_O = K \frac{u_{I1}}{u_{I2}}$$

5.3.2 变跨导式模拟乘法器

1. 电路的组成

变跨导式模拟乘法器是在具有恒流源的差分放大电路的基础上发展而来的。图 5.3.2 是变跨导式模拟乘法器的原理电路。图中,T_1 和 T_2 组成差分放大电路,T_3 组成由输入电压 u_{I2} 控制的恒流源。

2. 输出电压与输入电压的关系

已知差分放大电路的差模电压放大倍数为

$$A_d = \frac{u_O}{u_{I1}} = -\frac{\beta R_c}{r_{be}} \qquad (5.3.1)$$

晶体管的输入电阻为

$$r_{be} = 300(\Omega) + (1+\beta)\frac{26(\mathrm{mV})}{I_E(\mathrm{mA})} = 300 + (1+\beta)\frac{U_T}{I_E}$$

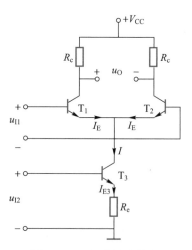

图 5.3.2 变跨导式模拟乘法器的原理电路

式中,I_E是T_1、T_2的静态发射极电流。当电路的参数对称时,$I_E = I/2$。在I_E较小和β较大的情况下,晶体管输入电阻的表达式可简化为

$$r_{be} \approx 2\beta \frac{U_T}{I}$$

将上式代入式(5.3.1)中,可得

$$A_d = \frac{u_O}{u_{I1}} \approx -\frac{R_c I}{2 U_T} \tag{5.3.2}$$

式(5.3.2)表明,差分放大电路的差模电压放大倍数与电流源I成正比。由图5.3.2可得电流源I为

$$I \approx I_{E3} = \frac{u_{I2} - U_{BE3}}{R_e}$$

当输入电压$u_{I2} \gg U_{BE3}$时,有

$$I \approx \frac{u_{I2}}{R_e}$$

把上式代入式(5.3.2)中,可得差分放大电路的输出电压为

$$u_O \approx -\frac{R_c}{2 U_T R_e} u_{I1} u_{I2} \tag{5.3.3}$$

式(5.3.3)表明图5.3.2所示电路的输出电压u_O与两个模拟输入电压u_{I1}和u_{I2}的乘积成正比。

3. 几点说明

① 在图5.3.2中,由于差分放大电路的差模电压放大倍数A_d与电流源I成正比,电流源I又受输入电压u_{I2}控制,电流源I的变化会导致差分管T_1和T_2的跨导变化,故把图5.3.2所示的模拟乘法器称为变跨导式模拟乘法器(详见本教材所列参考书目的有关教材)。

② 为使恒流源I正常工作,要求输入电压u_{I2}为大于T_3发射结死区电压的正值。

③ 为了使差分放大电路工作在线性区,输入电压u_{I1}必须为不等于零的小信号,但u_{I1}可为正值,也可为负值,由于这个缘故,常把如图5.3.2所示的模拟乘法器称为两象限模拟乘法器。

④ 为了使u_{I1}和u_{I2}均可为正值或负值,可采用两级差分放大电路组成四象限模拟乘法器。关于这种模拟乘法器,读者可参阅其他电子技术基础教材。

5.3.3 集成模拟乘法器的图形符号

集成模拟乘法器的图形符号如图5.3.3所示,它有两个输入端和一个输出端,其输入电压和输出电压均为对"地"而言。输出电压u_O与两个模拟输入电压u_{I1}和u_{I2}的乘积成正比,即

$$u_O = K u_{I1} u_{I2}$$

或

$$u_O = -K u_{I1} u_{I2}$$

式中,K 为正数。图 5.3.3(a)代表同相乘法器,图 5.3.3(b)代表反相乘法器。通常认为它们都是四象限模拟乘法器。

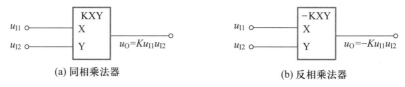

图 5.3.3　集成模拟乘法器的图形符号

5.3.4　模拟乘法器的应用

模拟乘法器的应用很广泛,现举几例说明。

1. 平方运算和立方运算

如图 5.3.4(a)所示,将模拟乘法器的两个输入端相连,就可实现平方运算,即

$$u_0 = Ku_1^2$$

如图 5.3.4(b)所示的电路,可以实现立方运算,即

$$u_0 = K^2 u_1^3$$

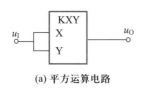
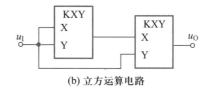

图 5.3.4　平方和立方运算电路

2. 压控增益电路

如图 5.3.5 所示,若在模拟乘法器的一个输入端加信号输入电压 u_1,在另一个输入端加直流控制电压 U,则模拟乘法器的输出电压为

$$u_0 = KUu_1$$

亦即模拟乘法器的增益(即电压放大倍数)为

$$A_u = u_0/u_1 = KU$$

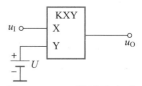

图 5.3.5　压控增益电路

改变直流控制电压 U 的大小,就可控制电压放大倍数的大小,故把图 5.3.5 所示的电路称为压控增益电路。

3. 除法运算电路

将集成模拟乘法器与集成运算放大器按图 5.3.6 相连,即可实现对两个模拟输入电压 u_{11} 和 u_{12} 的除法运算。

在图 5.3.6 中,利用"虚断"和"虚地"概念,可得

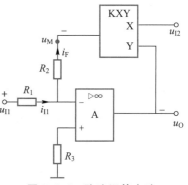

图 5.3.6　除法运算电路

$$i_{11} = i_F$$

$$\frac{u_{11}}{R_1} = -\frac{u_M}{R_2}$$

由乘法器的功能可得

$$u_M = K u_{12} u_O$$

即

$$\frac{u_{11}}{R_1} = -\frac{K u_{12} u_O}{R_2}$$

因此可得

$$u_O = -\frac{R_2 u_{11}}{K R_1 u_{12}}$$

若取 $R_1 = R_2$，则有

$$u_O = -\frac{1}{K} \cdot \frac{u_{11}}{u_{12}}$$

可见电路的输出电压 u_O 与两个模拟输入电压 u_{11} 和 u_{12} 的商成正比。

应该指出，在图 5.3.6 中必须使 $u_{12} \geqslant 0$，否则因反馈极性为正，电路将无法正常工作。

5.4 信号处理电路

在自动控制系统中，经常要遇到对信号进行处理的问题，例如，信号的滤波、信号幅度的比较和选择、信号的取样与保持等。在这一节里，我们介绍信号的滤波和信号幅度的比较，而将信号的取样与保持放到数字电路部分介绍。应该指出，在有源滤波电路中，集成运算放大器一般工作在线性区，而在信号幅度比较电路中，集成运算放大器则工作在非线性区。

5.4.1 有源滤波电路

视频 5.2
有源滤波器
概述

一、基本概念

1. 滤波电路的作用与分类

（1）滤波电路的作用

滤波电路是能使特定频率范围内的信号顺利地通过，而阻止其他频率范围信号的电路。

（2）滤波电路的分类

滤波电路是可以只用一些无源元件（如电阻、电容和电感）组成，也可以用无源元件（电阻和电容）与集成运算放大器等有源器件联合组成。前者称为无源滤波电路，后者称为有源滤波电路。

（3）有源滤波电路的优缺点

有源滤波电路的主要优点是对输入信号具有一定的放大作用,输入电阻高,输出电阻低,因而输入与输出之间不仅具有良好的隔离性能,而且具有较强的带负载能力。

有源滤波电路的主要缺点是,由于通用型集成运算放大器的频带较窄,故它的工作频率受到限制,一般在几十千赫以下。

在工程中,常将有源滤波电路用于信号处理、数据传送和抑制干扰等场合。

2. 有源滤波电路的类型

（1）有源滤波电路的理想幅频特性

有源滤波电路的类型很多,通常都是以它们工作的频率范围来命名的。各种有源滤波电路的理想幅频特性如图 5.4.1 所示。

在图 5.4.1 中,我们把能够顺利通过的信号频率范围称为通带;把阻止通过或衰减的信号频率范围称为阻带;而把通带与阻带分界点的频率称为截止频率或转折频率 f_p;把通带中输出电压与输入电压之比称为通带电压放大倍数 $\dot{A}_{up}$,由图 5.4.1（a）可知,对于低通滤波电路来说,它是当输入电压的频率 $f = 0$ 时电路的电压放大倍数。

（2）有源滤波电路的类型

有源滤波电路按其工作频率范围区分,有以下四种类型:

① 低通滤波电路。它的理想幅频特性如图 5.4.1（a）所示。它是能使频率低于 f_p 的信号顺利通过,而抑制频率高于 f_p 的信号的滤波电路。主要用于通过低频信号（或直流成分）的场合,或用于削弱高次谐波及高频干扰和噪声的场合。

② 高通滤波电路。它的理想幅频特性如图 5.4.1（b）所示。它是能使频率高于 f_p 的信号顺利通过,而抑制频率低于 f_p 的信号的滤波电路。主要用于通过高频信号和削弱低频（或直流成分）的场合。

③ 带阻滤波电路。它的理想幅频特性如图 5.4.1（c）所示。它是能抑制频率在 f_{p1} 到 f_{p2}

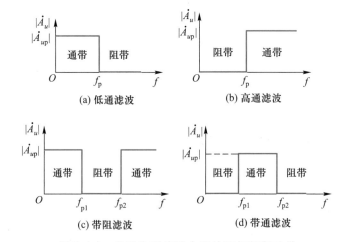

图 5.4.1　各种有源滤波电路的理想幅频特性

之间的信号,而允许频率低于f_{p1}和高于f_{p2}的信号顺利通过的滤波电路。主要用于抑制某个频率范围内的信号、干扰和噪声的场合。

④ 带通滤波电路。它的理想幅频特性如图5.4.1(d)所示。它是只允许频率在f_{p1}到f_{p2}范围内的信号顺利通过,而抑制频率低于f_{p1}和高于f_{p2}的信号的滤波电路。主要用于突出有用频段信号的场合,或用于削弱其余频段的信号、干扰和噪声的场合。

（3）实际低通滤波电路的幅频特性

实际的低通滤波电路的幅频特性如图5.4.2所示。在通带和阻带之间有一个过渡带;使$|\dot{A}_u| = 0.707|\dot{A}_{up}|$的频率称为通带截止频率$f_{\mathrm{p}}$;从$f_{\mathrm{p}}$到$|\dot{A}_u|$接近零的频段称为过渡带;使$|\dot{A}_u|$趋近零的频段称为阻带。滤波电路实际的幅频特性越接近理想幅频特性,其滤波性能越好。

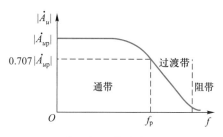

图 5.4.2　实际低通滤波电路的幅频特性

下面介绍几种有源滤波电路的工作原理和性能。

二、有源低通滤波电路

1. 一阶有源低通滤波电路

（1）无源低通 RC 滤波电路

图5.4.3是由电阻和电容组成的无源低通滤波电路,它实际上是第2章中介绍的低通RC网络。

低通 RC 网络输出电压与输入电压的比为

$$\dot{A}_u = \frac{\dot{U}_o}{\dot{U}_i} = \frac{\dfrac{1}{\mathrm{j}\omega C}}{R + \dfrac{1}{\mathrm{j}\omega C}} = \frac{1}{1 + \mathrm{j}\omega RC} = \frac{1}{1 + \mathrm{j}\dfrac{\omega}{\omega_{\mathrm{H}}}} = \frac{1}{1 + \mathrm{j}\dfrac{f}{f_{\mathrm{H}}}} \tag{5.4.1}$$

式中

$$\omega_{\mathrm{H}} = \frac{1}{RC}$$

$$f_{\mathrm{H}} = \frac{1}{2\pi RC}$$

由式(5.4.1)可知,当信号频率$f \ll f_{\mathrm{H}}$时,$|\dot{A}_u|$接近于1,此时,信号能顺利通过RC网络;当信号频率$f > f_{\mathrm{H}}$后,随着f的逐渐上升,$|\dot{A}_u|$将逐渐下降,信号频率f越高,$|\dot{A}_u|$衰减得越厉害。可见,图5.4.3所示的电路能使$0 \sim f_{\mathrm{H}}$频率范围内的信号顺利地通过,而使$f > f_{\mathrm{H}}$频率范围内的信号受到抑制,故电路具有低通滤波的特点。

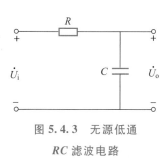

图 5.4.3　无源低通
RC 滤波电路

（2）一阶低通有源滤波电路的分析

若将图5.4.3所示的无源低通RC滤波电路接到同相比例运算电路的输入端,便可组成简单的一阶低通有源滤波电路,如图 5.4.4(a)所示。它不仅能让低频信号顺利通过,滤除高频干扰和噪声,而且还对低频信号起放大作用。

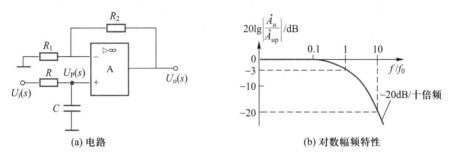

(a) 电路   (b) 对数幅频特性

图 5.4.4 一阶低通有源滤波电路

分析滤波电路的关键是研究它的频率特性。

在分析有源滤波电路时,一般都通过"拉氏变换"将电压和电流变换成"象函数"$U(s)$ 和 $I(s)$,因而电阻的 $R(s) = R$,电容的 $Z_C(s) = 1/sC$,电感的 $Z_L(s) = sL$,输出量与输入量之比称为传递函数,即

$$A_u(s) = \frac{U_o(s)}{U_i(s)}$$

对于如图 5.4.4(a)所示的一阶低通有源滤波电路,便可得到电路的传递函数为

$$A_u(s) = \frac{U_o(s)}{U_i(s)} = \left(1 + \frac{R_2}{R_1}\right) \cdot \frac{U_p(s)}{U_i(s)}$$

$$= \left(1 + \frac{R_2}{R_1}\right) \frac{\dfrac{1}{sC}}{\dfrac{1}{sC} + R} = \left(1 + \frac{R_2}{R_1}\right) \frac{1}{1 + sRC} \tag{5.4.2}$$

将 s 换成 $j\omega$,且令

$$f_0 = \frac{1}{2\pi RC}$$

可得一阶低通有源滤波电路的电压放大倍数为

$$\dot{A}_u = \frac{\dot{U}_o}{\dot{U}_i} = \left(1 + \frac{R_2}{R_1}\right) \frac{1}{1 + j\dfrac{f}{f_0}} \tag{5.4.3}$$

式(5.4.2)表明,电路的传递函数是一阶的,故称图 5.4.4(a)所示的滤波电路为一阶低通有源滤波电路。

式(5.4.3)中,f_0 称为特征频率。令 $f = 0$,可知该滤波电路的电压放大倍数就是它的通带电压放大倍数,并等于同相比例运算电路的电压放大倍数,即

$$\dot{A}_u \big|_{f=0} = \dot{A}_{up} = 1 + \frac{R_2}{R_1} \tag{5.4.4}$$

由式(5.4.3)和式(5.4.4)得一阶低通有源滤波电路的电压放大倍数为

$$\dot{A}_u = \frac{\dot{A}_{up}}{1 + j\dfrac{\omega}{\omega_0}} = \frac{\dot{A}_{up}}{1 + j\dfrac{f}{f_0}} \tag{5.4.5a}$$

$$\left|\frac{\dot{A}_u}{\dot{A}_{up}}\right| = \frac{1}{\sqrt{1 + \left(\dfrac{\omega}{\omega_0}\right)^2}} \quad \frac{1}{\sqrt{1 + \left(\dfrac{f}{f_0}\right)^2}} \tag{5.4.5b}$$

由式(5.4.5b)便可画出一阶低通有源滤波电路的对数幅频特性,如图 5.4.4(b)所示。由图可知,电路能使 $0 \sim f_0$ 频率范围内的信号顺利地通过,而使 $f > f_0$ 频率范围内的信号受到抑制,故电路具有低通滤波的特点。此外,当 $f = f_0$ 时,$20\lg\left|\dfrac{\dot{A}_u}{\dot{A}_{up}}\right| = -3\ \text{dB}$,可见 f_0 就是 $-3\ \text{dB}$ 截止频率 f_p。低通滤波电路的截止频率 f_p 经常用 f_H 表示,f_H 也称为上限频率。当 $f = 10 f_0$ 时,$20\lg\left|\dfrac{\dot{A}_u}{\dot{A}_{up}}\right| = -20\ \text{dB}$,即当 $f \gg f_0$ 后,输出电压是以 $-20\ \text{dB}/10$ 倍频的斜率衰减的。

一阶低通有源滤波电路的优点是电路简单,其缺点是滤波效果不够理想。理想的滤波效果应是在 $f > f_0$ 时能使滤波电路的输出电压立即下降到零。而图 5.4.4(a)所示电路的实际情况是在 $f \gg f_0$ 时,输出电压是以 $-20\ \text{dB}/10$ 倍频的斜率衰减的。

2. 二阶压控电压源低通有源滤波电路

(1)电路的说明

为了改善滤波效果,常将两节 RC 电路串联起来,组成二阶有源滤波电路。

二阶压控电压源低通有源滤波电路如图 5.4.5(a)所示。图中,集成运算放大器和 R_1、R_2 组成同相比例运算电路,它实际上是一个受同相输入端电位控制的电压源,所以将该电路称为压控电压源低通有源滤波电路。该电路的特点是输入电阻高,输出电阻低。

视频 5.3
二阶有源滤
波器

由于电路中通过电容 C_1 引入了正反馈,增大了 $f = f_0$ 附近的电压放大倍数,电路的滤波特性将接近理想情况。

(2)滤波效果分析

在图 5.4.5(a)中,设 $C_1 = C_2 = C$,则可列出 M 点和 P 点的电流方程分别为

$$\frac{U_i(s) - U_M(s)}{R} = \frac{U_M(s) - U_o(s)}{\dfrac{1}{sC}} + \frac{U_M(s) - U_P(s)}{R} \tag{5.4.6}$$

$$\frac{U_M(s) - U_P(s)}{R} = \frac{U_P(s)}{\dfrac{1}{sC}} \tag{5.4.7}$$

由式(5.4.6)和式(5.4.7)可得二阶压控电压源低通有源滤波电路的传递函数为

$$A_u(s) = \frac{A_{up}(s)}{1 + [3 - A_{up}(s)]sRC + (sRC)^2} \tag{5.4.8}$$

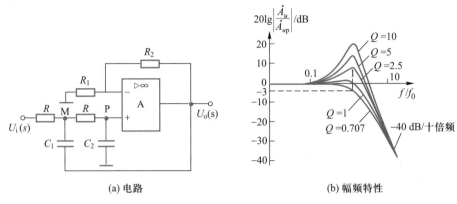

(a) 电路　　　　　　　　　　(b) 幅频特性

图 5.4.5　二阶压控电压源低通有源滤波电路

式(5.4.8)表明,只有当该滤波电路的通带电压放大倍数 $\dot{A}_{up} = 1 + \dfrac{R_2}{R_1}$ 小于 3 时,电路才能稳定工作,不产生自激振荡。

令 $s = j\omega$,$f_0 = \dfrac{1}{2\pi RC}$,则二阶压控电压源低通有源滤波电路的电压放大倍数为

$$\dot{A}_u = \frac{\dot{A}_{up}}{1 - \left(\dfrac{f}{f_0}\right)^2 + j\left[3 - \dot{A}_{up}\right]\dfrac{f}{f_0}} \tag{5.4.9}$$

令 $Q = \left|\dfrac{1}{3 - \dot{A}_{up}}\right|$,则 $f = f_0$ 时,有 $|\dot{A}_u|_{f=f_0} = \left|\dfrac{\dot{A}_{up}}{3 - \dot{A}_{up}}\right| = |Q\dot{A}_{up}|$,即品质因数为

$$Q = \frac{|\dot{A}_u|_{f=f_0}}{|\dot{A}_{up}|} \tag{5.4.10}$$

可见,二阶压控电压源低通有源滤波电路的品质因数 Q 是 $f=f_0$ 时的电压放大倍数与通带放大倍数之比。

根据式(5.4.9)即可画出电路在 Q 为不同值时的幅频特性,如图 5.4.5(b)所示。由图可知,当 $Q = 0.707$ 时,幅频特性最平坦;当 $Q > 0.707$ 后,幅频特性出现峰值。当 $Q = 0.707$ 时,在 $f/f_0 = 1$ 处,$20\lg\left|\dfrac{\dot{A}_u}{\dot{A}_{up}}\right| = -3$ dB;在 $f/f_0 = 10$ 处,$20\lg\left|\dfrac{\dot{A}_u}{\dot{A}_{up}}\right| = -40$ dB。这表明当 $f \gg f_0$ 时,输出电压是以 -40 dB/10 倍频的斜率衰减的。所以,二阶压控电压源低通有源滤波电路的滤波效果要比一阶低通有源滤波电路好得多。

三、二阶压控电压源高通有源滤波电路

由第 2 章 2.8 节中的讨论已知,若将 RC 低通电路中的 R 和 C 的位置互换,就可得到 RC 高通电路。同理,若将一阶低通滤波电路中的电阻和电容互换,就可组成一阶高通滤波电路。

在图 5.4.5(a)所示的二阶压控电压源低通有源滤波电路中,若将电阻和电容的位置互换就可得到如图 5.3.6(a)所示的二阶压控电压源高通有源滤波电路。

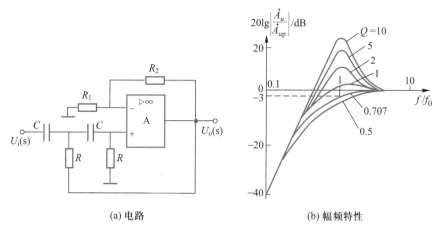

(a) 电路　　　　　　(b) 幅频特性

图 5.4.6　二阶压控电压源高通有源滤波电路

利用列出有关节点电流方程的方法,可以求得二阶压控电压源高通有源滤波电路的传递函数为

$$A_u(s) = A_{up}(s) \cdot \frac{(sRC)^2}{1 + [3 - A_{up}(s)]sRC + (sRC)^2} \tag{5.4.11}$$

式(5.4.11)表明,只有当 $A_{up}(s) < 3$ 时,滤波电路才能稳定工作,不产生自激振荡。

二阶压控电压源高通有源滤波电路的通带电压放大倍数为

$$\dot{A}_{up} = 1 + \frac{R_2}{R_1}$$

二阶压控电压源高通有源滤波电路的截止频率为

$$f_p = \frac{1}{2\pi RC}$$

高通滤波电路的截止频率 f_p 经常用 f_L 表示, f_L 也称为下限频率。

二阶压控电压源高通有源滤波电路的品质因数为

$$Q = \left| \frac{1}{3 - \dot{A}_{up}} \right|$$

电路在 Q 为不同值时的幅频特性如图 5.4.6(b)所示。由图 5.4.6(b)可知,当 $Q = 0.707$ 时,在 $f/f_0 = 1$ 处, $20\lg\left|\dfrac{\dot{A}_u}{\dot{A}_{up}}\right| = -3$ dB;在 $f/f_0 = 0.1$ 处, $20\lg\left|\dfrac{\dot{A}_u}{\dot{A}_{up}}\right| = -40$ dB。

四、二阶压控电压源带通有源滤波电路

1. 组成带通滤波电路的思路

组成带通滤波电路的思路,如图 5.4.7 所示,将低通滤波电路和高通滤波电路相串联,并使低通滤波电路的截止频率 f_{p1} 大于高通滤波电路的截止频率 f_{p2},便可组成通频带为 $f_{p1} - f_{p2}$ 的带通滤波电路。

(a) 低通滤波器的幅频特性　　(b) 高通滤波器的幅频特性

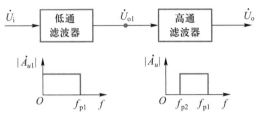

(c) 电路的组成

图 5.4.7　带通滤波电路的组成及其幅频特性

2. 二阶压控电压源带通有源滤波电路的幅频特性

在图 5.4.5(a) 所示的二阶压控电压源低通有源滤波电路中,如果将一级低通 RC 网络改为高通 RC 网络,就可得到如图 5.4.8(a) 所示的二阶压控电压源带通有源滤波电路。

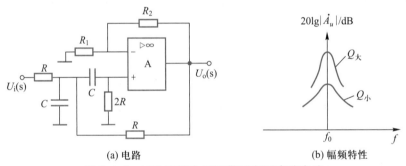

(a) 电路　　　　　　　　(b) 幅频特性

图 5.4.8　二阶压控电压源带通有源滤波电路

二阶压控电压源带通有源滤波电路的传递函数为

$$A_u(s) = A_{uf}(s) \frac{sCR}{1 + [3 - A_{uf}(s)] sCR + (sCR)^2} \qquad (5.4.12)$$

同相比例运算电路的电压放大倍数为

$$\dot{A}_{uf} = \frac{\dot{U}_o}{\dot{U}_p} = 1 + \frac{R_2}{R_1}$$

令中心频率为

$$f_0 = \frac{1}{2\pi RC}$$

则二阶压控电压源带通有源滤波电路的电压放大倍数为

$$\dot{A}_u = \frac{\dot{A}_{uf}}{3 - \dot{A}_{uf}} \cdot \frac{1}{1 + j \frac{1}{3 - \dot{A}_{uf}} \left(\frac{f}{f_0} - \frac{f_0}{f} \right)} \qquad (5.4.13)$$

当 $f = f_0$ 时,二阶压控电压源带通有源滤波电路的通带电压放大倍数为

$$\dot{A}_{up} = \frac{\dot{A}_{uf}}{|3 - \dot{A}_{uf}|} = Q \dot{A}_{uf} \tag{5.4.14}$$

令式(5.4.13)的分母的模为 $\sqrt{2}$,即式(5.4.13)分母虚部的绝对值为 1,解方程取正根,就可得到下限截止频率 f_{p1} 和上限截止频率 f_{p2} 分别为

$$f_{p1} = \frac{f_0}{2} \left[\sqrt{(3 - \dot{A}_{uf})^2 + 4} - (3 - \dot{A}_{uf}) \right] \tag{5.4.15}$$

$$f_{p2} = \frac{f_0}{2} \left[\sqrt{(3 - \dot{A}_{uf})^2 + 4} + (3 - \dot{A}_{uf}) \right] \tag{5.4.16}$$

因此,二阶压控电压源带通有源滤波电路的通频带为

$$f_{bw} = f_{p2} - f_{p1} = |3 - \dot{A}_{uf}| f_0 = \frac{f_0}{Q} \tag{5.4.17}$$

根据式(5.4.13)即可画出二阶压控电压源带通滤波电路的幅频特性,如图 5.4.8(b)所示。由图可知,Q 越大,电路的通带放大倍数越大,通频带越窄,选频特性越好。调整电路的 $\dot{A}_{up}$,即可以改变频带宽度。

五、二阶压控电压源带阻有源滤波电路

1. 组成带阻滤波电路的一种思路

组成带阻滤波电路的思路,如图 5.4.9 所示,先将输入电压同时作用于低通滤波电路和高通滤波电路,并使低通滤波电路的截止频率 f_{p1} 小于高通滤波电路的截止频率 f_{p2};然后将两个滤波电路的输出电压进行加法运算,便可组成阻带宽度为 $f_{p2} - f_{p1}$ 的带阻滤波电路。

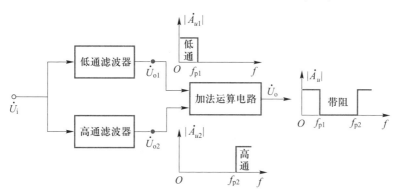

图 5.4.9 带阻滤波电路的框图

2. 二阶压控电压源带阻有源滤波电路的幅频特性

实用的带阻滤波电路是,先将无源低通滤波电路和高通滤波电路并联后组成无源带阻滤波电路,然后将它接到同相比例运算电路的输入端,从而组成如图 5.4.10(a)所示的二阶压控电压源带阻有源滤波电路。

在图 5.4.10(a)中,由于两个无源滤波电路的三个元件均构成 T 型网络,故称该电路为双 T 网络带阻有源滤波电路。电路中通过电阻 $R/2$ 引进了正反馈。

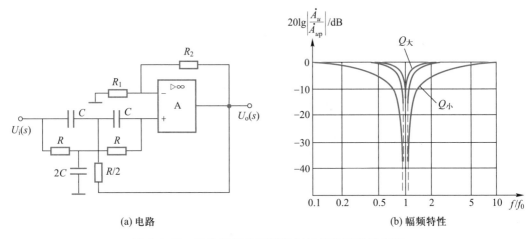

(a) 电路 (b) 幅频特性

图 5.4.10 二阶压控电压源双 T 网络带阻滤波电路

二阶压控电压源双 T 网络带阻有源滤波电路的传递函数为

$$A(s) = \frac{U_o(s)}{U_i(s)} = \frac{A_{uf}[1+(sCR)^2]}{1+2(2-A_{uf})sCR+(sCR)^2}\qquad(5.4.18)$$

二阶压控电压源双 T 网络带阻有源滤波电路的通带电压放大倍数就是同相比例运算电路的电压放大倍数,即

$$\dot{A}_{up} = \dot{A}_{uf} = \frac{\dot{U}_o}{\dot{U}_p} = 1 + \frac{R_2}{R_1}$$

二阶压控电压源双 T 网络带阻有源滤波电路的中心频率为

$$f_0 = \frac{1}{2\pi RC}$$

二阶压控电压源双 T 网络带阻有源滤波电路的品质因数为

$$Q = \frac{1}{2|2-\dot{A}_{up}|}\qquad(5.4.19)$$

二阶压控电压源双 T 网络带阻有源滤波电路的阻带宽度为

$$BW = 2|2-\dot{A}_{up}|f_0 = \frac{f_0}{Q}\qquad(5.4.20)$$

以上两式表明,当电路的通带电压放大倍数 $A_{up} \rightarrow 2$ 时,品质因数 $Q \rightarrow \infty$,带阻滤波电路的选频特性越好,电路阻断的频率范围越窄。

二阶压控电压源双 T 网络带阻有源滤波电路的幅频特性如图 5.4.10(b)所示。

5.4.2 电压比较器

一、电压比较器的作用

电压比较器是集成运算放大器非线性应用的典型电路。电压比较器的作用是将一个模拟信号与另一个基准信号(或参考信号)进行比较,并判断它们之间相对大小的电路,比较的结果则用电路输出的两种电压值来表示。常用的电压比较器有单门限电压比较器和双门限电压比较器(具有滞回特性的电压比较器)。

比较器在测量、自动控制和波形发生等许多领域里均得到了广泛的应用。

二、工作在非线性区的集成运算放大器

集成运算放大器若处于开环状态或者引进了正反馈,它将工作在非线性状态。我们曾经指出,集成运算放大器的开环差模放大倍数 A_{od} 非常高,可达几十万倍,它的电压传输特性线性区的斜率非常大,线性区非常窄,如图 5.4.11 的虚线所示。因为理想集成运算放大器的 $A_{od} = \infty$,所以它的理想电压传输特性就变成了如图实线所示的形状,线性区与纵轴重合在一起。

工作在非线性状态下的理想集成运算放大器的特点如下:

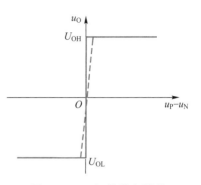

图 5.4.11 运算放大器的电压传输特性

(1)只要同相输入端的电位 u_P 稍高于反相输入端的电位 u_N,输出 u_O 就为正向饱和电压 U_{OH}(即 $+U_{OM}$),其值接近于集成运算放大器的正电源电压值 V_{CC},器件就工作在电压传输特性的非线性区;只要同相输入端的电位 u_P 稍低于反相输入端的电位 u_N,输出 u_O 就为负向饱和电压 U_{OL}(即 $-U_{OM}$),其数值接近于集成运算放大器的负电源电压值 $-V_{EE}$,器件也工作在电压传输特性的非线性区。

(2)因为理想集成运算放大器的差模输入电阻 $r_{id} = \infty$,流入它的同相输入端和反相输入端的电流均为零。

三、单门限电压比较器

1. 过零单门限电压比较器

图 5.4.12(a)是最简单的电压比较器的电路。图中:集成运算放大器处于开环状态;输入信号 u_I 加于集成运算放大器的反相输入端;集成运算放大器的同相输入端直接接地,即它的基准电压为零,故称它为过零单门限电压比较器。

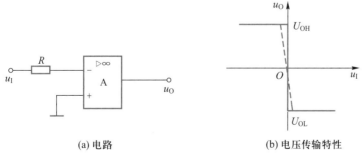

(a)电路   (b)电压传输特性

图 5.4.12 过零单门限电压比较器

（1）工作原理

过零单门限电压比较器的工作原理是：① 当 u_I 稍大于零，即 u_N 稍大于 u_P 时，因电路处于开环状态，器件的开环差模电压放大倍数 A_{od} 又非常大，故电压比较器输出负向最大电压 U_{OL}（$\approx -V_{EE}$）；② 当 u_I 稍小于零，即 u_N 稍小于 u_P 时，电压比较器输出正向最大电压 U_{OH}（$\approx V_{CC}$）；③ 只有当 u_I 极接近于零时，器件才处于线性放大状态，使 u_0 随 u_I 按线性规律变化。

（2）电压传输特性

电压比较器的输出电压 u_0 与输入电压 u_I 的函数关系 $u_0 = f(u_I)$ 一般用曲线来描述，称为电压传输特性。电压比较器的输入电压 u_I 是模拟信号，而输出电压 u_0 只有两种可能的状态：不是高电平 U_{OH}（$\approx V_{CC}$），就是低电平 U_{OL}（$\approx -V_{EE}$）。模拟输入信号与基准信号比较的结果就用这两种输出电压状态来表示。

根据以上分析，可以画出如图 5.4.12（b）所示的过零单门限电压比较器的电压传输特性。由于集成运算放大器的开环差模电压放大倍数 A_{od} 非常大，故线性区极窄，基本与纵轴重合。

我们把电压比较器的输出电压 u_0 从一个输出状态跳变为另一个输出状态时所对应的输入电压值称为电压比较器的门限电压（或阈值电压和门槛电平），并用符号 U_T 表示。对于图 5.4.12（a）所示的电压比较器来说，它只有一个门限电压，而且 $U_T = 0$，即每当 u_I 的变化过零时，电路的 u_0 就从一个电平跳变到另一个电平，故称它为过零单门限电压比较器。

利用过零单门限电压比较器，可将正弦输入信号变换为同频率的方波（即正、负半周宽度相等的矩形波）输出信号，如图 5.4.13 所示。

2. 非过零单门限电压比较器

非过零单门限电压比较器的电路如图 5.4.14（a）所示。图中，集成运算放大器的同相输入端接有一个恒定的基准电压 U_{REF}。

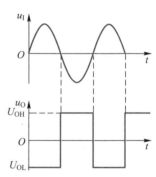

图 5.4.13　利用过零单门限电压比较器将正弦波变换为方波

非过零单门限电压比较器的工作原理是：① 当 u_I 稍大于 U_{REF}，即 u_N 稍大于 u_P 时，$u_0 = U_{OL}$；② 当 u_I 稍小于 U_{REF}，即 u_N 稍小于 u_P 时，$u_0 = U_{OH}$；③ 只有当 u_I 在 U_{REF} 附近的微小范围内变化时，u_0 才与 u_I 呈线性关系。

非过零单门限电压比较器的电压传输特性如图 5.4.14（b）所示。由图可知，对于如图 5.4.14（a）所示的电压比较器来说，它也只有一个门限电压，而且 $U_T = U_{REF}$，故称它为非过零单门限电压比较器。

利用非过零单门限电压比较器可以把正弦输入电压变换为同频率的矩形波输出电压，如图 5.4.15 所示。

四、具有滞回特性的电压比较器

1. 单门限电压比较器的缺点

单门限电压比较器存在着两个缺点：① 当集成运算放大器的 A_{od} 不是非常大时，电压传输特性由一个输出状态向另一个输出状态的转换部分（即线性区）不够陡峭，故不能很灵敏

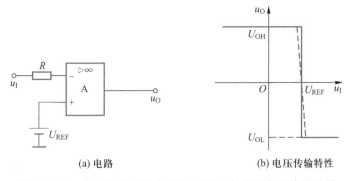

(a) 电路　　　　　　　　　　(b) 电压传输特性

图 5.4.14　非过零单门限电压比较器的电路和电压传输特性

地判断 u_1 和 U_{REF} 的相对大小;② 当输入信号中叠加有干扰信号时,输出状态可能随干扰信号而翻转。对于如图 5.4.14(a)所示的非过零单门限电压比较器,若它的输入信号因受干扰影响而在门限电压附近变化时,如图 5.4.16 所示,电压比较器的输出电压就会反复地从一个电平跳变到另一个电平。若利用这种输出电平去控制电动机,电动机就会出现频繁的起停现象。

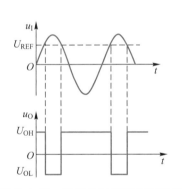

图 5.4.15　利用非过零单门限电压比较器把正弦波变换为矩形波

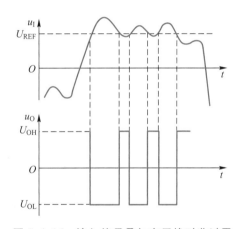

图 5.4.16　输入信号叠加有干扰时非过零单门限电压比较器的波形图

2. 电路的说明

为了改善电压比较器的性能,可以采用如图 5.4.17(a)所示的具有滞回特性的电压比较器(又称施密特触发器)。滞回比较器电路中引入了正反馈。

在图 5.4.17(a)中,为了适应后级电路的要求,有时需要减小并稳定输出电压,这时可用两个稳压二极管反向串联,将输出电压限制并稳定在 $\pm U_Z$。R 是稳压管的限流电阻。电路的输出电压 $u_0 = \pm U_Z$ 经电阻 R_2 和 R_1 分压后送到运放的同相输入端,则 u_P 为

$$u_P = \pm \frac{R_1}{R_1 + R_2} U_Z = \pm F U_Z$$

式中

$$F = \frac{R_1}{R_1 + R_2}$$

反相输入端电位 $u_I = u_N$，令 $u_N = u_P$，求得的输入电压即为门限电压，即

$$U_T = \pm \frac{R_1}{R_1 + R_2} U_Z = \pm F U_Z$$

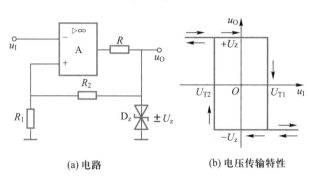

(a) 电路　　　　　　　　　(b) 电压传输特性

图 5.4.17　具有滞回特性的电压比较器

3. 工作原理

该电压比较器的工作原理是：设开始时 $u_0 = +U_Z$，当 u_I 由负向正变化且使 u_I 稍大于 $u_P = +FU_Z$ 时，u_0 便由 $+U_Z$ 跳变为 $-U_Z$；当 u_I 由正向负变化且使 u_I 稍小于 $u_P = -FU_Z$ 时，u_0 便又从 $-U_Z$ 跳变为 $+U_Z$。

在电路的翻转过程中，由于通过电阻 R_2 和 R_1 实现了正反馈作用，故使电压传输特性中高、低电平转换部分的陡度加大。例如，设开始时 $u_0 = +U_Z$，则当 u_I 增加到接近于 $u_P = +FU_Z$，再使 u_I 稍微大于 $u_P = +FU_Z$ 时，因集成运算放大器进入放大区，就会使 u_0 下降，电路中便会通过正反馈支路 R_2 和 R_1 产生以下的正反馈过程，即

$$u_0 \downarrow \longrightarrow u_P \downarrow \longrightarrow u_0 \downarrow \downarrow$$

这个正反馈过程急剧进行的结果，就是 u_0 由 $+U_Z$ 快速跳变到 $-U_Z$，从而获得比较理想的电压传输特性。

该电压比较器的电压传输特性如图 5.4.17(b) 所示。由于该电压比较器具有两个门限电压（阈值电压），故被称为双门限电压比较器；又由于它的电压传输特性与铁磁材料的磁滞回线相似，故又称为具有滞回特性的电压比较器。

在具有滞回特性的电压比较器中，两个门限电压为：$U_{T1} = +FU_Z$ 和 $U_{T2} = -FU_Z$。我们把两个阈值电压之差 $\Delta U_T = U_{T1} - U_{T2} = 2FU_Z$ 称为具有滞回特性电压比较器的回差电压。

如果在具有滞回特性电压比较器的输入端输入正弦波电压，则它的输出电压波形如图 5.4.18 所示。

电压比较器已有集成电路产品，即集成电压比较

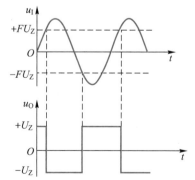

图 5.4.18　利用具有滞回特性的电压比较器把正弦波变换为矩形波

器,关于这方面的内容,可以参阅有关电子技术基础教材。

图 5.4.17(a)所示滞回电压比较器的电压传输特性是轴对称的,为使电压传输特性曲线向横轴方向平移,可以将 R_1 接到外加基准电压 U_{REF} 上,如图 5.4.19(a)所示,其电压传输特性如图 5.4.19(b)所示。

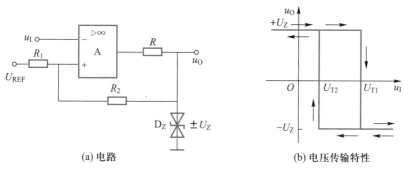

拓展阅读 5.1
窗口比较器

(a) 电路　　　　　　(b) 电压传输特性

图 5.4.19　横向平移滞回电压比较器

将如图 5.4.17(a)所示电路中的输入端和 R_1 的接地端互换,可以构成同相输入的滞回电压比较器,如图 5.4.20(a)所示,电压传输特性如图 5.4.20(b)所示。

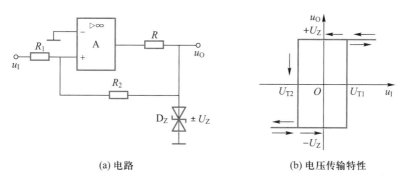

(a) 电路　　　　　　(b) 电压传输特性

图 5.4.20　同相输入的滞回电压比较器

5.5　波形产生电路

在近代科学技术中,经常需要各种各样波形的信号,除了需要正弦波信号外,还需要各种非正弦波信号,例如,方波、三角波和锯齿波等。在这一节里,除了介绍集成运算放大器在产生正弦波方面以及在产生方波、三角波和锯齿波方面的应用外,还介绍了分立元件 LC 正弦波振荡电路和石英晶体正弦波振荡电路。

5.5.1　正弦波振荡电路

在生产实践和科学实验中,常常需要一种没有外加输入信号作用,只要加上直流电源就能输出正弦交流信号的电子电路。正弦波振荡电路就是这样的电路。因此,正弦波振荡电路实质上就是一个不需要外加输入信号作用,就能将直流电能转换为交流电能的能量转换器。正弦波振荡电路是电子电路中一种重要的基础电路。

正弦波振荡电路在测量技术、自动控制、无线电通信、遥控、遥测等许多技术领域中都得到了广泛的应用。

正弦波振荡电路分为 RC 正弦波振荡电路和 LC 正弦波振荡电路两种。本节主要介绍产生正弦波自激振荡的相位平衡条件和幅度平衡条件,讨论常用的 RC 正弦波振荡电路和 LC 正弦波振荡电路的工作原理及分析方法,也介绍了石英晶体正弦波振荡电路。

一、振荡的基本概念

1. 放大电路的自激振荡现象

正弦波振荡电路是在反馈放大电路自激振荡现象的基础上发展而来的。现在用一个大家比较熟悉的例子来说明这个问题。

半导体扩音机是一个典型的交流放大电路,它的正常扩音过程如图 5.5.1(a)所示。人的声音通过话筒转变为微弱的电信号,然后送到扩音机中去放大,最后使扬声器发出洪亮的声音来。但是,如图 5.5.1(b)所示,若把扬声器靠近话筒,扩音机就变成了一个反馈放大电路。这时,扬声器中的杂音(由于干扰和噪声等因素造成)被扩音机放大后,又反馈回话筒,由扩音机再放大,紧接着扬声器又把放大了的声音反馈到话筒……如此循环反复,扬声器中就会发出刺耳的尖叫声,这就是扩音机(放大电路)的自激振荡现象。

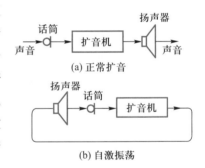

图 5.5.1　扩音机由正常
扩音变成自激振荡

很明显,放大电路中出现自激振荡现象是坏事,因为放大电路一旦振荡起来,就会失去对输入信号的放大能力。因此,在放大电路中应设法消除自激振荡。但是,在一定条件下,坏的东西可以引出好的结果。人们正是利用反馈放大电路的自激振荡原理,制成了各种类型的正弦波振荡电路。

2. 自激振荡的条件

既然正弦波振荡电路是由反馈放大电路发展而来的,那么,反馈放大电路在什么条件下才能产生自激振荡呢? 为了讨论方便,我们用图 5.5.2 所示的反馈放大电路的框图来说明这个问题。

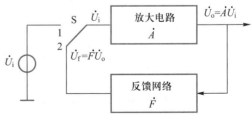

图 5.5.2　反馈放大电路产生自激振荡的条件

在图 5.5.2 中,当开关 S 合在 1 端时,放大电路由信号源获得正弦波输入电压 $\dot{U}_{\mathrm{i}}$,经过放大电路和反馈网络后,在反馈网络的输出端 2 得到一个与 $\dot{U}_{\mathrm{i}}$ 同频率的正弦波反馈电压 $\dot{U}_{\mathrm{f}}$。如果放大电路和反馈网络的参数选择得合适,能使 $\dot{U}_{\mathrm{f}}$ 与 $\dot{U}_{\mathrm{i}}$ 在大小和相位上完全一致,那么,当开关 S 合到 2 端,即使把外加电压 $\dot{U}_{\mathrm{i}}$ 除去时,放大电路仍能由反馈网络得到与原来完全相同的输入电压。这样,反馈放大电路就不需要外加输入信号的作用,仍能输出与有输入信号时完全相同的正弦波交流电压,反馈放大电路就变成了一个正弦波振荡电路。

由图 5.5.2 可得

$$\dot{U}_{\mathrm{o}} = \dot{A}\,\dot{U}_{\mathrm{i}}$$

$$\dot{U}_{\mathrm{f}} = \dot{F}\,\dot{U}_{\mathrm{o}} = \dot{F}\,\dot{A}\,\dot{U}_{\mathrm{i}}$$

欲使

$$\dot{U}_{\mathrm{f}} = \dot{U}_{\mathrm{i}}$$

应该使

$$\dot{A}\,\dot{F} = 1 \tag{5.5.1}$$

式(5.5.1)可以写作

$$\dot{A}\,\dot{F} = |\dot{A}\,\dot{F}|\underline{/(\varphi_{\mathrm{A}} + \varphi_{\mathrm{F}})} = 1 \Rightarrow \begin{cases} |\dot{A}\,\dot{F}| = 1 \\ \varphi_{\mathrm{A}} + \varphi_{\mathrm{F}} = 2n\pi \end{cases} \quad n = 0,1,2,\cdots$$

由此可得反馈放大电路产生自激振荡的两个基本条件如下。

① 幅值平衡条件,即

$$|\dot{A}\,\dot{F}| = 1 \tag{5.5.2}$$

这一条件要求反馈电压的大小与原来输入电压的大小相等。

② 相位平衡条件,即

$$\varphi_{\mathrm{A}} + \varphi_{\mathrm{F}} = 2n\pi \quad (n = 0,1,2,\cdots) \tag{5.5.3}$$

这一条件要求反馈电压与原来的输入电压相位相同。

应该指出,式(5.5.2)所表示的幅值平衡条件,是指振荡电路已达稳态振荡而言的,即满足 $|\dot{A}\,\dot{F}| = 1$ 的条件,只能使电路维持振荡,而不能自行建立振荡。要使振荡能自行建立,必须满足 $|\dot{A}\,\dot{F}| > 1$ 的条件。这个问题将在稍后加以说明。

在第 4 章中,我们已经知道,负反馈放大电路产生自激振荡的条件为

$$\dot{A}\,\dot{F} = -1$$

它与式(5.5.1)相比,只相差一个负号。这是因为:在负反馈放大电路中,反馈信号与输入信号极性相反。如果在低频段或高频段的某一个频率下能满足 $\dot{A}\,\dot{F} = -1$,当附加相移为 $(2n+1)\pi(n=0,1,2,\cdots)$ 时,则反馈信号的极性就与中频时相反,负反馈变成了正反馈,负反馈放大电路就会产生自激振荡。而在正弦波振荡电路中,为了电路能产生自激振荡,应有意识地将反馈极性接成正反馈,即应使反馈信号与输入信号极性相同。这时产生自激振荡的条件就变为 $\dot{U}_{\mathrm{f}} = \dot{U}_{\mathrm{i}}$,亦即 $\dot{A}\,\dot{F} = 1$。由此可见,当放大电路中反馈的极性不同时,它们的自激振荡条件就会有所不同。

3. 选频网络的作用

由以上分析可知,一个反馈放大电路如果能同时满足自激振荡的幅值平衡条件和相位平衡条件,就一定能够产生自激振荡。但是,并不见得一定能够产生正弦波自激振荡,即输出信号不一定是正弦波。这是因为,如果同时有多种频率的正弦波信号都能满足自激振荡条件,那么,反馈放大电路就能够在多种频率下产生自激振荡,它的输出波形就是一个由多种频率的正弦波信号合成的非正弦波信号。图 5.5.3 表示了频率相差一倍的两个正弦波信号合成非正弦波信号的情况。

为了获得单一频率的正弦波振荡,可在反馈放大电路中引进选频网络,使反馈放大电路对不同频率的正弦波信号产生不同的相位移和放大倍数,使电路只让某一特定频率的正弦波信号满足自激振荡条件,保证电路输出正弦波信号。

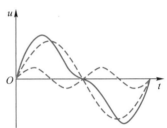

图 5.5.3　频率相差一倍的
两个正弦波合成非
正弦波的情况

选频网络可以设置在放大电路 $\dot{A}$ 中,也可以设置在反馈网络 $\dot{F}$ 中。选频网络可以由电感 L 和电容 C 组成,也可以用电阻 R 和电容 C 组成。用 L、C 元件组成选频网络的正弦波振荡电路称为 LC 振荡电路,用它可产生 1 MHz 以上的高频正弦波信号;用 R、C 元件组成选频网络的正弦波振荡电路称为 RC 振荡电路,用它可产生 1 Hz ~ 1 MHz 范围内的低频正弦波信号。

4. 振荡的建立和稳定

（1）振荡的建立

拓展阅读 5.2
振荡的建立
和稳定

在分析产生自激振荡的条件时,我们可能会得到这样的印象:似乎一个振荡电路要产生振荡,先要借助于外加正弦输入信号的作用,在放大电路有了输出电压以后,再用反馈电路的反馈电压去代替原来的输入电压,才能使电路维持振荡。其实,振荡的建立并不需要外加正弦信号的作用,也就是说,振荡的建立完全是自激的。

振荡的建立过程是这样的:当电路刚一接上直流电源,电路中会出现一个电冲击,这个电冲击中含有丰富的谐波,其中一定含有与振荡频率 f_0 同频率的谐波。通过电路的放大和选频作用,能把频率为 f_0 的谐波选出来,并反馈到放大电路的输入端。而频率为 f_0 以外的各谐波,由于选频电路的作用均被抑制。频率为 f_0 的谐波可能是很微弱的,但只要满足相位条件和 $|\dot{A}\dot{F}| > 1$ 的条件,就会经过放大→正反馈→再放大的反复循环,使频率为 f_0 的谐波幅度不断增大,正弦波振荡便可由小到大地建立起来。

（2）振荡的稳定

频率为 f_0 的振荡一旦建立起来,振荡幅度是不会无限地增大的,一旦进入到放大器件的非线性区或由于电路中稳幅环节的作用,便会达到 $|\dot{A}\dot{F}| = 1$,使输出幅度最后稳定在一个固定的数值,电路便维持在稳定的振荡工作状态。

5. 正弦波振荡电路的组成

综上所述,正弦波振荡电路应由以下四部分组成:放大电路、正反馈网络、选频网络和稳幅电路。

其中,放大电路和正反馈网络共同保证电路在振荡的建立过程中,使 $|\dot{A}\dot{F}| > 1$,产生正反馈过程,让振荡由小到大地建立起来。选频网络则保证电路只产生单一频率的振荡。反馈网络与选频网络可以是两个独立的网络,也可以合并成一个。稳幅电路则保证正弦波振荡电路输出幅值稳定的正弦波信号。在分立元件正弦波振荡电路中是依靠半导体器件的非线性实现稳幅作用的。

6. 分析正弦波振荡电路的方法和步骤

分析正弦波振荡电路的方法和步骤如下。

(1) 观察电路中是否包含振荡电路的四个组成部分。

(2) 判断放大电路能否正常工作,即静态工作点能否正常建立,动态信号能否顺利传输和放大。

(3) 检查电路能否满足自激振荡条件。

在检查自激振荡条件时,一般着重检查相位平衡条件,若相位平衡条件不满足,则电路肯定不是正弦波振荡电路。检查相位平衡条件时,可采用瞬时极性法。具体做法是:将反馈线断开,并在断开处给放大电路加入某一瞬时极性的输入电压 $\dot{U}_i$,然后根据电路的工作原理判断输出电压 $\dot{U}_o$ 和反馈电压 $\dot{U}_f$ 在该瞬时的极性,若 $\dot{U}_f$ 与 $\dot{U}_i$ 的瞬时极性相同,则相位平衡条件得到满足,电路有可能产生正弦波振荡。否则电路就不可能产生正弦波振荡。

至于幅度平衡条件,因为放大电路的电压放大倍数都较大,$|\dot{A}\dot{F}| \geqslant 1$ 是很容易满足的。若不满足,可以适当加大 $|\dot{A}|$ 或 $|\dot{F}|$。

二、RC 正弦波振荡电路

在要求产生频率较低的正弦波信号时,常采用 RC 正弦波振荡电路。在这里,我们介绍在低频信号发生器中广泛采用的 RC 桥式正弦波振荡电路。

1. RC 串并联网络的选频特性

如图 5.5.4(a)所示的 RC 串并联网络是 RC 桥式正弦波振荡电路的选频网络,也是反馈电路。我们来分析它的选频特性。

由图 5.5.4(a)可得

$$\dot{F} = \frac{\dot{U}_f}{\dot{U}_o} = \frac{R \mathbin{/\mkern-5mu/} \dfrac{1}{j\omega C}}{R + \dfrac{1}{j\omega C} + R \mathbin{/\mkern-5mu/} \dfrac{1}{j\omega C}}$$

整理可得

$$\dot{F} = \frac{1}{3 + j\left(\omega RC - \dfrac{1}{\omega RC}\right)}$$

令

$$\omega_0 = \frac{1}{RC}$$

即

$$f_0 = \frac{1}{2\pi RC}$$

则

$$\dot{F} = \frac{1}{3 + \mathrm{j}\left(\dfrac{f}{f_0} - \dfrac{f_0}{f}\right)} \tag{5.5.4}$$

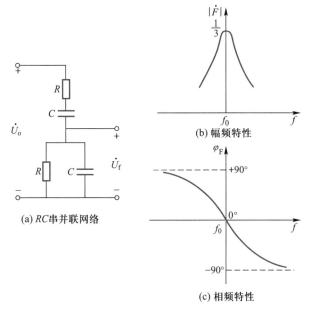

图 5.5.4　**RC 串并联网络及其选频特性**

由式(5.5.4)可得 *RC* 串并联网络的幅频特性为

$$|\dot{F}| = \frac{1}{\sqrt{3^2 + \left(\dfrac{f}{f_0} - \dfrac{f_0}{f}\right)^2}} \tag{5.5.5}$$

相频特性为

$$\varphi_{\mathrm{F}} = -\arctan \frac{1}{3}\left(\frac{f}{f_0} - \frac{f_0}{f}\right) \tag{5.5.6}$$

由式(5.5.5)和式(5.5.6)可画出 *RC* 串并联网络的幅频特性和相频特性,如图 5.5.4(b)(c)所示。

由此可知,当 $f=f_0$ 时,不但 $\varphi_{\mathrm{F}}=0°$,且 $|\dot{F}|$ 为最大,即 $|\dot{F}_{\max}| = 1/3$。这就是说,当 $f=f_0=$

$\dfrac{1}{2\pi\,RC}$ 时,RC 串并联网络的输出电压 $|\dot{U}_{\mathrm{f}}|$ 的值最大,即 $\dfrac{|\dot{U}_{\mathrm{f}}|}{|\dot{U}_{\mathrm{o}}|}=\dfrac{1}{3}$,而且 $\dot{U}_{\mathrm{f}}$ 与 $\dot{U}_{\mathrm{o}}$ 同相。

2. RC 桥式正弦波振荡电路

RC 桥式正弦波振荡电路如图 5.5.5 所示。在图中,RC 串并联网络的串联支路和并联支路与负反馈电路中的 R_{f} 和 R_1 分别构成电桥电路的四个桥臂,故称这种振荡电路为桥式 RC 振荡电路或文氏电桥振荡电路。

（1）工作原理

这种振荡电路的放大电路是由同相输入比例运算电路组成的,RC 串并联网络则组成振荡电路的选频网络和正反馈网络。

若假想将图 5.5.5 中的反馈线在集成运算放大器的同相输入端"×"处断开,并在运算放大器的同相输入端加入一个频率为 $f=f_0=\dfrac{1}{2\pi\,RC}$ 的正弦波信号 $\dot{U}_{\mathrm{i}}$,则 $\dot{U}_{\mathrm{o}}$ 与 $\dot{U}_{\mathrm{i}}$ 同相。$\dot{U}_{\mathrm{o}}$ 加在 RC 串并联网络上,在其并联支路上得到反馈电压 $\dot{U}_{\mathrm{f}}$。在 $f=f_0$ 时,因 $\dot{U}_{\mathrm{f}}$ 与 $\dot{U}_{\mathrm{o}}$ 同相,所以 $\dot{U}_{\mathrm{f}}$ 与 $\dot{U}_{\mathrm{i}}$ 同相,电路能让 $f=f_0$ 的信号满足自激振荡的相位平衡条件。在图 5.5.5 中,分别标出了 $\dot{U}_{\mathrm{i}}$、$\dot{U}_{\mathrm{o}}$ 和 $\dot{U}_{\mathrm{f}}$ 的瞬时极性。对于 f_0 以外的信号,因 $\dot{U}_{\mathrm{f}}$ 与 $\dot{U}_{\mathrm{i}}$ 不可能同相,均不能满足自激振荡的相位平衡条件,因此电路只能输出单一频率的正弦波。

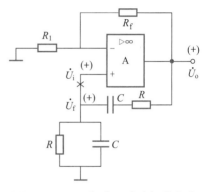

图 5.5.5　RC 桥式正弦波振荡电路

电路的振荡频率为

$$f_0=\dfrac{1}{2\pi\,RC} \tag{5.5.7}$$

为了满足自激振荡的幅度平衡条件,要求

$$|\dot{A}|=\dfrac{1}{|\dot{F}|}$$

现在 $|\dot{F}|=1/3$,故要求

$$|\dot{A}|=3$$

集成运算放大器和负反馈电路 R_{f}、R_1 一起组成同相比例运算电路,在理想的情况下,可得

$$|\dot{A}|=1+\dfrac{R_{\mathrm{f}}}{R_1}=3$$

故为了满足自激振荡的幅度平衡条件,应使

$$\dfrac{R_{\mathrm{f}}}{R_1}=2$$

为了便于电路起振,实际所需的 $|\dot{A}|$ 应略大于 3,即要求 R_{f} 略大于 $2R_1$,这时只要调节

$\dfrac{R_f}{R_1}$ 的值便可满足自激振荡的幅度平衡条件。

（2）实用电路

对于图 5.5.5 所示的电路，为保证可靠起振，要求 $|\dot{A}\dot{F}| > 1$，才能使振荡波形的幅度从小到大不断地增大，直到输出幅度被集成运算放大器的最大输出电压所限制时为止，这样输出波形必然要产生严重的非线性失真。

为了稳定输出波形的幅度并减小其非线性失真，可采用如图 5.5.6 所示的实用 RC 正弦波振荡电路。图中，R_1、C_1 和 R_2、C_2 构成的串并联网络是正反馈支路，并兼作选频网络；在负反馈支路中，除了 R_3 和 R_4 外，还增加了电位器 R_p，并在 R_4 上并联了反向连接的二极管 D_1 和 D_2，以构成稳幅电路。

调节电位器 R_p 可以改变负反馈的深度，以满足振荡的幅度平衡条件和改善输出波形。

二极管 D_1 和 D_2 分别在输出电压的正半周和负半周中起作用，它们的正向等效电阻构成反馈电阻的一部分。当任何原因使振荡幅度增大时，流过二极管的电流增大，正向等效电阻减小，使 D_1、D_2 和 R_4 三者并联部分的等效电阻减小，进而使同相比例运算电路的电压放大倍数随输出幅度的增大而减小，从而达到稳定振荡幅度的目的。D_1 和 D_2 应使用温度稳定性好且特性匹配的二极管，以保证电路输出正、负半周对称的正弦波。

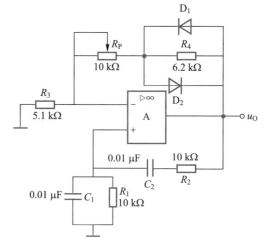

图 5.5.6　实际的 RC 桥式正弦波振荡电路

三、分立元件 LC 正弦波振荡电路

RC 振荡电路产生的正弦波信号频率较低，如果需要产生 1 MHz 以上的高频正弦波信号，则需要应用 LC 正弦波振荡电路。

由 LC 并联谐振回路组成的选频电路是 LC 正弦波振荡电路的一个重要组成部分，在讨论 LC 正弦波振荡电路之前，我们先来复习一下 LC 并联谐振回路的选频特性。

1. LC 并联谐振回路的选频特性

图 5.5.7（a）所示是一个 LC 并联谐振回路。电阻 R 表示回路和回路所带负载的等效总损耗电阻，其数值一般很小。

由图 5.5.7（a）可得 LC 并联谐振回路的等效阻抗为

$$Z = \dfrac{\dfrac{1}{\mathrm{j}\omega C}(R + \mathrm{j}\omega L)}{\dfrac{1}{\mathrm{j}\omega C} + R + \mathrm{j}\omega L} \qquad (5.5.8)$$

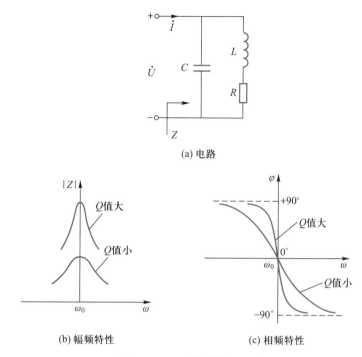

(a) 电路

(b) 幅频特性　　　　　(c) 相频特性

图 5.5.7 LC 并联谐振回路

通常 $\omega L \gg R$，故式(5.5.8)可简化为

$$Z \approx \frac{\dfrac{L}{C}}{R + \mathrm{j}\left(\omega L - \dfrac{1}{\omega C}\right)} \tag{5.5.9}$$

由式(5.5.9)可得等效阻抗的幅值为

$$|Z| \approx \frac{\dfrac{L}{C}}{\sqrt{R^2 + \left(\omega L - \dfrac{1}{\omega C}\right)^2}} \tag{5.5.10}$$

等效阻抗的相角为

$$\varphi = \arctan \frac{\dfrac{1}{\omega C} - \omega L}{R} \tag{5.5.11}$$

根据式(5.5.10)和式(5.5.11)可画出 LC 并联谐振回路的幅频特性和相频特性，如图 5.5.7(b)和(c)所示。

由此可得出关于 LC 并联谐振回路的如下几个重要结论。

① 在回路损耗很小(即 $\omega L \gg R$)的情况下，当外界信号源的某个特定角频率 ω_0 使两个并联支路的阻抗相等，即 $\omega_0 L = 1/(\omega_0 C)$ 时，LC 回路将发生并联谐振。ω_0 称为回路的谐振角频率，即

$$\omega_0 \approx \frac{1}{\sqrt{LC}}$$

或谐振频率为

$$f_0 \approx \frac{1}{2\pi\sqrt{LC}} \tag{5.5.12}$$

② 由式(5.5.9)可知,当回路发生并联谐振时,回路的等效阻抗呈现纯电阻性质。此时,$\dot{U}$ 与 $\dot{I}$ 同相,且阻抗值最大,即

$$|Z_0| \approx \frac{L}{RC} \tag{5.5.13}$$

当角频率 ω 偏离 ω_0 时,$|Z|$ 将减小。

③ 当外加信号的角频率 ω 低于回路的谐振角频率 ω_0 时,由于 $\omega L < 1/(\omega C)$,回路的等效阻抗呈电感性(因为阻抗并联电路的性质主要取决于阻抗值小的支路的性质);当外加信号的角频率 ω 高于回路的谐振角频率 ω_0 时,由于 $\omega L > 1/(\omega C)$,回路的等效阻抗呈电容性。

④ 我们定义

$$Q = \frac{\omega_0 L}{R} = \frac{1}{\omega_0 CR} = \frac{1}{R}\sqrt{\frac{L}{C}} \tag{5.5.14}$$

Q 称为 LC 并联谐振回路的品质因数,是用来评价回路损耗大小的指标。当谐振频率相同时,回路的损耗越小(即 R 越小)、电容容量越小、电感数值越大,回路的品质因数就越大。

将式(5.5.14)代入式(5.5.13)中,可得谐振时回路的阻抗为

$$|Z_0| \approx \frac{L}{RC} = Q\omega_0 L = \frac{Q}{\omega_0 C} \tag{5.5.15}$$

由图 5.5.7(b)和(c)可见,回路的品质因数越高,谐振时回路的阻抗越大,它的幅频特性越尖锐,相频特性变化越快,选频特性越好。

2. 变压器反馈式 LC 正弦波振荡电路

(1)电路的组成

变压器反馈式 LC 正弦波振荡电路如图 5.5.8(a)所示。图中,由晶体管、偏置电阻(R_{b1}、R_{b2} 和 R_e)、发射极旁路电容 C_e 和 LC 并联谐振回路组成放大电路;晶体管集电极电路中的 LC 并联谐振回路是选频网络;变压器的一次绕组 L 和二次绕组 L_1 组成正反馈网络,在 L_1 上得到反馈电压,故称这种振荡电路为变压器反馈式 LC 振荡电路。

变压器 L 和 L_1 绕组上带"·"的端是同名端,表示两绕组中的电压在同名端有相同的瞬时极性。

(2)检查电路是否满足自激振荡条件

我们着重检查相位平衡条件。为了便于检查相位平衡条件,可先画出振荡电路的交流通路,如图 5.5.8(b)所示。假想将反馈线在"×"处断开,若在放大电路的输入端加一个频率和 LC 并联谐振回路的谐振频率 f_0 一样的信号 $\dot{U}_i$,此时由于 LC 并联谐振回路的等效阻抗呈电阻性,所以 $\dot{U}_o$ 与 $\dot{U}_i$ 反相。根据图中 L_1 和 L 同名端的安排,$\dot{U}_f$ 与 $\dot{U}_o$ 反相。因此,$\dot{U}_f$ 与 $\dot{U}_i$

同相,可见电路能使频率为 f_0 的信号满足自激振荡的相位平衡条件。在图 5.5.8(b)中,分别标出了 $\dot{U}_i$、$\dot{U}_o$ 和 $\dot{U}_f$ 的瞬时极性。若 $\dot{U}_i$ 的频率不是 f_0,这时由于 LC 并联谐振回路的等效阻抗不是呈电容性就是呈电感性,$\dot{U}_o$ 与 $\dot{U}_i$ 的相位不是相差 $180°$,$\dot{U}_f$ 与 $\dot{U}_i$ 就不可能同相,因此不能让频率为 f_0 以外的信号满足自激振荡的相位平衡条件。所以电路只能产生频率为 f_0 的正弦波信号,即电路的振荡频率近似为

$$f_0 \approx \frac{1}{2\pi\sqrt{LC}}$$

改变 LC 并联谐振回路的参数 L 或 C 的大小,就可以改变电路的振荡频率。

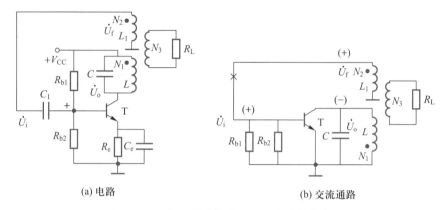

(a) 电路　　　　　　　　　　(b) 交流通路

图 5.5.8　变压器反馈式 LC 正弦波振荡电路

若幅值平衡条件不能满足,可选用 β 较大的晶体管,也可以加大 L_1 的匝数或调整变压器磁心的位置以加强 L_1 与 L 之间的耦合等方法,使电路满足产生自激振荡的幅值平衡条件。

应该注意的是,若 L_1 或 L 中有一个绕组的同名端接错,则 $\dot{U}_f$ 与 $\dot{U}_i$ 反相,电路就不能产生自激振荡了。

（3）电路的优缺点

优点:容易产生振荡,波形好,应用广泛。

缺点:① 输出电压与反馈电压靠电磁耦合,耦合不紧密,因而损耗大;② 振荡频率的稳定性不高。

3. 三点式 LC 正弦波振荡电路

（1）电感三点式 LC 正弦波振荡电路

图 5.5.9(a)和(b)分别是电感三点式 LC 正弦波振荡电路的电路和交流通路。在图 5.5.9(a)中,由晶体管 T、电阻(R_{b1}、R_{b2}、R_e)、电容 C_e 和 LC 并联谐振回路组成放大电路;LC 并联谐振回路是选频网络;线圈 L_1 和 L_2 组成正反馈网络,L_2 上的电压作为反馈电压 $\dot{U}_f$。

与变压器反馈式 LC 振荡电路不同,为了增强线圈间的耦合,在图 5.5.9 中将 L_1 和 L_2 合并为一个线圈,并引出一个中心抽头。而且为了加强谐振效果,将电容 C 跨接在整个线圈两端。

由图 5.5.9(b)可知,LC 并联谐振回路中电感 L_1 和 L_2 三个抽头分别与晶体管的三个电极相连,故称为电感三点式 LC 振荡电路。

由图 5.5.9(b)中所标的各电压的瞬时极性可知,对频率为 f_0 的输入信号,电路能满足自激振荡的相位平衡条件。

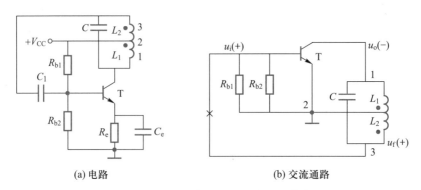

(a) 电路　　　　　　　(b) 交流通路

图 5.5.9　电感三点式 LC 正弦波振荡电路

电路的振荡频率为

$$f_0 \approx \frac{1}{2\pi\sqrt{(L_1 + L_2 + 2M)C}}$$

式中,M 是 L_1 和 L_2 之间的互感。

该电路的优点是:因 L_1 和 L_2 之间耦合紧密,振荡幅度大;当 C 采用可变电容器时,振荡频率的调节范围较宽,为数百千赫至数十兆赫。电路的缺点是,因反馈电压取自电感线圈,电感对高频信号具有较大的阻抗,导致输出电压中存在高次谐波。因此电感反馈式 LC 振荡电路只能应用于对波形要求不高的场合,如用作高频加热器和接收机的本机振荡器等。

(2) 电容三点式 LC 正弦波振荡电路

图 5.5.10(a)和(b)分别是电容三点式 LC 振荡电路的电路和交流通路。在图 5.5.10 中,放大电路由具有发射极旁路电容的发射极偏置放大电路组成;电容 C_1、C_2 和电感 L 组成 LC 并联谐振回路,是选频网络;电容 C_1 和 C_2 组成正反馈网络,电容 C_2 上的电压作为反馈电压 $\dot{U}_f$。在图 5.5.10(b)中,由于 C_1 和 C_2 的三个抽头分别与晶体管的三个电极相连,故称为

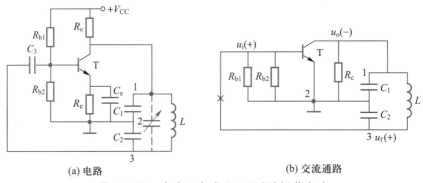

(a) 电路　　　　　　　(b) 交流通路

图 5.5.10　电容三点式 LC 正弦波振荡电路

电容三点式 LC 振荡电路。

由图 5.5.10(b)中所标的各电压的瞬时极性可知,对频率为 f_0 的输入信号,电路能满足自激振荡的相位平衡条件。

电路的振荡频率为

$$f_0 \approx \frac{1}{2\pi\sqrt{L\dfrac{C_1 C_2}{C_1 + C_2}}}$$

电容三点式 LC 振荡电路常称为考毕兹振荡电路。

该电路的优点是,因反馈电压取自电容,而电容对高次谐波的阻抗小,输出电压中高次谐波很小,故输出波形好。电路的缺点是,不便于调节振荡频率:若用改变电感的方法调节振荡频率,显然比较困难;若用改变电容的方法调节振荡频率,为保证电路的起振,则要求 C_1 和 C_2 同时变化,必须采用同轴可变电容器。所以电容三点式 LC 振荡电路常用于固定振荡频率的场合。在振荡频率调节范围不大的情况下,可如图 5.5.10(a)中的虚线所示,在选频网络中并联一个可变电容器。此时,振荡频率的调节范围为数百千赫兹至 100 MHz 以上。电容三点式 LC 振荡电路常用于调频和调幅接收机中。

应该指出,在 LC 振荡电路中,振荡幅度的稳定是靠晶体管特性的非线性来实现的。

四、石英晶体正弦波振荡电路

随着科学技术的迅速发展,我们对正弦波振荡电路振荡频率的稳定度 $\Delta f/f$ 提出了越来越高的要求。例如,在数字测量系统中,需要一个振荡频率很稳定的正弦波振荡电路用以发出时间基准信号。实践证明,对于一般的 LC 振荡电路,它的频率稳定度是有限的,一般不能突破 10^{-5} 数量级。

利用石英晶体取代 LC 振荡电路中的 L、C 元件,可以组成频率稳定度很高的石英晶体正弦波振荡电路,其振荡频率的稳定度可比 LC 振荡电路提高好几个数量级,一般可达 $10^{-6} \sim 10^{-8}$,甚至可高达 $10^{-10} \sim 10^{-11}$。因此,石英晶体正弦波振荡电路在要求频率稳定度很高的设备中得到了广泛的应用。

1. LC 正弦波振荡电路振荡频率稳定度与品质因数的关系

为什么一般的 LC 正弦波振荡电路频率的稳定度不能做得很高呢? 这是因为 LC 并联谐振回路的品质因数不够高。

由图 5.5.7(b)和(c)可知,LC 并联谐振回路的品质因数 Q 越大,它的幅频特性越尖锐,回路的选择性越好;它的相频特性在 ω_0 附近越陡,对于同样的相位变化 $\Delta\varphi$ 来说,角频率的变化 $\Delta\omega/\omega_0$ 越小,即频率的稳定度越高。

根据品质因数的表达式

$$Q = \frac{\omega_0 L}{R} = \frac{1}{R}\sqrt{\frac{L}{C}}$$

可知,为了提高 LC 并联谐振回路的品质因数 Q,应尽量减小回路的损耗电阻 R,并加大 L/C 的值。但是,加大 L/C 的值,却受到一些因素的限制:① L 的数值太大,不仅会增大 L 的体积,还会增大线圈的损耗电阻和分布电容;② 若 C 的数值选得太小,当与 C 并联的分布电容和杂散电容变化时,将明显影响频率的稳定度。在一般情况下,LC 并联谐振回路的品质因数最高也只有几百。因此,在一般 LC 正弦波振荡电路中,即使采取了各种措施来稳定它的振荡频率,其稳定度也很难突破 10^{-5} 数量级。

石英晶体具有很高的 L/C 值,由它组成的石英晶体正弦波振荡电路,可以大大提高振荡频率的稳定度。

2. 石英晶体的压电效应和电抗-频率特性

（1）石英晶体的压电效应

若将石英晶体按一定的方位角切割成薄片,就能制成石英晶片。如图 5.5.11 所示。

石英晶体的压电效应表现在两个方面:① 如果在石英晶片上作用一个机械力,则晶片的两个表面上就会产生电荷;② 若在晶片的两个表面之间加一个电压,则晶片将产生机械变形。

利用石英晶体的压电效应,可将机械能转变为电能,也可以将电能转变为机械能。如果在石英晶片的两个电极间加一个交流电压,晶片就会随交流电压作机械变形振动;反过来,晶片的机械变形振动又会产生一个交流电压。

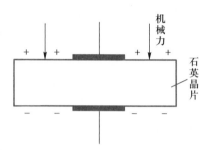

图 5.5.11　石英晶体的压电效应

（2）石英晶体的压电谐振

在一般情况下,晶片的机械变形振动的振幅和交流电压的幅值都是非常微小的。只有当外加交流电压的频率为某一特定值时,机械变形振动的振幅和交流电压的幅值才会显著增大,这种现象称为石英晶体的压电谐振。由于这个缘故,常把石英晶体称为石英晶体谐振器。我们把石英晶体产生压电谐振时的特定频率称为石英晶体的谐振频率或固有频率。

（3）石英晶体的符号和等效电路

石英晶体在电路中的符号和等效电路分别如图 5.5.12(a)和(b)所示。当晶片不振动时,相当于一个平板电容器 C_0,称为静态电容,其值与晶片的几何尺寸和电极面积有关,一般仅为几~几十皮法(pF)。当晶片产生机械变形振动时,有一个机械振动惯性,可用电感 L 等效,其值为 $10^{-3} \sim 10^{-2}$ H;晶片机械变形振动的摩擦所造成的损耗,可用电阻 R 等效,其值约为 $10^2\ \Omega$;晶片机械变形振动的弹性,可用电容 C 等效,其值为 $10^{-4} \sim 10^{-1}$ pF。

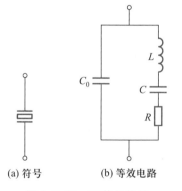

(a) 符号　　(b) 等效电路

图 5.5.12　石英晶体的符号和等效电路

（4）石英晶体正弦波振荡电路振荡频率稳定度高的原因

这是因为:① 石英晶体的等效电感 L 很大,等效电容和等效电阻都很小,它的品质因数很高,可达 $10^4 \sim 10^6$;② 石英晶体正弦波振荡电路的振荡频率仅取决于石英晶体的谐振频率,而石英晶体的谐振频率仅与晶片的几何尺寸有关,它是非常稳定的。

（5）石英晶体的电抗-频率特性

石英晶体在电路中的作用,可用它的电抗-频率特性做进一步说明。石英晶体的电抗-频率特性指的是它的电抗 X 与加在其上的交流电压的频率 f 之间的关系曲线。它的形状如图 5.5.13 所示。

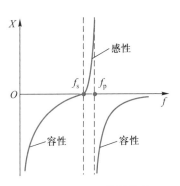

图 5.5.13　石英晶体的电抗-频率特性

当 $f < f_s$,即交流电压的频率很低时,在图 5.5.12（b）中,两个支路电容的电抗均较大,起主要作用,石英晶体的电抗呈电容性,且其数值随频率 f 的升高而减小。

当 $f = f_s$ 时,RLC 支路产生串联谐振,该支路呈纯电阻性,其等效电阻为 R。此时石英晶体的电抗为 R 与 C_0 的容抗相并联,由于 R 远小于 C_0 的容抗,故可近似认为石英晶体呈纯电阻性,其等效电阻为 R。

当 $f_s < f < f_p$ 时,电感 L 起支配作用,此时石英晶体的电抗呈电感性。

当 $f > f_p$ 时,C_0 的容抗起支配作用,石英晶体的电抗又呈电容性,且其数值随频率 f 的升高而减小。

由以上分析可知,石英晶体有两个谐振频率:

① 串联谐振频率

$$f_s = \frac{1}{2\pi\sqrt{LC}} \qquad (5.5.16)$$

② 并联谐振频率

当 $f_s < f < f_p$ 时,RLC 支路呈电感性,将和 C_0 支路一起产生并联谐振,并联谐振频率为

$$f_p = \frac{1}{2\pi\sqrt{LC}}\sqrt{1 + \frac{C}{C_0}} = f_s\sqrt{1 + \frac{C}{C_0}} \qquad (5.5.17)$$

由于 $C \ll C_0$,所以 f_s 和 f_p 是非常接近的。

3. 石英晶体正弦波振荡电路

石英晶体正弦波振荡电路的形式很多,但它的基本电路只有两类:一类是并联晶体振荡电路;另一类是串联晶体振荡电路。在前一类石英晶体振荡电路中,石英晶体工作在 f_s 和 f_p 之间,利用它的等效电感组成振荡电路;在后一类石英晶体振荡电路中,石英晶体工作在 f_s 处,利用它的阻抗为纯电阻性的特点组成振荡电路。

（1）并联晶体正弦波振荡电路

并联晶体正弦波振荡电路如图 5.5.14 所示。在该振荡电路中,C_1、C_2 和石英晶体一起组成选频网络,而且它的工作频率必须在 f_s 和 f_p 之间,因为只有这样石英晶体才相当于一个电感,选频网络才是一个既有电容又有电感的谐振回路,因此,图 5.5.14 所示的电路就是一个电容三点式振荡电路(对于振荡频率而言,C 和 C_e 可视为短路),必能满足自激振荡的相

位平衡条件。在图 5.5.14 中，C_1 和 C_2 组成正反馈网络，只要 C_1/C_2 的值足够大，就能满足自激振荡的幅值平衡条件，使电路产生正弦波自激振荡。

在该振荡电路中，由于选频网络的工作频率必须在 f_s 和 f_p 之间，而且 f_s 和 f_p 又非常接近，所以，可以认为并联晶体正弦波振荡电路的振荡频率近似等于石英晶体的并联谐振频率 f_p。

（2）串联晶体正弦波振荡电路

串联晶体正弦波振荡电路如图 5.5.15 所示。

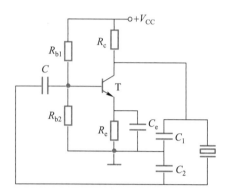

图 5.5.14 并联晶体正弦波振荡电路　　　图 5.5.15 串联晶体正弦波振荡电路

在该电路中，第一级为共基极放大电路，第二级为共集电极放大电路。电容 C 为旁路电容，对于交流信号可视为短路。

如图 5.5.15 所示，当在×处断开反馈线时，给放大电路加一个频率为 f_s 的输入电压 u_i，用瞬时极性法判断，由于共基极放大电路的输出电压与输入电压同相，共集电极放大电路的输出电压也与输入电压同相，石英晶体的等效阻抗又呈纯电阻性，所以反馈电压 u_f 与输入电压 u_i 同相，故电路能满足正弦波振荡的相位平衡条件。对于 f_s 以外的信号，因石英晶体的等效电抗不为纯电阻性，故电路无法满足正弦波振荡的相位平衡条件。只要调整 R_f 的阻值，就可使电路满足正弦波振荡的幅值平衡条件。

因此，串联晶体正弦波振荡电路的振荡频率等于石英晶体的串联谐振频率 f_s。

5.5.2　非正弦波发生电路

在近代科学技术中，需要各种非正弦波信号，例如，方波、三角波和锯齿波等，它们是常用的基本测试信号。

一、方波发生器

在具有滞回特性电压比较器的基础上，通过 RC 支路把输出电压 u_0 反馈到集成运算放大器的反相输入端，利用反馈电压 $u_F = u_C$ 代替原来的输入信号，即可组成如图 5.5.16（a）所示的方波发生器。

1. 工作原理

在图 5.5.16(a) 中,集成运算放大器 A 和 R_1、R_2、R_4、D_Z 一起组成具有滞回特性的电压比较器,它将 u_C(即 u_N)与 u_P 相比较。当 u_C 稍大于 u_P 时,$u_O = -U_Z$;当 u_C 稍小于 u_P 时,$u_O = +U_Z$。

由图可知,电路的正反馈系数为

$$F \approx \frac{R_1}{R_1 + R_2} \tag{5.5.18}$$

在接通直流电源的瞬时,设具有滞回特性电压比较器的输出电压 $u_O = +U_Z$。此时,集成运算放大器同相输入端的电压为 $u_P = +\dfrac{R_1}{R_1 + R_2}U_Z = +FU_Z$。由于 $u_O = +U_Z$,u_O 就要经过 R_f 对 C 充电,充电电流的方向如图中实线所示。当 C 上电压 u_C 按指数规律上升到接近于 $u_P = +FU_Z$,再使 u_C 稍微大于 $u_P = +FU_Z$ 时,因集成运算放大器进入放大区,由于 R_1、R_2 支路的正反馈作用,比较器的输出电压 u_O 便从 $+U_Z$ 快速跳变为 $-U_Z$,u_P 也从 $+FU_Z$ 快速跳变为 $-FU_Z$。

u_O 从 $+U_Z$ 快速跳变为 $-U_Z$ 后,电容 C 要经过 R_f 放电,放电电流的方向如图中虚线所示。当 u_C 按指数规律下降到接近于 $u_P = -FU_Z$,再使 u_C 稍微小于 $u_P = -FU_Z$ 时,集成运算放大器又进入放大区,通过 R_1、R_2 支路的正反馈作用,就使 u_O 从 $-U_Z$ 快速跳变为 $+U_Z$。

以上过程不断重复,电路就能输出如图 5.5.16(b) 所示的方波电压。

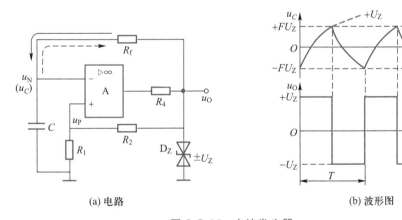

(a) 电路　　　　　　　　　　　　　(b) 波形图

图 5.5.16　方波发生器

2. 方波的周期与频率

方波电压的周期取决于电容 C 的充放电过程。由于 C 的充放电回路是同一个,所以充电和放电过程持续的时间是相等的,均为半个周期。

电容 C 充电时,u_C 的变化规律为

$$u_C(t) = U_C(\infty) - [U_C(\infty) - U_C(0)]e^{-\frac{t}{R_f C}} \tag{5.5.19}$$

式中,$U_C(\infty)$ 为电容 C 充电过程中 u_C 欲趋向的稳压值,$U_C(0)$ 为电容 C 开始充电时 u_C 的起始值。由图 5.5.16(b) 可知,$U_C(\infty) = +U_Z$,$U_C(0) = -FU_Z$。将它们代入式(5.5.19)中,可得电容 C 充电时 u_C 的变化规律为

$$u_C(t) = U_Z - [U_Z - (-FU_Z)]e^{-\frac{t}{R_f C}}$$

$$= U_Z \left[1 - (1 + F) e^{-\frac{t}{R_f C}} \right]$$

当 $t = T/2$ 时，$u_C(T/2) = + F U_Z$，代入上式可得

$$u_C(T/2) = U_Z \left[1 - (1 + F) e^{-\frac{T}{2R_f C}} \right] = + F U_Z$$

解上式可得方波电压的周期为

$$T = 2 R_f C \ln \left(\frac{1 + F}{1 - F} \right)$$

$$= 2 R_f C \ln \left(1 + \frac{2 R_1}{R_2} \right) \tag{5.5.20}$$

方波电压的频率为

$$f = \frac{1}{T} = \frac{1}{2 R_f C \ln \left(1 + \dfrac{2 R_1}{R_2} \right)} \tag{5.5.21}$$

式 (5.5.21) 表明，方波电压的频率仅与电容 C 的充放电时间常数 $R_f C$ 和电阻比 R_1/R_2 有关。一般情况下，可以通过改变 R_f 来调节方波电压的频率。

由于方波中含有极丰富的谐波，因此又把方波发生器称为多谐振荡器。

二、三角波发生器

若将方波电压作为积分电路的输入电压，便可在积分电路的输出端得到三角波电压。三角波发生器的电路如图 5.5.17(a) 所示。它是由两部分组成的：A_1 组成具有滞回特性的电压比较器，在它的输出端得到方波电压；A_2 组成反相积分运算电路，将加在它输入端的方波电压变换为三角波电压。

1. 工作原理

若电压比较器的输出电压 $u_{O1} = + U_Z$，则积分电路的电容 C 要充电，使输出电压 u_O 按线性规律下降。当 u_O 从正值下降到零并继续向负值变化到一定数值时，就会使 A_1 的 u_P 稍微小于 u_N（即 u_P 稍微小于零）而进入放大区，通过正反馈作用使电压比较器的输出电压 u_{O1} 从 $+U_Z$ 快速跳变为 $-U_Z$。与此同时，A_1 的 u_P 要跟着快速跳变到比零低得多的值。在 u_{O1} 跳变为 $-U_Z$ 后，积分电路的电容 C 要放电，使电路的输出电压 u_O 按线性规律上升。当 u_O 上升到一定数值，并使 A_1 的 u_P 稍微大于 u_N（即 u_P 稍微大于零）而进入放大区，通过正反馈作用使电压比较器的输出电压 u_{O1} 从 $-U_Z$ 快速跳变为 $+U_Z$。如此周而复始，便可由电压比较器输出方波电压，由积分运算电路输出三角波电压。电路工作时的波形图如图 5.5.17(b) 所示。

2. 三角波电压的峰值

由图 5.5.17(b) 可知，三角波电压的峰值 U_T 发生在电压比较器的 u_{O1} 从 $-U_Z$ 跳变到 $+U_Z$ 时，而 u_{O1} 发生跳变的临界条件是 A_1 的 $u_P = u_N = 0$。此时，流过电阻 R_1 和 R_2 的电流相等，即

$$I_1 = I_2 = \frac{U_Z}{R_2}$$

于是可得三角波电压的峰值为

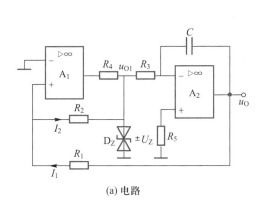
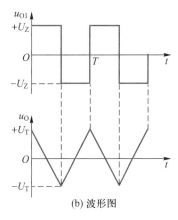

(a) 电路　　　　　　　　　　　　　(b) 波形图

图 5.5.17　三角波发生器

$$U_{\mathrm{T}} = I_1 R_1 = \frac{R_1}{R_2} U_{\mathrm{Z}} \qquad (5.5.22)$$

3. 三角波电压的周期和频率

由图 5.5.17(b) 所示的波形可知, 积分运算电路的输出电压 u_{O} 从 $+U_{\mathrm{T}}$ 下降到 $-U_{\mathrm{T}}$ 所需要的时间等于三角波电压的半个周期。在 $T/2$ 时间内, u_{O} 的变化量为 $2U_{\mathrm{T}}$。于是, 由积分运算电路的输出电压与输入电压的关系, 可得

$$\frac{1}{C} \int_0^{\frac{T}{2}} \frac{U_{\mathrm{Z}}}{R_3} \mathrm{d}t = 2U_{\mathrm{T}}$$

因此, 三角波电压的周期为

$$T = \frac{4R_3 C U_{\mathrm{T}}}{U_{\mathrm{Z}}}$$

将式 (5.5.22) 代入上式, 可得

$$T = \frac{4R_1 R_3 C}{R_2} \qquad (5.5.23)$$

三角波电压的频率为

$$f = \frac{1}{T} = \frac{R_2}{4R_1 R_3 C} \qquad (5.5.24)$$

式 (5.5.22) 和式 (5.5.24) 表明, 在调整如图 5.5.17(a) 所示的三角波发生器的输出电压峰值和频率时, 应先调整电阻 R_1 或 R_2, 使 U_{T} 达到所需要的数值, 然后再调整电阻 R_3 或电容 C, 使频率满足要求。反之, 如果先调整频率, 则当改变电阻 R_1 或 R_2 调整 U_{T} 后, 由于电阻 R_1 或 R_2 的改变, 三角波电压的频率又会随之变化。

三、锯齿波发生器

在如图 5.5.17(a) 所示的三角波发生器中, 若使积分运算电路中电容 C 的充电和放电回路不同, 便可组成锯齿波发生器, 其电路如图 5.5.18(a) 所示。该电路与图 5.5.17(a) 的

不同之处是用二极管 D_1、D_2 和电位器 R_P 代替了图 5.5.17(a)中的电阻 R_3。

1. 工作原理

在图 5.5.18(a)中,设 R_P 上半部分为 R'_P,下半部分为 R''_P;二极管导通时的等效电阻可以忽略不计。

若 $u_{O1} = +U_Z$,二极管 D_1 导通,D_2 截止,电容 C 充电,充电回路的等效电阻为 R'_P;当 $u_{O1} = -U_Z$ 时,二极管 D_2 导通,D_1 截止,电容 C 放电,放电回路的等效电阻为 R''_P。

锯齿波发生器输出电压的波形如图 5.5.18(b)所示。

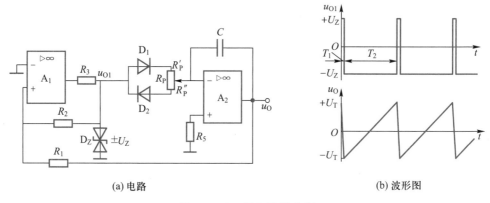

(a) 电路　　　　　　　　　　　　　　(b) 波形图

图 5.5.18　锯齿波发生器

我们知道,在积分运算电路中,输出电压的上升时间和下降时间分别与电容放电和充电回路的等效电阻成正比。所以,在图 5.5.18(a)所示的锯齿波发生器中,输出电压的上升时间 T_2 与下降时间 T_1 的比值为

$$\frac{T_2}{T_1} = \frac{R''_P}{R'_P} \tag{5.5.25}$$

式(5.5.25)表明,只要改变电位器 R_P 滑动端的位置,以改变比值 R''_P / R'_P,便可改变锯齿波电压的上升时间 T_2 与下降时间 T_1 的比值。当 $R''_P = R'_P$ 时,u_O 为三角波。

2. 锯齿波电压的峰值与周期

由三角波发生器的计算方法可知,在如图 5.5.18(a)所示的锯齿波发生器中,锯齿波电压的峰值也可用式(5.5.22)计算。

锯齿波电压的周期为

$$T = 2\frac{R_1}{R_2}(R'_P + R''_P)C = 2\frac{R_1}{R_2}R_P C \tag{5.5.26}$$

由式(5.5.22)可知,调整 R_1 和 R_2 的阻值可以改变锯齿波电压的峰值;由式(5.5.26)可知,改变 R_1、R_2、R_P 的值和电容 C 的容量,均可以改变锯齿波电压的周期和频率。但是,在调整如图 5.5.18(a)所示的锯齿波发生器的输出电压峰值和频率时,也应先调整电阻 R_1 或 R_2,使 U_T 先达到所需要的数值,然后再调整电位器 R_P 的值或电容 C 容量,使周期或频率满足要求。

锯齿波发生器可作为示波器中的时基电路。为了在示波器的荧光屏上不失真地显示被测信号的波形,就要在示波器的水平偏转板上加上随时间作线性变化的锯齿波电压,以使电子束沿水平方向匀速扫过荧光屏。

本章小结

1. 在集成运算放大器的基础上,外接不同的反馈网络,可以组成很多基本应用电路。在这一章里,我们讨论了集成运算放大器在信号运算、信号处理和波形产生方面的应用。

在分析集成运算放大器的各种应用电路时,为了简化分析,我们常把集成运算放大器视为理想器件。理想运算放大器应满足以下条件:$A_{od}=\infty$;$r_{id}=\infty$;$r_o=0$;$K_{CMR}=\infty$;开环带宽 $BW=\infty$;没有温度漂移和噪声。

在线性范围内工作的集成运算放大器,利用理想条件,可以得到两个极为重要的概念:① 流入理想集成运算放大器两个输入端的电流为零,即 $i_P=i_N=0$,这就是"虚断"的概念;② 理想集成运算放大器两个输入端之间的电压 $u_P-u_N=0$,即 $u_P=u_N$,这就是"虚短"的概念。在分析集成运算放大器工作在线性范围内的电路时,经常要用到这两个十分重要的概念。

当集成运算放大器处于开环或引进正反馈时,它将工作在非线性状态。对于工作在非线性状态的理想集成运算放大器,有两个明显的特点:① 只要 u_P 稍大于 u_N,$u_O=U_{OH}$,只要 u_P 稍小于 u_N,$u_O=U_{OL}$;② 流过集成运算放大器两个输入端的电流等于零。

2. 在理想情况下,运算电路的输出电压与输入电压间的关系,仅取决于输入电路和反馈网络的形式和参数,而与集成运算放大器的参数无关。改变输入电路和反馈网络的形式和参数,便可实现不同的运算关系。实际运算放大器的参数越接近理想情况,运算电路的运算精度就越高。

比例运算电路是多种运算电路的基础,反相比例运算电路和同相比例运算电路的特点如表 J5.1 所列。

表 J5.1　反相比例运算电路和同相比例运算电路的特点

电路形式	反馈类型	电压放大倍数	输入电阻	输出电阻	输入端电压
反相比例运算电路	电压并联负反馈	$-\dfrac{R_f}{R_1}$	$\approx R_1$	≈ 0	$u_N=0$
同相比例运算电路	电压串联负反馈	$1+\dfrac{R_f}{R_1}$	非常大	≈ 0	$u_N=u_P=u_1$

比例运算电路可作为反相或同相放大电路,它们的放大倍数非常稳定。与分立元件放大电路相比,其设计非常简单,只要确定几个电阻的阻值即可。

集成运算放大器在引进电压负反馈后,可以实现对模拟信号的比例、加减、乘除、积分、微分、对数和指数等基本运算。模拟乘法器在引进电压负反馈后,可以实现对模拟信号的乘、除、乘方和开方等基本运算。

267

在运算电路中,比例、加法和减法运算电路的输出与输入之间的关系是线性关系,而积分、微分、对数和反对数运算电路的输出与输入之间的关系是非线性关系。但是,由于运算电路中均引进了深度负反馈,故集成运算放大器本身总是工作在线性区。

3. 有源滤波电路一般是由 RC 网络和集成运算放大器组成的。根据幅频特性的不同,有源滤波电路可分为低通滤波电路、高通滤波电路、带通滤波电路和带阻滤波电路。分析有源滤波电路的关键是研究它们的幅频特性。

有源滤波电路的用途很广,主要用于对小信号的处理。利用有源滤波电路,可以突出有用频率的信号,抑制干扰和噪声,或抑制无用频率的信号,以达到选频和提高信噪比的目的。

四种有源滤波电路之间是有相互联系的。若将低通滤波电路中的电阻和电容的位置互换,便成为高通滤波电路;若将低通滤波电路和高通滤波电路串联起来,当参数选择得合适时,便成为带通滤波电路。此外,若将低通滤波电路和高通滤波电路并联起来,当参数选择得合适时,便成为带阻滤波电路。

在有源滤波电路中,一般均引进电压负反馈,这时集成运算放大器工作在线性区,其分析方法与运算电路基本相同,常用传递函数表示输出与输入之间的函数关系。

最常用的有源滤波电路是二阶压控电压源有源滤波电路。但是,在二阶压控电压源有源滤波电路中,由于反馈引到集成运算放大器的同相输入端,故引进的是正反馈,当电路参数选择得不合适时,会产生自激振荡,为了避免这种情况,应限制同相比例运算放大电路的电压放大倍数。有源滤波电路的主要优点是:① 电路中不使用电感元件,因而体积小、重量轻;② 在二阶压控电压源有源滤波电路中,引入了电压串联负反馈,提高了电路的输入电阻,降低了输出电阻,使输出与输入之间具有良好的隔离性能,并具有较强的带负载能力;③ 有源滤波电路在完成滤波作用的同时,还具有对信号的放大作用。

有源滤波电路的主要缺点是:由于通用型集成运算放大器的带宽一般较窄,故有源滤波电路只能工作在低频范围,其工作频率在几十千赫以下。

4. 电压比较器是用来比较输入电压和参考电压相对大小的电路。它的输入电压是随时间作连续变化的模拟量,输出电压一般只有高电平和低电平两个稳定状态。利用电压比较器可以把各种周期性变化的信号变换成矩形波信号。

在电压比较器中,由于集成运算放大器处于开环或正反馈状态,故它工作在非线性区。

在电压比较器中,集成运算放大器的开环差模电压放大倍数越大,输出电压状态转换时的传输特性越陡峭,电压比较器的比较精度就越高。为了提高比较精度,在具有滞回特性的电压比较器中,还特意引进了正反馈。

电压比较器的输出电压从一个电平跳变到另一个电平的临界条件是集成运算放大器的两个输入端的电位相等,即 $u_P = u_N$。当 u_P 稍小于 u_N 时,比较器的输出状态由高电平跳变为低电平;当 u_P 稍大于 u_N 时,比较器的输出状态由低电平跳变为高电平。

电压比较器的输出电压从一个电平跳变到另一个电平时所对应的输入电压值称为门限电压(或阈值电压和门槛电平)。具有滞回特性的电压比较器具有两个门限电压,即存在回差电压,故可提高电路的抗干扰能力。

5. 正弦波振荡电路是一种不需要外加输入信号作用就可把直流电能转变为交流电能的能量转换器。正弦波振荡电路是由反馈放大电路发展而来的,它是由放大电路、正反馈电路、选频电路和稳幅电路四部分组成的。为了使正弦波振荡电路产生正弦自激振荡,必须满足相位平衡条件和幅值平衡条件。相位平衡条件是 $\varphi_{A} + \varphi_{F} = 2n\pi$ ($n = 0, 1, 2, \cdots$),即要求反馈极性为正反馈,以使反馈电压与原来的输入电压同相。幅值平衡条件是 $|\dot{A}\dot{F}| = 1$,即要求反馈电压与原来的输入电压大小相等。

使正弦波振荡建立所需要的初始信号是由电路刚接上直流电源时产生的冲击电信号提供的。这个初始信号被选频电路选出,并满足相位平衡条件,其频率即为电路的振荡频率。要使振荡幅度由小到大不断增长地建立起来,必须使 $|\dot{A}\dot{F}| > 1$。振荡幅度的稳定是靠电路中的稳幅环节实现的,而在分立元件 LC 振荡电路中振荡幅度的稳定是靠晶体管特性的非线性实现的。当振荡幅度稳定时,$|\dot{A}\dot{F}| = 1$。

在分析正弦波振荡电路的工作时,一般应先找出它的四个组成部分(在分立元件 LC 振荡电路中无稳幅电路),然后着重检查自激振荡的相位平衡条件是否能得到满足。至于自激振荡的幅度平衡条件,只要合理设计放大电路的电压放大倍数和反馈电路的反馈系数就容易得到满足。

RC 正弦波振荡电路的振荡频率主要取决于 RC 反馈电路的参数,最高可达 1 MHz,最低可小到 1 Hz,RC 正弦波振荡电路被广泛应用于低频振荡的场合。

LC 谐振回路的品质因数 Q 值越大,电路的选频特性越好。LC 正弦波振荡电路的振荡频率主要取决于 LC 谐振回路的谐振频率,可高达 1 000 MHz 以上,LC 正弦波振荡电路被广泛应用于高频振荡的场合。

利用石英晶体的压电谐振效应可以组成石英晶体正弦波振荡电路。石英晶体正弦波振荡电路的频率稳定度很高的原因:一是石英晶体的品质因数很高;二是石英晶体的谐振频率仅与晶片的几何尺寸有关。

石英晶体有两个谐振频率:串联谐振频率 f_{s} 和并联谐振频率 f_{p},而且 f_{s} 和 f_{p} 非常接近。在 f_{s} 和 f_{p} 之间非常狭窄的频率范围内,石英晶体相当于一个电感。并联晶体振荡电路的振荡频率近似等于 f_{p};串联晶体振荡电路的振荡频率则等于 f_{s}。

6. 在具有滞回特性电压比较器的基础上,通过 RC 支路把输出电压反馈到集成运算放大器的反相输入端,可组成方波发生器。利用具有滞回特性的电压比较器和积分运算电路可组成三角波发生器,由比较器输出方波电压,由积分运算电路输出三角波电压。在三角波发生器中,只要使积分运算电路中电容的充、放电时间常数不同,便可组成锯齿波发生器。

✍️ 习题 ▰▰▰▰▰▰▰▰▰▰▰▰▰▰▰▰▰▰▰▰▰▰▰

5.2.1 电路如图 P5.2.1(a)(b)所示。设集成运算放大器输出电压的最大幅值为 ±14 V。

(1)判断反馈类型,并分别求出输出电压 u_{0} 与输入电压 u_{1} 的关系式;

(2)当输入电压 u_{1} 为 0.1 V、0.5 V、1.0 V、1.5 V 时,求出输出电压 u_{0} 的值。

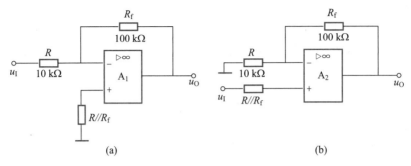

图 P5.2.1

5.2.2 运算电路如图 P5.2.2 所示。试求输出电压 u_O 与输入电压 u_{I1}、u_{I2} 的关系式。

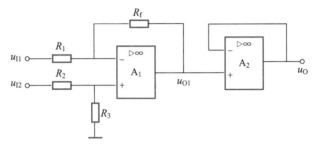

图 P5.2.2

5.2.3 设计一个比例运算电路。要求:输入电阻 $R_i = 20 \text{ k}\Omega$,比例系数为 -100。

5.2.4 电路如图 P5.2.4 所示,试求其输入电阻和比例系数。

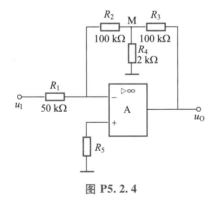

图 P5.2.4

5.2.5 试求图 P5.2.5 所示各电路输出电压与输入电压的运算关系式。

5.2.6 图 P5.2.6 所示是一个具有高输入电阻和低输出电阻的精密仪表放大电路。假设集成运算放大器是理想的,试证明 $u_O = -\dfrac{R_f}{R}\left(1 + \dfrac{2R_1}{R_2}\right)(u_{I1} - u_{I2})$。

5.2.7 在图 P5.2.7(a) 所示电路中,u_{I1}、u_{I2} 的波形如图 P5.2.7(b) 所示。试画出输出电压 u_O 的波形。

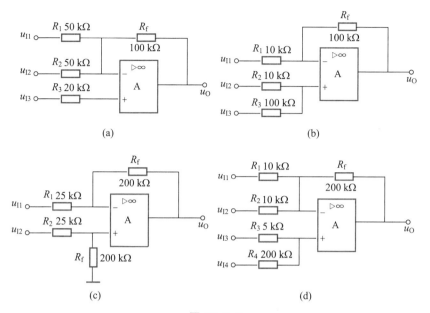

图 P5. 2. 5

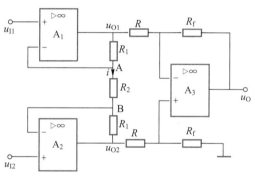

图 P5. 2. 6

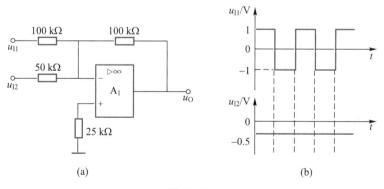

图 P5. 2. 7

5.2.8　电路如图 P5.2.8(a)所示。已知：输入电压 u_1 的波形如图 P5.2.8(b)所示；当 $t = 0$ 时，$u_C = 0$。试画出输出电压 u_O 的波形。

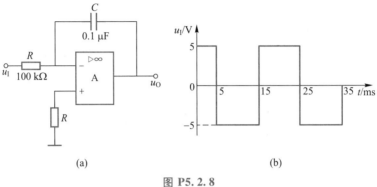

(a)　　　　　　　　　　　　　　　(b)

图 P5.2.8

5.2.9　电路如图 P5.2.9(a)所示。已知：输入电压 u_1 的波形如图 P5.2.9(b)所示；当 $t = 0$ 时，$u_C = 0$。试画出输出电压 u_O 的波形。

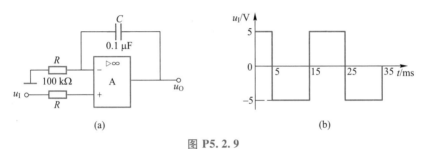

(a)　　　　　　　　　　　　　　　(b)

图 P5.2.9

5.2.10　试分别求解图 P5.2.10 所示各电路的运算关系。

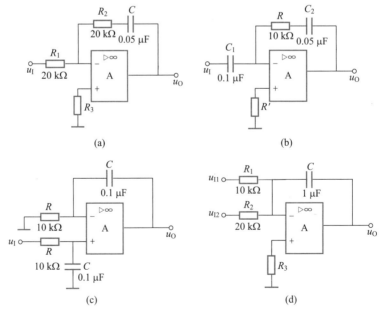

(a)　　　　　　　　　　　　　　　(b)

(c)　　　　　　　　　　　　　　　(d)

图 P5.2.10

5.2.11 要求电路实现的运算关系如下：

① $u_0 = 2u_1$　　　　② $u_0 = -(u_{11} + 0.2u_{12})$

③ $u_0 = 5u_1$　　　　④ $u_0 = -u_{11} + 2u_{12}$

⑤ $u_0 = -3u_{11} + 2u_{12} + 3u_{13} + 4u_{14}$　　⑥ $u_0 = -10\int u_{11} - 2\int u_{12}$

（1）分别画出各个运算电路；

（2）计算各电阻的阻值。

5.2.12 电路如图 P5.2.12 所示。设：T_1、T_2 的参数相同；静态时 $u_0 = 0$。试求 $u_1 > 0$ 时输出电压 u_0 的表达式。

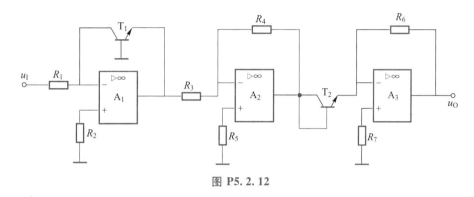

图 P5.2.12

5.2.13 指数运算电路如图 P5.2.13 所示，试证明

$$u_0 = R_3 I_R e^{\left[-u_1 R_2 / U_T (R_1 + R_2) \right]}$$

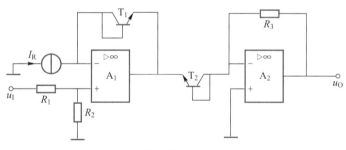

图 P5.2.13

5.3.1 图 P5.3.1 是根据图 5.3.1 所示的框图组成的乘法运算电路。设 T_1、T_2 的参数相同，试推导输出电压 u_0 的表达式。

5.3.2 同相输入除法运算电路如图 P5.3.2 所示。

（1）试分析电路正常工作的条件；

（2）试写出输出电压 u_0 的表达式。

5.3.3 多变量运算电路如图 P5.3.3 所示。

（1）试分析电路正常工作的条件；

（2）试写出输出电压 u_0 的表达式。

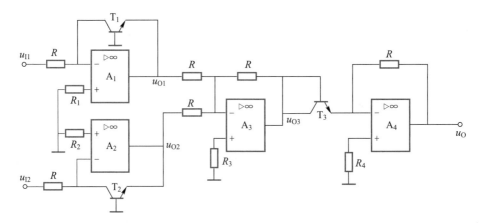

图 P5.3.1

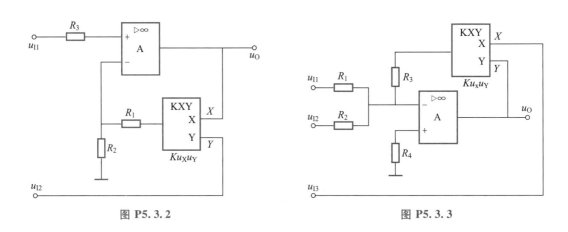

图 P5.3.2　　　　　　　　　　　　　　图 P5.3.3

5.3.4　有效值检测电路如图 P5.3.4 所示。试证明

$$u_O = \sqrt{\alpha \int u_1^2 \mathrm{d}t}$$

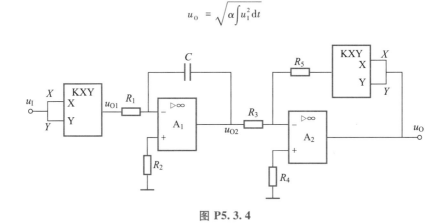

图 P5.3.4

5.4.1　在下列各种情况下,应分别采用哪种类型(低通、高通、带通、带阻)的有源滤波电路。

(1) 抑制 50 Hz 交流电源的干扰;

(2) 处理具有 1 Hz 固定频率的有用信号;

（3）从输入信号中取出低于 2 kHz 的信号；

（4）抑制频率为 100 kHz 以上的高频干扰。

5.4.2 有源滤波电路如图 P5.4.2 所示。试说明:(1) 它们各属于哪种类型的滤波电路;(2) 是几阶滤波电路。

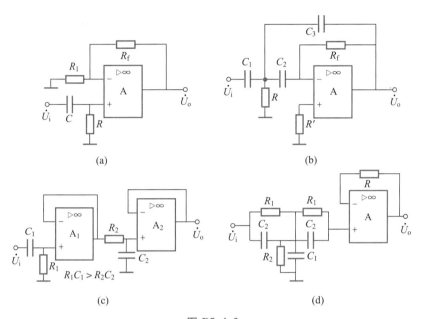

图 **P5.4.2**

5.4.3 试画出如图 P5.4.3 所示电压比较器的电压传输特性。

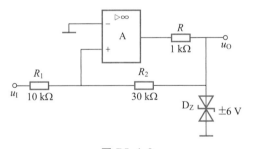

图 **P5.4.3**

5.4.4 电路如图 P5.4.4 所示。已知:$u_1 = 12 \sin\omega t$（V），基准电压 U_{REF} 分别为 3 V 和 -3 V。试分别画出电压传输特性和输出电压的波形。

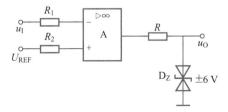

图 **P5.4.4**

5.4.5 电路如图 P5.4.5(a)(b)所示。已知:$u_1 = 12\sin \omega t(V)$,基准电压 U_{REF} 分别为 3 V 和 -3 V。试分别画出电压传输特性和输出电压的波形。

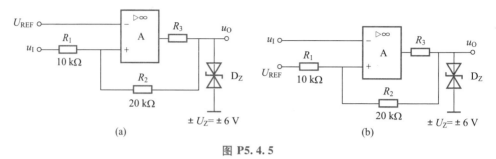

图 P5.4.5

5.5.1 电路如图 P5.5.1 所示。试求解:(1) R'_p 的下限值;(2) 振荡频率的调节范围。

5.5.2 电路如图 P5.5.2 所示,稳压管起稳幅作用,其稳压值为 ±6 V。试估算:

(1) 在不失真情况下,输出电压的有效值;

(2) 电路的振荡频率。

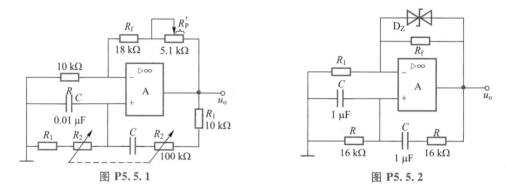

图 P5.5.1   图 P5.5.2

5.5.3 电路如图 P5.5.3 所示。要求:(1) 用自激振荡的相位平衡条件判断电路能否产生正弦波振荡;(2) 若不能产生振荡,应对电路做哪些改动?

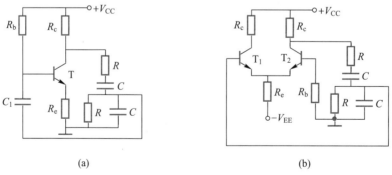

图 P5.5.3

5.5.4 桥式 RC 正弦波振荡电路如图 P5.5.4 所示。已知:$R_f = 10$ kΩ;双联可变电容器可调范围是 3~30 pF;电路输出正弦波电压 u_0 的频率为 10~100 kHz。试回答:

(1) R 应如何选择?(2) 具有正温度特性的热敏电阻 R_1 应如何选择?

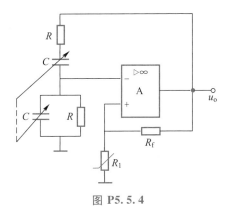

图 **P5.5.4**

5.5.5 试画出如图 P5.5.5(a)和(b)所示电路的交流通路(C_b和 C_e 可视为短路),并用相位平衡条件判断哪个电路能产生正弦波自激振荡,说明理由。

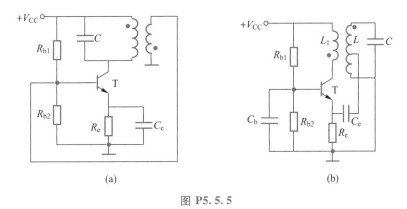

(a)   (b)

图 **P5.5.5**

5.5.6 电路如图 P5.5.6 所示,试用相位平衡条件判断电路能否产生正弦波自激振荡,说明理由。

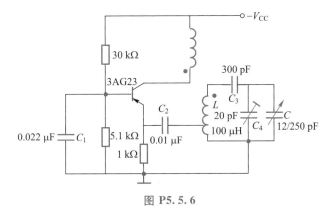

图 **P5.5.6**

5.5.7 图 P5.5.7 是一个变压器反馈式 LC 正弦波振荡电路。试说明 L_1 和 L_2 的同名端应如何安排才能使电路产生正弦波自激振荡?

5.5.8 试用相位平衡条件判断图 P5.5.8 所示的电路能否产生正弦波自激振荡,并说明理由。

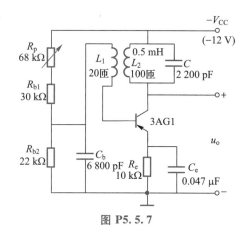

图 P5.5.7

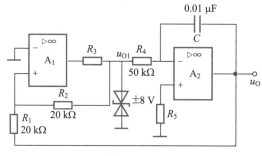

图 P5.5.8

5.5.9 电路如图 P5.5.9 所示。

（1）分别说明 A_1 和 A_2 各构成哪种基本电路；

（2）定性画出 u_{O1} 与 u_O 的波形；

（3）若要提高振荡频率,可以改变哪些电路参数？如何改变？

图 P5.5.9

第 5 章 重要题型分析方法

第 5 章 部分习题解答

第 6 章

直流稳压电源

 引言

在日常生产和生活等领域中主要使用电网提供的交流电源,有时也要用到直流电源,如电解、电镀和蓄电池的充电等。而几乎所有的电子电路都要求用稳定的直流电源来供电。虽然在有些情况下(如便携设备)可用化学电池、太阳能电池作为直流电源,但大多数情况是利用电网提供的交流电源经过转换而得到的直流电源。

本章所介绍的小功率直流稳压电源是指将有效值为 220 V、频率为 50 Hz 的单相交流电压变换为输出电流为几十安以下的、幅值稳定的直流电压的稳压电路。

小功率直流稳压电源可以用图 6.0.1 所示的框图表示,它是由电源变压器、整流电路、滤波电路和稳压电路四部分组成的。

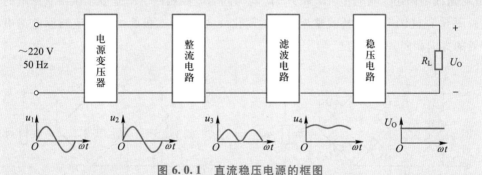

图 6.0.1 直流稳压电源的框图

电源变压器是将电网供给的交流电压(通常是 50 Hz、220 V)u_1 变换为所需要的交流电压 u_2,然后通过整流电路将交流电压 u_2 变换为脉动的直流电压 u_3。由于此脉动的直流电压还含有较大的纹波,必须通过滤波电路加以滤除,从而将脉动直流电压 u_3 转变为较平滑的直流电压 u_4。但这样的电压还会随电网电压的波动(一般有 ±10% 左右的波动)、负载和环境温度的变化而变化,因此还要通过稳压电路以保证输出稳定的直流电压 U_0。

本章首先介绍小功率单相桥式整流电路和电容滤波电路的工作原理,其次介绍硅稳压管稳压电路和线性串联型稳压电路的工作原理,然后介绍三端式线性集成稳压器及其应用电路,最后介绍开关型稳压电路的工作原理。

6.1　单相桥式整流电路

整流电路是将交流电压转换为单一方向脉动电压的电路。利用二极管的单向导电性组成的整流电路,按照所接交流电源的相数可分为单相整流电路和三相整流电路两大类。单相整流电路又可分为半波、全波、桥式和倍压四种类型。本节只介绍在电子电路中应用最广泛的单相桥式整流电路。

6.1.1　电路的说明

单相桥式整流电路如图 6.1.1(a)所示。它由电源变压器、整流二极管 $D_1 \sim D_4$ 和负载电阻 R_L 三部分组成。图中,电源变压器的作用是把电网电压 u_1 变换成整流电路所需要的电压 u_2。在整流电路中,利用二极管的单向导电性作为开关使用。四个整流二极管接成电桥形式,故有桥式整流电路之称。电桥有两条对角线:一条对角线接电源变压器的二次电压 u_2,此对角线的两组二极管 D_1、D_4 和 D_2、D_3 均为异名电极相连;另一条对角线接负载电阻 R_L,此对角线的两组二极管 D_1、D_2 和 D_3、D_4 均为同名电极相连。R_L 是要求供给直流电的负载电阻。图 6.1.1(b)是单相桥式整流电路的简化画法,图中二极管的方向应与原电路中四个二极管的方向相同,不能画反。

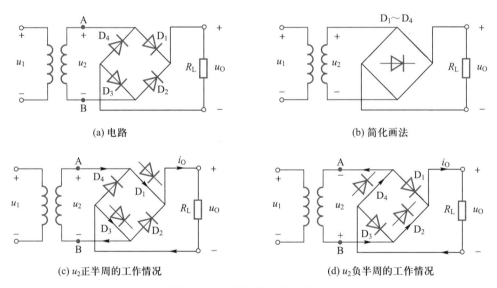

(a) 电路　　　　　　　　　　　　　　　　(b) 简化画法

(c) u_2 正半周的工作情况　　　　　　　　　(d) u_2 负半周的工作情况

图 6.1.1　单相桥式整流电路

6.1.2 工作原理

为了讨论问题方便起见,我们假定变压器的内阻为零;二极管是理想的。这样的假定虽然与实际情况不相符合,但却与实际情况很接近。

设变压器的二次电压为 $u_2 = \sqrt{2}\,U_2\sin\omega t$。在 u_2 的正半周,如图 6.1.1(c)所示,电源变压器二次电压 A 端为正,B 端为负,D_1、D_3 承受正向电压而导通。此时有电流流过 R_L,电流流通的路径为:A→D_1→R_L→D_3→B。D_2、D_4 因承受反向电压而截止。由于二极管是理想的,故有 $u_O = u_2$,$i_O = \dfrac{u_2}{R_L}$。

在 u_2 的负半周,如图 6.1.1(d)所示,电源变压器二次电压 B 端为正,A 端为负,D_2、D_4 承受正向电压而导通。此时有电流流过 R_L,电流流通的路径为:B→D_2→R_L→D_4→A。D_1、D_3 因承受反向电压而截止。由于二极管是理想的,故有 $u_O = |u_2|$,$i_O = \dfrac{|u_2|}{R_L}$。

由以上分析可知,在交流电压的整个周期中,始终有同方向的电流流过负载电阻 R_L,故在 R_L 上得到的是单一方向的脉动直流电压 u_O。在单相桥式整流电路中,电源变压器二次电压 u_2 的波形、二极管电流 i_D 的波形、输出电压 u_O 的波形以及二极管承受的电压 u_D 的波形分别如图 6.1.2 中所示。

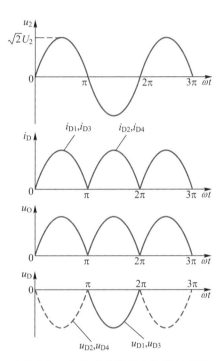

图 6.1.2 单相桥式整流电路的波形图

6.1.3 定量关系

一、输出电压的平均值(直流分量)U_O
由图 6.1.2 所示的 u_O 的波形可以求得输出电压的平均值(即直流分量)为

$$U_O = \frac{1}{\pi}\int_0^\pi u_2 \mathrm{d}(\omega t) = \frac{1}{\pi}\int_0^\pi \sqrt{2}\,U_2\sin\omega t\,\mathrm{d}(\omega t) = 0.9U_2 \tag{6.1.1}$$

式中,U_2 是电源变压器二次电压的有效值。
二、输出电流的平均值(直流分量)I_O
输出电流的平均值为

$$I_O = \frac{U_O}{R_L} = 0.9\frac{U_2}{R_L} \tag{6.1.2}$$

三、流过二极管的平均电流 I_{D}

在桥式整流电路中,由于每个二极管只导电半个周期,所以流过每个二极管的平均电流均为 I_0 的一半,即

$$I_{\mathrm{D}} = \frac{1}{2}I_0 = 0.45\frac{U_2}{R_{\mathrm{L}}} \tag{6.1.3}$$

四、二极管承受的最高反向电压 U_{DRM}

桥式整流电路每个二极管承受的最大反向电压为

$$U_{\mathrm{DRM}} = \sqrt{2}\,U_2 \tag{6.1.4}$$

这是因为,如图 6.1.1(c)所示,当 u_2 的正半周 D_1、D_3 导通时,可将它们看成短路,这样截止的二极管 D_2、D_4 就并联于 u_2 上,它们所承受的最大反向电压等于变压器二次电压的峰值,即为 $\sqrt{2}\,U_2$。同理,由图 6.1.1(d)可知,在 u_2 的负半周,截止的二极管 D_1、D_3 承受的最大反向电压也为 $\sqrt{2}\,U_2$。

五、选择整流二极管的原则

选择整流二极管的原则是:① 被选二极管的最大整流电流应大于管子在电路中流过的平均电流,并留有(1.5~2)倍的裕量;② 被选二极管的最高反向工作电压应大于管子在电路中所承受的最大反向电压,并留有(2~3)倍的裕量。

6.1.4　单相桥式整流电路的优缺点

拓展阅读 6.1 倍压整流电路

与单相半波整流电路相比(见习题 6.1.1),单相桥式整流电路的优点有:① 输出电压较高;② 输出电压的纹波较小;③ 电源变压器在交流电源的正负半周内都有电流供给负载,电源变压器的利用率较高。此外,在单相桥式整流电路中,二极管所承受的最大反向电压较低(请读者与习题 6.1.5 图 P6.1.5 所示的单相全波整流电路进行定量比较)。这些优点使单相桥式整流电路得到了广泛的应用。

单相桥式整流电路的主要缺点是所用二极管的数量较多。

目前,半导体器件的生产厂家已将整流桥封装在一个管壳里,制成单相、三相整流桥模块,对外只有输入交流和输出直流的引出端,其外形如图 6.1.3 所示。

整流桥模块减少了外部接线,提高了电路的可靠性,使用起来非常方便。

图 6.1.3　整流桥模块

6.2 电容滤波电路

6.2.1 滤波电路的作用与基本形式

一、滤波电路的作用

经过整流后的输出电压虽然是单一方向的直流电压,但其脉动较大,含有较大的交流成分,不能适应大多数电子电路的需要。因此,在整流电路后面,还需要加上一个滤波电路。在直流电源中,滤波电路的作用是:将脉动的直流电压变换为较为平滑的直流电压。

二、滤波电路的基本形式

在直流电源中,滤波电路一般由无源元件电容或电感组成。滤波电路的基本形式如图 6.2.1所示。

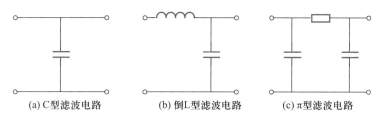

(a) C 型滤波电路　　　(b) 倒 L 型滤波电路　　　(c) π型滤波电路

图 6.2.1　滤波电路的基本形式

电容和电感均有滤波作用。若在负载上并联电容器,当电源供给的电压上升时,电容器充电储存能量,反之,电容器放电释放能量给负载,从而使负载上的电压变得平滑。若在负载回路中串联电感器,当电源供给的电流增大时,电感器储存能量,而当电流减小时,电感器释放能量,补偿电流的减小,从而使负载电流变得平滑。

滤波电路的形式很多,常把它们分为电容输入式和电感输入式两大类,前者把电容器 C 接在滤波电路的最前面,如图 6.2.1 中的(a)和(c)所示;后者把电感器 L 接在滤波电路的最前面,如图 6.2.1 中的(b)所示。电容输入式滤波电路多用于小功率电源中,电感输入式滤波电路多用于大功率电源中(而且当电流很大时仅用一个电感与负载串联)。

在这一节里,重点分析小功率整流电源中应用较多的电容滤波电路。

6.2.2 电容滤波电路及其工作原理

一、电路的说明

具有电容滤波的单相桥式整流电路如图 6.2.2 所示。该电路与图 6.1.1 的不同之处仅

在于在负载电阻 R_L 上并联了一个容量较大的电解电容器 C（注意：接线时不能将电解电容器的正、负极接反）。

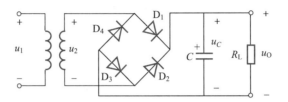

图 6.2.2　具有电容滤波的单相桥式整流电路

二、工作原理

为了讨论问题方便，我们做两个假设：① 在理想情况下二极管的正向导通电阻和变压器二次绕组的直流电阻均为零；② 合上交流电源的瞬间，正好是 u_2 由负变正的过零时刻，且电容 C 上的电压为零。

在合上交流电源后，u_2 从零开始上升进入正半周，D_1、D_3 导通，u_2 向电容 C 充电。由于是理想情况，故可认为电容器充电时 C 上的电压是随 u_2 按正弦规律变化的，如图 6.2.3（a）的 $0a$ 段所示。在 a 点，u_2 达最大值，$u_C = u_0$ 也达最大值。

在 a 点以后，u_2 按正弦规律开始下降，u_C 则因电容 C 开始向负载电阻 R_L 放电而按指数规律下降。但是，因为电容 C 放电的时间常数 $\tau = R_L C$ 很大，u_C 的下降速度要比 u_2 的下降速度慢得多，所以在此过程中有 $u_C > u_2$，从而使四个二极管都因承受反向电压而截止，负载电阻 R_L 两端的电压是靠电容 C 的放电电流来维持的。

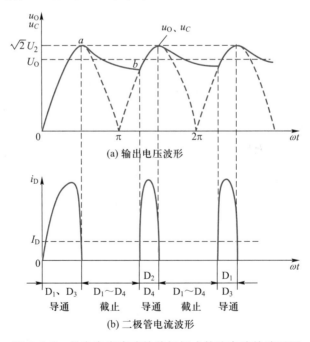

图 6.2.3　具有电容滤波的单相桥式整流电路的波形图

从电容 C 放电到图 6.2.3(a) 中的 b 点时开始，u_2 负半周的电压已达到使 $|u_2| > u_C$，D_2、D_4 因承受正向电压变为导通，u_2 再次对 C 充电；当 u_C 上升到 u_2 负半周的最大值后，四个二极管又都截止，C 又向负载电阻 R_L 放电，当 u_C 按指数规律下降到一定数值时，D_1、D_3 又导通。以上过程重复进行，就可得到如图 6.2.3(a) 所示的电容 C 上电压 u_C 的波形图。

由图 6.2.3(a) 可知，在 R_L 两端并联滤波电容 C 后，在二极管截止的时间内，由于电容 C 的缓慢放电，输出电压的脉动大大减小了，而且输出电压的平均值 U_0 也提高了。显然，滤波电容 C 越大，放电时间常数越大，C 放电越慢，输出电压的脉动越小，输出电压的平均值也越高。应该指出，当考虑二极管的导通电阻和变压器的直流电阻时，输出电压的平均值会有些下降。

6.2.3 电容滤波电路的特点

电容滤波电路有以下三个特点：

一、二极管的导通角小于 $180°$

导通角是指在交流电源的一个周期中，二极管导通时间所对应的电角度。由图 6.1.2 可知，未加滤波电容时，二极管的导通角为 $180°$。加了滤波电容以后，在稳态工作的情况下，只有在 $|u_2| > u_C$ 时，二极管才能重新导通，由图 6.2.3(b) 可知，二极管的导通角远小于 $180°$。

二、二极管流过的冲击电流较大

桥式整流电路中加了滤波电容后，由于输出电压的平均值（即直流电压）U_0 的提高，在相同的 R_L 下，流过每个二极管的平均电流 I_D 也将提高，而二极管的导通角又减小了，这样一来，二极管导通时必然会流过一个较大的冲击电流，如图 6.2.3(b) 所示。可以想象，电容 C 越大，放电的时间常数越大，二极管的导通角越小，冲击电流就越大。

三、输出特性较差

整流滤波电路的输出特性是指电路的输出电压的平均值 U_0 与输出电流平均值 I_0 之间的关系曲线。输出特性是整流滤波电路的一项性能指标。图 6.2.4 中画出了无滤波电容和有滤波电容时的两条输出特性。上面已介绍过，加了滤波电容后，输出电压的平均值要提高，所以有滤波电容时的输出特性在没有滤波电容时的输出特性的上面。在加了滤波电容以后，在 C 值一定，$I_0 = 0$（即 R_L 开路）时，因电容充电后无放电回路，故 $U_0 = \sqrt{2} U_2$；当 I_0 很大（即 R_L 很小）时，由于电容 C 放电时间常数很小，u_0 的波形接近于无滤波时的波形，故 U_0 接近于

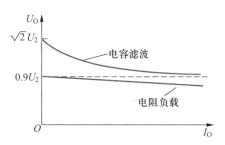

图 6.2.4 单相桥式整流电路在有、无电容滤波时的输出特性

$0.9 U_2$。由此可见，电容滤波电路的 U_0 受负载变化的影响很大，即其输出特性较差。所以，电容滤波电路只适用于负载电流较小或负载电流基本不变的场合。

6.2.4　定量关系

在具有电容滤波的整流电路中,由于输出电压波形难以用解析式来描述,要对输出直流电压进行准确地计算是很困难的,所以常采用近似估算的方法。在工程上,为了得到平滑的直流电压,一般应取放电时间常数为

$$\tau = R_{\mathrm{L}}C > (3 \sim 5)\frac{T}{2} \tag{6.2.1}$$

式中,T 为交流电源电压的周期。在这种情况下,输出直流电压可按下式来估算,即

$$U_{\mathrm{O}} = (1.1 \sim 1.2)U_2 \tag{6.2.2}$$

输出的直流电流为

$$I_{\mathrm{O}} = \frac{U_{\mathrm{O}}}{R_{\mathrm{L}}} = (1.1 \sim 1.2)\frac{U_2}{R_{\mathrm{L}}} \tag{6.2.3}$$

流过二极管的平均电流为

$$I_{\mathrm{D}} = \frac{I_{\mathrm{O}}}{2} = (0.55 \sim 0.6)\frac{U_2}{R_{\mathrm{L}}} \tag{6.2.4}$$

二极管承受的最大反向电压仍为

$$U_{\mathrm{DRM}} = \sqrt{2}\,U_2 \tag{6.2.5}$$

综上所述可知,电容滤波电路结构简单,输出直流电压 U_{O} 较高,可达 $(1.1 \sim 1.2)U_2$,纹波较小。缺点是输出特性较差,适用于负载电压较高、负载电流较小或变动不大的场合。

例 6.2.1　具有滤波电容的桥式整流电路如图 6.2.2 所示。设交流电源的频率 $f = 50$ Hz,某负载要求直流电压 $U_{\mathrm{O}} = 20$ V,直流电流 $I_{\mathrm{O}} = 0.2$ A。试估算电源变压器二次电压的有效值 U_2,并选择整流二极管和滤波电容。

解:（1）估算电源变压器二次电压的有效值 U_2

根据式（6.2.2）取 $U_{\mathrm{O}} = 1.2U_2$,可得变压器二次电压的有效值为

$$U_2 = \frac{U_{\mathrm{O}}}{1.2} = \frac{20}{1.2}\ \mathrm{V} \approx 16.67\ \mathrm{V}$$

考虑到变压器绕组及二极管导通时有压降,应把二次电压提高 10%,否则实际工作时 U_{O} 会达不到 20 V,故取

$$U_2 \approx 1.1 \times 16.67\ \mathrm{V} \approx 18.3\ \mathrm{V}$$

（2）选择整流二极管

根据式（6.2.4）可得流过二极管的平均电流为

$$I_{\mathrm{D}} = \frac{I_{\mathrm{O}}}{2} = \frac{0.2}{2}\ \mathrm{A} = 0.1\ \mathrm{A}$$

根据式（6.2.5）可得二极管承受的最大反向电压为

$$U_{\mathrm{DRM}} = \sqrt{2}\,U_2 \approx \sqrt{2} \times 18.3\ \mathrm{V} \approx 25.9\ \mathrm{V}$$

因此可以选用 2CP31A 型二极管,它的最大整流电流为 250 mA,最大反向工作电压为 50 V。

（3）选择滤波电容器

根据式（6.2.1）,取 $R_L C = 5 \times \dfrac{T}{2}$,得

$$T = \frac{1}{f} = \frac{1}{50} \text{ s} = 0.02 \text{ s}$$

又

$$R_L C = 5 \times \frac{T}{2} = 5 \times 0.01 \text{ s} = 0.05 \text{ s}$$

而

$$R_L = \frac{U_0}{I_0} = \frac{20}{0.2} \ \Omega = 100 \ \Omega$$

故可得

$$C = \frac{0.05}{100} \text{ F} = 500 \ \mu\text{F}$$

因此可以选用 $C = 500 \ \mu\text{F}$ 的电解电容器。它的耐压应大于负载开路时输出电压的最大值 U_{DRM}（$U_{DRM} = \sqrt{2} U_2 = \sqrt{2} \times 18.3 \text{ V} = 25.9 \text{ V}$）,为留有余地,可选用耐压为 50 V 的电容器。

6.2.5　RC 滤波电路

为了进一步改善滤波效果,可采用如图 6.2.5 所示的具有 RC 滤波电路的单相桥式整流电路。在这个电路中,电容 C_1、C_2 和电阻 R 组成 RC 滤波电路。由于 C_1、R 和 C_2 形成一个"π"字形,所以称为 π 型 RC 滤波电路。这种滤波电路可以看作是由电容滤波电路 C_1 和由 R、C_2、R_L 组成的分压器一起构成的。C_1 的作用与简单的电容滤波电路相同,利用 C_1 的充放电作用可在其两端得到脉动较小的直流电压。这个脉动较小的直流电压又加在由 R、C_2 和 R_L 组成的分压器上,只要电容 C_2 的容抗远小于 R 和 R_L（即 C_2 的容量足够大）,则经过 C_1 滤波后剩余的交流分量将绝大部分降落在 R 上,R_L 上得到的交流分量就很小,达到了进一步滤波的效果。

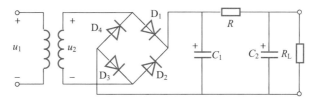

图 6.2.5　具有 RC 滤波电路的单相桥式整流电路

应该指出,电阻 R 上将产生直流压降,因此在选择 R 的阻值时应按 $I_0 R = (0.1 \sim 0.2) U_0$ 来考虑。

6.3　硅稳压管稳压电路

拓展阅读 6.2
稳压电路的
技术指标

　　整流滤波电路虽然解决了把交流电变换为比较平滑的直流电的问题,但是,它输出的直流电压是不稳定的,有以下两个原因。

　　① 交流电网电压的不稳定,会引起整流滤波电路输出直流电压的变化。一般交流电网电压可能有±10%的波动。

　　② 由于整流滤波电路存在着内阻,当负载电流变化时,输出直流电压也要随之变化,这一点从图 6.2.4 所示的输出特性上看得很清楚。

　　为了在交流电网电压波动和负载电流变化两种情况下都能得到稳定的输出直流电压,可在整流滤波电路和负载电阻之间加入稳压电路。

　　常用的稳压电路有:硅稳压管稳压电路、线性串联型稳压电路和开关型稳压电路。

6.3.1　硅稳压管稳压电路的工作原理

一、电路的说明

　　图 6.3.1 是最简单的用硅稳压管组成的稳压电路。经桥式整流、电容滤波电路后输出的直流电压作为硅稳压管稳压电路的输入电压 U_I,加在由电阻 R 和稳压二极管 D_Z 组成的硅稳压管稳压电路上。稳压后的输出直流电压 U_O 从硅稳压管 D_Z 上取出;R 为调整电阻(也是硅稳压管的限流电阻),是硅稳压管稳压电路中不可缺少的元件;R_L 为负载电阻。接线时,应使硅稳压管工作在反向击穿状态,它的阴极应接直流电压的正端,阳极应接直流电压的负端。在图中,由于稳压管 D_Z 与负载电阻 R_L 并联,故称并联型稳压电路。

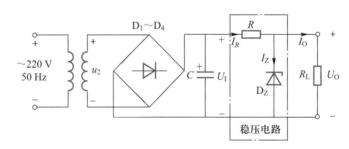

图 6.3.1　用硅稳压管组成的稳压电路

二、工作原理

1. 当电网电压波动时

当 R_L 不变,若由于电网电压升高使 U_I 升高而引起输出电压 U_O 升高时,硅稳压管的反向

电压 U_Z 也会升高,由于硅稳压管工作在反向击穿状态,由图 6.3.2 所示的硅稳压管的反向击穿特性可知,当 D_Z 上反向电压 U_Z 稍有升高时,流过它的电流 I_Z 将大大增加,使 $I_R = I_Z + I_O$ 也大大增加,并引起调整电阻 R 上的压降 U_R 大大增加,从而使输出电压 U_O 降低。因此,只要电路参数选择得合适,就可使 U_I 的升高量绝大部分降落在 R 上,从而使输出电压 U_O 基本上保持不变。上述过程可简述如下:

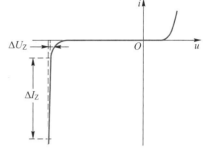

图 6.3.2 硅稳压管的伏安特性

$$电网电压 \uparrow \to U_I \uparrow \to U_O(U_Z) \uparrow \to I_Z \uparrow \to I_R \uparrow \to U_R \uparrow$$
$$U_O \downarrow \longleftarrow$$

反之,当 R_L 不变,若电网电压下降时,电路中各电量的变化同样也可使输出电压 U_O 基本上保持不变。

2. 当负载电流变化时

当输入电压 U_I 不变,若由于负载 R_L 变小使负载电流 I_O 和 R 上的电流 I_R 增大,引起 R 上压降 U_R 增大而造成输出电压 U_O 稍有下降时,硅稳压管的反向电压 U_Z 将会稍有降低,由于硅稳压管工作在反向击穿状态,流过 D_Z 的电流 I_Z 将大大减小,进而使流过 R 的电流 I_R 大大减小。当电路参数选择得合适时,可使 I_Z 的减小量基本等于负载电流 I_O 的增加量,从而保证 R 上的电流 I_R 和压降 U_R 基本不变,最后保持输出电压 U_O 基本不变。上述过程可简述如下:

$$\begin{array}{l} R_L \downarrow \to U_O(U_Z) \downarrow \to I_Z \downarrow \to I_R \downarrow \\ \to I_O \uparrow \to I_R \uparrow \end{array} \Big\rangle \to \Delta I_O \approx -\Delta I_Z \to I_R(U_R) 基本不变 \to U_O 基本不变$$

反之,当输入电压 U_I 不变,若 R_L 增大时,电路中各电量的变化同样也可保证 R 上的电流 I_R 和压降 U_R 基本不变,最后保持输出电压 U_O 基本不变。

由以上分析可知,在硅稳压管稳压电路中,硅稳压管自动调节电流的作用是稳定输出电压的关键。由于硅稳压管工作在反向击穿状态,当输出直流电压(即硅稳压管的端电压)发生微小变化时,流过硅稳压管的电流将发生很大的变化,然后通过调整电阻的电压调整作用,就可达到稳定输出直流电压的目的。

6.3.2 硅稳压管稳压电路的参数选择

在硅稳压管稳压电路中,硅稳压管 D_Z 和调整电阻 R 应按以下原则来选择。

(1)稳压管的稳定电压应等于所要求的输出电压,即 $U_Z = U_O$。如果一个管子的稳定电压不够,可以用两个或多个稳压管串联。

(2)稳压管的最大稳定电流 I_{ZM} 大致上应该比最大输出电流 I_{Omax} 大两倍以上,即

$$I_{ZM} \geqslant 2I_{Omax}$$

(3)输入直流电压一般取

$$U_I = (2 \sim 3)U_O$$

（4）调整电阻的确定应考虑两种极端情况。

第一种情况：当直流输入电压为最高（U_{Imax}）、负载电流为最小（I_{Omin}）时，流过稳压管的电流最大。这个最大电流不应该超过稳压管的最大稳定电流，即

$$\frac{U_{Imax} - U_O}{R} - I_{Omin} < I_{ZM}$$

由此可得

$$R > \frac{U_{Imax} - U_O}{I_{ZM} + I_{Omin}} \tag{6.3.1}$$

第二种情况：当直流输入电压为最低（U_{Imin}）、负载电流为最大（I_{Omax}）时，流过稳压管的电流最小。这个最小电流应该大于稳压管的稳定电流，否则稳压管将失去稳压作用。这时要求

$$\frac{U_{Imin} - U_O}{R} - I_{Omax} > I_Z$$

由此可得

$$R < \frac{U_{Imin} - U_O}{I_Z + I_{Omax}} \tag{6.3.2}$$

综合考虑上述两种极限情况，调整电阻应在式（6.3.1）和式（6.3.2）所规定的范围内选择，即

$$\frac{U_{Imin} - U_O}{I_Z + I_{Omax}} > R > \frac{U_{Imax} - U_O}{I_{ZM} + I_{Omin}} \tag{6.3.3}$$

（5）调整电阻的额定功率应按电阻上最大耗散功率的两倍到三倍来选择，即

$$P_R \geqslant (2 \sim 3) I_R^2 R = (2 \sim 3) \frac{(U_{Imax} - U_O)^2}{R} \tag{6.3.4}$$

6.4　线性串联型稳压电路

硅稳压管稳压电路的优点是电路简单，输出电压有一定的稳定度。但是，它存在着以下三个缺点。

① 输出直流电压由稳压管的稳定电压决定，不能任意调节。

② 输出电流受硅稳压管工作电流的限制，数值不能很大。

③ 输出直流电压的稳定度还不够高。

因此，在要求输出电流大、输出直流电压稳定度更高且连续可调的场合，就需要采用线性串联型稳压电路。

6.4.1 线性串联型稳压电路的工作原理

一、电路的说明

图 6.4.1(a)是具有放大环节的线性串联型稳压电路的原理图。它的输入电压 U_I 是由整流滤波电路供给的。由于晶体管 T_1 在电路中起调整电压的作用,所以叫作调整管。由于这种稳压电路的主回路是由调整管 T_1 与负载电阻 R_L 串联组成的,所以这种稳压电路叫作串联型稳压电路。

电阻 R_1 和 R_2 组成分压器,其作用是把输出电压 U_O 取出一部分作为取样电压 U_F,反馈到由 T_2 组成的放大电路的输入端,所以叫作取样回路。电阻 R_3 和稳压管 D_Z 组成硅稳压管稳压电路,用以提供一个较稳定的基准电压 U_Z,使 T_2 的发射极电位保持基本不变。晶体管 T_2 组成的放大电路起比较和放大信号的作用,将 U_F 和 U_Z 进行比较后,取其差值加以放大,从 T_2 集电极输出放大后的信号直接加到调整管 T_1 的基极。R_4 是 T_2 的集电极电阻,也是 T_1 的偏流电阻。

由图 6.4.1(a)可以看出,具有放大环节的线性串联型稳压电路是由调整元件、比较放大、基准电压和取样回路等几部分组成的,它的框图如图 6.4.1(b)所示。

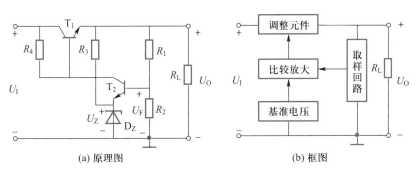

|(a) 原理图|(b) 框图|

图 6.4.1　具有放大环节的线性串联型稳压电路

二、工作原理

若由于电网电压降低或负载电流加大使输出电压 U_O 降低,则通过 R_1 和 R_2 的分压取样作用,会使 T_2 的基极电位 $U_{B2}=U_F$ 下降。由于 T_2 的发射极电位 $U_{E2}=U_Z$ 被硅稳压管 D_Z 稳住而基本不变,U_F 和 U_Z(即 U_{B2} 和 U_{E2})比较的结果,使 T_2 的发射结正向电压 U_{BE2} 减小,从而使 T_2 的 I_{C2} 减小和 U_{C2} 升高。$U_{C2}(=U_{B1})$ 的升高又使 T_1 的 I_{C1} 增大和 U_{CE1} 减小,最后使输出电压恢复到接近原来的数值。以上过程可表示为

$$U_O\downarrow \to U_{B2}\downarrow \to U_{BE2}\downarrow \to I_{C2}\downarrow \to U_{C2}\uparrow \to U_{BE1}(=U_{C2}-U_O)\uparrow$$
$$U_O\uparrow \leftarrow U_{CE1}\downarrow \leftarrow I_{C1}\uparrow \leftarrow \qquad\qquad\qquad I_{B1}\uparrow$$

这个自动调节过程实质上是一个负反馈过程,U_F 即为反馈电压。由于在图 6.4.1(a)中引入的是电压串联负反馈(仔细观察可以发现,T_1 实际上组成一个由 U_I 供电的射极输出器),所以输出电压非常稳定,而且电源的内阻很小(因为射极输出器的输出电阻很小)。

若由于电网电压升高或负载电流减小使输出电压升高时,负反馈也可使输出电压基本保持不变。

很明显,晶体管 T_2 组成的放大电路的电压放大倍数越大,负反馈越深,输出电压的稳定度越高。当调整管采用大功率晶体管时,就可提高稳压电路的输出电流。

三、输出电压的大小和调节方法

在图 6.4.1(a)中,若忽略 T_2 基极电流的影响,则有

$$U_{B2} \approx U_O \frac{R_2}{R_1 + R_2} = FU_O$$

式中,$F = \dfrac{R_2}{R_1 + R_2}$,称为取样回路的分压比。

而

$$U_{B2} = U_{BE2} + U_Z \approx U_Z$$

故有

$$U_O \approx U_Z \frac{R_1 + R_2}{R_2} = \frac{1}{F} U_Z \tag{6.4.1}$$

由此可见,具有放大环节的线性串联型稳压电路输出电压的大小是由取样回路的分压比和基准电压决定的。因此,只要改变取样回路分压比的大小,就可以调节输出电压的大小。

四、用集成运算放大器组成的线性串联型稳压电路

在图 6.4.1(a)所示的线性串联型稳压电路中,比较放大电路可以用集成运算放大器代替,如图 6.4.2 所示。图中,为了连续调节输出直流电压 U_O 的大小,在取样电路中加入了电位器 R_p。

利用虚断和虚短的概念,由图可得

$$U_N \approx \frac{R_2 + R_p''}{R_1 + R_2 + R_p} U_O = FU_O$$

$$U_N \approx U_P = U_Z$$

故可得

$$\frac{R_2 + R_p''}{R_1 + R_2 + R_p} U_O = FU_O \approx U_Z$$

上式中 F 为取样回路的分压比,即

$$F = \frac{R_2 + R_p''}{R_1 + R_2 + R_p}$$

因此可得电路的直流输出电压为

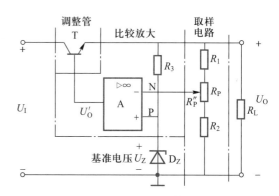

图 6.4.2　用集成运算放大器
组成的串联型稳压电路

$$U_O \approx \frac{1}{F} U_Z = \frac{R_1 + R_2 + R_p}{R_2 + R_p''} U_Z \tag{6.4.2}$$

只要改变电位器 R_p 滑动点的位置,就可以改变取样回路的分压比,达到连续调节输出

电压的目的。由式(6.4.2)可得输出电压 U_O 的调节范围为

$$U_{Omax} \approx \frac{R_1 + R_2 + R_P}{R_2} U_Z \tag{6.4.3}$$

$$U_{Omin} \approx \frac{R_1 + R_2 + R_P}{R_2 + R_P} U_Z \tag{6.4.4}$$

采用集成运算放大器作放大环节,可以提高负反馈深度,使稳压电路的输出电压具有更高的稳定性。另外,为了提高输出电压的稳定性,希望用作基准电压的硅稳压管具有较小的动态电阻和电压温度系数。

应该指出,在图 6.4.1(a)和图 6.4.2 所示的串联型稳压电路中,由于晶体管和集成运算放大器均工作在线性放大状态,所以把它们称为线性串联型稳压电路。

6.4.2 线性集成稳压器

视频 6.1
三端线性集
成稳压器

随着半导体集成电路工艺的迅速发展,已经可以将线性稳压电路制作在一块硅片上,这就是线性集成稳压器。与分立元件线性稳压电路相比,线性集成稳压器具有体积小、重量轻、使用调整方便和工作可靠等一系列优点,因而应用越来越广泛。

线性集成稳压器的种类很多,按功能可分为输出电压固定的和输出电压可调的两种。在这里我们只介绍输出电压固定的线性集成稳压器,由于它只引出输入端、输出端和公共端三个端子,故常被称为三端式线性集成稳压器。

一、三端式线性集成稳压器电路简介

图 6.4.3 是 W7800 系列三端式线性集成稳压器的电路。

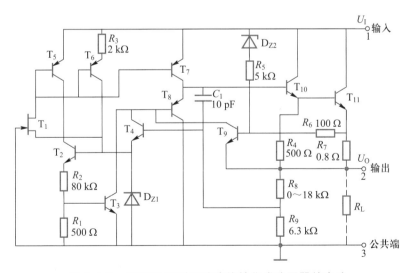

图 6.4.3　W7800 系列三端式线性集成稳压器的电路

1. 电路的说明

仔细观察图 6.4.3 可以看出,三端式线性集成稳压器实际上也是一个串联型稳压电

路,它除了调整元件、比较放大、基准电压和取样回路四个基本环节外,还包括启动电路和保护电路。

（1）四个基本环节

① T_{10} 和 T_{11} 组成复合调整管,在主回路中与负载电阻 R_L 串联,所以是一个串联型稳压电路。

② T_5、T_6、R_3、T_2、R_2、R_1 和 D_{Z1} 组成基准电压环节,在 D_{Z1} 上得到稳定的基准电压。

③ 电阻 R_8 和 R_9 是取样回路。

④ T_4 是比较放大环节的放大管,它的发射极电位被 D_{Z1} 上基准电压固定,基极接在取样电阻 R_8 和 R_9 之间,接受反映输出电压变化的取样电压,与基准电压进行比较,由 T_8 和 T_7 组成的射极输出器的输入电阻作为 T_4 集电极的有源负载电阻,由于此值很大,所以比较放大环节的电压放大倍数很高,这样就可以提高输出电压的稳定性。比较放大环节的输出信号经 T_8 发射极输出后加到由 T_{10} 和 T_{11} 组成的复合调整管的基极,去自动调整输出电压 U_0,使它基本稳定不变。C_1 是制造在硅片上的小电容,用以消除稳压器的自激振荡。

（2）启动电路

结型场效晶体管 T_1 是启动管。当接入不稳定的直流输入电压 U_1 后,T_1 导通,为 T_5、T_2 提供基极电流。T_5 导通后,T_6 因发射结正偏而导通。T_6 导通后,T_6、T_2 和 T_5 之间的正反馈作用,使 T_2 的基极电位迅速上升,从而使 D_{Z1} 导通,电路便完成启动过程。

（3）三种保护电路

在图中,设有三种保护电路:

① 过流保护电路

T_9、R_6、R_7 组成过流保护电路。当稳压器正常工作时,流过 R_7 上的电流（基本上是稳压器的输出电流）在其上产生的压降不足以克服 T_9 发射结的死区电压,T_9 处于截止状态,对稳压电路的正常工作无影响;当输出电流过载时,R_7 上的压降将超过 T_9 发射结的死区电压,使 T_9 导通,通过 T_8 分流了恒流源 T_7 的电流,从而减小了复合调整管的基极电流,使输出电流降低,达到了过流保护的目的。

② 过电压保护电路

D_{Z2}、R_5、T_9 组成过电压保护电路。这是为了防止调整管 T_{11} 的集电极和发射极之间的压降过高而设置的。由于稳压器的最大输出电流可达 1.5 A,当 T_{11} 的 U_{CE} 过高时,会使集电极耗散功率超过 P_{CM} 而损坏管子。D_{Z2}、R_5、R_6 并联在调整管 T_{11} 的集电极和发射极之间,当 $U_{CE11} > 8$ V 时,D_{Z2} 反向击穿,为 T_9 提供基极电流,T_9 导通,分流了恒流源 T_7 的电流,减小了复合调整管的基极电流,保护了调整管。

③ 过热保护电路

D_{Z1}、R_1、T_3 组成过热保护电路。正常工作时,R_1 上的压降仅为 0.4 V 左右,不足以克服 T_3 发射结的死区电压,T_3 是截止的,对电路工作无影响;当稳压器由于功耗过大或环境温度过高使硅片温度上升到某个额定值时,由于 D_{Z1} 稳定电压上升和 T_3 发射结死区电压下降,使 T_3 变为导通,也会分流恒流源 T_7 的电流,使输出电流下降,稳压器可避免因过热而损坏。

2. 外形和框图

图 6.4.4 是三端式线性集成稳压器的外形和框图。图 6.4.4（a）（b）分别为 W7800 系列产品的金属封装和塑料封装的外形图。图 6.4.4（c）为 W7800 系列的框图,1 为输入端,2 为输出端,3 为公共端;图 6.4.4（d）为 W7900 系列的框图,1 为公共端,2 为输出端,3 为输入端。

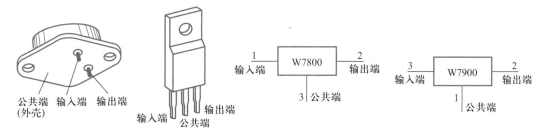

(a) W7800系列金属封装的
外形图

(b) W7800系列塑料
封装的外形图

(c) W7800系列的框图

(d) W7900系列的框图

图 6.4.4　三端式线性集成稳压器的外形和框图

三端式线性集成稳压器的通用产品有 W78XX 系列（输出固定正电压）和 W79XX 系列（输出固定负电压）。输出电压有 5 V、6 V、9 V、12 V、15 V、18 V、24 V 七个档次,产品型号后面的两个数字代表输出电压值。额定输出电流有 1.5 A（W7800）、0.5 A（W78M00）、0.1 A（W78L00）三个档次。例如型号 W78M05 表示输出电压为 +5 V,最大输出电流为 0.5 A;型号 W7912 表示输出电压为 -12 V,最大输出电流为 1.5 A。

二、三端式线性集成稳压器的应用

三端式线性集成稳压器使用起来十分方便,使用时,只要从产品手册中查出其有关参数及外形尺寸,再配上适当的散热片,就可以按需要接成稳压电路。

1. 基本应用电路

图 6.4.5 是 W7800 系列输出固定正电压的接线图。为了保证稳压器能正常工作,输入、输出电压的最小差值应有 2~3 V。当稳压器离整流滤波电路较远时,在输入端应接入 C_1,以抵消长线的电感效应,防止电路产生自激振荡,C_1 的容量一般小于 1 μF;在输出端应接入 C_2,以削弱输出电压中的高频噪声,C_2 的容量一般小于 1 μF。为了减小由输入电源引入到输出端的低频干扰,在输出端还接入了电解电容

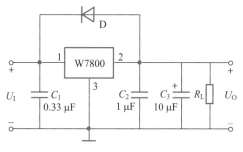

图 6.4.5　W7800 系列输出固定
正电压的接线图

C_3。为防止因稳压器输入端短路时大电容 C_3 上的电压从输出端向稳压器放电而损坏稳压器,应接入保护二极管 D,为 C_3 在输入端短路时提供一个放电通路。

图 6.4.6 是可同时输出正、负电压的接线图。

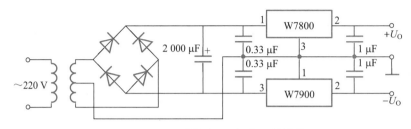

图 6.4.6　可同时输出正、负电压的接线图

2. 提高输出电压的电路

图 6.4.7 是提高输出电压的接线图。因为 W7800 和 W7900 系列线性集成稳压器的最高输出电压等级为 24 V，当需要大于 24 V 的输出电压时，就可以采用这种接线图。图中，R_1 上的电压是集成稳压器的标称输出电压 U_{XX}，R_2 接在稳压器的公共端和电源的公共端之间。

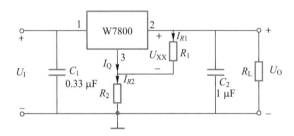

图 6.4.7　提高输出电压的接线图

在图中，流过 R_2 的电流 I_{R2} 为 R_1 上的电流 I_{R1} 和稳压器的公共端电流 I_Q 之和，即

$$I_{R2} = I_{R1} + I_Q$$

又

$$I_{R1} = \frac{U_{XX}}{R_1}$$

而电路的输出电压 U_O 为集成稳压器的标称输出电压 U_{XX} 与 R_2 上的压降之和，即

$$U_O = U_{XX} + I_{R2}R_2$$

整理后可得电路输出电压 U_O 的表达式为

$$U_O = \left(1 + \frac{R_2}{R_1}\right) U_{XX} + I_Q R_2 \tag{6.4.5}$$

式中，稳压器的公共端电流 I_Q 约为几个毫安。

对于图 6.4.7 所示的接线图，式(6.4.5)表明：① 只要合理选择电阻 R_1 和 R_2 的值，便可提高输出电压；② 如果将电阻 R_2 改换为电位器，便可调节输出电压的大小。

这个电路的缺点是：当输入电压 U_I 变化时，I_Q 会发生变化，使输出电压的稳定度下降。当 R_2 的数值较大时，输出电压的稳定度下降得较多。

3. 扩大输出电流的电路

图 6.4.8 是扩大输出电流的接线图。W7800 和 W7900 系列线性集成稳压器的最大输出电流为 1.5 A, 当要求输出电流大于 1.5 A 时, 可采用外接功率管的方法来扩大输出电流。在图中, 外接功率管 T_1 为 PNP 型管(如 3AD35)。扩大后的输出电流 I_0 为集成稳压器的输出电流 I_{OXX} 与外接功率管 T_1 集电极电流 I_{C1} 之和。

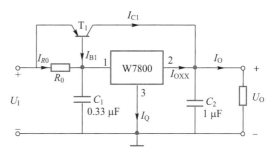

图 6.4.8　扩大输出电流的接线图

在图 6.4.8 中, R_0 的阻值由功率管 T_1 的发射结正向压降 U_{BE1} 和电流 I_{R0} 决定, 即

$$R_0 = \frac{U_{BE1}}{I_{R0}}$$

而

$$I_{R0} = I_{OXX} + I_Q - I_{B1} = I_{OXX} + I_Q - \frac{I_{C1}}{\beta_1}$$

故有

$$R_0 = \frac{U_{BE1}}{I_{OXX} + I_Q - \dfrac{I_{C1}}{\beta_1}} \tag{6.4.6}$$

4. 可连续调节输出电压的电路

图 6.4.9 是可连续调节输出电压的接线图。图中, 集成运算放大器 A 接成电压跟随器形式, 这样, 分压器 R_1 与 R_2 上面部分的电压近似等于集成稳压器的标称输出电压 U_{XX}, 因此输出电压为

$$\frac{R_1 + R_2 + R_3}{R_1 + R_2}U_{XX} \leqslant U_0 \leqslant \frac{R_1 + R_2 + R_3}{R_1}U_{XX} \tag{6.4.7}$$

当改变 R_2 滑动端的位置时, 就可连续调节输出电压的大小。

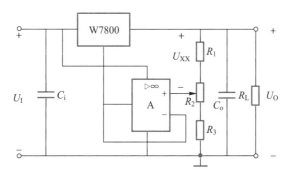

图 6.4.9　可连续调节输出电压的接线图

上述 W78XX 系列和 W79XX 系列均为输出固定电压的三端式线性集成稳压器。当用

户需要提高输出电压时,虽然可用图 6.4.7 所示的接线图实现,但输出电压的稳定度不高。为了用户使用方便,目前厂家已生产了只要很少外接电阻就能输出稳定直流电压的可调式三端线性集成稳压器,如 W317(正压)和 W337(负压),当输入电压为 ±(8~40) V 时,输出电压为 ±(1.2~37) V。

*6.5　开关型稳压电路

6.5.1　问题的提出

一、线性串联型稳压电路的优缺点

线性串联型稳压电路的优点是:① 电路结构简单;② 输出电压调节方便;③ 输出电压稳定性好;④ 输出电压纹波电压小。

线性串联型稳压电路的缺点是:① 调整管始终工作在线性放大状态,当负载电流较大时,调整管的集电极损耗大($P_C = U_{CE} I_O$),电路的效率低,只有 30%~40%。② 为保证调整管散热良好,必须为它安装散热器,从而增大了电源的体积、重量和成本。

二、提出开关型稳压电路的指导思想

提出开关型稳压电路的指导思想是:为克服线性串联型稳压电路的缺点,如果能让调整管不是工作在线性放大状态,而是工作在开关状态,即让调整管主要工作在饱和导通和截止两种状态,则由于管子的饱和压降 U_{CES} 和穿透电流 I_{CEO} 均很小,调整管的管耗将会大大降低,从而可使电源的效率大大提高。

开关型稳压电路的种类很多,本节只介绍串联开关型稳压电路和并联开关型稳压电路。

6.5.2　串联开关型稳压电路

一、电路的组成

串联开关型稳压电路的原理图如图 6.5.1 所示。图中,U_I 是来自整流滤波电路的不稳定输出电压,作为串联开关型稳压电路的输入电压。在这种开关型稳压电路的主回路中,调整管 T 与负载 R_L 串联,故称串联开关型稳压电路。

串联开关型稳压电路由以下四部分组成:

① 调整管 T 和二极管 D

二极管 D 要选用开关特性好的二极管。

② 取样电路

由电阻 R_1 和 R_2 组成分压器,其作用是取出输出电压 u_O 的一部分作为取样电压 u_F,加到误差放大器 EA 的反相输入端。

③ 控制与驱动电路

它们由基准电压电路、三角波电压发生器、误差放大器和比较器组成。基准电压电路提供一个稳定的基准电压 U_{REF} 加到误差放大器 EA 的同相输入端；三角波电压发生器提供一个三角波电压 u_T 加到比较器 C 的反相输入端；误差放大器将取样电压 u_F 与基准电压 U_{REF} 的差值放大后得到输出电压 $u_A = A_u(U_{REF} - u_F)$；比较器将误差放大器的输出电压 u_A 与三角波电压 u_T 进行比较，获得一个矩形波电压 u_C，加到调整管 T 的基极，控制 T 处于饱和导通或截止状态，以便将电路的输入电压 U_I 变换为加在二极管 D 两端的矩形波电压 u_D。

目前已有多种开关电源控制器的芯片，有的还将开关管也集成于芯片之中，并且包含各种保护电路。

④ LC 滤波电路

LC 滤波电路的作用是将加在二极管 D 两端的矩形波电压 u_D 进行滤波，滤去其中的谐波，使负载电阻 R_L 上获得纹波较小的直流电压。将电感 L 与负载电阻 R_L 串联、电容 C 与负载电阻 R_L 并联时，只要 L 和 C 足够大，就能获得较好的滤波效果。因为足够大的电感 L 对谐波呈现的电抗 ωL 足够大，而足够大的电容 C 对谐波呈现的电抗 $1/\omega C$ 又足够小，故各种谐波主要降落在电感 L 上。

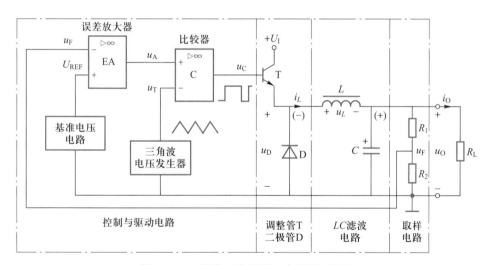

图 6.5.1 串联开关型稳压电路的原理图

二、工作原理

（1）当比较器 C 的 $u_A > u_T$ 时，u_C 为高电平，调整管 T 饱和导通，电路的输入电压 U_I 通过 T 作用到二极管 D 的两端，其值 $u_D = U_I - U_{CES}$（U_{CES} 是调整管 T 的饱和压降），使二极管 D 承受反向电压而截止。在此期间，U_I 通过 T 为电感 L 储存能量、为电容器 C 充电、为负载 R_L 提供电流 i_O，电感 L 上的电压 $u_L \approx U_I - U_O$ 基本保持不变，可以认为电感电流 i_L 按线性规律增大。

（2）当比较器 C 的 $u_A < u_T$ 时，u_C 为低电平，调整管 T 由饱和导通变为截止状态，电感 L 中电流不能突变，产生极性为左（−）右（+）的自感电动势，使二极管 D 导通，$u_D = -U_D$（U_D 是二极管的正向压降），电感 L 中储存的能量通过 D 向负载电阻 R_L 释放，维持 R_L 上的电流方向不

变,故把二极管 D 称为续流二极管。在此期间,C 放电,电感 L 上的电压 $u_L \approx -U_0$ 基本保持不变,可以认为电感电流 i_L 按线性规律减小。

由以上分析可知:尽管调整管处于开关状态,然而由于二极管 D 的续流作用和足够大电感 L 的储能作用,使得 L 在调整管饱和导通时间 t_{on} 时间内存储的能量,即使在调整管截止时间 t_{off} 结束时也仍未释放完毕,从而保证输出电压 u_0 和负载电流 i_0 是连续的。L 和 C 越大,滤波效果越好,输出电压 u_0 的波形越平滑。但是,由于负载电流 i_0 是 U_1 通过调整管 T 和 LC 滤波电路轮流提供的,因此输出电压 u_0 的纹波要比线性稳压电路大些,这是开关型稳压电路的一个缺点。

图 6.5.2 中画出了电路中有关电压和电流的波形。图中 t_{on} 是调整管处于饱和导通的时间,t_{off} 是调整管处于截止状态的时间,$T = t_{on} + t_{off}$ 是调整管的开关转换周期。

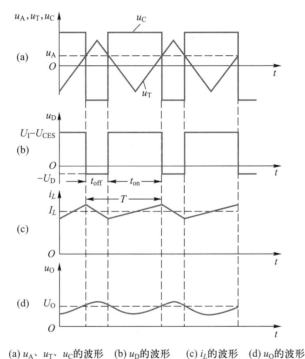

(a) u_A、u_T、u_C 的波形　(b) u_D 的波形　(c) i_L 的波形　(d) u_O 的波形

图 6.5.2　串联开关型稳压电路中电压和电流的波形图

三、输出电压的平均值

由图 6.5.2(b)中 u_D 的波形可知,在忽略滤波电感 L 上直流压降的情况下,串联开关型稳压电路输出电压的平均值为

$$u_0 = \frac{t_{on}}{T}(U_1 - U_{CES}) + (-U_D)\frac{t_{off}}{T} \approx U_1 \frac{t_{on}}{T} = qU_1 \quad (6.5.1)$$

式中 $q = t_{on}/T$ 称为脉冲波形的占空比,其值总小于 1。

由式(6.5.1)可知:串联开关型稳压电路的输出电压 U_0 总小于输入电压 U_1,故称为降压型开关稳压电路。

四、稳压原理

因为电路是个闭环调节系统,它会自动地稳定输出电压 U_0。

当输出电压 U_0 升高时,采样电压 u_F 随之升高,u_F 与基准电压 U_{REF} 比较放大后使误差放大器的输出电压 u_A 降低,与三角波电压比较后使比较器输出矩形波 u_C 的占空比 q 减小,从而牵制了输出电压的上升,达到了稳定输出电压的目的。以上的自动调节过程如下所示:

$$U_0\uparrow \rightarrow u_F\uparrow \rightarrow u_A\downarrow \rightarrow q\downarrow$$
$$U_0\downarrow \longleftarrow \qquad\qquad\qquad\qquad |$$

当输出电压 U_0 降低时,自动调节过程则与上述相反。

五、调节输出电压的方法

由式(6.5.1)可知,输出电压 $U_0 \approx U_I t_{on}/T = qU_I$,所以在输入电压 U_I 不变的情况下,可以用下面两种方法调节电路的输出电压:

① 在保持调整管开关转换周期 T 不变的情况下,调节调整管的饱和导通时间 t_{on}。这种调节输出电压的方法称为电压脉冲宽度调制控制方式,简称 PWM(pulse width modulation)控制方式。具体做法是:只需改变取样电路 R_1 和 R_2 的值,以改变采样电压 u_F 和误差放大器的输出电压 u_A,便可调节调整管的饱和导通时间 t_{on}。

② 在保持调整管的饱和导通时间 t_{on} 不变的情况下,改变调整管开关转换的周期 T。采用这种调节输出电压的方法称为脉冲频率调制控制方式,简称 PFM(pulse frequency modulation)控制方式。具体做法是:改变锯齿波电压的频率。

六、电路的优缺点

1. 优点

① 在开关型稳压电路中,调整管工作在开关状态,其管耗很小,电源的效率大大提高,可高达 70%~95%,而线性稳压电源的效率仅为 30%~40%。

拓展阅读 6.4
串联型开关
稳压电路参
数的选择

② 在开关型稳压电路中,因省去了调整管的散热器,可降低电源设备的体积、重量和成本。

2. 缺点

① 输出电压中的纹波较大,对电子设备的干扰较大。

② 控制电路比较复杂,对元器件的要求又较高。

③ 负载电阻的变化会影响 LC 滤波器的滤波效果,使开关型稳压电路不适用于负载变化较大的场合。

但是,随着高频率、高耐压、大功率开关管的问世,且无工频变压器的开关型稳压电源已成为商品,电路可直接由电网电压整流滤波后供电,其功耗低、体积小、重量轻的优越性更加突出。目前开关型稳压电源已成为宇航、计算机、通信、仪器仪表、家用电器、大功率和超大功率(如蓄电池汽车、电力机车和磁悬浮列车、直流输电等)电子设备中的主流电源。

6.5.3 并联开关型稳压电路

一、问题的提出

在串联开关型稳压电路中,调整管与负载串联,输出电压总小于输入电压。在实际应用中,还要求输出电压大于输入电压的开关型稳压电路,于是人们设计出了并联开关型稳压电路。

二、电路的说明

并联开关型稳压电路的主电路如图 6.5.3 所示。图中,U_I 是来自整流滤波电路的不稳定输出电压,作为并联开关型稳压电路的输入电压;调整管 T 与负载并联,来自控制与驱动电路的矩形波控制电压 u_B 加在调整管 T 的基极,用以控制调整管的饱和导通与截止;电感 L 和电容 C 一起构成滤波电路;D 为续流二极管。

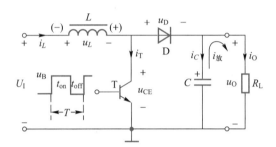

图 6.5.3　并联开关型稳压电路的主电路

三、工作原理

(1)当 u_B 为高电平时,调整管 T 饱和导通,输入电压 U_I 通过 T 对电感 L 充电,电感储存能量,电流 i_L 基本按线性规律增长,电感产生反电动势 $u_L = -L(\mathrm{d}i_L/\mathrm{d}t) \approx U_I$,其极性为左(+)右(−),二极管 D 因反偏而截止。在此期间,原来已充电的电容 C 放电向负载提供电流 $i_{放} = i_O$,因 $R_L C \gg t_{on}$,故使输出电压 u_O 基本保持不变。

(2)当 u_B 为低电平时,调整管 T 截止,由于 i_L 不能突变,电感 L 会产生左(−)右(+)的反电动势 u_L,并与 U_I 相加,二极管 D 导通,$(u_L + U_I)$ 一方面给负载提供电流 i_O,另一方面又给电容 C 提供充电电流 i_C,此时 $i_L = i_C + i_O$。由于 $u_L = -(U_I - U_O)$ 基本保持不变,故可以认为 i_L 按线性规律减小。因为 $(u_L + U_I)$ 为负载联合供电,而使 $U_O > U_I$,所以该电路又称为升压型开关稳压电路。

由以上分析可知:① 当电感 L 足够大时,电感 L 在调整管饱和导通的时间 t_{on} 内储能足够多,即使在调整管截止时间 t_{off} 结束时仍未释放完毕,电路就能实现升压的任务;② 当电容 C 足够大时,u_O 的脉动才足够小;③ 当 u_B 的周期一定时,其占空比越大,输出电压就越高。

在图 6.5.4 中,画出了在控制脉冲 u_B 的作用下,在整个开关周期 T 内,电路中有关电压的波形图。

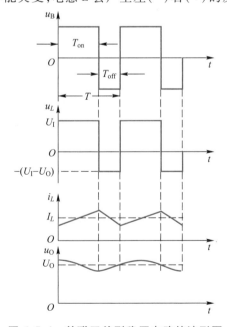

图 6.5.4　并联开关型稳压电路的波形图

本章小结

1. 小功率直流稳压电源由电源变压器、整流电路、滤波电路和稳压电路四部分组成。整流电路可将交流电压变换为脉动的直流电压。滤波电路可将脉动较大的直流电压变换为脉动较小的直流电压。稳压电路的作用是在电网电压波动及负载变化时保持输出直流电压基本不变。

2. 利用二极管的单向导电性，可以组成各种整流电路。在单相桥式整流电路中，输出电压的平均值为 $0.9U_2$，二极管承受的最大反向电压为 $\sqrt{2}U_2$。

3. 将具有储能作用的电容器接在整流桥和负载电阻之间，可以组成单相桥式整流电容滤波电路。在 $R_LC > (3\sim5)T/2$ 时，输出电压的平均值可按 $(1.1\sim1.2)U_2$ 估算。电容滤波电路的输出特性较差，只适用于负载电压较高，负载电流较小或负载电流基本不变的场合。此外，在电容滤波电路中，二极管承受的冲击电流较大，在选用二极管时，被选二极管的最大整流电流应取为管子实际平均电流的两倍。

4. 硅稳压管稳压电路结构简单，但输出电压不可调，常用在输出电流较小（几毫安~几十毫安）和稳定性要求不高的场合。电路是依靠硅稳压管电流的自动调节作用和调整电阻的电压补偿作用来稳定输出电压的。

5. 线性串联型稳压电路常用于输出电流较大（几百毫安~几安）、输出电压可调和稳定性较高的场合。线性串联型稳压电路的工作原理是用引入深度电压负反馈来稳定输出电压：即先通过取样电路将输出电压的变化与基准电压比较取其差值，然后加到放大环节的输入端，经放大后去调节调整管的管压降，从而达到稳定输出电压的目的。所以，基准电压的稳定性和反馈深度是影响输出电压稳定性的重要因素。

线性串联型稳压电路的优点是：① 电路结构简单；② 输出电压调节方便；③ 输出电压稳定性好；④ 输出电压纹波电压小。其缺点是：① 调整管始终工作在线性放大状态，当负载电流较大时，调整管的集电极损耗大（$P_C = U_{CE}I_0$），电路的效率低，只有 $30\%\sim40\%$。② 为保证调整管散热良好，必须为它安装散热器，增大了电源的体积、重量和成本。

6. 三端式线性集成稳压器仅有输入端、输出端和公共端三个引出端。它的优点有：稳压性能好，有过电流、过电压和过热保护，工作可靠；体积小、重量轻；使用调整方便。

7. 开关型稳压电路的优点是：调整管工作在开关状态，其管耗很小，电源的效率高，可达 $70\%\sim95\%$；其缺点有：① 输出电压中的纹波较大；② 控制电路比较复杂；③ 负载电阻的变化会影响 LC 滤波器的滤波效果，不适用于负载变化较大的场合。

开关型稳压电路常用于负载变化不大、对纹波要求不高和输出电压调节范围小的场合。

串联开关型稳压电路属于降压型电路，并联开关型稳压电路属于升压型电路。

串联开关型稳压电路本身是一个闭环调节系统，在控制电路输出三角波电压频率一定的情况下，当输出电压发生变化时，通过取样电压的变化，去调整比较器输出矩形波电压的占空比，从而达到稳定输出电压的目的。

在输入电压 U_1 不变的情况下,可以用两种方法调节串联开关型稳压电路的输出电压:

① 在保持调整管开关转换周期 T 不变的情况下,调节调整管的饱和导通时间 t_{on}。这种调节输出电压的方法称为电压脉冲宽度调制控制方式,简称 PWM(pulse width modulation)控制方式。具体做法是:只需改变取样电路 R_1 和 R_2 的值,以改变采样电压 u_F 和误差放大器的输出电压 u_A,便可调节调整管的饱和导通时间 t_{on}。

② 在保持调整管的饱和导通时间 t_{on} 不变的情况下,改变调整管开关转换的周期 T。采用这种调节输出电压的方法称为脉冲频率调制控制方式,简称 PFM(pulse frequency modulation)控制方式。具体做法是:改变锯齿波电压的频率。

习题

6.1.1　在图 P6.1.1 所示的单相半波整流电路中,设二极管为理想的。已知:直流电压表 U_2 的读数为 50 V,$R_L = 50\ \Omega$。试求:(1)直流电流表 A 的读数;(2)交流电压表 U_1 的读数。

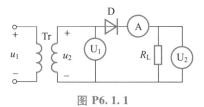

图 P6.1.1

6.1.2　单相半波整流电路及其输出波形如图 P6.1.2(a)(b)所示,已知变压器二次侧输出电压 $u_2 = \sqrt{2}\,U_2 \sin\omega t$。试确定电路下述参数的大小:

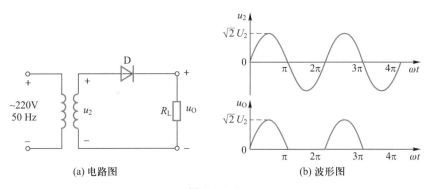

(a) 电路图　　　　　　　　　　　　　　(b) 波形图

图 P6.1.2

(1)输出电压平均值 U_0;

(2)二极管平均电流 I_D;

(3)二极管最大反向峰值电压 U_{DRM}。

6.1.3　单相桥式整流电路如图 6.1.1(a)所示,若遇到下述情况,会出现什么问题? (1)二极管 D_1 开路,未接通;(2)二极管 D_1 被短路;(3)二极管 D_1 接反;(4)二极管 D_1、D_2 都接反;(5)二极管 D_1 开路,D_2 被短路。

6.1.4 单相桥式整流电路如图 6.1.1(a)所示。已知:交流电网电压为 220 V,负载电阻 $R_L = 50\ \Omega$,负载电压 $U_0 = 100\ V$。试求:(1) 变压器的变比和容量;(2) 选择二极管。

6.1.5 在图 P6.1.5 所示单相全波整流电路中,已知 $U_2 = 20\ V$(有效值),$R_L = 90\ \Omega$。

(1) 画出在理想情况下电源变压器二次电压、输出电压、输出电流、二极管电流和二极管承受的反向电压的波形图。

(2) 求负载电阻 R_L 上的电压平均值 U_0 与电流平均值 I_0,并在图中标出 u_0 的实际极性和 i_0 的实际流向。

(3) 计算通过整流二极管的电流平均值 I_D 和承受的最高反向电压 U_{DRM}。

(4) 如果 D_1 极性与图中相反,将产生什么后果?

(5) 若在 R_L 两端并联一个滤波电解电容器,则输出电压 U_0 约为多少?将电解电容器的正确极性画在电路图上。

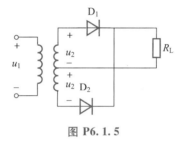

图 P6.1.5

6.1.6 在负载要求直流电压高而电流很小的场合,常采用倍压整流电路,其电路如图 P6.1.6 所示。已知输出电压 $U_0 = 2\sqrt{2}\,U_2$。试分析电路的工作原理,并在图中标出直流输出电压 U_0 和 C_1、C_2 的极性。

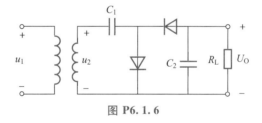

图 P6.1.6

6.2.1 不完整的整流滤波电路如图 P6.2.1 所示。设 $u_2 = 10\sqrt{2}\sin \omega t$ (V)。

(1) 在图中画出四个整流二极管,并完成电路的连接,标注电容 C(电解电容器)的极性。

(2) 求输出电压的直流分量 U_0。

(3) 若电容 C 脱焊,求 U_0。

(4) 若 R_L 开路,求 U_0。

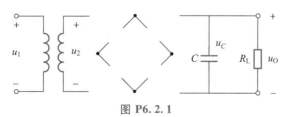

图 P6.2.1

6.2.2　电路如图 6.2.2 所示。已知交流电源的频率为 50 Hz，$U_0 = 50$ V，$I_0 = 200$ mA。

（1）试选用二极管的型号和滤波电容器；

（2）当 R_L 增大时，输出电压的平均值和二极管的导通角将作何变化？

6.3.1　硅稳压管稳压电路如图 6.3.1 所示。已知电源变压器二次电压的有效值 $U_2 = 25$ V，$R = 1$ kΩ，$R_L = 2$ kΩ，稳压管 D_Z 的稳定电压 $U_Z = 12$ V，稳定电流 $I_Z = 5$ mA，最大稳定电流 $I_{ZM} = 20$ mA，在电容器的放电时间常数满足式（6.2.1）的情况下，估算 U_1，并校验稳压管能否正常工作。

6.3.2　硅稳压管稳压电路如图 6.3.1 所示。已知 $U_1 = 30$ V，2CW13 型稳压管的稳定电压 $U_Z = 6$ V，稳定电流 $I_Z = 10$ mA，最大稳定电流 $I_{ZM} = 38$ mA。试计算电网电压波动 ±10%，输出电流在 5～20 mA 范围内变化时所需的 R 值。

6.4.1　单相桥式整流电容滤波电路和串联型稳压电路如图 P6.4.1 所示。已知：$U_Z = 5.3$ V，$U_{BE2} = 0.7$ V，$R_1 = R_2 = 2$ kΩ，试分析：

（1）欲使输出电压 U_{O2} 的数值增大，则取样电阻 R_P 上的滑动端应向上还是向下移动？

（2）当 R_P 的滑动端在最下端时，$U_{O2} = 15$ V，求 R_P 的阻值。

（3）若 R_P 的滑动端移至最上端，则 U_{O2} 为多少？

（4）说明 T_1、T_2 和 D_Z 的作用。

（5）采取哪些措施可提高输出电压的稳定性。

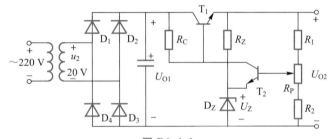

图 P6.4.1

6.4.2　电路如图 P6.4.2 所示。已知：$R_1 = 10$ kΩ，$R_4 = 60$ kΩ，$R_2 = R_3 = R_5 = 20$ kΩ。试回答：

（1）三端式集成稳压器 2、3 端之间的电压 U_{23} 为多少？集成运算放大器是工作在线性区还是在非线性区？

（2）输出电压 U_0 的调节范围是多少？

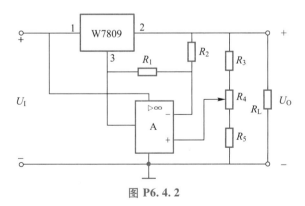

图 P6.4.2

6.4.3　直流稳压电路如图 P6.4.3 所示。已知三端式集成稳压器 W7805 的 2、3 端之间的电压 $U_{23} = 5$ V，求输出电压 U_0 的表达式。

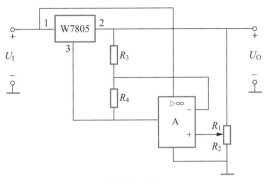

图 P6.4.3

6.4.4 由三端式集成稳压器 W7805 组成的稳压电路如图 P6.4.4 所示。已知 $u_2 = 10\sqrt{2}\sin\omega t$（V）。试求输出端的电位 U_A、U_B，并标出电容 C_1、C_2 的极性。

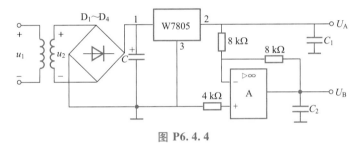

图 P6.4.4

6.5.1 已知图 6.5.1 中比较器 C 的 u_T 和 u_A 的波形,试画出四种情况下 u_C 的波形。

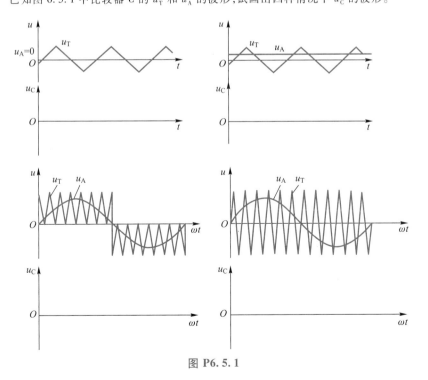

图 P6.5.1

6.5.2　串联开关型稳压电路如图 6.5.1 所示。

已知：输入电压 $U_I = 20$ V；输出电压 $U_O = 12$ V；输出电流 $I_O = 1$ A；调整管 T 的控制电压 u_C 为矩形波，T 的饱和压降 $U_{CES} = 1$ V，穿透电流 $I_{CEO} = 1$ mA；u_T 是幅度为 5 V、周期为 60 μs 的三角波；续流二极管的正向电压 $U_D = 0.6$ V；u_D 波形的占空比 $q = 0.6$、周期 $T = 60$ μs；比较器 C 的电源电压 $V_{CC} = \pm 10$ V。

试画出在 i_L 连续的情况下，u_T、u_A、u_C、u_D、u_O 和 i_L 的波形，并标出电压的幅度。

第 6 章　重要题型分析方法

第 6 章　部分习题解答

*第7章

电力电子电路

 引言

> 一般认为,电力电子技术的诞生是以 1957 年研制出第一个晶闸管为标志的。晶闸管的出现,使半导体器件从弱电领域进入了强电领域。电力电子技术是以电力电子器件为工具,通过弱电对强电的控制,实现电能变换与控制的技术。电力电子技术的应用范围十分广泛,它不仅应用于一般工业领域中,也广泛应用于交通运输、电力系统、通信系统、新能源系统等领域中,在照明、空调等家用电器及其他领域中也有着广泛的应用。
>
> 本章首先介绍几种常用的电力电子器件,然后再介绍几种电能变换电路:可控整流电路、逆变电路和直流斩波电路。

7.1 电力电子器件

电力电子器件品种繁多,随着现代科学技术的飞速发展,器件本身也在不断地更新换代。

7.1.1 电力电子器件概述

一、电力电子器件的概念和特征

在电气设备或电力系统中,直接承担电能的变换或控制任务的电路称为主电路(main power circuit)。电力电子器件(power electronic device)是指构成主电路以实现电能变换或控制的电子器件。

同处理信息的电子器件相比,电力电子器件一般具有如下特征。

(1)电力电子器件所能处理的电功率的大小,即器件承受电压和电流的能力,是其最重要的参数。

(2)因为处理的电功率较大,为了减小器件本身的损耗,提高效率,电力电子器件一般都工作在开关状态。

（3）在实际应用中,电力电子器件往往需要由信息电子电路来控制。

（4）为保证器件不因损耗发热导致温度过高而损坏,所以不仅要在器件的封装上讲究散热设计,而且还要为其安装规定尺寸的散热器。

二、电力电子器件的分类

1. 按受控制信号的控制程度分

在电路中,电力电子器件经常受控制信号的控制而工作在导通或阻断状态,具有理想的开关特性。按照受控制信号的控制程度,可将电力电子器件分为以下三类。

（1）不控型器件　这种器件通常为两端式器件。不能用控制信号来控制其导通或阻断,如整流二极管(D)等。

（2）半控型器件　这种器件通常为三端式器件。通过控制信号只能控制其导通而不能控制其阻断。如普通晶闸管(SCR)等。

（3）全控型器件　这种器件也为三端式器件。通过控制信号既可以控制其导通,也可以控制其阻断。如可控晶闸管(GTO)、功率晶体管（GTR）、功率场效晶体管(VMOS)和绝缘栅双极型晶体管(IGBT)等。

2. 按器件内部载流子参与导电的情况分

电力电子器件还可以按照器件内部自由电子和空穴两种载流子参与导电的情况分为三类。

（1）单极型器件　它是只有一种载流子参与导电的器件。如功率场效晶体管(VMOS)。

（2）双极型器件　它是自由电子和空穴两种载流子都参与导电的器件。如整流二极管(D)、普通晶闸管(SCR)、可控晶闸管(GTO)和功率晶体管(GTR)。

（3）复合型器件　它是由单极型器件和双极型器件集成混合而成的器件。如绝缘栅双极型晶体管(IGBT)。

电力电子器件的符号如图 7.1.1 所示。

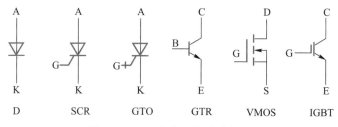

图 7.1.1　电力电子器件的符号

7.1.2　半控型器件——晶闸管

普通晶闸管是晶体闸流管的简称,原名可控硅整流器(SCR),以前简称为可控硅,是诞生最早的半控型电力电子器件。在目前的电力电子器件中,晶闸管能承受的电压和电流容量最高,工作可靠,因此在大容量的场合具有重要的地位,主要应用于可控整流、调压等方面。

一、基本结构

图 7.1.2 所示为晶闸管的外形、结构和符号。从外形上来看,晶闸管主要有螺栓型和平板型两种封装结构,均引出阳极 A、阴极 K 和门极(控制极)G 三个连接端子。对于螺栓型封装的晶闸管,通常螺栓是其阳极,使其能与散热器紧密连接且便于安装;另一端的粗引线为阴极;细引线为门极。平板型封装的晶闸管可由两个散热器将其夹在中间,其两个平面分别是阳极和阴极,引出的细长端子为门极。

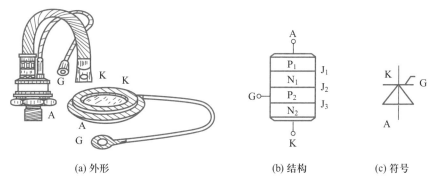

| (a) 外形 | (b) 结构 | (c) 符号 |

图 7.1.2　晶闸管的外形、结构和符号

晶闸管的内部是 PNPN 四层半导体结构,四个区形成三个 PN 结。P_1 区引出阳极 A,N_2 区引出阴极 K,P_2 区引出门极 G。

二、工作特点

1. 感性认识

图 7.1.3 是说明晶闸管工作特点的实验电路。通过实验可对晶闸管的工作特点建立以下的感性认识。

(1)当晶闸管的阳极经白炽灯和可变电阻接直流电源 V_{AA} 的正端、阴极接直流电源 V_{AA} 的负端时,晶闸管的阳极和阴极间承受正向电压。

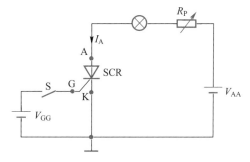

图 7.1.3　说明晶闸管工作特点的实验电路

当控制极电路中不加电压(开关 S 断开)时,白炽灯不亮,说明晶闸管不导通。

(2)当晶闸管的阳极和阴极间加正向电压、门极相对于阴极也加正向电压 V_{GG}(开关 S 闭合,使门极接直流电源 V_{GG} 的正端、阴极接直流电源 V_{GG} 的负端)时,白炽灯变亮,说明晶闸管导通。

(3)当晶闸管导通后,如果去掉门极上的电压 V_{GG}(开关 S 断开),白炽灯仍然发亮,晶闸管继续导通。这表明晶闸管一旦导通后,门极就失去了控制作用。

(4)当晶闸管的阳极和阴极间加反向电压,无论门极是否加正向电压,白炽灯都不亮,晶闸管阻断。

（5）当晶闸管的门极和阴极间加反向电压，阳极和阴极间无论加正向电压还是加反向电压，晶闸管都不导通。

（6）晶闸管导通后，通过增大 R_P 使阳极电流 I_A 小于某一数值 I_H（称为晶闸管的维持电流）时，白炽灯熄灭，晶闸管由导通变为阻断。

2. 结论

从上述实验可以得出以下结论。

（1）要使晶闸管导通必须同时具备两个条件：第一，晶闸管的阳极和阴极间应加正向电压；第二，门极和阴极间应加适当的正向电压（实际工作中，门极和阴极间加正向触发脉冲信号）。

（2）晶闸管导通后，门极就失去控制作用。

（3）为使导通的晶闸管恢复到阻断状态，必须使阳极电流小于维持电流。

三、工作原理

晶闸管的工作原理可以用双晶体管模型来解释。如图 7.1.4(a)所示，在器件上取一倾斜的截面，可把晶闸管看成是由 $P_1 N_1 P_2$（T_1）和 $N_1 P_2 N_2$（T_2）两个晶体管的组合。由图可知，T_1 的发射极相当于晶闸管的阳极，T_2 的发射极相当于晶闸管的阴极。

如图 7.1.4(b)所示，当既在晶闸管的阳极和阴极之间加正向电压 V_{AA}，又在门极和阴极之间加正向电压 V_{GG} 时，外电路就向门极注入电流 I_G，也就是 T_2 的基极电流，经过 T_2 放大，T_2 的集电极就有电流 $I_{C2} = \beta_2 I_G$ 流过。T_2 的集电极电流就是 T_1 的基极电流，这个电流经过 T_1 放大，T_1 的集电极就有电流 $I_{C1} = \beta_1 \beta_2 I_G$ 流过，此电流又作为 T_2 的基极电流，再由 T_2 进一步放大⋯如此循环下去，便形成一个激烈的正反馈过程，使两个晶体管在极短的时间内达到饱和导通。此时如果撤掉外电路

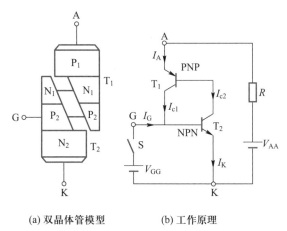

(a) 双晶体管模型　　(b) 工作原理

图 7.1.4　晶闸管的双晶体管模型及其工作原理

注入门极的电流 I_G，由于管子内部已形成了强烈的正反馈，晶闸管会继续维持导通状态。

若减小 V_{AA}，使阳极电流 I_A 小于维持电流 I_H 时，两个晶体管因 β 值迅速减小而退出饱和区，电路中便会产生一个使电流变小的激烈的正反馈过程，导致 I_A 急剧减小，晶闸管便恢复阻断状态。

综上所述，晶闸管是一个可控的单向导电开关，I_A 只能由阳极流向阴极。由于通过门极只能控制其导通，而不能控制其阻断，故晶闸管被称为半控型器件。

四、伏安特性

晶闸管的伏安特性指的是阳极和阴极间的电压 U_{AK} 与阳极电流 I_A 之间的关系曲线，如图 7.1.5 所示。

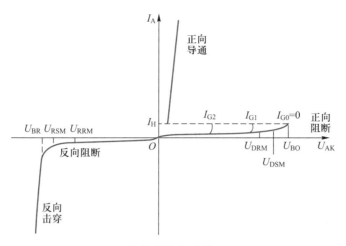

图 7.1.5　晶闸管的伏安特性（$I_{G2} > I_{G1} > I_{G0}$）

1. 正向特性

（1）当 $I_G = 0$ 时，如果在器件的 A、K 之间施加正向电压，则晶闸管处于正向阻断状态，只有很小的正向漏电流流过。如果正向电压超过临界极限值，即大于正向转折电压 U_{BO}，则漏电流会急剧增大，使器件变为导通状态（由高阻区经虚线的负阻区到低阻区）。

（2）随着门极电流的增大，正向转折电压会降低。

（3）晶闸管导通后的正向特性和普通二极管的正向特性相似，即使通过较大的阳极电流，晶闸管本身的管压降也很小，约为 1 V。

（4）在晶闸管导通期间，如果门极电流为零，并使阳极电流小于维持电流 I_H，则晶闸管又回到正向阻断状态。

2. 反向特性

（1）当在晶闸管的 A、K 之间施加反向电压时，其反向伏安特性与普通二极管的反向特性相似。晶闸管处于反向阻断状态时，只有极小的反向漏电流通过。

（2）当反向电压超过一定限度，大于反向击穿电压 U_{BR} 后，如外电路无限制措施，则反向漏电流将急剧增大，会导致晶闸管因发热而损坏。

五、主要参数

为了正确地选择和使用晶闸管，必须了解它的参数。晶闸管的主要参数如下。

1. 电压定额

（1）**断态重复峰值电压 U_{DRM}**

断态重复峰值电压 U_{DRM} 是指晶闸管在门极断路而结温为额定值时，允许重复加在器件上的正向峰值电压（见图 7.1.5）。国家标准规定，断态重复峰值电压应在重复频率为50 Hz、每次持续时间不超过 10 ms 的条件下测出。规定把断态不重复峰值电压 U_{DSM} 的 90% 作为断态重复峰值电压 U_{DRM}。断态不重复峰值电压应低于正向转折电压 U_{BO}，所留裕量的大小由生产厂家自行规定。

（2）反向重复峰值电压 U_{RRM}

反向重复峰值电压 U_{RRM} 是指晶闸管在门极断路而结温为额定值时，允许重复加在器件上的反向峰值电压（见图 7.1.5）。规定把反向不重复峰值电压 U_{RSM} 的 90% 作为反向重复峰值电压 U_{RRM}。反向不重复峰值电压应低于反向击穿电压 U_{BR}，所留裕量的大小由生产厂家自行规定。

（3）通态（峰值）电压 U_{TM}

通态（峰值）电压 U_{TM} 是指当给晶闸管通以某一规定倍数的额定通态平均电流时的瞬态峰值电压。

通常取 U_{DRM} 和 U_{RRM} 中较小的一个作为晶闸管的额定电压。在选用晶闸管时，额定电压要留有一定的裕量，一般应把器件正常工作时所承受的峰值电压的（2~3）倍作为选择晶闸管额定电压的依据。

2. 电流定额

（1）通态平均电流 $I_{T(AV)}$

国家标准把在环境温度为 40℃、规定的冷却状态、稳定结温不超过额定结温时，器件所允许流过的最大工频正弦半波电流的平均值，规定为晶闸管的通态平均电流。通态平均电流是标称晶闸管额定电流的参数。在选用晶闸管时，额定电流要留有一定的裕量，一般应把通态平均电流的（1.5~2）倍作为选择晶闸管额定电流的依据。

（2）维持电流 I_H

维持电流是指使晶闸管维持导通所必需的最小电流，I_H 一般为几十到几百毫安。I_H 与结温有关，结温越高，则 I_H 越小。

7.1.3　典型全控型器件

典型的全控型器件有功率晶体管、功率场效晶体管和绝缘栅双极型晶体管。

一、功率晶体管

功率晶体管（giant Transistor，简称 GTR），是一种耐高压、电流大的双极型晶体管。它具有自关断能力，并有开关时间短、饱和压降低和安全工作区宽等优点。近年来，由于 GTR 实现了高频化、模块化、廉价化，因此被广泛应用于交流电机调速、不间断电源等电力变流装置中，并且在中小功率应用方面取代了传统的晶闸管。目前 GTR 的容量已达 400 A/1 200 V、1 000 A/400 V，耗散功率已达 3 kW 以上。

图 7.1.6（a）和（b）分别给出了 NPN 型 GTR 的内部结构断面示意图和符号。可以看出，与信息电子电路中的普通双极型晶体管相比，GTR 多了一个漂移区（低掺杂 N 区），因此使其能够承受很高的反向电压而不被击穿。GTR 通常至少采用由两个晶体管按达林顿接法组成的单元结构。功率晶体管的工作原理和参数的意义与第 1 章中介绍的晶体管相同。

二、功率场效晶体管

功率场效晶体管（power MOSFET）是一种只有多数载流子参与导电的单极型电压控制

器件,它具有开关速度快、高频性能好、输入阻抗高、驱动功率小、热稳定性优良、无二次击穿和安全工作区宽等显著特点,在各类中小功率开关电路中得到极为广泛的应用。目前千伏级器件已达 20 A,其他各种大电流低电压的器件已系列化、模块化。

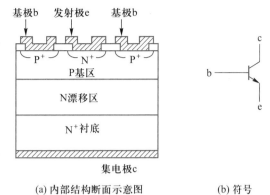

(a) 内部结构断面示意图　　(b) 符号

图 7.1.6　功率晶体管 GTR 的结构和符号

功率 MOSFET 的导电机理与小功率 MOS 管相同,但结构上却有较大区别。小功率 MOS 管是一次扩散形成的器件,其导电沟道平行于芯片表面,是横向导电器件。而目前功率 MOSFET 大都采用了垂直导电结构,所以又称为 VMOSFET(vertical MOSFET)。功率场效晶体管大大提高了 MOSFET 器件的耐压和耐电流能力。功率 MOSFET 是多元集成结构,一个器件由许多个小 MOSFET 元组成。图 7.1.7(a) 给出了 N 沟道增强型 VDMOS(VDMOS 是具有垂直导电双扩散结构的 MOS)中一个单元的截面图。功率 MOSFET 的符号如图 7.1.7(b) 所示。

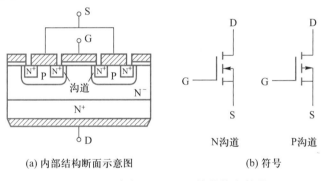

(a) 内部结构断面示意图　　　(b) 符号

图 7.1.7　功率 MOSFET 的结构和符号

三、绝缘栅双极型晶体管

绝缘栅双极型晶体管(IGBT) 是 20 世纪 80 年代中期发展起来的一种新型复合器件。IGBT 综合了 MOSFET 和 GTR 的优点,具有良好的特性,有更广泛的应用领域。目前 IGBT 的电流和电压等级已达 1 800 A/3 500 V,工作频率可达 40 kHz,安全工作区(SOA) 也扩大了。这些优越的性能使得 IGBT 成为大功率开关电源、逆变电路等电力电子装置的理想功率器件。

IGBT 的结构、简化等效电路和符号如图 7.1.8 所示。IGBT 也是三端式器件,具有栅极 G、集电极 C 和发射极 E。图 7.1.8(a) 给出了一种由 N 沟道 VDMOSFET 与双极型晶体管组合而成的 IGBT 的基本结构。与图 7.1.7(a) 对照可以看出,IGBT 比 VDMOSFET 多一层 P$^+$注入区,因而形成了一个大面积的 P$^+$N 结 J$_1$。这样使 IGBT 导通时由 P$^+$注入区向 N 基区发射少数载流子,从而可实现对漂移区的电导率进行调制,使得 IGBT 具有很强的通流能力。

IGBT 的简化等效电路如图 7.1.8(b) 所示。由图可以看出,这是由 GTR 与 MOSFET 组成的达林顿结构,相当于一个由 MOSFET 驱动的厚基区 PNP 晶体管。图中 R_N 为晶体管基区内的调制电阻。因此,IGBT 的驱动原理与功率 MOSFET 基本相同,是一种场效应控制器件。其导通和阻断由栅极和发射极间的电压 u_{GE} 决定。当 u_{GE} 大于开启电压 $U_{GE(th)}$ 时,MOSFET 内形成沟道,并为晶体管提供基极电流进而使 IGBT 导通。当栅极和发射极间施加反压或不加控制信号时,MOSFET 内的沟道消失,晶体管的基极电流被切断,使 IGBT 处于阻断状态。

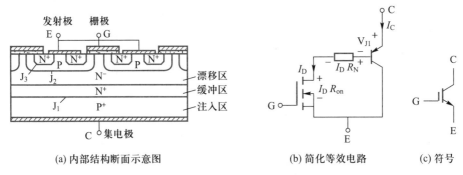

(a) 内部结构断面示意图　　　　(b) 简化等效电路　　　(c) 符号

图 7.1.8　IGBT 的结构、简化等效电路和符号

7.2　可控整流电路

可控整流电路是电力电子电路中出现最早的一种电路。可控整流电路不仅能将交流电变换为直流电,而且还可以根据负载的要求连续调节直流输出电压的大小。

可控整流电路按组成器件的不同可分为半控整流电路和全控整流电路两种。本节主要讨论单相桥式半控整流电路的工作原理,以及它在不同负载下的工作情况。

7.2.1　单相桥式半控整流电路

一、电阻负载的工作情况

图 7.2.1(a)所示是电阻性负载单相桥式半控整流电路。它是将单相桥式不可控整流电路中的两个二极管用晶闸管代替后组成的,由于四个开关器件中只有两个是可控开关器件,所以一般称为单相桥式半控整流电路。图中,变压器起变换电压和隔离的作用。

在生产实际中,很多负载呈现电阻特性,如电阻加热炉、电解、电镀装置等。电阻性负载的特点是电压与电流成正比,且两者的波形相同。

1. 工作原理

(1) 在 u_2 的正半周

在 u_2 的正半周,即 u_2 的极性是 a 点为正、b 点为负,T_2 和 D_1 因承受反向电压而阻

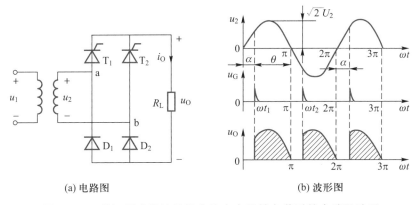

(a) 电路图　　　　　　　　　(b) 波形图

图 7.2.1　单相桥式半控整流电路在电阻性负载时的电路及波形

断。T_1 和 D_2 承受正向电压,当 T_1 的门极和阴极间未加正向触发脉冲时,T_1 阻断,输出电流 i_O 为 0,输出电压 u_O 也为 0。如在 ωt_1 时刻给 T_1 的门极和阴极间加一个正向触发脉冲,见图 7.2.1(b),则 T_1 触发导通,有电流流过 R_L,电流流通的路径为:a→T_1→R_L→D_2→b。若忽略 T_1 和 D_2 的管压降,则 $u_O = u_2$。当 u_2 过零时,电路中的电流亦降为 0,T_1 自行阻断,i_O、u_O 均为 0。

(2) 在 u_2 的负半周

在 u_2 的负半周,即 u_2 的极性是 a 点为负,b 点为正,T_1 和 D_2 因承受反向电压而阻断。T_2 和 D_1 承受正向电压,若在 $\omega t_2 = \omega t_1 + \pi$ 时刻,用正向触发脉冲触发 T_2,则 T_2 触发导通,电流流通的路径为:b→T_2→R_L→D_1→a。若忽略 T_2 和 D_1 的管压降,则有 $u_O = |u_2|$。当 u_2 由负值过零时,T_2 自行阻断,i_O、u_O 均为 0。

下一个周期重复上述过程,如此循环下去。

由此可见,在 u_2 的正、负半周,流过负载电阻的电流是同方向的,输出电压 u_O 的极性是相同的。电路工作时的波形图如图 7.2.1(b)所示。

我们把晶闸管从开始承受正向阳极电压起到接受正向触发脉冲 u_G 时为止的电角度称为控制角或触发延迟角,用 α 表示。晶闸管在电源电压的一个周期中处于导通状态的电角度称为导通角,用 θ 表示,在图 7.2.1(b)中,$\theta = \pi - \alpha$。

2. 定量关系

(1) 输出电压的平均值

由图 7.2.1(b)所示的 u_O 的波形图可求得输出电压的平均值为

$$U_O = \frac{1}{\pi}\int_\alpha^\pi \sqrt{2}\, U_2 \sin \omega t \mathrm{d}(\omega t) = 0.9 U_2 \frac{1 + \cos \alpha}{2} \tag{7.2.1}$$

式中,U_2 是电源变压器二次电压的有效值。

式(7.2.1)表明,改变控制角 α 的大小,就可以改变输出电压平均值的大小。改变正向触发脉冲出现的时刻以改变控制角 α 的方法,称为触发脉冲的移相。控制角 α 的变化范围称为移相范围。单相桥式半控整流电路的移相范围为 $0 \sim \pi$。这种通过触发脉冲的移相来控制直流输出电压大小的方式称为相位控制方式,简称相控方式。

（2）输出电流的平均值

$$I_o = \frac{U_o}{R_L} = 0.9 \frac{U_2}{R_L} \frac{1 + \cos \alpha}{2} \tag{7.2.2}$$

（3）晶闸管和二极管电流的平均值

流过晶闸管和二极管的平均电流为输出电流平均值的一半，即

$$I_{dT} = I_{dD} = \frac{1}{2} I_o = 0.45 \frac{U_2}{R_L} \frac{1 + \cos \alpha}{2} \tag{7.2.3}$$

（4）晶闸管电流的有效值

晶闸管电流的有效值为

$$I_T = \sqrt{\frac{1}{2\pi} \int_\alpha^\pi \left(\frac{\sqrt{2} U_2}{R_L} \sin \omega t \right)^2 \mathrm{d}(\omega t)} = \frac{U_2}{\sqrt{2} R_L} \sqrt{\frac{1}{2\pi} \sin 2\alpha + \frac{\pi - \alpha}{\pi}} \tag{7.2.4}$$

（5）晶闸管承受的最大电压

$$U_{TM} = \sqrt{2} U_2 \tag{7.2.5}$$

二、阻感负载的工作情况

在生产实践中，更常见的负载是既有电阻也有电感的情况，例如电机的励磁绕组就是这样的负载。当负载中的电阻 R 与感抗 ωL 相比不可忽略时即为阻感负载。在一般情况下，常有 $\omega L \gg R$，则负载主要呈现电感性，称为电感性负载。

电感对电流的变化有抗拒作用。当流过电感的电流发生变化时，在其两端会产生感应电动势 $L \dfrac{\mathrm{d}i}{\mathrm{d}t}$，它的极性总是阻止电流变化的。当电流增加时，它的极性阻止电流的增加；当电流减小时，它的极性反过来阻止电流的减小。因此，流过电感的电流不能发生突变，这是电感性负载的特点。

1. 工作原理

图 7.2.2(a) 所示是阻感负载的单相桥式半控整流电路。

（1）在 u_2 的正半周

在 u_2 的正半周，即 u_2 的极性是 a 点为正、b 点为负，T_1 和 D_2 承受正向电压，如在 $\omega t = \alpha$ 时刻，给 T_1 的门极和阴极之间加正向触发脉冲，T_1 和 D_2 导通，输出电压 $u_o = u_2$。输出电流 i_o 既向负载供电，又将磁场能量储存于电感 L 中。负载中因电感存在使输出电流不能突变，对输出电流起平波作用。在大电感负载（即 $\omega L \gg R$）的情况下，输出电流 i_o 是连续的，其波形近似为一水平线，如图 7.2.2(b) 所示。

（2）当 u_2 过零变负时

当 u_2 过零变负时，T_1 和 D_2 阻断。这时，正处于减小中的 i_o，会在电感 L 中产生极性为上负下正的感应电动势 e_L [如图 7.2.2(a) 所示]，使二极管 D_R 承受正向电压而导通，电感 L 中储存的能量便通过 D_R 释放而供给负载。由于二极管的 D_R 存在，能使电流 i_o 按原方向继续流通，故称 D_R 为续流二极管。D_R 导通后，输出电压 u_o 被钳制在 0 V 附近。

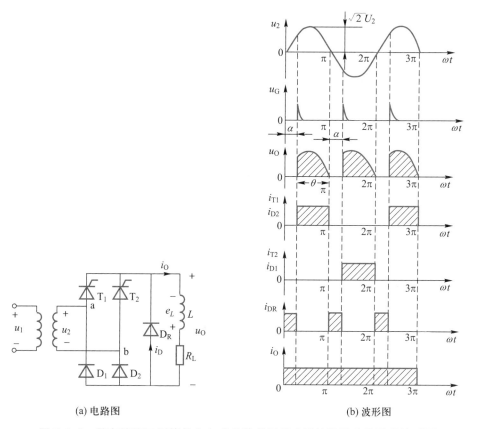

(a) 电路图   (b) 波形图

图 7.2.2   具有续流二极管的大电感负载单相桥式半控整流电路及其波形图

（3）在 u_2 的负半周

在 u_2 的负半周，即 u_2 的极性是 a 点为负，b 点为正，T_2 和 D_1 承受正向电压，在 $\omega t = \pi + \alpha$ 时刻，用正向触发脉冲触发 T_2，则 T_2 和 D_1 导通，又有与 u_2 正半周时同方向的电流 i_0 向负载供电，输出电压 u_0 的极性与 u_2 正半周时相同。

在 u_2 的下一个周期，又重复上述过程，如此循环下去。电路工作时的波形图如图 7.2.2(b) 所示。

2. 定量关系

由上述分析可知，在一个周期中每个晶闸管和整流二极管的导通角为 $(\pi-\alpha)$，续流二极管的导通角为 2α。输出电压和输出电流的平均值与电阻性负载时相同，仍可分别按式 (7.2.1) 和式 (7.2.2) 计算。

流过晶闸管和整流二极管电流的平均值为

$$I_{dT} = I_{dD} = \frac{\pi - \alpha}{2\pi} I_0$$

流过晶闸管和整流二极管电流的有效值为

$$I_T = I_D = \sqrt{\frac{\pi - \alpha}{2\pi}} I_0$$

流过续流二极管电流的平均值为

$$I_{\mathrm{dDR}} = \frac{\alpha}{\pi} I_{\mathrm{O}}$$

流过续流二极管电流的有效值为

$$I_{\mathrm{DR}} = \sqrt{\frac{\alpha}{\pi}} I_{\mathrm{O}}$$

晶闸管承受的最高电压和各二极管承受的最大反向电压为

$$U_{\mathrm{TM}} = U_{\mathrm{DRM}} = \sqrt{2}\, U_2$$

7.2.2　晶闸管的触发电路

一、对触发电路的要求

晶闸管触发电路的作用是为晶闸管的门极和阴极之间提供符合要求的正向触发脉冲，保证晶闸管在需要的时刻由阻断状态转变为导通状态。晶闸管的触发电路应满足下列要求。

（1）触发脉冲的宽度应保证晶闸管可靠导通。

（2）触发脉冲应有足够的幅度，在户外寒冷的场合，脉冲电流的幅度应增大为器件最大触发电流的 3～5 倍，脉冲前沿的陡度也需增加，一般需要 1～2 A/μs。

（3）所提供的触发脉冲应不超过门极的电压、电流和功率的定额，且在门极伏安特性的可靠触发区域之内。

（4）应有良好的抗干扰性能和温度稳定性，并与主电路的电气部分互相隔离。

晶闸管触发脉冲的理想电流波形如图 7.2.3 所示，要求其脉冲前沿的上升时间 $t_1 \sim t_2$ 小于 1 μs；$t_1 \sim t_3$ 为强脉冲的宽度；$t_1 \sim t_4$ 为脉冲的宽度；I_{M} 为强脉冲的幅值；I 为脉冲平顶部分的幅值。

二、常见的晶闸管触发电路

图 7.2.4 给出了常见的晶闸管触发电路。它由两部分组成：T_1、T_2 构成的脉冲放大环节；脉冲变压器 TM 及其附属电路构成的脉冲输出环节。

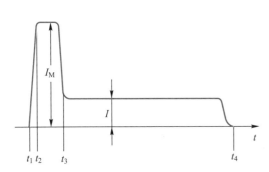

图 7.2.3　晶闸管触发脉冲的理想电流波形

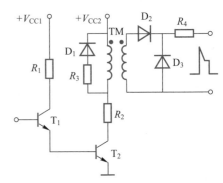

图 7.2.4　常见的晶闸管触发电路

当 T_1、T_2 导通时,有电流流过脉冲变压器的一次绕组,并在一次绕组中产生一个上正下负的感应电动势,二次绕组感应出的正向触发脉冲就加在晶闸管的门极和阴极之间。D_1 和 R_3 是为了消除在 T_1、T_2 由导通变为截止时产生的负脉冲而设置的。因为在 T_1、T_2 由导通变为截止时,会在脉冲变压器的一次、二次绕组中感应出一个很大的负脉冲,此负脉冲加在晶闸管的门极和阴极之间会损坏晶闸管。在一次绕组并联 D_1 和 R_3 后,可把负脉冲短路掉,R_3 是保护 D_1 的限流电阻。为了可靠起见,还在二次绕组设置了 D_3 和 D_2,以消除并阻止负脉冲加在晶闸管的门极和阴极之间。

为了获得触发脉冲波形中的强脉冲部分,还需适当附加其他电路环节(可参阅有关参考文献)。

7.3 逆 变 电 路

7.3.1 逆变电路概述

一、逆变电路的作用

与整流电路相反,逆变电路是能够将直流电能转换为交流电能的电力电子电路。它是一种既能实现调压又能实现变频的电路,应用非常广泛。现有的直流电源种类繁多,例如,蓄电池、干电池、太阳能电池等,当需要这些直流电源向交流负载供电时,就需要利用逆变电路。另外,使用非常广泛的交流电动机调速用变频器、不间断电源和感应加热电源等电力电子装置,它们的核心电路都是逆变电路。

二、逆变电路的分类

逆变电路可以从不同的角度进行分类。

1. 按输出端的相数分类

若按输出端的相数分类,可分为单相逆变电路和三相逆变电路。

2. 按直流电源的性质分类

若按直流电源的性质来分类,可分为电压型逆变电路和电流型逆变电路。

在电压型逆变电路中,它们的直流电源是由交流电经整流,再经大电容滤波后形成的电压源。电压型逆变电路工作时,输出的是方波电压。为把电感性负载的无功能量反馈给电源,必须在功率开关两端反并联能量反馈二极管。

在电流型逆变电路中,它们的直流电源是由交流电经整流,再经大电感滤波后形成的电流源。电流型逆变电路工作时,输出的是方波电流。为适应电感性负载的要求,必须在功率开关上串联二极管,以承受负载感应电动势加在功率开关上的反向电压降。

3. 按电路的结构分类

若按逆变电路的结构分类,有半桥逆变电路和全桥逆变电路之分。有四个导电臂的单相桥式逆变电路,称为单相全桥逆变电路;只有两个导电臂的称为单相半桥逆变电路。单相半桥逆变电路和单相全桥逆变电路是所有复杂逆变电路的基本单元。

7.3.2 电压型单相桥式逆变电路

一、半桥逆变电路

1. 电路的说明

电压型单相半桥逆变电路如图 7.3.1(a)所示。

① 在电路的右边有两个桥臂,每个桥臂由一个可控器件(图中为绝缘栅双极型晶体管 IGBT)和一个反并联二极管组成,如图中的 T_1、D_1 和 T_2、D_2,两个桥臂的连接点为 o'。

② 在电路左边的直流侧,接有两个相互串联、容量相等且足够大的电容器 C_1 和 C_2,把直流电压 U_D 分成相等的两半,两个电容器的连接点 o 是直流电源的中点。

③ 电感性负载 R、L 连接在直流电源中点 o 和两个桥臂的连接点 o'之间。

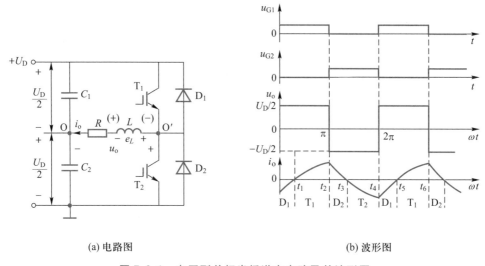

(a) 电路图   (b) 波形图

图 7.3.1　电压型单相半桥逆变电路及其波形图

2. 工作原理

设开关器件 T_1 和 T_2 栅极信号 u_{G1} 和 u_{G2} 的波形分别如图 7.3.1(b)所示。

在 $t_1 \sim t_2$ 期间,T_1 的 u_{G1} 为高电平,T_2 的 u_{G2} 为低电平,则 T_1 导通、T_2 阻断;在忽略 T_1 的管压降时输出电压 $u_o = +U_D/2$;T_1 导通后有输出电流 i_o 流过负载 R、L,i_o 的路径为:$+U_D \to T_1 \to L$、$R \to C_2 \to \perp$。因为流过 L 的电流不能突变,i_o 将慢慢增大,见图 7.3.1(b)。

在 $t_2 \sim t_3$ 期间,T_1 的 u_{G1} 为低电平,T_2 的 u_{G2} 为高电平,T_1 阻断,因流过 L 的电流不能突变,L 上立即产生左(+)右(−)的感应电动势 e_L,这个电动势使 D_2 导通,为输出电流 i_o 续流,其路径为:$e_L(+) \to R \to C_2 \to D_2 \to e_L(-)$。在此期间:① i_o 的流向保持不变,但会随着 e_L 的减小而减小;② D_2 导通不仅会使输出电压 u_o 由 $+U_D/2$ 跳变为 $-U_D/2$,而且即使 u_{G2} 已为高电平,仍能保证 T_2 处于阻断状态。

在 t_3 时刻,输出电流 i_o 减小到零,D_2 要开始由导通变为截止。

在 $t_3 \sim t_4$ 期间,T_1 的 u_{G1} 仍为低电平,T_2 的 u_{G2} 仍为高电平,由于 D_2 变为截止,T_2 开始导通,保持输出电压 $u_o = -U_D/2$,有输出电流 i_o 流过 R、L,路径是:O 点 $\rightarrow R \rightarrow L \rightarrow T_2 \rightarrow \perp$,$i_o$ 的方向与 $t_1 \sim t_3$ 期间相反,由于 L 中电流不能突变,i_o 只能慢慢下降。

在 $t_4 \sim t_5$ 期间,T_1 的 u_{G1} 为高电平,T_2 的 u_{G2} 为低电平,T_2 阻断,流过 L 的电流不能突变,L 立即产生左($-$)右($+$)的电动势,该电动势使 D_1 导通并为 i_o 续流,i_o 的路径是:$e_L(+) \rightarrow D_1 \rightarrow C_1 \rightarrow R \rightarrow e_L(-)$,$i_o$ 的方向为由左往右,与 $t_3 \sim t_4$ 期间相同。在 $t_4 \sim t_5$ 期间:一方面 $|i_o|$ 会随 e_L 的减小而减小,在 t_5 时刻 i_o 变为零;另一方面,D_1 导通不仅会使输出电压 u_o 由 $-U_D/2$ 跳变为 $+U_D/2$,而且尽管 T_1 的 u_{G1} 已为高电平,仍能保证 T_1 处于阻断状态。

t_5 时刻以后,电路重复上述工作过程。电压型单相半桥逆变电路工作时的波形图如图 7.3.1(b)所示。各时间段内导通器件的名称也标于图 7.3.1(b)的下部。

3. 结论

由上述分析可知:

① 输入直流电压 U_D 经过半桥电路的变换,在输出端可获得正负交变的电压 u_o。完成了 DC 向 AC 的转换。

② 当 T_1 或 T_2 处于导通状态时,负载电流 i_o 和电压 u_o 同方向,直流侧向负载提供能量;而当 D_1 或 D_2 处于导通状态时,负载电流 i_o 和电压 u_o 反向,负载电感中储存的能量向直流侧反馈,即负载电感将其吸收的无功能量反馈回直流侧。反馈回的能量暂时储存在直流侧的电容器中,直流侧电容器起着缓冲无功能量的作用。因为二极管 D_1、D_2 是负载向直流侧反馈能量的通道,故称为反馈二极管;又因为 D_1、D_2 起着使负载电流连续的作用,因此又称为续流二极管。

③ 半桥逆变电路的优点是电路简单,使用器件少;其缺点是输出交流电压的幅值 U_m 仅为 $U_D/2$,而且工作时直流侧需要用两个电容器串联来均压。因此,半桥逆变电路常用作几千瓦以下的小功率逆变电源。

二、全桥逆变电路

1. 工作原理

电压型单相全桥逆变电路及其波形图如图 7.3.2 所示。在图 7.3.2(a)中,共有 4 个桥臂,可以看成由两个半桥电路组合而成。把桥臂 1 和 4 作为一对,桥臂 2 和 3 作为另一对,成对的两个桥臂同时导通,两对桥臂各交替导通 $180°$。其输出电压 u_o 的波形与图 7.3.1 的半桥电路的 u_o 波形相同,也是矩形波,但其幅值高出一倍,即 $U_m = U_D$。在直流电压和负载都相同的情况下,其输出电流 i_o 的波形当然也与图 7.3.1(b)中的 i_o 的波形相同,仅幅值增加一倍。在图 7.3.1 中,D_1、T_1、D_2、T_2 相继导通的区间,分别对应于图 7.3.2 中的 D_1 和 D_4、T_1 和 T_4、D_2 和 D_3、T_2 和 T_3 相继导通的区间。关于无功能量的交换,对于半桥逆变电路的分析也完全适用于全桥逆变电路。

2. 定量分析

全桥逆变电路是应用得最多的单相逆变电路。现在对其做定量分析。把幅值为 U_D 的矩形波输出电压 u_o 用傅里叶级数展开,可得

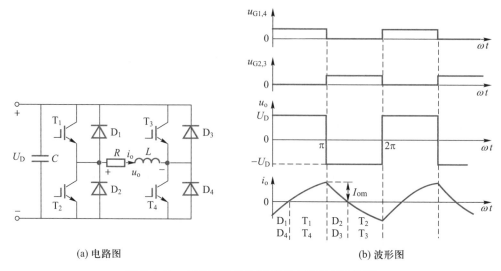

(a) 电路图　　　　　　　　　　　　　　(b) 波形图

图 7.3.2　电压型单相全桥逆变电路及其波形图

$$u_o = \frac{4U_D}{\pi}\left(\sin\omega t + \frac{1}{3}\sin 3\omega t + \frac{1}{5}\sin 5\omega t + \cdots\right) \tag{7.3.1}$$

其中,基波的幅值 U_{o1m} 为

$$U_{o1m} = \frac{4U_D}{\pi} = 1.27U_D \tag{7.3.2}$$

基波的有效值 U_{o1} 为

$$U_{o1} = \frac{2\sqrt{2}\,U_D}{\pi} = 0.9U_D \tag{7.3.3}$$

以上公式对于半桥逆变电路也是适用的,只是式中的 U_D 要换成 $U_D/2$。

由式(7.3.1)可知,桥式逆变电路的输出电压中含有许多奇次谐波成分,经过滤波器后,可以得到交流正弦波电压。

7.3.3　正弦波脉宽调制逆变电路

一、问题的提出

一般的电压型逆变电路存在一个明显的缺点,即它们输出的电压为矩形波,其中的谐波分量很大,会降低功率因数。

在实际应用中,常要求逆变电路可同时解决调压和改善波形的双重任务,采用脉宽调制逆变电路就能完成这个任务。脉宽调制逆变电路通常称为 PWM(pulse width modulation)型逆变电路。

二、正弦波脉宽调制逆变电路的基本原理

1. 提出正弦波脉宽调制的指导思想

提出正弦波脉宽调制的指导思想是:若利用某种控制线路,去控制逆变电路中的开关器件按一定规律导通与阻断,能使逆变电路输出一组幅值相等而宽度基本上按正弦规律分布的脉冲序列,那么这个脉冲序列便可用来等效正弦波电压。

2. 用 PWM 波等效正弦波

在图 7.3.3(a)中,若将正弦波的正半周划分为宽度相等的 N 份(每份宽度等于 π/N),就可把正弦波的正半周看成是由 N 个彼此相连、宽度相等、幅值按正弦规律变化的脉冲所组成的波形。如果将正弦正半波中的每一个幅值按正弦规律变化的脉冲都用同一幅值而面积互相相等的矩形脉冲来代替,就可得到如图 7.3.3(b)所示的名为 PWM 波的矩形脉冲序列。这样,就可用 N 个等幅而不等宽的矩形脉冲序列来等效正弦波的正半周波形。正弦波的负半周也可用相同的方法来等效。

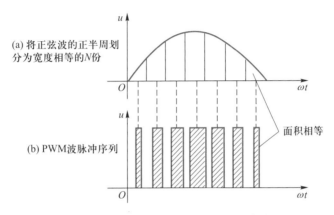

图 7.3.3 用 PWM 波等效正弦正半波

3. 用正弦波脉宽调制法实现 PWM 波与正弦波等效

从理论上讲,完全可以严格地计算出图 7.3.3(b)中每一个矩形脉冲的宽度,并以此作为控制逆变电路开关器件导通和阻断的依据,但这一计算过程十分烦琐。在工程上,常采用调制的方法解决这个问题,其做法是:先把希望得到的波形作为调制信号,把接受调制的信号作为载波信号,然后通过调制信号对载波信号的调制得到期望的 PWM 波形。

脉宽调制的方法很多,这里仅介绍正弦波脉宽调制法。正弦波脉宽调制法的实质就是:用幅值相等、宽度按正弦规律变化的脉冲序列去等效正弦波。

正弦波脉宽调制也叫 SPWM,它的具体做法是:采用一个正弦波作为调制信号,用一个等腰三角波作为载波信号,由于等腰三角波是左右对称且宽度与高度呈线性关系的波形,所以当等腰三角波的载波信号接受正弦波调制信号调制时,只要在正弦波与等腰三角波相交的时刻去控制逆变电路中开关器件的导通与阻断,就可以得到一列幅值相等而宽度按正弦规律变化的脉冲序列,这就是 SPWM 波形。

三、电压型单相全桥 SPWM 逆变电路

1. 电路的说明

图 7.3.4 是电压型单相全桥 SPWM 逆变电路,它由主电路和调制电路两部分组成。

① 主电路采用全桥结构,用电力晶体管作为开关器件,负载为阻感负载。

② 调制电路接受两个输入信号：u_R 是正弦波调制信号，u_C 是等腰三角波载波信号。调制电路的输出信号用以控制电力晶体管的导通与阻断。

SPWM 逆变电路通常有单极性 PWM 控制方式和双极性 PWM 控制方式。

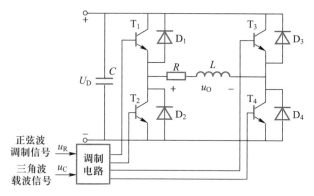

图 7.3.4　电压型单相全桥 SPWM 逆变电路

2. 单极性 PWM 控制方式的工作原理

对于图 7.3.4 所示的单相全桥 SPWM 逆变电路，在采用单极性 PWM 控制方式时，调制信号 u_R 和载波信号 u_C 的波形图如图 7.3.5(a) 所示。载波信号 u_C 按如下规律变化：在调制信号 u_R 的正半周，载波信号 u_C 为正极性的等腰三角波；在 u_R 的负半周，u_C 为负极性的等腰三角波。在 u_R 和 u_C 的相交时刻，调制电路发出输出信号去控制电力晶体管 T_4 或 T_3 的导通或阻断。

（1）在 u_R 的正半周

在 u_R 的正半周，调制电路的输出信号应保持 T_1 导通、T_2 阻断。在此条件下：当 $u_R > u_C$ 时，调制电路的输出信号令 T_4 导通，使负载电压 $u_O = U_D$；当 $u_R < u_C$ 时，调制电路的输出信号令 T_4 阻断，使 $u_O = 0$。

（2）在 u_R 的负半周

在 u_R 的负半周，调制电路的输出信号应保持 T_2 导通、T_1 阻断。在此条件下：当 $u_R < u_C$ 时，调制电路的输出信号令 T_3 导通，使 $u_O = -U_D$；当 $u_R > u_C$ 时，调制电路的输出信号令 T_3 阻断，使 $u_O = 0$。

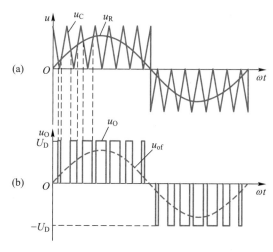

图 7.3.5　单极性 PWM 控制方式的波形图

（3）结论

根据以上分析，就可得到如图 7.3.5(b) 所示的输出电压 u_O 的波形，这就是 SPWM 波形。在图 7.3.5(b) 中，虚线所示的 u_{of} 波形是输出电压 u_O 中的基波分量。

我们把在调制信号 u_R 的半个周期内，等腰三角波载波信号和输出电压的 PWM 波形都只在一个方向变化的控制方式，称为单极性 PWM 控制方式，如图 7.3.5 所示。

3. 双极性 PWM 控制方式的工作原理

对于图 7.3.4 所示的单相全桥 PWM 逆变电路,也可采用双极性控制方式,其特点是,在调制信号 u_R 的半个周期内,等腰三角波载波信号是在正、负两个方向变化的,如图 7.3.6(a) 所示。当采用双极性控制方式时,也是在调制信号 u_R 和载波信号 u_C 的相交时刻控制各开关器件的导通和阻断。

当采用双极性控制方式时,其特点是:在调制信号 u_R 的正、负半周内,都要给同一半桥上下两个桥臂的晶体管施加极性相反的驱动信号。具体做法是:当 $u_R > u_C$ 时,给晶体管 T_1 和 T_4 加导通信号,给 T_2 和 T_3 加阻断信号,使输出电压 $u_O = U_D$;当 $u_R < u_C$ 时,给 T_2 和 T_3 加导通信号,给 T_1 和 T_4 加阻断信号,使输出电压 $u_O = -U_D$。

图 7.3.6 是双极性 PWM 控制方式工作时的波形。由图 7.3.6(b) 可知:① 在采用双极性 PWM 控制方式时,PWM 波形也是在正、负两个方向变化的;② 在 u_R 的一个周期内,输出的 PWM 波形只有 $\pm U_D$ 两种电平。

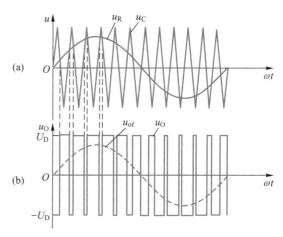

图 7.3.6 双极性 PWM 控制方式工作时的波形

7.4 直流斩波电路

将一个固定的直流电压变换成可变的直流电压的过程称为 DC/DC 变换,实现这种变换的电路称为斩波电路。斩波电路广泛应用于开关电源、小型直流电动机的传动以及电动汽车的控制等领域中。

直流斩波电路的种类较多,最常用的斩波电路有:降压(Buck)斩波电路、升压(Boost)斩波电路、升降压(Buck-Boost)斩波电路、库克(Cuk)斩波电路和全桥斩波电路。这五种斩波电路中,降压式和升压式是最基本的电路,应用最为广泛;升降压式和库克式是它们的组合,而全桥式则属于降压式类型。

本节主要讨论降压式斩波电路的基本工作原理以及斩波电路脉冲宽度调制的实现方法。

7.4.1　降压（Buck）斩波电路

一、电路的组成

降压（Buck）斩波电路如图 7.4.1 所示。图中，U_I 是直流输入电压；晶体管 T 为工作在开关状态的大功率晶体管 GTR；二极管 D 为续流二极管；电感 L 和电容 C 组成滤波电路。在这类电路中，由于开关管 T 常与负载 R_L 串联，故又称为串联型斩波电路。

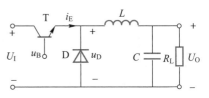

图 7.4.1　降压斩波电路

二、工作原理

加在晶体管 T 的基极控制电压 u_B 为高、低电平交替的脉冲波形，如图 7.4.2 所示。

1. 当 u_B 为高电平时

当 u_B 为高电平时，晶体管 T 饱和导通，其发射极电流 i_E 通过电感 L 向负载提供输出电压，同时向电容 C 充电，此时电感 L 处于储能状态，L 两端的电压基本保持为 $u_L = U_I - U_O$ 不变，可以认为电感的电流按线性规律增长。由于晶体管 T 饱和导通，二极管 D 两端的电压为 $u_D = U_I - U_{CES}$（U_{CES} 为晶体管 T 的饱和压降），二极管 D 因承受反向电压而截止，在电路中不起作用。晶体管饱和导通时斩波电路的等效电路如图 7.4.3（a）所示。

2. 当 u_B 为低电平时

当 u_B 为低电平时，晶体管 T 截止，$i_E = 0$。由于电感的电流不能突变，故在它两端会产生一个左负右正的感应电动势，使二极管 D 因正偏而导通，电感 L 将储存的能量经二极管 D 释放给负载 R_L，使负载 R_L 继续有电流流过，因此把二极管 D 称为续流二极管。此时二极管 D 两端的电压为 $u_D = -U_D \approx 0$（U_D 为二极管的正向导通电压）。晶体管截止时斩波电路的等效电路如图 7.4.3（b）所示。

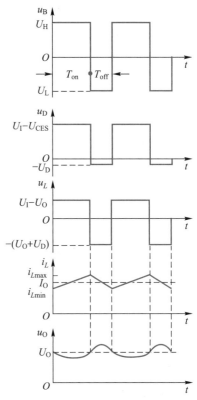

图 7.4.2　降压斩波电路中
u_B、u_D、u_L、i_L 和 u_O 的波形

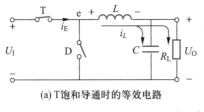

(a) T饱和导通时的等效电路

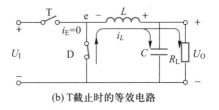

(b) T截止时的等效电路

图 7.4.3　降压斩波电路的等效电路

假定电感电流中所有纹波分量都流经电容 C,而电感电流的平均分量流经负载电阻 R_L,则当 $i_L > I_0$ 时,电容 C 充电,当 $i_L < I_0$ 时,电容 C 放电。

3. 波形图

根据上述分析,可以画出晶体管的控制电压 u_B、电感上的电压 u_L、负载电流 i_L 以及输出电压 u_0 的波形,如图 7.4.2 所示。为使问题简单起见,图中将 i_L 折线化。在 u_B 的一个周期 T 内,晶体管 T 的导通时间为 T_{on},截止时间为 T_{off},故脉冲波形的占空比为 $q = T_{on}/T$。

4. 输出电压的平均值

由图 7.4.2 可见,经过 LC 滤波电路以后,在负载上可以得到比较平滑的输出电压 u_0。在一个周期内,电感电压 u_L 的积分为 0,二极管 D 两端电压 u_D 的平均值就是输出电压 u_0 的平均值 U_0。若忽略晶体管的饱和管压降 U_{CES} 和二极管的正向导通电压 U_D,根据图 7.4.2 中 u_D 的波形可求得输出电压的平均值为

$$U_0 = \frac{1}{T}\int_0^T u_D \mathrm{d}t = \frac{1}{T}\left[\int_0^{T_{on}}(U_I - U_{CES})\mathrm{d}t + \int_{T_{on}}^T (-U_D)\mathrm{d}t\right]$$

$$\approx \frac{1}{T}\int_0^{T_{on}} U_I \mathrm{d}t = \frac{T_{on}}{T}U_I = qU_I \tag{7.4.1}$$

式中,q 为脉冲波形的占空比。

由式(7.4.1)可知,在直流输入电压一定的情况下,脉冲波形的占空比 q 越大,电路的输出电压越高。由于 $0 \leqslant q \leqslant 1$,故电路的输出电压总是小于输入电压的,因此,把这种电路称为降压型 DC/DC 变换电路,也称为 Buck 电路。

7.4.2 升压(Boost)斩波电路

在实际应用中,还需要使输出电压大于输入电压的斩波电路,具有这种功能的转换电路称为升压(Boost)斩波电路,如图 7.4.4 所示。图中,输入电压 U_I 为直流供电电压;晶体管 T 为开关管,其控制电压 u_B 为矩形波;电感 L 和电容 C 组成滤波电路;D 为续流二极管。在这类电路中,因为开关管常与负载并联,故又称为并联型斩波电路。在图 7.4.4 中,通过电感的储能作用,将其上的感应电动势与输入电压相叠加后作用于负载,因而可使 $U_0 > U_I$。读者可通过波形分析其工作原理,并推导出升压斩波电路的输出电压的平均值应为

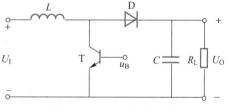

图 7.4.4 升压斩波电路

$$U_0 = \frac{1}{1-q}U_I \tag{7.4.2}$$

7.4.3 调节斩波电路输出电压平均值的方法

一、三种调节方法

由式(7.4.1)和式(7.4.2)可知,要调节斩波电路输出电压的平均值可采取以下三种方法:

① 在保持开关周期 T 不变的情况下,调节开关的导通时间 t_{on}。采用这种调节输出电压方法的斩波电路称为脉冲宽度调制(pulse width modulation,缩写为 PWM)型或脉冲调宽型斩波电路。

② 在保持开关导通时间 t_{on} 不变的情况下,改变开关的周期 T。采用这种调节输出电压方法的斩波电路称为脉冲频率调制(pulse frequency modulation,缩写为 PFM)型或调频型(PFM)斩波电路。

③ 同时调节开关的导通时间 t_{on} 和开关的周期 T,以改变占空比。采用这种调节输出电压方法的斩波电路称为混合型斩波电路。

在以上三种调节斩波电路输出电压平均值的方法中,第①种方法应用最多。

二、脉冲宽度调制型斩波电路的工作原理

1. 控制电路

图 7.4.5(a)给出了脉冲宽度调制型斩波电路的控制电路,它由误差放大器 A_1 和电压比较器 A_2 组成。误差放大器 A_1 的作用是,将反映输出电压变化的取样电压 U_F 与定值电压(也称基准电压)U_G 间的误差加以放大,以得到输出电压 U_R;电压比较器 A_2 的作用是,将误差放大器的输出电压 U_R 与某一周期性电压 u_C 进行比较,以发出使开关晶体管导通和阻断的控制信号 u_B。

2. 工作原理

图 7.4.5(b)是比较器工作时的波形图。图中,比较器接受两个输入电压:① 误差放大器的输出电压 U_R,U_R 是变化缓慢的、在较短的一段时间内可近似认为是固定不变的直流电压;② u_C 是频率固定的周期性锯齿波电压,u_C 的频率决定了斩波电路的开关频率。在 PWM 控制方式中,周期性电压的频率是固定的,通常在几百赫到几千赫范围内,可根据开关器件的类型和实际需要进行选择。

电压比较器 A_2 的工作情况为:当 U_R 大于 u_C 时,输出为高电平,使开关器件导通;当 U_R 小于 u_C 时,输出为低电平,使开关器件阻断。

由图 7.4.5(b)可知,开关的占空比也可用控制电压 U_R 与锯齿波电压的峰值 U_{cm} 之比来表示,即

$$q = \frac{T_{on}}{T} = \frac{U_R}{U_{cm}} \tag{7.4.3}$$

目前已生产出多种包含各种保护电路的开关电源控制器芯片。TL494 是一种性能优良的电压驱动型脉宽调制器件,它包含斩波电路控制所需的全部功能,被广泛应用于开关电源中。

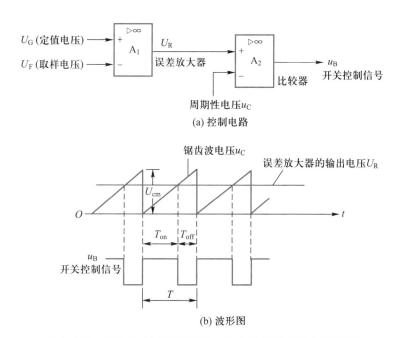

图 7.4.5　脉冲宽度调制型斩波电路中的控制电路和波形图

📖 本章小结

1. 电力电子技术是以电力电子器件为工具,通过弱电对强电的控制,实现电能变换与控制的技术。

2. 在电路中,电力电子器件处于受控的通、断状态,具有理想的开关特性。根据不同的开关特性,电力电子器件可分为三大类型。若控制信号只能控制器件的导通而不能控制其阻断的称为半控型器件,如普通晶闸管(SCR);若控制信号既可以控制器件的导通,又可以控制其阻断的称为全控型器件,如功率晶体管(GTR)、功率场效晶体管(VDMOS)和绝缘栅双极型晶体管(IGBT)等。

3. 可控整流电路是将交流电变换为可调直流电的电路。由晶闸管构成的可控整流电路是通过触发脉冲的移相来控制直流输出电压大小的,称为相控方式。晶闸管触发电路的作用是产生符合要求的门极触发脉冲,保证晶闸管在需要的时刻由阻断转为导通。

4. 与整流电路相对应,逆变电路是能够实现将直流电能转换为交流电能的电路。这是一种既能调压又能变频且应用十分广泛的变换电路。一般的电压型或电流型逆变电路的输出电压或电流为矩形波,其中的谐波分量很大,会降低功率因数。采用脉宽调制的逆变电路,可同时解决调压和改善波形的双重任务。

5. 将一个固定的直流电压变换为可变的直流电压的过程称为 DC/DC 变换,能实现这种变换的电路称为斩波电路。降压型斩波电路的输出电压总是小于输入电压。斩波电路常用脉冲宽度调制(PWM)的控制方式。

习题

7.1.1 晶闸管导通的条件是什么?怎样使晶闸管由导通变为阻断?

7.2.1 有一个直接由 220 V 交流电源供电的单相半波可控整流电路如图 P7.2.1 所示。试计算晶闸管实际承受的正、反向电压的最大值;考虑晶闸管的安全裕量,其额定电压应如何选取?画出输出电压 u_O 的波形。

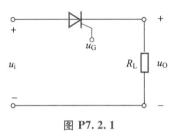

图 P7.2.1

7.2.2 图 P7.2.2(a)和(b)中的阴影部分分别表示流过两个晶闸管的电流波形,其最大值为 I_m。

(1) 试计算晶闸管电流的平均值 I_D、有效值 I_T 及波形系数 $K_f\left(K_f = \dfrac{I_T}{I_D}\right)$。

(2) 选用 KP-100 型晶闸管,且不考虑安全裕量。试计算上述两种电流波形下晶闸管能承受的平均电流和对应的电流最大值 I_{mT}。

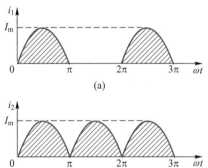

图 P7.2.2

7.2.3 有一个直接由 220 V 交流电源供电的单相半波可控整流电路,负载电阻 $R_L = 10\ \Omega$,控制角 $\alpha = 60°$。试计算输出电压的平均值。

7.2.4 单相桥式半控整流电路,由电网的 220 V 经电源变压器供电,接有大电感性负载并有续流二极管。若要求输出直流电压在 20~80 V 范围内连续可调,最大负载电流为 20 A,最小控制角 $\alpha_{min} = 30°$。试计算晶闸管、整流管、续流二极管的电流定额以及变压器的容量。

7.2.5 图 P7.2.5 为一种简单的舞台调光电路。

(1) 根据 u_O、u_G 的波形分析电路调光的工作原理。

(2) 说明 R_P、D 及开关 S 的作用。

(3) 电路中晶闸管的最小导通角 θ_{min} 是多少?

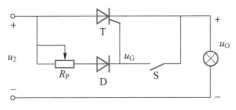

图 P7.2.5

7.2.6 采用两个晶闸管串联的大电感负载的单相半控整流电路如图 P7.2.6 所示。已知：$U_2 = 100$ V，$R_L = 2$ Ω，$\alpha = 60°$。试求流过晶闸管和二极管电流的平均值和有效值，并画出 u_O、i_{T1}、i_{T2} 和 i_{D1}、i_{D2} 的波形。

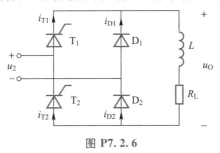

图 P7.2.6

7.3.1 单极性和双极性 PWM 调制有什么区别？

7.3.2 桥式逆变电路如图 7.3.2(a)所示，逆变器输出电压 u_O 为一方波，如图 7.3.2(b)所示。已知 $U_D = 110$ V，逆变器的频率 $f = 100$ Hz，负载 $R = 10$ Ω，$L = 0.02$ H。求：

（1）输出电压的基波分量 U_{O1}。

（2）输出电流的基波分量 I_{O1}。

7.4.1 在图 7.4.4 所示的电路中，若需要输出电压有一定的调节范围，应如何改进电路，请画出电路来。

第 7 章　重要题型分析方法

第 7 章　部分习题解答

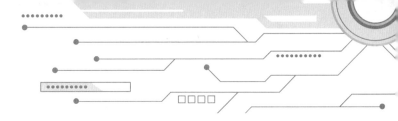

第 8 章

逻辑代数和逻辑门电路

 引言

在前面几章,讨论的是模拟电路。模拟电路传输和处理的是在时间上和数值上都作连续变化的模拟信号。例如,由热电偶得到的与被测温度成正比的电压信号就是一个模拟信号。因为在任何时刻,被测温度均不会发生突变,所以由热电偶得到的必然是一个在时间上和数值上都作连续变化的电压信号,如图 8.0.1(a)所示。在后面几章中,将要讨论的是数字电路。数字电路传输和处理的是在时间上和数值上都是离散的(即不连续变化的)数字信号。图 8.0.1(b)所示的矩形波信号就是典型的数字信号,用它的高、低电平来表示二进制中的数字量 **1** 和 **0**。所以常把表示数字量的信号称为数字信号,而把传输和处理数字信号的电子电路称为数字电路。

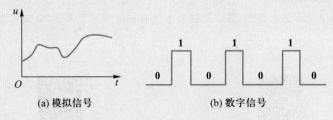

(a) 模拟信号   (b) 数字信号

图 8.0.1 模拟信号和数字信号

数字电路的产生和发展是电子技术发展中最重要的里程碑。由于数字电路相对于模拟电路有一系列的优点,故它在电子计算机、自动控制系统、测量仪表、通信、雷达、电视、遥控和遥测等各个领域中都得到了广泛的应用,对现代科学、工业、农业和人类生活等方面也产生了越来越深远的影响。

逻辑代数是分析和设计数字电路的重要数学工具。逻辑门电路是构成各种复杂功能数字电路的基本单元电路。本章首先介绍数字电路的一些基本概念,然后学习基本逻辑运算、逻辑函数及其表示方法,重点讨论化简逻辑函数的代数法和卡诺图法;最后介绍 TTL 和 CMOS 集成逻辑门电路,并简单介绍使用集成逻辑门电路的几个问题。

8.1　数字电路概述

8.1.1　数字电路的分类

数字电路的种类繁多,一般常按以下几种方法对数字电路进行分类。

一、按照集成度分

按照集成度的不同可把数字电路分为小规模(SSI,每个硅片上有多达 10 个等效门电路)、中规模(MSI,每个硅片上有 10~100 个等效门电路)、大规模(LSI,每个硅片上有 100~10 000 个等效门电路)、非常大规模(VISI,每个硅片上有 1 万~10 万个等效门电路)和超大规模(ULSI,每个硅片上有超过 10 万个等效门电路)数字集成电路。

二、按照电路中所用的器件分

按照电路中所用器件的不同可把数字电路分为双极型和单极型两大类。其中双极型电路有 TTL,单极型电路有 NMOS、CMOS 等。

三、按照电路的逻辑功能分

按照电路逻辑功能的不同可把数字电路分为组合逻辑电路和时序逻辑电路两大类。组合逻辑电路没有记忆功能,其输出状态只与当时的输入状态有关,而与电路以前的状态无关。时序逻辑电路具有记忆功能,其输出状态不仅和当时的输入状态有关,而且还与电路以前的状态有关。

数字集成电路从应用的角度又可分为通用型和专用型两大类型。

8.1.2　脉冲波形及其参数

一、常见的脉冲波形

所谓电脉冲,严格地讲,指的是在极短时间内(可短至微秒甚至是毫微秒)出现的电压或电流信号。从广义上讲,除正弦波以外的波形都称为脉冲波。所以常见的脉冲波形有矩形波、方波、尖脉冲、三角波和锯齿波等,如图 8.1.1 所示。

二、脉冲波形的参数

在数字电路中,应用最多的是矩形波,其实际波形并不如图 8.1.1(a)所示的那样理想,而是如图 8.1.2 所示的波形。

下面以图 8.1.2 所示的实际矩形波来介绍脉冲信号的一些参数。脉冲波形的参数如下。

（1）脉冲幅度 U_m——脉冲电压变化的最大值。

（2）上升时间 t_r——脉冲电压从 $0.1U_m$ 上升到 $0.9U_m$ 所需要的时间。

（3）下降时间 t_f——脉冲电压从 $0.9U_m$ 下降到 $0.1U_m$ 所需要的时间。

（4）脉冲宽度 t_p——脉冲电压从前沿的 $0.5U_m$ 到后沿的 $0.5U_m$ 所需要的时间。

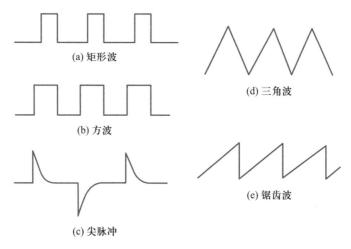

图 8.1.1　常见的脉冲波形

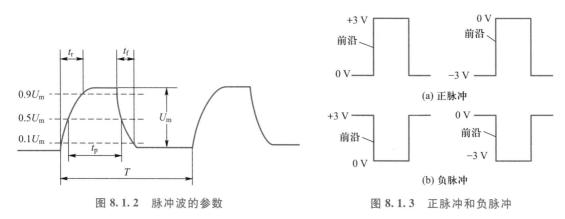

图 8.1.2　脉冲波的参数

图 8.1.3　正脉冲和负脉冲

（5）脉冲周期 T——周期性脉冲电压两个相邻脉冲重复出现所需要的时间。

（6）脉冲频率 f——单位时间内出现的脉冲数，$f = 1/T$。

（7）脉冲的占空比 q——脉冲宽度与脉冲周期之比，即 $q = t_p/T$。

三、正脉冲和负脉冲

脉冲信号有正脉冲和负脉冲之分。对于前沿而言，若脉冲电压跃变后的值比起始值高，则称为正脉冲，如图 8.1.3(a) 所示。对于前沿而言，若脉冲电压跃变后的值比起始值低，则称为负脉冲，如图 8.1.3(b) 所示。

8.1.3　逻辑电平

在数字系统中，用来表示 **1** 和 **0** 的电压称为逻辑电平(logic level)。逻辑电平有两个：一个为高电平，另一个为低电平。

图 8.1.4 给出了数字电路中逻辑电平的电压范围。如图所示，在数字电路中，实际的高电平可以是指定的最大电压 U_{Hmax} 和最小电压 U_{Hmin} 之间的一个任意值，U_{Hmax} 为高电平的最大值，U_{Hmin} 为高电平的最小值，U_{Hmax} 和 U_{Hmin} 之间的电压范围称为高电平区。实际的低电平也可以是

指定的最大电压 U_{Lmax} 和最小电压 U_{Lmin} 之间的一个任意值,U_{Lmax} 为低电平的最大值,U_{Lmin} 为低电平的最小值,U_{Lmax} 和 U_{Lmin} 之间的电压范围称为低电平区。U_{Hmin} 和 U_{Lmax} 之间的电压范围称为禁止区。应该强调的是,为保证数字电路正常工作,高电平区和低电平区之间不仅不能产生重叠,还应保证禁止区有足够的宽度。只有这样,才能将高电平和低电平严格区分开来。

图 8.1.5 给出了以后将会介绍的电源电压为 5 V 的 TTL 和 CMOS 逻辑电路高电平和低电平的电压范围。

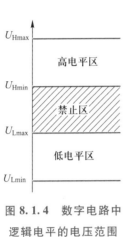

图 8.1.4　数字电路中
逻辑电平的电压范围

(a) TTL电路

(b) CMOS电路

图 8.1.5　TTL 和 CMOS 逻辑
电路高、低电平的电压范围

8.1.4　数字电路的特点

数字电路的特点主要表现在以下几个方面。

一、具有逻辑运算能力

数字电路不仅能够完成算术运算,而且能够完成逻辑运算,具有逻辑推理和逻辑判断的能力,因此数字电路被称为数字逻辑电路或逻辑电路。计算机也因为具有逻辑思维能力而被称为电脑。

二、抗干扰能力强

数字电路主要是研究电路输入与输出之间的逻辑关系。在数字电路中,是根据数字信号的脉冲宽度、脉冲频率和脉冲个数等条件来研究其输入和输出之间的逻辑关系的。数字信号在传输和处理过程中,往往会受到来自不同方面干扰的影响,但干扰只会影响到脉冲的幅度,而对脉冲信号的个数、宽度等表征逻辑关系的参数则没有影响,即使在大干扰情况下脉冲信号发生改变,也能通过纠错的方法进行校正,所以数字电路的抗干扰能力较强。

三、功耗低

在模拟电路中,晶体管和场效晶体管均工作在放大状态,放大电路的功耗较大。在数字电路中,晶体管和场效晶体管均工作在开关状态,即交替工作在导通和截止(或夹断)状态,故数字电路的功耗较低。由于这个特点,数字电路的集成度可以做得很高。

四、电路结构简单,通用性强

数字电路传输和处理的数字信号实质上就是二值数据,即高电平和低电平。只要能稳定输出高、低电平两种状态的电路都可作为数字电路的基本单元。数字电路的很多功能都能模块化,复杂的数字电路都可以由这些基本模块组成。所以数字电路便于集成和系列化生产,通用性强、成本低、使用方便。除此之外,因数字电路允许高、低电平的取值有一定的容限范围,故对元器件参数精度的要求不高。

五、保密性好

人们对数字信号可以采取很多方法进行加密处理,从而使数字化的信息有很强的保密性。

由于数字电路具有如此多的优点,所以其发展非常迅速,并得到了广泛的应用。

8.1.5　几种常用的数制和码制

视频 8.1

码制

一、数制和码制

在日常生活中,经常要遇到计数的问题,人们习惯于使用十进制数。但在数字系统中,经常采用二进制数,有时也采用八进制或十六进制数。

我们一般将二进制数、八进制数、十进制数、十六进制数统称为数码。数码有两种功能:一是表示数量的大小,二是表示不同的事物或事物的不同状态。

1. 数制

当用不同的数码来表示数量的大小时,仅使用一位数码往往是不够的,经常需要用进位计数制的方法组成多位数码。因此,所谓的数制,就是指多位数码中每一位的构成方法以及从低位到高位的进位规则。

2. 码制

当用不同的数码来表示不同的事物或事物的不同状态时,这些数码仅是事物的代号了。我们将这些代表不同事物的数码称为代码(Code)。为了便于人们的记忆和查找,在编制代码时,需要遵循一定的规则。因此,所谓的码制,就是指人们在编制代码时必须遵循的规则。

二、常用的数制

在数字系统中,用得最多的数制是二进制。但是对于同一个数,用二进制表示比十进制需要更多的位数,尤其是长的二进制数阅读和书写都很困难,所以在数字系统的某些场合还使用八进制和十六进制。

1. 十进制

对于十进制(decimal)大家都是非常熟悉的。十进制是用 0、1、2、3、⋯、9 十个不同的数码来表示数的,任何一个十进制数均可用上述十个数码中的一些数码按一定规律排列起来表示。

在十进制数中,处于不同位置(数位)的数码所代表的数值是各不相同的。例如,1963这个十进制数可以写为

$$1963 = 1 \times 10^3 + 9 \times 10^2 + 6 \times 10^1 + 3 \times 10^0$$

此式说明,在十进制中,任何一个数都可用一个多项式来表示。在多项式中的 10 叫基数,即十进制的基数是 10。在多项式中的 10^0、10^1、10^2、10^3……称为十进制的"权"。很明显,在一个十进制数中,数码所处的数位越高,它的"权"越大,该数码代表的数值就越大。

所谓十进制,就是以 10 为基数的计数体制。十进制的计数规律是"逢十进一"。

在数字电路的计数电路中,采用十进制是不方便的,因为要表达十进制数中的任何一位,需要用具有十个不同而且能严格区分的稳定状态来表示,而要制作这样的元器件或电路在技术上有困难,也不经济。因此,在计数电路中一般采用二进制。

2. 二进制

所谓二进制(binary)就是以 2 为基数的计数体制。在二进制数中,只有 **0** 和 **1** 两个数码。而且数码所在数位的"权"不再是 10^0、10^1、10^2、10^3…而是 2^0、2^1、2^2、2^3…这样,我们就可以把任何一个二进制数转换为十进制数,例如二进制数 **1011** 转换为十进制数等于

$$\mathbf{1011} = 1 \times 2^3 + 0 \times 2^2 + 1 \times 2^1 + 1 \times 2^0 = 8 + 0 + 2 + 1 = 11$$

我们写作

$$(\mathbf{1011})_2 = (\mathbf{11})_{10}$$

二进制的计数规律是"逢二进一",即 **1+1 = 10,11+1 = 100**。这就是说,每当本位是 **1**,再加 **1** 时,本位便变为 **0**,且向高位进位,使高位加 **1**。

采用二进制的优点是:① 采用二进制后,可以简化数字装置,并提高其可靠性。因为二进制只有 **0** 和 **1** 两个数码,故二进制数中的每一位数只需用一个具有两个不同稳定状态的元器件或电路来表示即可,如晶体管的饱和与截止,开关的通和断,白炽灯的亮和灭等,只要把其中的一个稳定状态表示为 **1**,另一个稳定状态表示为 **0**,就可以表示二进制数。② 二进制的基本运算规则简单,运算操作简便。

采用二进制也有缺点:① 用二进制表示一个数时,位数较多。如十进制数 20 表示为二进制数时为 **10100**,不易书写和记忆。② 计算机中常用二进制数,而人们习惯十进制数。因此,要把一个十进制数送到机器中参加运算时,必须先把十进制数转换为二进制数,在运算结束后,要把计算结果输出时,还得把二进制结果转换为十进制数。

3. 八进制

所谓八进制(octal)就是以 8 为基数的计数体制。在八进制数中,有 0、1、2、3、4、5、6、7 八个数码。数码所在数位的"权"是 8^0、8^1、8^2、8^3……这样,我们就可以把任何一个八进制数转换为十进制数,例如八进制数 127 转换为十进制数等于

$$(127)_8 = 1 \times 8^2 + 2 \times 8^1 + 7 \times 8^0 = (87)_{10}$$

八进制的计数规律是"逢八进一"。在八进制计数过程中,当计数到 7 时,是按下面的方式进行计数的:…6、7、10、11、12、…、16、17、20、21…

4. 十六进制

所谓十六进制(hexadecimal)就是以 16 为基数的计数体制。在十六进制数中,有 0、1、2、3、4、5、6、7、8、9、A、B、C、D、E、F 十六个数码,其中 A、B、C、D、E、F 相当于十进制中的 10、11、12、13、14、15。在十六进制数中,数码所在数位的"权"是 16^0、16^1、16^2、16^3、…、16^{15}。这样,我们就

可以把任何一个十六进制数转换为十进制数,例如十六进制数 3B.8 转换为十进制数等于

$$(3B.8)_{16} = 3 \times 16^1 + B \times 16^0 + 8 \times 16^{-1} = (59.5)_{10}$$

十六进制的计数规律是"逢十六进一"。在十六进制计数过程中,当计数到 F 时,是按下面的方式进行计数的:…E、F、10、11、12、…、18、19、1A、1B、1C、…、1E、1F、20、21、22、…、28、29、2A、2B…

表 8.1.1 是十进制数与二进制数、八进制数、十六进制数的对照表。

表 8.1.1　几种数制之间的对照表

十 进 制 数	二 进 制 数	八 进 制 数	十六进制数
0	0000	0	0
1	0001	1	1
2	0010	2	2
3	0011	3	3
4	0100	4	4
5	0101	5	5
6	0110	6	6
7	0111	7	7
8	1000	10	8
9	1001	11	9
10	1010	12	A
11	1011	13	B
12	1100	14	C
13	1101	15	D
14	1110	16	E
15	1111	17	F

三、不同数制之间的相互转换

1. 二进制数与十进制数之间的相互转换

(1) 二进制数转换为十进制数

前面已介绍过,任意一个二进制数都可以表示成多项式的形式。我们只要把多项式中各数位的"权"化为十进制数,并把二进制数系数为 1 的各项按"权"相加,就能把一个二进制数转换成十进制数。我们把这种方法称为"按权展开相加法"。例如

$$(11110.101)_2 = 1 \times 2^4 + 1 \times 2^3 + 1 \times 2^2 + 1 \times 2^1 + 0 \times 2^0 + 1 \times 2^{-1} + 0 \times 2^{-2} + 1 \times 2^{-3}$$

$$= 16 + 8 + 4 + 2 + 0 + 0.5 + 0 + 0.125$$

$$= (30.625)_{10}$$

（2）十进制数转换为二进制数

① 将十进制整数转换为二进制整数

假设十进制整数为$(N)_{10}$，与之等值的二进制整数为$(b_n b_{n-1} \cdots b_1 b_0)_2$，$b_n$、$b_{n-1} \cdots$、$b_1$、$b_0$是二进制整数各位的数字。十进制整数的多项式可写为

$$(N)_{10} = b_n \times 2^n + b_{n-1} \times 2^{n-1} + \cdots + b_1 \times 2^1 + b_0 \times 2^0$$
$$= 2(b_n \times 2^{n-1} + b_{n-1} \times 2^{n-2} + \cdots + b_1) + b_0$$

上式表明，若将十进制整数除以2，其余数为b_0，是所求二进制整数最低位的数字。所得到的商为

$$b_n \times 2^{n-1} + b_{n-1} \times 2^{n-2} + \cdots + b_1$$

将上面的商写为

$$b_n \times 2^{n-1} + b_{n-1} \times 2^{n-2} + \cdots + b_1 = 2(b_n \times 2^{n-2} + b_{n-1} \times 2^{n-3} + \cdots + b_2) + b_1$$

上式表明，将十进制整数除以2后所得的商再除以2，其余数为b_1，是所求二进制整数倒数第二位的数字。

以此类推，只要继续不断地将得到的商除以2，直到商为0，把所得的余数作为二进制整数其余各位的数字，最后便可由所有的余数得到所求的二进制整数。

结论：欲将十进制整数转换成二进制整数，可采用"除2取余法"，其步骤为：首先把给定的整数除以2，然后把每次得到的商都除以2，直到商为0。每次除以2得到的余数就构成了所求的二进制整数，第一个得到的余数是二进制整数的最低位，最后得到的余数是二进制整数的最高位。

例 8.1.1　将$(29)_{10}$转换为二进制数。

解：用"除2取余法"转换如下：

所以

$$(29)_{10} = (11101)_2$$

② 将十进制小数转换为二进制小数

若$(N)_{10}$是一个十进制小数，对应的二进制小数为$(0.b_{-1} b_{-2} \cdots b_{-m})_2$，则十进制小数可用多项式表示为

$$(N)_{10} = b_{-1} 2^{-1} + b_{-2} 2^{-2} + \cdots + b_{-m} 2^{-m}$$

将上式两边各乘以2，可得

$$2(N)_{10} = b_{-1} + (b_{-2} 2^{-1} + b_{-3} 2^{-2} + \cdots + b_{-m} 2^{-m+1})$$

上式表明，将十进制小数乘以2，所得的乘积的整数部分即为b_{-1}，是二进制小数的最高

位数字。

同理,将乘积的小数部分再乘以 2,又可得到

$$2(b_{-2}2^{-1}+b_{-3}2^{-2}+\cdots+b_{-m}2^{-m+1})$$
$$=b_{-2}+(b_{-3}2^{-1}+\cdots+b_{-m}2^{-m+2})$$

该乘积的整数部分即为 b_{-2},是二进制小数部分的次高位数字。

以此类推,只要继续不断地将得到的乘积的小数部分乘以 2,直到乘积的小数部分为 0,或者达到了所需要的精度时为止。把所得到的进位数(乘积的整数部分)作为二进制小数其余各位的数字,最后便可由所有的进位数得到所求的二进制小数。

结论:欲将十进制小数转换成二进制小数,可采用"乘 2 取整法",其步骤为首先把给定的小数乘以 2,然后把每次乘积的小数部分乘以 2,直到乘积的小数部分为 0,或者达到了所需要的精度时为止,由相乘所产生的进位数字就组成了所需要的二进制小数。第一个产生的进位数字是最高位,最后一个产生的进位数字是最低位。

例 8.1.2　将 $(0.64)_{10}$ 转换成二进制小数,要求精度达到 0.1%。

解:由于精度要求达到 0.1%,故需要精确到二进制小数 10 位,即 $1/2^{10}=1/1024$。

用"乘 2 取整法"转换如下:

进位数字

0.64×2=1.28	……	**1**	……	(最高位)
0.28×2=0.56	……	**0**	……	
0.56×2=1.12	……	**1**	……	
0.12×2=0.24	……	**0**	……	
0.24×2=0.48	……	**0**	……	(读数方向)
0.48×2=0.96	……	**0**	……	
0.96×2=1.92	……	**1**	……	
0.92×2=1.84	……	**1**	……	
0.84×2=1.68	……	**1**	……	
0.68×2=1.36	……	**1**	……	(最低位)

故有 $(0.64)_{10}=(0.1010001111)_2$。

2. 八进制数和十六进制数与二进制数的相互转换

(1) 八进制数和十六进制数转换成二进制数

把八进制数和十六进制数转换成二进制数的一种方法是:先将它们转换成十进制数,然后再转换成二进制数。

其实,可以直接将八进制数和十六进制数转换成二进制数。因为 3 位二进制数有 8 个状态,4 位二进制数有 16 个状态,它们正好分别与八进制数和十六进制数的 1 位的状态数相等,故可以用 3 位二进制数来表示 1 位八进制数,用 4 位二进制数表示 1 位十六进制数。

因此,要将八进制数转换为二进制数,可将八进制数的每一位数字用相应的 3 位二进制数来表示,并去掉整数部分最高位和小数部分最低位的零。

要将十六进制数转换为二进制数,可将十六进制数的每一位数字用相应的 4 位二进制数来表示,并去掉整数部分最高位和小数部分最低位的零。

例 8.1.3 将十六进制数 $(6B5.F2)_{16}$ 转换为二进制数。

解：

$$
\begin{array}{ccccc}
(6 & B & 5. & F & 2)_{16} \\
\downarrow & \downarrow & \downarrow & \downarrow & \downarrow \\
=(0110 & 1011 & 0101. & 1111 & 0010)_2
\end{array}
$$

$$= (11010110101.1111001)_2$$

（2）二进制数转换为八进制数和十六进制数

要将二进制数转换为十六进制数，其方法是：以小数点为基准，向左右两边将二进制数分成 4 位一组，不足 4 位的在两端补零，然后将每 4 位二进制数转换成 1 位十六进制数，便完成了从二进制数到十六进制数的转换。

同理，要将二进制数转换为八进制数，可将 3 位二进制数分为一组。

例 8.1.4 将二进制数 $(111100.10101)_2$ 转换为十六进制数。

解：

$$(\underset{3}{\underbrace{0011}} \quad \underset{C}{\underbrace{1100.}} \quad \underset{A}{\underbrace{1010}} \quad \underset{8}{\underbrace{1000}})_2 = (3C.A8)_{16}$$

（补0 在左侧，补0 在 1000 处）

例 8.1.5 将二进制数 $(111001011.010101)_2$ 转换为八进制数。

解： $(111 \quad 001 \quad 011. \quad 010 \quad 101)_2 = (713.25)_8$

四、几种常用的码制

计算机等数字设备除了处理二进制数外，有时候还需要处理其他数字、字母或符号等信息。计算机在处理这类信息时，是用一组具有一定规则的二进制数来表示其他数字、字母和符号等信息的，这种方法称为编码（encode）。因此，所谓编码，就是依照一定的规则编制代码，用以表示数字、字母和符号等信息的过程。

1. 几种常用的二-十进制码（BCD 码）

在数字系统中，一种常用的编码方式是二-十进制编码。所谓二-十进制编码就是用 10 个不同的 4 位二进制数来表示 1 位十进制数中的 0~9 十个数码，这种表示方法就是二-十进制码，简称 BCD（binary coded Decimal）码。由于 4 位二进制数有 16 种组态，即 16 种代码，只要选择其中任意 10 种代码，便可表示十进制数中的 10 个数码，其编码方式很多，也就是说有多种不同的 BCD 码。常用的 BCD 码有 8421 码、2421 码、5421 和余 3 码等。几种常用的 BCD 码如表 8.1.2 所示。

表 8.1.2　几种常用的 BCD 码

十进制数	有权码			无权码
	8421 码	2421 码	5421 码	余 3 码
0	0000	0000	0000	0011
1	0001	0001	0001	0100
2	0010	0010	0010	0101
3	0011	0011	0011	0110

续表

十进制数	有权码			无权码
	8421 码	2421 码	5421 码	余 3 码
4	0100	0100	0100	0111
5	0101	1011	1000	1000
6	0110	1100	1001	1001
7	0111	1101	1010	1010
8	1000	1110	1011	1011
9	1001	1111	1100	1100

（1）8421 码

8421 码是一种常见的 BCD 码,它用 10 个 4 位二进制数 **0000**、**0001**、**0010**、…、**1000**、**1001** 分别表示 10 个十进制数码 0、1、2、…、8、9,由于这 10 个 4 位二进制数每位对应的权自左至 右依次为 $8(2^3)$、$4(2^2)$、$2(2^1)$、$1(2^0)$,故称 8421 码。可见 8421 码是有权码。8421 码的优 势是它与人们熟悉的十进制数之间很容易相互转换,所以它是最为常用的 BCD 码。例如, 十进制数 3168 可用 8421 码表示为 **0011 0001 0110 1000**。如无特殊说明,本书提到的 BCD 码是指 8421 码。

（2）余 3 码

余 3 码也是一种被广泛采用的 BCD 码。余 3 码的编码规则与 8421 码不同,对应于相同 的十进制数,余 3 码比 8421 码多加了 3(**0011**),故称余 3 码。例如对于十进制数 5,8421 码用二进制数 **0101** 表示,余 3 码则用二进制数 **1000** 表示。余 3 码是一种无权码,因为它采 用的 10 组 4 位二进制数每位没有固定的权。

（3）其他的 BCD 码

除 8421 码以外,还有 2421 码和 5421 码,它们采用的 10 组二进制数中每一位对应的权 从左到右分别是 2、4、2、1 和 5、4、2、1。它们都是有权码。

2. 格雷码

由表 8.1.3 可以看出,格雷(Gray)码的特点是任意两个相邻代码之间只有一位不同,而 且首尾(0 和 15)两个代码也仅有一位不同。对于自然二进制码,相邻两个代码之间则可能 有 2 位、3 位甚至 4 位不同。例如 **0111** 和 **1000** 两个相邻代码的 4 位都不相同,因而当二进 制码由 **0111** 变到 **1000** 时,4 位都会发生变化。在数字电路中,受传输延迟的影响,4 位发生 的变化不可能同时传输到电路的输出端,例如代码从 **0111** 变化到 **1000** 时,当最高位的传输 延迟时间比其他 3 位长时,电路会在一个非常短的时间内,出现 **0000** 状态,使电路出现"过 渡噪声"。当采用格雷码时,由于两个相邻代码之间只有一位不同,可以大大减少出现"过渡 噪声"的概率。

格雷码是无权码。

表 8.1.3　二进制码与格雷码

二进制数	格雷码	二进制码	格雷码
0000	0000	1000	1100
0001	0001	1001	1101
0010	0011	1010	1111
0011	0010	1011	1110
0100	0110	1100	1010
0101	0111	1101	1011
0110	0101	1110	1001
0111	0100	1111	1000

8.2　逻辑运算及逻辑函数的表示方法

8.2.1　逻辑运算

逻辑是指事物因果之间所遵循的规律。现实世界中存在的事物之间有很复杂的逻辑关系。

19 世纪英国数学家乔治·布尔(George Boole)于 1854 年首先提出了描述客观事物逻辑关系的数学方法——布尔代数。由于布尔代数被广泛应用于数字逻辑电路的分析,所以也被称为逻辑代数。在逻辑代数中,采用逻辑变量和一套运算符组成的逻辑函数表达式来描述事物的因果关系。

逻辑代数中的变量称为逻辑变量,一般用大写字母 A、B、C…表示。在自然界中,存在着大量的互相对立的逻辑状态,例如,事物的"真"与"假",白炽灯的"亮"与"灭",开关的"闭合"与"断开",电位的"高"与"低"等,这些互相对立的逻辑状态都是逻辑变量。在逻辑代数中,常用符号 **0** 和 **1** 来表示这两个相反的逻辑变量,称为逻辑 **0** 和逻辑 **1**。必须强调,这里的 **0** 和 **1** 并不表示数量的大小,仅仅是作为一种符号,用来表示互相对立的两种逻辑状态。

一、三种基本逻辑运算

逻辑代数的基本运算有"**与**(AND)""**或**(OR)""**非**(NOT)"三种,也分别称为逻辑乘、逻辑加和逻辑非。

1. 与逻辑运算

当决定某一事件的全部条件都具备时,该事件才会发生,这样的因果关系称为**与逻辑关**系,简称**与逻辑**。为了便于理解**与逻辑**的含义,可用图 8.2.1 所示的由串联开关 A、B 控制白炽灯 L 的电路来说明。图中,只有当开关 A 与开关 B 同时闭合时,白炽灯 L 才亮;只要开关 A 和开关 B 中有一个或两个断开时,则白炽灯 L 不亮。其功能如表 8.2.1 所示。

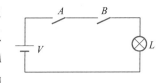

图 8.2.1　与逻辑
电路的实例

用输入逻辑变量(条件)A、B表示开关的状态,用 **1** 表示开关闭合,**0** 表示开关断开;用输出逻辑变量(结果)L表示白炽灯的状态,白炽灯亮为 **1**,白炽灯灭为 **0**。用图表的形式列出开关A、B与白炽灯L之间可能的组合与结果,如表 8.2.2 所示。这种把输入、输出之间所有可能出现的逻辑关系都表达出来的表格称为真值表(truth table),它是逻辑关系的一种表达方式。

表 8.2.1　与逻辑电路的功能表

开关 A	开关 B	灯 L
断开	断开	灭
断开	闭合	灭
闭合	断开	灭
闭合	闭合	亮

表 8.2.2　与逻辑电路的真值表

A	B	L
0	**0**	**0**
0	**1**	**0**
1	**0**	**0**
1	**1**	**1**

从表 8.2.2 可以看出,L与A、B之间的关系是:只有当A与B都为 **1** 时,L才为 **1**;只要A、B中有一个为 **0** 时,L就为 **0**。这种关系常用下式表示,即

$$L = A \cdot B \quad 或 \quad L = AB \tag{8.2.1}$$

式(8.2.1)就是与逻辑关系的逻辑函数表达式,简称与逻辑表达式。式中的小圆点"·"表示A、B的与运算,也表示逻辑乘。在不至于混淆的情况下,可以把乘号"·"省掉。读作"L等于A与B",L称为A、B的逻辑积。在有些文献中,也采用∩、∧、& 等符号来表示**与逻辑**。

逻辑条件与逻辑结果之间的函数关系,既可以用真值表表示,也可以用逻辑表达式表示。这两种表达方式虽然不同,但它们所表达的内容却是一个。真值表和逻辑表达式是今后经常应用的表示逻辑关系的两种方法。

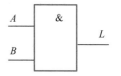

图 8.2.2　与逻辑的符号

逻辑符号是表示逻辑运算的图形符号。能实现与逻辑的电路叫**与门电路**,其逻辑符号如图 8.2.2 所示。

与逻辑的运算规则如下:

$0 \cdot 0 = 0, 0 \cdot 1 = 0, 1 \cdot 0 = 0, 1 \cdot 1 = 1, 0 \cdot A = 0, 1 \cdot A = A, A \cdot A = A, A \cdot \overline{A} = 0$。$\overline{A}$的含义即将在下面说明。

与运算的运算规则可以归纳为:"有 **0** 出 **0**,全 **1** 出 **1**"。

2. 或逻辑运算

只要决定事件发生的条件具备一个或一个以上时,该事件就会发生;只有当决定事件发

生的所有条件均不具备时,该事件才不会发生。我们把这样的
因果关系称为**或逻辑关系**,简称**或逻辑**。

图 8.2.3 给出了用并联开关 A、B 控制白炽灯 L 的电路。只要
A、B 中任何一个开关闭合,白炽灯 L 就会亮。也就是说只要有一
个条件满足,结果就会发生。这种灯亮与开关闭合之间的关系就
是**或逻辑**,这种因果关系也叫逻辑加。用真值表的形式列出开关
A、B 与白炽灯 L 之间可能的组合与结果,如表 8.2.3 所示。

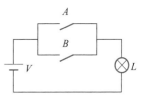

图 8.2.3　或逻辑电路实例

表 8.2.3　或逻辑真值表

A	B	L
0	0	0
0	1	1
1	0	1
1	1	1

或逻辑的逻辑表达式为

$$L = A + B \qquad (8.2.2)$$

式中符号"+"表示 A、B 的**或**运算,也表示逻辑加,读作"L 等于 A 加 B"。有些文献也采用 $\cup$、
$\vee$ 等符号来表示**或逻辑**。能实现**或逻辑**的电路叫或门电路,其逻辑符号如图 8.2.4 所示。

或逻辑的运算规则如下:

$$0 + 0 = 0, 0 + 1 = 1, 1 + 0 = 1, 1 + 1 = 1, 0 + A = A, 1 + A = 1, A + A = A, A + \overline{A} = 1$$

或运算的运算规则可以归纳为:"全 0 出 0,有 1 出 1"。

3. 非逻辑运算

图 8.2.5 的电路表明:开关 A 闭合时,白炽灯 L 不亮;而开关 A 断开时,白炽灯 L 才亮。
也就是说,当决定事件发生的条件满足时,该事件不会发生;当条件不满足时,该事件才发
生。我们把这种逻辑关系称为非逻辑。**非逻辑**的真值表如表 8.2.4 所示。

表 8.2.4　非逻辑的真值表

A	L
0	1
1	0

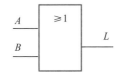

图 8.2.4　或逻辑的符号

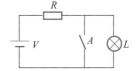

图 8.2.5　非逻辑电路实例

非逻辑的逻辑表达式为

$$L = \overline{A} \qquad (8.2.3)$$

式中,字母 A 上方的短划"—"表示非运算。读作"L 等于 A 非"。通常称 A 为原变量,$\overline{A}$ 为反变量,二者互相称为互补变量。能实现非运算的电路叫非门电路,或者叫反相器,其逻辑符号如图 8.2.6 所示。

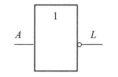

图 8.2.6　非逻辑的符号

非逻辑的运算规则是

$$\overline{0} = 1, \overline{1} = 0, \overline{\overline{A}} = A$$

非运算的运算规则可以归纳为:"有 0 出 1,有 1 出 0"。

二、复合逻辑运算

利用"与""或""非"三种基本逻辑运算,可构成各种复合的逻辑运算,常见的有与非、或非、与或非、异或、同或等运算。

1. 与非逻辑运算

将与运算和非运算组合在一起便可实现与非运算。与非逻辑的表达式为

$$L = \overline{AB} \tag{8.2.4}$$

与非逻辑的真值表见表 8.2.5。能实现与非逻辑运算的电路叫与非门电路,其逻辑符号如图 8.2.7 所示。

与非运算可以归纳为:"有 0 出 1,全 1 出 0"。

表 8.2.5　与非逻辑的真值表

A	B	L
0	0	1
0	1	1
1	0	1
1	1	0

2. 或非逻辑运算

将或运算和非运算组合在一起便可实现或非运算。或非逻辑的表达式为

$$L = \overline{A + B} \tag{8.2.5}$$

或非逻辑的真值表见表 8.2.6。能实现或非逻辑运算的电路叫或非门电路,其逻辑符号如图 8.2.8 所示。

或非运算可以归纳为:"有 1 出 0,全 0 出 1"。

表 8.2.6　或非逻辑的真值表

A	B	L
0	0	1
0	1	0
1	0	0
1	1	0

3. 异或逻辑运算

异或逻辑的表达式为

$$L = A\overline{B} + \overline{A}B = A \oplus B \tag{8.2.6}$$

异或逻辑的真值表见表 8.2.7。能实现**异或**运算的电路叫**异或门**电路,其逻辑符号如图 8.2.9 所示。

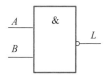

图 8.2.7 **与非逻辑的符号**

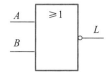

图 8.2.8 **或非逻辑的符号**

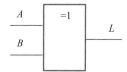

图 8.2.9 **异或逻辑的符号**

异或逻辑表示的是:当输入变量 A、B 的取值相异时,则输出变量 L 为 **1**;若 A、B 的取值相同时,则 L 为 **0**。

表 8.2.7 **异或逻辑的真值表**

A $\quad$ B	L
0 $\quad$ 0	0
0 $\quad$ 1	1
1 $\quad$ 0	1
1 $\quad$ 1	0

4. 同或逻辑运算

同或逻辑的表达式为

$$L = AB + \overline{A}\,\overline{B} = A \odot B \tag{8.2.7}$$

同或逻辑的真值表见表 8.2.8。能实现**同或**运算的电路叫**同或门**电路,其逻辑符号如图 8.2.10 所示。

同或逻辑表示的是:当两个输入变量 A、B 的取值相同时,则输出变量 L 为 **1**;若 A、B 取值相异时,则 L 为 **0**。

从表 8.2.7 和表 8.2.8 可知,**同或**逻辑和**异或**逻辑互为非函数,即

$$A \odot B = \overline{A \oplus B}$$

同或门电路无独立产品,通常用**异或门**电路加非门电路(反相器)构成。

表 8.2.8 **同或逻辑的真值表**

A $\quad$ B	L
0 $\quad$ 0	1
0 $\quad$ 1	0
1 $\quad$ 0	0
1 $\quad$ 1	1

5. 与或非逻辑运算

与或非逻辑运算是**与**、**或**、**非**三种运算的组合,**与或非**逻辑的表达式为

$$L = \overline{AB + CD} \tag{8.2.8}$$

与或非逻辑的真值表见表 8.2.9。能实现**与或非**逻辑运算的电路叫**与或非**门电路,其逻辑符号如图 8.2.11 所示。

表 8.2.9　与或非逻辑的真值表

A	B	C	D	L	A	B	C	D	L
0	0	0	0	1	1	0	0	0	1
0	0	0	1	1	1	0	0	1	1
0	0	1	0	1	1	0	1	0	1
0	0	1	1	0	1	0	1	1	0
0	1	0	0	1	1	1	0	0	0
0	1	0	1	1	1	1	0	1	0
0	1	1	0	1	1	1	1	0	0
0	1	1	1	0	1	1	1	1	0

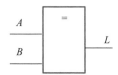

图 8.2.10　**同或**逻辑的符号

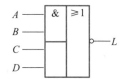

图 8.2.11　**与或非**逻辑的符号

8.2.2　逻辑函数及其表示方法

一、逻辑函数

从以上介绍的各种逻辑关系中可以看到,如果以逻辑条件作为输入,以运算结果作为输出,那么对应于输入逻辑变量 A、B、C… 的每一组确定值,输出逻辑变量 L 就有唯一确定的值,则称 L 是 A、B、C… 的逻辑函数。记为

$$L = f(A,B,C\cdots)$$

注意:与普通代数不同的是,在逻辑代数中,不管是输入逻辑变量还是逻辑函数,其取值都只能是 **0** 或 **1**,并且这里的 **0** 和 **1** 只表示两种互相对立的逻辑状态,没有数量的含义。

二、逻辑函数的表示方法和建立

1. 逻辑函数的表示方法

逻辑函数可以用真值表、逻辑表达式以及用即将介绍的逻辑图、波形图和卡诺图等方法表示。这几种表示方法虽然不同,但它们所表达的内容却是一个,因此它们之间是可以相互转换的。

2. 逻辑函数的建立方法

下面以一个"三人表决"的逻辑问题为例,来说明逻辑函数的建立及表示方法。

(1) 列真值表

在"三人表决"问题中,设三人的意见为输入逻辑变量 A、B、C,表决结果为逻辑函数 L。对输入逻辑变量 A、B、C 的取值规定为:设同意为逻辑 **1**,不同意为逻辑 **0**。对于逻辑函数 L

的取值规定为:设事情通过为逻辑 **1**,没有通过为逻辑 **0**。三人表决的结果按"少数服从多数"的原则决定。

逻辑运算的功能常用真值表来描述。建立真值表的方法是:将输入变量各种可能的取值组合及与之相对应的输出变量(逻辑函数)的值列在一个表格中。每一个输入变量均有 **0**、**1** 两种取值,n 个输入变量共有 2^n 组不同的取值,将这 2^n 组不同的取值按二进制的递增规律排列起来,同时在相应位置上填入与输入变量的一组取值相对应的输出变量的值,便可列出逻辑函数的真值表。

根据"少数服从多数"的原则,将三个输入变量的 8 组不同取值及与之相对应的函数值列成表格,就可建立"三人表决"逻辑函数的真值表,如表 8.2.10 所示。

表 8.2.10 "三人表决"逻辑函数的真值表

A	B	C	L	A	B	C	L
0	0	0	0	1	0	0	0
0	0	1	0	1	0	1	1
0	1	0	0	1	1	0	1
0	1	1	1	1	1	1	1

真值表的特点是直观明了。当输入变量取值的组合一旦确定后,即可在真值表中查出与每一组变量取值相对应的函数值。把一个实际的逻辑问题抽象成一个逻辑函数时,使用真值表是最方便的。所以,在设计逻辑电路时,总是先根据设计要求列出真值表。真值表的缺点是:当输入变量比较多时,表格比较大,显得有些烦琐。

(2)写逻辑表达式

逻辑表达式是把与、或、非等运算组合起来,表示逻辑函数与逻辑变量之间关系的逻辑代数式。在逻辑表达式中,等式右边的字母 A、B、C 等称为输入逻辑变量,等式左边的字母 L 称为输出逻辑变量,字母上面没有非运算符的叫作原变量,有非运算符的叫作反变量。

由真值表可以写出逻辑函数表达式,其方法是:① 把真值表中逻辑函数值 $L=1$ 的输入变量的各种组合项挑出来;② 将组合项中逻辑变量取值为 **1** 的写成原变量,取值为 **0** 的写成反变量;③ 把每一个组合项中的各个变量用**与**逻辑表示,便可将每一个组合项写成一个乘积项;④ 把所有的乘积项用**或**逻辑表示,就是相应的逻辑函数表达式。

用此方法便可以写出"三人表决"逻辑问题的逻辑表达式为

$$L = \overline{A}BC + A\overline{B}C + AB\overline{C} + ABC \tag{8.2.9}$$

(3)画逻辑图

逻辑图是用与、或、非等逻辑符号表示逻辑函数中各变量之间逻辑关系的图形。逻辑图通常由逻辑表达式得到。将逻辑表达式中所有的与、或、非等运算符号用相应的逻辑符号代替,并按照逻辑运算的先后次序将这些逻辑符号连接起来,就可得到所对应的逻辑图。逻辑符号与数字电路中的器件有着对应关系,画出了逻辑图,就相当于得到了电路的原理图。

将逻辑表达式(8.2.9)中的各变量之间的**与**、**或**逻辑运算关系用逻辑符号表示出来,便可得到"三人表决"逻辑问题的逻辑图,如图 8.2.12 所示。

（4）画波形图

波形图是逻辑函数输入变量每一种可能出现的取值与对应的输出值按时间顺序依次排列的图形，也称为时序图。波形图能直接反映出各变量之间的时间关系和函数关系，所以在数字电路的分析和调试时经常要用到它。

图 8.2.13 是"三人表决"逻辑问题在输入变量 A、B、C 的波形给定后画出的逻辑函数 L 的波形图。在画逻辑函数的波形图时，对照着真值表进行是非常方便的。因为，在表 8.2.10 中，只有在 $L=1$ 的四种情况下，L 才输出高电平（用高电平表示逻辑 1，低电平表示逻辑 0），其他四种情况下 L 均为低电平。

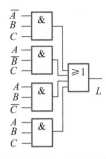

图 8.2.12　用与门和或门实现的"三人表决"逻辑问题的逻辑图

例 8.2.1　分析图 8.2.14 所示电路的逻辑关系。

解：设开关 S_A 为变量 A，S_B 为变量 B，S_C 为变量 C，S_D 为变量 D；开关闭合为 1，开关断开为 0。白炽灯为变量 L；灯亮为 1，灯灭为 0。

分析电路，即可列出如表 8.2.11 所示的真值表。

表 8.2.11　例 8.2.1 的真值表

A	B	C	D	L	A	B	C	D	L
0	0	0	0	0	1	0	0	0	0
0	0	0	1	0	1	0	0	1	0
0	0	1	0	0	1	0	1	0	0
0	0	1	1	0	1	0	1	1	1
0	1	0	0	0	1	1	0	0	0
0	1	0	1	0	1	1	0	1	0
0	1	1	0	0	1	1	1	0	0
0	1	1	1	1	1	1	1	1	1

由表 8.2.11 可知，$L=1$ 的输入变量有三个组合项，它们组成的三个乘积项为 $\overline{A}BCD$、$A\overline{B}CD$ 和 $ABCD$，将它们进行逻辑加后，可得逻辑表达式为

$$L = \overline{A}BCD + A\overline{B}CD + ABCD$$

用逻辑符号代替逻辑关系表达式中的运算符号，就可以画出逻辑图，如图 8.2.15 所示。

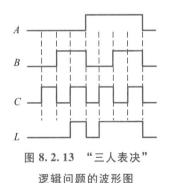

图 8.2.13　"三人表决"逻辑问题的波形图

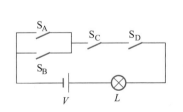

图 8.2.14　例 8.2.1 的电路图

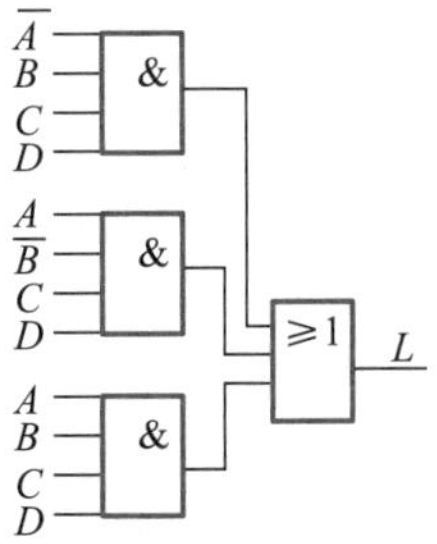

图 8.2.15　例 8.2.1 的逻辑图

8.3 逻 辑 代 数

8.3.1 逻辑代数的基本定律和恒等式

逻辑代数是分析和设计逻辑电路的重要数学工具,利用它可将复杂的逻辑表达式进行化简,从而设计出简单的逻辑电路。为了运用好这个数学工具,必须掌握逻辑代数的基本定律和恒等式。

一、逻辑代数的基本定律和恒等式

常用的逻辑代数的基本定律和恒等式有 **0-1** 律、结合律、交换律、分配律、反演律、吸收律等。如表 8.3.1 所示。

表 8.3.1 逻辑代数的基本定律和恒等式

0-1 律	$A + 0 = A$ $A + 1 = 1$	$A \cdot 0 = 0$ $A \cdot 1 = A$
重叠律	$A + A = A$	$A \cdot A = A$
互补律	$A + \overline{A} = 1$	$A \cdot \overline{A} = 0$
还原律	$\overline{\overline{A}} = A$	
交换律	$A + B = B + A$	$AB = BA$
结合律	$(A + B) + C = A + (B + C)$	$(AB)C = A(BC)$
分配律	$A(B + C) = AB + AC$	$A + BC = (A + B)(A + C)$
反演律(摩根定律)	$\overline{A \cdot B \cdot C \cdots} = \overline{A} + \overline{B} + \overline{C} + \cdots$	$\overline{A + B + C + \cdots} = \overline{A} \cdot \overline{B} \cdot \overline{C} \cdots$
吸收律	$A + AB = A$ $A(A + B) = A$ $A + \overline{A}B = A + B$ $(A + B)(A + C) = A + BC$	
常用恒等式	$AB + \overline{A}C + BC = AB + \overline{A}C$ $AB + \overline{A}C + BCD = AB + \overline{A}C$	

二、基本定律和恒等式的证明方法

1. 真值表法

设有两个逻辑函数为

$$L_1 = f(A, B, C \cdots) \qquad L_2 = g(A, B, C \cdots)$$

它们的输入变量都是 A、B、$C \cdots$ 如果对应于变量 A、B、$C \cdots$ 的任何一组变量取值,都能使 L_1 和 L_2 的值相同,则称 L_1 和 L_2 是相等的,记为 $L_1 = L_2$。

若两个逻辑函数相等,则它们的真值表一定相同。因此,要证明两个逻辑函数是否相等,只要看它们的真值表是否相同即可。例如,欲证明反演律 $\overline{AB} = \overline{A} + \overline{B}$ 和 $\overline{A + B} = \overline{A} \cdot \overline{B}$ 成立时,可分别列出两个公式等号两边函数的真值表,若等式两边函数的真值表相同,则等式成立。等式两边函数的真值表如表 8.3.2 所示。由表可以看出,等式两边函数的真值表相同,故反演律成立。

反演律又称为摩根定律,常用于逻辑函数的变换,如去除部分表达式上的大非号。

表 8.3.2　证明两变量反演律的真值表

A　B	$\overline{AB}$	$\overline{A} + \overline{B}$	$\overline{A + B}$	$\overline{A} \cdot \overline{B}$
0　0	1	1	1	1
0　1	1	1	0	0
1　0	1	1	0	0
1　1	0	0	0	0

2. 代数法

证明逻辑代数中的基本定律和恒等式,还可以利用已经得到证明的定律来证明。

例如,证明分配律 $A + BC = (A + B)(A + C)$ 是否成立的证明过程如下:

$$(A + B)(A + C) = AA + AB + AC + BC \quad （利用分配律 A(B + C) = AB + AC）$$
$$= A + AB + AC + BC \quad （利用重叠律 AA = A）$$
$$= A(1 + B + C) + BC \quad （利用分配律 A(B + C) = AB + AC）$$
$$= A + BC \quad （利用 0 - 1 律 A + 1 = 1）$$

8.3.2　逻辑代数的基本规则

一、代入规则

对任何一个逻辑等式,如果将等式两边出现的某个变量 A,都用另一个变量或函数代替,则得到的新等式仍然成立。这个规则称为代入规则。因为变量 A 的取值只能是 0 或 1,而其他任何变量和函数的取值也只能是 0 或 1 两种情况,所以用另一个变量或函数取代原式中的 A 后,得到的新等式也一定成立。利用代入规则可以扩展所有基本定律和恒等式的应用范围。

例如,在二变量的摩根定律 $\overline{A + B} = \overline{A} \cdot \overline{B}$ 中,将所有出现 B 的地方都代以函数 $(B + C)$,则新等式依然成立,即

$$\overline{A + B + C} = \overline{A} \cdot \overline{B + C} = \overline{A} \cdot \overline{B} \cdot \overline{C}$$

这样,就可以把二变量的摩根定律扩展为三变量的形式。以此类推可知,摩根定律对任意多个变量都成立。

二、反演规则

对于任何一个逻辑表达式 L,如果将表达式中所有的"·"换成"+","+"换成"·",0 换成 1,1 换成 0,原变量换成反变量,反变量换成原变量,那么所得到的新表达式就是函数 L 的

反函数 $\overline{L}$(或称补函数)。这个规则称为反演规则。利用反演规则,可以非常方便地求得一个函数的反函数。

在应用反演规则求反函数时要注意以下两点。

(1) 保持运算的优先顺序不变,要遵循"先括号,然后乘,最后加"的运算次序。

(2) 变换中,几个变量(一个以上)的公共非号保持不变。

例 8.3.1 求函数 $L = \overline{A}C + B\overline{D}$ 的反函数。

解: 由反演规则可直接写出:$\overline{L} = (A + \overline{C}) \cdot (\overline{B} + D)$

例 8.3.2 求函数 $L = \overline{A \cdot B + C + \overline{D}}$ 的反函数。

解: 由反演规则可直接写出:$\overline{L} = \overline{A} + \overline{\overline{B} \cdot \overline{C} \cdot D}$

三、对偶规则

对于任何一个逻辑表达式 L,如果将表达式中的所有"·"换成"+","+"换成"·",0 换成 1,1 换成 0,而变量保持不变,则可得到一个新的函数表达式 L'。L' 称为函数 L 的对偶式。注意:在对偶变换时仍需保持原式中先**与**后**或**的顺序不变。

例 8.3.3 求函数

$$L_1 = A\overline{B} + C\overline{D}E$$

和

$$L_2 = \overline{A + B + \overline{C} + D + \overline{\overline{E}}}$$

的对偶式。

解: 利用对偶规则得到的对偶式分别为

$$L'_1 = (A + \overline{B})(C + \overline{D} + E)$$

和

$$L'_2 = \overline{A \cdot B \cdot \overline{C} \cdot D \cdot \overline{\overline{E}}}$$

对于任何一个逻辑等式,将等式两边的函数分别化成对偶式,则新等式仍然成立。这个规则称为对偶规则。对偶规则的意义在于:如果两个函数相等,则它们的对偶函数也相等。利用对偶规则,可以使要证明及要记忆的公式数目减少一半。例如,吸收律 $A + \overline{A}B = A + B$,对这一等式两边取对偶式,则有吸收律 $A(\overline{A} + B) = AB$ 成立。

8.4 用代数法化简逻辑函数

根据逻辑表达式可以画出与之对应的逻辑图,然后用逻辑门电路来实现所要求的逻辑功能。但是,如果根据逻辑要求所列出的逻辑表达式不是最简单的形式,则会使逻辑电路变得比较复杂,增加了逻辑门电路和连接线的数量,既不经济又不可靠。所以,在进行逻辑设计时,必须将逻辑表达式进行化简。

8.4.1　逻辑函数表达式的常见形式

常见的逻辑表达式主要有**与–或**表达式、**或–与**表达式、**与非–与非**表达式、**或非–或非**表达式以及**与–或–非**表达式等几种形式。例如:

$$Y = AB + \overline{A}C \qquad\qquad 与 - 或表达式$$

$$= (A + C)(\overline{A} + B) \qquad 或 - 与表达式$$

$$= \overline{\overline{AB} \cdot \overline{\overline{A}C}} \qquad\qquad 与非 - 与非表达式$$

$$= \overline{\overline{A + C} + \overline{\overline{A} + B}} \qquad 或非 - 或非表达式$$

$$= \overline{\overline{A}\,\overline{C} + A\overline{B}} \qquad\qquad 与 - 或 - 非表达式$$

以上五个表达式是同一函数的不同表达方式,它们之间是可以相互转换的。**与–或**表达式是最常见的逻辑表达式,它可以直接由真值表写出,也可以比较容易地转换成其他形式的表达式。所以,我们以**与–或**表达式为例来说明逻辑函数表达式的化简方法。

具有相同逻辑关系的**与–或**表达式可以有若干个,但其中只有一个是最简**与–或**表达式。最简的**与–或**表达式应符合两个条件:① 表达式中所包含的乘积项数目最少;② 每个乘积项中的变量个数最少。

8.4.2　用代数法化简逻辑函数

视频 8.2
用代数法化
简逻辑函数

化简逻辑函数的方法有代数法和卡诺图法两种,现在先讨论代数法。

用代数法化简逻辑函数的实质,就是利用逻辑代数的基本定律和恒等式,消去**与–或**表达式中多余的乘积项和每个乘积项中的多余变量,以得到最简的**与–或**表达式。一般来讲,用代数法化简逻辑函数没有固定的步骤,但有几种常用的方法,现归纳如下。

一、并项法

利用公式 $A + \overline{A} = 1$,可以将两项合并为一项,并消去互为反变量的因子。

例 8.4.1　利用并项法化简下列逻辑函数:

(1) $L = ABC + \overline{A}BC + B\overline{C}$;

(2) $L = A\,\overline{\overline{B}CD} + A\,\overline{B}CD$。

解:(1) $L = ABC + \overline{A}BC + B\overline{C} = (A + \overline{A})BC + B\overline{C}$

$$= BC + B\overline{C} = B(C + \overline{C}) = B$$

（2）$L = A\overline{\overline{B}CD} + AB\overline{C}D$

我们可以令 $\overline{B}CD = E$，则 $\overline{\overline{B}CD} = \overline{E}$，所以 $L = A\overline{E} + AE = A$。

二、吸收法

利用公式 $A + AB = A$，可以消去多余项。

例 8.4.2　利用吸收法化简逻辑函数 $L = AB + AB\overline{C} + ABD + AB(\overline{C} + \overline{D})$。

解：$L = AB + AB\overline{C} + ABD + AB(\overline{C} + \overline{D}) = AB$

三、消去法

（1）利用公式 $A + \overline{A}B = A + B$，可以消去多余的因子。

例 8.4.3　利用消去法化简逻辑函数 $L = AB + \overline{A}C + \overline{B}C$。

解：$L = AB + \overline{A}C + \overline{B}C$

$\qquad = AB + (\overline{A} + \overline{B})C$

$\qquad = AB + \overline{AB}C$

$\qquad = AB + C$

（2）利用公式 $AB + \overline{A}C + BC = AB + \overline{A}C$ 或 $AB + \overline{A}C + BCD = AB + \overline{A}C$，可以将多余的乘积项 BC、BCD 消去。

例 8.4.4　利用消去法化简逻辑函数 $L = AB + \overline{B}C + AC(DE + FG)$。

解：$L = AB + \overline{B}C + AC(DE + FG) = AB + \overline{B}C$

四、加项法

利用公式 $A + A = A$，可以在逻辑函数式中重复加入某一项，再与其他项合并化简。

例 8.4.5　利用加项法化简逻辑函数 $L = \overline{A}B\overline{C} + \overline{A}BC + ABC$。

解：在逻辑函数式中加入一个重复项 $\overline{A}BC$，则有

$$L = \overline{A}B\overline{C} + \overline{A}BC + ABC + \overline{A}BC = \overline{A}B(\overline{C} + C) + (A + \overline{A})BC = \overline{A}B + BC$$

五、配项法

利用公式 $A + \overline{A} = 1$，可以给逻辑函数式中的某一项乘以 $(A + \overline{A})$，然后将其拆成两项，再分别与其他项合并，达到化简的目的。

例 8.4.6　利用配项法化简逻辑函数 $L = A\overline{B} + B\overline{C} + \overline{B}C + \overline{A}B$。

解：
$$L = A\overline{B} + B\overline{C} + \overline{B}C + \overline{A}B$$

$$= A\overline{B} + B\overline{C} + (A + \overline{A})\overline{B}C + \overline{A}B(C + \overline{C})$$

$$= A\overline{B} + B\overline{C} + A\overline{B}C + \overline{A}\,\overline{B}C + \overline{A}BC + \overline{A}B\overline{C}$$

$$= A\overline{B}(1 + C) + B\overline{C}(1 + \overline{A}) + \overline{A}C(\overline{B} + B)$$

$$= A\overline{B} + B\overline{C} + \overline{A}C$$

使用配项的方法需要有一定的经验,否则会越配越繁。

在用代数法化简逻辑函数时,对函数变量的数目无限制,方法灵活,但无一定步骤可循。首先需要的是熟练掌握逻辑代数中的基本定律和恒等式,然后再综合运用上述方法,才能将逻辑函数化为最简。

例 8.4.7　化简逻辑函数 $L = A\overline{B}\,\overline{C} + \overline{A}\,\overline{B} + \overline{A}D + C + BD$。

解:

$$L = A\overline{B}\,\overline{C} + \overline{A}\,\overline{B} + \overline{A}D + C + BD \Leftarrow \quad (\text{利用消因子法 } A\overline{B}\,\overline{C} + C = A\overline{B} + C)$$

$$= A\overline{B} + \overline{A}\,\overline{B} + \overline{A}D + C + BD \Leftarrow \quad (\text{利用并项法 } A\overline{B} + \overline{A}\,\overline{B} = \overline{B})$$

$$= \overline{B} + \overline{A}D + C + BD \Leftarrow \quad (\overline{B} + BD = \overline{B} + D)$$

$$= \overline{B} + D + \overline{A}D + C \Leftarrow \quad (D + \overline{A}D = D)$$

$$= \overline{B} + C + D$$

8.5　用卡诺图法化简逻辑函数

用代数法化简逻辑函数虽然可以得到最简的逻辑表达式,但是它存在一些不足之处:① 要求人们熟练地掌握逻辑代数的基本定律和恒等式;② 需要掌握一定的技巧;③ 难以判断化简后所得到的逻辑表达式是不是最简式。为了解决上述问题,美国工程师卡诺提出了化简逻辑函数的图形法——卡诺图法,从而解决了代数法的不足之处。

化简逻辑函数的卡诺图法是先将逻辑函数用卡诺图表示,然后利用卡诺图来化简逻辑函数。利用卡诺图法,可以简便地获得最简的逻辑表达式。

8.5.1　逻辑函数的最小项及最小项表达式

在介绍卡诺图法之前,需要先定义逻辑函数的最小项。

一、逻辑函数的最小项

在有 n 个变量的逻辑函数中,如果这个函数的某个乘积项包含了函数的全部变量,其中每个变量都以原变量或反变量的形式出现,而且仅出现一次,则这个乘积项就称为该逻辑函数的一个标准乘积项,通常称为最小项。n 变量逻辑函数的全部最小项共有 2^n 个。

例如,3 个变量 A、B、C 可组成 8 个最小项,它们是:$\overline{A}\,\overline{B}\,\overline{C}$、$\overline{A}\,\overline{B}C$、$\overline{A}B\overline{C}$、$\overline{A}BC$、$A\overline{B}\,\overline{C}$、$A\overline{B}C$、$AB\overline{C}$、$ABC$。

二、最小项的编号

为分析问题方便起见,要给每个最小项进行编号。为最小项编号的原则是:① 用符号

m_i来表示最小项,i是最小项的下标;② 把最小项中的原变量记为 **1**,反变量记为 **0**,就可得到与该最小项相对应的二进制数;③ 把与这个二进制数相对应的十进制数,作为该最小项的下标 i。例如,对于最小项 $\overline{A}\,\overline{B}C$ 来说,它与二进制数 **001** 相对应,而 **001** 相当于十进制数中的 **1**,因此把 $\overline{A}\,\overline{B}C$ 记为 m_1。根据这一原则,现将 3 变量 A、B、C 的 8 个最小项的编号列于表 8.5.1 中。

表 8.5.1   三变量最小项的编号

变量的一组取值			对应的十进制数	对应的最小项	编号
A	B	C			
0	**0**	**0**	0	$\overline{A}\,\overline{B}\,\overline{C}$	m_0
0	**0**	**1**	1	$\overline{A}\,\overline{B}C$	m_1
0	**1**	**0**	2	$\overline{A}B\overline{C}$	m_2
0	**1**	**1**	3	$\overline{A}BC$	m_3
1	**0**	**0**	4	$A\overline{B}\,\overline{C}$	m_4
1	**0**	**1**	5	$A\overline{B}C$	m_5
1	**1**	**0**	6	$AB\overline{C}$	m_6
1	**1**	**1**	7	ABC	m_7

三、最小项的基本性质

现以三变量的最小项为例说明最小项的性质。表 8.5.2 列出了三变量全部最小项的真值表。

表 8.5.2   三变量全部最小项的真值表

A	B	C	$\overline{A}\,\overline{B}\,\overline{C}$ m_0	$\overline{A}\,\overline{B}C$ m_1	$\overline{A}B\overline{C}$ m_2	$\overline{A}BC$ m_3	$A\overline{B}\,\overline{C}$ m_4	$A\overline{B}C$ m_5	$AB\overline{C}$ m_6	ABC m_7
0	**0**	**0**	**1**	**0**	**0**	**0**	**0**	**0**	**0**	**0**
0	**0**	**1**	**0**	**1**	**0**	**0**	**0**	**0**	**0**	**0**
0	**1**	**0**	**0**	**0**	**1**	**0**	**0**	**0**	**0**	**0**
0	**1**	**1**	**0**	**0**	**0**	**1**	**0**	**0**	**0**	**0**
1	**0**	**0**	**0**	**0**	**0**	**0**	**1**	**0**	**0**	**0**
1	**0**	**1**	**0**	**0**	**0**	**0**	**0**	**1**	**0**	**0**
1	**1**	**0**	**0**	**0**	**0**	**0**	**0**	**0**	**1**	**0**
1	**1**	**1**	**0**	**0**	**0**	**0**	**0**	**0**	**0**	**1**

从表 8.5.2 中可以看出最小项具有以下几个性质。

(1)对于任意一个最小项,只有一组变量的取值使它的值为 **1**,而其余各组变量的取值均使它的值为 **0**。

(2)不同的最小项,使它的值为 **1** 的那组变量取值也不同。

（3）对于变量的任一组取值,任意两个最小项的乘积为 **0**。

（4）对于变量的任一组取值,全体最小项的和为 **1**。

四、逻辑函数的最小项表达式——标准与-或式

1. 什么是逻辑函数的最小项表达式

利用逻辑代数的基本定律和恒等式,总可以把任何一个逻辑函数变换成唯一的用一组最小项之和表达的形式。这种全部由最小项组成的**与-或**表达式称为逻辑函数的最小项表达式,也称为标准**与-或**式。

2. 把逻辑函数变换为最小项表达式的方法

（1）利用公式 $A + \overline{A} = 1$ 来配项

对于不是用最小项表达的**与-或**式,只要利用公式 $A + \overline{A} = 1$ 来配项,即可将它展开成最小项表达式。

例如

$$L = \overline{A} + BC$$

$$= \overline{A}(B + \overline{B})(C + \overline{C}) + (A + \overline{A})BC$$

$$= \overline{A}BC + \overline{A}B\overline{C} + \overline{A}\,\overline{B}C + \overline{A}\,\overline{B}\,\overline{C} + ABC + \overline{A}BC$$

$$= \overline{A}\,\overline{B}\,\overline{C} + \overline{A}\,\overline{B}C + \overline{A}B\overline{C} + \overline{A}BC + ABC$$

$$= m_0 + m_1 + m_2 + m_3 + m_7$$

$$= \sum m(0,1,2,3,7)$$

（2）由真值表直接写出逻辑函数的最小项表达式

如果已列出了逻辑函数的真值表,则只要将函数值为 **1** 的那些最小项相加,便可得到该逻辑函数的最小项表达式。

例如,某逻辑函数的真值表如表 8.5.3 所示,则它的最小项表达式为

$$L = m_1 + m_2 + m_3 + m_5 = \sum m(1,2,3,5)$$

$$= \overline{A}\,\overline{B}C + \overline{A}B\overline{C} + \overline{A}BC + A\overline{B}C$$

表 8.5.3　某逻辑函数的真值表及最小项

A	B	C	L	最小项
0	**0**	**0**	**0**	m_0
0	**0**	**1**	**1**	m_1
0	**1**	**0**	**1**	m_2
0	**1**	**1**	**1**	m_3
1	**0**	**0**	**0**	m_4
1	**0**	**1**	**1**	m_5
1	**1**	**0**	**0**	m_6
1	**1**	**1**	**0**	m_7

若将真值表中函数值为 **0** 的那些最小项相加,便可得到该函数的反函数的最小项表达式,读者可自行完成。

8.5.2　逻辑函数的卡诺图表示方法

我们知道,一个逻辑函数既可用逻辑表达式表示,也可用真值表、逻辑图和波形图表示。此外,逻辑函数还可以用卡诺图表示。

一、卡诺图的一般形式

所谓卡诺图,就是一种表示逻辑函数的方格图。一个逻辑函数的卡诺图就是将此函数的最小项表达式中的各个最小项按一定规律排列而画成的方格图。

1. 二变量卡诺图

因为二变量 A 和 B 可以构成四个最小项,故二变量的卡诺图有四个小方格,如图 8.5.1 所示。一个小方格与一个最小项对应。在图 8.5.1(a)中,变量 A 标在图的右上方,说明它下面的两个小方格中的变量都有 A。A 的反变量 $\overline{A}$ 本来应该标在 A 的左边,为了简化起见不予标出,但是应该知道,它下面的两个小方格中的变量都有 $\overline{A}$。变量 B 标在图的下方,说明它上面的两个小方格中的变量都有 B。B 的反变量 $\overline{B}$ 本来应该标在 B 的左、右边,为了简化也不予标出,但是也应该知道,它上面的两个小方格中的变量都有 $\overline{B}$。为了讨论方便,在图 8.5.1(b)中,A 和 $\overline{A}$、B 和 $\overline{B}$ 分别用 **1** 和 **0** 表示,每个小方格则用相应的十进制数编号,表示相应的最小项所在的位置。在图 8.5.1(b)中,变量 A、B 则标在图的左上角的上方,每个小方格上面自左至右分别标注 **00**、**01**、**11** 和 **10**,表示它们下面的小方格中分别为 $\overline{A}\,\overline{B}$、$\overline{A}B$、$AB$ 和 $A\overline{B}$。

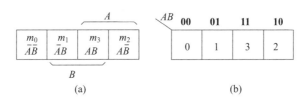

图 8.5.1　二变量卡诺图的一般形式

2. 三变量卡诺图

因为三变量有八个最小项,故三变量卡诺图有八个小方格,如图 8.5.2 所示。在图 8.5.2(b)中,变量 B、C 标在图的左上角的上方,小方格的上面自左至右分别标注 **00**、**01**、**11**、**10**,表示它们下面的小方格中分别有 $\overline{B}\,\overline{C}$、$\overline{B}C$、$BC$、$B\overline{C}$;变量 A 标在图的左上角的下方,小方格的左面从上到下分别标注 **0**、**1**,表示它们右面的小方格中分别有 $\overline{A}$ 和 A。

3. 四变量卡诺图

因为四变量有十六个最小项,故四变量卡诺图有十六个小方格,如图 8.5.3 所示。

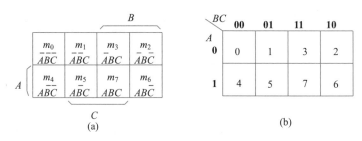

图 8.5.2　三变量卡诺图的一般形式

四变量以上的卡诺图,因为比较复杂,应用较少,故这里不做介绍。

二、卡诺图的特性

卡诺图的重要特性是它的相邻性,即在卡诺图中,各小方格中的最小项在排列次序上具有一定的规律性,它们表现在以下几个方面。

（1）各行左右相邻的两个小方格内的最小项只有一个因子不同。例如在图 8.5.3（a）中,$m_5 = \overline{A}B\overline{C}D$,$m_7 = \overline{A}BCD$ 。两个最小项中只有因子 C 发生了变化。

（2）各列上下相邻的两个小方格内的最小项只有一个因子不同。例如在图 8.5.3（a）中,$m_5 = \overline{A}B\overline{C}D$,$m_{13} = AB\overline{C}D$ 。两个最小项中只有因子 A 发生了变化。

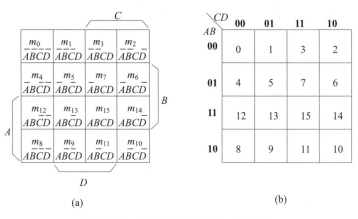

图 8.5.3　四变量卡诺图的一般形式

（3）在同一行中,最左边和最右边的两个小方格内的最小项只有一个因子不同。例如在图 8.5.3（a）中,$m_0 = \overline{A}\ \overline{B}\ \overline{C}\ \overline{D}$,$m_2 = \overline{A}\ \overline{B}C\overline{D}$ 。两个最小项中只有因子 C 发生了变化。

（4）在同一列中,最上端和最下端的两个小方格内的最小项只有一个因子不同。例如在图 8.5.3（a）中,$m_2 = \overline{A}\ \overline{B}C\overline{D}$,$m_{10} = A\overline{B}C\overline{D}$ 。两个最小项中只有因子 A 发生了变化。

以上四个特点,就是卡诺图的相邻性。

我们在画各变量的卡诺图时,之所以要规定各最小项的排列方式,就是要获得卡诺图的相邻性。利用卡诺图化简逻辑函数的依据就是它的相邻性。

三、用卡诺图表示逻辑函数

以上介绍的是各变量卡诺图的一般形式。对于一个具体的逻辑函数,只要根据其真值表或逻辑函数的表达式,即可画出该逻辑函数的卡诺图。

如果逻辑函数是以真值表或者以最小项表达式给出,则只要在一般形式的卡诺图中,将给定逻辑函数中所包含的各最小项所对应的小方格内填入 **1**,其余的小方格内填入 **0** 即可。

如果逻辑函数以一般的逻辑表达式给出,则需先将该函数变换为最小项表达式的形式,然后再填入卡诺图中。也可以不必将给定逻辑函数变换为最小项之和的形式,而只要把它变换成**与-或**式的形式,然后在卡诺图上找出每一个乘积项所包含的那些最小项(该乘积项就是这些最小项的公因子)所对应的小方格,并在这些小方格内填入 **1**,其余的小方格内填入 **0**,就可画出给定逻辑函数的卡诺图。

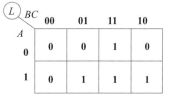

图 8.5.4 例 8.5.1 的卡诺图

例 8.5.1 某逻辑函数的真值表如表 8.5.4 所示,用卡诺图表示该逻辑函数。

解:该函数为三变量,先画出三变量卡诺图的一般形式,然后根据表 8.5.4 将 8 个最小项的取值 0 或 1 填入所对应的 8 个小方格中,即可得到该函数的卡诺图,如图 8.5.4 所示。注意:在图 8.5.4 中的左上角标注了用圆圈圈起来的 L,以此表示该卡诺图是逻辑函数 L 的卡诺图。

表 8.5.4 例 8.5.1 的真值表

A	B	C	L
0	0	0	0
0	0	1	0
0	1	0	0
0	1	1	1
1	0	0	0
1	0	1	1
1	1	0	1
1	1	1	1

例 8.5.2 用卡诺图表示逻辑函数 $L = \overline{A}\,\overline{B}\,\overline{C} + \overline{A}BC + AB\overline{C} + ABC$。

解:该函数有三个变量,且为最小项表达式,写成简化形式为 $L(A,B,C) = m_0 + m_2 + m_6 + m_7$,然后画出三变量卡诺图的一般形式,将卡诺图中与 m_0、m_2、m_6、m_7 相对应的小方格内填 **1**,其他小方格内填 **0**,即可获得该函数的卡诺图,如图 8.5.5 所示。

例 8.5.3 用卡诺图表示逻辑函数 $L = A\overline{B} + B\overline{C}D$。

解:该函数有四个变量,不是最小项表达式,需要先配项,然后将它变换成最小项之和的形式,即

$$L = A\overline{B} + B\overline{C}D$$
$$= A\overline{B}(C + \overline{C})(D + \overline{D}) + B\overline{C}D(A + \overline{A})$$
$$= m_8 + m_9 + m_{10} + m_{11} + m_5 + m_{13}$$

最后可画出如图 8.5.6 所示的卡诺图。

L　A \ BC	00	01	11	10
0	1	0	0	1
1	0	0	1	1

图 8.5.5　例 8.5.2 的卡诺图

L　AB \ CD	00	01	11	10
00	0	0	0	0
01	0	1	0	0
11	0	1	0	0
10	1	1	1	1

图 8.5.6　例 8.5.3 的卡诺图

以上所举例子，是先将逻辑函数变换成最小项表达式后画出卡诺图的方法。其实，不必将逻辑函数变换成最小项表达式的形式，就可以直接画出卡诺图来。

例 8.5.4　试直接画出逻辑函数 $L=\overline{A}\,\overline{B}\,\overline{C}\,\overline{D}+B\overline{C}D+\overline{A}\,\overline{C}+A$ 的卡诺图。

解：在逻辑函数 $L=\overline{A}\,\overline{B}\,\overline{C}\,\overline{D}+B\overline{C}D+\overline{A}\,\overline{C}+A$ 中，只有 $\overline{A}\,\overline{B}\,\overline{C}\,\overline{D}$ 是最小项，可将它直接填入卡诺图中，如图 8.5.7(a) 所示。第二项 $B\overline{C}D$ 应位于变量 B、$\overline{C}$、D 共同覆盖的区域，如图 8.5.7(b) 所示，它应占 m_5、m_{13} 两个小方格。第三项 $\overline{A}\,\overline{C}$ 应位于变量 $\overline{A}$、$\overline{C}$ 共同覆盖的区域，它应占 m_0、m_1、m_4、m_5 四个小方格，如图 8.5.7(c) 所示。第四项 A，仅为变量 A 覆盖，它应占 m_8、m_9、m_{10}、m_{11}、m_{12}、m_{13}、m_{14}、m_{15} 八个小方格，如图 8.5.7(d) 所示。将图 8.5.7(a)(b)(c)(d) 合并起来，就可得到图 8.5.7(e)，这就是逻辑函数 $L=\overline{A}\,\overline{B}\,\overline{C}\,\overline{D}+B\overline{C}D+\overline{A}\,\overline{C}+A$ 的卡诺图。

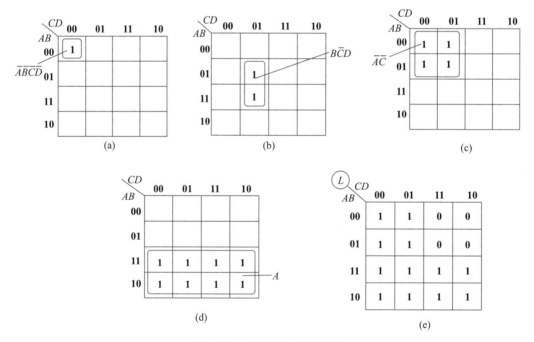

图 8.5.7　例 8.5.4 的卡诺图

8.5.3 用卡诺图法化简逻辑函数

视频 8.3
用卡诺图法
化简逻辑函
数

任何一个逻辑函数都可以用卡诺图表示,然后用卡诺图法化简为最简的逻辑函数表达式。

一、用卡诺图法化简逻辑函数的依据

利用卡诺图法化简逻辑函数的依据是卡诺图的相邻特性。当卡诺图中两个相邻的小方格均为 **1** 时,这两个相邻的最小项之和将能消去一个变量。例如,在三变量卡诺图中,方格 2 和方格 3 相邻,这两个小方格中的两个最小项的逻辑加为 $\overline{A}\overline{B}C + \overline{A}\overline{B}\overline{C} = \overline{A}\overline{B}(C + \overline{C}) = \overline{A}\overline{B}$,消去了两个小方格中具有不同状态的逻辑变量 C。又如,在四变量卡诺图中,小方格 5、7、13、15 相邻,这四个小方格中四个最小项的逻辑加为

$$\overline{A}B\overline{C}D + \overline{A}BCD + AB\overline{C}D + ABCD = \overline{A}BD(C + \overline{C}) + ABD(C + \overline{C})$$

$$= \overline{A}BD + ABD = BD(A + \overline{A}) = BD$$

这样,就消去了四个相邻小方格中具有不同状态的逻辑变量 A 和 C。

由此可见,利用卡诺图的相邻特性,并反复应用 $A + \overline{A} = 1$ 的关系,就可化简逻辑函数,这就是利用卡诺图法化简逻辑函数的基本原理。

我们可以总结出以下的规律。

(1)任何两个(2^1个)标 **1** 的相邻最小项,可以合并为一项,并消去一个变量(消去互为反变量的因子,保留公因子)。如图 8.5.8 所示。

(2)任何 4 个(2^2个)标 **1** 的相邻最小项,可以合并为一项,并消去 2 个变量。如图 8.5.9 所示。

(3)任何 8 个(2^3个)标 **1** 的相邻最小项,可以合并为一项,并消去 3 个变量。如图 8.5.10 所示。

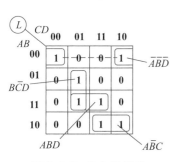

图 8.5.8 2 个相邻的
最小项合并

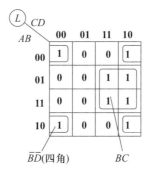

图 8.5.9 4 个相邻的
最小项合并

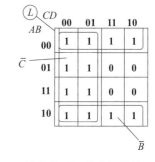

图 8.5.10 8 个相邻的
最小项合并

应该指出:只有当相邻最小项的数目为 2^n 个时才能合并为一项,并消去 n 个变量。

二、用卡诺图法化简逻辑函数的步骤

用卡诺图法化简逻辑函数的步骤如下。

（1）由逻辑函数表达式或真值表画出该逻辑函数的卡诺图。

（2）将相邻的含有 1 的 2^n 个小方格画成一个包围圈，合并最小项，并将其写成一个新与项。

（3）将所有包围圈对应的与项相加，即可得到最简的与-或表达式。

画包围圈时应遵循以下原则，以保证化简结果准确、无遗漏。

（1）每个包围圈内小方格的个数必须为 2^n 个，$n = 0, 1, 2, \cdots$

（2）相邻小方格应包括上下底、左右边和四角相邻。

（3）同一小方格可以被不同包围圈重复包围，但新增加的包围圈内必须含有新的小方格。

（4）孤立的小方格不能漏圈。

（5）包围圈应画得尽可能大些，以消去更多的变量。

（6）包围圈的个数要尽可能少些，以减少化简后逻辑表达式中乘积项的个数。

下面举一个例题，进一步说明用卡诺图法化简逻辑函数的方法。

例 8.5.5　使用卡诺图法把逻辑函数 $L = A\overline{C} + \overline{A}C + B\overline{C} + \overline{B}C$ 化简为最简的与-或表达式。

解：（1）先画出函数 L 的卡诺图，如图 8.5.11（a）所示。

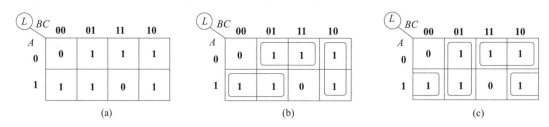

图 8.5.11　用卡诺图法化简逻辑函数示例

（2）画包围圈，合并最小项，如图 8.5.11（b）（c）所示。

（3）将所有包围圈对应的与项相加，写出最简的逻辑函数表达式。

由图 8.5.11（b）可得

$$L = A\overline{B} + \overline{A}C + B\overline{C}$$

由图 8.5.11（c）可得

$$L = A\overline{C} + \overline{B}C + \overline{A}B$$

由此可见，有时由于画包围圈的方法不同，同一个逻辑函数化简后得到的结果并不是唯一的。

下面对用卡诺图法化简逻辑函数做进一步的说明。

（1）在有些情况下，对于同一个逻辑函数，由于包围圈的画法不同，所得到的与-或表达式也不相同,哪个是最简的,要经过比较、检查后才能确定。图 8.5.12 表示了同一逻辑函数用两种不同方法画包围圈时的化简情况。

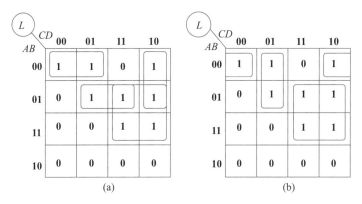

图 8.5.12 同一逻辑函数用不同包围圈化简

用图 8.5.12(a)化简所得的结果为

$$L = \overline{A}\,\overline{B}\,\overline{C} + \overline{A}BD + \overline{A}C\overline{D} + BC$$

用图 8.5.12(b)化简所得的结果为

$$L = \overline{A}\,\overline{B}\,\overline{D} + \overline{A}\,C\overline{D} + BC$$

比较两个结果可知,用图 8.5.12(b)化简所得的结果才是最简的。

(2)在有些情况下,用不同方法画包围圈,所得到的**与-或**表达式都是最简形式。即一个函数的最简**与-或**表达式不是唯一的,如图 8.5.11(b)和(c)所示的两种化简结果都是最简**与-或**表达式。

8.5.4 含有无关项的逻辑函数及其化简

一、无关项的含义及其表示方法

1. 约束项

在实际工作中,当将一个实际问题抽象成逻辑函数以后,有时由于受到某些实际条件的限制或约束,会导致逻辑函数中出现某些输入变量的取值不允许出现的情况,我们把这些输入变量的取值所对应的最小项称为约束项。把对输入变量取值所加的限制或约束的条件称为约束条件。

例如,用按钮 A 和 B 分别控制电梯的上升和下降,设按钮按下为 **1**,松开为 **0**,则 AB 只能取 **00**、**01**、**10** 中的一种,即电梯或不动、或下降、或上升,而取 AB 为 **11** 是不允许出现的,因为电梯只能朝一个方向运动。我们把不允许出现的输入变量取值所对应的最小项称为约束项。在该例中 $m_3 = AB$ 就是约束项。

当要限制某些输入变量的取值不允许出现时,可以用令与它们对应的约束项恒等于 **0** 来表示约束条件。对于电梯升降的例子,约束条件为 $AB = 0$,表示 A、B 不能同时为 **1**。

又例如,一台电动机可以处在停止、正转和反转三种状态,可分别用三个变量 A、B 和 C 表示,并用 $A=1$ 表示停止、$B=1$ 表示正转、$C=1$ 表示反转。因为电动机在任何时候只能执行其中的一个命令,所以在 ABC 中不允许有两个以上的变量同时为 **1**,即 ABC 的取值只可能是 **001**、**010**、**100** 中的某一种,而不能是 **000**、**011**、**101**、**110**、**111** 中的任何一种。因此,A、B、C 是一组具有约束的变量,与 **000**、**011**、**101**、**110**、**111** 对应的最小项就是约束项。

令这些最小项恒等于 **0**,就可得到这个例子中的约束条件是

$$\overline{A}\,\overline{B}\,\overline{C}=0,\ \overline{A}BC=0,\ A\overline{B}C=0,\ AB\overline{C}=0 \text{ 和 } ABC=0$$

或写成

$$\overline{A}\,\overline{B}\,\overline{C}+\overline{A}BC+A\overline{B}C+AB\overline{C}+ABC=0$$

2. 任意项

除了约束项以外,在实际问题中,还会遇到这样的情况:一个 n 变量的逻辑函数,其中有 N 个最小项,它们的输入变量以一些互不相同的取值组合在一起时,都有相对应的函数值;而另外 2^n-N 个最小项,它们的输入变量以另外一些互不相同的取值组合在一起时,都没有确定的函数值,即此时的函数值是任意的,既可以为 **1**,也可以为 **0**。也就是说,与该函数对应的数字电路,其逻辑功能仅仅取决于 N 个最小项,而与另外 2^n-N 个最小项无关。我们就把使逻辑函数为任意值的那些输入变量的取值组合所对应的最小项称为任意项。

例如,当用 4 位二进制数组成 8421BCD 码时,因为 4 位二进制数共有 16 种组合,但是 8421BCD 码只取其中的 **0000～1001** 共 10 种组合来表示 0～9 十个数字,而其余 6 种组合 **1010～1111** 是不使用的,这 6 种组合所对应的最小项就是任意项。

有时,某些输入变量的取值根本就不会出现,这些输入变量取值所对应的最小项也是任意项。

又例如,判断一位十进制数是否为偶数的真值表如表 8.5.5 所示。

表 8.5.5　判断一位十进制数是否为偶数的真值表

对应的十进制数	A	B	C	D	L	对应的十进制数	A	B	C	D	L	说　明
0	0	0	0	0	1	8	1	0	0	0	1	1
1	0	0	0	1	0	9	1	0	0	1	0	0
2	0	0	1	0	1	10	1	0	1	0	×	m_{10} 不会出现(任意项)
3	0	0	1	1	0	11	1	0	1	1	×	m_{11} 不会出现(任意项)
4	0	1	0	0	1	12	1	1	0	0	×	m_{12} 不会出现(任意项)
5	0	1	0	1	0	13	1	1	0	1	×	m_{13} 不会出现(任意项)
6	0	1	1	0	1	14	1	1	1	0	×	m_{14} 不会出现(任意项)
7	0	1	1	1	0	15	1	1	1	1	×	m_{15} 不会出现(任意项)

从表 8.5.5 可以看出,$ABCD$ 中 **1010～1111** 的六组取值是不会出现的,此时函数可以任意取值,既可以取 **1**,也可以取 **0**,这六组变量取值所对应的六个最小项 $m_{10}\sim m_{15}$ 就是任意项。

3. 无关项

实际上,无论是约束项还是任意项,它们都不会影响函数值,所以是否把它们写入逻辑函数无关紧要(既可以把它们写入逻辑函数中,也可以不写入其中),所以又把约束项和任意项统称为无关项。

在卡诺图中,无关项所对应的小方格中既可以写入 **1**,也可以写入 **0**,因此,我们统一用符号×表示无关项,以表明其取值的任意性。

带有无关项的逻辑函数的最小项表达式可写为

$$L = \sum m(\cdots) + \sum d(\cdots)$$

式中,$\sum d(\cdots)$ 为逻辑函数的无关项。

二、无关项在用卡诺图法化简逻辑函数时的应用

在化简逻辑函数时,可充分利用无关项的值可以取 **0** 或 **1** 的特点,尽量扩大包围圈,以得到更加简单的逻辑表达式。在化简过程中,无关项到底取什么值,视具体情况而定。如果无关项对化简有利,则取 **1**;如果无关项对化简不利,则取 **0**。

例 8.5.6 用卡诺图法化简逻辑函数

$$L(A,B,C,D) = \sum m(0,1,2,4.5,6,12) + \sum d(3,8,10,11,14)$$

要求写出最简与-或表达式和最简与-或-非表达式。

解:(1)首先画出给定逻辑函数 L 的卡诺图,如图 8.5.13 所示。

(2)画包围圈,合并相邻的最小项。

(3)化简后可得逻辑函数的最简与-或表达式为

$$L = \overline{D} + \overline{A}\,\overline{C}$$

(4)变换为最简与-或-非表达式

先求反函数的与-或式,这时可以用圈零法,如图 8.5.14 所示。画包围圈合并最小项后,可得反函数的最简与-或表达式为

$$\overline{L} = AD + CD$$

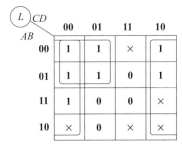

图 8.5.13 例 8.5.6 的卡诺图   图 8.5.14 例 8.5.6 的卡诺图(圈零法)

再两边求**非**便可得到最简与-或-非表达式为

$$L = \overline{AD + CD}$$

369

例 8.5.7 用卡诺图法化简逻辑函数 $L(A,B,C,D) = \sum m(0,1,3,4,5,6,7,8,9)$，其约束条件为 $AB+AC = 0$。

解：给定函数的卡诺图如图 8.5.15 所示。约束条件 $AB+AC = 0$ 表明这一逻辑函数包含的无关项为 $\sum d(10,11,12,13,14,15)$。在卡诺图中用圈 **1** 法化简后，可得出逻辑函数的最简与-或表达式为

$$L = \overline{C} + D + B$$

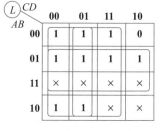

图 8.5.15　例 8.5.7 的卡诺图

8.6　TTL 逻辑门电路

8.6.1　逻辑门电路的基本概念

一、什么是逻辑门电路

能够实现各种基本逻辑关系的电子电路通称为逻辑门电路，它具有多个输入端和一个输出端。在这种电路中，利用电路的输入信号反映逻辑条件，利用电路的输出信号反映逻辑结果，从而使电路的输入和输出之间代表了一定的因果关系，即代表了一定的逻辑关系，所以常把它称为逻辑门电路。

在数字电路中，常把能实现各种逻辑功能的电路称为逻辑电路。

二、正逻辑和负逻辑

在数字电路中，高电位和低电位常用高电平和低电平来描述。

在逻辑电路中，有两种逻辑体制：正逻辑体制和负逻辑体制。所谓正逻辑体制，就是在这种逻辑体制中，用 **1** 表示高电平，用 **0** 表示低电平。所谓负逻辑体制，就是在这种逻辑体制中，用 **1** 表示低电平，用 **0** 表示高电平。对于同一个逻辑电路，既可以采用正逻辑体制，也可以采用负逻辑体制。应该指出，对于同一个逻辑电路，若采用的逻辑体制不同，其逻辑功能就会不同。在本书中，如不做特殊说明，均采用正逻辑体制。

8.6.2　晶体管的开关作用

在数字电路中，晶体管经常工作在开关状态。所谓晶体管的开关状态是指它在脉冲信号的作用下，管子一会儿导通，有电流流过，但管压降近似等于零，相当于有接点开关的接通；管子一会儿截止，几乎没有电流流过，管压降近似等于电源电压，相当于有接点开关的断开。下面来讨论晶体管的开关作用。

一、晶体管的饱和状态

在图 8.6.1(a)所示的共发射极电路中，若减小 R_b，静态工作点将沿着直流负载线上移，

当基极电流增大到 $i_B = I_{BS} = 60\ \mu A$ 时,静态工作点 Q_1 已到达输出特性的弯曲部分。当继续把 i_B 增大到 80 μA 甚至更大时,静态工作点仍处于 Q_1。这时,i_C 受 R_c 的限制,已不能随 i_B 按比例增大了,$i_C = \beta i_B$ 的关系已不再成立,晶体管便失去电流放大作用,这就是晶体管的饱和工作状态。我们把晶体管刚到达饱和状态称为临界饱和状态。在临界饱和状态时,静态工作点 Q_1 处的静态基极电流 I_{BS} 称为基极临界饱和电流,静态集电极电流 I_{CS} 称为集电极饱和电流。晶体管输出特性的直线上升和弯曲部分与纵坐标轴之间的区域就是晶体管的饱和区。

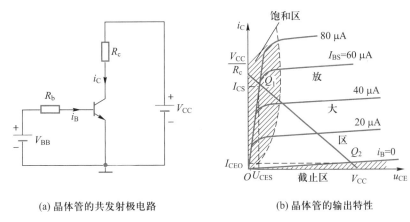

(a) 晶体管的共发射极电路　　　　　(b) 晶体管的输出特性

图 8.6.1　晶体管的开关状态

在临界饱和状态时,晶体管处于放大区的边缘,则以下关系仍成立,即集电极饱和电流

$$I_{CS} = \beta I_{BS}$$

或

$$I_{BS} = \frac{I_{CS}}{\beta}$$

为使晶体管可靠地处于饱和状态(即深度饱和状态),应使实际提供的基极电流大于基极临界饱和电流,即

$$i_B > I_{BS} = \frac{I_{CS}}{\beta}$$

而

$$I_{CS} = \frac{V_{CC} - U_{CES}}{R_c}$$

式中,U_{CES} 是晶体管处于饱和状态下的管压降,称为晶体管的饱和压降。U_{CES} 是很小的(一般小功率硅管约为 0.3 V,锗管约为 −0.1 V),与 V_{CC} 相比可以忽略。

因此,可得晶体管的饱和条件为

$$i_B > I_{BS} \approx \frac{V_{CC}}{\beta R_c}$$

应该指出,晶体管处于饱和状态时,管子的发射结和集电结均处于正向偏置状态。例如,对于 NPN 型硅开关管而言,其饱和压降 $U_{CES}=0.3\text{ V}$,而饱和时发射结的正向压降 $U_{BES}=0.7\text{ V}$,这说明晶体管的集电极电位比基极电位低,故集电结必处于正向偏置状态。

由以上分析可知,晶体管处于饱和状态时,$i_C=I_{CS}$,$U_{CES}\approx 0$,故晶体管的集电极和发射极之间近似为短路,相当于有接点开关闭合一样。

二、晶体管的截止状态

在图 8.6.1(a) 所示的共发射极电路中,调节 V_{BB} 使 U_{BE} 小于晶体管的死区电压或将基极回路开路,使基极电流 $i_B=0$,则静态工作点在图 8.6.1(b) 中是 Q_2,因为这时晶体管的集电极电流 $i_C=I_{CEO}\approx 0$,所以把晶体管的这种工作状态称为截止状态。晶体管截止时,其管压降 $u_{CE}\approx V_{CC}$。$i_B=0$ 那条输出特性曲线以下的区域就是晶体管的截止区。

实际上,当 $i_B=0$ 时,因 $i_C=I_{CEO}\neq 0$,晶体管并不完全截止。为使晶体管可靠截止,应将图 8.6.1(a) 中的 V_{BB} 反接,给晶体管的发射结加反向电压,此时发射结和集电结均处于反向偏置状态,两个 PN 结只流过很小的反向电流,晶体管的集电极电流 i_C 更接近于 0,管压降 u_{CE} 更接近于 V_{CC}。

由以上分析可知,晶体管处于截止状态时,因集电极电流近似为 0,管压降近似为 V_{CC},故集电极和发射极之间近似于开路,相当于有接点开关断开一样。

由此可见,只要使晶体管工作于饱和与截止状态,就可用晶体管代替有接点开关,在电路中起开关作用。

三、晶体管的开关过程

晶体管的开关过程是指晶体管在截止和饱和两种状态之间互相转换的过程。

当在图 8.6.2(a) 所示电路的输入端加一个如图 8.6.2(b) 所示的脉冲信号 u_1 时,晶体管的集电极电流 i_C 和电路输出信号 u_O 的波形分别如图 8.6.2(b) 中所示。由图 8.6.2(b) 可知,电路的输出信号 u_O 相对于输入信号 u_1 存在一定程度的滞后,这是由于晶体管内部电流的"建立"和"消散"都需要一定的时间。

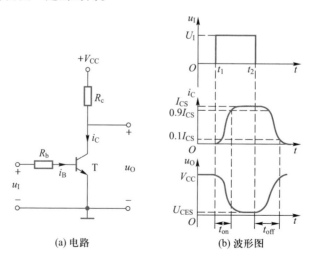

(a) 电路　　　　　　(b) 波形图

图 8.6.2　晶体管的开关特性

通常我们把从输入信号 u_1 加入开始到集电极电流 i_C 上升到 $0.9I_{CS}$(I_{CS} 为集电极饱和电流)所经历的时间称为开启时间,用 t_{on} 表示,它反映了晶体管从截止状态转变到饱和状态所需的时间,这是基区电荷的建立时间。把从输入信号 u_1 消失开始到集电极电流 i_C 下降到 $0.1\ I_{CS}$ 所经历的时间称为关闭时间,用 t_{off} 表示,它反映了晶体管从饱和状态转变到截止状态所需的时间,这是基区电荷的消散时间。

四、晶体管基本反相器的动态性能

利用晶体管的开关作用可以组成基本反相器,如图 8.6.3 所示。当输入信号 u_1 为低电平时,晶体管截止,输出电压 $u_O \approx V_{CC}$,为高电平;当输入信号 u_1 为高电平时,晶体管饱和导通,输出电压 $u_O = U_{CES} \approx 0\ \text{V}$,为低电平。可见电路的输入与输出之间具有反相关系,故称它为反相器。由于它所代表的逻辑关系是**非**逻辑,所以是一个**非门**电路。

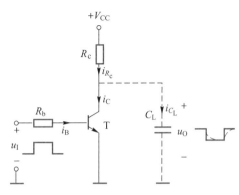

图 8.6.3 晶体管基本反相器

基本反相器存在的问题是其动态性能较差。当它的输出端接有电容负载 C_L 时,在输出电压由低向高过渡时,电容 C_L 要由电源 V_{CC} 经 R_c 充电;而当输出电压由高向低过渡时,电容 C_L 要经 T 放电。电容 C_L 的充放电是需要经历一定时间的,会使输出电压波形的上升和下降时间加长,输出波形的上升沿和下降沿都不陡(见图 8.6.3),导致反相器的开关速度下降。下面要介绍的 TTL 逻辑门电路可以较好地解决这个问题。

8.6.3 TTL 与非门电路

本节要介绍的是晶体管-晶体管集成逻辑**与非**门电路,它是指输入端和输出端都采用晶体管的逻辑门电路,简称 TTL 逻辑门电路(TTL 为英文晶体管-晶体管逻辑"transistor-transistor-logic"的缩写)。由于 TTL 集成逻辑门电路的开关速度高,所以其是目前应用得较多的一种逻辑门电路。

一、电路的组成

图 8.6.4 所示为 74 系列 TTL **与非**门电路,它由输入级、中间级和输出级三部分组成。

在图 8.6.4 中,T_1 和 R_1 组成整个电路的输入级。T_1 具有两个发射极,称为多发射极晶体管。T_1 的两个发射极是电路的两个输入端 A、B。多发射极晶体管的结构示意图如图 8.6.5 所示。器件中的每一个发射极能各自独立地形成正向偏置的

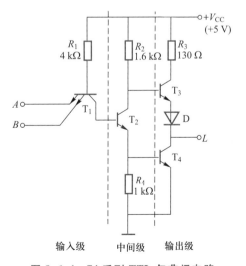

图 8.6.4 74 系列 TTL **与非**门电路

发射结,并可促使晶体管进入放大区或饱和区。依据输入的要求,多发射极晶体管最多可有 13 个发射极。

图 8.6.4 中,T_2、R_2 和 R_4 组成中间放大级,它的主要作用是从 T_2 的集电极和发射极分别输出两个相位相反的信号,作为 T_3、T_4 的驱动信号。

T_3、T_4、D 和 R_3 组成电路的输出级,T_4 的集电极是电路的输出端 L。

二、工作原理

针对图 8.6.4 所示的 74 系列 TTL 电路,设输入高电平为 $u_{IH} = 3.6$ V,低电平为 $u_{IL} = 0.3$ V;电路中晶体管的饱和压降 $U_{CES} = 0.3$ V,发射结的导通电压 $U_{BE} = 0.7$ V。

1. 输入端有一个或两个接低电平的情况

当输入端有一个或两个接低电平 0.3 V 时,晶体管 T_1 接低电平的发射结导通,它的基极电位为

$$u_{B1} = u_{IL} + U_{BE} = (0.3 + 0.7) V = 1 V$$

u_{B1} 作用于 T_1 的集电结和 T_2、T_4 的发射结上,不足以克服三个 PN 结的死区电压,所以 T_2、T_4 截止。由于 T_2 截止,电源 V_{CC} 通过 R_2 向 T_3 提供基极电流,使 T_3 和 D 导通,输出 u_L 为高电平。若忽略 T_3 的基极电流在 R_2 上的压降,则输出端 L 的电位为

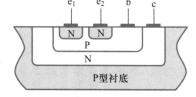

图 8.6.5　多发射极晶体管的结构示意图

$$u_L = V_{CC} - U_{BE3} - U_D = (5 - 0.7 - 0.7) V = 3.6 V$$

2. 输入端全部接高电平的情况

当输入端全部接高电平 3.6 V 时,电源 V_{CC} 通过 R_1 和 T_1 的集电结向 T_2、T_4 提供足够大的基极电流,使 T_2、T_4 饱和。所以输出端 L 的电位为 $u_L = 0.3$ V,输出为低电平。

对于 T_1 管来说,它的基极电位为

$$u_{B1} = U_{BC1} + U_{BE2} + U_{BE4} = (0.7 + 0.7 + 0.7) V = 2.1 V$$

即 T_1 管的基极电位被钳制在 2.1 V。这时 T_1 的两个发射结均处于反向偏置状态,而其集电结则处于正向偏置状态,所以,T_1 管处于发射结和集电结倒置使用的放大状态。

对于 T_3 管来说,由于 T_2 管饱和导通,这时 T_2 管的集电极电位为

$$u_{C2} = U_{CES2} + U_{BE4} = (0.3 + 0.7) V = 1 V$$

该电位加至 T_3 基极,由于 D 的存在,T_3 必处于截止状态。

由以上分析可知,电路能实现与非门电路的逻辑功能:当输入端全部为高电平时,输出为低电平;当输入端至少有一个为低电平时,输出为高电平。可见电路的输入和输出之间满足与非逻辑关系,即输出 $L = \overline{AB}$。

应该指出的是,当所有的输入端均开路时,相当于它们都接高电平的情况。因为当所有输入端开路时,T_1 的两个发射结必然截止,V_{CC} 就通过 R_1 和 T_1 的集电结为 T_2 和 T_4 提供足够大的基极电流,使 T_2 和 T_4 处于饱和状态,保证 L 端输出低电平。

三、动态性能

在 TTL 与非门电路中,输入级可以提高电路的工作速度。当输入由全部高电平变为低

电平时,T_1由倒置的放大状态变为放大状态,其集电极电流抽走了T_2的基极电流,导致T_2很快变为截止状态,T_3就很快变为导通状态,T_4也很快变为截止状态,加快了电路状态的转换速度。

电路的输出级采用的是推拉式结构,在电路的工作过程中,T_3和T_4总是轮流导通和截止的。采用这种工作方式,可以降低电路的功耗。当电路输出低电平时,T_3截止,T_4饱和导通,T_4的饱和电流全部用来驱动负载。当电路输出高电平时,T_4截止,T_3组成射极输出器,其输出电阻很低,提高了电路的带负载能力。当电路的输出端接有电容负载时,由于T_3组成射极输出器的输出电阻很低,T_4的饱和导通电阻也很低,故使负载电容充电和放电的时间常数都很小,电路输出波形的上升沿和下降沿都较陡,提高了电路的开关速度。

四、电压传输特性

TTL与非门电路输出电压与输入电压间的关系曲线称为电压传输特性。有了电压传输特性,能帮助我们了解 TTL与非门的一些参数的意义以及它的抗干扰能力。

将图 8.6.4 中的 74 系列 TTL与非门电路接入如图 8.6.6(a)所示的测试电路中,测得的电压传输特性曲线如图 8.6.6(b)所示。该电压传输特性大致可分为四段。

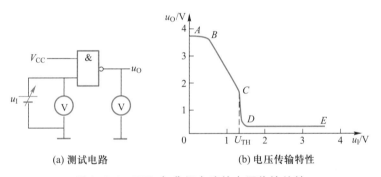

(a) 测试电路　　　　　　　　(b) 电压传输特性

图 8.6.6　**TTL 与非门电路的电压传输特性**

AB 段:当 $u_I < 0.6$ V 时, $u_O = 3.6$ V,输出为高电平。此段称为截止区,此时与非门电路处于关门状态。

BC 段:当 0.6 V$< u_I < 1.3$ V 时,输出电压 u_O 与输入电压 u_I 呈线性关系,故称此段为线性区。

CD 段:当 u_I 在 1.3 V 附近时,只要 u_I 稍有升高,就会导致输出电压 u_O 迅速下降,此段称为转折区。

DE 段:当 u_I 继续升高时,u_O 不随 u_I 的继续增大而变化,保持 $u_O = 0.3$ V 不变,输出为固定的低电平,故称此段为饱和区,此时与非门电路处于开门状态。

五、主要参数

TTL 与非门电路的主要参数如下。

1. 输出高电平 U_{OH}

74 系列 TTL 与非门电路的 $U_{OH} = 3.4$ V。一般手册中给出 U_{OH} 的最小值 U_{OHmin},74 系列TTL 与非门电路的 $U_{OHmin} = 2.4$ V。

2. 输出低电平 U_{OL}

74 系列 TTL **与非**门电路的 $U_{\mathrm{OL}} = 0.35\ \mathrm{V}$。一般手册中给出 U_{OL} 的最大值 U_{OLmax}，74 系列 TTL **与非**门电路的 $U_{\mathrm{OLmax}} = 0.4\ \mathrm{V}$。

3. 关门电平 U_{OFF}

U_{OFF} 是保证 TTL **与非**门电路输出高电平（即保证**与非**门处于关门状态）时，在输入端所允许施加的输入低电平的最大值。为保证 TTL **与非**门电路输出高电平，应使 $u_{\mathrm{I}} \leqslant U_{\mathrm{OFF}}$。一般手册中给出输入低电平的最大值 U_{ILmax}，可以用其来代替 U_{OFF}，74 系列 TTL **与非**门电路的 $U_{\mathrm{ILmax}} = 0.8\ \mathrm{V}$。

4. 开门电平 U_{ON}

U_{ON} 是保证 TTL **与非**门电路输出低电平（即保证**与非**门处于开门状态）时，在输入端应施加的输入高电平的最小值。为保证 TTL **与非**门电路输出低电平，应使 $u_{\mathrm{I}} \geqslant U_{\mathrm{ON}}$。一般手册中给出输入高电平的最小值 U_{IHmin}，可以用其来代替 U_{ON}。74 系列 TTL **与非**门电路的 $U_{\mathrm{IHmin}} = 2\ \mathrm{V}$。

5. 阈值电压 U_{TH}

可以认为当 $u_{\mathrm{I}} > 1.3\ \mathrm{V}$ 时，**与非**门处于开门状态；当 $u_{\mathrm{I}} < 1.3\ \mathrm{V}$ 时，**与非**门处于关门状态。我们把使**与非**门的开门和关门状态发生转换时的输入电压称为 TTL **与非**门电路的阈值电压 U_{TH}，也称为门槛电压。

6. 噪声容限

TTL **与非**门电路的噪声容限是指当输入电平受到噪声电压干扰时，为保证电路维持原来的输出电平，所允许叠加在原输入电平上的最大噪声电平。噪声容限表示**与非**门电路的抗干扰能力。

噪声容限分为低电平噪声容限 U_{NL} 和高电平噪声容限 U_{NH}。

（1）高电平噪声容限

关于**与非**门电路的高电平噪声容限的概念可以用图 8.6.7 加以说明。门电路的输入电压实际上是它前一级的输出电压。设在**与非**门电路的输入高电平的最小值（即前级门输出高电平的最小值 U_{OHmin}）上，叠加了一个负向干扰脉冲，只要这时门电路的总输入电压仍大于输入高电平的最小值 U_{IHmin}，则门电路仍能可靠地处于开门状态，保证输出电压仍为低电平。所以，**与非**门的高电平噪声容限为

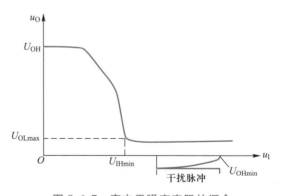

图 8.6.7　高电平噪声容限的概念

$$U_{\mathrm{NH}} = U_{\mathrm{OHmin}} - U_{\mathrm{IHmin}}$$

高电平噪声容限是用来衡量**与非**门电路在高电平方面抗干扰能力的重要指标。

（2）低电平噪声容限

关于**与非**门电路低电平噪声容限的概念，可以用图 8.6.8 加以说明。设在门电路输入低电平的最大值（即前级门输出低电平的最大值 U_{OLmax}）上，叠加了一个正向干扰脉冲，只要

这时门电路的总输入电压仍小于输入低电平的最大值 U_{ILmax},则门电路仍能可靠地处于关门状态,保证输出电压仍为高电平。所以,与非门电路的低电平噪声容限为

$$U_{\text{NL}} = U_{\text{IL.max}} - U_{\text{OL.max}}$$

低电平噪声容限是用来衡量与非门电路在低电平方面抗干扰能力的重要指标。

74 系列 TTL 与非门电路的 $U_{\text{NH}} = 0.4$ V, $U_{\text{NL}} = 0.4$ V。

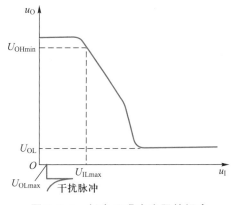

图 8.6.8 低电平噪声容限的概念

7. 输入低电平电流 I_{IL}

输入低电平电流 I_{IL} 是指与非门电路的任何一个输入端接低电平,其余输入端开路时流出这个输入端的电流。在实际电路中,由于 I_{IL} 是流入前级与非门电路输出端的负载电流,I_{IL} 的大小将直接影响前级与非门电路的工作,因此,希望 I_{IL} 尽量小些,以使前级与非门电路能多带一些此类负载。74 系列 TTL 与非门电路的 $I_{\text{ILmax}} = 1.6$ mA。

8. 输入高电平电流 I_{IH}

输入高电平电流 I_{IH} 是指与非门电路的任何一个输入端接高电平,其余输入端接低电平时流入该输入端的电流。在与非门电路串联运用的情况下,当前级门电路输出高电平时,后级门电路的 I_{IH} 是从前级门电路流出的负载电流。为了减小对前级与非门电路的影响,希望 I_{IH} 尽量小些。74 系列 TTL 与非门电路的 $I_{\text{IHmax}} = 40$ μA。

9. 输出高电平电流 I_{OH}

输出高电平电流 I_{OH} 是指在保证输出高电平不小于 U_{OHmin} 的条件下,允许与非门电路输出的最大负载电流。74 系列 TTL 与非门电路的 $I_{\text{OHmax}} = 0.4$ mA。

10. 输出低电平电流 I_{OL}

输出低电平电流 I_{OL} 是指在保证输出低电平不大于 U_{OLmax} 的条件下,允许从负载流入与非门电路输出端的最大电流。74 系列 TTL 与非门电路的 $I_{\text{OLmax}} = 16$ mA。

11. 扇入系数和扇出系数

(1) 扇入系数 N_{I}

TTL 与非门电路的扇入系数就是输入端的个数,例如 74 系列 TTL 与非门电路有 2 个输入端,其扇入系数 $N_{\text{I}} = 2$。

(2) 扇出系数 N_{O}

TTL 与非门电路的扇出系数是指与非门电路的输出端所允许带动的同类门电路的个数。扇出系数是用来衡量与非门电路带负载能力的指标,扇出系数越大,表示与非门电路带负载的能力越强。74 系列 TTL 与非门电路的 $N_{\text{O}} \leqslant 8$。

12. 平均传输延迟时间 t_{pd}

传输延迟时间是指与非门电路在输入电压的作用下,输出电压的波形相对于输入电压的波形在时间上的延迟时间。传输延迟时间是表征与非门电路开关速度的参数。如图

8.6.9 所示,当在**与非门**电路的输入端加入一脉冲波形时,输出波形相对输入波形有两个延迟时间:从输入波形上升沿的中点到输出波形下降沿的中点之间的延迟时间称为**与非门**电路的导通延迟时间,用 t_{pHL} 表示;从输入波形下降沿的中点到输出波形上升沿的中点之间的延迟时间称为**与非门**电路的截止延迟时间,用 t_{pLH} 表示。把 t_{pHL} 和 t_{pLH} 两者的平均值定义为与非门电路的平均传输延迟时间 t_{pd},即

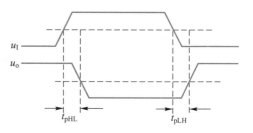

图 8.6.9　TTL **与非门**电路的输入、
输出波形和延迟时间

$$t_{\text{pd}} = \frac{t_{\text{pLH}} + t_{\text{pHL}}}{2}$$

13. 功耗

TTL **与非门**的功耗是指器件工作时消耗的功率,它等于电源电压 V_{CC} 与电源平均电流的乘积。电源平均电流是器件工作时 V_{CC} 供给电流的平均值。生产厂家通常会给出器件在输出为高电平时电源的供电电流 I_{CCH} 和输出为低电平时电源的供电电流 I_{CCL}。通常是按器件在输出为高电平和输出为低电平的时间相等的情况下来计算电源平均电流的,因此 TTL **与非门**的平均功耗为

$$P_{\text{D}} = V_{\text{CC}} \left(\frac{I_{\text{CCH}} + I_{\text{CCL}}}{2} \right)$$

14. 延时-功耗积

对于门电路的要求是既要速度高又要功耗低。但是,降低功耗往往与提高工作速度相矛盾。当减小 TTL 门电路中晶体管 T_3 的集电极电阻 R_3 时,可以减少传输延迟时间,但却增加了电路的功耗。因此常用延时-功耗积 DP (delay power Product) 这一参数来衡量门电路的性能,它是传输延迟时间和功耗的乘积,即

$$DP = t_{\text{pd}} P_{\text{D}}$$

一个门电路的 DP 值越小,说明它的特性越接近理想情况。

8.6.4　其他类型的 TTL 门电路

TTL 门电路除了**与非门**外,还有**与门**、**或门**、**或非门**、集电极开路门、三态门等多种类型,它们都是以**与非门**电路为基础构成的。

一、TTL 或非门和非门电路

1. TTL 或非门电路

TTL **或非门**电路如图 8.6.10 所示,对照图 8.6.4 的 TTL **与非门**电路可知:**或非门**电路是将**与非门**电路输入级的多发射极晶体管 T_1 用两个晶体管 T_{1A} 和 T_{1B} 代替,它们的发射极分别作为电路的输入 A、B;中间级 T_2 用两个晶体管 T_{2A} 和 T_{2B} 代替。

电路的工作情况为:当输入 A、B 均为低电平时,T_{2A} 和 T_{2B} 均截止,T_4 也截止,T_3 和 D 导通,输出为高电平;当输入 A、B 中有任一个为高电平时,则 T_{2A} 或 T_{2B} 中必有一个饱和导通,并使 T_4 饱和导通,输出为低电平。可见电路能实现**或非**逻辑功能,所以是一个**或非**门电路,即

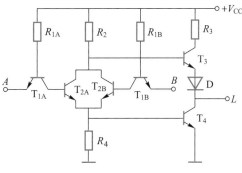

$$L = \overline{A + B} = \overline{A} \cdot \overline{B}$$

图 8.6.10　TTL **或非**门电路

2. TTL 非门电路

在图 8.6.10 中,如将 T_{1B}、R_{1B} 和 T_{2B} 除去,仅保留一个输入 A,它就是一个 TTL **非**门电路,即

$$L = \overline{A}$$

二、集电极开路 TTL 与非门(OC 门)

1. 关于线与的概念

在实际工作中,往往要把几个**与非**门电路的输出端 L_1、L_2、L_3…直接连在一起,并实现 $L = L_1 \cdot L_2 \cdot L_3$…的逻辑功能。由于这种与逻辑功能是靠线的直接相连实现的,故称为**线与**。

2. 一般的 TTL 与非门电路不允许把输出端直接相连

为了实现**线与**的逻辑功能,是不能将一般的 TTL **与非**门电路的输出端直接连在一起的。其原因可用图 8.6.11 来说明。

在图 8.6.11 中,设上边的 TTL **与非**门电路处于关门状态,下边的 TTL **与非**门电路处于开门状态,这时如果把两个**与非**门电路的输出端直接相连,将有一个电流从 $+V_{CC}$ 经上面一个 TTL **与非**门电路的 T_3 和 D 以及下面一个 TTL **与非**门电路的 T_4 而入地,由于这是一个低阻通路,这个电流远远超过了 TTL **与非**门电路的正常工作电流,会损坏**与非**门电路。

3. 集电极开路与非门电路

(1)电路的结构

集电极开路 TTL **与非**门电路的结构如图 8.6.12(a)所示。它与图 8.6.4 的 TTL **与非**门电路不同,电路中取消了输出级 T_3 部分的电路,并且将 T_4 的集电极开路,故称它为集电极开路的 TTL **与非**门电路,简称 OC 门。OC 门的逻辑符号如图 8.6.12(b)所示,图中用符号◇表示集电极开路的输出端。

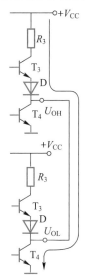

图 8.6.11　两个 TTL **与非**门电路的输出端直接相连造成大电流的示意图

(2)工作原理

要把几个 OC 门的输出端直接连在一起,必须在输出管 T_4 的集电极外接一个公共电阻 R_c,称为上拉电阻,如图 8.6.13 所示。

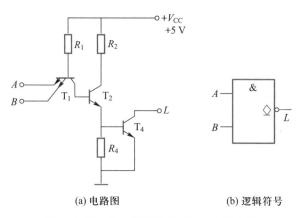

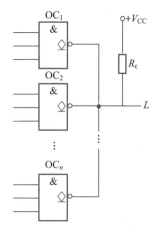

(a) 电路图　　　　(b) 逻辑符号

图 8.6.12　集电极开路 TTL 与非门电路

图 8.6.13　n 个 OC 门电路实现线与功能时外接上拉电阻

① 当 OC_1 门的各个输入端均为高电平,其他 OC 门的输入端均有低电平时,OC_1 门的输出管饱和导通,其他 OC 门的输出管均截止,此时负载电流全部流入 OC_1 门的输出管,只要选择足够大的上拉电阻 R_c,就可既保证 OC_1 门的输出管饱和,使 L 为低电平,又可保证 OC_1 门的输出管安全工作。

② 当所有 OC 门的输入端均为高电平时,各个门的输出管均饱和导通,此时每个输出管的电流为总负载电流的 $1/n$,各输出管的饱和程度更深,输出低电平更接近于 0 V。

③ 当所有 OC 门的输入端均有低电平时,各个门的输出管均截止,使 L 为高电平。

由以上分析可知,将 n 个 OC 门的输出端直接相连,是可以实现**线与**逻辑功能的。

（3）上拉电阻的计算

现在分两种情况来说明上拉电阻 R_c 的计算方法。

① 上拉电阻的最大值

设 n 个 OC 门的输出端直接连接后输出高电平,并带 m 个 OC 门,如图 8.6.14 所示。图中,I_{OH} 是每个 OC 门的输出管截止时的漏电流,I_{IH} 是负载门的高电平输入电流。此时为了保证输出高电平不低于规定的 U_{OHmin},R_c 的值不能选得太大。根据这一原则,可以导出 R_c 最大值的计算公式。因为

$$U_{OH} = V_{CC} - I_{Rc}R_c$$
$$= V_{CC} - (nI_{OH} + mI_{IH})R_c$$

故可得

$$R_{cmax} = \frac{V_{CC} - U_{OHmin}}{nI_{OH} + mI_{IH}}$$

② 上拉电阻的最小值

当 n 个 OC 门中有一个输出低电平时,全部负载电流都流入输出管导通的那个 OC 门,如图 8.6.15 所示。图中,I_{IL} 是每个负载门的输入低电平电流。此时为保证 OC 门安全工作,

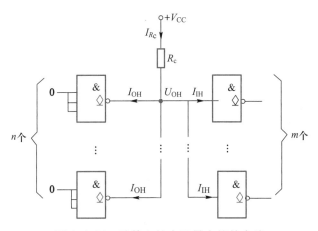

图 8.6.14 计算上拉电阻最大值的电路

R_c 的值不能选得太小,以使流入输出管导通的那个门的电流不超过最大允许电流 I_{LM}。根据这一原则,可以导出 R_c 最小值的计算公式。因为

$$I_{OL} = I_{Rc} + mI_{IL}$$

$$= \frac{V_{CC} - U_{OL}}{R_c} + mI_{IL}$$

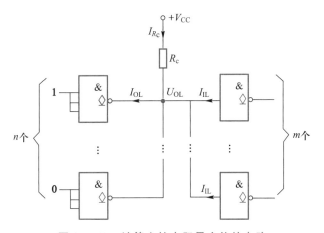

图 8.6.15 计算上拉电阻最小值的电路

令 $I_{OL} = I_{LM}$,即可得

$$R_{cmin} = \frac{V_{CC} - U_{OL}}{I_{LM} - mI_{IL}}$$

式中,U_{OL} 是要求的输出低电平。

最后应取

$$R_{cmin} \leqslant R_c \leqslant R_{cmax}$$

集电极开路的结构可用于制作驱动高压、大电流负载的门电路,通常称这种类型的门电路为驱动器。

三、三态 TTL 与非门电路(TSL 门)

1. 电路的特点

三态 TTL 与非门电路除了能输出一般 TTL 与非门电路所具有的输出电阻较低的高电平和低电平两种状态外,还能输出第三种状态——高阻状态。当三态 TTL 与非门电路输出高阻状态时,其输出端相当于悬空。

三态 TTL 与非门电路和它的逻辑符号如图 8.6.16 所示。图中,A 和 B 为输入端,L 为输出端,EN 为使能端。

三态 TTL 与非门电路是在普通 TTL 与非门电路的基础上增加了一个非门 G 和二极管 D_1 后组成的。

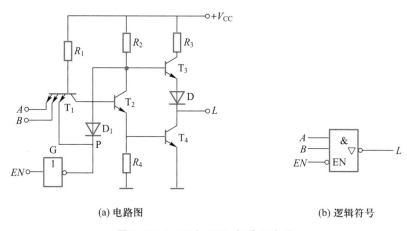

(a) 电路图   (b) 逻辑符号

图 8.6.16 三态 TTL 与非门电路

2. 工作原理

(1)当使能端为高电平时

当使能端为高电平时,即 $EN = 1$ 时,P 点为低电平, T_2 和 T_4 截止,二极管 D_1 导通,并将 T_3 的基极电位钳制在 1 V 左右,不足以克服 T_3 和 D 的死区电压, T_3 和 D 也截止。由此可见,当使能端 EN 接高电平时,从输出端看进去电路呈高阻状态(也称为禁止状态)。

(2)当使能端为低电平时

当使能端为低电平,即 $EN = 0$ 时,P 点为高电平,二极管 D_1 截止,此时三态 TTL 与非门电路的工作情况与一般 TTL 与非门电路一样,其输出为

$$L = \overline{A \cdot B}$$

此时三态 TTL 与非门电路处于工作状态。

在三态 TTL 与非门电路中,使能端 EN 对电路的工作状态起控制作用。在图 8.6.16(a)所示的电路中,只有当使能端为低电平($EN = 0$)时,才能使电路处于工作状态,所以称该电路的使能端为低电平有效。根据电路的不同,使能端的有效电平可高可低。当使能端为低电平有

效时,在图 8.6.16(b)所示的逻辑符号中,EN 端在方框外用一个小圆圈表示。在图 8.6.16(b)所示的逻辑符号中,在输出端 L 的方框内用一个小倒三角形表示电路可输出三种状态。

3. 电路的用途

（1）应用于复杂数字系统的总线结构

在复杂的数字系统中,为了减少连线的数目,希望只利用一根数据总线作为公共通道,以实现许多数据和控制信息轮流地发送或接收。利用三态 TTL 与非门电路就可达到这个目的。

如图 8.6.17 所示,在一条总线 MN 上接有许多三态门电路,它们有的向总线发送信息（如 $G_1 \sim G_5$ 门）,有的则从总线接收信息（如 $G_6 \sim G_{10}$ 门）。当使能端 $EN_1 \sim EN_5$ 在不同时刻轮流地接低电平 **0** 时,$G_1 \sim G_5$ 门按与非关系轮流地将信息发送到总线上;当所有使能端均接高电平 **1** 时,它们与总线断开,停止发送信息。利用与上述同样的方法,也可以使 $G_6 \sim G_{10}$ 门轮流地从总线上接收或阻塞信息。由于采用了总线结构,可以使计算机内外的连线数目大大减少,因而提高了工作的可靠性,也有利于集成化和微型化。

需要强调的是,当几个三态门电路的输出端接到同一根总线上时,每一瞬间只能有一个三态门电路处于工作状态,其余的门电路必须处于高阻状态,只有这样,才能做到数据和控制信息有条不紊地发送或接收,做到互不干扰。

（2）实现数据的双向传输

三态门电路的另一个重要应用就是实现数据的双向传输,电路如图 8.6.18 所示。图中,G_1 的使能端对低电平有效;G_2 的使能端对高电平有效。当 $EN = 0$ 时,G_1 处于工作状态,G_2 处于高阻状态,数据从 A 传输到 B;反之,当 $EN = 1$ 时,G_2 处于工作状态,G_1 处于高阻状态,数据从 B 传输到 A,实现了两个门电路之间的数据交换。

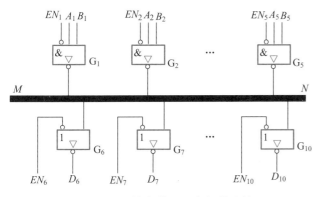

图 8.6.17　接有若干三态门的总线

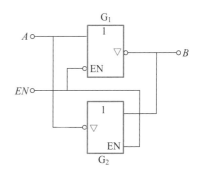

图 8.6.18　利用三态门电路实现数据的双向传输

四、抗饱和 TTL 与非门电路

1. 如何提高 TTL 与非门的开关速度

74 系列 TTL 与非门电路存在的问题之一是传输延迟时间较长、开关速度不够高。产生这个问题的一个主要原因是,在 74 系列 TTL 与非门电路中晶体管工作在深度饱和状态。为了提高 TTL 与非门电路的开关速度,产生了抗饱和 TTL 与非门电路,即 74S 系列（又称肖特基系列)TTL **与非门**电路。在 74S 系列 TTL **与非门**电路中,采用肖特基势垒二极管 SBD(Schottky barrier diode)来抵抗晶体管进入深度饱和状态。

2. 如何利用肖特基势垒二极管抵抗晶体管进入深度饱和状态

肖特基势垒二极管是一种利用金属铝和半导体硅相接触、在交界面处所形成的势垒二极管。肖特基势垒二极管的主要特点有:① 死区电压很低,只有 0.3 V 左右,正向导通压降只有 0.4 V 左右;② 只有多数载流子参与导电,没有少数载流子的积累,从正向导通到反向截止时,因为没有内部电荷的建立和消散过程,因而转换速度快。

我们知道,晶体管工作在饱和状态时,发射结和集电结均处于正向偏置状态,当集电结的正向偏置电压越大时,饱和程度就越深。为了限制晶体管的饱和深度,可在晶体管的基极和集电极之间并联一个肖特基势垒二极管,如图 8.6.19(a)所示,通常把两者的组合视为一个器件,称为抗饱和晶体管(或称肖特基钳位晶体管,Schottky clamped transistor),其符号如图 8.6.19(b)所示。

将肖特基势垒二极管与晶体管的集电结并联,当晶体管的集电结的正向偏置电压超过肖特基势垒二极管的死区电压时,SBD 会首先导通,并将晶体管的集电结电压钳制在 0.4 V 左右,当流向晶体管的基极电流增大,企图使晶体管的集电结的正向偏压增大时,一部分电流就会通过 SBD 直接流向集电极,阻止了基极电流的增大,所以在晶体管的基极和集电极之间并联 SBD 能起到抵抗晶体管进入深度饱和状态的作用,故把肖特基势垒二极管和晶体管的组合称为抗饱和晶体管。

3. 抗饱和 TTL 与非门电路的工作原理

74S 系列 TTL **与非门**的典型电路如图 8.6.20 所示。为减小电路的传输延迟时间,采取了两项改进措施:

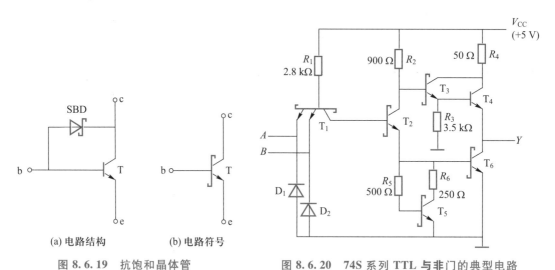

(a) 电路结构　　　(b) 电路符号

图 8.6.19　抗饱和晶体管　　　**图 8.6.20　74S 系列 TTL 与非门的典型电路**

一是 T_1、T_2、T_3、T_5 和 T_6 都采用抗饱和晶体管。T_4 则不采用抗饱和晶体管,因为它的集电结不会出现正向偏置,也就不会进入饱和状态。

二是利用 T_5、R_5、R_6 组成有源电路,为 T_6 的发射结提供一个有源泄放回路。当 T_2 由截止变为导通的瞬间,由于 T_5 的基极中接有电阻 R_5,必然会使 T_6 的基极先于 T_5 的基极导通,使 T_2 的发射极电流都流入 T_6 的基极,加速了 T_6 的导通过程。而在稳态下,T_5 导通后的分流作用,会减小 T_6 的基极电流,因而减轻了 T_6 的饱和程度,有利于加快 T_6 从导通变为截止的过程。当 T_2 由导通变为截止后,因为 T_5 仍处于导通状态,为 T_6 的基极提供了一个瞬间的低阻泄放回路,故可使 T_6 迅速截止。可见有源泄放回路减小了门电路的传输延迟时间。

采取以上两项改进措施后,可将 74S 系列 TTL 与非门电路的平均传输延迟时间减小到 3 ns。

图 8.6.21 是 74S 系列 TTL 与非门路的电压传输特性,其转折部分非常陡峭,不存在线性放大区,更接近于理想的开关特性。

4. 74S 系列 TTL 与非门电路存在的问题

74S 系列 TTL 与非门电路的缺点有:① 由于电路中减小了电阻的阻值,故使电路的功耗加大,74S 系列门电路的平均功耗为 20mW,是 74 系列的两倍;② 由于 T_6 脱离了深度饱和状态,故导致输出的低电平升高,其最大值可达 0.5 V 左右。

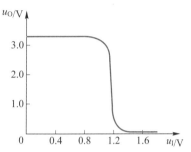

图 8.6.21　74S 系列 TTL 与非门电路的电压传输特性

5. 输入端二极管 D_1 和 D_2 的作用

在图 8.6.20 中,输入端二极管 D_1 和 D_2 的作用是:当输入端 A 和 B 出现较大的负电压信号或干扰时,它们能将输入电压钳制在 -0.7 V 左右,可以避免多发射极晶体管 T_1 因发射极电流过大而损坏。

8.7　MOS 逻辑门电路

8.7.1　MOS 数字集成电路概述

一、MOS 数字集成电路的优缺点

以上讨论的 TTL 逻辑门电路属于双极型集成电路,MOS 逻辑门电路则属于单极型集成电路。采用 MOS 管组成数字集成电路有以下优点。

(1)功耗比双极型集成电路低,每基本单元的功耗为毫瓦或十分之一毫瓦数量级。

(2)MOS 管所占的硅芯片面积比双极型管小。

(3)制造工艺简单,成品率高。

由于 MOS 数字电路具有以上优点,所以特别适宜于制造大规模数字集成电路。

与双极型电路相比,MOS 数字电路的缺点是工作速度较低。

二、两点说明

在讨论具体的 MOS 逻辑门电路之前,有两个问题必须先说明一下。

(1) 在 MOS 数字集成电路中都采用增强型 MOS 管。用耗尽型 MOS 管组成数字集成电路时,在 $U_{GS}=0$ 的情况下,会产生较大的漏极电流,其功耗较大。

(2) NMOS 电路的工作速度比 PMOS 电路的工作速度高。由于导电沟道不同,MOS 管有 P 沟道和 N 沟道两种:即 PMOS 管和 NMOS 管。在 PMOS 管中,参与导电的载流子是空穴,在 NMOS 管中参与导电的则为自由电子。由于在相同的电场强度下,自由电子的漂移速度约为空穴的两倍半,因此用 NMOS 管制成的数字集成电路的工作速度比 PMOS 数字集成电路高。

8.7.2　场效晶体管的开关作用

在大规模数字集成电路中,广泛应用场效晶体管作为基础器件,因此要先介绍 MOS 场效晶体管的开关作用。

一个由 N 沟道增强型 MOS 管组成的开关电路如图 8.7.1(a) 所示。

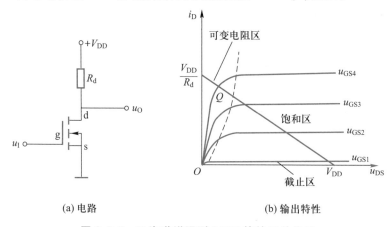

(a) 电路　　　　　　　　　(b) 输出特性

图 8.7.1　N 沟道增强型 MOS 管的开关作用

当输入电压 u_I 小于管子的开启电压 U_T 时,即

$$u_I = u_{GS} < U_T$$

因漏极和源极之间没有导电沟道,MOS 管工作在输出特性的截止区,漏极电流 $i_D \approx 0$,管子的漏极和源极之间近似于开路,相当于有接点开关处于断开状态。此时,管子几乎不消耗功率,而且漏极和源极之间的等效电阻可达 $10^9 \sim 10^{10} \Omega$,远大于漏极负载电阻 R_d,电路就输出高电平,即

$$u_O \approx V_{DD}$$

当 $u_I = u_{GS} > U_T$,且使 $u_{GS} = u_{GS4}$ 时,如图 8.7.1(b) 所示,电路的工作点为直流负载线与 $u_{GS} = u_{GS4}$ 那条输出特性的交点 Q,MOS 管工作在输出特性的可变电阻区(关于可变电阻区的概念可参阅第 1 章习题 1.4.4)。此时因漏极和源极之间形成了导电沟道,MOS 管处于导通

状态,其漏极与源极之间的管压降 u_{DS} 远小于电源电压 V_{DD},MOS 管的漏极和源极之间近似于短路,相当于有接点开关处于闭合状态。只要使漏极负载电阻 R_d 远大于管子导通时漏极和源极之间的等效电阻 R_{on}(在 1 kΩ 以内),电路就输出低电平。

由此可见,图 8.7.1(a)所示的电路是一个 MOS 非门电路,也称为 MOS 反相器。

MOS 管是单极型器件,其动态开关特性与双极型晶体管有着本质的不同,其沟道的形成和消失的时间在电路分析时都可以忽略不计。MOS 管开关电路的开关时间主要取决于输入和输出回路中电容(包括器件本身存在的电容、负载电容和杂散电容等)的充、放电时间,这会导致输出波形上升沿和下降沿的时间加长,而且使输出电压的变化滞后于输入电压的变化。

8.7.3 CMOS 逻辑门电路

CMOS 逻辑门电路是由 N 沟道和 P 沟道两种 MOS 管组成的电路,常称为互补型 MOS 电路。

一、CMOS 反相器

1. 电路的结构

CMOS 反相器是由一个 P 沟道增强型 MOS 管 T_1 和一个 N 沟道增强型 MOS 管 T_2 组成的,如图 8.7.2 所示。其中,T_1 是负载管,T_2 是驱动管。两管的栅极连在一起作为输入端,漏极连在一起作为输出端。

2. 工作原理

当输入电压 u_1 为低电平时,$u_{GS2} < U_{T2}$,T_2 截止;对于 T_1 来说,由于输入电压降低了它的栅极电位,使 $|u_{GS1}| > |U_{T1}|$,故 T_1 导通,其漏极和源极之间的等效电阻 R_{on1} 在 1 kΩ 以内,远小于 T_2 截止时漏极和源极之间的等效电阻 $10^9 \sim 10^{10}$ Ω。所以电路输出高电平,且 $u_O \approx V_{DD}$。

当输入电压 u_1 为高电平时,$u_{GS2} > U_{T2}$,T_2 导通;对于 T_1 来说,由于输入电压提高了它的栅极电位,使 $|u_{GS1}| < |U_{T1}|$,故 T_1 截止。所以电路输出低电平,且 $u_O \approx 0$。

因此,图 8.7.2 是一个 CMOS 反相器,即一个 CMOS 非门电路。

3. 电压传输特性

CMOS 反相器的电压传输特性如图 8.7.3 所示。与 TTL 门电路的电压传输特性相比,有以下特点。

(1)高电平趋于 V_{DD};低电平趋于 0。

(2)线性区很窄且陡峭,这说明 CMOS 门电路的电压传输性能好,输出在高、低电平间的转换速度快,其电压传输特性更接近于理想开关。

(3)CMOS 反相器的阈值电压 $U_{TH} \approx V_{DD}/2$,噪声容限很大,也接近 $V_{DD}/2$。因此,CMOS 反相器的抗干扰能力比 TTL 门电路强得多。

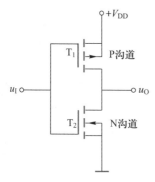

图 8.7.2　CMOS 反相器

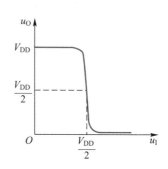

图 8.7.3　CMOS 反相器的电压传输特性

4. 电路的特点

CMOS 门电路的主要特点如下。

（1）输入电阻很高

CMOS 门电路的输入电阻可达 $10^{15}\,\Omega$，基本上不需要信号源提供电流。

（2）电压传输特性好

（3）功耗低

无论输入为高电平或低电平，T_1 和 T_2 中总有一个管子处于截止状态，这样，电源只需向电路提供纳安级的漏电流。

（4）工作速度较高

当 CMOS 门电路的输出端接有电容负载 C_L 时，由于 T_1 和 T_2 的导通电阻均很小，C_L 能通过它们快速地充电和放电。CMOS 门电路输入信号的频率可达 10 MHz。

（5）抗干扰能力强

（6）扇出系数大

CMOS 反相器前级门的扇出系数不是取决于后级门的输入电阻，而是取决于后级门的输入电容。

（7）电源电压范围大

TTL 门电路的标准工作电压为 +5 V，要求电源电压范围为（$5 \pm 5 \times 5\%$）V。CMOS 反相器的电源电压可为 3～18 V。

CMOS 电路也有一些缺点：MOS 管存在感应击穿问题，工作速度还不够高，输出电流较小等。但随着 CMOS 电路新工艺的发展，这些问题已在逐步改善。

二、CMOS 与非门

CMOS 与非门电路如图 8.7.4 所示。图中 T_1、T_3 为增强型 NMOS 管，两管串联作为驱动管，T_2、T_4 为增强型 PMOS 管，两管并联作为负载管。电路的每个输入端分别与一个 NMOS 管和一个 PMOS 管的栅极相连。

当输入端 A、B 均为高电平 **1** 时，T_1、T_3 导通，T_2、T_4 截

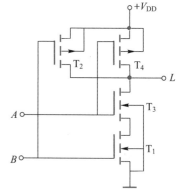

图 8.7.4　CMOS 与非门电路

止,输出为低电平 **0**。

当输入端 A、B 中有一个或两个为低电平 **0** 时,与低电平相连的驱动管截止,而与低电平相连的负载管则导通,输出为高电平 **1**。

因此,电路具有**与非逻辑**功能,即

$$L = \overline{A \cdot B}$$

三、CMOS 或非门

CMOS **或非门**电路如图 8.7.5 所示。图中,T_1、T_2 为增强型 PMOS 管,两管串联作为负载管,T_3、T_4 为增强型 NMOS 管,两管并联作为驱动管。电路的每个输入端分别与一个 NMOS 管和一个 PMOS 管的栅极相连。

当输入端 A、B 均为低电平 **0** 时,T_3、T_4 均截止,T_1、T_2 均导通,输出为高电平 **1**。

当输入端 A、B 中有一个或两个为高电平 **1** 时,与高电平相连的驱动管导通,与高电平相连的负载管则截止,输出为低电平 **0**。

因此,电路具有**或非逻辑**功能,即

$$L = \overline{A + B}$$

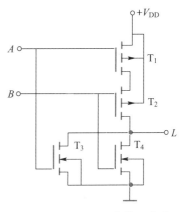

图 8.7.5　CMOS **或非门**电路

四、CMOS 传输门(TG 门)

1. 电路的组成

所谓传输门(TG)就是一种能够传输模拟信号的可控开关电路。图 8.7.6(a)和(b)分别是 CMOS 传输门的电路和符号。它由一个 P 沟道增强型 MOS 管 T_P 和一个 N 沟道增强型 MOS 管 T_N 并联而成,两个 MOS 管是结构对称的器件,它们的漏极和源极是可以互换的,因而传输门的输入端和输出端可以互换使用,即传输门是双向器件。两管的源极和漏极分别相连作为传输门的输入端和输出端,两管的栅极由互补的信号电压(+5 V 和−5 V)来控制,分别用 C 和 $\overline{C}$ 表示。

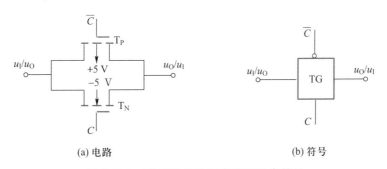

(a) 电路　　　　　　　　　　　　(b) 符号

图 8.7.6　CMOS 传输门电路和代表符号

2. 工作原理

设两个 MOS 管的开启电压均为 $|U_T| = 2$ V。

（1）当 C 端接低电平时

当 C 端接低电平 -5 V（即 $C = 0$）时，T_N 的栅极电位为 -5 V，u_I 在 -5 V 到 $+5$ V 范围内变化时，因 $u_{GSN} < U_{TN}$，T_N 均不会导通。同时，因 $\overline{C}$ 端接高电平 $+5$ V（即 $\overline{C} = 1$），T_P 的栅极电位为 $+5$ V，故 $|u_{GSP}| < |U_{TP}|$，T_P 也不会导通。可见，当 $C = 0$ 时，输入端和输出端之间呈高阻状态（$10^9 \sim 10^{10}$ Ω），传输门截止，模拟开关处于断开状态。

（2）当 C 端接高电平时

为使模拟开关接通，可将 C 端接高电平 $+5$ V（即 $C = 1$）。此时 T_N 的栅极电位为 $+5$ V，u_I 在 -5 V 到 $+3$ V 的范围内变化时，T_N 导通。由于 $\overline{C}$ 端接低电平 -5 V（即 $\overline{C} = 0$），T_P 的栅极电位为 -5 V，当 u_I 在 -3 V 到 $+5$ V 的范围内变化时，T_P 也将导通。

由以上分析可知，在 $C = 1$ 的情况下，有：

① 当 $u_I < -3$ V 时，仅有 T_N 导通；

② 当 $u_I > +3$ V 时，仅有 T_P 导通；

③ 当 u_I 在 -3 V 到 $+3$ V 的范围内变化时，T_N 和 T_P 均导通。在 u_I 变化时，当一管的导通电阻减小时，另一管的导通电阻就增加。由于两管是并联运行的，故可近似地认为，当 u_I 在 -3 V 到 $+3$ V 的范围内变化时，开关的等效导通电阻近似为一常数。

在正常工作时，模拟开关的导通电阻值约小于数百欧，当它与输入电阻为兆欧级的集成运算放大器或输入电阻高达 10^{10} Ω 以上的 MOS 电路串接时，可以忽略不计。

CMOS 传输门除了作为传输模拟信号的开关之外，也可作为各种逻辑电路的基本单元电路。

CMOS 逻辑门电路还有漏极开路门电路和三态输出门电路，它们与 TTL 逻辑门电路中的集电极开路门电路和三态门电路的逻辑功能相同。漏极开路门电路上拉电阻的计算方法与集电极开路门电路类似，读者可参阅本书提供的有关参考文献。

8.7.4 双极型-CMOS 逻辑门电路

我们知道，双极型晶体管是电流控制器件，其优势是导通内阻低、工作速度快、驱动力强；CMOS 集成电路是电压控制器件，其优势是功耗极低，集成度高。在双极型-CMOS（简称 Bi-CMOS）逻辑门电路中，充分发挥了双极型晶体管和 CMOS 电路的优势。

图 8.7.7 所示的是 Bi-CMOS 反相器，其逻辑部分采用 MOS 管 $T_1 \sim T_4$ 组成 CMOS 结构的输入级，输入信号 u_I 同时作用于 T_1 和 T_3 的栅极。晶体管 T_5 和 T_6 组成输出级。电路的这种结构充分发挥了 CMOS 电路低功耗、高集成度和双极型晶体管导通电阻低、速度快、驱动电流大的优势。

当输入信号 u_I 为低电平时，T_1、T_4、T_5 导通，T_2、T_3、T_6 截止，输出信号 u_O 为高电平，此时电

源 V_{DD} 可通过 T_5 向负载提供足够大的电流。当输入信号 u_1 为高电平时,T_2、T_3、T_6 导通,T_1、T_4、T_5 截止,输出信号 u_0 为低电平。

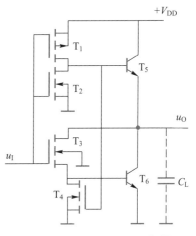

图 8.7.7 Bi-CMOS 反相器

当输出端接有比较大的电容负载 C_L 时,由于 T_5、T_6 的导通内阻都很小,负载电容 C_L 通过 T_5 充电和通过 T_6 放电都很快,故可减小电路的传输延迟时间。目前 Bi-CMOS 反相器的传输延迟时间已可以减小到 1 ns 以下。

T_2、T_4 的作用是用来加快电路的开关速度。当 u_1 为高电平时,T_2 导通,T_5 基区的存储电荷通过 T_2 迅速释放;当 u_1 为低电平时,电源电压 V_{DD} 通过 T_1 激励 T_4,使 T_4 导通,T_6 基区的存储电荷通过 T_4 迅速释放。所以 T_2、T_4 起到了加快 T_5、T_6 由饱和导通变为截止的转换过程,从而加快了电路的开关速度。

利用 Bi-CMOS 技术也可以组成**与非门**和**或非门**电路,具体电路见本章习题。

8.8 逻辑门电路使用中的几个实际问题

8.8.1 多余输入端的处理方法

集成逻辑门电路有多个输入端,在使用它组成数字系统时,经常会遇到要对多余输入端处理的问题。

应该强调,在使用集成逻辑门电路时,是不允许将多余输入端悬空的,否则会引入干扰信号,破坏电路的正常工作状态。需要特别强调的是,尽管 CMOS 门电路的输入端已设置了保护电路,其多余输入端也绝对不能悬空,因为它的输入电阻很大,极易受静电和周围工频电磁场的影响,会破坏电路的正常工作状态,尤其是很高的静电电压会将 CMOS 门电路损坏。

对多余输入端的处理以不改变电路的正常工作状态为原则,可以采取两种方法:① 将不使用的输入端与要使用的输入端接在一起,如图 8.8.1(a)和图 8.8.2(a)所示。② 将 TTL **与非门**的多余输入端通过 1~3 kΩ 电阻 R 接到电源的正端,如图 8.8.1(b)所示;将 TTL **或非门**的多余输入端接至地端,如图 8.8.2(b)所示;将 CMOS 门的多余输入端直接到电源的正端。

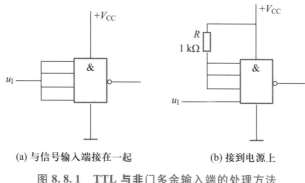

(a) 与信号输入端接在一起   (b) 接到电源上

图 8.8.1 TTL 与非门多余输入端的处理方法

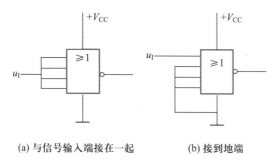

(a) 与信号输入端接在一起   (b) 接到地端

图 8.8.2 TTL 或非门多余输入端的处理方法

8.8.2 TTL 与 CMOS 系列逻辑门电路之间的接口

一、TTL 与 CMOS 系列门电路之间连接应遵循的原则

在实际工作中,除了要根据电源电压、传输延迟时间、功耗、噪声容限、带负载能力等要求来选择门电路以外,在数字系统的设计中,经常会遇到要将 TTL 和 CMOS 逻辑门电路连接起来使用的情况。在这两类逻辑门电路连接时,常把前级门称为驱动门,后级门称为负载门。在实际工作中,既需要用 TTL 门电路驱动 CMOS 门电路,也需要用 CMOS 门电路驱动 TTL 门电路。

由于 TTL 和 CMOS 门电路的电压和电流参数是各不相同的,因而在将两者连接时,必须考虑两者之间是否能完全兼容的问题。在将 TTL 和 CMOS 门电路连接时,为保证电路正常工作,应该遵循两个原则:① 驱动门要给负载门提供符合要求的高、低电平;② 驱动门要给负载门提供足够的驱动电流。

二、用 TTL 门电路驱动 CMOS 门电路

根据表 8.8.1 中 TTL 和 CMOS 器件的极限参数可知:在电源电压 $V_{DD} = 5\,V$ 时,如果要使用 74 系列 TTL 门电路驱动 74HC 系列 CMOS 门电路,74 系列 TTL 门电路的带负载能力和输出的低电平都能满足 74HC 系列 CMOS 门电路的要求。但是,74 系列 TTL 门电路输出高电平的最小值只有 $U_{OHmin} = 2.4\,V$,而 74HC 系列 CMOS 门电路则要求输入高电平的最小值应为

$U_{IHmin}=3.5$ V,因此必须设法将 TTL 门电路输出的高电平提升到 3.5 V 以上。解决这个问题最简单的办法是:如图 8.8.3 所示,在 TTL 门电路的输出端与 CMOS 门电路的电源之间接一个上拉电阻 R。R 的选择与 OC 门的上拉电阻选择方法相同,只要取 $R=10$ kΩ,就可以将 74 系列 TTL 门电路输出的高电平从 2.4 V 提升到接近 5 V,而且对 TTL 门电路输出低电平时的灌电流也不大,只有近似为 $V_{DD}/R=5$ V$/10$ kΩ $=0.5$ mA。

表 8.8.1　TTL 和 CMOS 器件的极限参数

参数名称	门电路系列					
	TTL 74 系列	TTL 74LS 系列	TTL 74ALS 系列	CMOS 4000B 系列	CMOS 74HC 系列	CMOS 74HCT 系列
U_{IHmin}/V	2.0	2.0	2.0	3.33	3.5	2.0
U_{ILmax}/V	0.8	0.8	0.8	1.67	1.0	0.8
U_{OHmin}/V	2.4	2.7	2.7	4.95	4.9	4.9
U_{OLmax}/V	0.4	0.4	0.4	0.05	0.1	0.1
$I_{IHmax}/\mu A$	40	20	20	1	1	1
$I_{ILmax}/\mu A$	$-1\,600$	-400	-100	-1	-1	-1
I_{OHmax}/mA	-0.4	-0.4	-0.4	-0.51	-4	-4
I_{OLmax}/mA	16	8	4	0.51	4	4

注:表中所有数据均在电源 5 V 条件下得到。电流参数中的"$-$"表示电流从门流出。

三、用 CMOS 门电路驱动 TTL 门电路

由表 8.8.1 可知,如果要用 74HC 系列 CMOS 门电路驱动 74 系列 TTL 门电路,CMOS 门电路输出的高、低电平的极限值完全可以满足 TTL 门电路的要求。但是,74HC 系列 CMOS 门电路的低电平最大输出电流 $I_{OLmax}=4$ mA,74 系列 TTL 门电路的低电平最大输入电流 $I_{ILmax}=-1.6$ mA,所以用 74HC 系列 CMOS 门电路只能带动 2 个 74 系列 TTL 门电路,可见 CMOS 门电路的带负载能力是较差的。

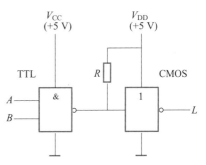

图 8.8.3　用上拉电阻提升 TTL 电路输出的高电平

低电平最大输出电流不足,是 4000B 系列 CMOS 门电路普遍存在的问题。由表 8.8.1 可知,4000B 系列 CMOS 门电路在低电平输出时无法驱动一个 74 系列 TTL 门电路(4000B 系列 CMOS 门电路的 $I_{OLmax}=0.51$ mA,74 系列 TTL 门电路的 $I_{ILmax}=-1.6$ mA)。要解决这个问题,可以采用两种办法:① 在 4000B 系列 CMOS 门电路和 74 系列 TTL 门电路之间加一个 CMOS 缓冲器。缓冲器 4050 和反相缓冲器 4049 都是能够提供足够大输出驱动电流的 CMOS 器件,其 $I_{OLmax}=4$ mA、$I_{OHmax}=-0.9$ mA,只要把缓冲器接在 4000B 系列 CMOS 门电路和 74 系列 TTL 门电路之间,就足以驱动 2 个 74 系列 TTL 门电路。② 将封装在同一管壳内

的数个 CMOS 门电路并联起来使用,也可以提高驱动负载的能力。

*8.8.3 TTL 和 CMOS 系列简介

一、TTL 系列简介

TTL 是数字系统的一个系列,得到了广泛应用。TTL 有大量的 SSI 电路,也有许多 MSI、LSI、VLSI 器件。

目前国内外常用的 TTL/SSI 和 TTL/MSI 集成电路系列是 SN54/74 系列,简称 54/74 系列。54 系列是军用产品,工作温度范围宽(−55℃ ~ +125℃)、功耗小、速度高。74 系列是民用产品,工作温度为 0℃ ~70℃ ,其他性能指标也比 54 系列低。74 系列和 54 系列在逻辑功能、外形封装、引脚排列等方面完全相同。

经设计者对 TTL 电路进行长期不断地改进,从最早的 74 系列、74H(高速 TTL)系列,发展到 74S(肖特基 TTL)系列、74LS(低功耗肖特基 TTL)系列,再到后来的 74AS(高级肖特基 TTL)系列、74ALS(高级低功耗肖特基 TTL)系列、74F(快速 TTL)系列。所有的 TTL 系列都是兼容的,它们使用同样的电源电压和逻辑电平,但每个系列在速度、功耗方面存在着差异。

74LS 系列的速度与 74 系列相当,但是其功耗只有 74 系列的 1/5。因此 74LS 系列便成为设计 TTL 电路应用系统的首选。

74AS 系列的速度大约是 74S 系列的两倍,而二者功耗几乎相同。74ALS 系列比 74LS 功耗更低,速度更高。74F 系列在功耗和速度上介于 74AS 和 74ALS 之间。未来 74ALS 将逐步取代 74LS 系列成为 TTL 系列中的主流产品,而 74F 系列可能会成为设计高速系统时使用的主要系列。

表 8.8.2 列出了几种 TTL 系列门电路的特性参数比较。

表 8.8.2 几种 TTL 系列门电路的特性参数比较

参数	系列				
	74S	74LS	74AS	74ALS	74F
U_{ILmax}/V	0.8	0.8	0.8	0.8	0.8
U_{OLmax}/V	0.5	0.5	0.5	0.5	0.5
U_{IHmin}/V	2.0	2.0	2.0	2.0	2.0
U_{OHmin}/V	2.7	2.7	2.7	2.7	2.7
$I_{ILmax}/\mu A$	−2.0	−0.4	−0.5	−0.1	−0.6
I_{OLmax}/mA	20	8	20	8	20
$I_{IHmax}/\mu A$	50	20	20	20	20
I_{OHmax}/mA	−1.0	−0.4	−2.0	−0.4	−1.0
传输延迟时间 t_{pd}/ns	3	9.5	1.7	4	3
每门功耗 P_D/mW	19	2	8	1.2	4
延时-功耗积 DP/pJ	57	19	13.6	4.8	12

二、CMOS 系列简介

CMOS 的特点是低功耗和高集成度,已成为主流的逻辑系列。CMOS 也有大量的 SSI 电路和许多 MSI、LSI、VLSI 器件。

到目前为止,CMOS 门电路已经有 744000 系列、74HC(高速 CMOS)(high-speed CMOS)和 74HCT(高速 CMOS,TTL 兼容)(high-speed CMOS,TTL compatible)系列、74AHC(高级的高速 CMOS)(advanced high-speed CMOS)和 74AHCT(高级的高速 CMOS,TTL 兼容)(advanced high-speed CMOS,TTL compatible)系列、74FCT(快速 CMOS,TTL 兼容)(fast CMOS,TTL compatible)系列和 74FCT-T(fast CMOS,TTL compatible with $TTLV_{OH}$)系列等定型产品。

4000 系列是最早投放市场的 CMOS 数字集成电路定型产品,其优点是功耗低,但是速度也低,带负载能力也较差,而且不易与当时最流行的 TTL 逻辑系列相匹配,因此逐渐被性能更佳的 CMOS 系列所取代。

74HC/74HCT 系列是高速 CMOS 逻辑系列。与 4000 系列相比,74HC/74HCT 系列具有更高的速度(传输延迟时间仅为 4000 系列的十分之一)和更强的带负载能力。74HC/74HCT 系列采用了与 TTL 电路相同的电源电压(5V±0.5V),只要其型号中尾部的数字代码与 TTL 器件相同,那么它们在逻辑功能、外形尺寸及引脚排列上都是与 TTL 器件兼容的。

74AHC/74AHCT 是改进型高速 CMOS 系列,它们的工作速度比 74HC/74HCT 系列提高了一倍,带负载能力也提高了近一倍,而且它们的产品能与 74HC/74HCT 系列产品兼容。因此 74AHC/74AHCT 系列是目前应用最广的 CMOS 器件。

74BiCMOS 系列是将高速双极型晶体管和低功耗 CMOS 相结合构成的低功耗和高速的数字逻辑系列。

74FCT(快速 CMOS,TTL 兼容)(fast CMOS,TTL compatible)CMOS 系列是 20 世纪 90 年代初出现的。它的主要优点是:功耗小、能与 TTL 完全兼容、工作速度和输出驱动能力能达到和超过最好的 TTL 系列、输出的高电平可达到 5 V。它的缺点是在高速应用中,当输出从 0 V 上升到 5 V 时,会产生很大的功耗和噪声。为克服此缺点,又出现了 74FCT-T(fast CMOS,TTL compatible with $TTLV_{OH}$),它不仅降低了高电平输出电压,减少了功耗和开关噪声,而且可以提供或吸收更大的电流,低电平时可达到 64 mA。

在诸多系列的 CMOS 电路产品中,只要产品型号最后的数字相同,它们的逻辑功能就是相同的。例如 74/54HC00、74/54HCT00、74/54AHC00、74/54AHCT00、74/54FCT00 等的逻辑功能都是相同的,它们都是具有 4 个 2 输入端的**与非门**。但是,它们的电气性能和参数却是大不相同的。

表 8.8.3 列出了几种 CMOS 系列 2 输入**与非门**的电压与电流参数,以供比较。

表 8.8.3 几种 CMOS 系列 2 输入与非门的电压与电流参数

参数/单位		系列						
		74HC00	74HCT00	74AHC00	74AHCT00	74LVC00	74ALVC00	74AUC00
$I_{IHmax}/\mu A$		1	1	1	1	5	5	5
$I_{ILmax}/\mu A$		−1	−1	−1	−1	−5	−5	−5
I_{OHmax}/mA	CMOS 负载	−0.02	−0.02	−0.05	−0.05	−0.1	−0.1	−0.1
	TTL 负载	−4	−4	−8	−8	−24	−24	−9
I_{OLmax}/mA	CMOS 负载	0.02	0.02	0.05	0.05	0.1	0.1	0.1
	TTL 负载	4	4	8	8	24	24	9
U_{IHmin}/V		3.5	2	3.5	2	2	2	1.7
U_{ILmax}/V		1.5	0.8	1.5	0.8	0.8	0.8	0.7
U_{OHmin}/V	CMOS 负载	4.9	4.9	4.9	4.9	2.8	2.8	2.2
	TTL 负载	4.4	4.4	4.4	4.4	2.2	2	1.8
U_{OLmax}/V	CMOS 负载	0.1	0.1	0.1	0.1	0.2	0.2	0.2
	TTL 负载	0.33	0.33	0.44	0.44	0.55	0.55	0.6

本章小结

1. 数字信号是一系列在时间上和数值上都离散的信号,通常把表示数字量的信号称为数字信号。矩形波信号是一种典型的数字信号,用它的高、低电平来表示二进制中的数字量 1 和 0。在数字系统中,用来表示 1 和 0 的电压称为逻辑电平。

传输和处理数字信号的电路称为数字电路。数字电路的主要研究对象是电路输入和输出间的逻辑关系,即电路的逻辑功能。

2. 数码有两种功能:一是用来表示数量的大小;二是用来作为事物的代码。

当用数码表示数量的大小时,所采用的各种计数进位规则称为数制。常用的数制有十进制、二进制、八进制和十六进制。各种进制所表示的数值可以按本章介绍的方法互相转换。在数字系统中,更多的是采用二进制。

常将表示不同事物的数码称为代码。本章介绍了常用的 BCD 码(8421 码、2421 码、5421 和余 3 码)和格雷码。在数字系统中,最为常用的是 8421BCD 码。

3. 基本逻辑运算有与、或、非三种,与此相应,就有与门、或门、非门三种基本逻辑门电路。

利用与、或、非三种基本逻辑运算,可构成各种复合的逻辑运算,常见的有与非、或非、与或非、异或、同或等运算,与此相应,就有与非门、或非门、与或非门、异或门和同或门。

4. 真值表、逻辑表达式、逻辑图、波形图和卡诺图是目前常用的表示逻辑函数的五种方法,它们各有特点,在本质上是相同的,可以互相转换。在实际工作中,可以根据需要选用一种最适当的方法来描述所研究的逻辑函数。

5. 逻辑代数是分析和设计逻辑电路的重要数学工具。为了使用好这个数学工具,应该熟练掌握逻辑代数中的基本定律和恒等式,并注意它们与普通代数不同的地方。

"与-或"表达式是逻辑函数常见的形式。任何一个逻辑函数经过变换均能得到唯一的最小项表达式。

用代数法化简逻辑函数的优点是使用时不受逻辑变量数量的限制。用代数法化简逻辑函数的不足之处是:① 没有固定的步骤可循;② 要熟练掌握逻辑代数中的基本定律和恒等式;③ 要有熟练的技巧和经验。

卡诺图是逻辑函数的最小项方块图表示法,它用几何位置上的相邻,形象地表示了组成逻辑函数的各个最小项之间在逻辑上的相邻性。卡诺图是化简逻辑函数的另一种重要工具。卡诺图法是通过合并最小项化简逻辑函数的方法,其优点是:① 直观、简单;② 有一定的步骤可循,不易出差错。卡诺图法的不足之处是逻辑变量的数量超过 4 个时,该方法会比较复杂,应用较少。

6. 晶体管和场效晶体管均可作为开关器件。控制晶体管的基极电流,可使晶体管工作在饱和区或截止区。晶体管饱和导通时,相当于开关接通;晶体管截止时,相当于开关断开。控制增强型绝缘栅场效晶体管的栅-源电压,可使它工作在可变电阻区或截止区,即处于导通或截止状态,在电路中也可起开关作用。

晶体管从截止状态转变到饱和状态是需要时间的,这个时间是基区电荷建立所需的时间。晶体管从饱和状态转变到截止状态也是需要时间的,这个时间是基区电荷消散所需的时间。

与晶体管有着本质的不同,MOS 管沟道形成和消失的时间都可以忽略不计。MOS 管的开关时间主要取决于器件本身存在的极间电容。

7. 门电路是一种具有多个输入端和一个输出端的开关电路。在这种电路中,利用输入信号反映"条件",利用输出信号反映"结果"。所以,门电路是能实现各种逻辑关系的基本电路,是组成数字电路的最基本单元。

根据组成门电路的器件不同,门电路可分为 TTL 型、MOS 型和 Bi-CMOS 型门电路。

8. TTL 与非门电路是由晶体管构成的,它实现的逻辑关系是:输入全为高电平时,输出为低电平;输入有低电平时,输出为高电平。由于 TTL 与非门电路的输出级采用推拉式结构,故其既可以提高开关速度,又能提高带负载能力。TTL 与非门电路输出电压与输入电压间的关系曲线称为电压传输特性。有了电压传输特性,能帮助我们了解 TTL 与非门电路的一些参数的意义以及它的抗干扰能力。

利用肖特基二极管构成的抗饱和 TTL 电路可以有效地提高开关速度。

9. 将多个集电极开路与非门的输出端直接连接在一起,可以实现**线与**逻辑功能,这给实际使用带来很多方便,有时可使电路得到简化。

10. 三态 TTL **与非**门电路除了能输出一般**与非**门电路所具有的输出电阻较小的高电平

和低电平两种状态外,还能输出第三种状态——高阻状态。三态与非门电路的一个重要用途是应用于计算机的总线结构中,此时,只要利用一根总线作为公共通道,就可实现许多数据和信息的轮流发送或接收,不仅提高了工作的可靠性,也有利于计算机的集成化和微型化。

11. MOS 数字集成电路与双极型数字集成电路相比,具有功耗低、抗干扰能力强、集成度高和制造工艺简单等优点,但工作速度较低。在 MOS 数字集成电路中,都采用增强型 MOS 管。

CMOS 非门电路兼有 NMOS 管和 PMOS 管,无论输入高电平或低电平,两个管子中总有一个处于截止状态。CMOS 电路具有集成度高、功耗极低、电源电压范围很宽(5~15 V)、便于与 TTL 电路连接、输出电压范围大、抗干扰能力强、带负载能力强(有时可直接驱动小功率晶体管)、工作速度较高等优点,是应用最广的逻辑门电路。

CMOS 传输门是一种传输模拟信号的可控开关。它由互补控制端 C 和 $\bar{C}$ 所加的逻辑电平来控制其导通与截止。

12. 本章最后介绍了使用集成门电路的几个实际问题:① 给出了集成门电路多余输入端的处理方法。指出 CMOS 门电路的多余输入端绝对不能悬空。尽管它的输入端已设置了保护电路,但因为它的输入电阻很大,故极易受静电和周围工频电磁场的影响,以致破坏电路的正常工作状态,尤其是很高的静电电压会将 CMOS 门电路损坏。② 指出了 TTL 与 CMOS 系列逻辑门电路之间接口时应注意的问题:驱动门的输出电平应在负载门所允许的输入电平范围之内,驱动门的输出电流应能满足负载门的要求。③ 在诸多系列的 CMOS 电路产品中,只要产品型号最后的数字相同,它们的逻辑功能就是相同的。但是,它们的电气性能和参数却是大不相同的。

✍ 习题

8.1.1 将下列十进制数转换为二进制数:

(1) $(49)_{10}$ (2) $(53)_{10}$ (3) $(127)_{10}$ (4) $(49)_{10}$

(5) $(635)_{10}$ (6) $(7.493)_{10}$ (7) $(79.43)_{10}$

8.1.2 将下列二进制数转换为十进制数:

(1) $(1010)_2$ (2) $(111101)_2$ (3) $(1011100)_2$

(4) $(0.10011)_2$ (5) $(101111)_2$ (6) $(01101)_2$

8.1.3 将下列二进制数转换为八进制数和十六进制数:

(1) $(11010111)_2$ (2) $(1100100)_2$ (3) $(10011110.110101)_2$

8.1.4 将下列十进制数转换为八进制数和十六进制数:

(1) $(301)_{10}$ (2) $(608)_{10}$ (3) $(1936.08)_{10}$

(4) $(1940.31)_{10}$

8.1.5 将下列十六进制数转换为二进制数、八进制数和十进制数:

(1) $(3E)_{16}$ (2) $(FE)_{16}$ (3) $(7C6)_{16}$

（4）（1ED.68）$_{16}$ （5）（7B3.5D）$_{16}$

8.1.6 将下列十进制数转换成 8421BCD 码：

（1）（1997）$_{10}$ （2）（65.312）$_{10}$

（3）（3.1416）$_{10}$ （4）（0.9475）$_{10}$

8.1.7 写出与下列 BCD 码对应的十进制数：

（1）（**10000111011001010100**）$_{8421BCD}$

（2）（**10010011.10000011**）$_{8421BCD}$

8.2.1 由表 P8.2.1 列出的真值表写出函数 L 的表达式。

表 **P8.2.1**

A	B	C	L
0	0	0	0
0	0	1	0
0	1	0	0
0	1	1	1
1	0	0	0
1	0	1	1
1	1	0	1
1	1	1	1

8.2.2 列出逻辑函数 $L=\overline{A}B+B\overline{C}+AC\overline{D}$ 的真值表。

8.2.3 已知逻辑函数 $L=A\overline{B}+B\overline{C}+\overline{A}C$，试用真值表、卡诺图、逻辑图、波形图表示该函数。

8.2.4 某逻辑电路的输入 A、B、C 及输出 L 的波形如图 P8.2.4 所示，试写出 L 的逻辑表达式。

8.2.5 已知某逻辑电路的逻辑图如图 P8.2.5 所示，试写出 L 的逻辑表达式。

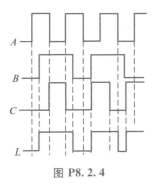

图 **P8.2.4**

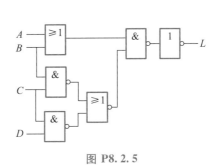

图 **P8.2.5**

8.2.6 设 B、F 均为 3 位二进制数，$B=B_2B_1B_0$ 为输入；$F=F_2F_1F_0$ 为输出。要求两者之间具有下述关系：

（1）$2 \leqslant B \leqslant 5$ 时，$F=B+2$；（2）$B<2$ 时，$F=1$；（3）$B>5$ 时，$F=0$；试列出真值表。

8.2.7 根据下列逻辑表达式，分别画出逻辑图。

（1）$L=\overline{A}\ \overline{B}+(\overline{A}+B)\overline{C}$；（2）$L=AB+\overline{A}C$；（3）$L=\overline{A\overline{B}+A\overline{C}+\overline{A}BC}$

（4）$L=BC+\overline{A+\overline{B}}$；（5）$L=A（B+C）+BC$

8.2.8 用**与非**门实现下列各逻辑函数,并画出相应的逻辑图。

（1）$L=A\bar{B}+\bar{A}B$；（2）$L=AB+\bar{A}\,\bar{B}$；（3）$L=\bar{A}B+(\bar{A}+B)C$

（4）$L=\overline{A+B+C}$；（5）$L=A+B+\bar{C}$

8.3.1 用真值表证明下列逻辑等式:

（1）$(A\oplus B)\oplus C=A\oplus(B\oplus C)$

（2）$A(B\oplus C)=AB\oplus AC$

8.3.2 证明下列等式

（1）$A+\bar{A}B=A+B$

（2）$ABC+A\bar{B}C+AB\bar{C}=AB+AC$

（3）$A+AB\bar{C}+\bar{A}CD+(\bar{C}+\bar{D})E=A+CD+E$

（4）$\bar{A}\,\bar{B}+A\bar{B}\,\bar{C}+ABC=\bar{A}\,\bar{B}+A\bar{C}+B\bar{C}$

8.3.3 写出下列逻辑函数的对偶式及反函数:

（1）$L=\bar{A}\,\bar{B}+CD$ （2）$L=ABC+(\bar{A}+\bar{B}\,\bar{C})(A+C)$

（3）$L=\overline{A+B+\bar{C}+\overline{D+E}}$

8.4.1 用代数法化简下列逻辑函数:

（1）$L=A\bar{B}+A\bar{C}+\bar{B}C+\bar{A}B\bar{C}+ABCD$

（2）$L=B+\bar{A}B+A\bar{B}$

（3）$L=AB+\bar{A}C+ABD+BCD$

（4）$L=A\bar{B}(\bar{A}CD+\overline{AD+\bar{B}\,\bar{C}})(\bar{A}+B)$

（5）$L=AC(\bar{C}D+\bar{A}B)+BC(\overline{\overline{B}+AD+CE})$

（6）$L=A+(B+\bar{\bar{C}})(A+\bar{B}+C)(A+B+C)$

（7）$L=A\overline{CD}+BC+\bar{B}D+A\bar{B}+\bar{A}C+\overline{BC}$

（8）$L=\overline{\overline{\overline{A}+B}+A+\overline{\overline{B}+A\bar{B}}\cdot\overline{A\bar{B}}}$

8.4.2 试写出图 P8.4.2 所示电路 L_1、L_2 的逻辑表达式,进行化简,并说明它们的逻辑功能。

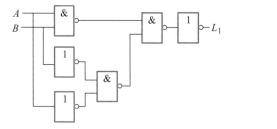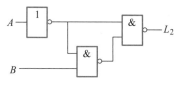

图 P8.4.2

8.4.3 逻辑电路如图 P8.4.3 所示。试画出与其具有相同逻辑功能、并用**与非**门组成的逻辑图。

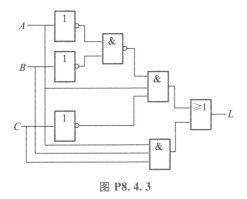

图 P8.4.3

8.4.4 已知逻辑函数 L 的真值表如表 P8.4.4 所示。试写出 L 的表达式,并画出用**与非门**组成的逻辑图。

表 P8.4.4

A	B	C	L
0	0	0	0
0	0	1	0
0	1	0	0
0	1	1	1
1	0	0	1
1	0	1	0
1	1	0	1
1	1	1	1

8.5.1 将下列逻辑函数化为最小项之和的形式:

(1) $L = AC + \overline{B}C + \overline{A}BC$ 　　(2) $L = \overline{A}D + BCD + \overline{A}BC\overline{D}$

(3) $L = A + C + BD$ 　　(4) $L = AB + \overline{\overline{BC}(\overline{C} + \overline{D})}$

8.5.2 用卡诺图法化简下列逻辑函数:

(1) $L = ABC + ABD + \overline{C}\,\overline{D} + A\overline{B}\overline{C} + \overline{A}C\overline{D} + A$

(2) $L = A\overline{B} + \overline{A}C + BC + \overline{C}D$

(3) $L = \overline{A}\,\overline{B} + \overline{B}C + \overline{A} + B + \overline{B}\,\overline{C}D$

(4) $L = \overline{A}\,\overline{B} + AC + \overline{B}C$

(5) $L = A\,\overline{BC} + \overline{A}\,\overline{B} + \overline{A}D + C + BD$

(6) $L = \sum (m_0, m_1, m_3, m_4, m_5, m_7)$

(7) $L = \sum (m_0, m_2, m_8, m_{10})$

(8) $L = \sum (m_0, m_2, m_3, m_5, m_7, m_8, m_{10}, m_{11}, m_{13}, m_{15})$

(9) $L = \sum (m_0, m_1, m_2, m_5, m_8, m_9, m_{10}, m_{12}, m_{14})$

(10) $L = \sum (m_1, m_2, m_3, m_4, m_5, m_7, m_9, m_{15})$

8.5.3 用卡诺图法化简下列具有无关项的逻辑函数：

（1）$L = \overline{A}\,\overline{B}CD + AB\overline{C}D + \overline{A}\overline{B}CD + \overline{A}BCD + A\overline{B}\,\overline{C}\,\overline{D} + \overline{A}BCD + ABC\overline{D}$

约束条件为 $\overline{A}\,\overline{B}CD + A\,\overline{B}\,\overline{C}D + ABCD = \mathbf{0}$

（2）$L = C\overline{D}(A \oplus B) + \overline{A}B\overline{C} + \overline{A}\,\overline{C}D$ 约束条件为 $AB + CD = \mathbf{0}$

（3）$L = (A\overline{B} + B)\overline{C}\overline{D} + \overline{(A + B)(\overline{B} + C)}$ 约束条件为 $ACD + BCD = \mathbf{0}$

（4）$L(A,B,C,D) = \sum(m_3, m_5, m_6, m_7, m_{10})$ 约束条件为 $m_0 + m_1 + m_2 + m_4 + m_8 = \mathbf{0}$

（5）$L(A,B,C,D) = \sum(m_2, m_3, m_7, m_8, m_{11}, m_{14})$ 约束条件为 $m_0 + m_5 + m_{10} + m_{15} = \mathbf{0}$

8.6.1 已知逻辑电路如图 P8.6.1 所示，试写出其输出 L 的逻辑表达式。

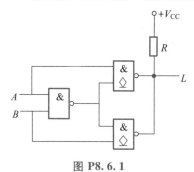

图 P8.6.1

8.6.2 图 P8.6.2 中所示的电路均为 TTL 电路。试回答：

（1）各电路能否实现给定的逻辑功能；

（2）电路如有错误，试加以改正。

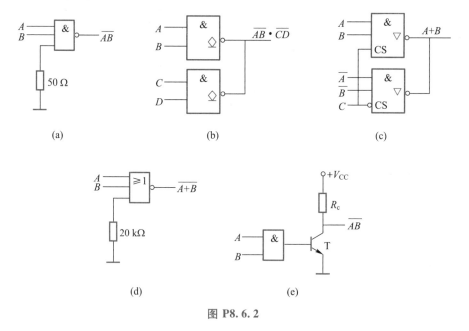

(a) (b) (c)

(d) (e)

图 P8.6.2

8.7.1 CMOS 2 输入端门电路如图 P8.7.1 所示，试分析其逻辑功能。

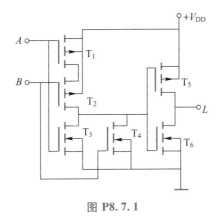

图 **P8.7.1**

8.7.2 试分析如图 P8.7.2 所示各电路的逻辑功能,写出它们的逻辑表达式。

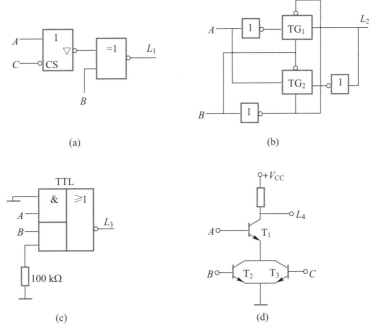

(a)

(b)

(c)

(d)

图 **P8.7.2**

8.7.3 如图 P8.7.3 所示为 2 输入端 BiCMOS **与非**门电路,试分析该电路是怎样实现**与非**逻辑关系的?

8.7.4 分析如图 P8.7.4 所示电路的工作原理,写出输出 L 的逻辑表达式。

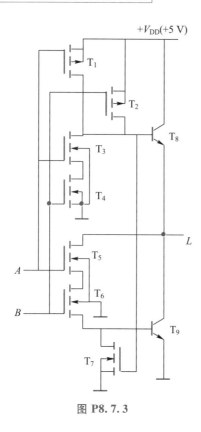

+V_DD(+5 V)

图 **P8.7.3**

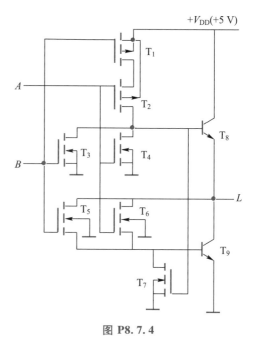

图 **P8.7.4**

第 8 章 重要题型分析方法

第 8 章 部分习题解答

第 9 章

组合逻辑电路

 引言

在上一章中,介绍了构成数字系统的基本单元——逻辑门电路以及分析和设计数字电路的代数法和卡诺图法。在实际应用中,经常需要把一些逻辑门电路组合起来,以实现更多和更复杂的逻辑功能。

在数字系统中,常用的数字部件按其结构和工作原理可分为两大类:组合逻辑电路和时序逻辑电路。

本章将运用上一章介绍的基本知识来分析和设计组合逻辑电路。首先介绍组合逻辑电路的一般分析方法和设计方法,然后介绍常用的典型中规模集成组合逻辑电路的逻辑功能及其应用。本章介绍的典型中规模集成组合逻辑电路有编码器、译码器、数据分配器、数据选择器、数字比较器和二进制加法器等。

9.1　组合逻辑电路的分析和设计

9.1.1　组合逻辑电路的逻辑功能描述和特点

一、组合逻辑电路的逻辑功能描述

组合逻辑电路的框图如图 9.1.1 所示,它有多个输入端和一个或多个输出端。

在图 9.1.1 中,x_1、x_2、$\cdots$、x_i 为电路的 i 个输入信号,z_1、z_2、$\cdots$、z_j 为电路的 j 个输出信号,输出信号与输入信号之间的逻辑关系可以用以下的逻辑函数来描述,即

$$\begin{cases} z_1 = f_1(x_1, x_2, \cdots, x_i) \\ z_2 = f_2(x_1, x_2, \cdots, x_i) \\ \quad\quad\quad \vdots \\ z_j = f_j(x_1, x_2, \cdots, x_i) \end{cases} \quad (9.1.1)$$

图 9.1.1　组合逻辑电路的框图

组合逻辑电路的逻辑功能除了可用逻辑函数表达式来描述外,还可以用真值表、卡诺图、逻辑图、波形图等方法来进行描述。

二、组合逻辑电路的特点

1. 逻辑功能上的特点

组合逻辑电路在逻辑功能上的特点是:在任意时刻,电路的输出状态仅取决于该时刻的输入状态,而与电路原来所处的状态无关。也就是说,在组合逻辑电路中,输出信号仅是该时刻输入信号的函数。

2. 电路结构上的特点

组合逻辑电路主要由门电路组成,其结构上的特点为:① 输入和输出之间没有反馈通路;② 电路中没有存储单元,即组合逻辑电路没有记忆功能。

9.1.2 组合逻辑电路的分析

一、分析组合逻辑电路的步骤

分析组合逻辑电路要解决的问题是:已知组合逻辑电路的逻辑图,确定该电路的逻辑功能。

分析组合逻辑电路的步骤如下。

(1)由给定的逻辑图,从电路的输入端到输出端,逐级写出各级门电路的逻辑表达式,最后得出输出的逻辑表达式。

(2)将逻辑表达式化简,以得到最简逻辑表达式。

(3)根据最简逻辑表达式列出真值表。

(4)根据真值表对电路进行分析,确定电路的逻辑功能。

二、分析举例

例 9.1.1 组合逻辑电路的逻辑图如图 9.1.2 所示,分析该电路的逻辑功能。

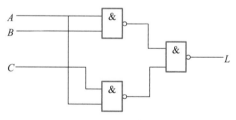

解:(1)由逻辑图逐级写出的逻辑表达式为

$$L = \overline{\overline{AB} \cdot \overline{AC}}$$

(2)对逻辑表达式进行化简可得

图 9.1.2 例 9.1.1 的逻辑图

$$L = \overline{\overline{AB} \cdot \overline{AC}} = AB + AC$$

(3)先将三个输入变量的 8 组取值一一列出,然后分别将每一组输入变量的取值代入逻辑函数表达式中,最后计算出每一个输出变量的值,便可得到如表 9.1.1 所示的真值表。

表 9.1.1　例 9.1.1 的真值表

A	B	C	L
0	0	0	0
0	0	1	0
0	1	0	0
0	1	1	0
1	0	0	0
1	0	1	1
1	1	0	1
1	1	1	1

（4）分析逻辑功能

分析真值表可知,这个电路的逻辑功能是一个"三人表决"电路,结果按"少数服从多数"的原则决定,但是 A 代表主裁判,具有一票否决权（表 9.1.1 中,$ABC = \mathbf{011}$ 时,由于 $A = \mathbf{0}$ 行使了一票否决权,故有 $L = \mathbf{0}$）。

例 9.1.2　试分析图 9.1.3 所示逻辑图的逻辑功能。

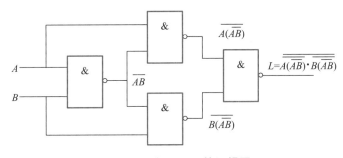

图 9.1.3　例 9.1.2 的逻辑图

解:（1）由所给逻辑图可写出逻辑表达式为

$$L = \overline{\overline{A(\overline{AB})} \cdot \overline{B(\overline{AB})}}$$

（2）将上式用摩根定律化简可得

$$L = A(\overline{AB}) + B(\overline{AB}) = A(\overline{A} + \overline{B}) + B(\overline{A} + \overline{B})$$

$$= A\overline{A} + A\overline{B} + \overline{A}B + B\overline{B} = A\overline{B} + \overline{A}B$$

（3）由化简后的逻辑表达式便可知道,该逻辑图实现的是**异或**逻辑功能。就不必再画真值表了。

在以上例题中,输出变量只有一个,对于多个输出变量的组合逻辑电路,分析方法完全相同。

9.1.3　组合逻辑电路的设计

组合逻辑电路的设计与分析过程是相反的。

组合逻辑电路的设计要解决的问题是:根据实际问题提出的逻辑要求,画出实现该逻辑要求的最简逻辑图。在实际设计中,所谓的"最简"是指:① 电路所用的器件数最少;② 器件的种类最少;③ 器件之间的连线也最少。这样的电路不仅结构紧凑,而且可以降低成本,提高工作的可靠性。利用代数法和卡诺图法化简逻辑函数,就可以达到这个目的。

一、设计组合逻辑电路的步骤

设计组合逻辑电路的步骤通常如下:

1. 分析设计要求,列出真值表。

在许多情况下,实际的逻辑问题通常是用一段文字来表述其因果关系的,因此就需要采取以下步骤列出真值表:

① 根据给定的逻辑问题,确定输入变量和输出变量,一般把引起事件的原因作为输入变量,把事件的结果作为输出变量,并用相应的字母表示。

② 用 **0** 和 **1** 分别表示输入变量和输出变量的两种对立状态。

③ 根据输入变量与输出变量之间的逻辑关系列出真值表。

2. 根据真值表,写出输出逻辑函数的表达式。

3. 选定设计要用的器件类型。

为了产生所需要的输出逻辑函数,既可选用小规模逻辑门电路,也可选用中规模集成电路(如译码器、数据选择器、加法器等)。具体选用哪一种电路应视电路的具体要求和器件的资源情况而定。

4. 将输出逻辑函数表达式进行化简或变换。

① 在使用小规模集成门电路进行设计时,为获得最简单的设计结果,应把逻辑函数化简成最简形式,以使器件数目和种类最少。通常把逻辑函数转换为**与非–与非式**或**与或非式**,这样可以用**与非门**或者**与或非门**来实现。

② 在使用中规模组合逻辑电路设计电路时,需要将逻辑函数变换成常用组合逻辑电路的逻辑函数式形式。

5. 根据化简或变换后的输出逻辑函数表达式画出逻辑图。

如果想将逻辑设计变为具体装置,还需要进行工艺组装和调试等工作。

下面以使用小规模集成门电路为例来说明设计组合逻辑电路的方法。

二、设计举例

例 9.1.3　设计一个多开关检测电路,当三个开关中,有两个或三个开关闭合时,才能输出正常的工作信号;否则就输出报警信号。

解:(1) 分析设计要求,可知该电路有三个输入端,一个输出端。设三个开关分别用字母 A、B、C 表示,开关闭合用 **1** 表示,断开用 **0** 表示;输出用字母 L 表示,发出正常信号时用 **1**

表示;发出报警信号时用 **0** 表示。

根据设计要求可建立该逻辑函数的真值表,如表 9.1.2 所示。

表 **9.1.2** 例 **9.1.3** 的真值表

A	B	C	L
0	0	0	0
0	0	1	0
0	1	0	0
0	1	1	1
1	0	0	0
1	0	1	1
1	1	0	1
1	1	1	1

(2)根据真值表可得输出逻辑函数的标准**与或**表达式为

$$L = \overline{A}BC + A\overline{B}C + AB\overline{C} + ABC$$

(3)用卡诺图法化简输出逻辑函数,其卡诺图如图 9.1.4 所示。合并最小项后,可得最简**与或**表达式为

$$L = AB + AC + BC$$

(4)画出由**与门**和**或门**实现的逻辑图,如图 9.1.5(a)所示。

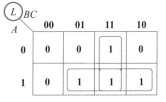

图 **9.1.4** 例 **9.1.3** 的卡诺图

如果要求用**与非门**实现逻辑图,就应将逻辑表达式转换成**与非-与非**表达式,即

$$L = AB + AC + BC = \overline{\overline{AB} \cdot \overline{AC} \cdot \overline{BC}}$$

由上式便可画出由**与非门**实现的逻辑图,如图 9.1.5(b) 所示。

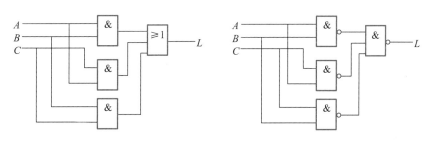

(a)用与门和或门实现的逻辑图   (b)用与非门实现的逻辑图

图 **9.1.5** 例 **9.1.3** 的逻辑图

9.2　常用中规模组合逻辑电路器件

随着集成电路制作工艺的发展,许多常见的组合逻辑电路已制成中规模集成器件,这些器件标准化程度高,通用性强,体积小,设计灵活,广泛应用于数字系统中。下面介绍数字系统中常见的中规模集成组合逻辑器件。

常用的中规模组合逻辑器件品种较多,主要有编码器、译码器、数据分配器、数据选择器、数值比较器和加法器等。

9.2.1　编码器

一、编码器的基本概念

所谓编码,就是把二进制码按一定的规律编排以组成不同的代码,并使每个代码具有特定的含义(例如代表某个数或控制信号)。

具有编码功能的组合逻辑电路称为编码器。编码器是一种具有多个输入端和多个输出端的组合逻辑电路。

编码器有着广泛的用途,例如,在微型计算机的键盘电路中就设置了编码器,每当按下一个按键时,编码器就自动地将输入信息编成一组对应的二进制代码送入机器中,以便对输入信息进行运算或处理。

编码器有若干个输入信号,在某一时刻只有一个输入信号被转换为相应的二进制代码。用 n 位二进制代码最多可以实现对 $N = 2^n$ 个信号进行编码。

按照输入信号有无优先级别,可以将编码器分为普通编码器和优先编码器。

学习编码器时,要掌握各种编码器的基本概念及中规模集成器件的功能和特点。

二、普通编码器

在任何时刻只允许输入一个有效信号的编码器称为普通编码器。

1. 键控 8421BCD 码编码器

图 9.2.1 是一个用十个按键控制的 8421BCD 码编码器。图中,$S_0 \sim S_9$ 是十个按键,分别对应 0~9 十个十进制数,例如,当 S_2 按下时,2 点接低电平地,相当于给编码器输入十进制数 2,即输入为低电平有效。A、B、C、D 为代码输出端(A 为最高位),输出的是 8421BCD 码;GS 是编码器的控制使用标志输出端。

该编码器的真值表如表 9.2.1 所示。由真值表可知:① 只要按下 $S_0 \sim S_9$ 中的任意一个按键,$ABCD$ 就输出一个与之对应的 8421BCD 码。例如,当按下 S_2 时,输出的代码为 $ABCD = 0010$,正好与输入的十进制数 2 相对应。② 当按下按键 S_0 时,输出代码为 $ABCD = 0000$,这与不按任何按键时的 $ABCD = 0000$ 完全相同。为了区分这两种情况,就在图 9.2.1 中设置了

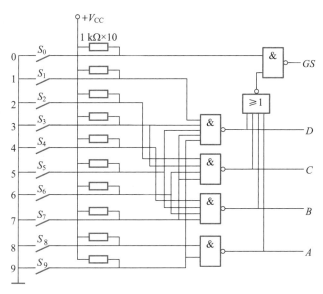

图 9.2.1 用十个按键控制的 8421BCD 码编码器

控制使用标志输出端 GS。设置了 GS 端后,当按下按键 S_0 时,$GS = 1$;当不按任何按键时,$GS = 0$,两种不同情况就被严格区分开了。在该编码器进行正常编码时,控制使用标志输出端 GS 总输出 **1**。

表 9.2.1 用十个按键控制的 8421BCD 码编码器的真值表

输入										输出				
S_9	S_8	S_7	S_6	S_5	S_4	S_3	S_2	S_1	S_0	A	B	C	D	GS
1	**1**	**1**	**1**	**1**	**1**	**1**	**1**	**1**	**1**	**0**	**0**	**0**	**0**	**0**
1	**1**	**1**	**1**	**1**	**1**	**1**	**1**	**1**	**0**	**0**	**0**	**0**	**0**	**1**
1	**1**	**1**	**1**	**1**	**1**	**1**	**1**	**0**	**1**	**0**	**0**	**0**	**1**	**1**
1	**1**	**1**	**1**	**1**	**1**	**1**	**0**	**1**	**1**	**0**	**0**	**1**	**0**	**1**
1	**1**	**1**	**1**	**1**	**1**	**0**	**1**	**1**	**1**	**0**	**0**	**1**	**1**	**1**
1	**1**	**1**	**1**	**1**	**0**	**1**	**1**	**1**	**1**	**0**	**1**	**0**	**0**	**1**
1	**1**	**1**	**1**	**0**	**1**	**1**	**1**	**1**	**1**	**0**	**1**	**0**	**1**	**1**
1	**1**	**1**	**0**	**1**	**1**	**1**	**1**	**1**	**1**	**0**	**1**	**1**	**0**	**1**
1	**1**	**0**	**1**	**1**	**1**	**1**	**1**	**1**	**1**	**0**	**1**	**1**	**1**	**1**
1	**0**	**1**	**1**	**1**	**1**	**1**	**1**	**1**	**1**	**1**	**0**	**0**	**0**	**1**
0	**1**	**1**	**1**	**1**	**1**	**1**	**1**	**1**	**1**	**1**	**0**	**0**	**1**	**1**

键控 8421BCD 码编码器要求在任何时刻只允许一个输入信号有效,若同时按下两个或更多个按键时,输出将发生混乱。

2. 普通二进制编码器

用 n 位二进制代码对 2^n 个信号进行编码的组合逻辑电路称为二进制编码器。二进制编码器有 2^n 个输入端,n 个输出端。

例 9.2.1 设计一个 4 线-2 线普通二进制编码器。要求是:将 4 个输入信息编成 2 位二进制代码;在任一瞬间,4 个信息中只能有一个处于有效状态。

解:(1)将 4 个输入信息分别用 I_0、I_1、I_2、I_3 表示,信息请求编码有效用 **1** 表示,无效用 **0** 表示。2 位代码用 Y_1Y_0 表示,输入信息 I_0、I_1、I_2、I_3 对应的编码分别为 **00**、**01**、**10**、**11**。

(2)由设计要求可知,在任何时刻只能有一个输入变量取值为 **1**,并且有一个与之对应的二进制代码输出,故可得如表 9.2.2 所示的真值表。表中只列出了 4 个输入变量的 4 种有效取值组合。由于其余的 12 种组合所对应的输出均为 **0**,故未列出。

表 9.2.2 例 9.2.1 的真值表

输入				输出	
I_0	I_1	I_2	I_3	Y_1	Y_0
1	**0**	**0**	**0**	**0**	**0**
0	**1**	**0**	**0**	**0**	**1**
0	**0**	**1**	**0**	**1**	**0**
0	**0**	**0**	**1**	**1**	**1**

(3)由真值表可得输出 Y_1、Y_0 的逻辑表达式分别为

$$Y_1 = \bar{I}_0\bar{I}_1 I_2\bar{I}_3 + \bar{I}_0\bar{I}_1\bar{I}_2 I_3$$

$$Y_0 = \bar{I}_0 I_1\bar{I}_2\bar{I}_3 + \bar{I}_0\bar{I}_1\bar{I}_2 I_3$$

(4)由逻辑表达式可画出该 4 线-2 线编码器的逻辑图,如图 9.2.2 所示。

普通编码器存在的问题是,在任一瞬间只允许输入一个有效信号,否则会导致编码混乱。例如,在图 9.2.2 中,当 I_2 和 I_3 同时为 **1** 时,Y_1Y_0 为 **00**,此时输出既不是对 I_2 和 I_3 的编码,也不是对 I_0 的编码。这种情况在实际中必须加以区分,解决的方法将在下面的章节中介绍。

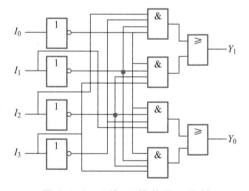

图 9.2.2 4 线-2 线普通二进制
编码器的逻辑图

三、8 线-3 线集成二进制优先编码器

在数字系统中,常常要求这样的编码方式,即在编码器的几个输入端同时输入有效信号时,编码器只对其中优先权最高的一个有效输入信号进行编码。能完成只对优选权最高的一个有效输入信号进行编码的编码器称为优先编码器。这种编码器不必对输入信号提出严格要求,使用方便可靠,得到了广泛的应用。优先编码器有二进制优先编码器和二-十进制优先编码器。这里仅介绍二进制优先编码器。

1. 8 线-3 线集成优先编码器 CD4532 的逻辑功能

8 线-3 线中规模集成优先编码器 CD4532 是 4000 系列 CMOS 集成电路优先编码器(此类 TTL 产品已不再使用),它的逻辑图、引脚图及逻辑符号如图 9.2.3 所示。这里仅介绍它

的逻辑功能和使用方法。图中，$I_7 \sim I_0$ 是 8 个信号输入端，Y_2、Y_1、Y_0 是 3 位二进制码输出端，GS 是工作标志输出端。此外，为便于将多个芯片连接起来以扩展电路的功能，还设置了使能输入端 EI 和使能输出端 EO。

8 线–3 线集成优先编码器 CD4532 的真值表如表 9.2.3 所示。

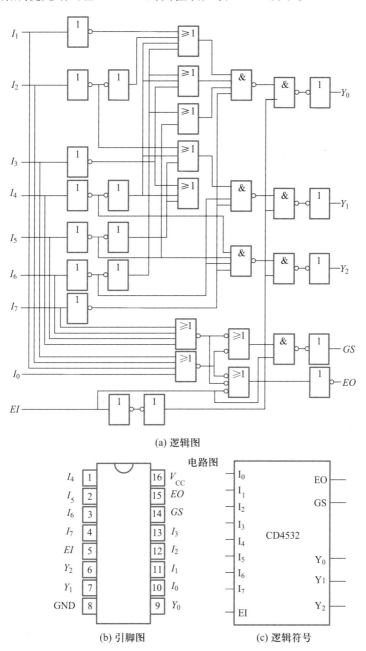

(a) 逻辑图

电路图

(b) 引脚图 (c) 逻辑符号

图 9.2.3 8 线–3 线集成优先编码器 CD4532

413

表 9.2.3　8 线−3 线集成优先编码器 CD4532 的真值表

输入									输出				
EI	I_7	I_6	I_5	I_4	I_3	I_2	I_1	I_0	Y_2	Y_1	Y_0	GS	EO
0	×	×	×	×	×	×	×	×	**0**	**0**	**0**	**0**	**0**
1	**0**	**0**	**0**	**0**	**0**	**0**	**0**	**0**	**0**	**0**	**0**	**0**	**1**
1	**1**	×	×	×	×	×	×	×	**1**	**1**	**1**	**1**	**0**
1	**0**	**1**	×	×	×	×	×	×	**1**	**1**	**0**	**1**	**0**
1	**0**	**0**	**1**	×	×	×	×	×	**1**	**0**	**1**	**1**	**0**
1	**0**	**0**	**0**	**1**	×	×	×	×	**1**	**0**	**0**	**1**	**0**
1	**0**	**0**	**0**	**0**	**1**	×	×	×	**0**	**1**	**1**	**1**	**0**
1	**0**	**0**	**0**	**0**	**0**	**1**	×	×	**0**	**1**	**0**	**1**	**0**
1	**0**	**0**	**0**	**0**	**0**	**0**	**1**	×	**0**	**0**	**1**	**1**	**0**
1	**0**	**0**	**0**	**0**	**0**	**0**	**0**	**1**	**0**	**0**	**0**	**1**	**0**

从真值表可以得出以下结论。

（1）该编码器的输入和输出均以高电平为有效电平，而且输入优先级别的次序依次为 $I_7, I_6, \cdots, I_0$。

（2）当使能输入端 $EI = 1$ 时，编码器工作，可以完成优先编码的功能；当 $EI = 0$ 时，则不论 8 个信号输入端为何种状态，3 个输出端 $Y_2 Y_1 Y_0$ 均为 **000**，GS 和 EO 也为 **0**，编码器处于禁止编码状态。

（3）GS 是编码器的工作标志输出端。只有 EI 为 **1**，而且输入信号 $I_0 \sim I_7$ 中至少有一个为 **1** 时，工作标志输出端 GS 才为 **1**，表明编码器处于编码状态。有了 GS 端，在 $EI = 1$ 时，可把所有输入信号均为 **0** 和仅有 I_0 为 **1** 的两种情况严格区分开来，因为虽然这两种情况下 $Y_2 Y_1 Y_0$ 均为 **000**，但是在前一种情况下 $GS = 0$，而后一种情况下 $GS = 1$。由此可见，只要 $GS = 1$，编码器就处于编码状态；而当 $GS = 0$ 时，编码器一定处于禁止编码状态。

（4）EO 为使能输出端。只有当使能输入端 EI 为 **1**，且输入信号 $I_0 \sim I_7$ 都为 **0** 时，使能输出端 EO 才为 **1**。EO 可以与另一片相同器件的 EI 相连，以便组成具有更多输入端的优先编码器。

2. 用两片 CD4532 组成 16 线−4 线优先编码器

用两片 CD4532 相连，可以组成 16 线−4 线优先编码器，它的逻辑图如图 9.2.4 所示。它的工作原理可结合真值表 9.2.3 进行如下分析。

（1）当 $EI_1 = 0$ 时，第 1 片处于禁止编码状态，其输出为 $Y_2 Y_1 Y_0 = 000$、$GS_1 = 0$、$EO_1 = 0$。由图 9.2.4 可知，$EO_1 = 0$ 就使 $EI_0 = 0$，则第 0 片也处于禁止编码状态，其输出为 $Y_2 Y_1 Y_0 = 000$、$GS_0 = 0$、$EO_0 = 0$。故**或**门 G_3 的输出 $GS = GS_0 + GS_1 = 0$，这表明此时整个电路处于禁止编码状态，输出的代码为 $L_3 L_2 L_1 L_0 = 0000$（因为 $L_3 = GS_1 = 0$；第 1 片和第 0 片都有 $Y_2 Y_1 Y_0 = 000$，三个**或**门 G_2、G_1、G_0 的输出 L_2、L_1、L_0 也均为 **0**）。

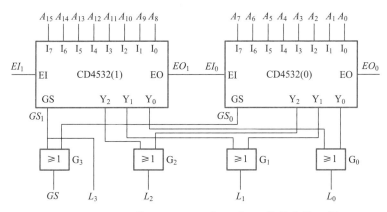

图 9.2.4　用两片 CD4532 组成 16 线-4 线优先编码器

（2）当 $EI_1 = 1$ 时，第 1 片处于编码状态，若这时 $A_{15} \sim A_8$ 均无有效信号输入，则有 $GS_1 = 0$、$EO_1 = 1$。$EO_1 = 1$ 就使 $EI_0 = 1$，第 0 片才处于编码状态。可见，第 1 片的优先级别比第 0 片高。在这种情况下，由于 $A_{15} \sim A_8$ 均无有效信号输入，第 1 片的输出 $Y_2 Y_1 Y_0 = 000$，且 $GS_1 = 0$，就使 4 个**或**门 $G_3 \sim G_0$ 都打开，则 L_2、L_1、L_0 由第 0 片的输出来决定，而 $L_3 = GS_1$ 总等于 **0**，故整个电路的输出代码 $L_3 L_2 L_1 L_0$ 将在 **0000 ～ 0111** 的范围内变化。若第 0 片只有 A_0 有高电平输入，则整个电路的输出为 $L_3 L_2 L_1 L_0 = 0000$；若 $A_7 \sim A_0$ 均有高电平输入，则 $L_3 L_2 L_1 L_0 = 0111$。当第 0 片的 $A_7 \sim A_0$ 中至少有一个为高电平时，$GS_0 = 1$，则 G_3 的输出 $GS = GS_0 + GS_1 = 1$，说明整个电路处于编码状态。当第 0 片处于编码状态时，A_7 的优先级别最高，A_0 的优先级别最低。

（3）当 $EI_1 = 1$ 时，第 1 片处于编码状态，在 $A_{15} \sim A_8$ 中至少有一个为高电平时，则有 $GS_1 = 1$、$EO_1 = 0$。$EO_1 = 0$ 就使 $EI_0 = 0$，则第 0 片处于禁止编码状态。此时 $L_3 = GS_1 = 1$，L_2、L_1、L_0 则由第 1 片的输出来决定，整个电路的输出代码 $L_3 L_2 L_1 L_0$ 将在 **1000 ～ 1111** 的范围内变化。当第 1 片处于编码状态时，A_{15} 的优先级别最高。

由以上分析可知，电路能实现对 16 位输入信号的优先编码，其优先级别从 $A_{15} \sim A_0$ 依次递减。

9.2.2　译码器

一、译码器的基本概念

将具有特定含义的不同二进制代码"翻译"（辨别）出来，并转换成相应逻辑电平输出信号的过程称为译码。具有译码功能的组合逻辑电路称为译码器。可见译码器的逻辑功能正好与编码器相反。

译码器是具有多个输入端和多个输出端的组合逻辑电路。译码器的输入为具有特定含义的二进制代码，它的输出为对应于输入二进制代码的特定信号。常用的译码器有二进制译码器、二-十进制译码器和显示译码器等。

二、二进制译码器

1. 二进制译码器的定义与功能

二进制译码器是能把输入的 n 位二进制代码的所有组合变换为 2^n 组互不相同的逻辑电

平输出信号的组合逻辑电路。

二进制译码器具有 n 个输入端和 2^n 个输出端。它常用于实现多输出的组合逻辑函数，也常用于计算机系统中对存储器单元地址的译码,将每一个地址代码转换成一个有效信号,从而选中对应的地址。

2. 2线–4线二进制译码器

图9.2.5是二输入变量的二进制译码器的逻辑图。图中,A、B 为输入端,可接受两位二进制代码,因为两位二进制代码 AB 共有四种不同的组合,故可以译出四个输出信号 $Y_0 \sim Y_3$。因此,常把图9.2.5所示的译码器称为二线输入、四线输出译码器,简称2线–4线译码器。2线–4线译码器的真值表如表9.2.4所示。

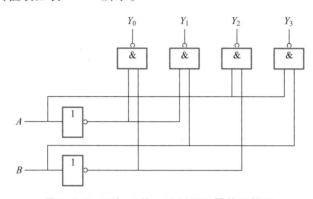

图 9.2.5　2线–4线二进制译码器的逻辑图

表 9.2.4　2线–4线二进制译码器的真值表

输入		输出			
A	B	Y_0	Y_1	Y_2	Y_3
0	0	0	1	1	1
0	1	1	0	1	1
1	0	1	1	0	1
1	1	1	1	1	0

由真值表可写出各输出信号 Y_0、Y_1、Y_2、Y_3 的逻辑表达式分别为

$$Y_0 = \overline{\overline{A}\,\overline{B}},\ Y_1 = \overline{\overline{A}B},\ Y_2 = \overline{A\overline{B}},\ Y_3 = \overline{AB}$$

由这些表达式画出的逻辑图就是如图9.2.5所示的逻辑图。

由表9.2.4可以看出:① 输出的有效电平为低电平;② 对应于 A、B 的每一种组合,只有一个输出为 0,其他各个输出均为 1。例如,当 $A_1A_0 = 01$ 时,$Y_1 = 0$;当 $A_1A_0 = 11$ 时,$Y_3 = 0$ 等。由此可知,二进制译码器是通过输出互相不同的逻辑电平来识别输入端所加的不同二进制代码的。

3. 3线-8线集成二进制译码器 74X138

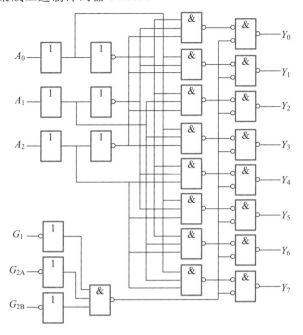

(a) 74HC138的逻辑图

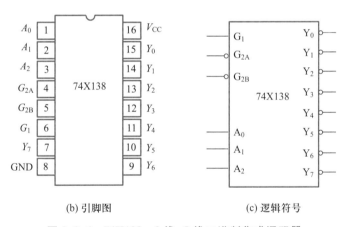

(b) 引脚图　　　　　(c) 逻辑符号

图 9.2.6　74X138　3 线-8 线二进制集成译码器

常用的 3 线-8 线中规模集成二进制译码器有 74HC138(CMOS)和 74LS138(TTL)两种产品,两者的逻辑功能相同,但电性能参数不同。74X138 中的 X 是表示以上两种产品中的任意一种。图 9.2.6 所示为 74X138 的逻辑图、引脚图及逻辑符号。图中,A_0、A_1、A_2 是三个输入端,接收三位二进制代码。由于三位二进制代码共有八种不同的组合,故可译出八个输出信号 $Y_0 \sim Y_7$。为方便用户扩展功能或级联时使用,该译码器设置了三个使能输入端 G_1、G_{2A} 和 G_{2B}。

74X138 的真值表如表 9.2.5 所示。由表可知:当使能输入端 G_1 为 **1**,G_{2A} 和 G_{2B} 均为 **0** 时,译码器处于译码状态,保证在八组不同的输入状态下,每组都有一个与之对应的输出(为低电平有效）。否则，译码器处于禁止译码状态，所有的输出端都被封锁在高电平。

表 9.2.5 3 线-8 线二进制译码器 74X138 的真值表

输入						输出							
G_1	G_{2A}	G_{2B}	A_2	A_1	A_0	Y_0	Y_1	Y_2	Y_3	Y_4	Y_5	Y_6	Y_7
×	1	×	×	×	×	1	1	1	1	1	1	1	1
×	×	1	×	×	×	1	1	1	1	1	1	1	1
0	×	×	×	×	×	1	1	1	1	1	1	1	1
1	0	0	0	0	0	0	1	1	1	1	1	1	1
1	0	0	0	0	1	1	0	1	1	1	1	1	1
1	0	0	0	1	0	1	1	0	1	1	1	1	1
1	0	0	0	1	1	1	1	1	0	1	1	1	1
1	0	0	1	0	0	1	1	1	1	0	1	1	1
1	0	0	1	0	1	1	1	1	1	1	0	1	1
1	0	0	1	1	0	1	1	1	1	1	1	0	1
1	0	0	1	1	1	1	1	1	1	1	1	1	0

当 $G_1 = 1$、$G_{2A} = 0$ 和 $G_{2B} = 0$ 时，八个输出端的逻辑表达式为

$$Y_0 = \overline{\overline{A_2}\,\overline{A_1}\,\overline{A_0}} = \overline{m_0}$$

$$Y_1 = \overline{\overline{A_2}\,\overline{A_1}\,A_0} = \overline{m_1}$$

$$Y_2 = \overline{\overline{A_2}\,A_1\,\overline{A_0}} = \overline{m_2}$$

$$Y_3 = \overline{\overline{A_2}\,A_1\,A_0} = \overline{m_3}$$

$$Y_4 = \overline{A_2\,\overline{A_1}\,\overline{A_0}} = \overline{m_4}$$

$$Y_5 = \overline{A_2\,\overline{A_1}\,A_0} = \overline{m_5}$$

$$Y_6 = \overline{A_2\,A_1\,\overline{A_0}} = \overline{m_6}$$

$$Y_7 = \overline{A_2\,A_1\,A_0} = \overline{m_7}$$

(9.2.1)

观察式(9.2.1)可以看出，74X138 二进制译码器的特点是：每个输出信号分别对应一个三变量最小项的非运算。利用这个特点，可用 74X138 二进制译码器方便地实现三变量多输出的逻辑函数。

4. 二进制译码器的应用

（1）实现多输出组合逻辑函数

由 3 线-8 线译码器 74X138 的真值表可以看出，当使能输入端 G_1、G_{2A} 和 G_{2B} 分别为 **1**、**0**

和 **0** 时,若将 A_2、A_1、A_0 作为三个输入变量,则八个输出变量 $Y_0 \sim Y_7$ 就分别对应着这三个输入变量全部最小项中一个最小项的**非**运算,它们分别是 $\overline{m_0} \sim \overline{m_7}$。因此,只要在该译码器输出端的后面再附加一定的门电路,便可根据需要将某些最小项适当地组合起来,以产生希望得到的三变量组合逻辑函数。

推而广之,由于 n 位二进制译码器的输出给出了 n 个变量的全部最小项的**非**运算,因而采用 n 变量二进制译码器和**或**门(当译码器的有效输出电平为高电平时)或者**与非**门(当译码器的有效输出电平为低电平时),则一定能实现任何形式的输入变量数目小于或等于 n 的组合逻辑函数。

例 9.2.2 某多输出组合逻辑函数的真值表如表 9.2.6 所示,试用 74X138 二进制译码器和必要的门电路实现该多输出组合逻辑函数。

表 9.2.6 例 9.2.2 的真值表

输入			输出		
I_2	I_1	I_0	W_2	W_1	W_0
0	0	0	0	0	1
0	0	1	1	0	0
0	1	0	1	0	1
0	1	1	0	1	0
1	0	0	1	0	1
1	0	1	0	1	0
1	1	0	0	1	1
1	1	1	1	0	0

解:根据真值表可知,该逻辑函数具有三个输入变量,所以选用一片 74X138 即可。又由于 74X138 的译码输出为低电平有效,是以最小项的 $\overline{m_0} \sim \overline{m_7}$ 的形式给出的,所以需要配合**与非**门将逻辑函数转换成 $\overline{m_0} \sim \overline{m_7}$ 的函数形式。

由表 9.2.6 所示的真值表可写出各输出的最小项表达式分别为

$$W_2 = \overline{I_2}\,\overline{I_1}I_0 + \overline{I_2}I_1\,\overline{I_0} + I_2\,\overline{I_1}\,\overline{I_0} + I_2 I_1 I_0$$

$$= m_1 + m_2 + m_4 + m_7 = \overline{\overline{m_1} \cdot \overline{m_2} \cdot \overline{m_4} \cdot \overline{m_7}}$$

$$W_1 = \overline{I_2}I_1 I_0 + I_2\,\overline{I_1}I_0 + I_2 I_1\,\overline{I_0}$$

$$= m_3 + m_5 + m_6 = \overline{\overline{m_3} \cdot \overline{m_5} \cdot \overline{m_6}}$$

$$W_0 = \overline{I_2}\,\overline{I_1}\,\overline{I_0} + \overline{I_2}I_1\,\overline{I_0} + I_2\,\overline{I_1}\,\overline{I_0} + I_2 I_1\,\overline{I_0}$$

$$= m_0 + m_2 + m_4 + m_6 = \overline{\overline{m_0} \cdot \overline{m_2} \cdot \overline{m_4} \cdot \overline{m_6}}$$

令 $I_2 = A_2$、$I_1 = A_1$、$I_0 = A_0$,将 W_2、W_1、W_0 的逻辑表达式与 74X138 的输出表达式(9.2.1)相

比较,可得

$$W_2 = \overline{Y_1 \cdot Y_2 \cdot Y_4 \cdot Y_7}$$

$$W_1 = \overline{Y_3 \cdot Y_5 \cdot Y_6}$$

$$W_0 = \overline{Y_0 \cdot Y_2 \cdot Y_4 \cdot Y_6}$$

以上三式表明,用一片 74X138 再配合三个**与非门**就可实现要求的多输出组合逻辑函数,其逻辑图如图 9.2.7 所示。

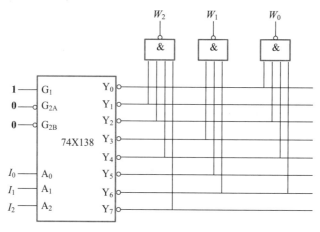

图 9.2.7　例 9.2.2 的逻辑图

（2）用作数据分配器

所谓数据分配,就是将一个公共数据线上的数据,根据需要分配到不同的通道上去的过程。能实现数据分配功能的组合逻辑电路称为数据分配器。

数据分配器的示意图如图 9.2.8 所示,它的功能相当于一个具有多个输出的单刀多掷开关。可见数据分配器具有一个数据输入端和多个数据输出端,还有 n 个地址选择信号输入端。加在数据输入端上的数据被分配到哪一个输出端上去,则是由加到地址选择信号输入端上的地址选择信号决定的。n 位地址选择信号可分配的输出通道数为 2^n 个。

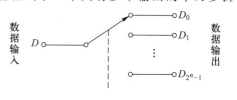

图 9.2.8　数据分配器的示意图

数据分配器可以用二进制译码器实现。例如,利用 74X138 3 线－8 线二进制译码器作为数据分配器时,其原理图如图 9.2.9 所示。在图中,将 G_{2B} 接低电平,G_1 接高电平,G_{2A} 作为数据输入端,A_2、A_1 和 A_0 作为地址选择信号输入端,就可以把数据输入端 G_{2A} 上的信号 D 分配到 8 个不同的通道上去。

例如,当 $A_2A_1A_0 = \mathbf{111}$、$G_1 = \mathbf{1}$、$G_{2B} = \mathbf{0}$ 时,由表 9.2.5 可知,输出端 $Y_0 \sim Y_6$ 均为高电平,Y_7 为低电平。此时所得的 Y_7 的逻辑表达式经化简后为

$$Y_7 = \overline{G_1 \cdot \overline{G_{2A}} \cdot \overline{G_{2B}} \cdot A_2 A_1 A_0} = \overline{\overline{G_{2A}} \cdot A_2 A_1 A_0} = G_{2A}$$

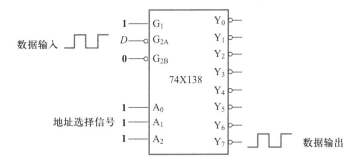

图 9.2.9 利用 74X138 作为数据分配器

由此可见,在地址选择信号 $A_2 A_1 A_0 = 111$ 的控制下,加在输入数据端 G_{2A} 上的信号 D 被分配到输出端 Y_7 上,在 Y_7 上能得到与输入数据 D 相同的波形。

74X138 作为数据分配器使用时的真值表如表 9.2.7 所示。

表 9.2.7 74X138 作为数据分配器使用时的真值表

输入						输出							
G_1	G_{2B}	G_{2A}	A_2	A_1	A_0	Y_0	Y_1	Y_2	Y_3	Y_4	Y_5	Y_6	Y_7
1	0	D	0	0	0	D	1	1	1	1	1	1	1
1	0	D	0	0	1	1	D	1	1	1	1	1	1
1	0	D	0	1	0	1	1	D	1	1	1	1	1
1	0	D	0	1	1	1	1	1	D	1	1	1	1
1	0	D	1	0	0	1	1	1	1	D	1	1	1
1	0	D	1	0	1	1	1	1	1	1	D	1	1
1	0	D	1	1	0	1	1	1	1	1	1	D	1
1	0	D	1	1	1	1	1	1	1	1	1	1	D

由表 9.2.7 可知,当 $G_1 = 1$、$G_{2B} = 0$ 时,在八组不同地址选择信号 $A_2 A_1 A_0 = 000 \sim 111$ 的控制下,可将加在数据输入端 G_{2A} 上数据 D 分配到相应的输出端 $Y_0 \sim Y_7$ 上去。

数据分配器的用途比较多。例如,使用数据分配器将一台计算机与多台外部设备相连时,可将计算机的数据分配到外部设备中去;数据分配器与计数器结合可组成脉冲分配器;用脉冲分配器与数据选择器相连可组成分时数据传送系统。

三、二-十进制译码器

在实际工作中,除了需要二进制译码器外,还常用到二-十进制译码器。在上一章中,介绍了 8421BCD 码,在这种编码中,用十个二进制代码 **0000~1001** 表示 0~9 十个十进制数码。人们一般不容易直接识别二进制数,为了解决这一问题,可采用二-十进制译码器。

1. 二-十进制译码器的逻辑功能

二-十进制译码器的功能是把输入的十个 8421BCD 码"翻译"成十组互不相同的逻辑电平输出信号。

图 9.2.10(a)是 74HC42 CMOS 中规模集成二–十进制译码器的逻辑符号，表 9.2.8 是它的真值表。

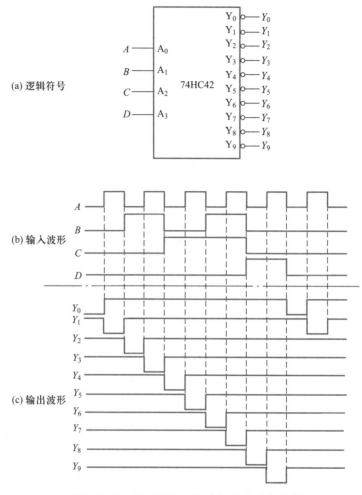

图 9.2.10　用 74HC42 构成顺序脉冲发生器

在 74HC42 二–十进制译码器中，有四个输入端 $A_3 \sim A_0$，用以接收 8421BCD 码；有 $Y_9 \sim Y_0$ 十个输出端，输出为低电平有效。每组输出均与输入的一组 8421BCD 码相对应。例如当输入的 8421BCD 码为 $A_3A_2A_1A_0 = \textbf{1001}$ 时，由表 9.2.8 可知，此时只有 $Y_9 = \textbf{0}$，它对应于十进制数 9，而其余的 $Y_8 \sim Y_0$ 均为 **1**。

当输入超过 8421BCD 码的范围，即当 $A_3A_2A_1A_0 = \textbf{1010} \sim \textbf{1111}$ 时，$Y_9 \sim Y_0$ 均为 **1**，此时没有有效译码输出。

表 9.2.8　二–十进制译码器的真值表

对应的	输入				输出									
十进制数	A_3	A_2	A_1	A_0	Y_0	Y_1	Y_2	Y_3	Y_4	Y_5	Y_6	Y_7	Y_8	Y_9
0	**0**	**0**	**0**	**0**	**0**	1	1	1	1	1	1	1	1	1
1	**0**	**0**	**0**	**1**	1	**0**	1	1	1	1	1	1	1	1
2	**0**	**0**	**1**	**0**	1	1	**0**	1	1	1	1	1	1	1
3	**0**	**0**	**1**	**1**	1	1	1	**0**	1	1	1	1	1	1
4	**0**	**1**	**0**	**0**	1	1	1	1	**0**	1	1	1	1	1
5	**0**	**1**	**0**	**1**	1	1	1	1	1	**0**	1	1	1	1
6	**0**	**1**	**1**	**0**	1	1	1	1	1	1	**0**	1	1	1
7	**0**	**1**	**1**	**1**	1	1	1	1	1	1	1	**0**	1	1
8	**1**	**0**	**0**	**0**	1	1	1	1	1	1	1	1	**0**	1
9	**1**	**0**	**0**	**1**	1	1	1	1	1	1	1	1	1	**0**
无效	**1**	**0**	**1**	**0**	1	1	1	1	1	1	1	1	1	1
	1	**0**	**1**	**1**	1	1	1	1	1	1	1	1	1	1
	1	**1**	**0**	**0**	1	1	1	1	1	1	1	1	1	1
	1	**1**	**0**	**1**	1	1	1	1	1	1	1	1	1	1
	1	**1**	**1**	**0**	1	1	1	1	1	1	1	1	1	1
	1	**1**	**1**	**1**	1	1	1	1	1	1	1	1	1	1

2. 用二–十进制译码器构成顺序脉冲发生器

利用集成二–十进制译码器可以构成顺序脉冲发生器。例如,当在 74HC42 的输入端 $A_3 \sim A_0$ 分别加入如图 9.2.10(b)所示的 D、C、B、A 波形时,根据 74HC42 的真值表和输入波形便可画出译码器输出端 $Y_0 \sim Y_9$ 的波形,如图 9.2.10(c)所示。

如图 9.2.10(b)所示,当输入信号 $DCBA$ 按照 **0000~1001** 的顺序作循环往复的变化时,在译码器的输出端 $Y_0 \sim Y_9$ 将依次输出负向矩形波脉冲信号,如图 9.2.10(c)所示。利用这组脉冲信号作为控制信号就可以控制数字系统按预先规定的顺序完成一系列操作。

四、显示译码器

在数字测量仪表和各种数字系统中,经常需要将用数字量表示的测量和运算结果直接以人们习惯的十进制数字的形式显示出来,供人们直接读取测量和运算结果,或用以监视数字系统的工作情况。这一任务可由数字显示电路来完成。

当显示器的类型或者显示的方式不同时,显示译码器的电路就不同。目前常用的显示器类型有三种:七段发光二极管显示器、点阵式显示器和液晶显示器。本书仅介绍七段发光二极管显示器。

1. 七段数码显示器的原理

数码显示器简称数码管,是用来显示数字、文字和符号的器件。目前流行的是七段式数码显示器。

七段式数码显示器有七个发光字段 a、b、c、d、e、f、g,并按一定方式排列,利用它们的不同组合可以显示 $0\sim9$ 十个阿拉伯数字,如图 9.2.11 所示。

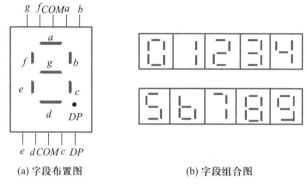

(a) 字段布置图　　　　　　　　　(b) 字段组合图

图 9.2.11　七段数码显示器发光字段的组合图

七段式数码显示器的发光器件有发光二极管、液晶显示器或其他发光的器件。由于发光二极管数码显示器具有工作电压低、功耗低、显示清晰、寿命长、稳定可靠等优点,而且可以直接由集成门电路组成的译码驱动器激励,所以应用广泛。

七段式发光二极管数码显示器的内部有七个发光二极管(加小数点为八个),根据需要制作成条形或者圆点形,七个字段 a、b、c、d、e、f、g 和小数点 DP 各对应一个发光二极管,只要使相应的一些发光二极管导通,就能显示出 $0\sim9$ 十个数字和小数点。

按内部连接方式的不同,七段发光二极管数码显示器分为共阳极和共阴极两种,如图 9.2.12(a) 和(b) 所示。

如图 9.2.12(a) 所示,共阳极七段数码显示器的八个发光二极管的阳极接在一起作为端子 COM,然后接高电平。要想让某个发光二极管发光,应将这个发光二极管的阴极接低电平。若不想让某个发光二极管发光,则应将这个发光二极管的阴极接高电平。共阴极七段数码显示器的驱动则相反。

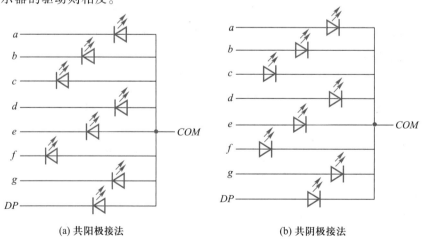

(a) 共阳极接法　　　　　　　　　　　(b) 共阴极接法

图 9.2.12　发光二极管数码显示器

共阳极七段发光二极管数码显示器必须与输出信号为低电平有效的显示译码器配套使用,共阴极七段发光二极管数码显示器必须与输出信号为高电平有效的显示译码器配套使用。图中,$a \sim g$ 和 DP 接译码驱动器的相应输出端。

2. 七段显示译码器 74HC4511

在数字电路中,数字量都是以一定的代码形式出现的,所以应先将这些数字量送至译码器译码,然后再用译码驱动器的输出去驱动七段数码显示器的相应字段,使它显示出相应的十进制数字来。这种能把数字量"翻译"成数字显示器所能识别的信号的译码器称为数字显示译码器。通常,显示译码器也包含了驱动的功能,故称为译码驱动器。

常用的集成七段显示译码器有两类:一类是输出为高电平有效的译码器,用于驱动共阴极显示器;另一类是输出为低电平有效的译码器,用于驱动共阳极显示器。

(1) 74HC4511 CMOS 七段显示译码器

74HC4511 是常用的中规模集成 CMOS 七段显示译码器,它的输出为高电平有效,用以驱动共阴极数码显示器。它的逻辑符号如图 9.2.13 所示。图中,A_3、A_2、A_1、A_0 是四位二进制代码的输入端,a、b、c、d、e、f、g 为译码输出端,为七段数码显示器提供驱动信号。它的真值表如表 9.2.9 所示。当 $A_3 A_2 A_1 A_0$ = **0000 ~ 1001** 时,进行正常译码;当 $A_3 A_2 A_1 A_0$ = **1010 ~ 1111** 时,译码器的输出端 a、b、c、d、e、f、g 均为低电平,数码显示器无显示。

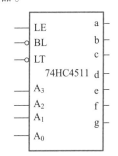

图 9.2.13 CMOS 七段显示译码器 74HC4511 的逻辑符号

为了增强器件的功能,该译码器设置了三个辅助控制端 LE、BL 和 LT,现对它们的功能做如下的说明。

表 9.2.9 74HC4511 CMOS 七段显示译码器的真值表

十进制或功能	输入				输出		字形
	LE	BL	LT	A_3 A_2 A_1 A_0	a b c d e f g		
0	**0**	**1**	**1**	**0 0 0 0**	**1 1 1 1 1 1 0**		
1	**0**	**1**	**1**	**0 0 0 1**	**0 1 1 0 0 0 0**		
2	**0**	**1**	**1**	**0 0 1 0**	**1 1 0 1 1 0 1**		
3	**0**	**1**	**1**	**0 0 1 1**	**1 1 1 1 0 0 1**		
4	**0**	**1**	**1**	**0 1 0 0**	**0 1 1 0 0 1 1**		
5	**0**	**1**	**1**	**0 1 0 1**	**1 0 1 1 0 1 1**		
6	**0**	**1**	**1**	**0 1 1 0**	**0 0 1 1 1 1 1**		
7	**0**	**1**	**1**	**0 1 1 1**	**1 1 1 0 0 0 0**		
8	**0**	**1**	**1**	**1 0 0 0**	**1 1 1 1 1 1 1**		
9	**0**	**1**	**1**	**1 0 0 1**	**1 1 1 1 0 1 1**		

续表

十进制或功能	输入							输出							字形
	LE	BL	LT	A_3	A_2	A_1	A_0	a	b	c	d	e	f	g	
10	**0**	**1**	**1**	**1**	**0**	**1**	**0**	**0**	**0**	**0**	**0**	**0**	**0**	**0**	熄灭
11	**0**	**1**	**1**	**1**	**0**	**1**	**1**	**0**	**0**	**0**	**0**	**0**	**0**	**0**	熄灭
12	**0**	**1**	**1**	**1**	**1**	**0**	**0**	**0**	**0**	**0**	**0**	**0**	**0**	**0**	熄灭
13	**0**	**1**	**1**	**1**	**1**	**0**	**1**	**0**	**0**	**0**	**0**	**0**	**0**	**0**	熄灭
14	**0**	**1**	**1**	**1**	**1**	**1**	**0**	**0**	**0**	**0**	**0**	**0**	**0**	**0**	熄灭
15	**0**	**1**	**1**	**1**	**1**	**1**	**1**	**0**	**0**	**0**	**0**	**0**	**0**	**0**	熄灭
灯测试	×	×	**0**	×	×	×	×	**1**	**1**	**1**	**1**	**1**	**1**	**1**	8
灭灯	×	**0**	**1**	×	×	×	×	**0**	**0**	**0**	**0**	**0**	**0**	**0**	熄灭
锁存	**1**	**1**	**1**	×	×	×	×	*							*

* 此时输出状态取决于 LE 由 **0** 跳变为 **1** 时 BCD 码的输入。

① 灯测试输入端 LT

当 $LT = \mathbf{0}$ 时,无论其他输入端处于什么状态,译码器的所有输出端 a、b、c、d、e、f、g 均为 **1**,数码显示器显示字形 8。灯测试输入端的作用是用于检查译码器和显示器各字段的好坏。

② 灭灯输入端 BL

当 $BL = \mathbf{0}$ 且 $LT = \mathbf{1}$ 时,无论其他输入端为何种状态,译码器的所有输出端 a、b、c、d、e、f、g 均为 **0**,七段数码显示器的七个发光二极管全部熄灭。灭灯输入端 BL 的作用是把不需要显示的 0 熄灭掉。例如,有一个八位的数码显示电路,整数部分为五位,小数部分为三位,在显示 47.2 这个数时,数码显示器将显示 00047.200 字样。如果将前、后多余的 0 熄灭掉,则显示的结果将更加醒目。

③ 锁存使能输入端 LE

在 $BL = LT = \mathbf{1}$ 的条件下,当 $LE = \mathbf{0}$ 时,锁存器不工作,译码器的输出随四位二进制代码的变化而变化;当 LE 由 **0** 跳变为 **1** 时,输入码被锁存,输出仅取决于锁存器的内容,将不再随四位二进制代码的变化而变化。

锁存器是一种对脉冲电平敏感的存储单元电路,它可以在特定输入脉冲电平的作用下改变状态。关于锁存器的内容将要在下一章介绍。

（2）用 74HC4511 构成的译码显示电路

图 9.2.14 是用四片 74HC4511 构成的 24 小时及分钟的译码显示电路。图中,四片 74HC4511 直接驱动四个数码显示器;第 0、1、2、3 片分别是小时高位、小时低位、分高位、分低位译码器,它们分别接收 8421BCD 码 $H_7 H_6 H_5 H_4$、$H_3 H_2 H_1 H_0$、$M_7 M_6 M_5 M_4$、$M_3 M_2 M_1 M_0$。由表 9.2.9 可知,正常工作时,应使译码器的 $LE = \mathbf{0}$,$BL = LT = \mathbf{1}$。

对于小时高位译码器来说,如果输入的 8421BCD 码为 **0000**,它的显示器应不显示,此时就要求 $BL = \mathbf{0}$、$LT = \mathbf{1}$,而 LE 可以为任意值。由图 9.2.14 可以看出,小时高位的 8421BCD 码

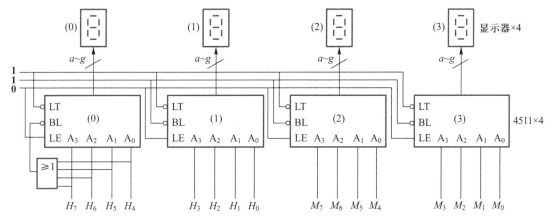

图 9.2.14　用四片 74HC4511 构成的 24 小时及分钟的译码显示电路

经过**或**门后接它的 BL 端,所以,当它的输入为 **0000** 时,因**或**门的输出为 **0**,就使 $BL=0$,致使小时高位显示器的零熄灭。

9.2.3　数据选择器

一、数据选择器的基本概念和常用电路

1. 数据选择器的基本概念

在多路数据传送过程中,经常需要将其中某一路的数据挑选出来,并传输到一条公共数据线上去。具有将多路输入数据中的某路数据挑选出来并传输到输出端上去的组合逻辑电路称为数据选择器。

数据选择器是一种具有多路输入、单路输出的逻辑器件,它能在地址选择信号的控制下,将数据输入端的某路数据传输到数据输出端上去。它的功能示意图如图 9.2.15 所示。实际上,数据选择是数据分配的逆过程。

图 9.2.15　数据选择器的功能示意图

下面先以 4 选 1 数据选择器为例介绍数据选择器的工作原理,然后介绍常用的中规模集成数据选择器及其应用举例。

2. 4 选 1 数据选择器

4 选 1 数据选择器的逻辑图如图 9.2.16 所示。图中, $D_0 \sim D_3$ 是四个数据输入端, A_1、A_0 是两个地址选择信号输入端, G 是使能输入端, Y 是输出端。为了对四路数据进行选择,使用两位地址输入码 $A_1 A_0$,产生四个地址选择信号,以选中四路输入数据中与之对应的一路,并将它传输到输出端上去。

由图 9.2.16 可得输出 Y 的逻辑表达式为

$$Y = \overline{G}\,\overline{A_1}\,\overline{A_0}D_0 + \overline{G}\,\overline{A_1}A_0D_1 + \overline{G}A_1\,\overline{A_0}D_2 + \overline{G}A_1A_0D_3 \tag{9.2.2}$$

由式(9.2.2)可知,当 $G=1$ 时, $Y=0$;当 $G=0$ 时,有

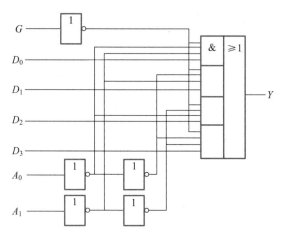

图 9.2.16　4 选 1 数据选择器的逻辑图

$$Y = \overline{A_1}\,\overline{A_0}D_0 + \overline{A_1}A_0D_1 + A_1\overline{A_0}D_2 + A_1A_0D_3$$

$$= m_0D_0 + m_1D_1 + m_2D_2 + m_3D_3 = \sum_{i=0}^{3} m_iD_i \qquad (9.2.3)$$

根据输出 Y 的逻辑表达式,可列出 4 选 1 数据选择器的真值表,如表 9.2.10 所示。由真值表可知:① 当 $G=1$ 时,无论地址码是什么,Y 总是等于 **0**,选择器不能正常工作;② 只有当 $G=0$ 时,选择器才能正常工作,即使能输入端 G 为低电平有效。例如,当 $G=0$、$A_1A_0=\mathbf{10}$ 时,$Y=D_2$,即在地址码 $A_1A_0=\mathbf{10}$ 的控制下,输入端 D_2 上的数据被选中,能送到输出端 Y 上去。

表 9.2.10　4 选 1 数据选择器的真值表

输入			输出
使能	地址选择		
G	A_1	A_0	Y
1	×	×	**0**
0	**0**	**0**	D_0
0	**0**	**1**	D_1
0	**1**	**0**	D_2
0	**1**	**1**	D_3

3. 集成数据选择器 74X151

常用的中规模集成多路数据选择器有:4 选 1、双 4 选 1、8 选 1 和 16 选 1 数据选择器等多种类型,它们均有 CMOS 和 TTL 产品,可根据实际需要选用。

74X151 是一种典型的中规模集成 8 选 1 数据选择器。图 9.2.17 是 74X151 的引脚图及逻辑符号。它有八个数据输入端 $D_0 \sim D_7$;三个地址选择信号输入端 A_2、A_1、A_0;两个互补的输出端 Y 和 $\overline{Y}$;一个使能输入端 G。

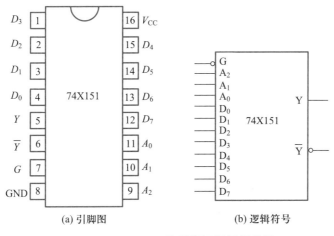

图 9.2.17　74X151 的引脚图及逻辑符号

74X151 的真值表如表 9.2.11 所示。由表可知：① 当 $G=1$ 时,无论地址码是什么,Y 总是等于 **0**,数据选择器不工作；② 当 $G=0$ 时,数据选择器处于工作状态,三位不同的地址选择信号可分别选择八个数据输入端中的一路数据,将其送到输出端上去；③ 使能输入端 G 为低电平有效。

表 9.2.11　8 选 1 数据选择器 74X151 的真值表

输入				输出
使能	地址选择			Y
G	A_2	A_1	A_0	
1	×	×	×	**0**
0	**0**	**0**	**0**	D_0
0	**0**	**0**	**1**	D_1
0	**0**	**1**	**0**	D_2
0	**0**	**1**	**1**	D_3
0	**1**	**0**	**0**	D_4
0	**1**	**0**	**1**	D_5
0	**1**	**1**	**0**	D_6
0	**1**	**1**	**1**	D_7

由真值表可写出当 $G=0$ 时输出 Y 的逻辑表达式为

$$Y(A_2,A_1,A_0) = m_0 \cdot D_0 + m_1 \cdot D_1 + m_2 \cdot D_2 + m_3 \cdot D_3 + m_4 \cdot D_4$$

$$+ m_5 \cdot D_5 + m_6 \cdot D_6 + m_7 \cdot D_7 = \sum_{i=0}^{7} (m_i \cdot D_i) \tag{9.2.4}$$

式中,m_i 为 $A_2A_1A_0$ 的最小项。从式(9.2.4)可知,当以 A_2 为高位,并按照 A_2、A_1、A_0 的顺序依次降低时,$A_2A_1A_0$ 的最小项编号 m 的下标正好与 D 的下标一致,故输出的逻辑表达式便于记忆。

二、数据选择器的应用

1. 作为逻辑函数产生器

由数据选择器的输出逻辑表达式 $Y = \sum_{i=0}^{2^n-1}(m_i \cdot D_i)$ 可知,这是一个**与或**表达式,它基本上与逻辑函数的最小项表达式是一致的,只是多了一个因子 D_i。如令 $D_i = 1$,则与之对应的最小项 m_i 将包含在 Y 的函数式中;如令 $D_i = 0$,则与之对应的最小项 m_i 将不包含在 Y 的函数式中。根据这一特点,利用数据选择器可以方便地产生需要的组合逻辑函数。

例 9.2.3 试用 8 选 1 数据选择器 74X151 实现组合逻辑函数 $L = \overline{A}B + B\overline{C} + ABC$。

解: 由于 74X151 为 8 选 1 数据选择器,有三个地址选择信号输入端,而要实现的逻辑函数有三个变量,因此,只要将这三个变量作为三个地址选择信号,便可直接利用该数据选择器产生要求的逻辑函数。方法如下。

（1）将要实现的逻辑函数转换成最小项表达式,即

$$L = \overline{A}BC + A\overline{B}\,\overline{C} + ABC = m_3 + m_6 + m_7$$

（2）将要产生的组合逻辑函数与 74X151 的输出表达式(9.2.4)做比较,可知要产生的逻辑函数 L 只有三个最小项 m_3、m_6、m_7,故应令 $D_3 = D_6 = D_7 = 1$, $D_0 = D_1 = D_2 = D_4 = D_5 = 0$。

（3）将输入变量 A、B、C 作为数据选择器的地址选择信号,即令 $A = A_2$, $B = A_1$, $C = A_0$;为使数据选择器处于工作状态,应令 $G = 0$。于是便可画出如图 9.2.18 所示的逻辑图。输出变量 L 在数据选择器的输出端 Y 获得。

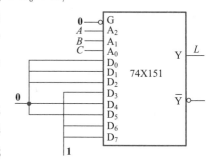

图 9.2.18 例 9.2.3 的逻辑图

2. 实现并行数据到串行数据的转换

利用数据选择器可以实现并行数据到串行数据的转换。图 9.2.19(a)是利用 8 选 1 数据选择器构成的并行/串行数据转换电路。由图 9.2.19(b)的 ABC 波形可知,加在选择器的地址选择信号按 $ABC = 000 \sim 111$ 依次变化,则选择器就将加在 $D_0 \sim D_7$ 端的输入数据依次传送到输出端 Y 上去。如果加在数据输入端的并行数据为 $D_0 D_1 D_2 D_3 D_4 D_5 D_6 D_7 = 10101011$,那么输出端得到的串行数据依次为:$1 \to 0 \to 1 \to 0 \to 1 \to 0 \to 1 \to 1$,完成了数据从并行输入到串行输出的转换。

3. 数据选择器的扩展

（1）位数的扩展

以上讨论了 1 位数据选择器的工作原理。当需要选择多位数据时,可将几个 1 位数据选择器并联起来使用。图 9.2.20(a)表示了两个 1 位 8 选 1 数据选择器的连接方法。图中,将两个数据选择器的地址选择信号输入端和使能输入端分别连接在一起,即可根据地址代码将每个数据选择器中相同编号数据输入端的数据传送到各自的输出端上去,这样便组成

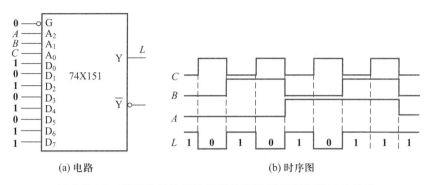

(a) 电路　　　　　　　　　　　　(b) 时序图

图 9.2.19　利用数据选择器实现并行数据到串行数据的转换

了一个 2 位(即两个 8 选 1,简称双 8 选 1)数据选择器。如果需要选择更多位的数据时,只要增加选择器的数目即可。

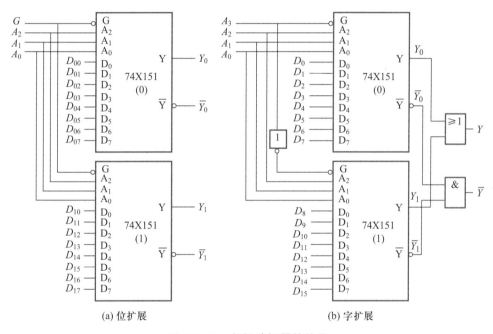

(a) 位扩展　　　　　　　　　　　　(b) 字扩展

图 9.2.20　数据选择器的扩展

（2）字数的扩展

如上所述,常用的数据选择器有 2 选 1、4 选 1、8 选 1 和 16 选 1 等数种。在有些情况下,当手头没有多输入端的数据选择器时,可以利用几个少输入端的数据选择器进行数据输入端的扩展,以实现所需的逻辑功能。

下面介绍用两片 8 选 1 数据选择器组成 16 选 1 数据选择器的方法。在 16 选 1 数据选择器中,为了选择十六个输入数据中的任何一个,必须要有四个地址选择信号输入端 $A_3 \sim A_0$,而 8 选 1 数据选择器中只有三个地址选择信号输入端 $A_2 \sim A_0$。为解决这个矛盾,可如图 9.2.20(b)所示,利用使能输入端 G 作为第四位地址码的输入端 A_3,即将第 0 片选择器的 G 作为 A_3,并将 A_3 经反相后与第 1 片选择器的 G 端相连。然后再用**或**门将两片选择器的输出

431

信号合并,便可组成一个 16 选 1 的数据选择器。

由图 9.2.20(b)可知:① 当 $A_3 = 0$ 时,第 1 片因 $G = 1$ 不能正常工作,其输出 $Y_1 = 0$;第 0 片因 $G = 0$ 能正常工作,并通过给定的地址代码 $A_2A_1A_0$ 从 $D_0 \sim D_7$ 中选择相应的一个数据送到输出端 Y_0 上,再经**或**门送到电路的输出端 Y 上。② 当 $A_3 = 1$ 时,第 0 片因 $G = 1$ 不能正常工作,其输出 $Y_0 = 0$;第 1 片因 $G = 0$ 能正常工作,并通过给定的地址代码 $A_2A_1A_0$ 从 $D_8 \sim D_{15}$ 中选择相应的一个数据送到输出端 Y_1 上,再经**或**门送到电路的输出端 Y 上。

图 9.2.20(b)所示的 16 选 1 数据选择器的真值表如表 9.2.12 所示。

表 9.2.12 图 9.2.20(b)所示的 16 选 1 数据选择器的真值表

输入				输出		
A_3	A_2	A_1	A_0	Y_0	Y_1	Y
0	0	0	0	D_0	0	D_0
0	0	0	1	D_1	0	D_1
0	0	1	0	D_2	0	D_2
0	0	1	1	D_3	0	D_3
0	1	0	0	D_4	0	D_4
0	1	0	1	D_5	0	D_5
0	1	1	0	D_6	0	D_6
0	1	1	1	D_7	0	D_7
1	0	0	0	0	D_8	D_8
1	0	0	1	0	D_9	D_9
1	0	1	0	0	D_{10}	D_{10}
1	0	1	1	0	D_{11}	D_{11}
1	1	0	0	0	D_{12}	D_{12}
1	1	0	1	0	D_{13}	D_{13}
1	1	1	0	0	D_{14}	D_{14}
1	1	1	1	0	D_{15}	D_{15}

9.2.4 数值比较器

在一些数字系统中,尤其是在数字计算机中,经常要对两个数进行比较。这时需要采用数值比较器。数值比较器是对两个二进制数 A、B 进行比较,以判断谁大谁小的组合逻辑电路。

一、1 位二进制数值比较器

一位数值比较器是多位数值比较器的基础,其逻辑图如图 9.2.21 所示。将两个 1 位二进制数 A 和 B 的大小进行比较,其结果有三种可能:$A>B$,$A<B$ 和 $A = B$。由此可知,该比较

器应有两个输入端: A、B; 三个输出端: $F_{A>B}$, $F_{A<B}$ 和 $F_{A=B}$。

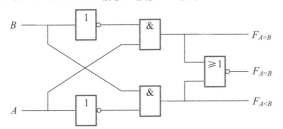

图 9.2.21 1 位数值比较器的逻辑图

由图 9.2.21 可得三个输出逻辑表达式分别为

$$F_{A>B} = A\overline{B} \tag{9.2.5}$$

$$F_{A<B} = \overline{A}B \tag{9.2.6}$$

$$F_{A=B} = \overline{\overline{A}B + A\overline{B}} = \overline{A}\,\overline{B} + AB \tag{9.2.7}$$

由式(9.2.5)、式(9.2.6)和式(9.2.7)可以得到 1 位数值比较器的真值表,如表 9.2.13 所示。

表 9.2.13 1 位数值比较器的真值表

输入		输出		
A	B	$F_{A>B}$	$F_{A<B}$	$F_{A=B}$
0	0	0	0	1
0	1	0	1	0
1	0	1	0	0
1	1	0	0	1

由真值表可知,比较结果共有三种情况:当 $A>B$ 时, $F_{A>B} = 1$;当 $A = B$ 时, $F_{A=B} = 1$;当 $A < B$ 时, $F_{A<B} = 1$。可见输出为高电平有效。

二、多位二进制数值比较器

1 位数值比较器只能对两个一位二进制数进行比较,而实用的数值比较器一般是多位的。多位二进制数值比较器在对两个多位数进行比较时,总是先从两数的最高位开始比较,若最高位的比较结果不相等时,就没必要再对低位进行比较了,高位的比较结果就是最终结果。只有当高位比较结果相等时,才对低位进行比较。下面先讨论 2 位二进制数值比较器,然后介绍集成 4 位数值比较器。

1. 2 位二进制数值比较器

2 位二进制数值比较器的真值表如表 9.2.14 所示。为了对 A_1A_0 和 B_1B_0 两个二进制数进行比较,2 位数值比较器有 A_1、B_1、A_0、B_0 4 个数值输入端,3 个比较结果输出端 $F_{A>B}$、$F_{A<B}$、$F_{A=B}$。

表 9.2.14　2 位二进制数值比较器的真值表

输入		输出		
$A_1\ B_1$	$A_0\ B_0$	$F_{A>B}$	$F_{A<B}$	$F_{A=B}$
$A_1 > B_1$	$\times\ \ \times$	**1**	**0**	**0**
$A_1 < B_1$	$\times\ \ \times$	**0**	**1**	**0**
$A_1 = B_1$	$A_0 > B_0$	**1**	**0**	**0**
$A_1 = B_1$	$A_0 < B_0$	**0**	**1**	**0**
$A_1 = B_1$	$A_0 = B_0$	**0**	**0**	**1**

由真值表可得三个输出逻辑表达式为

$$F_{A>B} = (A_1 > B_1) + (A_1 = B_1)(A_0 > B_0) \tag{9.2.8}$$

$$F_{A<B} = (A_1 < B_1) + (A_1 = B_1)(A_0 < B_0) \tag{9.2.9}$$

$$F_{A=B} = (A_1 = B_1)(A_0 = B_0) \tag{9.2.10}$$

由式(9.2.8)、式(9.2.9)和式(9.2.10)可画出 2 位数值比较器的逻辑图,如图 9.2.22 所示。

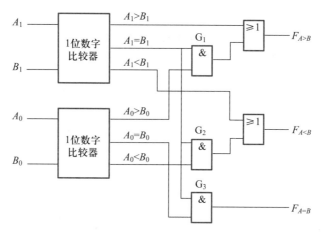

图 9.2.22　2 位二进制数值比较器的逻辑图

2. 集成二进制数值比较器

常用的中规模集成二进制数值比较器有 CMOS 和 TTL 两类产品。74X85 是两类典型的中规模集成 4 位二进制数值比较器中的任意一种。其引脚图及逻辑符号如图 9.2.23 所示。在图中:A_3、A_2、A_1、A_0 与 B_3、B_2、B_1、B_0 是两个要进行比较的四位数的输入端;$F_{A>B}$、$F_{A<B}$、$F_{A=B}$ 是比较结果输出端;$I_{A>B}$、$I_{A<B}$、$I_{A=B}$ 是扩展输入端,用以接收两个低位四位数的比较结果。设置扩展输入端的目的是与其他数值比较器的输出端连接,以便组成位数更多的数值比较器。

74X85 的真值表如表 9.2.15 所示。从表 9.2.15 可知,该比较器的比较原理和 2 位比较器的相同。两个四位数先从最高位 A_3 和 B_3 开始进行比较,如果它们不相等,则该位的比较结果就是两数的比较结果。若最高位相等,就要再比较次高位 A_2 和 B_2,以此类推。如果两

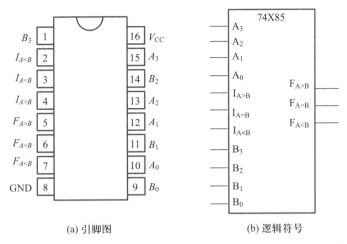

(a) 引脚图　　　　　　　(b) 逻辑符号

图 9.2.23　集成 4 位二进制数值比较器 74X85 的引脚图及逻辑符号

数相等,则比较将一直进行到最低位,才能得出结果。

由表 9.2.15 可知,当 $A = B$,即 $A_3 = B_3$、$A_2 = B_2$、$A_1 = B_1$、$A_0 = B_0$ 时,有 $F_{A>B} = I_{A>B}$、$F_{A<B} = I_{A<B}$、$F_{A=B} = I_{A=B}$,故只有令 $I_{A=B} = 1$、$I_{A>B} = I_{A<B} = 0$,才会有 $F_{A=B} = 1$ 的正确结果。因此,如果仅仅对两个四位二进制数进行比较时,应该对扩展输入端 $I_{A>B}$、$I_{A<B}$、$I_{A=B}$ 进行适当处理,使 $I_{A=B} = 1$,$I_{A>B} = I_{A<B} = 0$。

表 9.2.15　集成 4 位二进制数值比较器 74X85 的真值表

输入							输出		
$A_3 B_3$	$A_2 B_2$	$A_1 B_1$	$A_0 B_0$	$I_{A>B}$	$I_{A<B}$	$I_{A=B}$	$F_{A>B}$	$F_{A<B}$	$F_{A=B}$
$A_3 > B_3$	×	×	×	×	×	×	1	0	0
$A_3 < B_3$	×	×	×	×	×	×	0	1	0
$A_3 = B_3$	$A_2 > B_2$	×	×	×	×	×	1	0	0
$A_3 = B_3$	$A_2 < B_2$	×	×	×	×	×	0	1	0
$A_3 = B_3$	$A_2 = B_2$	$A_1 > B_1$	×	×	×	×	1	0	0
$A_3 = B_3$	$A_2 = B_2$	$A_1 < B_1$	×	×	×	×	0	1	0
$A_3 = B_3$	$A_2 = B_2$	$A_1 = B_1$	$A_0 > B_0$	×	×	×	1	0	0
$A_3 = B_3$	$A_2 = B_2$	$A_1 = B_1$	$A_0 < B_0$	×	×	×	0	1	0
$A_3 = B_3$	$A_2 = B_2$	$A_1 = B_1$	$A_0 = B_0$	1	0	0	1	0	0
$A_3 = B_3$	$A_2 = B_2$	$A_1 = B_1$	$A_0 = B_0$	0	1	0	0	1	0
$A_3 = B_3$	$A_2 = B_2$	$A_1 = B_1$	$A_0 = B_0$	0	0	1	0	0	1

三、数值比较器位数的扩展

当两个相比较的数字的位数超过四位时,可以将几个 4 位数值比较器用适当方法连接起来使用。数值比较器的扩展方式有串联和并联两种。

1. 采用串联方法扩展位数

图 9.2.24 表示用两个 4 位数值比较器相串联组成一个 8 位数值比较器的情况。对于

两个要比较的八位数,如果高四位相同,则两数的大小应由低四位的比较结果来确定。由此可知,应把低四位的比较结果作为高四位的条件,所以,应把低 4 位数值比较器的输出端分别与高 4 位数值比较器的 $I_{A>B}$、$I_{A<B}$、$I_{A=B}$ 端相连。

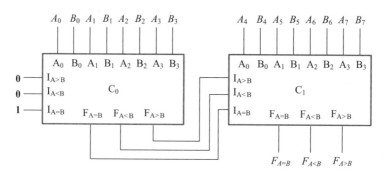

图 9.2.24 采用串联的方法扩展数值比较器的位数

2. 采用并联方法扩展位数

当要求比较的两个数字的位数较多时,为了提高工作速度,应采用并联的方法。图 9.2.25 是 16 位并联数值比较器的原理图。在图中,采用两级比较的方法:① 将两个十六位数按高低位次序分为四组,每组四位,各组的比较并联进行;② 每组的比较结果再经 4 位比较器比较后得出最后结果。很明显,采用并联比较方法,从数据输入到获得稳定的输出只需要两倍的 4 位比较器的延迟时间。若采用串联比较方法,则需要四倍的 4 位比较器的延迟时间,所以当位数较多且要满足一定的速度要求时,可以采用并联方式。

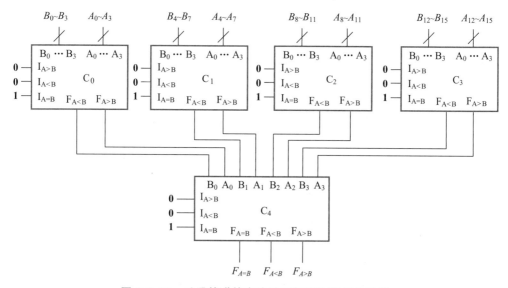

图 9.2.25 采用并联的方法扩展数值比较器的位数

视频 9.2
二进制加法
器

9.2.5 加法器

在数字系统中,尤其是在计算机的数字系统中,二进制加法器是不可缺少的组成单元之一。加法器是能够实现两个二进制数加法运算的组合逻辑电路。1 位二进制加法器是多位加法器的基础,而 1 位加法器又分为半加器和全加器两种电路。

一、1 位二进制加法器

1. 1 位二进制半加器

如果只考虑两个加数本身,而不考虑低位来的进位的加法运算,称为半加运算。能够实现半加运算的组合逻辑电路叫作半加器。两个 1 位二进制数的半加运算可以用表 9.2.16 所示的真值表表示。其中 A 和 B 是被加数和加数,S 表示和数,C 表示进位数。

表 9.2.16 1 位半加器的真值表

输入		输出	
被加数 A	加数 B	和数 S	进位数 C
0	0	0	0
0	1	1	0
1	0	1	0
1	1	0	1

由真值表可写出 S 和 C 的逻辑表达式分别为

$$S = \overline{A}B + A\overline{B} = A \oplus B \tag{9.2.11}$$

$$C = AB \tag{9.2.12}$$

由式(9.2.11)和式(9.2.12)可以画出用一个**异或**门和一个**与**门实现的 1 位半加器的逻辑图,如图 9.2.26(a)所示。图 9.2.26(b)为 1 位半加器的逻辑符号。

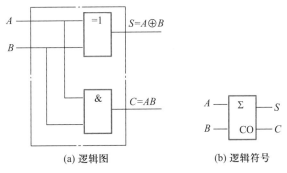

(a) 逻辑图　　　　　　(b) 逻辑符号

图 9.2.26 1 位二进制半加器的逻辑图和逻辑符号

2. 1 位二进制全加器

全加器是能够实现加数、被加数和低位来的进位信号相加,并能根据求和结果给出该位进位信号的组合逻辑电路。1 位二进制全加器的真值表如表 9.2.17 所示。其中 A_i 和 B_i 是被加数和加数,C_{i-1} 为低位来的进位数。S_i 为本位的和数,C_i 为向高位的进位数。

表 9.2.17   1 位二进制全加器的真值表

A_i	B_i	C_{i-1}		S_i	C_i
0	0	0		0	0
0	0	1		1	0
0	1	0		1	0
0	1	1		0	1
1	0	0		1	0
1	0	1		0	1
1	1	0		0	1
1	1	1		1	1

由真值表可写出 S_i 和 C_i 的逻辑表达式和经化简及变换后的表达式分别为

$$S_i = \overline{A_i}\,\overline{B_i}C_{i-1} + \overline{A_i}B_i\overline{C_{i-1}} + A_i\,\overline{B_i}\,\overline{C_{i-1}} + A_iB_iC_{i-1}$$

$$= \overline{(A_i \oplus B_i)}C_{i-1} + (A_i \oplus B_i)\overline{C_{i-1}} = A_i \oplus B_i \oplus C_{i-1} \tag{9.2.13}$$

$$C_i = \overline{A_i}B_iC_{i-1} + A_i\,\overline{B_i}C_{i-1} + A_iB_i\overline{C_{i-1}} + A_iB_iC_{i-1}$$

$$= A_iB_i + (A_i \oplus B_i)C_{i-1} \tag{9.2.14}$$

由式(9.2.13)和式(9.2.14)可以画出用两个半加器和一个**或**门组成的 1 位全加器的逻辑图,如图 9.2.27(a)所示。图 9.2.27(b)是 1 位全加器的逻辑符号。

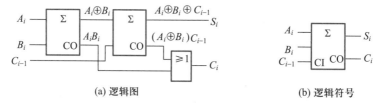

(a) 逻辑图   (b) 逻辑符号

图 9.2.27   1 位全加器的逻辑图和逻辑符号

二、多位二进制加法器

1. 串行进位的二进制加法器

如果要将两个多位二进制数相加,可以利用全加器采用并行相加串行进位的方法来实现。实现两个四位二进制数相加的串行进位加法器的原理图如图 9.2.28 所示。

图中,依次将低位 1 位全加器的进位输出端 CO 接到相邻高位 1 位全加器的进位输入端 CI。很显然,在这种多位加法器中,每一位的全加结果,必须要等到相邻低一位的全加运算完成并产生进位输出信号之后才能建立起来,故称如图 9.2.28 所示的加法器为串行进位的加法器。串行进位加法器的优点是电路简单,但是运算速度低,只能应用于运算速度不高的设备中。

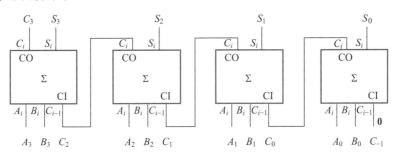

图 9.2.28 4 位串行进位的加法器

2. 超前进位二进制加法器

为了提高加法运算速度,应想法减小从低位到高位的进位信号传送所需要的时间。具体做法是使每位的进位输出信号仅由本位的加数和被加数决定,而与相邻低位的进位信号无关。由这种想法产生的加法器就是超前进位的加法器。

（1）关于超前进位的概念

已知 1 位全加器 S_i 和 C_i 的逻辑表达式为

$$S_i = A_i \oplus B_i \oplus C_{i-1}$$
$$C_i = A_i B_i + (A_i \oplus B_i) C_{i-1}$$

考察进位信号 C_i 的表达式,可得以下结论。

① 当 $A_i = B_i = 1$,即 $A_i B_i = 1$ 时,则有 $C_i = 1$。这表明,当 $A_i = B_i = 1$ 时,不论低位有无进位信号 C_{i-1} 产生,本位总有进位输出信号 C_i 产生。所以,令 $G_i = A_i B_i$,并称 G_i 为进位生成变量。

② 当 $A_i \oplus B_i = 1$,即 $A_i B_i = 0$ 时,则有 $C_i = C_{i-1}$。这表明,当 $A_i \oplus B_i = 1$ 时,若低位有进位信号 C_{i-1} 产生,它就能直接传送到相邻高位的进位输出端。所以,令 $P_i = A_i \oplus B_i$,并称 P_i 为进位传输变量。

G_i 和 P_i 这两个变量都与进位信号无关,只与被加数 A_i 和加数 B_i 有关。将 G_i 和 P_i 代入各进位输出信号的逻辑表达式中,可得各位的进位输出信号的逻辑表达式分别为

$$C_0 = G_0 + P_0 C_{-1} \tag{9.2.15}$$

$$C_1 = G_1 + P_1 C_0 = G_1 + P_1 G_0 + P_1 P_0 C_{-1} \tag{9.2.16}$$

$$C_2 = G_2 + P_2 C_1 = G_2 + P_2 G_1$$
$$+ P_2 P_1 G_0 + P_2 P_1 P_0 C_{-1} \tag{9.2.17}$$

$$C_3 = G_3 + P_3 C_2 = G_3 + P_3 G_2 + P_3 P_2 G_1$$
$$+ P_3 P_2 P_1 G_0 + P_3 P_2 P_1 P_0 C_{-1} \tag{9.2.18}$$

由式（9.2.15）~式（9.2.18）可以看出：各位的进位输出信号 $C_0 \sim C_3$ 都只与 G_i、P_i 和 C_{-1} 有关，而 C_{-1} 是向最低位的进位输入信号，其值为 **0**，所以各位的进位输出信号都只与被加数 A_i 和加数 B_i 有关，它们是可以并行（同时）产生并同时送到相邻高一位的进位输入端的，从而实现了快速进位，这就是超前进位的概念。这样，就不必像串行进位那样，再从最低位开始，向高位逐位传递进位信号了，从而大大提高了加法运算的速度。

（2）4 位超前进位集成加法器 74LS283

按照超前进位原理构成的中规模集成 TTL 4 位超前进位二进制加法器 74LS283 的逻辑图如图 9.2.29 所示。74X283 的引脚图及逻辑符号如图 9.2.30 所示。

必须指出，超前进位的加法器虽然能大大提高运算速度，但是其电路结构要比串行进位加法器复杂得多，而且随着加法器位数的增多，其电路结构将变得更为复杂。为此，专门设计了专用超前进位产生器，用它既可以扩展超前进位加法器的位数，又不会使逻辑电路变得太复杂。关于这方面的内容请参看本书所列的参考文献。

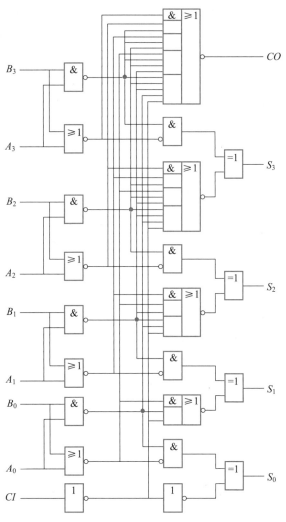

图 9.2.29　集成 TTL 4 位超前进位二进制加法器 74LS283 的逻辑图

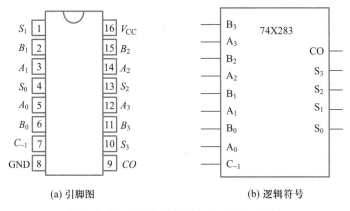

(a) 引脚图　　　　(b) 逻辑符号

图 9.2.30　74X283 的引脚图及逻辑符号

9.3 组合逻辑电路的竞争-冒险

9.3.1 什么是组合逻辑电路的竞争-冒险

以前在分析组合逻辑电路时,是在电路的输入和输出逻辑电平已达到稳定的情况下进行的,都没有考虑门电路的传输延迟时间对电路工作产生的影响。实际上,门电路存在着传输延迟时间,这样,由于不同通道上门的级数不同和各种门电路的传输延迟时间不同,或者即使不同通道上门的级数相同,也会因各种门电路的传输延迟时间的不同,造成信号从输入端到输出端所经历的时间不同,这种现象称为竞争。竞争现象有时会导致电路在信号电平变化的瞬间输出窄脉冲的现象,使电路的逻辑功能出现差错,这种现象称为组合逻辑电路的冒险。

9.3.2 产生竞争-冒险的原因

下面用两个简单电路作为例子说明产生竞争-冒险的原因。

在图 9.3.1(a)所示的电路中,输出和输入变量间的逻辑关系为 $L = A \cdot \overline{A} = 0$,输出似应恒为低电平。但是,由于非门存在传输延迟时间 t_{pd},会使 $\overline{A}$ 到达与门输入端的时间略滞后于 A,所以,当 A 由低电平变为高电平时,输出端会出现一个宽度为 t_{pd} 的高电平窄脉冲,如图 9.3.1(b)所示。这类竞争-冒险称为"1"型冒险。

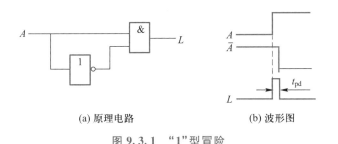

(a) 原理电路 (b) 波形图

图 9.3.1 "1"型冒险

在图 9.3.2(a)所示电路中,输出和输入变量间的逻辑关系为 $L = A + \overline{A} = 1$,输出似应恒为高电平。但是,由于竞争,当 A 由高电平变为低电平时,输出端会出现一个宽度为 t_{pd} 的低电平窄脉冲,如图 9.3.2(b)所示。这类竞争-冒险称为"0"型冒险。

下面再通过图 9.3.3(a)所示的组合逻辑电路来进一步说明竞争-冒险现象。由图可得该逻辑电路的逻辑表达式为

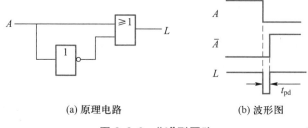

(a) 原理电路　　　　　　　　(b) 波形图

图 9.3.2　"0"型冒险

$$L = AC + B\overline{C}$$

当 $A = B = 1$，且不考虑 G_1 门的传输延迟时间时，则有

$$L = C + \overline{C} = 1$$

即在不考虑 G_1 门传输延迟时间的情况下，L 的状态与 C 的状态无关，且始终保持 1 状态不变。但是，输入信号 C 通过非门 G_1 是需要一定时间的，即 $\overline{C}$ 的波形要比 C 的波形滞后一个非门的传输延迟时间，于是输出端便会出现一个负跳变的窄脉冲，如图 9.3.3（b）所示。这是电路正常工作时不应出现的现象，此时电路出现了逻辑错误。

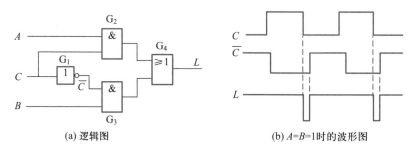

(a) 逻辑图　　　　　　　　(b) $A=B=1$时的波形图

图 9.3.3　产生负跳变脉冲的竞争-冒险

在目前的数字系统设计中，可以使用计算机进行时序仿真，检查电路是否存在竞争-冒险现象。

9.3.3　消除竞争-冒险的方法

组合逻辑电路中产生竞争-冒险，将破坏整个数字系统的正常工作，必须设法加以消除。但是，由于电路的多样性，产生竞争-冒险的原因是比较复杂的，加上集成器件数量的增加，又加大了消除竞争-冒险的难度，因此，消除竞争-冒险已成为一个专门的课题。下面介绍三种消除竞争-冒险的方法。

一、修改逻辑设计

修改逻辑设计是消除竞争-冒险的可靠方法，但其前提是保持原有的逻辑关系不变。

对于图 9.3.3（a）所示的电路，有

$$L = AC + B\overline{C}$$

如果将它变换为

$$L = AC + B\overline{C} + AB$$

就可以得到如图 9.3.4 所示的电路。因为

$$L = AC + B\overline{C} + AB$$
$$= AC + B\overline{C} + AB(C + \overline{C})$$
$$= AC + B\overline{C} + ABC + AB\overline{C}$$
$$= AC(1 + B) + B\overline{C}(1 + A)$$
$$= AC + B\overline{C}$$

所以 $L = AC + B\overline{C} + AB$ 并未改变原函数。而由 $L = AC + B\overline{C} + AB$ 可知,当 $A = B = 1$ 时,总有 $L = 1$,所以,在图 9.3.4 所示的电路中就不会产生竞争-冒险现象。

二、在输出端加滤波电容

在一般情况下,由于竞争-冒险现象产生的干扰脉冲是很窄的,所以,只要如图 9.3.5 所示,在组合逻辑电路的输出端与"地"之间接一个 $4 \sim 20$ pF 的电容器,为干扰脉冲提供一个低通环节,便可起到平波作用。在图 9.3.5 中,R_o 是输出级门电路的输出电阻。

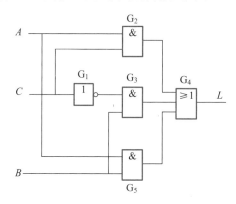

图 9.3.4 消除竞争-冒险的电路

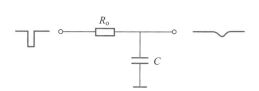

图 9.3.5 输出端并联电容器消除竞争-冒险

三、引入选通脉冲

对于如图 9.3.6(a) 所示的电路,当 $B = C = 1$ 时,会产生竞争-冒险现象。

既然组合逻辑电路中的冒险是由于输入信号的变化存在延时而引起的,因此可以如图 9.3.6(b) 所示,在电路中引入一个选通脉冲 P,使在输入信号变化的瞬间输出处于禁止状态,而当输入信号完成转换进入稳态后,电路才在选通脉冲 P 的作用下输出稳定的结果,便可达到消除竞争-冒险的目的,工作的波形图如图 9.3.6(c) 所示。此方法已在中、大规模集成电路中得到了广泛的应用。

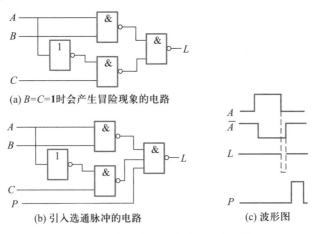

(a) $B=C=1$ 时会产生冒险现象的电路

(b) 引入选通脉冲的电路

(c) 波形图

图 9.3.6　引入选通脉冲消除竞争-冒险

本章小结

1. 按照逻辑功能的特点,可把数字电路分为组合逻辑电路和时序逻辑电路两大类。

组合逻辑电路的特点是:电路在任意时刻的输出状态仅取决于该时刻的输入状态,而与电路前一时刻的状态无关。组合逻辑电路在电路结构上的特点是:只包含门电路,没有存储元件,没有反馈支路。

组合逻辑电路的基本分析方法是:由逻辑图写出各输出端的逻辑表达式→用代数法或卡诺图法化简和变换逻辑表达式→由化简或变换后的表达式列出真值表→根据真值表分析并确定逻辑电路的逻辑功能。

组合逻辑电路的基本设计方法为:根据设计要求进行逻辑抽象→列出真值表→写出逻辑表达式→用代数法或卡诺图法对逻辑表达式进行化简或变换→根据化简或变换后的逻辑表达式画出逻辑图。

2. 编码器是把输入电平信号转换为二进制代码的组合逻辑电路。所谓优先编码器指的是当输入端同时有多个有效电平信号请求编码时,只允许对优先级别最高的输入电平信号进行编码的编码器。

3. 译码器是能将输入端具有特定含义的不同二进制代码"翻译"(辨别)出来,并转换为互不相同的逻辑电平输出信号的组合逻辑电路。译码器的逻辑功能刚好与编码器相反。

二进制译码器的功能是把输入的 n 位二进制代码的所有组合"翻译"成 2^n 组互不相同的逻辑电平输出信号。

二进制译码器可以用作数据分配器。数据分配器是能实现数据分配的组合逻辑电路。输入数据被分配到哪个输出端上,是由加到地址输入端上的地址选择信号决定的。二进制译码器还可以用作多输出逻辑函数产生器。

二-十进制译码器的功能是把输入的十个 8421BCD 码"翻译"成十组互不相同的逻辑电平输出信号。利用集成二-十进制译码器可以构成顺序脉冲发生器。

数字显示电路是很多数字系统的重要组成部分,它通常由译码驱动器和数码显示器组成。本章仅介绍了应用广泛的发光二极管七段数码显示器。

4. 数据选择器能在地址输入信号的作用下,把 2^n 个输入通道中的任意一个数据有选择地传送到输出端上去。数据选择器可以用作逻辑函数发生器。

用数据选择器构成逻辑函数发生器的步骤是:① 将欲实现的逻辑函数表达式变换为最小项表达式。② 根据所得的最小项表达式确定哪些数据输入端接 **0**,哪些数据输入端接 **1**。

利用数据选择器可以实现并行数据到串行数据的转换。

5. 数字比较器是对两个二进制数进行比较以判断谁大谁小的组合逻辑电路。当两个相比较的二进制数字的位数较多时,可将几个数字比较器串联或并联起来使用。

6. 加法器是用以实现两个二进制数相加的组合逻辑电路。1 位二进制加法器是多位加法器的基础,而 1 位加法器又分为半加器和全加器两种电路。多位二进制加法器有串行进位和超前进位两种工作方式。前者电路简单,但工作速度低。后者工作速度高,但电路较复杂。

 习题

9.1.1 逻辑电路如图 P9.1.1 所示。试写出输出的逻辑表达式,列出真值表并分析其逻辑功能。

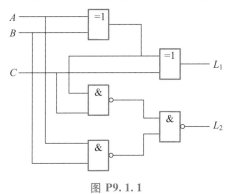

图 P9.1.1

9.1.2 逻辑电路如图 P9.1.2 所示,试分析其逻辑功能。

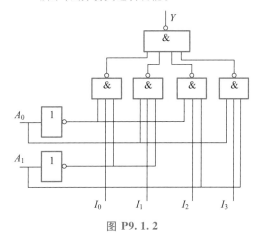

图 P9.1.2

9.1.3 试分析如图 P9.1.3 所示电路的逻辑功能。

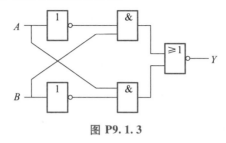

图 P9.1.3

9.1.4 试分析如图 P9.1.4 所示电路的逻辑功能。

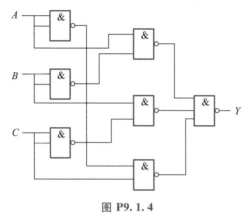

图 P9.1.4

9.1.5 设计一个组合逻辑电路。已知:输入为 8421BCD 码;当输入能被 2 或 3 整除时,输出为 **1**(0 可被任何数整除)。

（1）列出真值表;

（2）写出输出函数的最简**与或**表达式;

（3）用门电路实现该组合逻辑电路。

9.1.6 某物料传送系统由 A、B、C 三台电动机拖动,为防止物料堆积,规定只有 C 开机时 B 才可开机,只有 B 开机时 A 才可开机,否则应给出报警信号。设 A、B、C 开机时状态信号为 **1**。试设计电动机开机的监控电路。

9.1.7 利用**与非**门设计一个 1 位数值范围判别电路。已知:十进制数用 8421BCD 码表示;当输入的十进制数大于等于 5 时,电路输出为 **1**;当输入的十进制数小于等于 4 时,输出为 **0**。

9.1.8 某工厂有三个车间和一个自备电站,站内有两台发电机 X 和 Y。Y 的发电能力是 X 的二倍。如果一个车间开工,只要启动 X 就可满足要求;如果两个车间开工,只要启动 Y 就能满足要求;如果三个车间同时开工,则 X 和 Y 都应启动。试设计一个控制发电机 X 和 Y 启动和停止的逻辑电路。

9.1.9 设计一个血型配对指示器。输血时供血者和受血者的血型配对情况是:同一血型之间可以相互输血;AB 型受血者可以接受任何血型的输血;O 型血者可以给任何血型的受血者输血。要求用最少个数的**与非**门实现该逻辑要求,试画出逻辑图。

9.1.10 试设计一个组合逻辑电路。已知:在 A、B、C 三个输入信号中,A 的优先权最高,B 次之,C 最低,它们的输出分别用 Y_A、Y_B、Y_C 表示。要求:在同一时间内电路只有一个信号能输出;如果有两个或三个信号同时输入时,则电路只允许优先权最高的那个信号能输出。

9.2.1 设计一个由与非门组成的 3 位二进制编码电路

9.2.2 试利用译码器 74X138 及适当的门电路实现逻辑函数 $Y = A\overline{B}\,\overline{C} + A\overline{B}C + \overline{A}\,\overline{B}C + BC$。

9.2.3 试利用 8 选 1 数据选择器 74X151 实现 3 变量逻辑函数 $Y_1 = A\overline{B}\,\overline{C} + A\overline{B}C + \overline{A}\,\overline{B}C$ 和 $Y_2 = AB + BC + AC$。

9.2.4 试用 8 选 1 数据选择器 74X151 设计一个三人表决电路。要求按照少数服从多数的原则,当两人及两人以上同意时就获得通过,否则就不能通过。

9.2.5 试用 8 选 1 数据选择器 74X151 实现单输出组合逻辑函数 $L = ABCD + BC\overline{D} + AC$。

9.2.6 已知:8 选 1 数据选择器 74X151 芯片的地址选择信号输入端 A_0 的引脚被折断,无法输入信号,但芯片内部功能完好。试问:如何用它来实现函数 $F(A,B,C) = \sum m(1,3,7)$,并画出逻辑图。

9.2.7 试设计一个能实现两个 1 位二进制数全加运算和全减运算的组合逻辑电路。设加减控制信号用 M 表示:当 $M = 0$ 时为全加运算;当 $M = 1$ 时为全减运算。要求如下:

(1) 用适当的门电路实现。

(2) 用 74X151 实现。

(3) 用 74X138 和必要的门电路实现。

9.2.8 试设计一个多功能组合逻辑电路,要求实现表 P9.2.8 所示的功能。表中 M_1、M_0 为功能选择信号,A,B 为输入逻辑变量,F 为输出逻辑变量。试用 74X151 和门电路实现该电路。

表 P9.2.8 题 9.2.8 电路的功能表

M_1	M_0	F
0	0	AB
0	1	$A + B$
1	0	$A \oplus B$
1	1	$A \odot B$

9.2.9 试用一片 4 位数字比较器 74X85 和必要的门电路设计两个 5 位二进制数的并行比较器。

9.2.10 试用两片 4 位全加器 74X283 构成一个 7 位二进制数加法器。

9.2.11 试用 4 位全加器 74X283 构成 1 位 8421BCD 码的加法器。

9.2.12 试用 4 位全加器 74X283 设计一个加/减运算电路。当控制信号 $M = 1$ 时,将两个输入的 4 位二进制数相加;当控制信号 $M = 0$ 时,将两个输入的 4 位二进制数相减。设计时允许采用必要的门电路。

第 9 章 重要题型分析方法

第 9 章 部分习题解答

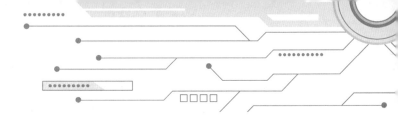

第 10 章

触发器和时序逻辑电路

 引言

在上一章,我们讨论了由门电路组成的组合逻辑电路。组合逻辑电路具有逻辑运算和算术运算功能。在组合逻辑电路中,电路在某一时刻的输出状态,仅由当时的输入状态决定。

在数字系统中,不仅需要有能完成逻辑运算和算术运算的组合逻辑电路,还要求将运算的数据和结果保存下来,这就要求数字系统中应该具有存储功能的电路。将具有存储功能的电路与组合逻辑电路相结合,可以组成时序逻辑电路。由于内部含有存储功能的电路,所以时序逻辑电路具有记忆功能。在时序逻辑电路中,电路在任一时刻的输出状态,不仅与该时刻的输入状态有关,还与电路原来所处的状态有关。锁存器和触发器都是具有存储功能的逻辑单元电路,是组成时序逻辑电路的基本单元。

本章首先讨论锁存器和触发器,然后讨论时序逻辑电路的基本概念以及时序逻辑电路的一般分析方法和设计方法。本章还讨论了在数字系统中广泛应用的典型时序逻辑功能器件——计数器和寄存器,最后讨论了 555 定时器的典型应用。

10.1　锁存器和触发器

锁存器和触发器都是能实现存储功能的逻辑电路。本节将着重讨论它们的电路结构、工作原理和实现的不同逻辑功能。

10.1.1　锁存器

锁存器是这样的一种基本存储单元电路:① 具有两个稳定状态,只要两个状态中的任何一个状态被确立后,这个状态就能一直自行保持下去,即电路的两个状态都是稳定状态;② 在有外界特定输入电平信号的作用下,电路能由一个稳定状态翻转到另一个稳定状态。

锁存器是一种对脉冲电平敏感的双稳态电路。

利用锁存器的两个稳定状态可以表示存储的二进制数码 **0** 和 **1**。锁存器按结构分有基本 *RS* 锁存器、时钟控制 *RS* 锁存器和时钟控制 *D* 锁存器等。基本 *RS* 锁存器是电路结构最简单的锁存器，是构成其他类型锁存器和一些触发器的基础。

一、基本 *RS* 锁存器

（一）电路的组成

基本 *RS* 锁存器由两个**与非门** G_1、G_2 组成，它们的输入端和输出端互相交叉连接，如图 10.1.1(a)所示。*R* 和 *S* 是它的两个输入端；Q 和 $\overline{Q}$ 是它的两个输出端，正常情况下，Q、$\overline{Q}$ 处于互补的状态。通常把锁存器 Q 端的状态称为锁存器的状态：即当 $Q = 1$、$\overline{Q} = 0$ 时，称锁存器处于 **1** 状态或置位状态；当 $Q = 0$、$\overline{Q} = 1$ 时，称锁存器处于 **0** 状态或复位状态。

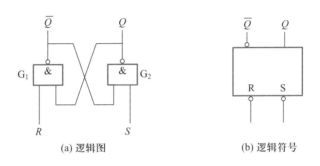

(a) 逻辑图　　　　　　　　(b) 逻辑符号

图 10.1.1　基本 *RS* 锁存器

（二）逻辑功能分析

下面分四种情况来分析基本 *RS* 锁存器输出与输入之间的逻辑关系。

1. 当 $R = 1$、$S = 1$ 时

当 *R*、*S* 均为高电平 **1** 时，若锁存器原来为 **0** 状态，即 $Q = 0$，$\overline{Q} = 1$，$Q = 0$ 加到 G_1 门的输入端，必能保证 $\overline{Q} = 1$；而 $\overline{Q} = 1$ 又加到 G_2 门的输入端，因 $S = 1$，所以能保证 $Q = 0$。可见，由于 Q 和 $\overline{Q}$ 的相互作用，锁存器保持原来的 **0** 状态不变。同样，若锁存器原来为 **1** 状态，也可以保持 **1** 状态不变。锁存器的这种工作状态称为保持状态。这说明锁存器具有记忆功能。

2. 当 $R = 1$、$S = 0$ 时

当 *R* 端保持高电平（即 $R = 1$），*S* 端由高电平变为低电平（即 *S* 由 **1** 变为 **0**）时，则不论锁存器原来处于什么状态，G_2 门因有 $S = 0$，必使 $Q = 1$，G_1 门因两个输入端均为 **1**，必能使 $\overline{Q} = 0$，因此锁存器将处于 **1** 状态。通常把在 *S* 端加低电平使锁存器处于 **1** 状态的过程称为使锁存器置 **1**，简称 *S* 端加低电平使锁存器置 **1**（或置位），故称 *S* 端为置 **1**（或置位）输入端，且 *S* 为低电平有效。

3. 当 $R = 0$、$S = 1$ 时

当 *S* 端保持高电平（即 $S = 1$），*R* 端由高电平变为低电平（即 *R* 由 **1** 变为 **0**）时，则不论锁存

器原来处于什么状态,G_1 门因 $R=0$,必使 $\overline{Q}=1$,G_2 门因两个输入端均为 **1**,必能使 $Q=0$,因此锁存器将处于 **0** 状态。通常把在 R 端加低电平使锁存器处于 **0** 状态的过程称为使锁存器置 **0**,简称 R 端加低电平使锁存器置 **0**(或复位),故称 R 端为置 **0**(或复位)输入端,且 R 为低电平有效。

4. 当 $R=0$、$S=0$ 时

当 R 和 S 端均加低电平时,锁存器的两个输出端 Q 和 $\overline{Q}$ 将全为 **1**,这不仅破坏了 Q 与 $\overline{Q}$ 的状态应该相反的逻辑要求,而且当两个输入端的低电平同时撤除变为 **1** 后,由于两个与非门的平均传输延迟时间不完全相同,锁存器的状态将是不定的,即无法判定锁存器是处于 **1** 状态,还是 **0** 状态,锁存器的这种工作状态称为不定状态,因此,这种情况应避免使用。如果 R 和 S 的低电平不是同时消失,输出的状态是可以确定的。

由以上讨论可知:基本 RS 锁存器具有置 **0**、置 **1** 和保持(记忆)三种逻辑功能。在正常使用锁存器时,需要对输入信号加约束条件,即 $R+S=1$,以保证不出现 $R=S=0$ 的情况,避免出现不定状态。

基本 RS 锁存器的真值表如表 10.1.1 所示。表中,用 Q^n 表示锁存器在接收输入信号之前所处的状态,即锁存器原来所处的状态,常称为锁存器的现态或初态;用 Q^{n+1} 表示锁存器在接收输入信号之后所处的状态,即锁存器新的状态,常称为锁存器的次态。由于锁存器的次态 Q^{n+1} 不仅与输入状态有关,还与锁存器的现态 Q^n 有关,所以在真值表中把现态 Q^n 作为一个变量列入。含有状态变量 Q^n 的真值表叫作锁存器的特性表(或功能表)。

表 10.1.1　用与非门组成的基本 RS 锁存器的特性表

R	S	Q^n	Q^{n+1}	功能说明
0	**0**	**0**	×	不定(不允许)
0	**0**	**1**	×	
0	**1**	**0**	**0**	置 **0**(复位)
0	**1**	**1**	**0**	
1	**0**	**0**	**1**	置 **1**(置位)
1	**0**	**1**	**1**	
1	**1**	**0**	**0**	保持状态
1	**1**	**1**	**1**	

基本 RS 锁存器的逻辑符号如图 10.1.1(b)所示。图中 R 和 S 输入端引线靠近方框的小圆圈表示置 **0** 或置 **1** 为低电平有效。因为 Q 和 $\overline{Q}$ 处于互补状态,所以在 $\overline{Q}$ 输出端引线靠近方框处加小圆圈。

(三)电路的工作特点

基本 RS 锁存器具有以下特点。

(1)电路具有两个稳定状态:一个是 $Q=$ **0**、$\overline{Q}=$ **1**,称为 **0** 状态或复位状态;另一个是

$Q = 1$、$\overline{Q} = 0$,称为 **1** 状态或置位状态。

所谓稳定状态是指在没有外界有效信号作用时,锁存器的 **0** 状态或 **1** 状态能够一直保持下去,是 **0** 状态就一直保持 **0** 状态,是 **1** 状态就一直保持 **1** 状态。

（2）在外界有效输入信号的作用下,锁存器能由一个稳定状态翻转到另一个稳定状态。

在外界有效输入信号的作用下,锁存器可以从 **0** 状态翻转到 **1** 状态,也可以从 **1** 状态翻转到 **0** 状态。使锁存器翻转所施加的有效输入信号称为触发信号。基本 RS 锁存器的触发信号为电平信号,所以常称这种触发方式为电平触发。

（3）锁存器翻转后,当触发信号消失,因 $R = S = 1$,锁存器将保持翻转后的状态不变,故 RS 锁存器具有记忆功能。

（4）基本 RS 锁存器的动作特点是:在输入信号作用的全部时间内,都能改变输出端 Q 和 $\overline{Q}$ 的状态。

在锁存器中,凡是根据输入信号 R、S 情况的不同,具有置 **0**、置 **1** 和保持功能的电路,就称为 RS 锁存器。

基本 RS 锁存器也可以由**或非门**交叉耦合连接而构成。

（四）基本 RS 锁存器的应用

基本 RS 锁存器除了可以用来存储二进制数码 **0** 和 **1** 以外,在数字系统中,基本 RS 锁存器还常和机械开关一起组成逻辑电平输出电路。

在图 10.1.2 所示的机械开关逻辑电平输出电路中,由于机械开关（如拨动开关、按键等）在接通和断开的瞬间会产生弹性震颤,使触点在短时间内产生多次接通和断开,从而导致输出逻辑电平在低电平和高电平之间发生多次跳变,其波形如图 10.1.2(b)所示。这种错误的逻辑电平会导致数字系统误动作,应当设法消除。

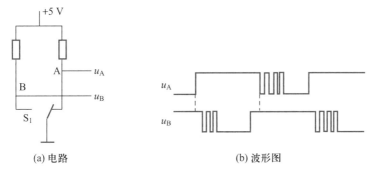

(a) 电路   (b) 波形图

图 10.1.2 用机械开关组成的简单逻辑电平输出电路

利用基本 RS 锁存器和机械开关组成的逻辑电平输出电路可以有效消除错误的逻辑电平,其电路如图 10.1.3(a)所示,逻辑电平从锁存器的 Q 和 $\overline{Q}$ 端输出。根据基本 RS 锁存器的特性表,便可由 R、S 的波形画出锁存器 Q 和 $\overline{Q}$ 的波形,如图 10.1.3(b)所示,可见从 Q 和 $\overline{Q}$ 输出的逻辑电平不再受机械开关抖动的影响。

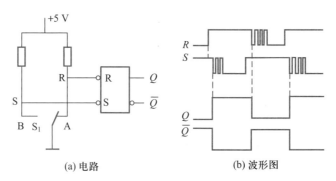

(a) 电路 　　　　　(b) 波形图

图 10.1.3　利用基本 RS 锁存器组成的逻辑电平输出电路

二、时钟控制 RS 锁存器

基本 RS 锁存器的输出状态直接受 R、S 端信号的控制，R、S 端的状态一旦发生变化，其输出状态也将随之发生变化。在实际应用中，往往要求锁存器不是单纯地接受 R、S 端信号的控制，还要求它受某个控制信号的控制，只有当控制信号到达时，锁存器才翻转到由 R、S 所决定的状态。为此，常给锁存器引入一个称为时钟脉冲 CP（clock pulse 的缩写）的控制信号，只有当这个脉冲到达时，锁存器才翻转到由 R、S 所决定的状态。由于这个脉冲像时钟一样控制着锁存器的翻转时刻，所以称它为时钟脉冲。我们把受时钟脉冲控制的锁存器统称为时钟控制锁存器。把受时钟脉冲控制的 RS 锁存器称为时钟控制 RS 锁存器。

（一）电路的组成

时钟控制 RS 锁存器的逻辑图如图 10.1.4(a) 所示。图中，与非门 G_1、G_2 组成基本 RS 锁存器；与非门 G_3、G_4 组成控制电路，CP 为控制端，加时钟脉冲；R、S 为输入端；Q 和 $\overline{Q}$ 为输出端。

时钟控制 RS 锁存器的逻辑符号如图 10.1.4(b) 所示。

（二）逻辑功能分析

1. 当 $CP = 0$ 时

当 $CP = 0$ 时，不论 R、S 的状态如何，G_3、G_4 门的输出总为 1，相当于基本 RS 锁存器为 $R = 1$、$S = 1$ 的情况，时钟控制 RS 锁存器将保持原来的状态不变。

2. 当 $CP = 1$ 时

有以下四种情况。

（1）当 $R = 1$、$S = 0$ 时

此时控制电路的输出为 $Q_3 = 0$、$Q_4 = 1$，相当于基本 RS 锁存器为 $R = 0$、$S = 1$ 的情况，则不论锁存器原来处于什么状态，时钟控制 RS 锁存器将置 0。

（2）当 $R = 0$、$S = 1$ 时

此时控制电路的输出为 $Q_3 = 1$、$Q_4 = 0$，相当于基本 RS 锁存器为 $R = 1$、$S = 0$ 的情况，则不

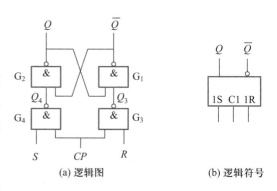

(a) 逻辑图　　　(b) 逻辑符号

图 10.1.4　时钟控制 RS 锁存器

论锁存器原来处于什么状态,时钟控制 RS 锁存器将置 **1**。

（3）当 $R = S = 0$ 时

此时控制电路的输出为 $Q_3 = Q_4 = 1$,相当于基本 RS 锁存器为 $R = S = 1$ 的情况,则不论锁存器原来处于什么状态,时钟控制 RS 锁存器将保持原来的状态不变。

（4）当 $R = S = 1$ 时

此时控制电路的输出为 $Q_3 = Q_4 = 0$,相当于基本 RS 锁存器为 $R = S = 0$ 的情况,则时钟控制 RS 锁存器的状态是不定的,应避免使用这种情况。

通过上述分析,可获得 $CP = 1$ 时时钟控制 RS 锁存器的特性表,如表 10.1.2 所示。

表 10.1.2　$CP = 1$ 时时钟控制 RS 锁存器的特性表

R	S	Q^n	Q^{n+1}	功能说明
0	**0**	**0**	**0**	保持原状态
0	**0**	**1**	**1**	
0	**1**	**0**	**1**	置 **1**
0	**1**	**1**	**1**	
1	**0**	**0**	**0**	置 **0**
1	**0**	**1**	**0**	
1	**1**	**0**	×	输入信号同时
1	**1**	**1**	×	消失后状态不定

（三）锁存器功能的描述

锁存器的功能除了用特性表来描述之外,还可以用特性方程、状态转换图、时序图来描述,下面分别加以介绍。

1. 特性方程

锁存器次态 Q^{n+1} 的方程称为特性方程,它反映了次态 Q^{n+1} 与输入信号 R、S 及现态 Q^n 之间的逻辑关系。根据特性表 10.1.2,通过用如图 10.1.5 所示的卡诺图化简,可以得到时钟控制 RS 锁存器的特性方程为

$$\begin{cases} Q^{n+1} = S + \bar{R}Q^n \\ RS = 0（约束条件） \end{cases} \quad CP = 1\text{时有效} \tag{10.1.1}$$

2. 状态转换图

状态转换图表示的是,在时钟脉冲条件满足的情况下,锁存器从一个状态变化到另一个状态或保持原状态不变时,对输入信号的要求。由表 10.1.2 的功能表,可以画出时钟控制 RS 锁存器在 $CP = 1$ 时的状态转换图,如图 10.1.6 所示。在图中,用两个圆圈内标注的 **0** 和 **1** 代表锁存器的两个状态,用带箭头的方向线表示锁存器的状态从现态到次态的转换方向,同时在方向线旁边注明转换的条件。用状态转换图可以更形象地表示出锁存器的逻辑功能。

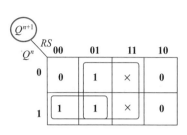

图 10.1.5　时钟控制 RS 锁存器 Q^{n+1} 的
卡诺图化简

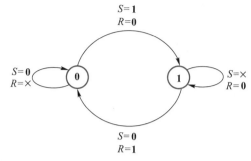

图 10.1.6　时钟控制 RS 锁存器在 $CP=1$ 时的
状态转换图

例 10.1.1　已知时钟控制 RS 锁存器输入信号 R、S 和时钟脉冲 CP 的波形如图 10.1.7 所示,锁存器的初始状态为 **0**。画出锁存器的输出波形。

解: 当 $CP=0$ 时,锁存器保持原来的状态。在 $CP=1$ 期间,根据时钟控制 RS 锁存器的特性表或状态转换图,由输入信号及现态得到相应的次态,便可逐步画出如图 10.1.7 所示的 Q 端的输出波形。

（四）电路的工作特点

1. 约束条件和状态的转换

由时钟控制 RS 锁存器的特性表 10.1.2 可知,输入信号同样有约束条件,即 $RS=0$。在三个输入信号中,CP 控制着锁存器状态的转换时刻,R、S 则决定着锁存器状态转换的去向。

2. 空翻现象

对于时钟控制 RS 锁存器,在 $CP=1$ 的全部时间内,只要 R、S 有变化都将引起锁存器状态做相应的变化。因此,在 $CP=1$ 的期间,若输入信号发生多次变化,就可能使锁存器的状态发生多次翻转,我们把这种现象叫作锁存器的空翻,图 10.1.8 所示的波形表明了这一情况。时钟控制 RS 锁存器的空翻现象,必然会使它的抗干扰能力降低,即在 $CP=1$ 期间,如在 R 或 S 端上出现干扰脉冲,就会引起锁存器的误动作。

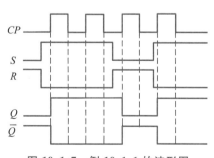

图 10.1.7　例 10.1.1 的波形图

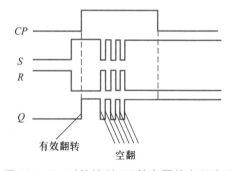

图 10.1.8　时钟控制 RS 锁存器的空翻波形

三、时钟控制 D 锁存器

（一）电路的组成

由于 RS 锁存器要求输入信号满足约束条件 $RS=0$，使其使用受到一定限制。如果在 RS 锁存器的输入端加一个**非门**，如图 10.1.9(a) 所示，不仅约束条件 $RS=0$ 能得到自动满足，还可解决单端输入信号的需要。这样的想法就使集成电路产品中出现了时钟控制 D 锁存器。

时钟控制 D 锁存器的逻辑图和逻辑符号分别如图 10.1.9(a) 和(b) 所示。在图 10.1.9(a) 中，D 为输入端，输入信号一方面加到 G_4 的输入端，另一方面又经过非门 G_5 加到 G_3 的输入端；CP 为控制端，加时钟脉冲。

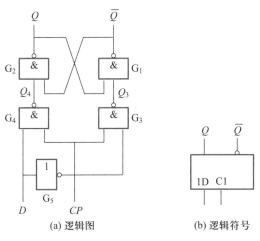

(a) 逻辑图   (b) 逻辑符号

图 10.1.9　时钟控制 D 锁存器

（二）工作原理

1. 当 $CP=0$ 时

当 $CP=0$ 时，不论 D 的状态如何，G_3、G_4 门的输出总为 **1**，相当于基本 RS 锁存器为 $R=1$、$S=1$ 的情况，D 锁存器将保持原来的状态不变。

2. 当 $CP=1$ 时

有以下两种情况：

（1）当 $D=0$ 时，此时控制电路的输出为 $Q_3=0$、$Q_4=1$，相当于基本 RS 锁存器为 $R=0$、$S=1$ 的情况，则不论 D 锁存器原来处于什么状态，D 锁存器将置 **0**。

（2）当 $D=1$ 时，此时控制电路的输出为 $Q_3=1$、$Q_4=0$，相当于基本 RS 锁存器为 $R=1$、$S=0$ 的情况，则不论 D 锁存器原来处于什么状态，D 锁存器将置 **1**。

通过上述分析，可获得 $CP=1$ 时时钟控制 D 锁存器的特性表，如表 10.1.3 所示。

表 10.1.3　$CP = 1$ 时 D 锁存器的特性表

D	Q^n	Q^{n+1}	功能说明
0	0	0	置 0
0	1	0	
1	0	1	置 1
1	1	1	

例 10.1.2　图 10.1.9(a)所示时钟控制 D 锁存器 CP 和 D 的波形如图 10.1.10 所示，设锁存器的初始状态为 $Q = 0$，试画出 Q 的波形。

解：由表 10.1.3 可知，在 $CP = 1$ 期间，Q 的状态与 D 相同；在 CP 变为低电平以后，锁存器将保持 CP 变为低电平之前的状态。据此就可画出 Q 的波形，如图 10.1.10 所示。

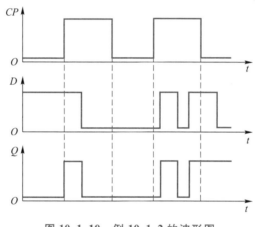

图 10.1.10　例 10.1.2 的波形图

10.1.2　触发器

我们知道锁存器的空翻会降低其工作的可靠性。在数字系统中，为了提高工作的可靠性，就要求存储单元电路状态的翻转不要在时钟脉冲的高电平时间间隔内进行，而是只发生在时钟脉冲的上升沿或下降沿时刻，这样就能保证存储单元电路在一个时钟脉冲作用下只翻转一次。我们把只在时钟脉冲上升沿或下降沿翻转的双稳态存储单元电路称为触发器。

下面要介绍的主从 JK 触发器、维持阻塞 D 触发器和 CMOS 主从 D 触发器，都是能将电路的翻转控制在时钟脉冲的下降沿或上升沿时进行的双稳态存储单元电路。

一、脉冲触发主从 JK 触发器

（一）电路的组成

脉冲触发主从 JK 触发器的逻辑图如图 10.1.11(a)所示。J、K 为触发器的输入端，Q、$\overline{Q}$

为触发器的输出端。其中**与非门** G_1、G_2、G_3、G_4 组成的时钟控制 *RS* 锁存器称为从锁存器；**与非门** G_5、G_6、G_7、G_8 组成的时钟控制 *RS* 锁存器称为主锁存器。时钟脉冲 *CP* 经**非门** G_9 反相后去控制从锁存器，主锁存器则直接受时钟脉冲 *CP* 控制。

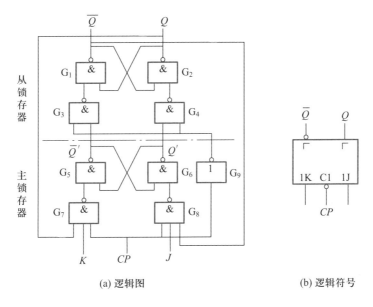

(a) 逻辑图   (b) 逻辑符号

图 **10.1.11**   脉冲触发主从 *JK* 触发器

(二) 逻辑功能分析

1. 当 *CP* = 0 时，从锁存器和主锁存器的状态总是一致的

首先应该说明，在主从 *JK* 触发器中，当 *CP* = 0 时，从锁存器和主锁存器的状态总是一致的。分析如下：设主锁存器为 **0** 状态，即 G_6 门的输出 $Q' = 0$，G_5 门的输出 $\overline{Q'} = 1$，这样 G_4 门就输出 **1**，G_3 门因两个输入均为 **1** 而输出 **0**，这个低电平就将从锁存器置 **0**。同样，若设主锁存器为 **1** 状态，则从锁存器也将处于 **1** 状态。可见，在时钟脉冲的上升沿到来之前，即在 *CP* = 0 期间，从锁存器的状态总是与主锁存器一致的。

2. 逻辑功能分析

下面分四种情况来分析触发器的逻辑功能。

(1) 当 *J* = **1**、*K* = **1** 时

假设在 *CP* = 0 时，主锁存器和从锁存器都处于 **0** 状态。

在时钟脉冲的上升沿到来之后，$CP = 1$，$\overline{CP} = 0$，**与非门** G_3 和 G_4 均输出 **1**，使从锁存器保持 **0** 状态不变。G_8 门因三个输入均为 **1** 而输出 **0**，这个低电平使主锁存器由 **0** 状态翻转到 **1** 状态。

在时钟脉冲的下降沿到来后，$CP = 0$，$\overline{CP} = 1$，**与非门** G_7 和 G_8 均输出 **1**，使主锁存器保持 **1** 状态不变。G_4 门因两个输入均为 **1** 而输出 **0**，这个低电平使从锁存器由 **0** 状态翻转到 **1** 状态。

同理，若再来一个时钟脉冲，触发器将再翻转一次，从 **1** 状态翻转到 **0** 状态。可见，当 *J* =

$K=1$ 时,每接受一个时钟脉冲,触发器就翻转一次。在这种工作情况下,可由触发器的翻转次数计算出加到 CP 端的时钟脉冲数。我们把触发器每接受一个时钟脉冲就翻转一次的工作状态称为计数状态。

(2) 当 $J=1$、$K=0$ 时

假设在 $CP=0$ 时,主锁存器和从锁存器都处于 0 状态。

在 $CP=1$ 时,$\overline{CP}=0$,从锁存器保持 0 状态不变。G_8 门因三个输入均为 1 而输出 0,这个低电平使主锁存器由 0 状态翻转到 1 状态。

在时钟脉冲的下降沿到来后,$CP=0$,$\overline{CP}=1$,G_4 门因两个输入均为 1 而输出 0,这个低电平使从锁存器由 0 状态翻转为 1 状态。在 $CP=0$ 时,与非门 G_7 和 G_8 均输出 1,使主锁存器保持 1 状态不变。

如果触发器原来为 1 状态,$\overline{Q}=0$ 使 G_8 门输出 1,$K=0$ 使 G_7 门也输出 1,因此,不论 CP 为 1 或为 0,主锁存器和从锁存器都保持原来的 1 状态不变。

由以上分析可知,当 $J=1$、$K=0$ 时,不论触发器原来是处于 0 状态还是 1 状态,在 CP 作用后,触发器均处于 1 状态。

(3) 当 $J=0$、$K=1$ 时

按以上分析方法可以得出,当 $J=0$、$K=1$ 时,不论触发器原来处于什么状态,在 CP 作用后,触发器均处于 0 状态。

(4) 当 $J=0$、$K=0$ 时

按以上分析方法可以得出,当 $J=0$、$K=0$ 时,不论触发器原来处于什么状态,在 CP 作用后,触发器保持原来的状态不变。

通过以上分析可获得脉冲触发主从 JK 触发器的特性表,如表 10.1.4 所示。

表 10.1.4　脉冲触发主从 JK 触发器的特性表

J	K	Q^n	Q^{n+1}	功能说明
0	0	0	0	保持原状态
0	0	1	1	不变
0	1	0	0	输出状态与
0	1	1	0	J 端状态相同
1	0	0	1	输出状态与
1	0	1	1	J 端状态相同
1	1	0	1	与原状态相反
1	1	1	0	计数状态

由特性表并用代数法或卡诺图法化简后可得脉冲触发主从 JK 触发器的特性方程为

$$Q^{n+1} = J\,\overline{Q^n} + \overline{K}Q^n \qquad\qquad (10.1.2)$$

式 (10.1.2) 只在 CP 下降沿到来时才有效。

脉冲触发主从 JK 触发器的状态转换图如图 10.1.12 所示。

（三）电路的工作特点

通过以上分析可知,脉冲触发主从 JK 触发器的工作特点如下。

（1）触发器的工作分两步进行:第一步,在 $CP=1$ 期间,主锁存器根据 J、K 的状态被置成相应的状态,从锁存器的状态则保持不变;第二步,在 $CP=0$ 期间,主锁存器的状态保持不变,从锁存器则取与主锁存器相同的状态。

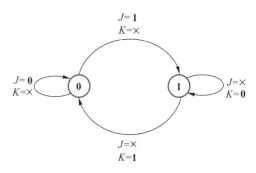

图 10.1.12　脉冲触发主从 JK 触发器的状态转换图

（2）触发器的翻转是在时钟脉冲的下降沿（即在 CP 由 **1** 变 **0** 的时刻）进行的。这种触发方式称为脉冲触发。

（3）因为主锁存器是一个时钟控制 RS 触发器,所以,在 $CP=1$ 期间内,J、K 信号的变化都将对主锁存器的状态产生影响,从而也可能造成干扰脉冲使触发器发生误动作的后果（见例 10.1.4 分析）。

脉冲触发主从 JK 触发器的逻辑符号如图 10.1.11（b）所示。由于图 10.1.11（a）所示的脉冲触发主从 JK 触发器的翻转是在时钟脉冲的下降沿进行的,所以,在时钟脉冲输入端的引线靠近方框处画有小圆圈。逻辑符号的矩形方框内输出端 Q 和 $\overline{Q}$ 处的拐弯直角表示触发器为主从结构。在集成 JK 触发器中,有多个 J、K 端,在这种情况下,各个 J 端和各个 K 端之间均有与逻辑关系。

例 10.1.3　已知脉冲触发主从 JK 触发器输入信号 J、K 和时钟脉冲 CP 的波形如图 10.1.13 所示,触发器的初始状态为 **0**。画出触发器的输出波形。

解: 从输入信号的波形可知,在 $CP=1$ 期间输入信号没有变化,所以只需由给出的波形图,观察 CP 下降沿到来前一刻 J、K 的状态,然后根据触发器的特性表或状态转换图或特性方程就能知道 CP 下降沿到来后 Q^{n+1} 的状态,最后便可画出如图 10.1.13 所示的 Q 端的输出波形。

例 10.1.4　已知脉冲触发主从 JK 触发器输入信号 J、K 和时钟脉冲 CP 的波形如图 10.1.14 所示,触发器的初始状态为 **0**。要求:画出触发器的输出波形。

解: 由图 10.1.14 可知由于在第一个 CP 的高电平期间始终有 $J=1$、$K=0$,所以当 CP 下降沿到来后触发器必置 **1**,即 $Q=1$。

由于在第二个 CP 的高电平期间 K 端的状态发生了变化,所以不能简单地以 CP 下降沿到达前一刻 $J=K=0$ 来决定触发器的状态。由于在第二个 CP 的高电平期间出现了短时间的 $J=0$、$K=1$ 的状态,已将主锁存器置成了 **0** 状态,所以尽管 CP 下降沿到来前一刻输入已回到了 $J=K=0$ 的状态,但是在 CP 下降沿到来后从锁存器仍应取与主锁存器相同的 **0** 状态,故 $Q=0$。

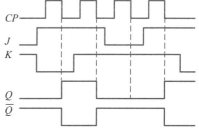

图 10.1.13　例 10.1.3 的波形图

应该注意,在第三个 CP 的高电平期间 J 端的状态发生了变化,所以也不能简单地以 CP 下降沿到来前一刻 $J=0$、$K=1$ 来决定触发器的状态。由于在第三个 CP 的高电平期间出现了 $J=K=1$ 的状态,在 CP 下降沿到来前,主锁存器已由 0 状态翻转为 1 状态,所以在 CP 下降沿到来后从锁存器应取与主锁存器相同的 1 状态,即 $Q=1$。

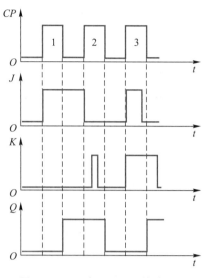

图 10.1.14　例 10.1.4 的波形图

二、边沿触发的触发器

为了提高触发器的抗干扰能力,希望触发器的次态仅仅取决于 CP 上升沿或下降沿到达时刻输入信号的状态,而在此之前或之后输入信号的变化对触发器的次态没有影响。为实现这个设想,人们设计出了边沿触发的触发器。

(一) 维持阻塞 D 触发器

1. 电路的组成

维持阻塞 D 触发器是一种边沿触发的触发器。它的逻辑图如图 10.1.15(a) 所示。图中,与非门 G_1、G_2 组成基本 RS 锁存器,与非门 G_3、G_4、G_5、G_6 组成控制电路。Q 和 $\overline{Q}$ 为触发器的两个输出端;CP 为时钟脉冲输入端;D 是信号输入端;R_D 为直接置 0 端,S_D 为直接置 1 端,均为低电平有效。

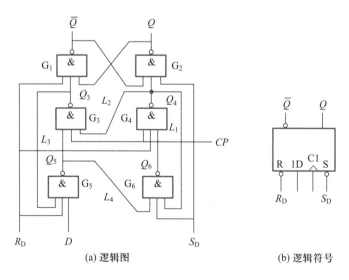

(a) 逻辑图　　　　　　　　　　(b) 逻辑符号

图 10.1.15　维持阻塞 D 触发器

2. 逻辑功能分析

下面分两种情况来讨论维持阻塞 D 触发器的逻辑功能。

（1）当 $D=0$ 时

在时钟脉冲的上升沿到来前，$CP=0$，G_3、G_4 被封锁，$Q_3=1$，$Q_4=1$，G_1、G_2 组成的基本 RS 锁存器保持原状态不变。因 $D=0$，使 $Q_5=1$，进而使 G_6 的输入为全 1，故 $Q_6=0$。此时触发器处于触发准备阶段，把 D 信号先存放于 G_5、G_6 的输出端。

当时钟脉冲的上升沿到来使 CP 由 0 变 1 时，G_4 因 $Q_6=0$ 仍输出 1；G_3 因输入变为全 1，Q_3 就变为 0。Q_3 输出的 0 起以下三个作用。

① 将基本 RS 锁存器置 0。

② Q_3 变为 0，通过反馈线 L_3 封锁了 G_5，使得在 $CP=1$ 期间维持 $Q_5=1$，于是无论 D 信号再怎么变化，总能维持 G_3 发出的置 0 信号，使触发器稳定地处于 0 状态。因此，称 L_3 线为置 0 维持线。

③ 由于 Q_3 变为 0 后，能保证在 $CP=1$ 期间维持 $Q_5=1$，通过反馈线 L_4 加到 G_6 的输入端，可保证 Q_6 总保持 0（因 $Q_4=1$ 通过 L_1 也加到 G_6 的输入端），进而封锁了 G_4，从而阻塞了置 1 信号的产生，故称线 L_4 为置 1 阻塞线。

在时钟脉冲下降沿到来时，CP 由 1 变 0，G_3、G_4 被封锁，$Q_3=1$，$Q_4=1$，使触发器保持 0 状态不变。

由以上分析可知，当 $D=0$ 时，在时钟脉冲的上升沿到来时，触发器必置 0。

（2）当 $D=1$ 时

在时钟脉冲的上升沿到来前，$CP=0$，$Q_3=1$、$Q_4=1$，触发器的状态保持不变。由于 $D=1$，G_5 门因三个输入均为 1，使 $Q_5=0$，进而使 $Q_6=1$。此时，电路处于触发准备阶段，D 信号先存放于 G_5、G_6 的输出端。

在时钟脉冲的上升沿到来时，CP 由 0 变 1，G_3 因有 G_5 为它输入 0 而仍保持 $Q_3=1$，G_4 因输入变为全 1 而使 Q_4 变为 0。Q_4 输出的 0 起以下三个作用。

① 将基本 RS 锁存器置 1。

② $Q_4=0$ 经过反馈线 L_1 给 G_6 输入 0，从而使 $Q_6=1$，保证在 $CP=1$ 期间，不论 D 信号作何变化，总能维持 $Q_4=0$，因而维持了置 1 信号，故称线 L_1 为置 1 维持线。

③ $Q_4=0$ 经过反馈线 L_2 给 G_3 输入 0，以保证在 $CP=1$ 期间，Q_3 总保持为 1，因而阻塞了置 0 信号的产生，故称线 L_2 为置 0 阻塞线。

由以上分析可知，当 $D=1$ 时，在时钟脉冲的上升沿到来时，触发器必置 1。

综上所述，可列出 D 触发器的特性表，如表 10.1.5 所示。D 触发器的状态转换图如图 10.1.16 所示。由特性表并经化简后可得到 D 触发器的特性方程为

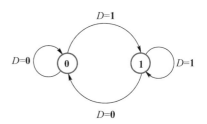

图 10.1.16 D 触发器的状态转换图

$$Q^{n+1} = D \qquad (10.1.3)$$

表 10.1.5　D 触发器的特性表

D	Q^n	Q^{n+1}	功能说明
0	0	0	
0	1	0	输出状态与 D
1	0	1	状态相同
1	1	1	

3. 电路的工作特点

综上所述可知,维持阻塞 D 触发器的工作特点如下。

(1) 在维持阻塞 D 触发器中,当 $CP = 0$ 时,触发器的状态保持不变,D 信号存放于 G_5、G_6 的输出端(即在 CP 的上升沿到来前接收 D 信号),此时,触发器处于触发准备阶段。

(2) 在时钟脉冲的上升沿到来时,G_3、G_4 的输出状态一定是相反的,其中必有一个为 **0** 状态,这个低电平一方面将触发器置 **0**(或置 **1**),另一方面通过反馈线既维持了置 **0**(或置 **1**)信号,又阻塞了置 **1**(或置 **0**)信号的产生,因而可提高触发器的抗干扰能力。

(3) 维持阻塞 D 触发器是在时钟脉冲的上升沿发生翻转的。

维持阻塞 D 触发器的逻辑符号如图 10.1.15(b) 所示。因为触发器在 CP 的上升沿发生翻转,故 C 端引线靠近方框处未加小圆圈。

维持阻塞 D 触发器有相应的集成电路产品。如果有多个输入端,这时各输入端之间也具有**与**逻辑关系。

例 10.1.5　维持阻塞 D 触发器如图 10.1.15(a) 所示。已知:初始状态为 0;输入信号 D 和时钟脉冲 CP 的波形图如图 10.1.17 所示。要求:画出输出 Q 的波形图。

解: 在画波形图时,应注意的是:① D 触发器的翻转发生在时钟脉冲的上升沿;②决定触发器次态的依据是时钟脉冲上升沿到来前一瞬间输入端的状态。根据 D 触发器的特性表或特性方程或状态转换图便可画出输出端 Q 的波形图,如图 10.1.17 所示。

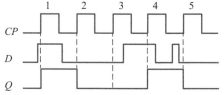

图 10.1.17　例 10.1.5 的波形图

(二) 负边沿 JK 触发器

1. 电路的说明

为了提高 JK 触发器的抗干扰能力,人们设计了一种负边沿 JK 触发器,其逻辑图和逻辑符号如图 10.1.18(a) 和(b) 所示。在图 10.1.18(a) 中,两个**与或非**门组成基本 RS 锁存器,**与非**门 G_7 和 G_8 组成控制门。时钟脉冲 CP 一方面加到控制门 G_7 和 G_8,另一方面加到基本 RS 锁存器的 G_3 和 G_5。由图 10.1.18(a) 可知,时钟脉冲 CP 要经过 G_7 或 G_8 延迟后才能到达基本 RS 锁存器的 G_2 或 G_6,其用时要比 CP 到达 G_3 或 G_5 的时间多一个**与非**门的传输延迟时间。为了保证触发器工作的可靠性,在制造集成电路时,应使 G_7 和 G_8 的传输延迟时间大于基本 RS 锁存器的翻转时间。

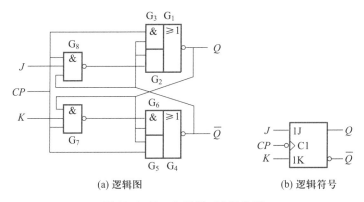

(a) 逻辑图   (b) 逻辑符号

图 10.1.18   负边沿 JK 触发器

2. 逻辑功能的分析

设触发器的初始状态为 $Q=0$、$\overline{Q}=1$。

下面来分析当 $J=1$、$K=0$ 时触发器的工作情况。

① 当 $CP=0$ 时，G_3 和 G_5、G_7 和 G_8 都被封锁，G_7 和 G_8 均输出 **1**，将 G_2 和 G_6 打开，这时**与或非门**通过交叉连接，使基本 RS 锁存器保持原有的状态不变，即触发器保持原有的状态不变。

② 当 CP 由 **0** 变为 **1** 后的瞬间，G_3 和 G_5 首先打开，**与或非门**通过交叉连接，使基本 RS 锁存器继续保持 **0** 状态不变；同时，G_7 和 G_8 也被打开，在 $J=1$、$K=0$ 的情况下，G_7 仍输出 **1**，而 G_8 的输出要经过传输延迟后才会由 **1** 变为 **0**，进而才会使 G_2 的输出变为 **0**。因为 CP 的上升沿到达后，先使 G_3 输出了 **1**，所以 G_1 的输入不会出现全 **0** 的情况，因而能保证 $Q=0$ 不变，进而保证 $\overline{Q}=1$ 也不变。因此在 CP 的上升沿到达时，通过**与或非门**的交叉连接，基本 RS 锁存器能保持原来的状态不变。

③ 在 $CP=1$ 期间，G_7 和 G_8 是打开的，在 $J=1$、$K=0$ 和 $Q=0$、$\overline{Q}=1$ 的情况下，由图 10.1.16（a）可知，G_7 和 G_8 的输出为 **1** 和 **0**，G_2 和 G_6 的输出均为 **0**。因此，在 $CP=1$ 期间，由于**与或非门**通过交叉连接，不论 J、K 如何变化，触发器的状态是不会发生翻转的，J、K 的状态则以 G_7、G_8 输出高、低电平的形式存储于触发器电路中。

④ 当 CP 由 **1** 变为 **0** 的瞬间，即 CP 下降沿到达的瞬间，G_3、G_5 立即被封锁，使**与门** G_3 的输出由 **1** 变为 **0**。由于 G_7、G_8 存在传输延迟时间，所以在 $J=1$、$K=0$ 的条件下它们的输出不会马上改变，G_7 仍输出 **1**，G_8 仍输出 **0**，使**与门** G_2 仍输出 **0**。因此，在 CP 下降沿到达的瞬间两个**与门** G_2、G_3 的输出同时为 **0**，它们使 Q 由 **0** 变为 **1**，并经过 G_6 输出 **1**，使 $\overline{Q}$ 由 **1** 变为 **0**，触发器由 **0** 状态翻转为 **1** 状态。由于 G_8 的传输延迟时间大于基本 RS 锁存器的翻转时间，故可以保证在 G_8 输出的 **0** 消失前 $\overline{Q}=0$ 先反馈到 G_2，这样就能保证在 G_8 输出的 **0** 消失后触发器的 **1** 状态仍能可靠地保持下去，从而确保了触发器翻转的可靠性。

在 J、K 为其他取值时，对触发器的工作情况进行类似分析，就可得到负边沿 JK 触发器的特性表，如表 10.1.6 所示。

由于该触发器是根据 CP 下降沿到来前的 J 和 K 状态,并在 CP 的下降沿到来时实现翻转的,故该触发器是负边沿触发。

表 10.1.6 负边沿 JK 触发器的特性表

CP	J	K	Q^n	Q^{n+1}	备注
×	×	×	**0** **1**	**0** **1**	状态保持
⌐	0	0	**0** **1**	**0** **1**	保持
⌐	0	1	**0** **1**	**0** **0**	置 0
⌐	1	0	**0** **1**	**1** **1**	置 1
⌐	1	1	**0** **1**	**1** **0**	状态翻转

可见这种负边沿 JK 触发器除了对 CP 信号的要求不同外,触发器的次态 Q^{n+1} 与 J、K 和现态 Q^n 之间的关系与主从 JK 触发器完全相同。

3. 工作特点

负边沿 JK 触发器的工作特点是:

① 该触发器是利用时钟脉冲 CP 经过传输延迟的原理确保其可靠翻转的;

② 该触发器在 CP 下降沿前接受 J、K 信号,在下降沿时触发翻转,在下降沿后又不受 J、K 信号变化的影响而保持翻转后的状态不变。负边沿 JK 触发器的这种工作特点,有效地保证了触发器的可靠翻转并提高了抗干扰能力。

4. 双 JK 负边沿集成触发器 74LS112 简介

图 10.1.19(a)和(b)是双 JK 负边沿集成触发器 74LS112 的逻辑符号和引脚图,其特性表与表 10.1.6 相同。该器件内含两个相同的 JK 边沿触发器,属于下降沿触发的边沿 JK 触发器,简称负边沿 JK 触发器。逻辑符号中 CP 输入端引线靠近方框的小圆圈表示负边沿触发。

该触发器都带有输入端 R_D 和 S_D,它们的作用是可以不受 CP 信号的控制,只要在 R_D 或 S_D 端分别施加低电平(注意:不能同时施加),便可直接将触发器置 0 或置 1,它们具有最高的优先级别,故称为直接复位输入端和直接置位输入端,也称它们为异步输入端。有了 R_D 和 S_D 后,可以在 CP 信号到来之前,预先将触发器置成 **0** 状态或 **1** 状态。R_D 和 S_D 为低电平有效,在触发器正常工作时,应将它们接高电平。

如果在一片集成器件中有多个触发器,通常在输入、输出端的符号前面(或后面)加上数字,以表示不同触发器的输入、输出信号,比如 $1CP$ 与 $1J$、$1K$、$1Q$ 同属一个触发器。

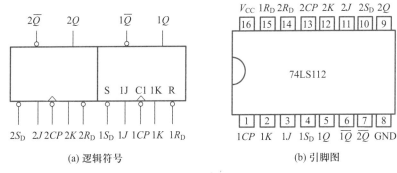

(a) 逻辑符号　　　　　　　　　　　(b) 引脚图

图 10.1.19　双 JK 触发器 74LS112

三、触发器逻辑功能的转换

（一）T 触发器和 T' 触发器

1. T 触发器

当把 JK 触发器的 J、K 端相连作为 T 输入端时,就构成了 T 触发器,T 触发器的特性方程为

$$Q^{n+1} = T \oplus Q^n$$

可见,当 $T=\mathbf{1}$ 时,每来一个 CP 脉冲触发器的状态就翻转一次;而当 $T=\mathbf{0}$ 时,触发器对 CP 脉冲没有反应,保持原状态不变。具有这种逻辑功能的触发器称为 T 触发器。

2. T' 触发器

有一种触发器具有计数的逻辑功能:当 CP 端每接受一个时钟脉冲时,它的状态就翻转一次。具有计数逻辑功能的触发器称为 T' 触发器。T' 触发器的特性方程为

$$Q^{n+1} = \overline{Q^n}$$

对于 T 触发器和 T' 触发器,它们的特性表、状态转换图读者可以自行分析。

（二）触发器逻辑功能的转换

触发器按逻辑功能可分为 RS 触发器、JK 触发器、D 触发器、T 触发器和 T' 触发器。

在目前,定型生产的时钟脉冲控制的触发器,只有 JK 触发器和 D 触发器两大类。在实际工作中,如果需要一种逻辑功能的触发器,而手头只有另一种逻辑功能的触发器,则可以在已有触发器的基础上外接一定的逻辑电路来实现。

所谓触发器逻辑功能的转换,就是将一种逻辑功能的触发器,通过外接一定的逻辑电路转换成另一种逻辑功能的触发器。

下面举几个常见的将 JK 触发器或 D 触发器转换成为另一种逻辑功能触发器的例子。

1. 将 JK 触发器转换为 D 触发器

将 JK 触发器的 J 端作为 D 端,并在 J、K 端之间加一个非门,如图 10.1.20(a)所示,即可将 JK 触发器转换为 D 触发器。因为 $J=D$,$K=\overline{D}$,代入 JK 触发器的特性方程可得

$$Q^{n+1} = D\,\overline{Q^n} + DQ^n = D$$

可见用 JK 触发器实现了 D 触发器的逻辑功能。

465

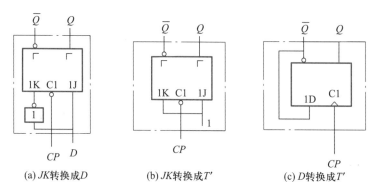

(a) JK转换成D　　　　(b) JK转换成T'　　　　(c) D转换成T'

图 10.1.20　不同触发器的功能转换

2. 将 JK 触发器转换为 T' 触发器

将 JK 触发器的 J、K 端悬空（为防止干扰,最好将 J、K 端接高电平）,就可构成 T' 触发器,如图 10.1.20（b）所示。因为当 J、K 悬空（或接高电平）时,相当于 $J=K=1$ 的情况,由 JK 触发器的特性表可知,此时触发器具有计数功能,CP 端每接受一个时钟脉冲,触发器就翻转一次。可见用 JK 触发器实现了 T' 触发器的功能。

3. 将 D 触发器转换为 T' 触发器

若将 D 触发器的 D 和 $\overline{Q}$ 端相连,即可组成 T' 触发器,如图 10.1.20（c）所示。

若触发器原来为 **0** 状态,即 $D=\overline{Q}=\mathbf{1}$,在一个时钟脉冲作用后,触发器会由 **0** 状态翻转为 **1** 状态。当触发器翻转到 1 状态后,因 $D=\overline{Q}=\mathbf{0}$,再来一个时钟脉冲,触发器就由 **1** 状态翻转到 **0** 状态。可见每接受一个时钟脉冲,触发器就翻转一次,用 D 触发器实现了 T' 触发器的功能。

4. 将 D 触发器转换为 JK 触发器

已知 D 触发器的特性方程为 $Q^{n+1}=D$,而 JK 触发器的特性方程为 $Q^{n+1}=J\,\overline{Q^{n}}+\overline{K}Q^{n}$,如果用一个组合逻辑转换电路使 $Q^{n+1}=D=J\,\overline{Q^{n}}+\overline{K}Q^{n}$,就能构成一个 JK 触发器,如图 10.1.21 所示。有些 CMOS 主从结构的集成 JK 触发器就是采用与此类似的方式实现的。

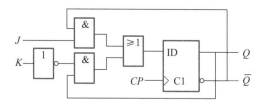

图 10.1.21　将 D 触发器转换为 JK 触发器

四、描述触发器动态特性的主要参数

（一）介绍触发器动态特性参数的目的

所谓触发器的动态特性指的是,在时钟脉冲到来时触发器的动态翻转过程。为了保证在时钟脉冲到来时触发器能可靠地翻转,不仅要了解触发器对输入信号和时钟脉冲的要求,还要了解输入信号和时钟脉冲之间的相互配合关系。触发器动态特性的主要参数,就是用来保证在时钟脉冲到来时触发器可靠翻转所必须遵循的一些数据。

（二）描述触发器动态特性的主要参数

下面以时钟脉冲上升沿触发的边沿 D 触发器为例来介绍描述触发器动态特性的主要参数。

1. 传输延迟时间 t_{pd}

传输延迟时间指的是从时钟脉冲的上升沿到达时开始,到触发器输出的新状态稳定建立起来所经历的时间。

在图 10.1.22 所示的上升沿触发的边沿 D 触发器的定时图中,t_{pLH} 是触发器的输出 Q 从低电平变为高电平的延迟时间,t_{pHL} 是触发器的输出 Q 从高电平变为低电平的延迟时间。在实际应用中,经常将两者的平均值 $T_{pd} = (t_{pLH} + t_{pHL})/2$ 称为触发器的平均传输延迟时间。

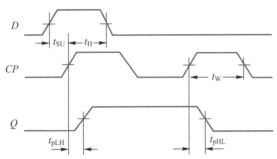

图 10.1.22　上升沿触发的边沿 D 触发器的定时图

2. 建立时间 t_{SU}

为保证触发器能可靠地翻转,D 信号必须比时钟脉冲上升沿提前到达一定的时间,这个时间的最小值就是触发器的建立时间 t_{SU},如图 10.1.22 所示。

3. 保持时间 t_H

为保证输入信号能可靠地按时序进入触发器,应保证在时钟脉冲上升沿到达后,输入信号 D 继续保持一定的时间。在时钟脉冲上升沿到达后,输入信号 D 应继续保持的最小时间就是触发器的保持时间 t_H,如图 10.1.22 所示。

4. 时钟脉冲宽度 t_W

能保证触发器可靠触发所要求的时钟脉冲的最小宽度称为触发器的时钟脉冲宽度 t_W。在使用触发器时,只有当给触发器施加的时钟脉冲的宽度大于触发器要求的时钟脉冲宽度 t_W 时,才能保证触发器内部的门电路有足够的时间实现正确的翻转。

5. 最高时钟频率 f_{max}

能保证触发器可靠触发的时钟脉冲的最高频率就是触发器的最高时钟频率 f_{max}。在使用中,当时钟脉冲的频率超过规定的最高时钟频率 f_{max} 时,触发器将不能足够快地作出响应,进而导致其功能出现不正常现象。

10.2　时序逻辑电路的基本概念

10.2.1　时序逻辑电路的特点、结构及分类

一、时序逻辑电路的特点

时序逻辑电路是指这样的电路:该电路在任一时刻的输出状态,不仅与当时的输入状态有关,而且与电路原来的状态有关。因为这种逻辑电路的输出状态与时间顺序有关,所以称为时序逻辑电路。由于时序逻辑电路在任一时刻的输出状态还与电路原来的状态有关,因此,在时序逻辑电路中必须包含具有记忆功能的存储电路,以便把电路原来产生的状态记忆下来,并与当时的输入信号一起共同决定电路的输出状态。

二、时序逻辑电路的基本结构框图

时序逻辑电路的基本结构框图如图 10.2.1 所示。由图可知,时序逻辑电路在结构上有两个特点:

① 由组合逻辑电路和存储电路两部分组成,其中存储电路由锁存器或触发器组成,是必不可少的记忆器件。

② 组合逻辑电路的部分输出通过存储电路后的输出状态必须反馈到组合逻辑电路的输入端,和输入信号一起共同决定组合逻辑电路的输出状态。

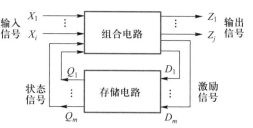

图 10.2.1　时序逻辑电路的基本结构框图

在图 10.2.1 中,X ($X_1, \cdots, X_i$)为时序逻辑电路的输入信号,加到组合逻辑电路的输入端;Z ($Z_1, \cdots, Z_j$) 为组合逻辑电路的输出信号,作为时序逻辑电路的输出信号;D ($D_1, \cdots, D_m$)是由组合逻辑电路产生的存储电路的输入信号,作为驱动存储电路转换为下一状态的激励信号(或称驱动信号);Q ($Q_1, \cdots Q_m$)为存储电路的输出信号,是存储电路的状态信号,它表示时序逻辑电路当前(原来)的状态,简称现态。状态信号 Q 被反馈到组合逻辑电路的输入端,与输入信号 X 一起共同决定时序逻辑电路的输出信号 Z,并产生对存储电路的激励信号 D,从而确定存储电路的下一个状态,即时序逻辑电路的次态。这些信号之间的逻辑关系可表示为

$$Z = F_1(X, Q^n) \tag{10.2.1}$$

$$D = F_2(X, Q^n) \tag{10.2.2}$$

$$Q^{n+1} = F_3(D, Q^n) \tag{10.2.3}$$

其中,式(10.2.1)是输出方程,它表达了时序电路的输出信号 Z 与输入信号 X、状态信号 Q 之间的关系;式(10.2.2)是存储电路的驱动方程(或称激励方程),它表达了激励信号 D 与

输入信号 X、状态信号 Q 之间的关系;式(10.2.3)是时序电路的状态方程,Q^n 是现态,Q^{n+1} 是次态,该式表达了存储电路在激励信号 D 的作用下从现态到次态的转换。

三、时序逻辑电路的分类

对于时序逻辑电路,根据存储电路中触发器状态变化的不同特点,可将时序逻辑电路分为同步时序逻辑电路(synchronous circuit)和异步时序逻辑电路(asynchronous circuit)两大类。

（一）同步时序逻辑电路

在同步时序逻辑电路中,所有触发器的时钟输入端都接到同一个时钟脉冲信号源上,因此,所有触发器都接受同一个时钟脉冲的控制,它们的状态的变化是同时发生的(即该翻转的触发器同时翻转)。

（二）异步时序逻辑电路

在异步时序逻辑电路中,各触发器的时钟输入端没有接到同一个时钟脉冲信号源上,各触发器状态的变化由各自的时钟脉冲信号来决定,它们的状态变化不是同时发生的。

有时,根据输出信号的特点,还将时序逻辑电路分为米利(Mealy)型和穆尔(Moore)型两种。在米利型电路中,输出信号不仅取决于存储电路的状态,而且还与输入信号有关。在穆尔型电路中,输出信号仅仅与存储电路的状态有关。

10.2.2　时序逻辑电路功能的描述方法

描述一个时序逻辑电路的逻辑功能可以采用逻辑方程式、状态表、状态转换图、时序图等方法。这些描述方法在本质上是相同的,只是从不同角度描述了时序逻辑电路逻辑功能的特点,它们可以相互转换,是分析和设计时序逻辑电路的基本工具。

一、逻辑方程式

逻辑方程式通常是根据给定的时序逻辑电路的逻辑图写出的。

逻辑方程式包括三组基本方程:输出方程、驱动方程(激励方程)和状态方程。对于异步时序逻辑电路来说还有时钟方程。

逻辑方程式的优点是:能对时序逻辑电路的逻辑功能作完整准确地描述。

逻辑方程式的缺点是:① 不能直观地反映时序电路的状态和输出在时钟脉冲作用下变化的全过程;② 对于许多时序逻辑电路,不能根据逻辑方程式来判断它们的逻辑功能;③ 在设计时序逻辑电路时,很难根据给出的逻辑要求直接写出电路的逻辑方程式。

为了更直观地说明时序逻辑电路的状态和输出在时钟脉冲作用下的整个变化过程,人们想出了用状态转换表、状态转换图和时序图来描述时序逻辑电路的功能。

二、状态转换表

状态转换表简称状态表(state table),是反映时序逻辑电路的输出 Z、触发器的次态 Q^{n+1} 与电路的输入 X、触发器的现态 Q^n 之间对应取值关系的表格,由于该表格反映了触发器从现态到次态的转换,故称为状态转换表。表 10.2.1 是某时序逻辑电路的状态转换表。表的右侧第二行是输入 X 的两种取值,表的左侧是两个触发器的现态 $Q_1^n Q_0^n$ 的四组取值,表的右侧下部是与两个触发器的现态 $Q_1^n Q_0^n$ 的四组取值和输入 X 的两种取值所对应的两个触发器的次态 $Q_1^{n+1} Q_0^{n+1}$ 和输出 Z 的各种取值。状态表的读法是:处于现态 Q^n 的时序逻辑电路,当输入为 X 时,该电路的输出为 Z,在有效时钟脉冲作用下将进入次态 Q^{n+1}。

表 10.2.1　某时序逻辑电路的状态表

$Q_1^n Q_0^n$	$Q_1^{n+1} Q_0^{n+1}/Z$	
	$X=0$	$X=1$
0　0	01/0	11/0
0　1	10/0	00/0
1　0	11/0	01/0
1　1	00/1	10/1

状态表可由描述时序逻辑电路的三组基本方程得到,也可由文字描述导出。应该注意的是:① 状态转换是由现态到次态;② 输出 Z 虽然写在次态后面,但却是现态的函数。

三、状态转换图

状态转换图简称状态图(state diagram),是反映时序逻辑电路状态转换规律与相应输入、输出取值关系的图形。如将表 10.2.1 所示的某时序逻辑电路的状态转换表转换为如图 10.2.2所示的状态转换图,就可以更直观形象地表示出该时序逻辑电路状态的转换过程,更容易分析电路的逻辑功能。

在状态图中:① 用圆圈内的字母或数字表示电路的状态。② 用带有箭头的方向线表示电路从现态到次态的转换方向,当方向线的起点和终点都在同一个圆圈上时,就表示电路的状态不变(见图 10.3.2)。③ 标在方向线上、下方或左、右侧的数字表示电路状态转换前输入信号的取值和输出值,两者用"/"分隔;通常将输入信号 X 的取值写在"/"的前面,输出值 Z 写在"/"的后面,它表明:在该输入取值作用下,将产生相应的输出值,同时,在有效时钟脉冲作用下电路将发生向方向线箭头所指的状态转换。

四、时序图

时序图就是时序逻辑电路工作时的波形图。它能直观地描述时序逻辑电路的时钟信号 CP、输入信号 X、电路的状态 Q 及输出信号 Z 在时间上的对应关系。设时钟脉冲为下降沿有效,由图 10.2.2 所示的状态图便可得到如图 10.2.3 所示的时序图。

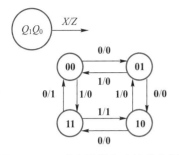

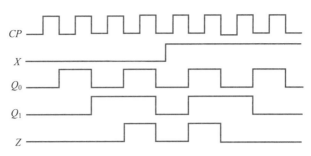

图 10.2.2 时序逻辑电路的状态图　　　　图 10.2.3 时序逻辑电路的时序图

10.3 时序逻辑电路的分析和设计

10.3.1 时序逻辑电路的分析

一、分析时序逻辑电路的目的

分析时序逻辑电路的目的是:根据给定的时序逻辑电路,得出它所实现的逻辑功能。具体地说,就是根据给定的时序逻辑电路,分析电路在时钟信号和输入信号的作用下,输出信号 Z 的变化规律以及电路状态 Q 的转换规律,进而说明该时序逻辑电路的逻辑功能和工作特点。

视频 10.1
时序逻辑电路的分析

二、分析时序逻辑电路的一般步骤

1. 根据给定的时序逻辑电路,观察电路的结构,写出下列逻辑方程式:

① 各触发器的时钟方程;

在同步时序逻辑电路中,由于所有触发器的时钟输入端都接到同一个时钟脉冲信号源上,所以没有必要列写各触发器的时钟方程。

② 时序逻辑电路的输出方程;

③ 各触发器的驱动方程(激励方程)。

触发器的驱动方程就是 JK 触发器或 D 触发器输入端 J、K 或 D 的逻辑表达式。

2. 将各触发器的驱动方程代入其相应的特性方程,求得各触发器的次态方程,也就是时序逻辑电路的状态方程。

3. 根据输出方程和状态方程进行状态计算,列出该时序逻辑电路的状态表。所谓状态计算,就是把电路的输入 X 和现态 Q^n 的各种可能取值的组合代入输出方程和状态方程中,以得到相应的输出 Z 和次态 Q^{n+1}。

4. 根据状态表得到该时序逻辑电路的状态图。

5. 在给定的输入信号作用下,根据状态表或状态图画出时序图。

471

6. 根据状态图或时序图分析给定时序逻辑电路的逻辑功能。

需要说明的是,上述步骤并不是必须要逐条执行的,在实际应用中,可根据具体情况加以取舍。例如,在分析同步时序逻辑电路时,各触发器时钟信号的逻辑表达式就可以不写。

三、同步时序逻辑电路的分析举例

例 10.3.1　设电路的初始状态为 $Q_1^n Q_0^n = \mathbf{00}$,试分析如图 10.3.1 所示的时序逻辑电路。

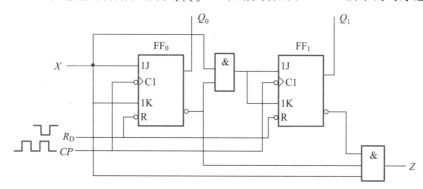

图 10.3.1　例 10.3.1 的时序逻辑电路图

解:观察电路的结构可知,它有一个输入信号 X,一个输出信号 Z,两个下降沿触发的 JK 触发器。由于两个触发器的时钟信号连接在同一个时钟脉冲源 CP 上,所以该电路是同步时序逻辑电路。同步时序逻辑电路各触发器的时钟方程可以不写。

(1) 时序逻辑电路的输出方程为

$$Z = X \overline{Q}_1^n \overline{Q}_0^n$$

各触发器的驱动方程(激励方程),即 J、K 的逻辑表达式为

$$J_0 = K_0 = X$$

$$J_1 = K_1 = X \overline{Q}_0^n$$

(2) 将各触发器的驱动方程代入其特性方程 $Q^{n+1} = J \overline{Q}^n + \overline{K} Q^n$ 中,可得时序逻辑电路的状态方程为

$$Q_0^{n+1} = X \overline{Q}_0^n + \overline{X} Q_0^n = X \oplus Q_0^n$$

$$Q_1^{n+1} = X \overline{Q}_0^n \overline{Q}_1^n + \overline{X \overline{Q}_0^n} Q_1^n = (X \overline{Q}_0^n) \oplus Q_1^n$$

(3) 根据输出方程和状态方程进行状态计算,列出时序逻辑电路的状态表。

① 将电路可能出现的现态和输入列在状态表中,在本例中需要将 **00**、**01**、**10**、**11** 四个可能的现态列在 $Q_1^n Q_0^n$ 的栏目中,并把输入 $X = \mathbf{0}$ 和 $X = \mathbf{1}$ 列在 $Q_1^{n+1} Q_0^{n+1}/Z$ 的栏目下。

② 将现态和输入的逻辑值一一代入上面的输出方程和状态方程中,分别求出相应的输出和次态的逻辑值。由此便可得到如表 10.3.1 所示的状态表。

表 10.3.1 例 10.3.1 电路的状态表

$Q_1^n Q_0^n$	$Q_1^{n+1} Q_0^{n+1}/Z$	
	$X=0$	$X=1$
0 0	0 0/0	1 1/1
0 1	0 1/0	0 0/0
1 0	1 0/0	0 1/0
1 1	1 1/0	1 0/0

（4）根据状态表即可画出电路的状态图,如图 10.3.2 所示。

（5）画出时序图。

设电路的初始状态为 $Q_1^n Q_0^n = 00$,根据状态表和状态图,可画出在一系列 CP 脉冲作用下电路的时序图,如图 10.3.3 所示。

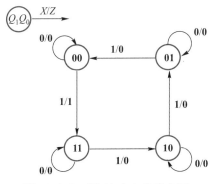

图 10.3.2 例 10.3.1 的状态图

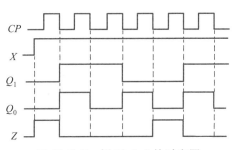

图 10.3.3 例 10.3.1 的时序图

（6）逻辑功能分析。

由状态图和时序图可知,该电路是一个受输入信号 X 控制的可控四进制同步减法计数器。当 $X=0$ 时,停止计数,电路状态保持不变;当 $X=1$ 时,每当输入一个 CP 的下降沿,电路的状态值就减 1。输出信号 Z 的下降沿用于触发借位操作。

例 10.3.2 设电路的初始状态为 $Q_2^n Q_1^n Q_0^n = 000$,试分析如图 10.3.4 所示的时序逻辑电路。

解: 观察电路的结构可知,电路中有三个上升沿触发的 D 触发器,但没有输入信号。由于三个触发器的时钟信号连接在同一个时钟脉冲源 CP 上,所以该电路是同步时序逻辑电路。

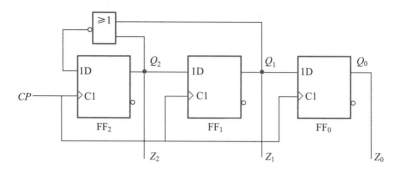

图 10.3.4　例 10.3.2 的时序逻辑电路图

（1）该时序逻辑电路的输出方程为

$$Z_2 = Q_2^n \quad Z_1 = Q_1^n \quad Z_0 = Q_0^n$$

各触发器的驱动方程（激励方程），即 D 的逻辑表达式为

$$\begin{cases} D_2 = \overline{Q_2^n + Q_1^n} = \overline{Q_2^n} \cdot \overline{Q_1^n} \\ D_1 = Q_2^n \\ D_0 = Q_1^n \end{cases}$$

（2）将各触发器的驱动方程代入其特性方程 $Q^{n+1} = D$ 中，可得时序逻辑电路的状态方程为

$$\begin{cases} Q_2^{n+1} = \overline{Q_2^n + Q_1^n} = \overline{Q_2^n} \cdot \overline{Q_1^n} \\ Q_1^{n+1} = Q_2^n \\ Q_0^{n+1} = Q_1^n \end{cases}$$

（3）根据输出方程和状态方程进行状态计算，即可列出该时序逻辑电路的状态表。

由于在此电路中 $Z_2 Z_1 Z_0 = Q_2^n Q_1^n Q_0^n$，输出与现态完全相同，所以状态表中可以不再列出输出。又因为这个电路中没有输入信号，状态表中的次态只有一列。因而此电路的状态表可简化成表 10.3.2 所示的形式。

表 10.3.2　例 10.3.2 电路的状态表

Q_2^n	Q_1^n	Q_0^n		Q_2^{n+1}	Q_1^{n+1}	Q_0^{n+1}
0	0	0		1	0	0
0	0	1		1	0	0
0	1	0		0	0	1
0	1	1		0	0	1
1	0	0		0	1	0
1	0	1		0	1	0
1	1	0		0	1	1
1	1	1		0	1	1

（4）根据状态表可画出电路的状态图,如图 10.3.5 所示。

由图可见,**100、010、001** 三个状态形成了闭合回路,在电路正常工作时,其状态总是按照回路中的箭头方向作循环变化,因此常把这三个状态称为有效循环状态;其余的五个状态 **000、011、101、110、111** 则称为无效状态。

在实际中,对于含有无效状态的时序逻辑电路来说,假如由于某种原因电路进入了无效状态,但是只要在若干个时钟脉冲 CP 作用之后,电路又能自动回到有效循环中去,则称此电路具有自启动能力;反之,如果电路无法从无效状态自动回到有效循环中去,而在无效状态之间构成了死循环,则称此电路没有自启动能力。对于本例,电路进入无效状态 **000、011、101、110、111** 后,总是能自动回到有效状态循环中去,所以该电路具有自启动能力。

（5）画出时序图。

设电路的初始状态为 $Q_2^n Q_1^n Q_0^n = \mathbf{000}$,根据状态表和状态图,便可画出在一系列 CP 脉冲作用下电路的时序图,如图 10.3.6 所示。

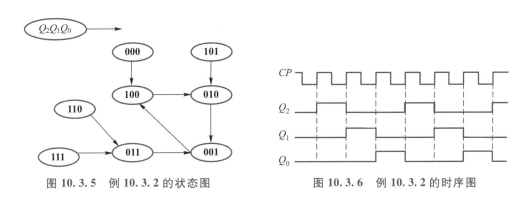

图 10.3.5   例 10.3.2 的状态图   图 10.3.6   例 10.3.2 的时序图

（6）逻辑功能分析。

由状态图可知,电路能自启动,其有效状态是三位循环码 **100、010、001**。分析其时序图可知,这个电路在正常工作时,每接受一个时钟脉冲 CP,各触发器的 Q 端会依次输出一个脉冲信号,其宽度为一个 CP 的周期,即 $1T_{CP}$,其循环周期为 $3T_{CP}$。我们把在时钟脉冲 CP 作用下,具有把宽度为 $1T_{CP}$ 的脉冲依次分配给各触发器输出端的时序逻辑电路,称为脉冲分配器或节拍脉冲产生器。

四、异步时序逻辑电路的分析举例

异步时序逻辑电路的分析方法与同步时序逻辑电路的分析方法的相同之处是同样需要先求出三个方程,然后做出状态转换表等。但是,在异步时序逻辑电路中,由于各触发器并不都在同一个时钟信号下动作,因此在计算电路的状态时,需要考虑每个触发器的时钟信号,只有那些有时钟信号的触发器才用状态方程去计算状态,而没有时钟信号的触发器将保持原状态不变。

例 10.3.3   分析如图 10.3.7 所示的时序逻辑电路的逻辑功能。写出电路的驱动方程、状态方程和输出方程,计算出状态转换表,画出状态转换图,说明电路能否自启动。

解:由图 10.3.7 可知,3 个触发器的时钟信号是不同的,所以它是一个异步时序逻辑电路。

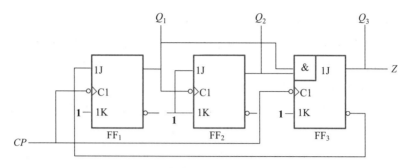

图 10.3.7　例 10.3.3 的时序逻辑电路

（1）列方程式

① 触发器的驱动方程和时钟方程为

$$J_1 = \overline{Q_3^n} \qquad K_1 = \mathbf{1} \qquad CP_1 = CP$$

$$J_2 = K_2 = \mathbf{1} \qquad CP_2 = Q_1^n$$

$$J_3 = Q_1^n Q_2^n \qquad K_3 = \mathbf{1} \qquad CP_3 = CP$$

② 将驱动方程代入 JK 触发器特性方程得状态方程为

$$Q_1^{n+1} = \overline{Q_3^n} \, \overline{Q_1^n}, \, (CP_1)$$

$$Q_2^{n+1} = \overline{Q_2^n}, \, (CP_2)$$

$$Q_3^{n+1} = Q_1^n Q_2^n \overline{Q_3^n}, \, (CP_3)$$

③ 电路的输出方程为

$$Z = Q_3^n$$

（2）根据状态方程列出状态转换表

由状态方程可以看出，每当输入时钟脉冲的下降沿到来时，触发器 FF$_1$ 和 FF$_3$ 就按照状态方程动作，而触发器 FF$_2$ 只有在 Q_1 发生负跳变（由 **1** 变 **0**）时，才按照状态方程动作。在电路初始状态为 $Q_2^n Q_1^n Q_0^n = \mathbf{000}$ 的情况下，可得到如表 10.3.3 所示的状态转换表。

表 10.3.3　例 10.3.3 的状态转换表

Q_3^n	Q_2^n	Q_1^n	Q_3^{n+1}	Q_2^{n+1}	Q_1^{n+1}	Z
0	0	0	0	0	1	0
0	0	1	0	1	0	0
0	1	0	0	1	1	0
0	1	1	1	0	0	0
1	0	0	0	0	0	1
1	0	1	0	1	0	1
1	1	0	0	1	0	1
1	1	1	0	0	0	1

（3）画出状态转换图

根据表 10.3.3 所示的状态转换表,便可画出该时序逻辑电路的状态转换图,如图 10.3.8 所示。

（4）结论

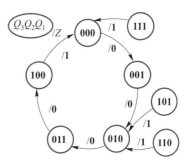

① 由图 10.3.8 可以看出:该时序电路的状态从 **000** 开始,每输入一个时钟脉冲,电路的状态就会加 **1**,直至加到 **100** 时,再输入一个时钟脉冲,电路又回到 **000** 的初始状态,完成了一个循环,其间正好经历了 **5** 个时钟脉冲,所以该逻辑电路是一个异步 **5** 进制加法计数器。当电路的状态变为 **100** 时,计数器会产生一个进位信号。

图 10.3.8　例 10.3.3 的状态转换图

② 由图 10.3.8 可知,**101**、**110** 和 **111** 都是无效状态,在时钟脉冲的作用下,它们都能自动回到有效循环中去,所以该电路能够自启动。

10.3.2　同步时序逻辑电路的设计

一、时序逻辑电路的设计要解决的问题

时序逻辑电路的设计要解决的问题是:根据要求的逻辑功能,选择适当的逻辑器件,设计出满足逻辑功能要求的时序逻辑电路,并力求电路为最简。可见,时序逻辑电路的设计是分析的逆过程。

当选用小规模集成电路做设计时,电路最简的标准是所用的触发器和门电路及其输入端的数目均为最少。而当选用中、大规模集成电路做设计时,电路最简的标准是使用的集成电路数目最少,种类最少,而且相互间的连线也最少。

异步时序逻辑电路的设计一般比较复杂。这里只讨论如何用触发器和门电路设计同步时序逻辑电路的方法。

二、设计同步时序逻辑电路的一般步骤

1. 根据要求的逻辑功能建立原始状态图和原始状态表

首先根据设计要求,分析要求的逻辑功能,设定状态,导出对应的状态转换图。这种直接由要求的逻辑功能而求得的状态转换图叫作原始状态图。原始状态图建立得正确与否,决定着所设计的电路能否实现预定的逻辑功能。

建立原始状态图的具体做法如下。

① 分析要求的逻辑功能,确定输入变量、输出变量及该电路应包含的所有可能的状态,并用字母 S_0、S_1 … 表示这些状态。

② 分别把上述状态作为现态,并分析在每一个可能的输入组合作用下,相应的输出及应转入哪个状态,便可求得符合题意的原始状态图。

③ 根据原始状态图建立原始状态表。

2. 进行状态化简(或状态合并)得到最简的状态转换图

根据要求的逻辑功能得到的原始状态图不一定是最简的,很可能隐含有多余的状态。状态的数目越多,设计出的电路就越复杂。因此需要进行状态化简或状态合并,以消去多余的状态,并得出最简的状态转换图。

状态化简是建立在状态等价概念的基础上的。所谓状态等价,是指如果有两个或两个以上的状态,在输入相同的条件下,不仅有相同的输出,而且向同一个次态转换,则称这些状态是等价的。凡是等价状态都可以合并成一个状态,而不会改变输入与输出之间的关系。后面将通过实例具体说明状态化简的方法。

3. 通过状态分配(或状态编码)画出编码后的状态转换图及状态表

在得到最简状态转换图后,要为每一个状态指定一个二进制代码,这就是状态编码(或称状态分配)。不同编码的方案,会设计出不同结构的电路。编码方案选择得当,可设计出很简单的电路。因此,选取的编码方案应该以有利于简化所选触发器的驱动方程及电路的输出方程为原则。编码方案确定后,可根据最简状态转换图,画出编码形式的状态图及状态表。

4. 选定触发器的类型和个数

触发器的类型选得合适,也可以简化电路的结构。因为时序逻辑电路的状态是用触发器状态的不同组合来表示的,对于有 M 个状态的时序逻辑电路来说,应按下式确定触发器的个数 n,即

$$2^{n-1} < M \leqslant 2^n$$

5. 确定电路的输出方程和驱动方程

根据编码状态表以及所采用的触发器的逻辑功能,导出待设计电路的输出方程和驱动方程。

6. 画逻辑电路图

根据得到的输出方程和驱动方程画出逻辑电路图。

7. 检查设计的电路能否自启动

画出全状态转换图,以检查设计的电路能否自启动。如果电路不能自启动,则应修改设计。有些时序电路要求必须从指定的初始状态开始工作,而不允许从任何其他状态启动。这时,应利用触发器的直接置 **0**、置 **1** 功能,在开始工作之前先将电路置为有效状态。

需要说明的是,上述步骤是设计同步时序电路的一般过程,在实际设计中,并不是每一步都必须执行的,可根据具体情况简化或省略一些步骤。

例 10.3.4 判断图 10.3.9 所示的原始状态图中是否有等价状态;若有,合并等价状态后,画出简化的状态图。

解:将原始状态图转换成原始状态表 10.3.4。观察表 10.3.4 发现,S_2 和 S_3 的状态有以下特点:当输入 $X = 0$ 时,输出 Z 都是 **0**,且都向同一个次态 S_0 转换;当 $X = 1$ 时,输出 Z

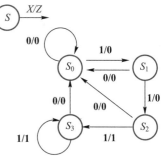

图 10.3.9 例 10.3.4 的原始状态图

都是 **1**,次态都是 S_3。所以 S_2 和 S_3 是等价状态,可以合并为 S_2,把 S_3 取消,即将图 10.3.9 中代表 S_3 的圆圈及由该圆圈出发的所有连线都去掉,并将原先指向 S_3 的连线改为指向 S_2。简化后的状态图如图 10.3.10 所示。

表 10.3.4 例 10.3.4 的原始状态表

S_n	X	
	0	**1**
S_0	$S_0/0$	$S_1/0$
S_1	$S_0/0$	$S_2/0$
S_2	$S_0/0$	$S_3/1$
S_3	$S_0/0$	$S_3/1$

三、简单同步时序逻辑电路设计举例

如果没有外部输入变量 X,则设计过程比较简单,一般计数器的设计就属于这种类型。如果有外部输入变量 X,则设计过程比较复杂,一般脉冲序列检测器的设计就属于这种类型。

例 10.3.5 设计一个同步五进制加法计数器。

解:(1) 根据设计要求设定状态,画出原始状态转换图。

对于加法计数器来说,一般都应有一个进位输出信号,设为 Y,且设 $Y = 0$ 表示无进位输出,$Y = 1$ 表示有进位输出。由于是五进制计数器,所以应有 5 个不同的状态,分别用 S_0、S_1、S_2、S_3、S_4 表示。在计数脉冲 CP 的作用下,5 个状态依次循环,在状态为 S_4 时,进位输出 $Y = 1$。原始状态转换图如图 10.3.11 所示。

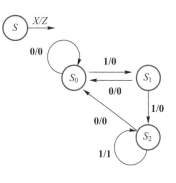

图 10.3.10 例 10.3.4 简化后的状态图

(2) 状态化简。

五进制计数器应有 5 个状态,不需化简。

(3) 进行状态分配(或状态编码),画出编码后的状态转换图及状态表。

该电路有 5 个状态,根据公式 $2^{n-1} < M \leqslant 2^n$($M = 5$,为状态个数),应取 $n = 3$,即最少用 3 个触发器实现。3 个触发器共有 8 个状态,采用 3 位二进制代码组合中的任意 5 个代码表示。这里选用 3 位自然二进制加法计数编码,即 $S_0 = \textbf{000}$、$S_1 = \textbf{001}$、$S_2 = \textbf{010}$、$S_3 = \textbf{011}$、$S_4 = \textbf{100}$。编码形式的状态转换图如图 10.3.12 所示。

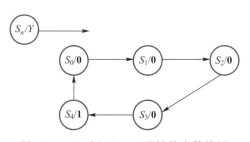

图 10.3.11 例 10.3.5 原始状态转换图

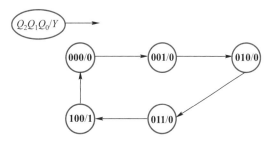

图 10.3.12 例 10.3.5 编码形式的状态转换图

由编码形式的状态转换图可列出编码后的状态转换表,如表 10.3.5 所示。

表 10.3.5 例 10.3.5 的编码状态转换表

Q_2^n	Q_1^n	Q_0^n	Q_2^{n+1}	Q_1^{n+1}	Q_0^{n+1}	Y
0	0	0	0	0	1	0
0	0	1	0	1	0	0
0	1	0	0	1	1	0
0	1	1	1	0	0	0
1	0	0	0	0	0	1

(4) 选择触发器的类型。

本例选用 3 个功能比较灵活的 JK 触发器。

(5) 求各触发器的驱动方程和输出方程。

列出 JK 触发器的驱动表,如表 10.3.6 所示。根据编码状态转换表和 JK 触发器的驱动表,可列出各触发器驱动信号及输出信号的真值表,如表 10.3.7 所示。三个无效状态 **101**、**110**、**111** 作无关项处理,并规定相应的输出信号 Y 为 **0**。

表 10.3.6 JK 触发器的驱动表

$Q^n \rightarrow Q^{n+1}$		J	K
0	0	0	$\times$
0	1	1	$\times$
1	0	$\times$	1
1	1	$\times$	0

表 10.3.7 驱动信号及输出信号的真值表

现态			次态			输出	驱动信号					
Q_2^n	Q_1^n	Q_0^n	Q_2^{n+1}	Q_1^{n+1}	Q_0^{n+1}	Y	J_2	K_2	J_1	K_1	J_0	K_0
0	0	0	0	0	1	0	0	$\times$	0	$\times$	1	$\times$
0	0	1	0	1	0	0	0	$\times$	1	$\times$	$\times$	1
0	1	0	0	1	1	0	0	$\times$	$\times$	0	1	$\times$
0	1	1	1	0	0	0	1	$\times$	$\times$	1	$\times$	1
1	0	0	0	0	0	1	$\times$	1	0	$\times$	0	$\times$
1	0	1	$\times$	$\times$	$\times$	0	$\times$	$\times$	$\times$	$\times$	$\times$	$\times$
1	1	0	$\times$	$\times$	$\times$	0	$\times$	$\times$	$\times$	$\times$	$\times$	$\times$
1	1	1	$\times$	$\times$	$\times$	0	$\times$	$\times$	$\times$	$\times$	$\times$	$\times$

根据表 10.3.7 可画出驱动信号和输出信号的卡诺图,如图 10.3.13 和图 10.3.14 所示。对驱动信号和输出信号进行化简后,可得各触发器的驱动方程与输出方程为

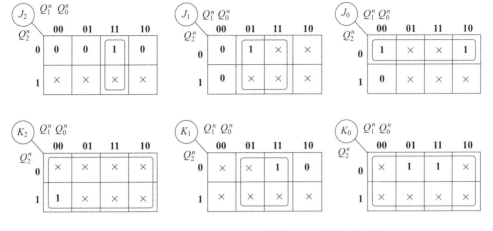

图 10.3.13 例 10.3.5 各触发器的驱动信号的卡诺图

$$J_0 = \overline{Q_2^n} \qquad K_0 = 1$$

$$J_1 = Q_0^n \qquad K_1 = Q_0^n$$

$$J_2 = Q_0^n Q_1^n \qquad K_2 = 1$$

（6）画逻辑图。

根据驱动方程和输出方程，便可画出五进制计数器的逻辑图，如图 10.3.15 所示。

图 10.3.14 例 10.3.5 输出信号的卡诺图

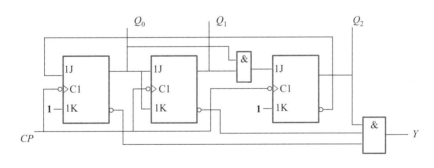

图 10.3.15 例 10.3.5 的逻辑图

（7）检查能否自启动。

检查自启动能力的方法是：将每个无效状态分别作为现态，代入各触发器的驱动方程中，求出每个无效状态的次态，并画出全状态转换图。若无效状态经过若干个 CP 脉冲作用后全部都能自动地进入有效状态，则电路能够自启动。

按上述方法可画出所设计电路完整的状态图，如图 10.3.16 所示。由图可见，如果电路进入无效状态 **101**、**110**、**111** 时，在 CP 脉冲作用下，都能自动地回到有效循环中去，所以电路能够自启动。

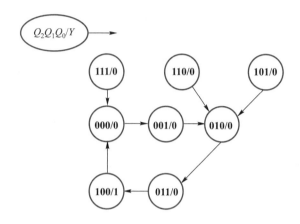

图 10.3.16 例 10.3.5 电路完整的状态图

如果发现设计的电路没有自启动能力,则应修改设计。其方法是:在驱动信号的卡诺图中,在画包围圈时,对无效状态的处理作适当修改,即原来取 **1** 画入包围圈的,可试改为取 **0** 而不画入包围圈,或者相反。修改后得到新的驱动方程和逻辑图,再检查其自启动能力,直到能够自启动为止。

10.4 计 数 器

在数字系统中,经常要对脉冲的个数进行计数,以实现数字测量、运算和控制。例如,数字转速表要想测量电机每秒钟的转数,就需要用一个电路把一秒钟内的脉冲数累计下来。能累计脉冲个数的时序逻辑电路称为计数器。计数器是一种基本的时序逻辑电路,应用非常广泛,可以毫不夸张地说,几乎不存在没有计数器的数字系统。

计数器的种类很多,从不同角度,有不同的分类方法:按时钟脉冲作用的方式分,有同步计数器和异步计数器;按数字的增减趋势分,有加法计数器、减法计数器和可逆计数器;按计数体制分,有二进制计数器和非二进制计数器,非二进制计数器中最典型的是十进制计数器。

10.4.1 二进制计数器

一、异步二进制加法计数器

1. 逻辑图

图 10.4.1 所示为由 4 个下降沿触发的 JK 触发器组成的 4 位异步二进制加法计数器的

逻辑图。图中每个触发器的 J、K 端相连后接到高电平上(即 $J=K=1$),故所有触发器都接成计数型 T' 触发器。最低位触发器 FF_0 的时钟脉冲输入端接计数脉冲 CP,其他触发器的时钟脉冲输入端接相邻低位触发器的 Q 端。各触发器的 R 端连在一起作为计数器的直接复位输入端 CR(即异步清零输入端),接收清零脉冲,在计数器开始工作前,预先将各触发器置于 **0** 状态。

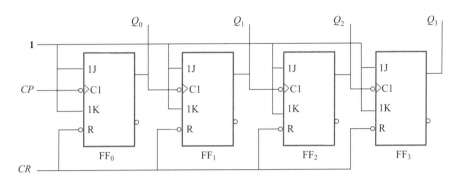

图 10.4.1 由 JK 触发器组成的 4 位异步二进制加法计数器的逻辑图

2. 逻辑功能分析

由于该电路的连线简单且规律性强,无须用前面介绍的分析步骤进行分析,只需作简单的观察与分析就可逐级画出时序图,再由时序图画出状态图,这种分析方法称为"观察法"。

设开始工作前各触发器均处于 **0** 状态。由于各触发器均接成计数型触发器,故每输入一个计数脉冲 CP,FF_0 就会向相反的状态翻转一次;当 Q_0 由 **1** 变 **0** 时,就会向 FF_1 触发器的时钟端输入一个下降沿脉冲,使 FF_1 也向相反的状态翻转一次;依此类推,便可画出该电路的时序图,如图 10.4.2 所示。

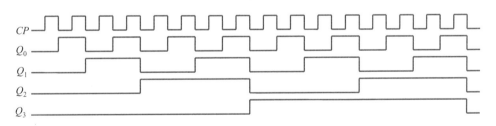

图 10.4.2 图 10.4.1 所示电路的时序图

根据图 10.4.2 所示的时序图,就可以画出电路的状态图,如图 10.4.3 所示。由状态图可见,从初态 **0000** 开始,每输入一个计数脉冲,计数器的状态就按二进制加法规律加 1,所以该计数器是二进制加法计数器(4 位)。又因为该计数器有 **0000~1111** 共 16(2^4)个状态,所以也称 16 进制(1 位)加法计数器或模 16($M=16$)加法计数器。

从时序图可以看出,Q_0、Q_1、Q_2、Q_3 的周期分别是 CP 脉冲周期的 2 倍、4 倍、8 倍、16 倍,也就是说,Q_0、Q_1、Q_2、Q_3 分别对 CP 波形进行了二分频、四分频、八分频、十六分频,因而该计

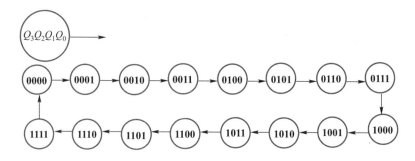

图 10.4.3　图 10.4.1 所示电路的状态图

数器也可作为分频器。

二、异步二进制减法计数器

1. 逻辑图

图 10.4.4 所示是用 4 个上升沿触发的 D 触发器组成的 4 位异步二进制减法计数器的逻辑图。图中,由于各触发器的 D 输入端与各自触发器的 $\overline{Q}$ 输出端相连(即 $D_i = \overline{Q_i^n}$),故 4 个 D 触发器都转换成了计数型 T' 触发器。在图中,$\mathrm{FF_0}$、$\mathrm{FF_1}$、$\mathrm{FF_2}$ 的 Q 端都与相邻高 1 位触发器的时钟输入端相连。计数脉冲 CP 加至触发器 $\mathrm{FF_0}$ 的时钟脉冲输入端。

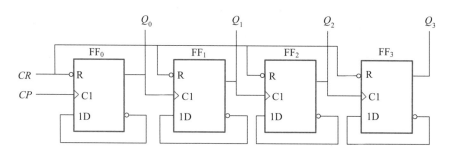

图 10.4.4　由 D 触发器组成的 4 位异步二进制减法计数器的逻辑图

2. 逻辑功能分析

同样,我们可以用"观察法"分析该计数器的工作原理。设开始计数前各触发器均处于 **0** 状态(在清零输入端 CR 施加一个低电平 ⎍ 实现)。每当计数脉冲 CP 的上升沿到来时,$\mathrm{FF_0}$ 就向相反的状态翻转一次;当 Q_0 由 **0** 变 **1** 时所产生的上升沿会使 $\mathrm{FF_1}$ 向相反的状态翻转一次……依此类推,据此可画出电路的时序图,如图 10.4.5 所示。

该计数器的状态图如图 10.4.6 所示。在第一个计数脉冲作用后,计数器的状态由 **0000** 变为 **1111**。此后,每输入一个计数脉冲,计数器的状态按二进制递减(减 1)的规律变化。当输入第 16 个计数脉冲后,计数器又回到 **0000** 状态,完成一次循环。

3. 优缺点

(1) 优点

异步二进制计数器结构简单,只要改变电路中触发器的个数,便可以很方便地改变二进

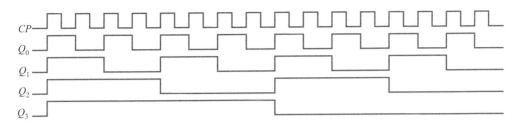

图 10.4.5　图 10.4.4 所示电路的时序图

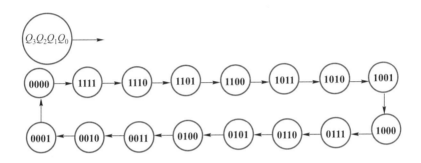

图 10.4.6　图 10.4.4 所示电路的状态图

制计数器的位数。用 n 个触发器可构成 n 位二进制计数器或模 2^n 计数器,或 2^n 分频器。

（2）缺点

在异步二进制计数器中,高位触发器的状态翻转必须在相邻低位触发器产生进位信号（加计数）或借位信号（减计数）之后才能实现,所以又称这种类型的计数器为串行计数器或纹波计数器,其工作速度较低。为了提高计数速度,可采用同步计数器。

三、同步二进制加法计数器

1. 逻辑图

图 10.4.7 所示为由 4 个下降沿触发的 JK 触发器组成的 4 位同步二进制加法计数器的逻辑图。各触发器的时钟脉冲输入端接同一个计数脉冲 CP,显然,这是一个同步时序逻辑电路。

2. 逻辑功能分析

各触发器的驱动方程分别为:$J_0 = K_0 = 1,J_1 = K_1 = Q_0,J_2 = K_2 = Q_0Q_1,J_3 = K_3 = Q_0Q_1Q_2$。

该电路的驱动方程规律性较强,只需用"观察法"就可列出它的状态表,如表 10.4.1 所示。设计数器从初态 **0000** 开始工作。因为 $J_0 = K_0 = 1$,所以每输入一个计数脉冲,最低位触发器 FF_0 就翻转一次;其他位的触发器 FF_i 仅在 $J_i = K_i = Q_0Q_1\cdots Q_{i-1} = 1$ 的条件下,在 CP 下降沿到来时才翻转。各触发器的翻转条件如下。

FF_0:每输入一个计数脉冲就翻转一次。

FF_1:在 $Q_0 = 1$ 时,再接收一个脉冲才翻转一次。

485

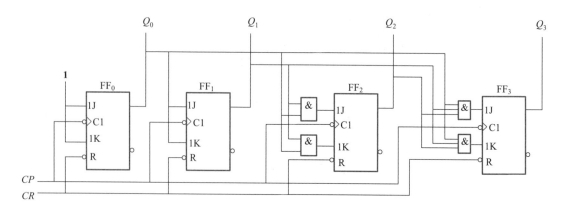

图 10.4.7　4 位同步二进制加法计数器的逻辑图

FF$_2$：在 $Q_0 = Q_1 = 1$ 时,再接收一个脉冲才翻转一次。

FF$_3$：在 $Q_0 = Q_1 = Q_2 = 1$ 时,再接收一个脉冲才翻转一次。

根据各触发器的翻转条件就可列出如表 10.4.1 所示的 4 位同步二进制加法计数器的状态表。

表 10.4.1　图 10.4.7 所示 4 位同步二进制加法计数器的状态表

计数脉冲的序号	电路的状态				等效的十进制数
	Q_3	Q_2	Q_1	Q_0	
0	0	0	0	0	0
1	0	0	0	1	1
2	0	0	1	0	2
3	0	0	1	1	3
4	0	1	0	0	4
5	0	1	0	1	5
6	0	1	1	0	6
7	0	1	1	1	7
8	1	0	0	0	8
9	1	0	0	1	9
10	1	0	1	0	10
11	1	0	1	1	11
12	1	1	0	0	12
13	1	1	0	1	13
14	1	1	1	0	14
15	1	1	1	1	15
16	0	0	0	0	0

由于同步计数器的计数脉冲 CP 同时接到各位触发器的时钟脉冲输入端,当计数脉冲到来时,应该翻转的触发器同时翻转,所以工作速度比异步计数器高,但电路结构比异步计数

器复杂。

四、同步二进制减法计数器

4 位同步二进制减法计数器的状态表如表 10.4.2 所示。

表 10.4.2 4 位同步二进制减法计数器的状态表

计数脉冲的序号	电路的状态				等效的十进制数
	Q_3	Q_2	Q_1	Q_0	
0	**0**	**0**	**0**	**0**	0
1	**1**	**1**	**1**	**1**	15
2	**1**	**1**	**1**	**0**	14
3	**1**	**1**	**0**	**1**	13
4	**1**	**1**	**0**	**0**	12
5	**1**	**0**	**1**	**1**	11
6	**1**	**0**	**1**	**0**	10
7	**1**	**0**	**0**	**1**	9
8	**1**	**0**	**0**	**0**	8
9	**0**	**1**	**1**	**1**	7
10	**0**	**1**	**1**	**0**	6
11	**0**	**1**	**0**	**1**	5
12	**0**	**1**	**0**	**0**	4
13	**0**	**0**	**1**	**1**	3
14	**0**	**0**	**1**	**0**	2
15	**0**	**0**	**0**	**1**	1
16	**0**	**0**	**0**	**0**	0

分析状态表 10.4.2 可以得到二进制减法计数器各触发器翻转的条件如下。

FF_0：每输入一个计数脉冲就翻转一次。

FF_1：在 $Q_0 = \mathbf{0}$ 时，再接收一个脉冲才翻转一次。

FF_2：在 $Q_0 = Q_1 = \mathbf{0}$ 时，再接收一个脉冲才翻转一次。

FF_3：在 $Q_0 = Q_1 = Q_2 = \mathbf{0}$ 时，再接收一个脉冲才翻转一次。

与 4 位同步二进制加法计数器相比较,很容易发现,4 位同步二进制减法计数器各触发器的驱动方程应为：$J_0 = K_0 = \mathbf{1}$，$J_1 = K_1 = \overline{Q_0}$，$J_2 = K_2 = \overline{Q_0}\,\overline{Q_1}$，$J_3 = K_3 = \overline{Q_0}\,\overline{Q_1}\,\overline{Q_2}$。 因此,只要把图 10.4.7 所示电路中的相应触发器的 J、K 端由原来接低位的 Q 端改为接 $\overline{Q}$ 端,就可构成 4 位同步二进制减法计数器,读者可自行画出其逻辑图。

五、同步二进制可逆计数器

既能作加法计数又能作减法计数的计数器称为可逆计数器。在前面介绍的 4 位同步二进制加法计数器和同步二进制减法计数器的基础上,只要引入一个加/减控制信号 X,便可构成 4 位同步二进制可逆计数器,如图 10.4.8 所示。由图可知,各触发器的驱动方程为

$$J_0 = K_0 = \mathbf{1}$$

$$J_1 = K_1 = XQ_0 + \overline{X}\,\overline{Q_0}$$

$$J_2 = K_2 = XQ_0Q_1 + \overline{X}\,\overline{Q_0}\,\overline{Q_1}$$

$$J_3 = K_3 = XQ_0Q_1Q_2 + \overline{X}\,\overline{Q_0}\,\overline{Q_1}\,\overline{Q_2}$$

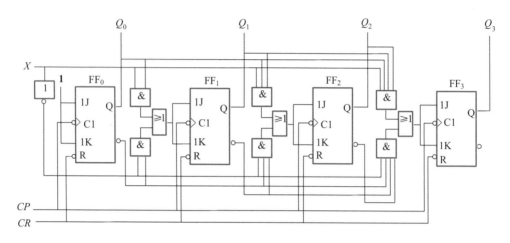

图 10.4.8　4 位同步二进制可逆计数器的逻辑图

当控制信号 $X = \mathbf{1}$ 时,由上列各式可得: $J_0 = K_0 = \mathbf{1}$, $J_1 = K_1 = Q_0$, $J_2 = K_2 = Q_0Q_1$, $J_3 = K_3 = Q_0Q_1Q_2$。可见,这时 $\mathrm{FF_1} \sim \mathrm{FF_3}$ 中的各 J、K 端分别与低位各触发器的 Q 端相连,计数器作加法计数。

当控制信号 $X = 0$ 时,由上列各式可得: $J_0 = K_0 = \mathbf{1}$, $J_1 = K_1 = \overline{Q_0}$, $J_2 = K_2 = \overline{Q_0}\,\overline{Q_1}$, $J_3 = K_3 = \overline{Q_0}\,\overline{Q_1}\,\overline{Q_2}$。可见,这时 $\mathrm{FF_1} \sim \mathrm{FF_3}$ 中的各 J、K 端分别与低位各触发器的 $\overline{Q}$ 端相连,计数器作减法计数。

10.4.2　十进制计数器

二进制计数器结构简单,但是人们不习惯其读数,尤其是当二进制数的位数很多时,人们就不能很快地把这个二进制数所代表的十进制数读出来。所以在有些场合采用十进制计数器较为方便。十进制计数器是在二进制计数器的基础上发展起来的。在十进制计数器中,由于采用 BCD 码,所以也称 BCD 码十进制计数器。下面讨论 8421BCD 码十进制计数器。

一、逻辑图

图 10.4.9 所示为由 4 个下降沿触发的 JK 触发器组成的 8421BCD 码同步十进制加法计数器的逻辑图。

二、逻辑功能分析

利用前面介绍的分析同步时序逻辑电路的方法,对该电路进行分析,可得出电路的状态

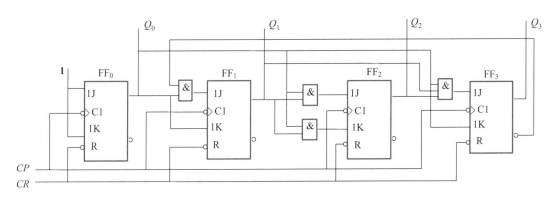

图 10.4.9　8421BCD 码同步十进制加法计数器的逻辑图

图如图 10.4.10 所示,时序图如图 10.4.11 所示。由状态图和时序图可见,电路在接受第 10 个计数脉冲后,各触发器的状态都恢复到初始状态 **0000**,所以该电路是十进制计数器,并且能够自启动。由于各触发器状态变化的次序与 8421 编码表相符,所以该电路为 8421BCD 码十进制加法计数器。

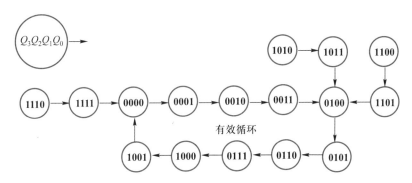

图 10.4.10　图 10.4.9 所示电路的状态图

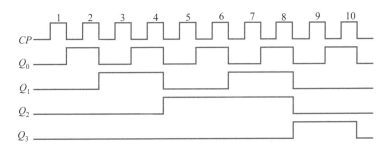

图 10.4.11　图 10.4.9 所示电路的时序图

视频 10.2
集成计数器
芯片

10.4.3　常用中规模集成计数器芯片

中规模集成计数器芯片种类较多,功能强,使用方便。表 10.4.3 列举了几种常用的

TTL 系列集成计数器产品。

表 10.4.3　几种常用的中规模 TTL 系列集成计数器

CP 脉冲的引入方式	型号	计数模式	清零方式	预置数方式
同步	74X161	4 位二进制加法计数器	异步	同步
	74X163	4 位二进制加法计数器	同步	同步
	74X193	双时钟 4 位二进制可逆计数器	异步	异步
	74X160	十进制加法计数器	异步	同步
异步	74X290	二-五-十进制加法计数器	异步	异步置 9
	74X293	二-八-十六进制加法计数器	异步	无

集成计数器还有高速 CMOS 系列产品,如 74HC160、74HC161、⋯、40193 等,它们与上表所列的 TTL 系列相应型号集成计数器的功能完全相同。

一、4 位同步二进制加法计数器芯片 74X161

1. 引脚图及逻辑符号

实际生产的中规模集成电路 4 位同步二进制加法计数器要比图 10.4.7 所示的原理电路复杂,其功能也较全面,我们主要介绍它的应用。图 10.4.12 是中规模集成电路 4 位同步二进制加法计数器芯片 74X161 的引脚图及逻辑符号。图中,CR 是异步清零端;LD 是同步预置数控制端;EP 和 ET 是计数使能(控制)端;CP 是计数时钟脉冲输入端;D_3、D_2、D_1、D_0 是预置数据输入端;RCO 是进位输出端,它的设置为多片集成计数器的级联提供了方便。

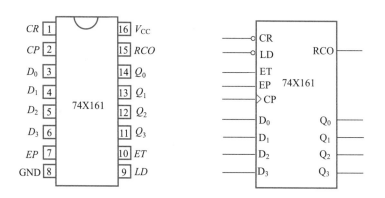

图 10.4.12　74X161 的引脚图及逻辑符号

2. 逻辑功能

表 10.4.4 是 74X161 的功能表。

表 10.4.4　74X161 的功能表

清零	预置数	使能		时钟	预置数据输入	输出	工作模式
CR	LD	ET	EP	CP	$D_3\ D_2\ \ D_1\ D_0$	$Q_3\ \ Q_2\ Q_1 Q_0$	
0	×	×	×	×	× × × ×	**0　0　0　0**	异步清零
1	**0**	×	×	↑	$A\ \ B\ \ C\ \ D$	$A\ \ \ B\ \ \ C\ \ \ D$	同步置数
1	**1**	**0**	×	×	× × × ×	保　持	数据保持
1	**1**	×	**0**	×	× × × ×	保　持	数据保持
1	**1**	**1**	**1**	↑	× × × ×	计　数	加法计数

由表 10.4.4 可知,74X161 具有以下功能。

(1) 异步清零:当 $CR = 0$ 时,不管其他输入端的状态如何,不论有无时钟脉冲 CP 的作用,计数器将被直接置零,使 $Q_3 Q_2 Q_1 Q_0 = 0000$,计数器的这种直接置零方式称为异步清零。CR 为低电平有效,具有最高的优先级别。

(2) 同步并行置数:当 $CR = 1$、$LD = 0$ 时,不管 ET、EP 的状态如何,在输入时钟脉冲 CP 上升沿的作用下,并行输入端的数据 $D_3 D_2 D_1 D_0$ 被置入计数器的输出端,使 $Q_3 Q_2 Q_1 Q_0 = D_3 D_2 D_1 D_0 = ABCD$。由于这种预置数操作要与 CP 上升沿同步,所以称为同步预置数。

(3) 计数:当 $CR = LD = EP = ET = 1$ 时,不论预置数输入端 D_3、D_2、D_1、D_0 的状态如何,在输入时钟脉冲 CP 上升沿的作用下,计数器进行二进制加法计数。

(4) 保持:当 $CR = LD = 1$,且 $EP \cdot ET = 0$(即两个使能端中有 **0** 时),不论预置数输入端 D_3、D_2、D_1、D_0 的状态如何,也不论有无时钟脉冲 CP 的作用,计数器保持原来的状态不变。

3. 时序图

为了应用时序逻辑电路,不仅要熟悉它的逻辑功能和为完成相应的逻辑功能各控制端应施加的有效电平,还应掌握各控制信号加入的先后次序。时序逻辑电路的时序图不仅能帮助了解电路的逻辑功能,还给出了各控制信号加入的先后次序,即时序关系。

74X161 的时序图如图 10.4.13 所示。由时序图可以清楚地看到 74X161 的功能和各控制信号间的时序关系。

由图 10.4.13 可知,各控制信号的时序关系为:① 首先应将计数器清零。可加入一个清零信号,令 $CR = 0$,使各触发器的状态均变为 **0**。② 进行预置数操作。在 CR 变为 **1** 后,加入一个置数信号 $LD = 0$,该信号需维持到下一个时钟脉冲的上升沿到来后。在这个置数信号和时钟脉冲上升沿的共同作用下,使各触发器的输出状态与预置的输入数据相同,图中为 $D_3 D_2 D_1 D_0 = 1100$。③ 使计数器处于计数状态。只要使 $EP = ET = 1$,计数器便从预置的 $Q_3 Q_2 Q_1 Q_0 = 1100$ 开始计数。当计数到 $Q_3 Q_2 Q_1 Q_0 = 1111$ 时,$RCO = 1$,RCO 端会输出一个进位信号。④ 使计数器转为保持状态。令 $EP = 0$,$ET = 1$,计数状态便结束,并转为保持状态,使计数器的输出保持在 EP 负跳变前的状态不变,图中为 $Q_3 Q_2 Q_1 Q_0 = 0010$。

74X163 芯片也是 4 位同步二进制加法计数器。74X163 芯片与 74X161 的功能基本相

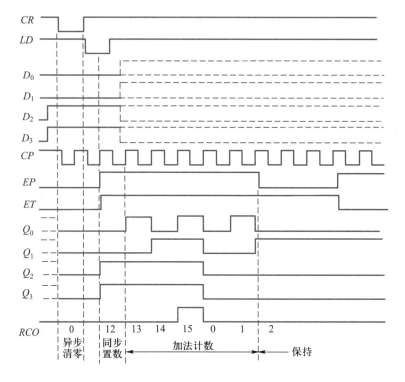

图 10.4.13　74X161 的时序图

同,唯一不同的是前者采用同步清零方式。对于 74X163 来说,当清零端 CR 为 **0** 时,无论置数控制端 LD 和计数控制端 EP、ET 处于何种状态,必须在时钟脉冲 CP 的上升沿来到时,计数器才被清零,即计数器的清零与时钟脉冲 CP 的上升沿同步,故称这种清零方式为同步清零方式。

　　74X160 是 8421BCD 码同步十进制加法计数器,其引脚排列图和功能表与 74X161 完全相同。

二、4 位同步二进制可逆计数器芯片 74X193

1. 引脚图及逻辑符号

图 10.4.14 是 4 位同步二进制可逆计数器芯片 74X193 的引脚图及逻辑符号。图中,CR 是异步清零端,LD 是异步预置数控制端,CP_U 是"加"计数时钟脉冲输入端,CP_D 是"减"计数时钟脉冲输入端,$D_3D_2D_1D_0$ 是预置数据输入端,CO 是进位输出端,BO 是借位输出端。

2. 逻辑功能

表 10.4.5 是 74X193 的功能表。

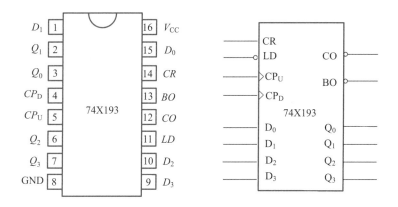

图 10.4.14　74X193 的引脚图及逻辑符号

表 10.4.5　74X193 的功能表

清零	预置	"加"计数时钟	"减"计数时钟	预置数据输入	输出	工作模式
CR	LD	CP_U	CP_D	D_3　D_2　D_1　D_0	Q_3　Q_2　Q_1　Q_0	
1	×	×	×	×　×　×　×	**0　0　0　0**	异步清零
0	**0**	×	×	A　B　C　D	A　B　C　D	异步置数
0	**1**	**1**	**1**	×　×　×　×	保　　持	数据保持
0	**1**	↑	**1**	×　×　×　×	计　　数	加法计数
0	**1**	**1**	↑	×　×　×　×	计　　数	减法计数

由表 10.4.5 可知,74X193 具有以下功能。

（1）异步清零:当 $CR=1$ 时,不管其他输入端的状态如何,不论有无时钟脉冲 CP 的作用,计数器将被直接置零,使 $Q_3Q_2Q_1Q_0=0000$。CR 为高电平有效,具有最高的优先级别。

（2）异步并行置数:在 $CR=0$ 的情况下,当 $LD=0$ 时,不论有无时钟脉冲作用,并行输入端的数据 $D_3D_2D_1D_0$ 被置入计数器的输出端,使 $Q_3Q_2Q_1Q_0=D_3D_2D_1D_0=ABCD$。$LD$ 为低电平有效,优先级别比异步清零端 CR 低。

（3）保持:当 $CR=0$、$LD=1$,且 $CP_U=CP_D=1$ 时,不论预置数输入端 D_3、D_2、D_1、D_0 的状态如何,计数器保持原来的状态不变。

（4）"加"计数:当 $CR=0$、$LD=1$、$CP_D=1$ 时,不论预置数输入端 D_3、D_2、D_1、D_0 的状态如何,计数器响应 CP_U 端的上升沿进行"加"法计数;当 $Q_3Q_2Q_1Q_0=1111$,且 $CP_U=0$ 时,进位输出端 $CO=0$。

（5）"减"计数:当 $CR=0$、$LD=1$、$CP_U=1$ 时,不论预置数输入端 D_3、D_2、D_1、D_0 的状态如何,计数器响应 CP_D 端的上升沿进行"减"法计数;当 $Q_3Q_2Q_1Q_0=0000$,且 $CP_D=0$ 时,借位输出端 $BO=0$。

三、异步二-五-十进制加法计数器 74X290

1. 逻辑图

图 10.4.15 是异步二-五-十进制加法计数器 74X290 的逻辑图。图 10.4.16 是 74X290

493

的引脚图及逻辑符号。图中，$R_{0(1)}$、$R_{0(2)}$ 为复位输入端，$R_{9(1)}$、$R_{9(2)}$ 为置位（置 9）输入端。它包含一个独立的 1 位二进制计数器和一个独立的异步五进制计数器。二进制计数器的时钟输入端为 CP_1，输出端为 Q_0；五进制计数器的时钟输入端为 CP_2，输出端为 Q_1、Q_2、Q_3。如果将 Q_0 与 CP_2 相连，CP_1 作为时钟脉冲输入端，$Q_0 \sim Q_3$ 作为输出端，则成为 8421BCD 码十进制计数器。因此，称此电路为异步二-五-十进制加法计数器。用 74X290 组成的 8421BCD 码十进制计数器的逻辑图如图 10.4.17 所示。

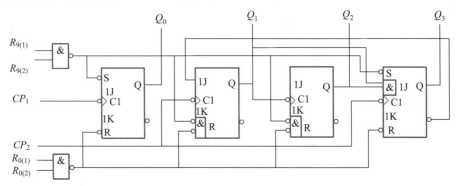

图 10.4.15　异步二-五-十进制加法计数器 74X290

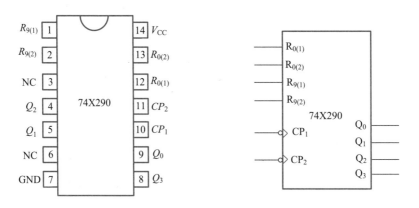

图 10.4.16　74X290 的引脚图及逻辑符号

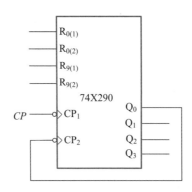

图 10.4.17　用 74X290 组成的 8421BCD 码十进制计数器的逻辑图

2. 逻辑功能

表 10.4.6 是 74X290 的功能表。

表 10.4.6 74X290 的功能表

复位输入		置位输入		时钟	输出				工作模式
$R_{0(1)}$	$R_{0(2)}$	$R_{9(1)}$	$R_{9(2)}$	CP	Q_3	Q_2	Q_1	Q_0	
1	**1**	**0**	**×**	**×**	**0**	**0**	**0**	**0**	异步清零
1	**1**	**×**	**0**	**×**	**0**	**0**	**0**	**0**	
×	**×**	**1**	**1**	**×**	**1**	**0**	**0**	**1**	异步置数(置9)
0	**×**	**0**	**×**	↓	计		数		加法计数
0	**×**	**×**	**0**	↓	计		数		
×	**0**	**0**	**×**	↓	计		数		
×	**0**	**×**	**0**	↓	计		数		

由表 10.4.6 可知,74X290 的功能如下。

(1) 异步清零:当复位输入 $R_{0(1)} = R_{0(2)} = 1$,且置位输入 $R_{9(1)} \cdot R_{9(2)} = 0$ 时,不论有无时钟脉冲 CP 作用,计数器将被直接置零。

(2) 异步置数:当置位输入 $R_{9(1)} = R_{9(2)} = 1$ 时,无论其他输入端的状态如何,计数器将被直接置9,即 $Q_3Q_2Q_1Q_0 = 1001$。置 9 信号比清 0 信号优先级别高。

(3) 计数:当 $R_{0(1)} \cdot R_{0(2)} = 0$ 和 $R_{9(1)} \cdot R_{9(2)} = 0$ 时,在计数脉冲下降沿的作用下,进行二-五-十进制加法计数。

10.4.4 常用中规模集成计数器芯片的应用

一、计数器容量的扩展

为了扩大计数范围,可把多个计数器进行级联。将 m 个模 N 计数器级联,可以组成模 N^m 的计数器。计数器级联的方式有两种:① 异步级联方式。即将低位计数器的进位输出直接作为高位计数器的时钟脉冲。异步级联方式的速度较慢。② 同步级联方式。一般是把各计数器的 CP 端连在一起,并接到同一个时钟脉冲源上,而将低位计数器的进位输出送到相邻高位计数器的计数控制端。

图 10.4.18 是用两片 74X161 采用同步级联方式构成的 8 位同步二进制加法计数器,其模为 $16 \times 16 = 256$。两片 74X161 的两个 CP 端均与计数脉冲连接。片(1)的计数使能端 $ET = EP = 1$,因而它总处于计数状态;片(2)的计数使能端 ET 接至低位片(1)的进位信号输出端 RCO,因而只有当片(1)计数至 **1111** 状态,使其 $RCO = 1$ 时,片(2)才能进入计数状态,并在下一个计数脉冲作用后,才给片(2)加 1,同时片(1)则由 **1111** 状态变成 **0000** 状态,进而使它的 $RCO = 0$,令片(2)停止计数。图 10.4.19 是其工作时的波形图。

视频 10.3
计数器容量
的扩展

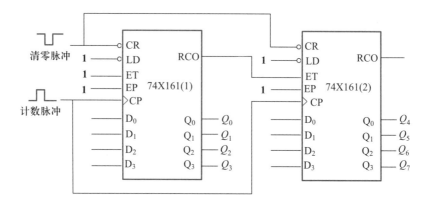

图 10. 4. 18　用两片 **74X161** 级联组成 **8** 位同步二进制加法计数器的逻辑图

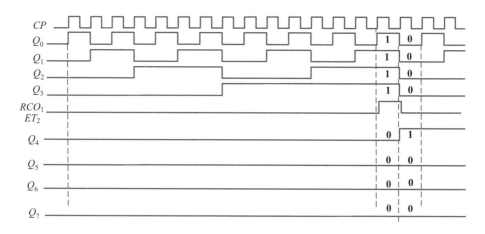

图 10. 4. 19　用两片 **74X161** 级联组成 **8** 位同步二进制加法计数器的波形图

视频 10.4
组成任意进
制计数器

二、组成任意进制计数器

1. 设计任意 M 进制计数器的步骤

目前生产的中规模集成计数器芯片最多的是 4 位二进制计数器和十进制计数器。当需要其他进制的计数器时,可利用二进制或十进制计数器的清零端或预置数端,并外加适当的门电路改接而成。常采用的方法有两种:一种是反馈清零法;另一种是反馈预置数法。

用现有的最大计数值为 N 的计数器去实现一个任意 M 进制计数器,如果 $M<N$,则只需用一片 N 进制计数器,使计数器在 N 进制的计数过程中,跳过 $(N-M)$ 个状态,就可以得到 M 进制计数器。如果 $M>N$,必须将多片计数器级联,以扩大计数范围。

实现一个任意 M 进制计数器的具体设计步骤如下。

（1）选择模 M 计数器的计数范围,确定初态和末态;

（2）确定产生清零信号 CR 或置数信号 LD 的译码状态,根据译码状态设计译码反馈电路;

（3）画出模 M 计数器的逻辑图。

2. 设计举例

下面结合例题分别介绍两种设计方法。

（1）反馈清零法

反馈清零法适用于具有清零输入端的集成计数器。但是,应该注意,集成计数器的清零有同步清零和异步清零两种清零方式:对于采用同步清零的集成计数器而言,当它的清零输入端加入有效清零电平后,还需等到下一个时钟脉冲 CP 的触发沿到来时,计数器才能完成清零操作;对于采用异步清零的集成计数器而言,只要当它的清零输入端加入有效清零电平时,便可立即完成对计数器的清零操作。因此,对应于两种不同的清零方式,在设计任意进制计数器时会出现一个状态的差别。下面用设计实例来进一步说明这一问题。

例 10.4.1 用 4 位二进制加法集成计数器 74X163 和必要的门电路组成 6 进制计数器,要求使用反馈清零法。

解:集成计数器 74X163 是具有同步清零功能的 4 位同步二进制加法计数器,其他功能与 74X161 相同。在其计数过程中,只要在需要的时刻给同步清零输入端加入一个低电平使 $CR=\mathbf{0}$,计数器的状态就会在下一个 CP 脉冲的上升沿到达时回到 **0000** 状态。清零信号（$CR=\mathbf{0}$）消失后,74X163 又从 **0000** 状态开始重新计数。这就是同步反馈清零法。

① 用 4 位同步二进制加法集成计数器 74X163 组成的 6 进制计数器的主循环状态图如图 10.4.20 所示。由图可知,该计数器有 6 个状态。在采用反馈清零法构成计数器时,其初始状态一定是 **0000**,第 6 个状态,即末态是 **0101**。

② 末态 **0101** 是产生清零信号的译码状态,将 Q_2 和 Q_0 的 **1** 通过**与非门**译码后产生一个低电平,再反馈给 CR 端就是一个清零信号,它使计数器在下一个 CP 脉冲上升沿到达时从 **0101** 状态回到 **0000** 状态,并使 CR 端的清零信号立即消失,74X163 又从 **0000** 状态开始重新计数。由此可知,计数器在接受了第 6 个计数脉冲后就从 **0101** 状态回到 **0000** 状态,这样就跳过了 **0110~1111** 十个状态,实现了 6 进制计数器的逻辑功能。

③ 图 10.4.21 就是用集成计数器 74X163 和**与非门**组成的 6 进制计数器的逻辑图。

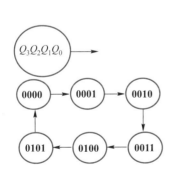

图 10.4.20 用 74X163 组成的 6 进制计数器的主循环状态图

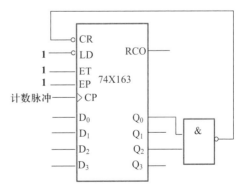

图 10.4.21 用 74X163 和**与门** 组成的 6 进制计数器的逻辑图

例 10.4.2　用 4 位同步二进制加法集成计数器 74X161 和必要的门电路组成 6 进制计数器,要求使用反馈清零法。

解:集成计数器 74X161 是具有异步清零功能的 4 位同步二进制加法计数器,采用异步反馈清零法可以用 1 片 74X161 构成 $M<16$ 的任意进制计数器。由于 74X161 具有异步清零功能,在其计数过程中,不论它的输出端处于什么状态,只要在它的清零输入端加入一个低电平使 $CR=0$,74X161 的输出就立即由那个状态回到 **0000** 状态。当清零信号消失使 $CR=1$ 后,计数器又从 **0000** 状态重新开始计数。这就是异步反馈清零法。

① 图 10.4.22(a)是用 4 位同步二进制加法集成计数器 74X161 组成的 6 进制计数器的主循环状态图。由图可知,计数器由 **0000** 状态开始计数,即计数器的初始状态是 **0000**;计数器的第 6 个状态,即末态是 **0101**。

② 该计数器从 **0000** 开始加计数,当输入第五个计数脉冲后到达末态 **0101**,再输入第六个计数脉冲时,输出将变为 $Q_3Q_2Q_1Q_0 = \mathbf{0110}$,这是产生清零信号的译码状态,我们可以将 Q_2 和 Q_1 的 **1** 通过一个**与非门**译码成清零电平并反馈给清零输入端使 $CR=0$,可立即使 $Q_3Q_2Q_1Q_0 = \mathbf{0000}$ 和 $CR=1$,计数器便重新从 **0000** 状态开始新的计数周期。由此可知,计数器在接受了第 6 个计数脉冲后就从 **0101** 状态回到 **0000** 状态,这样便跳过了 **0110~1111** 十个状态,实现了 6 进制计数器的逻辑功能。

③ 于是可得如图 10.4.22(b)所示的用 1 片 74X161 和**与非门**组成的 6 进制计数器的逻辑图。

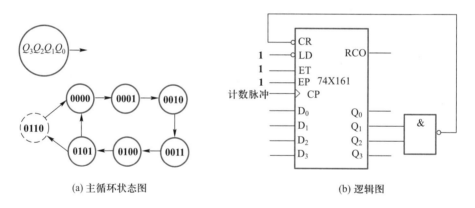

(a) 主循环状态图　　　　　　　　　　　(b) 逻辑图

图 10.4.22　用 74X161 和与非门组成的 6 进制计数器

应该指出的是,计数器是在进入了 **0110** 状态以后,才立即被置成 **0000** 状态的,而 **0110** 状态只出现于短暂的一瞬间,为一个稍纵即逝的过渡状态,故在图 10.4.22(a)所示的 6 进制计数器的主循环状态图中用虚线表示。

(2) 反馈置数法

反馈置数法一般适用于具有预置数功能的集成计数器。

例 10.4.3　用集成 4 位同步二进制可逆计数器 74X193 和必要的门电路组成 10 进制计数器。设该电路的 10 个有效状态是 **0011~1100**。

解:集成计数器 74X193 具有异步预置数功能,在其计数过程中,不管计数器处于哪一个状态,只要在异步预置数控制端 LD 加入一个低电平,使 $LD = \mathbf{0}$,74X193 就会把预置数输入端 $D_3D_2D_1D_0$ 的值置入计数器中,使 $Q_3Q_2Q_1Q_0 = D_3D_2D_1D_0$。当预置数控制信号消失,使 $LD = \mathbf{1}$ 后,计数器 74X193 就从被置入的状态开始重新计数。这就是异步反馈置数法。

① 图 10.4.23 是用集成 4 位同步二进制可逆计数器 74X193 组成的 10 进制计数器的主循环状态图。由于该 10 进制计数器的 10 个有效状态是 **0011 ~ 1100**。采用反馈置数法构成 10 进制计数器时,它的初始状态应该是 **0011**,而 **0011** 是用预置数法得到的,即预置数输入端的数据应为 $D_3D_2D_1D_0 = \mathbf{0011}$;计数器的第 10 个状态,即末态为 **1100**。

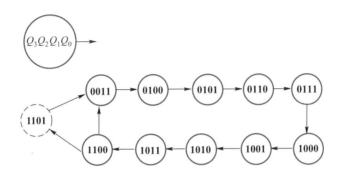

图 10.4.23 用 74X193 组成的 10 进制计数器的主循环状态图

② 该计数器从 **0011** 开始加计数,当输入第九个计数脉冲后到达末态 **1100**,再输入第十个计数脉冲时,输出将变为 $Q_3Q_2Q_1Q_0 = \mathbf{1101}$,这是产生预置数控制信号的译码状态,将 Q_3、Q_2、Q_0 的 3 个 **1** 通过**与非门**译码后,产生一个低电平,再反馈给 LD 端就是一个预置数控制信号,它使计数器立即从 **1101** 状态回到初始 **0011** 状态。

应该指出,状态 **1101** 只出现于短暂的一瞬间,为一个稍纵即逝的过渡状态,它会立即被置成 **0011** 状态,所以,在状态图中用虚线表示它。计数器回到初始状态 **0011** 后,LD 端的预置数信号也随之消失,74X193 又从 **0011** 状态开始重新计数。这样就跳过了 **1101 ~ 0010** 六个状态,实现了 10 进制计数器的功能。

③ 图 10.4.24 就是用集成计数器 74X193 和**与非门**组成的十进制计数器的逻辑图。

例 10.4.4 分析如图 10.4.25 所示的由集成计数器 74X160 组成的电路的逻辑功能,并画出其主循环状态图。

解:集成计数器 74X160 是同步十进制加法计数器,具有同步预置数功能,当其计数到 **1001** 状态时会产生进位信号使 $RCO = \mathbf{1}$,把此进位信号通过**非门**译码,反馈到预置数控制端使 $LD = \mathbf{0}$,便可将图 10.4.25 中的

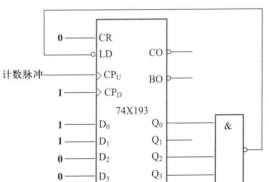

图 10.4.24 用 74X193 和**与非门**组成的
10 进制计数器的逻辑图

499

输入数据 $D_3D_2D_1D_0 = \mathbf{0011}$ 预置到计数器中。

　　该计数器从预置的 **0011** 状态开始加法计数,当计数到 **1001** 状态时,便会产生进位信号使 $RCO = 1$,并使 $LD = 0$,当再输入一个计数脉冲后,$Q_3Q_2Q_1Q_0$ 又被置成 **0011** 状态,同时使 $RCO = 0$,$LD = 1$,计数器又开始新的计数周期。

　　根据以上分析便可画出电路的主循环状态图,如图 10.4.26 所示。由主循环状态图可知,此逻辑电路是一个 7 进制计数器。

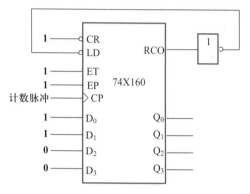 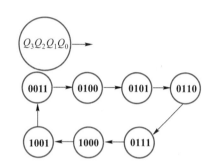

图 10.4.25　例 10.4.4 的逻辑电路图　　　　图 10.4.26　例 10.4.4 的主循环状态图

　　综上所述,改变集成计数器的模可采用反馈清零法实现,也可采用反馈预置数法实现。反馈清零法比较简单,反馈预置数法比较灵活。但不管采用哪种方法,都应首先搞清所用集成计数器的清零端或预置数端是异步还是同步工作方式,然后根据不同的工作方式设置合适的清零信号或预置数信号。

10.5　寄　存　器

　　任何现代数字系统在工作过程中,都必须把需要处理的数据和代码预先寄存起来,以便随时取用。寄存器是用来存放二进制数据或代码的时序逻辑电路,也是一种基本的时序逻辑电路。触发器具有记忆功能,一个触发器具有两个稳定状态,可以存储 1 位二进制代码。用触发器可以构成寄存器,存放 n 位二进制代码的寄存器,需要用 n 个触发器来构成。按照功能的不同,可将寄存器分为数码寄存器(简称寄存器)和移位寄存器两大类。

10.5.1　数码寄存器

　　数码寄存器是存储二进制数码的时序逻辑电路,它具有接收和寄存二进制数码的逻辑功能。

一、逻辑图

图 10.5.1 是一个由 D 触发器组成的 4 位数码寄存器,它有四个数码输入端 D_3、D_2、D_1、D_0,四个数码输出端 Q_3、Q_2、Q_1、Q_0,一个送数控制端 CP,一个清零端 CR。

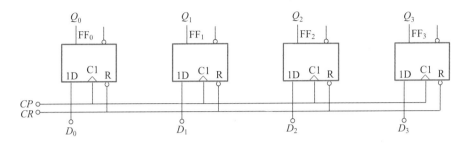

图 10.5.1　由 D 触发器组成的 4 位数码寄存器

二、工作过程

寄存器的工作过程分两步进行。

第一步:异步清零。用一个负脉冲令 $CR = 0$,将所有触发器复位到 0 状态,即

$$Q_3^n Q_2^n Q_1^n Q_0^n = 0000$$

第二步:送数。在 $CR = 1$ 时,给送数控制端 CP 加一个正脉冲(即 CP 的上升沿),把输入数码存放进寄存器中,使

$$Q_3^{n+1} Q_2^{n+1} Q_1^{n+1} Q_0^{n+1} = D_3 D_2 D_1 D_0$$

在 $CR = 1$ 和 CP 上升沿以外的时间,寄存器内存放的数码保持不变。由于寄存器的整个工作过程是分两步进行的,故称为双拍工作方式。

三、4 位集成数码寄存器 74X175

1. 引脚图和逻辑符号

74X175 是由 D 触发器组成的 4 位集成数码寄存器,图 10.5.2(a)和(b)分别是 74X175

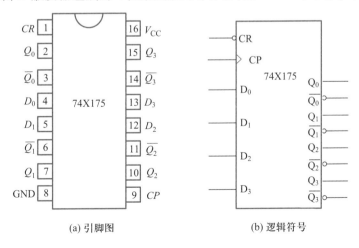

(a) 引脚图　　　　　　(b) 逻辑符号

图 10.5.2　74X175 的引脚图和逻辑符号

的引脚图和逻辑符号。CR 是异步清零控制端,CP 为时钟脉冲端,D_3、D_2、D_1 和 D_0 是并行数据输入端,Q_3、Q_2、Q_1 和 Q_0 是并行数据输出端,$\overline{Q_3}$、$\overline{Q_2}$、$\overline{Q_1}$ 和 $\overline{Q_0}$ 是反码数据输出端。

2. 逻辑功能

74X175 的功能如表 10.5.1 所示。

表 10.5.1　74X175 的功能表

清零	时钟	输入				输出				工作模式
CR	CP	D_3	D_2	D_1	D_0	Q_3	Q_2	Q_1	Q_0	
0	×	×	×	×	×	**0**	**0**	**0**	**0**	异步清零
1	↑	A	B	C	D	A	B	C	D	数码寄存
1	**1**	×	×	×	×	保　持				数据保持
1	**0**	×	×	×	×	保　持				数据保持

由表 10.5.1 可知,74X175 的逻辑功能如下。

（1）异步清零。当 $CR = \mathbf{0}$ 时,不论并行数据输入端的状态如何,也不论有无时钟脉冲 CP 的作用,寄存器被直接置零,使 $Q_3 Q_2 Q_1 Q_0 = \mathbf{0000}$,实现了异步清零功能。

（2）数码寄存。当 $CR = \mathbf{1}$ 时,在输入时钟脉冲 CP 上升沿的作用下,可将并行输入端 D_3、D_2、D_1 和 D_0 的数据 A、B、C 和 D 置入寄存器中,使 $Q_3 Q_2 Q_1 Q_0 = ABCD$,实现了数码寄存功能。

（3）数据保持。当 $CR = \mathbf{1}$,且无时钟脉冲 CP 上升沿的作用时,不论并行数据输入端的状态如何,寄存器保持原来的状态不变,实现了数据保持功能。

10.5.2　移位寄存器

一、移位寄存器的功能

在数字系统中,经常要求将寄存在寄存器中的数码进行移位,以便参加算术和逻辑运算。具有移位功能的寄存器称为移位寄存器。移位寄存器的作用是:在时钟脉冲的控制下,将寄存的数码在移位寄存器中依次向左或向右移动。

定义:凡是欲存放的数码从最左边触发器输入,在时钟脉冲的作用下,输入数码从左边触发器依次向右边触发器移动的寄存器,称为右向移位寄存器;反之,凡是欲存放的数码从最右边触发器输入,在时钟脉冲的作用下,输入数码从右边触发器依次向左边触发器移动的寄存器,称为左向移位寄存器。

二、单向移位寄存器

1. 右向移位寄存器

（1）逻辑图

由 4 个边沿 D 触发器构成的 4 位右向移位寄存器的逻辑图如图 10.5.3 所示。欲存放

的串行输入数码 D_1 从最左边触发器 FF$_0$ 的 D 端输入,把左边触发器的输出端 Q 与相邻右边触发器的输入端 D 相连,各触发器都受同一个时钟脉冲 CP 的控制。

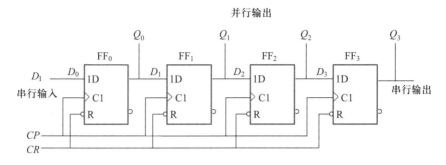

图 10.5.3　由 D 触发器组成的 4 位右向移位寄存器

（2）移位过程

由图 10.5.3 可得寄存器的驱动方程为

$$D_0 = D_1, D_1 = Q_0^n, D_2 = Q_1^n, D_3 = Q_2^n$$

寄存器的状态方程为

$$Q_0^{n+1} = D_1, Q_1^{n+1} = Q_0^n, Q_2^{n+1} = Q_1^n, Q_3^{n+1} = Q_2^n$$

由上式可知,每来一个时钟脉冲 CP 的上升沿,低位触发器的输出状态就会移到相邻高位触发器中去,使寄存器中的数码向右移动一位。

设输入数码为 $D_3D_2D_1D_0 = \mathbf{1101}$,并从高位（$D_3$）到低位（$D_0$）依次串行送到 D_1 端。在移位寄存器开始工作前,先在清零端 CR 加一个低电平,使移位寄存器的初始状态处于 **0000**。当第一个时钟脉冲的上升沿到来时,$D_3 = \mathbf{1}$ 送入触发器 FF$_0$ 中,使 $Q_0 = \mathbf{1}$;当第二个时钟脉冲作用后,$D_3 = \mathbf{1}$ 移入触发器 FF$_1$ 中,使 $Q_1 = \mathbf{1}$,且 $D_2 = \mathbf{1}$ 进入触发器 FF$_0$ 中,使 $Q_0 = \mathbf{1}$;依此类推,在 4 个移位时钟脉冲作用后,串行输入的 4 位数码 **1101** 全部存入了寄存器中,使 $Q_3 = \mathbf{1}$、$Q_2 = \mathbf{1}$、$Q_1 = \mathbf{0}$、$Q_0 = \mathbf{1}$。电路的状态表如表 10.5.2 所示。

表 10.5.2　右向移位寄存器的状态表

移位脉冲	输入数码	输出			
CP	D_1	Q_0	Q_1	Q_2	Q_3
0		**0**	**0**	**0**	**0**
1	**1**	**1**	**0**	**0**	**0**
2	**1**	**1**	**1**	**0**	**0**
3	**0**	**0**	**1**	**1**	**0**
4	**1**	**1**	**0**	**1**	**1**

由表 10.5.2 可知,在时钟脉冲作用下,输入数码依次由左边触发器移到相邻的右边触发器中,所以是右向移位寄存器。经过 4 个时钟脉冲后,串行输入的数码 **1101** 同时出现在寄存器的输出端,即 $Q_3 = \mathbf{1}$、$Q_2 = \mathbf{1}$、$Q_1 = \mathbf{0}$、$Q_0 = \mathbf{1}$,这样便将由 D_1 端串行输入的数码转换为并

行输出的数码。这种转换方式特别适用于将远距离检测到的串行输入信号转换为并行输出信号，以便于打印或由计算机进行处理。

（3）时序图

右向移位寄存器的时序图如图 10.5.4 所示。由图可见，在第 8 个时钟脉冲作用后，数码已从 Q_3 端全部移出寄存器，即数码可由 Q_3 端串行输出。所以，该移位寄存器具有串行输入-并行输出和串行输入-串行输出两种工作方式。

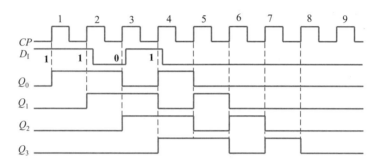

图 10.5.4　图 10.5.3 电路的时序图

2. 左向移位寄存器

若将图 10.5.3 所示电路中各触发器的连接顺序调换一下，把右边触发器的输出端 Q 与相邻左边触发器的输入端 D 相连，数码 D_1 从最右边触发器 FF_3 的 D 端串行输入，便可组成如图 10.5.5 所示的左向移位寄存器。其工作原理请读者自行分析。

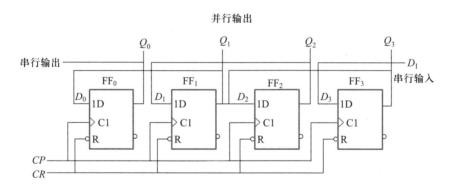

图 10.5.5　由 D 触发器组成的 4 位左向移位寄存器

三、双向移位寄存器

1. 电路的说明

在单向移位寄存器的基础上，再增加一些控制门，就可构成既能右移又能左移的双向移位寄存器。用维持阻塞 D 触发器组成的双向移位寄存器如图 10.5.6 所示。图中，每个触发器的 D 端和由**与或非门**组成的转换控制门相连；D_{SL} 是左移数码输入端，D_{SR} 是右移数码输入端；S 为移位方向控制端，当 $S=1$ 时，由 D_{SR} 端串行输入的数码作右向移位；当 $S=0$ 时，由 D_{SL}

端串行输入的数码作左向移位。

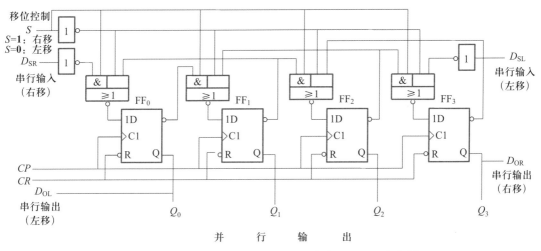

图 10.5.6 由维持阻塞 D 触发器组成的双向移位寄存器

2. 工作原理

在分析该双向移位寄存器的工作原理时,要抓住每个触发器输入端 D 的逻辑表达式,由图 10.5.6 可写出

$$D_0 = \overline{\overline{S\,\overline{D_{SR}}} + \overline{\overline{S}\,\overline{Q_1}}}$$

$$D_1 = \overline{\overline{S\,\overline{Q_0}} + \overline{\overline{S}\,\overline{Q_2}}}$$

$$D_2 = \overline{\overline{S\,\overline{Q_1}} + \overline{\overline{S}\,\overline{Q_3}}}$$

$$D_3 = \overline{\overline{S\,\overline{Q_2}} + \overline{\overline{S}\,\overline{Q_{SL}}}}$$

当 $S = 1$ 时,可得 $D_0 = D_{SR}$、$D_1 = Q_0$、$D_2 = Q_1$、$D_3 = Q_2$,相当于触发器 FF_0、FF_1、FF_2、FF_3 的 D 端分别与 D_{SR}、Q_0、Q_1、Q_2 相连,很明显,这时 FF_0、FF_1、FF_2、FF_3 组成右向移位寄存器;当 $S = 0$ 时,可得 $D_0 = Q_1$、$D_1 = Q_2$、$D_2 = Q_3$、$D_3 = D_{SL}$,相当于触发器 FF_0、FF_1、FF_2、FF_3 的 D 端分别与 Q_1、Q_2、Q_3、D_{SL} 相连,很明显,这时 FF_0、FF_1、FF_2、FF_3 组成左向移位寄存器。

四、移位寄存器应用举例

1. 基本环形计数器

如将图 10.5.3 所示的右向移位寄存器中的 Q_3 与 D_1 相连,便可组成如图 10.5.7(a)所示的基本环形计数器。电路工作时,在 CR 端加一个低电平启动脉冲,在 4 个触发器中置入的数据为 $Q_0Q_1Q_2Q_3 = 1000$;当 CR 由 **0** 变 **1** 后,因电路工作在右移状态,则在时钟脉冲 CP 的作用下,电路就会出现如图 10.5.7(b)所示的周而复始的 4 个状态,它是一个循环移位寄存器。电路工作的波形图如图 10.5.7(c)所示。

由于可以用该电路的 4 个不同状态来表示输入时钟脉冲 CP 的数目,所以可用它作为时钟脉冲计数器,即该电路是一个模 4 环形计数器。

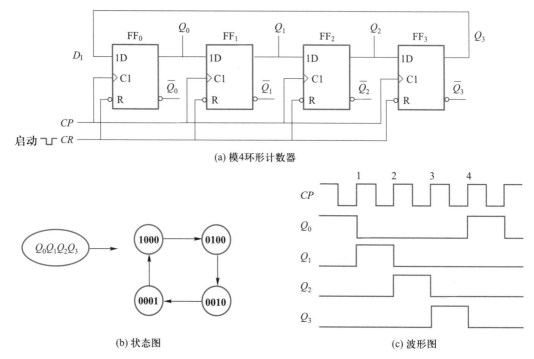

(a) 模4环形计数器

(b) 状态图

(c) 波形图

图 10.5.7 基本环形计数器

基本环形计数器的优点是电路结构简单、不需译码就能直接输出 4 个状态的译码信号；缺点是计数器的模 M 等于触发器的个数，其电路状态利用率低，图 10.5.7(a) 的电路用了 4 个触发器才得到 4 个计数状态。

2. 扭环形计数器

为了增加有效计数状态，扩大计数器的模，只要将图 10.5.7 所示的基本环形计数器中的 $\overline{Q_3}$ 与 D_1 相连，就可构成扭环形计数器(也称约翰逊计数器)，如图 10.5.8(a) 所示。经分析后可知：① 该电路有两个状态图，图 10.5.8(b) 为有效状态图，图 10.5.8(c) 为有无效状态图。② 该电路有 8 个计数状态，为模 8 计数器。一般来说，n 位移位寄存器可以组成模 $2n$ 的扭环形计数器。③ 由于该电路有两个循环状态，若取图 10.5.8(b) 为有效循环，则图 10.5.8(c) 为无效循环，所以该电路是不能自启动的。为了实现自启动，需要修改电路，见后续分析。

五、4 位双向集成移位寄存器 74X194 及其应用

1. 74X194 的引脚图和逻辑符号

4 位双向集成移位寄存器 74X194 的引脚图和逻辑符号如图 10.5.9(a) 和(b) 所示。其中，D_{SR} 为右移串行数据输入端；D_{SL} 为左移串行数据输入端；D_3、D_2、D_1 和 D_0 是并行数据输入端；Q_0 和 Q_3 分别是左移和右移时的串行输出端；Q_3、Q_2、Q_1 和 Q_0 为并行数据输出端；CR 为异步清零输入端；S_1、S_0 为控制输入端，它们的状态组合可以完成 4 种控制功能，用以控制移位寄存器的工作状态。

2. 74X194 的逻辑功能

74X194 的功能表如表 10.5.3 所示。

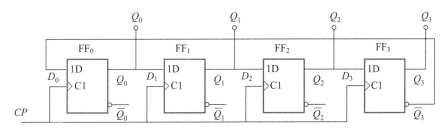

(a) 扭环形计数器

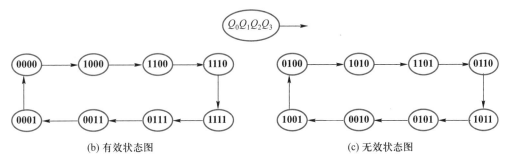

(b) 有效状态图

(c) 无效状态图

图 10.5.8 扭环形计数器

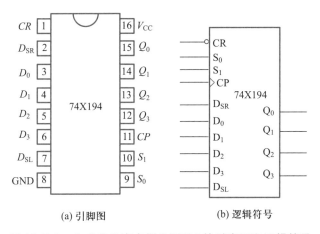

(a) 引脚图

(b) 逻辑符号

图 10.5.9 集成移位寄存器 74X194 的引脚图和逻辑符号

表 10.5.3 74X194 的功能表

输入								输出				工作模式
清零	控制		串行输入	时钟	并行输入				输出				
CR	S_1	S_0	D_{SL} D_{SR}	CP	D_0	D_1	D_2	D_3	Q_0	Q_1	Q_2	Q_3	
0	×	×	× ×	×	×	×	×	×	**0**	**0**	**0**	**0**	异步清零
1	**0**	**0**	× ×	×	×	×	×	×	Q_0	Q_1	Q_2	Q_3	保持
1	**0**	**1**	× **1**	↑	×	×	×	×	**1**	Q_0	Q_1	Q_2	右移,D_{SR} 为串行输入,
1	**0**	**1**	× **0**	↑	×	×	×	×	**0**	Q_0	Q_1	Q_2	Q_3 为串行输出

续表

输入								输出				工作模式
清零	控制		串行输入	时钟	并行输入				输出			
CR	S_1	S_0	D_{SL} D_{SR}	CP	D_0	D_1	D_2 D_3	Q_0	Q_1	Q_2	Q_3	
1	**1**	**0**	**1** $\times$	↑	$\times$	$\times$	$\times$ $\times$	Q_1	Q_2	Q_3	**1**	左移,D_{SL} 为串行输入,
1	**1**	**0**	**0** $\times$	↑	$\times$	$\times$	$\times$ $\times$	Q_1	Q_2	Q_3	**0**	Q_0 为串行输出
1	**1**	**1**	$\times$ $\times$	↑	A	B	C D	A	B	C	D	并行置数

由表 10.5.3 可以看出,74X194 具有如下功能。

① 异步清零。当 $CR = 0$ 时,不论其他输入端的状态如何,寄存器清零。

② S_1、S_0 是控制输入端。当 $CR = 1$ 时,74X194 有如下 4 种工作方式。

a. 当 $S_1 S_0 = 00$ 时,不论其他输入端的状态如何,各触发器的状态保持不变,寄存器处于保持状态。

b. 当 $S_1 S_0 = 01$ 时,不论 D_{SL} 的状态如何,也不论并行输入端的状态如何,在 CP 的上升沿作用下,实现右移操作,将从 D_{SR} 端串行输入的数码依次从低位移向高位,即 $D_{SR} \rightarrow Q_0 \rightarrow Q_1 \rightarrow Q_2 \rightarrow Q_3$。$Q_3$ 为右移串行输出端。

c. 当 $S_1 S_0 = 10$ 时,不论 D_{SR} 的状态如何,也不论并行输入端的状态如何,在 CP 的上升沿作用下,实现左移操作,将从 D_{SL} 端串行输入的数码依次从高位移向低位,即 $D_{SL} \rightarrow Q_3 \rightarrow Q_2 \rightarrow Q_1 \rightarrow Q_0$。$Q_0$ 为左移串行输出端。

d. 当 $S_1 S_0 = 11$ 时,不论 D_{SL} 端和 D_{SR} 端的状态如何,在 CP 的上升沿作用下,实现并行置数操作,将并行输入的数码 $D_0 D_1 D_2 D_3 = ABCD$ 同时送到各触发器的输出端 Q,使 $Q_0 Q_1 Q_2 Q_3 = ABCD$。

用 4 位双向移位寄存器 74X194 可以方便地组成 8 位双向移位寄存器,方法是:将第一片的最低位输出端 Q_0 与第二片的 D_{SL} 端相连,将第二片的最高位输出端 Q_3 与第一片的 D_{SR} 端相连,同时再将两片的 S_1、S_0、CP 和 CR 并联起来。

3. 用集成移位寄存器 74X194 构成脉冲序列发生器

用双向移位寄存器 74X194 可构成脉冲序列发生器,其电路如图 10.5.10 所示。图中,清零端 CR 和控制端 S_0 均接高电平,控制端 S_1 加预置启动脉冲。

当正脉冲启动信号到来时,使 $S_1 S_0 = 11$,不论移位寄存器 74X194 原来的状态如何,在时钟脉冲 CP 的作用下,移位寄存器执行置数操作,使 $Q_0 Q_1 Q_2 Q_3 = D_0 D_1 D_2 D_3 = 1000$。

当启动信号由 **1** 变 **0** 后,使 $S_1 S_0 = 01$,在时钟脉冲 CP 的作用下,移位寄存器进行右移操作:CP 端每输入一个时钟脉冲,寄存器中的数码就依次右移一位,并使最高位触发器 Q_3 端的数码通过 D_{SR} 端移入最低位触发器的 Q_0 端。

经过 4 个时钟脉冲作用后,寄存器的状态回到 $Q_0 Q_1 Q_2 Q_3 = 1000$,故寄存器的工作是 4 个时钟脉冲完成一个循环。

电路工作时的状态转换图和波形图与图 10.5.7(b) 和(c) 相同,所以图 10.5.10 是基本环形计数器。

由图 10.5.7(c)所示的波形图可知,图 10.5.10 所示电路可按固定时序轮流输出高电平脉冲,所以该电路也称为四相序列脉冲发生器,可用来实现彩灯控制。

4. 用集成移位寄存器 74X194 构成扭环形计数器

如果将 74X194 的输出端 Q_3 反相后与 D_{SR} 相连,在 CP 端加计数脉冲,就可构成如图 10.5.11 所示的扭环形计数器。它的两个循环状态与图 10.5.8(b)和(c)相同,所以该电路是不能自启动的。

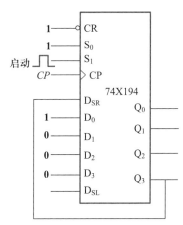

图 10.5.10　用 74X194 构成的
脉冲序列发生器

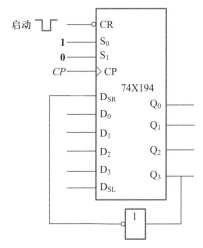

图 10.5.11　用 74X194 构成的扭环形
计数器

拓展阅读 10.3
移位寄存器的
应用实例——
汽车尾灯控
制电路

为了实现自启动,修改图 10.5.11 所示电路,令 $D_{SR} = \overline{Q_1 \overline{Q_2} Q_3}$,可得如图 10.5.12(a)所示的电路和如图 10.5.12(b)所示的状态图。

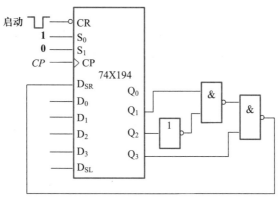

(a) 电路

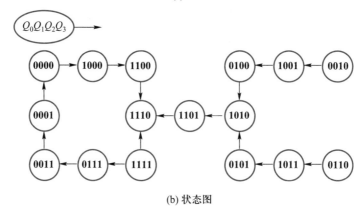

(b) 状态图

图 10.5.12　能自启动的扭环形计数器

10.6　脉冲波形的产生与整形

在数字系统中,常常需要各种脉冲波形,例如,同步时序电路中的时钟脉冲信号、控制过程中的定时信号等。要获得这些脉冲波形,经常采用两种方法:一种是利用脉冲信号产生器直接产生;另一种则是通过对已有信号进行整形、变换,使之满足系统的要求。本节主要介绍脉冲波形的产生电路——多谐振荡器和脉冲波形的整形、变换电路——单稳态触发器和施密特触发器。因为用中规模集成电路 555 定时器可以很方便地构成多谐振荡器、单稳态触发器和施密特触发器,所以本节仅介绍用 555 定时器组成的多谐振荡器、单稳态触发器和施密特触发器。

10.6.1　555 定时器

555 定时器是一种将模拟电路和数字电路结合在一起的中规模集成电路,它的功能灵活,适用范围广,可以很方便地组成单稳态触发器、多谐振荡器和施密特触发器。555 定时器在波形的产生和整形、工业控制、定时、仿声、电子乐器及防盗报警等方面获得了广泛的应用。

555 定时器的产品型号繁多,按内部所用的器件可分为双极型(TTL 型)555 器件和单极型(CMOS 型)555 器件,其型号分别有 NE555(或 5G555)和 CC7555 等多种。它们的逻辑功能以及外部引脚排列完全相同。

定时器按单片电路中所包含的定时器个数可分为单定时器、双定时器和四定时器,NE555(或 5G555)和 CC7555 为单定时器,双定时器的型号有 NE556(或 5G556)和 CC7556等,四定时器的型号有 NE558(或 5G558)和 CC7558 等。

双极型定时器的驱动能力较强,最大负载电流可达 200 mA。单极型器件具有低功耗、高输入电阻的优点,但最大负载电流较小,在 4 mA 以下。

一、NE555 定时器芯片的内部电路

TTL 集成定时器 NE555 的内部电路如图 10.6.1 所示。该电路由两个比较器 A_1 和 A_2、一个基本 RS 锁存器、一个放电晶体管 T、一个与非门 G_2、一个缓冲器 G_1 和三个 5 kΩ 的分压电阻组成。由于分压器由三个 5 kΩ 电阻组成,故称为 555 定时器。在图中,2 为触发输入端、3 为输出端、4 为直接复位端、5 为控制电压输入端、6 为阈值输入端、7 为放电端。三个 5 kΩ电阻组成的分压器为比较器 A_1 和 A_2 提供参考电压,当控制电压输入端 5 悬空时,比较器 A_1 和 A_2 的参考电压分别为 $2V_{CC}/3$ 和 $V_{CC}/3$;如果控制电压输入端外接电压 U_{IC},则比较器 A_1 和 A_2 的参考电压就变为 U_{IC} 和 $U_{IC}/2$。比较器 A_1 和 A_2 的输出控制基本 RS 锁存器和放电晶体管的工作状态。缓冲器就是接在输出端的反相器 G_1,其作用是提高定时器的带负载能力和隔离负载,以减小负载对定时器的影响。放电晶体管 T 为外电路提供放电回路。

二、NE555 定时器的工作原理

1. 直接复位

当直接复位输入端 $R_D = 0$ 时,无论其他输入端的状态如何,输出信号 u_0 都为低电平。此时,因与非门 G_2 输出高电平,放电管 T 处于饱和导通状态。其他情况下都使 $R_D = 1$。

2. 当 $u_{I1} < 2V_{CC}/3$,$u_{I2} < V_{CC}/3$ 时

当 $u_{I1} < 2V_{CC}/3$,$u_{I2} < V_{CC}/3$ 时,电压比较器 A_1 的输出 R 为高电平,A_2 的输出 S 为低电平,则基本 RS 锁存器置 **1**,使 $Q = 1$。而 $R_D = 1$,与非门 G_2 因两个输入均为 **1** 便输出低电平,经 G_1 反相后使输出信号 u_0 为高电平。此时放电管 T 处于截止状态。

3. 当 $u_{I1} > 2V_{CC}/3$,$u_{I2} > V_{CC}/3$ 时

当 $u_{I1} > 2V_{CC}/3$,$u_{I2} > V_{CC}/3$ 时,电压比较器 A_1 的输出 R 为低电平,A_2 的输出 S 为高电平,则基本 RS 锁存器置 **0**,使 $Q = 0$,与非门 G_2 便输出高电平,经 G_1 反相后使输出信号 u_0 为低电平。此时放电管 T 处于饱和导通状态。

4. 当 $u_{I1} < 2V_{CC}/3$,$u_{I2} > V_{CC}/3$ 时

当 $u_{I1} < 2V_{CC}/3$,$u_{I2} > V_{CC}/3$ 时,电压比较器 A_1、A_2 均输出高电平,基本 RS 锁存器保持原来的状态不变,此时输出信号 u_0 和放电管 T 的工作也保持原来的状态不变。

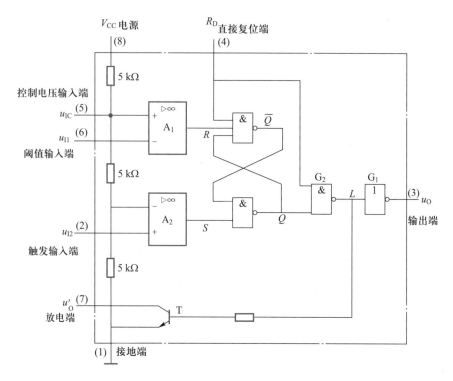

图 10.6.1 TTL 集成定时器 NE555 的内部电路

5. 当 $u_{I1}>2V_{CC}/3, u_{I2}<V_{CC}/3$ 时

当 $u_{I1}>2V_{CC}/3, u_{I2}<V_{CC}/3$ 时,电压比较器 A_1、A_2 均输出低电压,则基本 RS 锁存器 $Q=\overline{Q}=1$。这时输出信号 u_O 为高电压,放电管 T 处于截止状态。此时输出与 $u_{I1}<2V_{CC}/3, u_{I2}<V_{CC}/3$ 时相同,所以将这两种情况合并列于表 10.6.1 第 2 行。

综上所述,可列出 NE555 定时器的功能表,如表 10.6.1 所示。可见,触发输入优先级别高于阈值输入。触发输入小于 $V_{CC}/3$ 为有效状态,输出高电平 **1**;阈值输入大于 $2V_{CC}/3$ 为有效状态,输出低电平 **0**。

表 10.6.1 NE555 定时器的功能表

输入			输出	
阈值输入 u_{I1}(6 脚)	触发输入 u_{I2}(2 脚)	复位(R_D)	输出 u_O	放电管 T
×	×	**0**	**0**	导通
×	$<V_{CC}/3$	**1**	**1**	截止
$>2V_{CC}/3$	$>V_{CC}/3$	**1**	**0**	导通
$<2V_{CC}/3$	$>V_{CC}/3$	**1**	不变	不变

10.6.2 由 555 定时器组成的单稳态触发器

锁存器和触发器都有两个稳定状态,通常把它们称为双稳态电路。一个双稳态电路可以用来保存 1 位二值信息。

在数字系统中,经常会遇到要把一列宽度和幅度不均匀的脉冲变换成宽度和幅度均匀的脉冲的问题,即脉冲的整形问题;还会遇到要把一个脉冲延迟一段时间后再利用的问题,即脉冲的延时问题。单稳态触发器就是常用的脉冲整形和延时电路。

单稳态触发器与锁存器、触发器不同,它只有一个稳定状态。下面来讨论它的工作特点以及它在脉冲整形和延时、定时方面的应用。

一、电路的组成

由 555 定时器构成的单稳态触发器如图 10.6.2 所示。R、C 是外接定时元件;定时器的触发输入端 2 外加触发信号,其波形如图 10.6.3 中的 u_I 所示;定时器的 3 端是单稳态触发器的输出端,u_O 是输出信号。定时器的控制电压输入端 5 可以悬空或对地外接 0.01 μF 的滤波电容器。

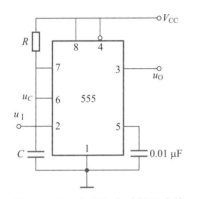

图 10.6.2　由 555 定时器组成的
单稳态触发器

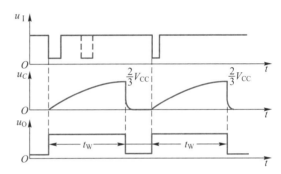

图 10.6.3　由 555 定时器组成的单稳态
触发器的波形图

二、工作原理

1. 电路只有一个稳定状态

设在没有输入触发信号作用时,u_I 处于高电平,且大于 $V_{CC}/3$。

如果接通电源后 u_O 为低电平 **0**,则放电晶体管 T 饱和导通,电容 C 会通过 T 迅速放电,使 C 上的电压迅速下降至接近于零,即 $u_C = U_{CES} \approx 0$(U_{CES} 为放电晶体管 T 的饱和压降),并使阈值输入端 6 的电压小于 $2V_{CC}/3$。由定时器的功能表可知,u_O 会保持低电平不变。

如果接通电源后 u_O 为高电平 **1**,则放电晶体管 T 处于截止状态,电源 V_{CC} 要通过电阻 R 向电容 C 充电,当电容 C 两端的电压上升到使阈值输入端 6 的电压稍大于 $2V_{CC}/3$ 时,由定时器的功能表可知,输出信号 u_O 会自动地由高电平返回到低电平,放电晶体管 T 立即由截止状态变为饱和导通,电容 C 便快速把电放完,使 $u_C \approx 0$。此后,由于触发输入端 2 的电压大于 $V_{CC}/3$、阈值输入端 6 的电压小于 $2V_{CC}/3$,就使输出信号 u_O 保持低电平不变。

由以上分析可知,当没有输入触发信号作用时,输出信号 u_O 保持在低电平不变是单稳态触发器的稳定状态。

2. 外加触发脉冲使电路翻转到暂稳状态

若在电路的输入端外加一个触发脉冲,使 u_I 由高电平跳变为低电平,且使 $u_I < V_{CC}/3$ 时,

则触发输入端 2 的电压小于 $V_{CC}/3$，由定时器的功能表可知，电路的输出状态会由低电平跳变为高电平。

电路输出高电平的状态是不能长久保持下去的，只能暂时停留一段时间，故称为单稳态触发器的暂稳状态。

3. 电容 C 充电使电路自动返回稳定状态

电路在触发脉冲作用下翻转到暂稳状态后，因为电路输出高电平，放电晶体管 T 便处于截止状态，电源 V_{CC} 就要通过电阻 R 向电容 C 充电，充电回路是 $V_{CC} \rightarrow R \rightarrow C \rightarrow$ 地，时间常数为 $\tau_1 = RC$。当电容 C 两端的电压上升到使阈值输入端 6 的电压稍大于 $2V_{CC}/3$ 时，因此时输入的触发脉冲已经消失，触发输入端 2 的电压大于 $V_{CC}/3$。由定时器的功能表可知，输出信号 u_0 就由高电平跳变为低电平，电路便自动返回到稳定状态。

电路一旦返回到稳定状态，放电晶体管 T 立即饱和导通，电容 C 快速把电放完，此后因触发输入端 2 的电压大于 $V_{CC}/3$，阈值输入端 6 的电压小于 $2V_{CC}/3$，单稳态触发器便保持稳定地输出低电平不变，为接收下一个触发脉冲的作用做好准备。

单稳态触发器的工作波形如图 10.6.3 所示。对于如图 10.6.2 所示的单稳态触发器，如果在电路的暂稳状态持续时间内，加入新的触发脉冲，则该脉冲对电路不起作用，故该电路称为不可以重复触发的单稳态触发器。

三、输出脉冲宽度 t_w 的计算

对于如图 10.6.2 所示的单稳态触发器，输出脉冲的宽度 t_w 是指电路处于暂稳状态的时间，也就是定时电容 C 的充电时间。由图 10.6.3 所示的工作波形可得：电容 C 充电的起始值为 $u_C(0^+) \approx 0$，趋向的终止值为 $u_C(\infty) \approx V_{CC}$，转换值为 $u_C(t_w) = 2V_{CC}/3$；电容 C 充电的时间常数为 $\tau_1 = RC$。将它们代入 RC 电路瞬态过程的计算公式，可得

$$t_w = \tau_1 \ln \frac{u_C(\infty) - u_C(0^+)}{u_C(\infty) - u_C(t_w)} = RC \ln \frac{V_{CC} - 0}{V_{CC} - \dfrac{2}{3}V_{CC}} = RC \ln 3 \approx 1.1RC \qquad (10.6.1)$$

由式（10.6.1）可知，单稳态触发器输出脉冲的宽度 t_w 仅取决于电路中元件 R、C 的取值，而与输入触发信号和电源电压无关。因此，只要调节 R、C 即可改变输出脉冲的宽度。单稳态触发器产生的输出脉冲宽度可在几个微秒到数分钟的范围内调节。

四、单稳态触发器的工作特点

单稳态触发器有如下几个工作特点：

（1）电路只有一个稳定状态。在没有外界触发脉冲作用时，电路会长期处于一个稳定状态。

（2）在外界触发脉冲作用下，电路会由稳定状态翻转到暂稳状态。暂稳状态是不能长久保持的状态，经过一定时间后，电路会自动返回到稳定状态。

（3）电路在暂稳状态停留的时间仅取决于电路定时元件的参数，与触发脉冲的宽度和幅度无关。

单稳态触发器也可由门电路和 RC 元件组成。由于单稳态触发器在数字系统中的应用比较普遍，目前厂家已生产了各种单片集成电路，TTL 系列的有 74121、74122、74123 等，

CMOS 系列的有 4098、4528、4538 等,利用这些单片集成电路,只要外接很少的电阻和电容,即可构成单稳态触发器。

拓展阅读 10.4
集成单稳态
触发器

五、单稳态触发器的应用

单稳态触发器被广泛应用于脉冲波形的延时、定时和整形等方面。

1. 脉冲的延时

由图 10.6.3 可知,单稳态触发器输出脉冲 u_O 的下降沿比触发脉冲 u_I 的下降沿滞后了时间 t_W。因此,只要用 u_O 的下降沿去触发一个电路就比用 u_I 的下降沿去触发该电路在时间上延迟了 t_W,这就是单稳态触发器所起的脉冲延时功能。

2. 脉冲的定时

在图 10.6.4(a)中,利用单稳态触发器输出的宽度为 t_W 的正脉冲 u'_O 作为与门电路的一个输入信号,则只有在这个正脉冲存在的时间 t_W 内,与门才打开,才能让另一个信号 u_F 顺利通过,这就是单稳态触发器所起的定时作用。图 10.6.4(b)用波形图说明了单稳态触发器所起的定时功能。

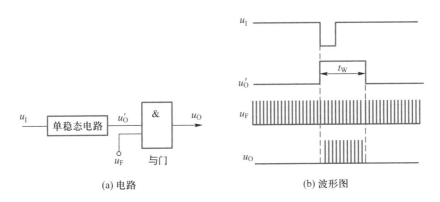

(a) 电路 　　(b) 波形图

图 10.6.4 单稳态触发器的定时功能

3. 脉冲的整形

单稳态触发器能够把一列如图 10.6.5 所示的不规则的输入信号 u_I,变换成为幅度和宽度都相同的标准矩形波脉冲 u_O,这就是单稳态触发器的整形作用。u_O 的幅度取决于单稳态触发器输出的高、低电平,输出脉冲的宽度 t_W 取决于单稳态触发器在暂稳状态停留的时间。

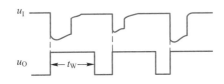

图 10.6.5 用单稳态触发器作为整形电路的波形

10.6.3　由 555 定时器组成的多谐振荡器

在数字系统中,需要这样一种电路,它不需要外加触发信号的作用,只要接通直流电源,就能自动产生矩形脉冲信号。多谐振荡器就是能满足这种要求的电路。由于这种电路输出的矩形波中含有丰富的谐波,故称为多谐振荡器。又由于多谐振荡器工作时只有两个暂稳状态,没有稳定状态,故又称为无稳态电路。

下面介绍由 555 定时器组成的多谐振荡器。

一、电路的组成

由 555 定时器组成的多谐振荡器如图 10.6.6 所示。R_1、R_2 和 C 是外接元件,定时器的阈值输入端 6 和触发输入端 2 连接起来接电容 C 的一端,放电端 7(即放电晶体管 T 的集电极)接到 R_1、R_2 的连接点上。

二、工作原理

1. 起始状态

设接通电源前电容 C 上无电荷。则在接通电源的瞬间 $u_C = 0$,因阈值输入端 6 和触发输入端 2 的电压均小于 $V_{CC}/3$,故电路的输出 u_O 为高电平,放电晶体管 T 处于截止状态。

2. 电容 C 充电使电路自动进入第一暂稳状态

由于放电晶体管 T 截止,电源 V_{CC} 要经过 R_1、R_2 向电容 C 充电,充电回路为 $V_{CC} \rightarrow R_1$、$R_2 \rightarrow C \rightarrow$ 地,电容 C 两端的电压按指数规律逐渐升高,充电时间常数为 $\tau_1 = (R_1 + R_2)C$。

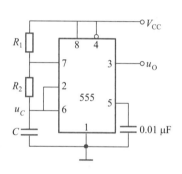

图 10.6.6　由 555 定时器组成的多谐振荡器

当电容 C 充电到使阈值输入端 6 和触发输入端 2 的电压稍大于 $2V_{CC}/3$ 时,电路的输出电压 u_O 便由高电平跳变为低电平,放电晶体管 T 饱和导通,电路进入第一暂稳状态。

3. 电容 C 放电使电路自动进入第二暂稳状态

当输出电压 u_O 跳变为低电平后,因放电晶体管 T 饱和导通,电容 C 要通过电阻 R_2 和晶体管 T 放电,放电回路是 $C \rightarrow R_2 \rightarrow T \rightarrow$ 地,放电时间常数是 $\tau_2 = R_2 C$(忽略放电管 T 的饱和导通电阻 R_{CES})。

当电容 C 放电到使阈值输入端 6 和触发输入端 2 的电压稍小于 $V_{CC}/3$ 时,电路的输出电压 u_O 便由低电平跳变为高电平,放电晶体管 T 截止,电路进入第二暂稳状态。

电路进入第二暂稳状态后,电容 C 又充电,如此周而复始,电路就自动地在两个暂稳状态之间来回翻转振荡,于是电路就会输出周期性的矩形脉冲。电路的工作波形图如图 10.6.7 所示。

三、振荡频率的计算

多谐振荡器的振荡周期是输出矩形脉冲波高电平和低电平维持时间之和。

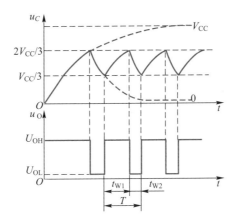

图 10.6.7 由 555 定时器组成的
多谐振荡器的波形图

1. 高电平的维持时间 t_{W1}

高电平的维持时间 t_{W1} 就是电容 C 从 $V_{CC}/3$ 充电到 $2V_{CC}/3$ 所经历的时间。当电容 C 充电时,时间常数为 $\tau_1 = (R_1 + R_2)C$,充电的起始值为 $u_C(0^+) = V_{CC}/3$,趋向的终止值为 $u_C(\infty) = V_{CC}$,转换值为 $u_C(t_{W1}) = 2V_{CC}/3$。将它们代入 RC 电路瞬态过程的计算公式,可得高电平的维持时间为

$$t_{W1} = \tau_1 \ln \frac{u_C(\infty) - u_C(0^+)}{u_C(\infty) - u_C(t_{W1})} = \tau_1 \ln \frac{V_{CC} - \dfrac{1}{3}V_{CC}}{V_{CC} - \dfrac{2}{3}V_{CC}} = \tau_1 \ln 2 \approx 0.7(R_1 + R_2)C$$

$$(10.6.2)$$

2. 低电平的维持时间 t_{W2}

低电平的维持时间 t_{W2} 就是电容 C 从 $2V_{CC}/3$ 放电到 $V_{CC}/3$ 所经历的时间。当电容 C 放电时,时间常数为 $\tau_2 = R_2 C$,放电的起始值为 $u_C(0^+) = 2V_{CC}/3$,趋向的终止值为 $u_C(\infty) = 0$,转换值为 $u_C(t_{W2}) = V_{CC}/3$。故可得低电平的维持时间为

$$t_{W2} = \tau_2 \ln \frac{u_C(\infty) - u_C(0^+)}{u_C(\infty) - u_C(t_{W2})} = \tau_2 \ln \frac{0 - \dfrac{2}{3}V_{CC}}{0 - \dfrac{1}{3}V_{CC}} = \tau_2 \ln 2 \approx 0.7R_2 C \quad (10.6.3)$$

3. 电路的振荡频率 f

电路的振荡周期为

$$T = t_{W1} + t_{W2} \approx 0.7(R_1 + 2R_2)C \tag{10.6.4}$$

电路的振荡频率为

$$f = \frac{1}{T} = \frac{1}{0.7(R_1 + 2R_2)C} \approx \frac{1.43}{(R_1 + 2R_2)C} \tag{10.6.5}$$

式(10.6.5)表明,改变 R_1、R_2 和 C 的值可以改变电路的振荡频率。由双极型(TTL 型)

拓展阅读 10.5
石英晶体多
谐振荡器

555 器件组成的多谐振荡器,其最高振荡频率约为 500 kHz,由单极型(CMOS 型)555 器件组成的多谐振荡器,其最高振荡频率约为 3MHz。

由于比较器用放大倍数很高的集成运算放大器组成,灵敏度很高,又因运算放大器采用差分输入级,故多谐振荡器的振荡频率受电源电压和温度变化的影响比较小。但其振荡频率仍受电阻、电容的值随温度变化的影响,所以它的振荡频率稳定度还不够高,只有约 10^{-3} 或更差。因此,在要求振荡频率稳定度高的场合,普遍采用石英晶体和门电路、RC 元件组成多谐振荡器。石英晶体多谐振荡器的振荡频率范围为几百 Hz 至几百 MHz。

多谐振荡器也可用门电路和 RC 元件组成。

4. 输出脉冲的占空比

输出矩形脉冲高电平的维持时间与周期之比称为多谐振荡器输出脉冲的占空比,用 q 表示,即

$$q = t_{W1}/T$$

图 10.6.6 所示的由 555 定时器组成的多谐振荡器输出脉冲的占空比为

$$q = t_{W1}/T = (R_1 + R_2)/(R_1 + 2R_2) \tag{10.6.6}$$

由此可见,图 10.6.6 所示多谐振荡器的占空比是固定不变的。为了调节占空比,可以采用如图 10.6.8 所示的电路。

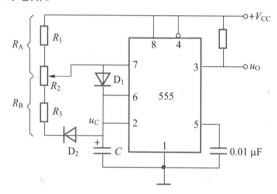

图 10.6.8　占空比可调的多谐振荡器

在图 10.6.8 中,利用二极管 D_1、D_2 使电容器 C 的充放电回路分开,调节电位器就可调节多谐振荡器的占空比。

在图 10.6.8 中,电容器 C 通过 R_A、D_1 的充电时间为

$$t_{W1} \approx 0.7 R_A C$$

电容器 C 通过 D_2、R_B 和 555 内部的晶体管 T 的放电时间为

$$t_{W2} \approx 0.7 R_B C$$

所以,电路的振荡频率为

$$f = \frac{1}{t_{W1} + t_{W2}} \approx \frac{1.43}{(R_A + R_B)C}$$

电路输出波形的占空比为

$$q = \frac{R_A}{R_A + R_B}$$

10.6.4   由 555 定时器组成的施密特触发器

在数字系统中,有时要求把正弦波或其他非正弦波变换成矩形波,有时则要求把一列幅度不等的脉冲中幅度较小的脉冲除去,而保留幅度大于一定数值的脉冲。这些任务可用施密特触发器来完成。

一、电路的组成

由 555 定时器组成的施密特触发器如图 10.6.9(a)所示。图中,将 555 定时器的触发输入端 2 和阈值输入端 6 连接在一起,作为信号 u_I 的输入端,定时器的 3 端作为信号 u_{O1} 的输出端。

二、工作原理

为讨论方便,假定输入信号 u_I 为三角波,如图 10.6.9(b)所示。实际上,u_I 可以为任意波形的信号。

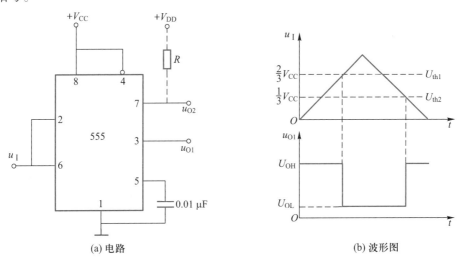

(a) 电路   (b) 波形图

图 10.6.9   由 555 定时器组成的施密特触发器

(1) 如果 u_I 由 0 V 开始增大,当 $u_I < V_{CC}/3$ 时,根据 555 定时器的功能表可知,输出电压 u_{O1} 为高平;当 u_I 继续增大,只要 $V_{CC}/3 < u_I < 2V_{CC}/3$,输出电压 u_{O1} 一直维持高电平不变;当 u_I 进一步增大,使 $u_I > 2V_{CC}/3$ 时,电路的状态就要发生翻转,使输出电压 u_{O1} 由高电平跳变为低电平,电路进入第一稳定状态。

(2) 输出电压 u_{O1} 跳变为低电平后,如果使 u_I 逐渐减小,只要 $V_{CC}/3 < u_I < 2V_{CC}/3$,电路仍保持输出低电平不变;只有当 u_I 进一步减小,并使 $u_I < V_{CC}/3$ 时,电路才再次发生翻转,使输出电压 u_{O1} 由低电平跳变为高电平,电路进入第二稳定状态。

电路工作的波形图如图 10.6.9(b)所示。由图可知,施密特触发器将输入缓慢变化的三角波变换成了矩形脉冲。

由于电路内部的正反馈作用,当电路由一个稳定状态进入另一个稳定状态时,输出电压波形的边沿是很陡直的。

三、电路的工作特点

由以上讨论可以总结出施密特触发器有以下工作特点。

（1）它有两个稳定状态,从广义上说它也是一种双稳态触发器。

（2）它属于电平触发型触发器,即它是依靠输入信号的电压幅度来触发并维持电路的稳定状态的。当输入信号 u_1 的幅度超过某值时,电路处于一个稳定状态;当输入信号 u_1 的幅度低于某值时,电路翻转到另一个稳定状态。由于施密特触发器的稳定状态是靠输入电压来维持的,所以它没有记忆功能。

（3）使电路的两个稳定状态发生翻转的输入电平是不相等的,这一特性称为施密特触发器的滞回特性或回差特性。

四、电压传输特性曲线

1. 门限电压

当输出电压发生跳变时所对应的输入电压,称为施密特触发器的门限电压（或阈值电压）。

（1）上门限电压

在输入电压从小向大变化的过程中,使输出电压发生跳变时所对应的输入电压,称为施密特触发器的上门限电压（或正向阈值电压）,用 U_{th1} 表示。由图 10.6.9(b)可知,由 555 定时器组成的施密特触发器的上门限电压为 $U_{th1} = 2V_{CC}/3$。

（2）下门限电压

在输入电压从大向小变化的过程中,使输出电压发生跳变时所对应的输入电压,称为施密特触发器的下门限电压（或负向阈值电压）,用 U_{th2} 表示。由图 10.6.9(b)可知,由 555 定时器组成的施密特触发器的下门限电压为 $U_{th2} = V_{CC}/3$。

2. 回差电压

电路的上门限电压与下门限电压的差值,称为施密特触发器的回差电压,用 ΔU_{th} 表示,即

$$\Delta U_{th} = U_{th1} - U_{th2} = V_{CC}/3 \qquad (10.6.7)$$

不难理解,如果将控制电压输入端 5 外接电压 U_{IC},则只要改变 U_{IC} 的大小,便可调节回差电压的大小。

3. 电压传输特性曲线

施密特触发器的电压传输特性曲线是指输出电压与输入电压之间的关系曲线,如图 10.6.10 所示。

五、输出电平的转换

如果要对输出信号进行电平转换,可将定时器的放电端 7 经过上拉电阻 R 接到另一个电源 V_{DD} 上,而将放

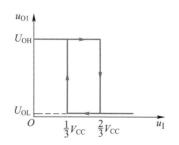

图 10.6.10　由 555 定时器组成的施密特触发器的电压传输特性曲线

电端 7 作为另一个输出端,则该端输出电压 u_{O2} 的电平将与 u_{O1} 不同。当 u_{O1} 为高电平时,放电晶体管 T 截止, $u_{O2} = V_{DD}$ 为高电平;当 u_{O1} 为低电平时,放电晶体管 T 饱和导通, $u_{O2} \approx 0$ 为低电平。

六、施密特触发器的应用

施密特触发器广泛应用于波形的变换、整形和幅值鉴别等方面。

1. 波形的变换

由于施密特触发器的翻转仅与输入电压的大小有关,而与输入电压的波形无关,故可以利用它来进行波形变换。把正弦波信号作为输入信号,通过施密特触发器就可将它变换为方波(高、低电平时间相等的矩形波),其示意图如图 10.6.11 所示。利用施密特触发器将三角波变换为矩形波的情况,已在介绍施密特触发器的工作原理时介绍过。

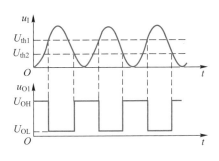

图 10.6.11 利用施密特触发器把正弦波变换为方波

2. 脉冲的整形

脉冲信号受到干扰后,往往会发生畸变,此时可将受到干扰的信号作为施密特触发器的输入信号,在它的输出端便可得到比较理想的矩形脉冲。图 10.6.12 是利用施密特触发器将具有顶部干扰的波形 u_1 变换为前后沿均良好的矩形波的整形示意图。

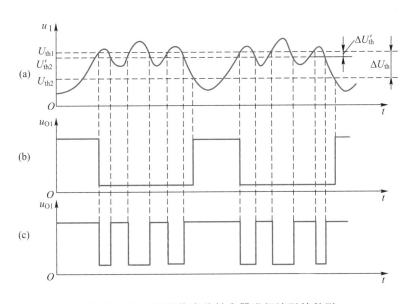

图 10.6.12 利用施密特触发器进行波形的整形

应该指出,为了提高整形时的抗干扰能力,应使用回差电压较大的施密特触发器,此时可得到如图 10.6.12(b)所示的波形。若回差电压太小,施密特触发器输出的则是如图 10.6.12(c)所示的波形,这在整形时是不允许的。

3. 脉冲幅值的鉴别

施密特触发器的工作有这样的特点:不论输入信号的波形如何,只要输入电压的幅值达到上门限电压 U_{th1} 时,电路的状态就会发生翻转,其输出状态就要发生变化。根据这一特点,可利用施密特触发器来鉴别输入电压的幅值。

如图 10.6.13 所示,输入为一列幅值不等的信号,利用施密特触发器可鉴别出其中有多少个信号的幅值超过了规定值。由图可知,电路的输出端共出现了 3 个负脉冲,故输入信号中有 3 个信号的幅值超过了规定值 U_{th1}。

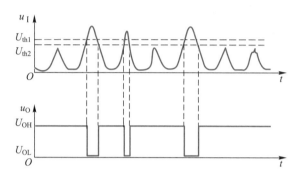

图 10.6.13　利用施密特触发器进行脉冲幅值的鉴别

施密特触发器也可利用集成门电路外接电阻的方法构成。施密特触发器也有集成电路产品,由于其性能的一致性较好,而且触发阈值稳定,所以应用很广。

📖 本章小结

1. 锁存器是对脉冲电平敏感的存储电路,它具有两个稳定状态,在有外界特定输入电平信号的作用下,电路能由一个稳定状态翻转到另一个稳定状态。用锁存器的两个稳定状态可以表示存储的二进制数码 **0** 和 **1**。锁存器按结构分有基本锁存器和时钟控制锁存器。基本 RS 锁存器的状态直接受输入信号电平控制;时钟控制 RS 锁存器和 D 锁存器则必须在时钟脉冲控制下才能由输入信号电平决定其状态。时钟控制 D 锁存器的工作没有约束条件,在时钟脉冲作用期间,其输出随输入信号电平 D 而变化,应用较广。

2. 触发器是对时钟脉冲边沿敏感的存储电路,也具有两个稳定状态,在时钟脉冲的上升沿或下降沿的作用下也能由一个稳定状态翻转到另一个稳定状态。利用触发器的两个稳定状态也能存储一位二进制信息,它是时序逻辑电路中必需的存储电路。触发器的工作方式可分为脉冲触发和边沿触发。触发器按电路结构分,有主从触发器、维持阻塞触发器和利用传输延迟的触发器等;按逻辑功能分,有 JK 触发器、D 触发器、T 触发器和 T′ 触发器等几种类型。描述触发器逻辑功能的方法有:特性表、特性方程、状态转换图、时序图等。只要适当增加一些外部接线和门电路即可将每一种逻辑功能的触发器转换为其他逻辑功能的触发器。

3. 时序逻辑电路一般由组合逻辑电路和存储电路两部分组成。在时钟脉冲作用之前组合逻辑电路和存储电路的状态决定了该时钟脉冲作用后电路的输出状态,因此时序逻辑电路在任何一个时刻的输出状态不仅取决于当时的输入信号,还与电路原来的状态有关。为了记忆电路的状态,在时序逻辑电路中必须有存储电路。时序逻辑电路的输出状态是由确定的时间顺序来决定的,而时间顺序则是以时钟脉冲为基准的。描述时序逻辑电路逻辑功能的方法有逻辑方程组(时钟方程、输出方程、驱动方程、状态方程)、状态表、状态图和时序图等。这些方法从不同角度描述了时序电路的逻辑功能,它们在本质上相同,可以相互转换,是分析和设计时序逻辑电路的基本工具。

4. 时序逻辑电路分为同步时序逻辑电路和异步时序逻辑电路两大类。时序逻辑电路的种类繁多,为了分析和设计时序逻辑电路,本章介绍了时序逻辑电路的一般分析方法和设计方法,它们适用于任何复杂的时序逻辑电路。同步时序逻辑电路是目前广泛应用的时序逻辑电路,是本章讨论的重点。

5. 分析时序逻辑电路的一般步骤为:逻辑图→时钟方程(异步)、驱动方程、输出方程→状态方程→状态表→状态图和时序图→逻辑功能。

应该指出,在分析简单的时序逻辑电路时,可以不必照搬一般的分析步骤。例如,在分析由 JK 触发器组成的 4 位异步二进制加法计数器时,可采用"观察法"直接画出时序图。

6. 设计同步时序逻辑电路的一般步骤为:设计要求→最简状态转换图→编码状态转换表→驱动方程、输出方程→逻辑图。

7. 计数器是一种应用非常广泛的时序逻辑电路,除用于计数、分频、定时、产生节拍脉冲等以外,还广泛用于数字测量、运算和控制,从小型数字仪表,到大型数字计算机,可以毫不夸张地说,几乎不存在没有计数器的数字系统。计数器有异步和同步之分,异步计数器工作速度低,同步计数器工作速度高。

目前生产的中规模集成计数器芯片最多的是 4 位二进制计数器和十进制计数器。当需要扩大计数器的容量时,可将多片集成计数器进行级联。

用已有的 N 进制集成计数器产品可以构成任意 M 进制的计数器。采用的方法有反馈清零法和反馈置数法,可根据集成计数器的清零方式和置数方式来选择。当 $M<N$ 时,用 1 片 N 进制计数器即可构成任意 M 进制的计数器;当 $M>N$ 时,则要用多片 N 进制计数器级联起来,才能构成 M 进制计数器。

8. 寄存器也是一种常用的时序逻辑器件,用来存放二进制数据或代码。寄存器分为数码寄存器和移位寄存器两种。集成移位寄存器使用方便,输入和输出方式灵活。用移位寄存器可实现数据的串行-并行转换、组成顺序脉冲发生器等。

9. 555 定时器是一种应用十分广泛的中规模集成器件,是模拟电路和数字电路结合的产物,其功能灵活,应用范围广,只要外接几个阻容元件,就可以构成单稳态触发器、多谐振荡器和施密特触发器等。

(1) 单稳态触发器只有一个稳定状态,另一个是暂稳态状态。利用 555 定时器组成的单稳态触发器,在没有外加触发脉冲作用时,电路处于稳定状态,输出低电平。当外加负脉冲后,电路进入暂稳状态,输出高电平。暂稳状态是不能一直保持下去的,由于电容器 C 充电,经过一定时间后,单稳态触发器会自动返回稳定状态。单稳态触发器一旦返回稳定状态,定时器中的放电晶体管 T 立即饱和导通,电容器 C 通过放电管 T 快速把电放完,使电路稳定地输出低电平,为接收下一个触发脉冲做好准备。单稳态触发器处于暂稳状态的时间就是输出脉冲的宽度。单稳态触发器可用作延时、整形和定时单元。

(2)多谐振荡器只有两个暂稳状态。在用 555 定时器组成的多谐振荡器中,由于电容 C 不断地充放电,两个暂稳状态会自动地、周期性地轮流翻转。因此,多谐振荡器是不需要外加触发信号作用就能自动产生矩形波的电路。在数字电路中,多谐振荡器常用作脉冲信号源。

(3)施密特触发器具有两个稳定状态。电路从第二稳定状态翻转到第一稳定状态是靠输入电压增大到上门限电压来实现的。当输入电压消失或降低到下门限电压时,电路立即返回第二稳定状态。由于施密特触发器的稳定状态是靠输入电压来维持的,所以它没有记忆功能。施密特触发器常用来实现对波形的变换、整形和电压幅度的鉴别。

习题

10.1.1 由**或非**门组成的基本 RS 触发器的逻辑图如图 P10.1.1 所示,试分析其逻辑功能,并列出真值表。

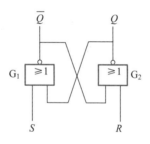

图 P10.1.1

10.1.2 在图 10.1.1 所示的基本 RS 锁存器中,已知 R、S 的波形如图 P10.1.2 所示,试对应地画出 Q 端的波形。

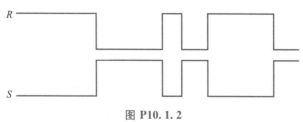

图 P10.1.2

10.1.3 时钟控制 RS 锁存器的电路如图 10.1.4(a)所示。设初始状态 $Q=0$,R、S、CP 的波形如图 P10.1.3 所示,试对应地画出 Q 端的波形。

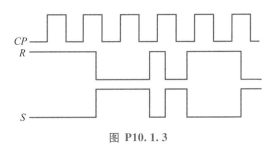

图 P10.1.3

10.1.4 用维持阻塞 D 触发器构成的电路及 A、B、CP 的波形如图 P10.1.4 所示。设初始状态 $Q=0$,试画出在时钟脉冲作用下 Q 端的波形。

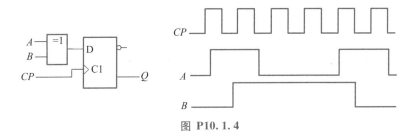

图 P10.1.4

10.1.5 负边沿 JK 触发器的逻辑图以及各输入端的波形如图 P10.1.5 所示。设触发器的初始状态为 $Q=0$,试画出在时钟脉冲作用下 Q 端的波形。

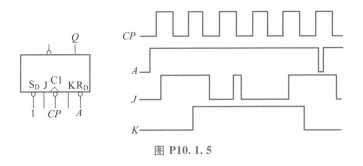

图 P10.1.5

10.1.6 各触发器的电路和 CP 的波形如图 P10.1.6 所示。设各触发器的初始状态 $Q=0$,试画出在时钟脉冲作用下各触发器 Q 端的波形。

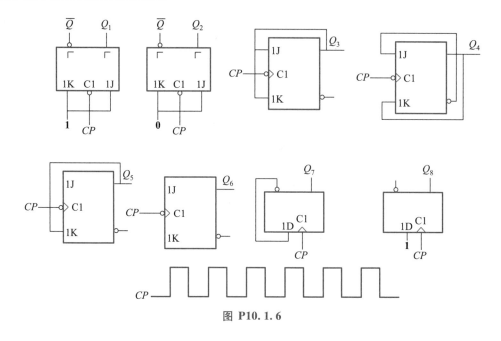

图 P10.1.6

10.1.7 一个触发器的特性方程是 $Q^{n+1}=X\oplus Y\oplus Q^{n}$,试分别用 JK 触发器、D 触发器实现其功能,并画出它们的逻辑图。

10.1.8 CMOS 主从边沿 D 触发器的电路如图 P10.1.8 所示,试分析其逻辑功能。

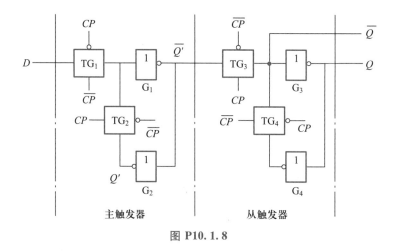

图 P10.1.8

10.1.9 CMOS 主从 JK 触发器的电路如图 P10.1.9 所示,试分析其逻辑功能。

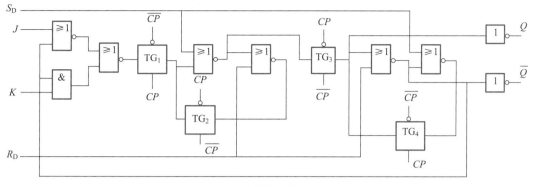

图 P10.1.9

10.2.1 已知时序逻辑电路的状态图如图 P10.2.1 所示,试列出相应的状态表。

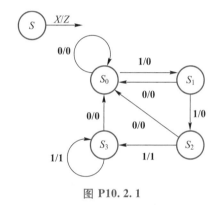

图 P10.2.1

10.3.1 试分析图 P10.3.1 所示的时序逻辑电路。要求:列出状态表;画出状态图和波形图;说明其功能。

10.3.2 试分析图 P10.3.2 所示的时序逻辑电路。要求:列出状态表;画出状态图;画出在图示输入波形 X 作用下 Q 和 Z 的波形图;说明它们的功能。

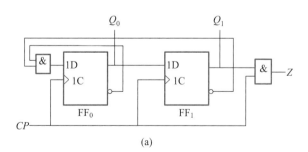

(a)

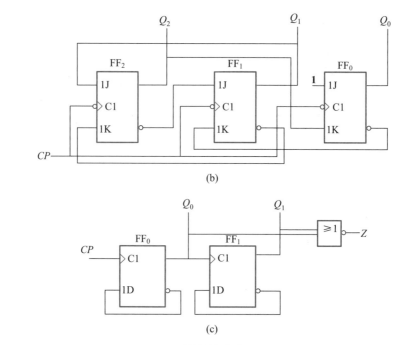

(b)

(c)

图 P10. 3. 1

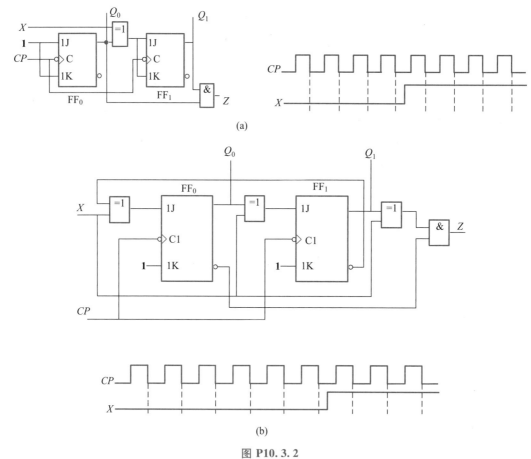

(a)

(b)

图 P10. 3. 2

10.3.3 试判断图 P10.2.1 所示的状态图中是否有等价状态。若有等价状态,画出合并等价状态后得到的简化状态图。

10.3.4 试分析图 P10.3.4 所示的异步时序逻辑电路的逻辑功能。要求写出触发器的驱动方程和时钟方程、电路的状态方程,计算出状态转换表,画出状态转换图和波形图。

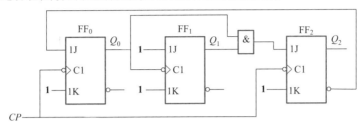

图 P10.3.4

10.4.1 试用上升沿触发的边沿 D 触发器设计一个 8421BCD 码同步十进制加法计数器。

10.4.2 已知计数器输出端 Q_3、Q_2、Q_1 的状态转换图如 P10.4.2 所示。试用上升沿触发的边沿 D 触发器及适当的门电路,设计一个同步计数器。

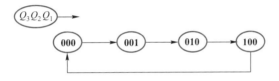

图 P10.4.2

10.4.3 在某计数器的输出端所观察到的波形如图 P10.4.3 所示,试确定该计数器的模。

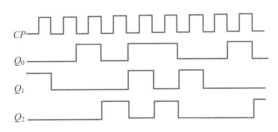

图 P10.4.3

10.4.4 试分析如图 P10.4.4 所示的电路。已知该电路用具有异步清零功能的集成计数器 74X161 构成。试画出它的状态图,说明它是几进制计数器。

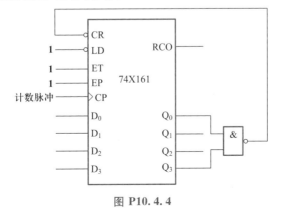

图 P10.4.4

529

10.4.5　试分析如图 P10.4.5 所示的电路。已知该电路用具有同步清零功能的集成计数器 74X163 构成。试画出它的状态图,说明它是几进制计数器（74X163 是具有同步清零功能的 4 位二进制同步加法计数器,其他功能与 74X161 相同）。

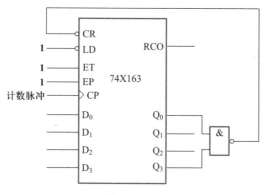

图 P10.4.5

10.4.6　试分析如图 P10.4.6 所示的电路。已知该电路用具有同步预置功能的 8421BCD 码同步加法集成计数器 74X160 构成。试画出它的状态图,说明它是几进制计数器。

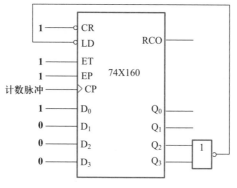

图 P10.4.6

10.4.7　试分析如图 P10.4.7 所示的电路。画出它的状态图,说明它是几进制计数器。

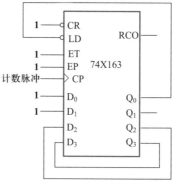

图 P10.4.7

10.4.8　试采用两种不同的方法,用计数器 74X161 设计一个同步八进制计数器。

10.4.9　试用计数器 74X290 设计一个二十四进制计数器。

10.4.10　已知某石英晶体振荡器输出脉冲信号的频率为 1 024 Hz,试用 74X161 组成分频器,将其分频为 1 Hz 的脉冲信号。

10.4.11 用计数器 74X161 及门电路构成的逻辑电路如图 P10.4.11 所示。试分析它的功能,并画出输出信号 Z 的波形。

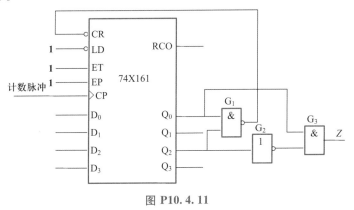

图 P10.4.11

10.4.12 用计数器 74X161 和译码器 74X138 构成的逻辑电路如图 P10.4.12 所示。试分析它的功能。

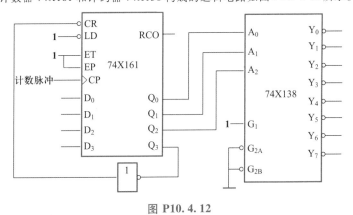

图 P10.4.12

10.4.13 已知逻辑电路如图 P10.4.13 所示。要求:画出时序部分的状态转换图;列出输出 Z 的真值表;说明电路的功能。

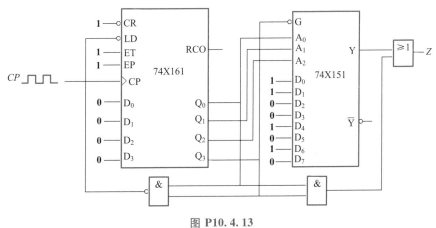

图 P10.4.13

10.5.1 电路如图 P10.5.1 所示。试画出它的状态图,说明其功能。

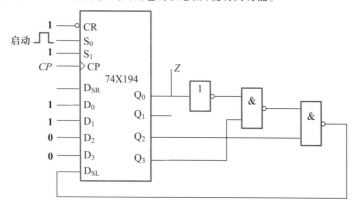

图 P10.5.1

10.5.2 电路如图 P10.5.2 所示。试画出它的状态图,说明其功能,以及能否自启动。

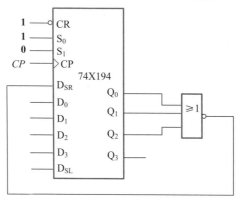

图 P10.5.2

10.5.3 电路如图 P10.5.3 所示。试画出它的状态图,说明其功能。

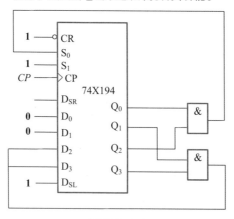

图 P10.5.3

10.6.1 电路如图 P10.6.1 所示。试分别画出当开关 S 断开及闭合的情况下,R_L 上的电压波形,并标出波形的主要参数。

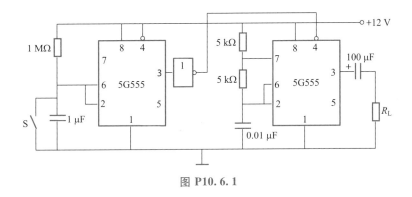

图 P10.6.1

10.6.2 用 555 定时器构成的脉冲鉴幅电路如图 P10.6.2(a)所示。已知输入信号如图 P10.6.2(b)所示。试回答:为了将输入信号中大于 5 V 的脉冲信号检出,电源电压 V_{CC} 应为多少?

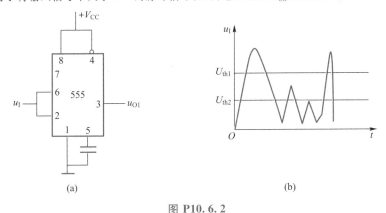

(a)   (b)

图 P10.6.2

10.6.3 多谐振荡器、单稳态触发器、双稳态触发器各有几个暂稳状态和能自动保持的稳定状态?

10.6.4 由 555 定时器构成的占空比可调的多谐振荡器如图 P10.6.4 所示。已知:① 电位器 R_P 的值为 1 MΩ,滑动触点向上调到最高位置时,滑动触点上边剩余电阻的值是 R_P 值的 5%,滑动触点向下调到最低位置时,滑动触点下边剩余电阻的值也是 R_P 值的 5%;② $V_{CC}=12$ V, $R_1=10$ kΩ, $R_2=51$ kΩ;③ 假定输出电压 u_0 的高电平与电源电压相等,输出电压 u_0 的低电平是 0 V;④ 二极管的导通压降及导通电阻可忽略不计。

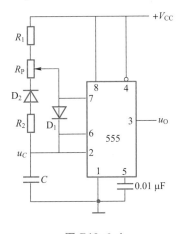

图 P10.6.4

（1）说明电路的工作原理；

（2）画出输出信号 u_0 的波形；

（3）计算输出信号 u_0 的频率；

（4）计算输出信号 u_0 占空比的变化范围。

10.6.5 试说明单稳态触发器的工作特点和主要用途。

10.6.6 利用集成施密特触发器组成的电路如图 P10.6.6(a)所示。该触发器的电压传输特性曲线如图 P10.6.6(b)所示。

（1）定性画出电压 u_C 和 u_0 的波形；

（2）已知：$R = 20\ \text{k}\Omega$，$C = 0.022\ \mu\text{F}$；输出高、低电平分别为 $U_{OH} = 3.6\ \text{V}$、$U_{OL} = 0.1\ \text{V}$。试计算 u_0 的振荡周期 T。

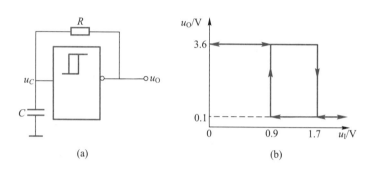

图 P10.6.6

10.6.7 用 555 定时器组成的电路如图 P10.6.7(a)所示。

（1）说明该电路的功能。

（2）计算上门限电压和下门限电压的值。

（3）输入信号 u_I 的波形如图 P10.6.7(b)所示，画出输出信号 u_{O1} 的波形。

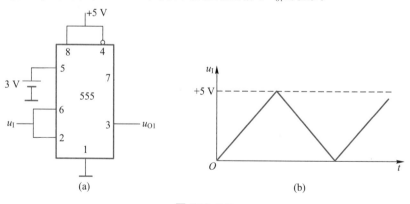

图 P10.6.7

10.6.8 用 555 定时器接成的电路如图 P10.6.8(a)所示。

（1）该电路的名称是什么？

（2）若 $V_{CC} = 10\ \text{V}$，$R = 10\ \text{k}\Omega$，$C = 300\ \text{pF}$，计算输出脉冲的宽度 t_W。

（3）已知 u_I 的波形如图 P10.6.8(b)所示，试画出 u_C 和 u_0 的波形。

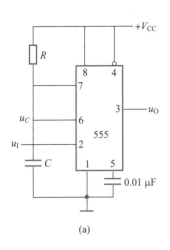
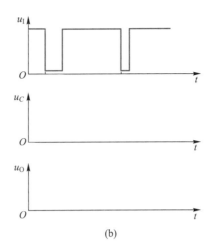

$$(a) \qquad\qquad (b)$$

图 P10.6.8

10.6.9 由 555 定时器构成的电路如图 P10.6.9 所示。设:输出高电平为 5 V;输出低电平为 0 V;二极管为理想的;$R_1 = 33\ \mathrm{k\Omega}$;$R_2 = 27\ \mathrm{k\Omega}$;$R_3 = 3.3\ \mathrm{k\Omega}$;$R_4 = 2.7\ \mathrm{k\Omega}$;$C = 0.082\ \mathrm{\mu F}$。

(1) 若开关 S 断开,两个 555 定时器各构成什么电路? 计算输出信号 u_{O1}、u_{O2} 的频率之比值 f_1/f_2;

(2) 若开关 S 闭合,画出信号 u_{O1}、u_{O2} 的波形。

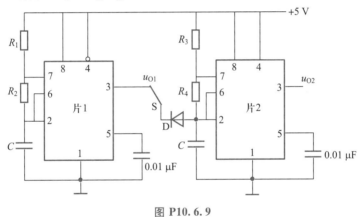

图 P10.6.9

第 10 章 重要题型分析方法　　　　　　　第 10 章 部分习题解答

第11章

半导体存储器和可编程逻辑器件

 引言

  半导体存储器是用来存储数据、资料和运算程序等二进制信息的大规模集成电路器件,它具有性能好、价格低的优点,是现代计算机和一些数字系统不可缺少的重要组成部件。

  在存储器中有很多存储单元,每个存储单元可以存放一位二进制数码(**0** 或 **1**),它是存储器的最小组成单位。在存储器中,通常将一组存储单元称为一个存取单元,也称为一个字。把二进制数码存入存取单元的过程称为"写入"操作;把从存取单元中取出二进制数码的过程称为"读出"操作。为了使"写入"和"读出"操作有条不紊地进行,用一个二进制代码来指示每个存取单元所处的位置,这个二进制代码就是存取单元的地址,因此存取单元又称地址单元。

  把存储器中所具有的地址单元的数目称为存储器的字数;把一个存取单元所包含的存储单元的个数称为存储器的位数;把字数和位数的乘积称为存储器的存储容量。例如,一片容量为 1 024 字×4 位的存储器,即表示它具有 1 024 个地址单元,每个地址单元能"写入"或"读出"一个 4 位二进制数,也就是说,该存储器共有 4 096 个存储单元。存储器的容量越大,就意味着能存储的信息越多,存储容量较大时,字数常以 K、M 或 G 为单位。即 $1 K = 2^{10} = 1\ 024$,$1 M = 2^{20} = 1\ 024\ K$,$1 G = 2^{30} = 1\ 024\ M$。

  根据半导体存储器存、取功能的不同,可分为只读存储器(read-only memory,简称 ROM)和随机存取存储器(random access memory,简称 RAM)两大类。

  可编程逻辑器件是 20 世纪 70 年代后期发展起来的一种功能特殊的大规模集成电路,可以通过编程来实现各种逻辑功能。该类器件具有结构灵活、集成度高、处理速度快和可靠性高等特点,在工业控制和产品开发等方面得到了广泛的应用。

  本章主要介绍只读存储器和随机存取存储器的结构和工作原理,然后介绍可编程逻辑器件的基本结构和主要类型。

11.1　只读存储器（ROM）

只读存储器的特点是：在存入信息以后，就不能用简单而迅速的方法对信息加以修改，即它存储的信息是固定不变的，可以长久保存，即使将它的电源切断，所存入的信息也不会消失。所以在数字系统及计算机中，常用 ROM 存储一些固定不变的信息，例如数据转换表以及保证计算机能正常运行的操作系统程序等。ROM 的优点是电路结构简单，即使断电信息也可以长久保存；它的缺点是在正常工作状态下只能读出信息，而不能随时写入或修改信息。

11.1.1　ROM 的分类

ROM 器件的种类很多，按所用器件的类型分，有二极管 ROM、双极型 ROM 和 MOS 型 ROM 三种；按信息写入的方式可分为固定 ROM、可编程 ROM（简称 PROM）和可改写 ROM（简称 EPROM）三种。

固定 ROM 所存储的信息，在存储器出厂时已被固定下来，用户无法更改。

可编程 ROM 存储的信息，可由用户根据自己的需要，利用通用或专用的编程器写入，但只能写入一次，一经写入就不能再修改了。

可改写 ROM 所存储的信息，允许用户改写，但改写操作复杂而费时，所以，正常工作时，只进行读出操作。

11.1.2　ROM 的结构和工作原理

一、ROM 的结构

ROM 一般由地址译码器、存储矩阵和输出缓冲电路三部分组成，其基本结构如图 11.1.1 所示。

存储矩阵是存储信息的主体，是由多个存储单元按矩阵方式排列而成的。每个存储单元存储一位二进制数（**0 或 1**），若干个存储单元组成一个存取单元（也称一个字单元，或一个地址单元）。

地址译码器有 n 条地址输入线 $A_0 \sim A_{n-1}$ 和 2^n 条译码输出线 $W_0 \sim W_{2^n-1}$。每一条译码输出线 W_i 称为"字线"，它与存储矩阵中的一个"字"相对应。因此，当给定一组输入地址时，译码器只有一条输出字线 W_i 被选中，该字线可以在存储矩阵中找到一个相应的"字"。于是，该字单元经"位线" $b_0 \sim b_{m-1}$ 再通过输出缓冲电路，在 ROM 的输出端得到存储的 m 位数据。"位线" $b_0 \sim b_{m-1}$ 的根数称为"位数"，也称为"字长"。

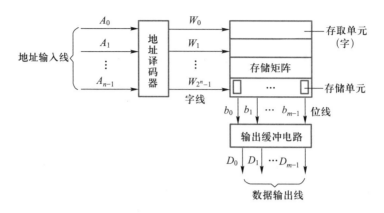

图 11.1.1　ROM 的基本结构框图

输出缓冲电路是 ROM 的数据读出电路,由三态缓冲器组成,它不仅可以实现对数据输出的三态控制,以便与系统总线连接,还可以提高存储器的带负载能力。

二、固定 ROM

存储器的容量可以做得很大,为了叙述方便,我们以图 11.1.2 所示的 4×4 位的二极管 ROM 来介绍 ROM 的工作原理。在图中,2 位地址代码 A_1A_0 能指定 4 个不同的地址,全译码地址译码器将这 4 个地址分别译成 $W_0 \sim W_3$ 四个高电平输出信号。存储矩阵是一个二极管编码器。在读取数据时,只要输入指定的地址码,则指定地址内各存储单元所存储的数据就经驱动器输出到数据线 $D_3 \sim D_0$ 上。字线 W 和位线 b 的每个交叉处都是一个存储单元,若交叉处上接有二极管,就相当于存储单元存储 **1**;若不接二极管,则相当于存储单元存储 **0**。例如,当地址输入 $A_1A_0 =$ **01** 时,地址译码器使字线 W_1 为高电平,其他字线为低电平,W_1 处于被选中状态,W_1 上的高电平通过接有二极管的位线 b_3、b_2、b_1 经驱动器使 D_3、D_2 和 D_1 变为高电平,而 W_1 与位线 b_0 间无二极管,则 D_0 为低电平,因此在 ROM 的输出端得到的输出状态为 $D_3D_2D_1D_0 =$ **1110**。

地址输入为其他状态的情况可依此类推。地址输入与输出状态的对应关系如表 11.1.1 所示。

表 11.1.1　图 11.1.2 的地址输入与输出状态的对应关系

地址输入		选中的字线	ROM 的输出			
A_1	A_0		D_3	D_2	D_1	D_0
0	**0**	W_0	**1**	**0**	**1**	**0**
0	**1**	W_1	**1**	**1**	**1**	**0**
1	**0**	W_2	**0**	**1**	**0**	**1**
1	**1**	W_3	**1**	**1**	**0**	**1**

ROM 的存储矩阵也可用双极型晶体管或 MOS 管组成。图 11.1.2 所示的 ROM 存储的信息仅取决于字线和位线的交叉处有无二极管(或有无双极型晶体管或 MOS 管),所以,这

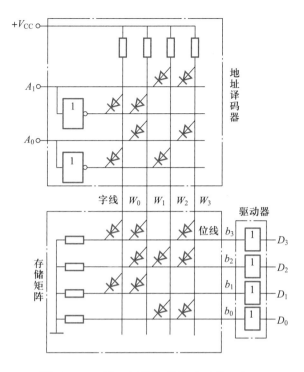

图 11.1.2 用二极管构成的 4×4 位 ROM

种 ROM 一旦被制造出来,其存储的信息就被固定下来了,用户不能更改,故称这种 ROM 为固定 ROM。

三、可编程 ROM-PROM

我们知道,固定 ROM 一旦被制造出来,其存储的信息就被固定下来了,用户不能改变。为了适应不同用户的需要,厂家专门生产了可由用户根据需要自己写入信息的存储器,即可编程序 ROM,简称 PROM。

PROM 出厂时所有存储单元存储的信息为全 **0**(或全 **1**),用户在使用时,可根据需要,将某些存储单元的信息改写为 **1**(或 **0**)。

图 11.1.3 是用双极型晶体管和快速熔断丝组成的 PROM 存储矩阵中一个存储单元的示意图。产品出厂时,所有存储单元中晶体管发射极串联的快速熔断丝都是接通的,即存储单元存储的信息为全 **1**。用户使用时,若想将某些存储单元的信息改为 **0**,只要给这些单元通以足够大的电流,将快速熔断丝烧断即可达到目的。由于快速熔断丝烧断后不能再回复,所以 PROM 只能改写一次信息。

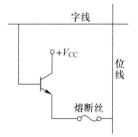

图 11.1.3 PROM 的存储单元

四、可改写 ROM-EPROM

由于 PROM 中存储的信息只能改写一次,为了满足用户多次改写的要求,厂家又专门生产了可重复改写的 ROM,简称 EPROM。

在 EPROM 中,存储矩阵的存储单元使用了浮置栅雪崩注入

539

MOS 管（简称 **FAMOS** 管）和叠栅注入 MOS 管（简称 SIMOS 管）。

FAMOS 管的结构和符号如图 11.1.4 所示。它与 P 沟道增强型 MOS 管相似,但栅极则被 SiO₂ 绝缘层隔离起来,与管子的其他部分完全绝缘,处于"浮置"状态,故称它的栅极为浮置栅。

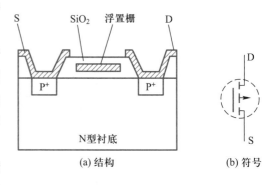

图 11.1.4　FAMOS 管的结构和符号

FAMOS 管制成以后,浮置栅上是不带电荷的,故栅极和源极之间没有导电沟道,FAMOS 管处于截止状态。如果在它的漏极和源极之间加一个较大的负电压（$-20 \sim -30$ V）,就能使衬底和漏极之间的 PN 结产生雪崩击穿,耗尽区中的电子在强电场作用下,以高速由 P⁺ 区向外射出,其中一部分高速电子会穿过 SiO₂ 绝缘层而到达浮置栅,并存储在浮置栅上,这个过程称为雪崩注入。当栅极和源极之间的负电压去掉后,存储在浮置栅上的电荷,因无放电回路,可被长期保存在浮置栅上（当环境温度为125℃时,70% 的电荷能保存十年以上）。当浮置栅上被注入了足够的电子后,漏极和源极之间就会出现导电沟道,使 FAMOS 管导通。

在已制造好的 EPROM 上写入所需信息的过程是这样的:在图 11.1.5 中,画出了EPROM 存储矩阵的一部分。在图中,每个存储单元均有一个普通 PMOS 管与 FAMOS管串联,并将普通 PMOS 管的栅极接字线。产品出厂时,所有 FAMOS 管都是截止的,当用户要进行写入操作时,应先输入选好的地址代码,使需要写入信息的那些存储单元所在的字线处于低电平,然后在欲写入 **1** 的那些位线上加负脉冲,使被选中的存储单元中的 PMOS 管和与之串联的 FAMOS 管均变为导通状态,这些存储单元就写入了信息 **1**。

当要进行读出操作时,应先输入地址代码,使相应的字线处于低电平,这时就可使这一条字线上那些栅极已注入电荷的 FAMOS 管导通,与之相对应的位线就能输出高电平,从而读出 **1**;而那些栅极没有注入电荷的 FAMOS 管则处于截止状态,与它们相对应的位线就输出低电平,从而读出 **0**。

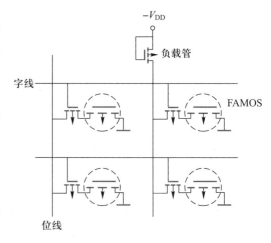

图 11.1.5　EPROM 的部分存储矩阵

已经编写好程序的 EPROM,信息可以长期保存。如果需要改写或抹去已写入的信息,只要用紫外线或 X 射线照射 FAMOS 管,使 SiO₂ 绝缘层中产生电子-空穴对,即可为浮置栅上的电荷提供临时放电回路而放电。当栅极上的电荷消失后,导电沟道即消失,FAMOS 管就恢复截止状态,这个过程称为擦除。为了便于擦除操作,在器件的外壳上装有透明的石英盖板。

在 EPROM 中,也可以采用叠栅注入 MOS 管(SIMOS 管)来组成存储单元。SIMOS 管的结构和符号如图 11.1.6(a)所示。SIMOS 管与 N 沟道增强型 MOS 管相似,这种管子除了浮置栅外,还有一个控制栅极。如果浮置栅上已存储了电子,就会使衬底表面感应出正电荷,相当于它的开启电压变高了,如图 11.1.6(b)所示,使 SIMOS 管更难导通。这时若给接在字线上的控制栅极(见图 11.1.7)加高电平,则 SIMOS 管仍无法导通,表示所存信息为 **0**。若浮置栅上没有存储电子,相当于开启电压降低了,则当它的控制栅极被字线选中时,SIMOS 管就很容易导通,表示所存的信息为 **1**。可见 SIMOS 管也可利用浮置栅是否存储负电荷来表示信息。

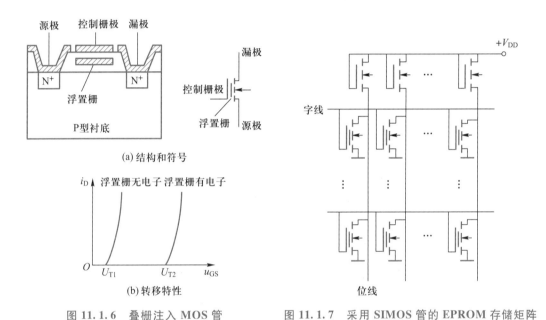

图 11.1.6　叠栅注入 MOS 管　　　图 11.1.7　采用 SIMOS 管的 EPROM 存储矩阵

11.1.3　ROM 的阵列图

由图 11.1.2 可知,ROM 中只包含组合逻辑电路,故 ROM 属于组合逻辑电路,即给定一组输入(地址),存储器就相应地给出一组输出(存储的字)。由图 11.1.1 可知,ROM 译码器的功能是将输入的地址变量译成地址码,它完成的是**与**逻辑功能;ROM 的存储矩阵和输出电路所实现的是**或**逻辑功能。

为了简化 ROM 电路的分析和设计,通常采用阵列图来表示 ROM 的结构。图 11.1.8 即为图 11.1.2 所示的二极管 ROM 的完整阵列图。由图可知,ROM 是由一个与门阵列和一个或门阵列组成的。**与**阵列的水平线代表地址输入,垂直线代表字线输出,水平线与垂直线交叉处的圆黑点代表该字线与相应的地址输入具有的"**与逻辑**"关系。**或**阵列的水平线代表 ROM 的输出,它与字线的交叉处的圆黑点代表 ROM 的输出与相应的字线之间具有的"**或逻**

辑"关系。实际上,这个交叉处的圆黑点表示电路中该处的字线和位线间接有二极管(或双极型晶体管或 MOS 管)。因此,由该阵列图可得

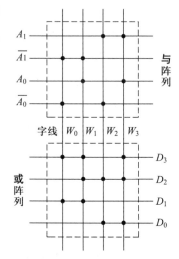

$$W_0 = \overline{A_1}\,\overline{A_0}$$

$$W_1 = \overline{A_1}A_0$$

$$W_2 = A_1\overline{A_0}$$

$$W_3 = A_1 A_0$$

而

$$D_0 = W_2 + W_3 = A_1\overline{A_0} + A_1 A_0$$

$$D_1 = W_0 + W_1 = \overline{A_1}\,\overline{A_0} + \overline{A_1}A_0$$

$$D_2 = W_1 + W_2 + W_3 = \overline{A_1}A_0 + A_1\overline{A_0} + A_1 A_0$$

$$D_3 = W_0 + W_1 + W_3 = \overline{A_1}\,\overline{A_0} + \overline{A_1}A_0 + A_1 A_0$$

图 11.1.8　ROM 的阵列图

在 ROM 阵列中,**与**阵列代表一个完全译码器,因此是个固定的阵列结构。而对于**或**阵列来说,由于每个圆黑点都代表着一个最小项,因此就可以在相同结构的基础上,只要根据不同组合逻辑的输出要求,改变**或**阵列上圆黑点的位置和数量,就可实现任意组合逻辑函数。

下面举例说明 ROM 在产生多输出逻辑函数方面的应用。

例 11.1.1　试用 ROM 实现组合逻辑函数 $Y_0 = AB + \overline{A}C$,$Y_1 = AB + \overline{B}C$。

解:首先应将以上两个逻辑函数变换成由最小项组成的标准**与或**式,即

$$Y_0 = ABC + AB\overline{C} + \overline{A}BC + \overline{A}\,\overline{B}C = \sum m(1,3,6,7)$$

$$Y_1 = ABC + AB\overline{C} + A\overline{B}C + \overline{A}\,\overline{B}C = \sum m(1,5,6,7)$$

故可采用有 3 位地址码、2 位数据输出的 8 字×2 位的 ROM 来实现这两个组合逻辑函数,其 ROM 阵列如图 11.1.9 所示。将 A、B、C 三个变量分别接至地址输入端 A_2、A_1、A_0。按照逻辑函数的要求存入相应的数据,即可在数据输出端 D_0、D_1 得到要求的逻辑函数 Y_0 和 Y_1。

图 11.1.10 是用 ROM 构成的波形发生器的框图。图中,在 ROM 的地址输入端前加一个计数器,在 ROM 的输出端接有 D/A 转换器(D/A 转换器是把数字信号转换为对应模拟信号的电路,将在第 12 章进行学习)。设 ROM 的地址代码为 $A_2 A_1 A_0$,数据输出为 $D_3 D_2 D_1 D_0$。ROM 中的每个地址所存的内容如表 11.1.2 所列。随着时钟脉冲的输入,存储矩阵中各个存储单元的信息被逐个访问,经 D/A 转换器后,就可以在输出端得到如图 11.1.11 所示的波形。

按照地址顺序,在 ROM 中存入不同的信息,便可在波形发生器的输出端得到不同的波形。

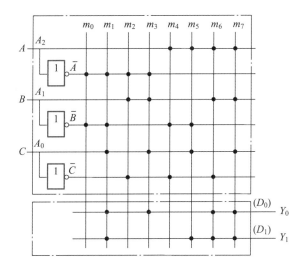

图 11.1.9　例 11.1.1 的 ROM 阵列图

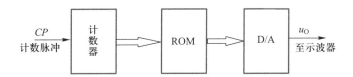

图 11.1.10　用 ROM 构成的波形发生器的框图

表 11.1.2　ROM 中各地址所存的内容与输出电压的关系

A_2	A_1	A_0	D_3	D_2	D_1	D_0	U_0/V
0	0	0	0	0	0	0	0
0	0	1	0	0	1	0	2
0	1	0	0	1	0	0	4
0	1	1	0	1	1	0	6
1	0	0	1	0	0	0	8
1	0	1	0	1	1	0	6
1	1	0	0	1	0	0	4
1	1	1	0	0	1	0	2

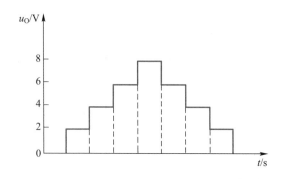

图 11.1.11　与表 11.1.2 对应的波形发生器的输出波形

11.2　随机存取存储器(RAM)

随机存取存储器简称 RAM。RAM 工作时,既可以随时将信息从指定单元中取出(读出),也可以随时将信息存入(写入)到指定单元中,故常将 RAM 称为随机存取存储器,也称为随机读/写存储器。RAM 的最大优点是读、写方便,使用灵活。但是,它存储的信息容易丢失,即一旦停电所存储的信息将随之丢失。所以,常用 RAM 存放运算的中间结果或一些不重要的信息。

按组成存储单元器件的不同,RAM 可分为双极型和单极型两大类。双极型 RAM 用晶体管组成存储单元,故存取速度高,但功耗大,集成度较低。双极型 RAM 主要用于高速微型计算机,也用作高速缓冲存储器 Cache。单极型 RAM 是用 MOS 管组成存储单元,与双极型 RAM 相比,其集成度较高,但速度较低。

11.2.1　RAM 的基本结构和工作原理

一、RAM 的基本结构

与 ROM 相似,RAM 主要由存储矩阵、地址译码器和读/写控制电路 3 部分组成,其结构框图如图 11.2.1 所示。

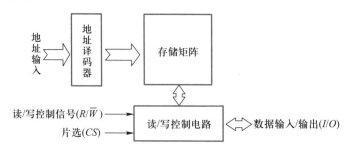

图 11.2.1　RAM 电路的基本结构

1. 存储矩阵

存储矩阵由许多存储单元按矩阵排列组成,每个存储单元存放一位二进制信息(**0** 或 **1**),在译码器和读/写电路的控制下,可对其进行读/写操作。

我们已经知道,常以字数和位数的乘积表示存储器的容量,存储器的容量越大,意味着存储器存储的信息越多。例如,一个容量为 256×4(256 个字,每字 4 位)的存储器,有 1 024 个存储单元。

在实际应用中,可以把这 1 024 个单元排成 32 行×32 列的矩阵形式,如图 11.2.2 所示。图中,每行有 32 个存储单元,每 4 列存储单元连接在相同的列地址译码线上,组成一个字列。由图看出,每行可存储 8 个字,每个字列可储存 32 个字。每根行地址选择线 X_i 选中一行,每根列地址选择线 Y_i 选中一个字列。因此,图 11.2.2 所示的阵列有 32 根行地址选择线 $X_0 \sim X_{31}$ 和 8 根列地址选择线 $Y_0 \sim Y_7$。

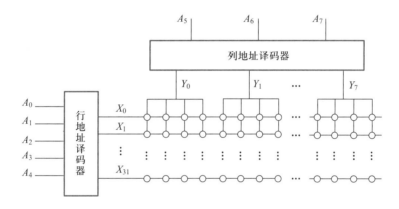

图 11.2.2　256×4 RAM 存储矩阵

2. 地址译码器

通常 RAM 以字为单位进行数据的读出与写入,每次写入或读出一个字,不同的存取单元具有不同的地址,在进行读/写操作时,可以按照地址选择欲访问(读/写操作)的单元。

地址译码器实现地址的选择。在大容量的存储器中,通常采用双译码结构,即将输入地址分为行地址和列地址两部分,分别由行、列地址译码器译码。行、列地址译码器的输出作为存储矩阵的行、列地址选择线,由它们共同确定欲选择的地址单元。地址单元的个数 N 与二进制地址码的位数 n 满足关系式 $N = 2^n$。

对于图 11.2.2 所示的存储矩阵,256 个字需要 8 位二进制地址码($A_7 \sim A_0$)。地址译码有多种形式。例如,可以将地址码 $A_7 \sim A_0$ 的低 5 位 $A_4 \sim A_0$ 作为行地址,经过 5 线—32 线译码器,产生 32 根行地址选择线 $X_0 \sim X_{31}$;地址码的高 3 位 $A_7 \sim A_5$ 作为列地址,经过 3 线—8 线译码器,产生 8 根列地址选择线 $Y_0 \sim Y_7$。只有被行地址选择线 X_i 和列地址选择线 Y_i 同时选中的单元,才能被访问。例如,若输入地址码 $A_7 \sim A_0$ 为 **00011111** 时,则只有 X_{31} 和 Y_0 输出有效电平,因而位于 X_{31} 和 Y_0 交叉处的存取单元可以进行读出或写入操作,而其余任何存取单元都不会被选中。

3. 读/写控制电路

图 11.2.3 给出了一个简单的读/写控制电路。在系统中为了便于控制,电路不仅有读/写控制信号 $R/\overline{W}$,还有片选控制信号 CS。当片选信号有效时,芯片被选中,可以进行读/写操作,否则芯片不工作。片选信号仅解决芯片是否工作的问题,而芯片的读、写操作则由读/写控制信号 $R/\overline{W}$ 决定。

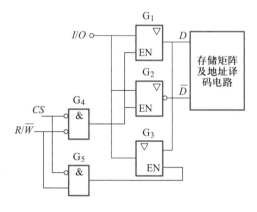

在图 11.2.3 中,当片选信号 $CS = 1$ 时,G_4、G_5 的输出均为 **0**,三态门 G_1、G_2、G_3 均处于高阻状态,输入/输出(I/O)端与存储器内部完全隔离,存储器禁止读/写操作,即不工作;而当 $CS = 0$ 时,芯片被选通,根据读/写控制信号 $R/\overline{W}$ 的高低,执行读

图 11.2.3 读/写控制电路

或写操作。当 $R/\overline{W} = 1$ 时,G_5 输出高电平,G_3 被打开,于是被选中的单元所存储的数据出现在 I/O 端,存储器执行读操作;反之,$R/\overline{W} = 0$ 时,G_4 输出高电平,G_1、G_2 被打开,此时加在 I/O 端的数据以互补的形式出现在内部数据线上,并被存入到所选中的存储单元,存储器执行写操作。

二、RAM 的实例

图 11.2.4 是一个 1 024×4 位 RAM(2114)的结构框图。图中,4 096 个存储单元排列成 64×64 矩阵,共有 64 条行选择线和 16 条列选择线。在大容量存储器中,经常采用双译码的形式,即有行译码器和列译码器两个译码器。

由于 1 024 个字需要 10 位二进制代码($A_0 \sim A_9$)来区分($2^{10} = 1\ 024$),其中,$A_3 \sim A_8$ 六位地址代码加到行地址译码器上,以产生 64 根行地址选择线,利用它们的输出信号从 64 行存储单元中选出指定的一行;A_0、A_1、A_2、A_9 四位地址代码加到列地址译码器上,以产生 16 根行列地址选择线,利用它们的输出信号再从 16 列存储单元中在已被选中的一行里挑选出需要进行读/写的四个单元。

$I/O_1 \sim I/O_4$ 是四根数据线,它们既作为数据输入线,又作为数据输出线。读/写操作是在读/写信号 $R/\overline{W}$ 和片选信号 CS 的控制下进行的。当 $CS = 0$ 和 $R/\overline{W} = 1$ 时,G_9 门输出高电平,使三态门 $G_5 \sim G_8$ 处于工作状态,G_{10} 门输出低电平,使三态门 $G_1 \sim G_4$ 处于禁止状态(即处于高阻状态),于是由地址代码指定的四个存储单元中的数据就送到 $I/O_1 \sim I/O_4$ 线上,实现了读出的要求;当 $CS = 0$ 和 $R/\overline{W} = 0$ 时,三态门 $G_1 \sim G_4$ 处于工作状态,$G_5 \sim G_8$ 处于禁止状态,加到 $I/O_1 \sim I/O_4$ 线上的输入数据便被写入由地址代码指定的四个存储单元中。

若令 $CS = 1$,则三态门 $G_1 \sim G_8$ 均处于禁止状态,此时存储器的内部电路与外部连线隔离。因此,可把 $I/O_1 \sim I/O_4$ 与系统总线直接相连。

三、RAM 的存储单元

存储矩阵由许多存储单元排列组成,按存储单元工作原理的不同,RAM 的存储单元分

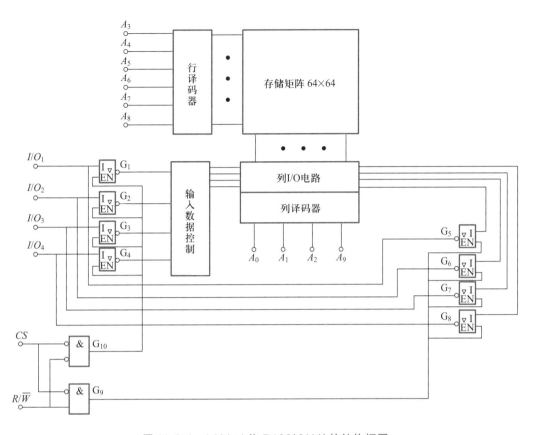

图 11.2.4   1 024×4 位 RAM(2114)的结构框图

为静态存储单元和动态存储单元两大类,由它们组成的 RAM 分别称为静态随机存取存储器(static random access memory,简称 SRAM)和动态随机存取存储器(dynamic random access memory,简称 DRAM),前者用触发器存储信息,后者靠 MOS 管的栅极电容存储信息。因此,在不停电的情况下,SRAM 中的信息可以长久保持,而 DRAM 则必须对信息作定期刷新。

1. RAM 的静态存储单元

根据组成存储单元器件的不同,静态存储单元又可分为双极型和单极型两种。下面介绍六管 MOS 静态存储单元的工作原理。

图 11.2.5 是由六个 MOS 管组成的六管 CMOS 静态存储单元。图中,T_1、T_2 和 T_3、T_4 组成两个反相器。两个反相器的输入、输出交叉连接,构成一个基本 RS 触发器,用来存储一位二进制信息。T_1 导通、T_3 截止为 **0** 状态;T_3 导通、T_1 截止为 **1** 状态。T_5、T_6 为门控管,受行选择线 X_i 控制,用来控制触发器的输出端是否与位线接通:当 $X_i=1$ 时,T_5、T_6 导通,触发器的输出端与位线接通;当 $X_i=0$ 时,T_5、T_6 截止,触发器的输出端与位线隔离。T_7、T_8 也是门控管,它们为一列存储单元公用,且受列选择线 Y_j 控制,用来控制位线与数据线的连接状态。当 $Y_j=1$ 时,T_7、T_8 导通,位线与数据线接通;当 $Y_j=0$ 时,T_7、T_8 截止,位线与数据线断开。由此可见,只有当 X_i 和 Y_j 均为高电平时,才能使 $T_5\sim T_8$ 均导通,触发器才与数据线接通,才能对该单元

进行读/写操作。

CMOS RAM 不仅具有静态功耗较小的优点,而且在电源电压降低的情况下也能保存信息。因此,即使在交流电源停电的情况下,也可用电池为它供电,以继续保存存储器中的信息。

2. RAM 的动态存储单元

图 11.2.5 所示的六管 CMOS 静态存储单元要用六个 MOS 管组成,所用管子较多,功耗还较大,使集成度受到限制。采用一个 MOS 管和一个容量较小的电容器组成的单管动态存储单元能很好地克服以上缺点,其电路如图 11.2.6 所示。图中,T 为门控管,C_s 为存储单元的电容器。利用电容器 C_s 的电荷存储效应以存储信息:当 C_s 上充有电荷呈现高电压时,相当于存有信息 **1**;反之则存有信息 **0**。通过控制 T 的导通与截止,既可把信息从存储单元送到位线上,也可以把位线上的信息写入存储单元中。由于电路中存在漏电流,电容 C_s 上存储的信息不能长期保存,因此必须定期给 C_s 补充电荷,以免存储的信息丢失,这种操作称为刷新或再生。

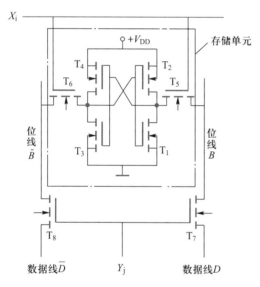

图 11.2.5　六管 CMOS 静态存储单元

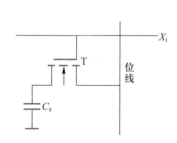

图 11.2.6　单管 MOS 动态存储单元

11.2.2　RAM 的扩展

在数字系统或计算机中,单片 RAM 往往不能满足存储容量的要求(尽管目前单片 RAM 的容量已达 1 Gbit 以上),因此,必须把若干片 RAM 连接在一起,以扩展存储容量。扩展存储容量的方法可以通过增加位数(字长)或字数的方法来实现。

一、位数(字长)的扩展

通常单片 RAM 每个字的位数设计为 1 位、4 位、8 位、16 位和 32 位等。如果单片 RAM 的字数已够用,而每个字的位数不够用时,就应该对 RAM 进行位扩展。

要实现位数的扩展,只要将每片 RAM 的地址线、读/写控制线 $R/\overline{W}$ 和片选信号 CS 对应地并联在一起,而把每片的数据输入/输出端 I/O 作为整个 RAM 输入/输出数据端的 **1** 位。图 11.2.7 就是根据这样的原则,用 2 片 1 K×4 位的 RAM 扩展成的 1 K×8 位的存储系统,系统的字数未变(仍为 1 K),位数则由 4 位扩展为 8 位。

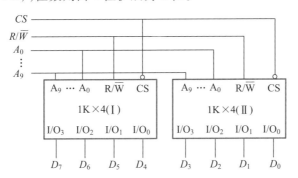

图 **11.2.7**　用 **2** 片 **1 K×4** 位的 **RAM** 芯片构成 **1 K×8** 位的存储系统

二、字数的扩展

当单片 RAM 的位数已够用而字数不够用时,就应对 RAM 进行字数扩展。

字数的扩展可以利用一个外加译码器去控制每片 RAM 的片选输入端 CS 的方法来实现。因为字数多了,为了选中更多的字,要求译码器能译出更多的地址,故需要增加一个外加译码器。例如,如图 11.2.8 所示,用一个外加的 2 线—4 线译码器 74X139,便可将 4 片 2 K×8 的 RAM 组成一个 8 K×8 的存储器系统。图中,存储器字数扩展所需要增加的地址线 A_{12}、A_{11} 加至外加译码器 74X139 的地址输入端,它输出的 $Y_0 \sim Y_3$ 分别接至 4 片 2 K×8 RAM 的片选信号控制端 CS,而将 4 片 2 K×8 RAM 的 11 位地址 $A_{10} \sim A_0$ 分别并联接在一起。这样,当整个系统输入一个地址码 $A_{12} \sim A_0$ 时,只有一片 RAM 被选中,这片 RAM 才可以进行读/写操作。具体选择被选中的 RAM 中的哪一个存取单元进行读/写操作,则由低 11 位地址 $A_{10} \sim A_0$ 来决定。所以,4 片 RAM 轮流工作,整个系统的字数由 2 K 扩大到 8 K。芯片的地址分配范围如表 11.2.1 所示。

表 **11.2.1**　**8 K×8** 位的存储器系统的地址分配范围

地址码			译码器的输出				有效芯片的编号
A_{12}　A_{11}	A_{10}　A_9　A_8　A_7　A_6　A_5　A_4　A_3　A_2　A_1　A_0		Y_0	Y_1	Y_2	Y_3	
	0　0　0　0　0　0　0　0　0　0　0						
	0　0　0　0　0　0　0　0　0　0　1						
0　**0**	⋮		0	1	1	1	2 K×8(1)
	1　1　1　1　1　1　1　1　1　1　1						

续表

地址码													译码器的输出				有效芯片的编号
A_{12} A_{11}	A_{10}	A_9	A_8	A_7	A_6	A_5	A_4	A_3	A_2	A_1	A_0		Y_0	Y_1	Y_2	Y_3	
0　1	0 0 0 0 0 0 0 0 0 0 0 0 0 0 0 0 0 0 0 0 0 1 ⋮ 1 1 1 1 1 1 1 1 1 1 1												1	0	1	1	2 K×8(2)
1　0	0 0 0 0 0 0 0 0 0 0 0 0 0 0 0 0 0 0 0 0 0 1 ⋮ 1 1 1 1 1 1 1 1 1 1 1												1	1	0	1	2 K×8(3)
1　1	0 0 0 0 0 0 0 0 0 0 0 0 0 0 0 0 0 0 0 0 0 1 ⋮ 1 1 1 1 1 1 1 1 1 1 1												1	1	1	0	2 K×8(4)

在实际应用中,经常将位数扩展和字数扩展两种方法结合使用,以达到字数和位数都要扩展的要求。因此,无论需要多大容量的存储器系统,都可利用容量有限的 RAM 来构成。

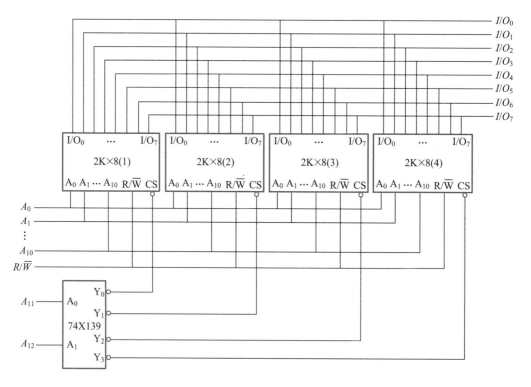

图 11.2.8　用 2 K×8 位的存储器芯片组成 8 K×8 位的存储器系统

11.3 可编程逻辑器件(PLD)

11.3.1 PLD 概述

可编程逻辑器件(programmable logic device,简称为 PLD)是 20 世纪 70 年代发展起来的一种新型数字逻辑器件,是现代数字系统的重要组成部分,也是设计现代数字系统的基础之一。

以前介绍的 74 系列、4000 系列等 SSI(小规模集成电路)、MSI(中规模集成电路)器件,如各种门电路、触发器、译码器、计数器等,它们所实现的逻辑功能是完全确定的,属于通用型器件,任何数字系统都可使用,其产量高、价格低。

PLD 是一种半成品型的通用型逻辑器件,其内部包含有丰富的逻辑部件(如各种门电路、开关、触发器等)和连线,但在器件出厂时,各逻辑部件并不相互连接或只有局部连接,故PLD 完成的逻辑功能并未完全确定。在使用 PLD 时,用户只要通过编程的方法,即采用适当连接内部的逻辑部件和分配引脚的方法,就可实现需要的逻辑功能。因此,使用同一种PLD 器件,只要改变其内部逻辑部件的连接关系和引脚的分配,就可实现不同的逻辑功能,给使用者带来了极大的方便。PLD 虽然是作为一种通用型器件生产的,但它的逻辑功能是由用户通过对器件的编程来设定的。因为有些 PLD 的集成度很高,足以满足一般数字系统的需要,所以通过设计人员的精心编程,就可把一个数字系统"集成"在一片 PLD 上,并达到降低功耗、提高系统速度和可靠性的目的。

一、PLD 的基本结构

PLD 的基本结构如图 11.3.1 所示。① 电路的主体是由门电路构成的**与阵列**和**或阵列**,可以用来实现组合逻辑函数。② 输入电路由缓冲器组成,外部输入信号及反馈信号都要经过输入缓冲器后,再送往下一级。③ 输入缓冲器具有足够强的驱动能力,并能产生两个互补的信号 A 和 $\bar{A}$,如图 11.3.2(a)所示。④ 输出电路可以提供不同的输出结构,如直接输出(组合方式)或通过寄存器输出(时序方式)。⑤ 输出端口通常有三态门,可通过三态门控制数据直接输出或反馈到输入端,PLD 的输出缓冲器如图 11.3.2(b)所示。

除了基于**与-或**阵列结构的 PLD 之外,还有基于逻辑单元的 PLD,如:基于查表结构的

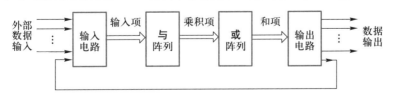

图 11.3.1 PLD 的基本结构

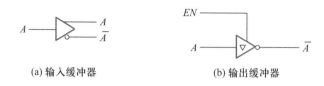

(a) 输入缓冲器   (b) 输出缓冲器

图 11.3.2 PLD 的输入、输出缓冲器

PLD(如 Xillinx 公司的 FPGA 器件)、基于数据选择器结构的 PLD(如 Actel 公司的 FPGA 器件)等。

二、PLD 的表示方法

由于可编程逻辑器件中的资源丰富,而且门电路的输入端个数又较多,所以在 PLD 中,**与门**、**或门**等电路单元的表示方法就不再使用逻辑电路的一般表示方法,而是采用一种新的逻辑表示法。这种表示法建立了芯片的内部配置和逻辑图之间的一一对应关系,并将逻辑图和真值表结合起来,构成了一种紧凑而易于识读的表达形式。

1. 门阵列交叉点的连接方式

PLD 电路由**与门**和**或门**阵列两种基本的门阵列组成,门阵列交叉点的连接方式共有三种情况。

(1)硬线连接:硬线连接是固定连接,不可以通过编程加以改变。

(2)可编程"接通"单元:它依靠用户编程来实现接通连接,又称为被编程接通单元。

(3)可编程"断开"单元:通过编程实现断开状态,这种单元又称为被编程擦除单元。

硬线连接单元、可编程接通单元和可编程断开单元的图形符号如图 11.3.3 所示。

(a) 硬线连接单元 (b) 可编程接通单元 (c) 可编程断开单元

图 11.3.3 PLD 的连接方式

2. 基本门电路的 PLD 表示法

PLD 中门电路的表示方法如图 11.3.4 所示。图中,在门的输入端只画一根线,门的输入信号画成与这根线相垂直的线,有几个输入端就画几根垂直线,这样可以大大减小门符号的面积。

图 11.3.4(a)表示的是一个三输入**与门**,输出 $P = ABD$,其中 B 是硬件连接,A、D 是可编程连接。

图 11.3.4(b)表示的是输出恒等于 **0** 的**与门**,输出为 $P = A\overline{A}B\overline{B} = 0$;当一个**与门**的所有输入变量都连接时,可以在门的符号中画一个叉,而门的所有输入端可编程连接可以省去

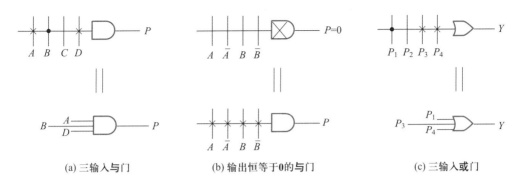

(a) 三输入与门　　　　　　　(b) 输出恒等于**0**的与门　　　　　　(c) 三输入或门

图 **11.3.4**　**PLD** 中门电路的表示方法

不画。

图 11.3.4(c)表示三输入**或**门,输出 $Y=P_1+P_3+P_4$,其中 P_1 是硬线连接,P_3、P_4 是可编程连接。

三、PLD 的分类

1. 按集成度分类

从集成密度上分类,PLD 可分为低密度可编程逻辑器件 LDPLD 和高密度可编程逻辑器件 HDPLD。

2. 按编程方法分类

按 PLD 编程信息的擦除、写入方法的不同,PLD 器件可分为一次性编程的可编程逻辑器件、紫外线可擦除的可编程逻辑器件 EPLD、电可擦除的可编程逻辑器件 EEPLD、采用 SRAM 结构的可编程逻辑器件。

PLD 的编程方法与 PLD 中可编程连接点所采用器件(用以实现连接作用)的类型密切相关,通常所采用的器件分别是熔丝(或反熔丝)、SIMOS 场效晶体管、Flotox 场效晶体管(可参阅本书的有关参考文献)和受 RS 静态触发器控制的开关。

11.3.2　低密度可编程逻辑器件(LDPLD)

低密度可编程逻辑器件 LDPLD 一般是指集成密度小于 1 000 门/片的 PLD。由于低密度可编程逻辑器件易于编程,对开发软件的要求低,在 20 世纪 80 年代获得广泛的应用。但是,随着逻辑电路技术的发展,其在集成密度和性能方面的局限性也暴露出来。LDPLD 的寄存器、I/O 引脚、时钟资源的数目都有限,没有内部互连,使设计的灵活性受到明显的限制。LDPLD 包括 PROM、现场可编程逻辑阵列 FPLA(field programmable logic array)、可编程阵列逻辑 PAL(programmable array logic)和通用阵列逻辑 GAL(generic array logic)。

一、可编程阵列逻辑 PAL

PAL 是 70 年代末期推出的 PLD 器件。它采用了熔丝编程方式,双极型工艺制作,因而器件的工作速度很高(可达十几纳秒)。

PAL 器件由可编程的**与**逻辑阵列、固定的**或**逻辑阵列和输出电路三部分组成。由于它的**与**阵列可编程,而输出结构的种类很多,因而给逻辑设计带来了很大的灵活性。

PAL 器件中最简单的一种电路结构形式如图 11.3.5 所示,它仅包含一个可编程的**与**逻辑阵列和一个固定的**或**逻辑阵列,没有附加其他的输出电路。

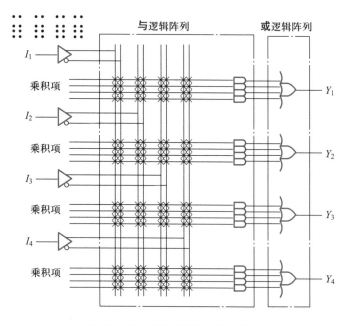

图 11.3.5　PAL 器件的基本电路

由图 11.3.5 可见,在尚未编程之前,**与**逻辑阵列的所有交叉点上均有熔丝接通。编程时将有用的熔丝保留,将无用的熔丝熔断,即得到所需的经过编程后的一个 PAL 器件的结构图,如图 11.3.6 所示。

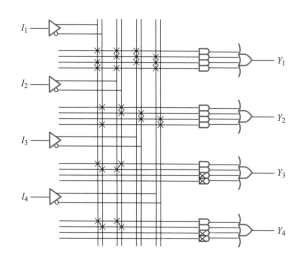

图 11.3.6　PAL 器件编程后的电路

经编程后的 PAL 所产生的逻辑函数为

$$Y_1 = I_1 I_2 I_3 + I_2 I_3 I_4 + I_1 I_3 I_4 + I_1 I_2 I_4$$

$$Y_2 = \overline{I_1}\,\overline{I_2} + \overline{I_2}\,\overline{I_3} + \overline{I_3}\,\overline{I_4} + \overline{I_1}\,\overline{I_4}$$

$$Y_3 = I_1 \overline{I_2} + \overline{I_1} I_2$$

$$Y_4 = I_1 I_2 + \overline{I_1}\,\overline{I_2}$$

目前常见的 PAL 器件中,输入变量最多的可达 20 个,与逻辑阵列乘积项最多的有 80 个,或逻辑阵列的输出端最多的有 10 个,每个或门的输入端最多的达 16 个。

二、可编程逻辑阵列 PLA

PLA 的阵列结构如图 11.3.7 所示,它的与阵列和或阵列都可以进行编程。因此,用户通过编程控制的程度很高,使用更加灵活方便,但其集成度一般较低。

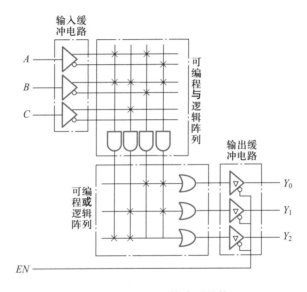

图 11.3.7 PLA 的阵列结构

PLA 的与阵列不提供全部最小项,只提供输入变量的有限个最小项,因此在用 PLA 实现组合逻辑设计时,为更加有效地利用资源,应先把组合逻辑函数转换为最简与-或表达式,以使与阵列输出的乘积项的个数小于 2^n(n 为输入变量的个数),从而减小了阵列的规模。但由于缺少高质量的开发软件和编程器,加上器件本身的价格又较贵,因此,PLA 的应用不像 PAL 那样广泛。

11.3.3 高密度可编程逻辑器件(HDPLD)

一、高密度可编程逻辑器件的特点和分类

高密度可编程逻辑器件 HDPLD(high density PLD)一般是指集成密度大于 1 000 门/片甚至上万门/片的 PLD。

HDPLD 的特点有：① 具有更多的输入/输出信号端、更多的乘积项和宏单元；② 它的内部包含许多逻辑宏单元块；③ 各逻辑宏单元块之间可以利用内部的可编程连线实现相互连接，具有在系统可编程或现场可编程特性。HDPLD 可用于实现较大规模的逻辑电路。

HDPLD 分为三类：① 可擦除可编程逻辑器件 EPLD（erasable programmable logic device）；② 复杂可编程逻辑器件 CPLD（complex programmable logic device）；③ 现场可编程门阵列 FPGA（field programmable gate array）。

HDPLD 的编程方式有两种：① 使用编程器编程的普通编程方式；② 在系统可编程（in-system programmable，ISP）方式。

二、复杂可编程逻辑器件 CPLD

1. CPLD 的特点

CPLD 是阵列型高密度 PLD。CPLD 的特点有：① 大多数采用 EEPROM 和闪速存储器等编程技术；② 高密度；③ 高速度；④ 低功耗。

2. CPLD 的基本结构

CPLD 的基本结构如图 11.3.8 所示。它是由逻辑阵列模块（LAB）、I/O 控制模块和可编程连线阵列（PIA）三部分组成的。

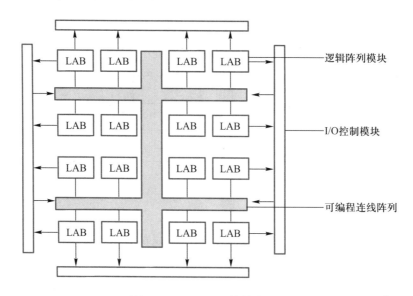

图 11.3.8　CPLD 的基本结构

（1）逻辑阵列模块

逻辑阵列模块是 CPLD 的逻辑组成核心，它是由很多宏单元组成的。宏单元内部有**或**阵列、可编程触发器和多路选择器等电路，能独立地配置为时序逻辑或组合逻辑工作方式。由于 CPLD 的宏单元制作在芯片内部，故称为内部逻辑宏单元。

CPLD 的逻辑宏单元主要有以下三个特点。

① 多触发器结构和"隐埋"触发器结构。在 CPLD 的宏单元内触发器的数量通常多于

两个,其中只有一个触发器与输出端相连,其余不与输出端相连的触发器则可以通过相应的缓冲电路反馈到**与**阵列,以便与其他触发器一起构成较为复杂的时序电路。

② 乘积项共享结构。在 CPLD 的宏单元中,若输出表达式的**与**项较多,当对应的**或**门输入端不够用时,则可以采取两个措施:借助可编程开关将同一单元(或其他单元)中的其他**或**门合起来使用;将每个宏单元中未使用的乘积项提供给其他宏单元共享和使用。采取这两个措施可提高资源的利用率,以实现快速复杂的逻辑函数。

③ 触发器时钟的选择和异步控制。CPLD 的触发器时钟有以下特点:既可以同步工作,也可以异步工作;有些器件的触发器时钟可以通过数据选择器或时钟网络进行选择。另外,在 CPLD 的逻辑宏单元内,触发器的异步清零和异步置位可以用乘积项进行控制,使用时更加灵活。

(2) I/O 控制模块

I/O 控制模块是芯片内部信号到 I/O 引脚的接口部分。由于阵列型 HDPLD 的专用输入端数只有几个,且大部分端口均为 I/O 端,加之系统的输入信号又经常需要锁存,因此 I/O 模块常作为一个独立单元来处理。

(3) 可编程连线阵列

可编程连线阵列的作用是:给各逻辑宏单元之间以及逻辑宏单元与 I/O 单元之间提供互联网络。

CPLD 提供了丰富的可编程内部连线资源。通过这些可编程内部连线,使各逻辑宏单元可接收来自专用输入或通用输入端的信号,并将宏单元的信号反馈到目的地。这种互连机制的优点是:灵活性很大,允许在不影响引脚分配的情况下,改变器件的内部设计。

三、现场可编程门阵列 FPGA

现场可编程门阵列 FPGA 是美国 Xilinx 公司于 1984 年首先推出的大规模可编程集成逻辑器件,其集成度可达 3 万门/片以上。

1. FPGA 的优点

FPGA 是由许多独立的可编程逻辑模块组成的,用户可以通过编程将这些模块连接起来,以组成所需要的数字系统。由于这些模块的排列形式和门阵列(GA)中单元的排列形式相似,故沿用了门阵列的名称。

与 CPLD 相比,FPGA 的优点是:① 集成度更高;② 逻辑功能更多;③ 灵活性更大。这些优点使 FPGA 由可编程逻辑芯片逐步演变成系统级芯片。

2. FPGA 的基本结构

FPGA 器件采用逻辑单元阵列结构,它的基本结构如图 11.3.9 所示。它主要由可编程逻辑模块(configurable logic block,CLB)、可编程输入/输出模块(I/O block,IOB)、互连资源(interconnect resource,IR)和一个可编程开关矩阵(用于存放编程数据的静态存储器 SRAM)四部分组成。后者存储的数据用以设定前三部分的工作状态。

(1) 可编程逻辑模块

可编程逻辑模块(CLB)是实现逻辑功能的基本单元,它们通常排列成一个规则的阵列。

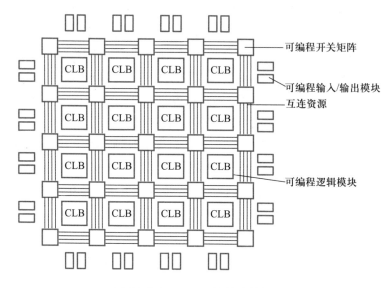

图 11.3.9　FPGA 的基本结构图

（2）可编程输入/输出模块

可编程输入/输出模块（IOB）主要是完成芯片上的逻辑与外部封装引脚的接口。每个 IOB 对应一个封装引脚，它们通常排列在芯片的四周。通过对 IOB 的编程，可以把引脚定义为输入、输出或双向 I/O 等功能。

（3）可编程互连资源

可编程互连资源（IR）用来提供高速而可靠的内部连线。它包括各种长度的连接线和一些可编程连接开关，用以连通 FPGA 内部的所有单元。通过它们可将 CLB 之间、CLB 和 IOB 之间以及 IOB 之间连接起来，以构成特定功能的电路。

（4）可编程开关矩阵（片内静态存储器 SRAM）

FPGA 的功能由逻辑结构的配置数据来决定。工作时，这些配置数据存放在片内的 SRAM 上。基于 SRAM 的 FPGA 器件，在工作前需要从芯片外部加载配置数据。配置数据可以存储在片外的 EPROM 或其他存储器上。由于用户可以控制加载过程，在现场修改器件的逻辑功能，故称为现场编程。

11.3.4　PLD 的开发

一、概述

所谓可编程逻辑器件的开发，就是利用开发软件和编程工具，对可编程逻辑器件进行设计开发，以实现一个应用系统的过程。

开发可编程逻辑器件必须具备的条件有：① 一台计算机；② 可编程逻辑器件的开发软件；③ 编程电缆或硬件编程器；④ 相应的可编程逻辑器件和功能器件。

典型的可编程逻辑器件的开发软件有:Orcad 公司的 OrcadPLD, Logical Device 公司的 CU-PL, Xilinx 公司的 Foundations ,Minc 公司的 PLDesigner,DataIO 公司的 ABEL, ALtera 公司的 MAX+PLUSⅡ,Lattice 公司的 PDSPlus 和 ISPSynario system 及 Vantis 公司的 Design Direct 等。

二、开发高密度 PLD 的流程

开发高密度 PLD 的流程如图 11.3.10 所示。现作简要说明。

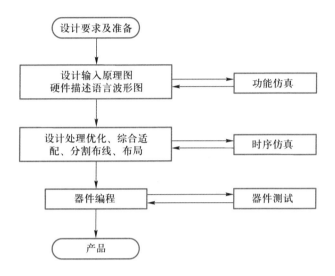

图 11.3.10　开发高密度 PLD 的流程图

1. 设计要求及准备

设计要求一般由用户提出。

设计人员的任务是根据设计要求,完成以下工作:① 确定整个设计的输入、输出逻辑变量;② 对整个设计进行合理的逻辑分割;③ 确定各设计模块和各模块之间的接口信号;④ 选择器件。

2. 设计输入

设计输入包括原理图输入方式、硬件描述语言方式和波形图输入方式。

(1) 原理图输入方式

原理图输入方式可使用软件系统提供的元件库符号画出原理图,形成原理图输入文件。该方式的优点是便于实现仿真,便于信号的观察和电路的调整;缺点是电路复杂,效率低。

(2) 硬件描述语言方式

硬件描述语言方式以文本方式描述设计。硬件描述语言分为普通硬件描述语言和行为描述语言。

普通硬件描述语言有 ABEL、HDL 和 CPUL 等。普通硬件描述语言支持逻辑方程、真值表和状态机等逻辑表达式。

行为描述语言是目前常用的高层硬件描述语言。行为描述语言有 VHDL 和 VeriLog-HDL 等,它们都已成为 IEEE 标准。

559

（3）波形图输入方式

波形图输入方式主要用于建立和编辑波形设计文件、输入仿真向量和功能测试向量,适用于时序逻辑和重复性逻辑函数。

3. 设计优化处理

设计优化处理是器件设计的核心环节,它的任务是利用编译软件对设计输入文件进行逻辑化简、综合和优化,并适当地利用一片或多片器件,自动地进行适配,最终产生编程用的编程文件。

在编译过程中,首先要进行的是语法检验和设计规则检查,并及时列出错误信息报告,指明违反规则的情况,以供设计人员纠正和修改设计。

综合的任务是将多个模块化设计文件生成为一个网表文件,并使层次设计平面化。

逻辑优化就是把所有的逻辑方程或用户自建的宏所占用的资源设计到最少。

所谓适配,就是将优化后的逻辑与器件中的宏单元和 I/O 单元适配。当整个设计无法装入一片器件中时,会自动地将整个设计分割为多块,并装入同一系列的多片器件中去。

对逻辑元件的布局是由软件以最优的方式自动完成的,并准确地实现元件间的互联。布线完成后,软件会自动生成布线报告,以提供资源的使用信息。

设计处理的最后步骤是产生可供器件编程使用的数据文件。对于 CPLD 来说,是产生熔丝图文件 JEDEC;对于 FPGA 来说,是生成位流数据文件 BG。

4. 仿真

仿真包括功能仿真和时序仿真两个方面,它们是在设计输入和处理过程中同时完成的。

功能仿真是在设计输入完成后,在选择具体器件进行编译之前,所进行的逻辑功能验证,故又称为前仿真,其目的是发现逻辑错误,以返回输入设计中去修改逻辑设计。

时序仿真是在选择了具体器件,并完成了布局和布线之后进行的时序关系仿真。时序仿真是与实际器件工作情况基本相同的仿真,用它来估计设计的性能,并用以检查和消除竞争冒险现象。

5. 器件的编程

将编程数据置到选定的可编程逻辑器件中去的过程称为器件的编程。对于 CPLD 来说,就是将熔丝图文件 JEDEC"下载"到器件中去;对于 FPGA 器件来说,就是将位流数据文件 BG"配置"到器件中去。

普通的 CPLD 和一次性编程的 FPGA 需要利用专用的编程器才能完成器件的编程工作。

可编程逻辑器件只能先插在编程器上编程后,才能进行装配。在系统的可编程逻辑器件 ISP-PLD 则不需要专门的编程器,只需要用一根下载电缆,接到计算机的串行口,就可直接在目标系统或对已焊接在印制电路板上的器件进行编程,整个编程过程只需秒级的时间。

器件完成编程之后,可用编译时产生的文件,对器件进行检验和加密等工作,至此便完成了全部设计工作。

11.3.5 PLD 的编程技术

可编程逻辑器件的编程技术可分为在系统可编程技术和在电路可再配置技术。

一、在系统可编程技术

在系统可编程技术(in-system programmable,ISP)是在 20 世纪 80 年代末由 Lattice 公司首先提出的一种先进的编程技术。该技术不需要利用编程器,只需利用一根编程电缆接到计算机的接口就可对已经装配在系统中的 PLD 进行编程。

具有 ISP 特性的 PLD 都采用 EEPROM 编程工艺,可以反复进行擦写,而且在系统断电后信息也不会丢失。

由于 ISP 技术是一种串行编程技术,所以编程接口非常简单。例如,Lattice 公司的 ISP-GAL 和 ISPgds 等 ISP 器件,它们只有模式控制输入 $MODE$、串行数据输入 S_{DI}、串行数据输出 S_{DO}、串行时钟输入 $SCLK$ 和在系统编程使能输入 $ISPEN$ 5 根信号线,计算机只要通过这 5 根信号线就可完成编程数据的传递和编程操作。

系统编程使能输入端 $ISPEN$ 的作用是:当编程使能信号 $ISPEN=1$ 时,ISP 器件处于正常工作状态;当 $ISPEN=0$ 时,所有输入/输出控制模块 IOC 的输出均被置为高阻状态,使器件与外界隔离,这时才允许器件进入编程状态。

当系统具有多个 ISP 器件时,可以采取如图 11.3.11 所示的菊花链形式编程。

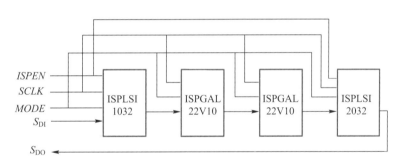

图 11.3.11　多个 IPS 器件的菊花链形式编程

二、在电路可再配置技术

在电路可再配置技术(in-circuit reconfiguration,ICR)也不需要采用编程器,就可以对焊接在印制电路板上的器件直接进行编程。

具有 ICR 特性的 PLD 都采用 SRAM 编程工艺。该编程工艺的优点是编程速度较快。其缺点是当系统掉电后信息会丢失,故在每次系统上电后都需要向 SRAM 中重新写入编程数据,这一过程称为"配置"。如果想改变 PLD 的逻辑功能,则需要配置新的编程数据,这一过程称为"再配置"。因为再配置是在印制电路板上直接进行的,所以把 ICR 称为在电路可再配置。

本章小结

1. 半导体存储器是现代数字系统,特别是计算机系统中的重要组成部件,可分为 ROM 和 RAM 两大类,它们绝大多数属于 MOS 工艺制成的大规模数字集成电路。

2. ROM 是一种非易失性的存储器,存储的是固定信息,一般只能被读出。根据信息写入方式的不同,ROM 又可分为固定 ROM 和可编程 ROM。

从逻辑电路结构的角度看,ROM 是由**与**门阵列和**或**门阵列构成的组合逻辑电路。ROM 的输出是输入最小项的组合,因此采用 ROM 可方便地实现多输出逻辑函数。随着大规模集成电路成本的不断下降,利用 ROM 构成各种逻辑电路具有越来越大的吸引力。

3. RAM 是一种时序逻辑电路,具有记忆功能,它既可以随时将信息从指定单元中取出(读出),也可以随时将信息存入(写入)到指定单元中,但存储的信息会随断电而消失,因此是一种易失性读/写存储器。它有 SRAM 和 DRAM 两种类型,前者用触发器记忆信息,后者靠 MOS 管的栅极电容存储信息。因此,在不停电的情况下,SRAM 中的信息可以长久保持,而 DRAM 则必须对信息作定期刷新。

4. 可编程逻辑器件 PLD 的使用越来越广泛,用户可以通过编程自行设计该器件的逻辑功能。低密度可编程逻辑器件 LDPLD 包括 PROM、PLA 和 PAL,它们易于编程,对开发软件的要求低,但在集成密度和性能方面有局限性,使设计的灵活性受到明显的限制。高密度可编程逻辑器件 HDPLD 包括 EPLD、CPLD 和 FPGA,具有在系统可编程或现场可编程特性,可用于组成较大规模的数字系统。可编程逻辑器件的编程技术分为在系统可编程技术和在电路可再配置技术。

习题

11.1.1 在 ROM 中,什么是"字数"? 什么是"位数"? 如何标注存储器的容量?

11.1.2 某存储器有 10 条地址线和 8 条双向数据线,试说明该存储器的存储器容量为多大?

11.1.3 分析图 P11.1.3 所示的 ROM 阵列图,列表给出 ROM 中所存储的数据。

11.1.4 试用 ROM 阵列图实现下列一组多输出逻辑函数:

$$\begin{cases} F_1(A,B,C) = \overline{A}B + A\overline{B} + B\overline{C} \\ F_2(A,B,C) = \sum m(2,4,5,7) \\ F_3(A,B,C) = \overline{A}\,\overline{B} + \overline{A}BC + AB\overline{C} + ABC \end{cases}$$

11.1.5 有容量为 256×4、64 K×1、1 M×8、128 K×16 位的 ROM,试分别回答:

(1) 这些 ROM 各有多少个基本存储单元?

(2) 这些 ROM 每次访问几个基本存储单元?

(3) 这些 ROM 各有多少地址线?

11.2.1 试用位扩展方法,将 2 片 256×4 位的 RAM 组成一个 256×8 位的 RAM,画出电路图。

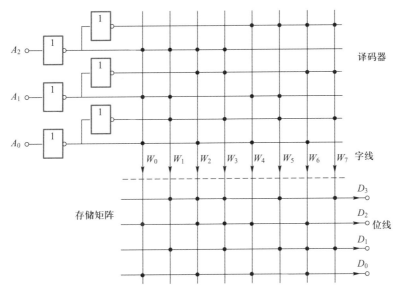

图 P11.1.3

11.3.1 用 PAL 器件设计一个数值判别电路。要求判别输入 8421BCD 的数值是在 0~5 的范围内还是在 6~9 的范围内？

11.3.2 用 PLA 器件实现习题 11.1.4 中的逻辑函数。

11.3.3 由 PLA 和 D 触发器组成的同步时序逻辑电路如图 P11.3.3 所示。图中，X 为输入控制变量，Z 为输出量。试分析电路的逻辑功能，并画出该电路的状态转换图。

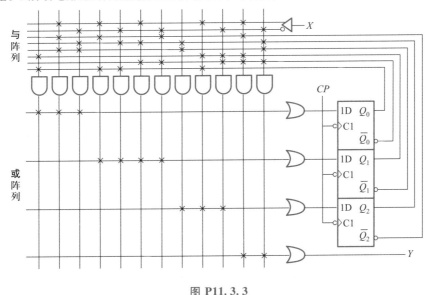

图 P11.3.3

11.3.4 由 PLA 和 JK 触发器组成的同步时序逻辑电路如图 P11.3.4 所示。试根据 PLA 的输入、输出关系写出各触发器的驱动方程，画出电路的状态转换图，分析电路的逻辑功能，并说明电路能否自启动。

11.3.5 用 PAL16R4 组成的时序逻辑电路如图 P11.3.5 所示，工作时 11 脚接低电平。试写出电路的驱动方程、状态方程和输出方程，并画出电路的状态转换图。

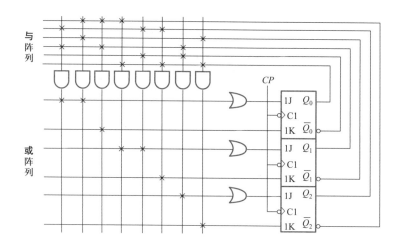

图 P11.3.4

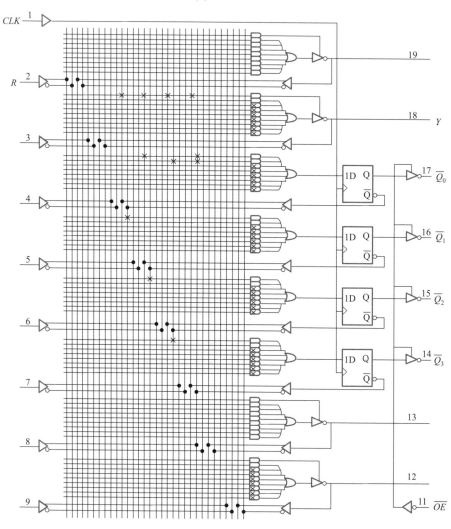

图 P11.3.5

第 11 章　重要题型分析方法

第 11 章　部分习题解答

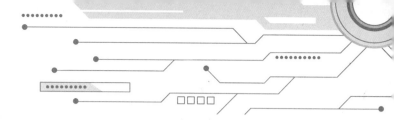

第 12 章

数模和模数转换器

引言

　　在用计算机对生产过程进行自动控制时,首先要把被控制的各种物理量(如温度、压力、流量、位移等)通过各种传感器转换成模拟电信号,然后将这些模拟电信号再转换成数字信号,才能送到计算机中进行运算或处理;而经过计算机运算和处理后输出的数字量,往往也需要将其再转换成为相应的模拟信号后才能被执行机构所接收,以实现对被控制量的自动控制。

　　在数字仪表中,也必须把被测的模拟量(如电压或电流)转换为数字量后,才能将测量结果用数字显示电路显示出来。

　　由此可见,模拟量和数字量之间的相互转换是经常要遇到的。

　　能将数字信号转换成模拟信号的电路称为数模转换器,简称 D/A 转换器,简记为 DAC(digital to analog converter);能将模拟信号转换成数字信号的电路,称为模数转换器,简称 A/D 转换器,简记为 ADC(analog to digital converter)。D/A 转换器和 A/D 转换器已经成为数字系统和计算机系统中不可缺少的接口电路。

　　在数模转换器中,本章主要介绍组成 D/A 转换器的基本思想及倒 T 形电阻网络 D/A 转换器和权电流 D/A 转换器的工作原理;在模数转换器中,主要介绍实现 A/D 转换的基本过程及并行 A/D 转换器、逐次逼近式 A/D 转换器、双积分 A/D 转换器和 $\Sigma-\Delta$ 型 A/D 转换器的转换原理。此外,还分别讨论了 D/A 转换器和 A/D 转换器的主要性能指标,介绍了常见集成转换器的应用。

12.1　D/A 转换器

12.1.1　D/A 转换器概述

一、组成 D/A 转换器的基本思想
一个 n 位的二进制数可以写成按各位数的加权求和的形式,即

$$D_n = D_{n-1} \times 2^{n-1} + D_{n-2} \times 2^{n-2} + \cdots + D_1 \times 2^1 + D_0 \times 2^0$$

所以,为了将数字量转换成模拟量,必须将每 1 位的数码按其权的大小转换成相应的模拟量,然后将这些代表各位数码的模拟量相加,所得到的总模拟量就与数字量成正比,这样便实现了从数字量到模拟量的转换。这就是构成 D/A 转换器的基本思想。

二、D/A 转换器输入和输出关系的框图

D/A 转换器输入和输出关系的框图如图 12.1.1 所示,$D_0 \sim D_{n-1}$ 是输入的 n 位二进制数,u_0 是与输入的 n 位二进制数成比例的模拟输出电压。

D/A 转换器输出量与输入量之间的一般关系式为

$$u_0 = k \left[\sum_{i=0}^{n-1} (D_i \cdot 2^i) \right] \qquad (12.1.1)$$

式中的比例系数 k 是个常数。

三、D/A 转换器的组成

n 位 D/A 转换器的原理框图如图 12.1.2 所示。它主要由五部分组成,即数码寄存器、n 位模拟开关、解码网络、求和电路和基准电压。现分别加以说明。

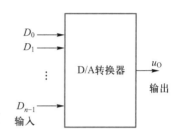

图 12.1.1　D/A 转换器输入和输出关系的框图

1. 数码寄存器

数码寄存器是用来暂时存放输入数字量的。寄存器的输入可以是并行输入也可以是串行输入;其输出只能是并行输出,并用它们去分别控制对应数位上的模拟开关的接通和断开。

2. 模拟开关

每个模拟开关相当于一个单刀双掷开关,它们分别与解码网络相连。

3. 解码网络

解码网络中有若干个支路,每个支路的权重不同。当输入数字量为 **1** 时,相应的支路接通;当输入数字量为 **0** 时,相应的支路断开。从而将相应数位的权值送到求和电路的输入端。

4. 求和电路

通过求和电路将二进制数各数位的权值相加,并将数字量转换成相应的模拟量输出。

5. 基准电压

基准电压是一个稳定度较高的电压源,为解码网络供电。

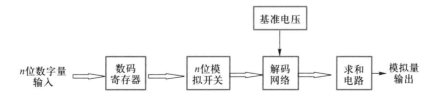

图 12.1.2　D/A 转换器的原理框图

根据解码网络的不同,D/A 转换器分为不同类型,常见的有:倒 T 形电阻网络 D/A 转换

器、权电流 D/A 转换器、权电阻网络 D/A 转换器等。下面主要介绍倒 T 形电阻网络 D/A 转换器和权电流 D/A 转换器。

12.1.2　倒 T 形电阻网络 D/A 转换器和权电流 D/A 转换器

一、倒 T 形电阻网络 D/A 转换器

1. 电路的组成

倒 T 形电阻网络 D/A 转换器，又称 R-$2R$ 网络型 D/A 转换器。

4 位倒 T 形电阻网络 D/A 转换器的原理图如图 12.1.3 所示。U_{REF} 是一个稳定度较高的恒压源，作为基准电压。在电阻网络中，只有 R 和 $2R$ 两种阻值的电阻，为电路的集成化带来了很大的方便。$S_0 \sim S_3$ 为电子模拟开关，受相应的二进制数码 $D_0 \sim D_3$ 控制，其中 D_0 为最低位（LSB：least significant bit），D_3 为最高位（MSB：most significant bit）。当 $D_i = 1$ 时，S_i 接到位置 **1**；当 $D_i = 0$ 时，S_i 接到位置 **0**。运算放大器 A 及电阻 R_f 构成反相求和电路。

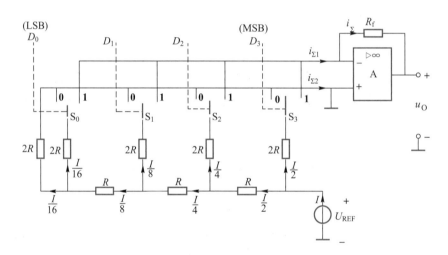

图 12.1.3　4 位倒 T 形电阻网络 D/A 转换器的原理图

2. 工作原理

在分析该 D/A 转换器的工作原理时，必须抓住电路的特点：由于求和电路是一个反相输入的加法运算电路，故运算放大器的反相输入端是"虚地"。

首先，利用"虚地"的概念可知，当输入二进制数字量的某位数码 $D_i = 1$ 时，模拟开关中对应位的开关 S_i 便将解码网络中相应的一个 $2R$ 电阻接到运算放大器的"虚地"，流过此 $2R$ 电阻的电流就流入求和电路；而当 $D_i = 0$ 时，S_i 就将 $2R$ 电阻接地，其中的电流将直接入地而不流入求和电路。

其次，利用"虚地"的概念还可知，无论 S_i 处于何种位置，与 S_i 相连的 $2R$ 电阻均等效地接"地"（地或虚地），这样流经 $2R$ 电阻的电流与开关 S_i 的位置无关，于是可得到如图 12.1.4 所示的 4 位倒 T 形解码电阻网络的等效电路。

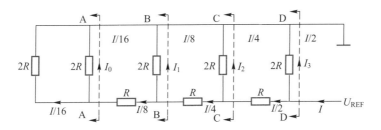

图 12.1.4 倒 T 形电阻网络的等效电路

分析此等效电路可以发现：①从 A、B、C、D 分别向左看进去，所有的对地电阻均为 R，所以从基准电压源流入解码电阻网络的总电流为 $I = U_{REF}/R$；②不难分析，在等效电路中，I_3、I_2、I_1 和 I_0 依次分别为 $I/2$、$I/4$、$I/8$、$I/16$，它们就是倒 T 形电阻解码网络中各支路的权电流，分别与数码 D_3、D_2、D_1、D_0 的权相对应。

由以上分析可知，在图 12.1.3 中，流过运算放大器电阻 R_f 的总电流为

$$i_\Sigma = i_{\Sigma 1} = \frac{U_{REF}}{R}\left(\frac{D_0}{2^4} + \frac{D_1}{2^3} + \frac{D_2}{2^2} + \frac{D_3}{2^1}\right)$$

$$= \frac{U_{REF}}{2^4 \times R}\sum_{i=0}^{3}(D_i \cdot 2^i) \tag{12.1.2}$$

故可得 4 位倒 T 形电阻网络 D/A 转换器的输出电压为

$$u_O = -i_\Sigma R_f$$

$$= -\frac{R_f}{R} \cdot \frac{U_{REF}}{2^4}\sum_{i=0}^{3}(D_i \cdot 2^i) \tag{12.1.3}$$

将输入数字量扩展到 n 位，可得到 n 位倒 T 形电阻网络 D/A 转换器输出模拟量与输入数字量之间的一般关系式为

$$u_O = -\frac{R_f}{R} \cdot \frac{U_{REF}}{2^n}\left[\sum_{i=0}^{n-1}(D_i \cdot 2^i)\right] \tag{12.1.4}$$

设 $K = \dfrac{R_f}{R} \cdot \dfrac{U_{REF}}{2^n}$，用 N_B 表示中括号中的 n 位二进制数，则有

$$u_O = -KN_B \tag{12.1.5}$$

由此可见，D/A 转换器输出电压的大小与输入二进制数字量成正比，实现了从数字量到模拟量的转换。

倒 T 形电阻网络 D/A 转换器是目前广泛使用的、速度较快的 D/A 转换器。

3. CMOS 模拟开关

D/A 转换器中的开关通常有双极型晶体管构成的双极型模拟开关和利用场效晶体管构成的单极型模拟开关两种形式。

图 12.1.5 是一个 CMOS 模拟开关电路。其中 T_1、T_2、T_3 组成电平转移电路，以使输入信号也能接受 TTL 电平。T_8、T_9 为模拟开关管，起单刀双掷开关作用。T_4、T_5 和 T_6、T_7 组成两个

反相器,分别作为模拟开关管 T_9 和 T_8 的驱动电路。

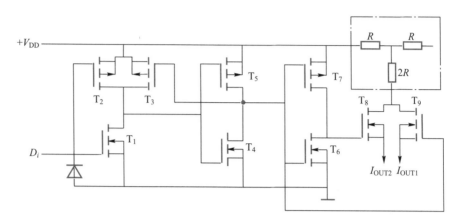

图 12.1.5　CMOS 模拟开关电路

当 $D_i = 1$ 时,T_1 输出低电平,使 T_4、T_5 组成的反相器输出高电平,进而使 T_6、T_7 组成的反相器输出低电平,它们分别使模拟开关管 T_9 导通、T_8 截止, $2R$ 电阻通过 T_9 接到运算放大器的反相输入端,使权电流流入运算放大器。

当 $D_i = 0$ 时,T_1 输出高电平,使 T_4、T_5 组成的反相器输出低电平,进而使 T_6、T_7 组成的反相器输出高电平,它们分别使模拟开关管 T_9 截止、T_8 导通,$2R$ 电阻通过 T_8 接地。

双极型模拟开关虽然电路形式多种多样,但不外乎分为饱和型和非饱和型两种,饱和型模拟开关中的晶体管导通时处于深度饱和状态,有电荷存储时间问题,开关速度低;非饱和型模拟开关中的晶体管导通时处于不饱和状态,开关速度高。单极型模拟开关种类也很多,有结型场效晶体管构成的,也有绝缘栅型场效晶体管构成的,它们具有功耗低、温度系数小、转换速度较快和通用性强等优点。

二、权电流 D/A 转换器

1. 倒 T 形电阻网络 D/A 转换器存在的问题

我们在讨论倒 T 形电阻网络 D/A 转换器时,是在把模拟开关当成理想开关的情况下,来计算各 $2R$ 支路中的权电流的。但是,实际的模拟开关却存在一定的导通电阻和导通压降,而且每个开关的导通电阻和导通压降也不可能完全相同。因此,这些开关导通电阻和导通压降的存在一定会引入转换误差,从而影响转换器的转换精度。

2. 工作原理

为解决以上问题,有一种方法是把倒 T 形电阻网络中各 $2R$ 支路的权电流变为恒流源,这样就产生了权电流 D/A 转换器。4 位权电流 D/A 转换器的原理图如图 12.1.6 所示。

在图 12.1.6 中,当 $D_i = 0$ 时,开关 S_1 接地;当 $D_i = 1$ 时,开关 S_1 与运算放大器的反相输入端相连。由图 12.1.6 可得输出模拟电压为

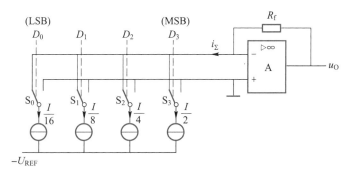

图 12.1.6 权电流 D/A 转换器的原理电路

$$u_O = i_\Sigma R_f = R_f \left(\frac{I}{2}D_3 + \frac{I}{4}D_2 + \frac{I}{8}D_1 + \frac{I}{16}D_0 \right)$$

$$= \frac{I}{2^4} \cdot R_f(D_3 \cdot 2^3 + D_2 \cdot 2^2 + D_1 \cdot 2^1 + D_0 \cdot 2^0)$$

$$= \frac{I}{2^4} \cdot R_f \sum_{i=0}^{3} D_i \cdot 2^i$$

由于恒流源的输出电阻极大,模拟开关导通电阻和导通压降对权电流的影响极小,这样就大大提高了权电流 D/A 转换器的转换精度。

12.1.3 D/A 转换器的主要技术指标

D/A 转换器的特性参数有很多,主要技术指标有转换精度和转换速度。

一、转换精度

D/A 转换器实际输出的模拟量与理想值之间存在的最大误差,称为 D/A 转换器的转换精度。这些误差是因转换器中电路元件的参数误差、基准电压的不稳定和运算放大器的零点漂移等因素造成的。

D/A 转换器的转换精度通常用分辨率和转换误差来描述。

（一）分辨率

分辨率是指 D/A 转换器的最小输出电压（此时输入的数字量只有最低有效位为 **1**,其余各位都是 **0**）和最大输出电压（此时输入的数字量各有效位全为 **1**）之比。n 位 D/A 转换器的分辨率可表示为 $\dfrac{1}{2^n - 1}$,它表征 D/A 转换器对输入微小量变化的敏感程度,是 D/A 转换器在理论上可以达到的精度。例如,对于一个十位的 D/A 转换器来说,最小输出电压与输入数字量 **0000000001** 相对应,最大输出电压与输入数字量 **1111111111** 相对应,所以分辨率为 $1/(2^{10}-1) = 1/1\ 023 = 0.097\ 8\%$。

输入数字量的位数越多,输出电压可分离的等级就越多（例如 n 位 D/A 转换器,最多有 2^n 个不同的模拟量输出值）,分辨率就越高。在实际应用中,往往用输入数字量的位数表示

D/A 转换器的分辨率。

（二）转换误差

D/A 转换器的转换误差有比例系数误差、失调误差和非线性误差。

1. 比例系数误差

D/A 转换器的比例系数误差是指转换器实际转换特性曲线的斜率与理想转换曲线斜率之间的偏差,如图 12.1.7 所示。

D/A 转换器的转换特性曲线是指其输出模拟量与输入数字量之间的关系曲线。

D/A 转换器的比例系数误差主要是由基准电压的不稳定和电路中电阻的误差引起的。

2. 失调误差

D/A 转换器的失调误差是指输出模拟量的实际起始值与理想起始值之差。

D/A 转换器的失调误差是由运算放大器的零点漂移引起的。它使转移特性发生了平移,如图 12.1.8 所示。

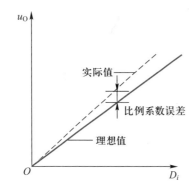

图 12.1.7　D/A 转换器的比例系数误差

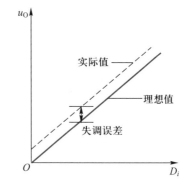

图 12.1.8　D/A 转换器的失调误差

3. 非线性误差

D/A 转换器的非线性误差是指实际输出的模拟电压值与理想输出值之间的最大偏差。这是一种没有变化规律的误差,如图 12.1.9 所示。

造成非线性误差的原因较多,如模拟开关存在不同的导通电压和导通电阻、电阻网络的电阻值有误差等。

二、转换速度

当 D/A 转换器输入的数字量发生变化时,输出的模拟量并不立即达到所对应的数值,它需要一段时间。通常用建立时间来描述 D/A 转换器的转换速度。

建立时间 t_{set} 是指输入数字量变化时,输出电压变化到相应稳定电压值所需的时间。一般用 D/A 转换器输入的数字量由全 0 变为全 1 或由全 1 变为全 0 时,输出电压达到稳定值所需要的时间来描述 D/A 转换器的转换速度。D/A 转换器的建立时间较快,单片集成

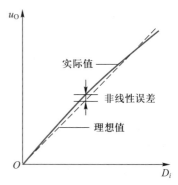

图 12.1.9　D/A 转换器的非线性误差

D/A 转换器的建立时间最短可在 0.1 μs 以内。

除了以上技术指标外,在使用 D/A 转换器时,还应知道它的工作电源电压、输出方式、输出值的范围、输入的高电平和低电平值以及温度系数等,这些指标均可在手册中查到。

12.1.4　集成 D/A 转换器

拓展阅读 12.1 D/A 转换器的输出方式

D/A 转换器的应用很广,它不仅常作为接口电路用于微机系统,而且还可以利用其电路结构的特征和输入、输出量之间的关系来构成数控电流源、电压源、数字式可编程增益控制电路和波形产生电路等。

单片集成 D/A 转换器的产品种类繁多,性能指标各异,下面以 AD7520 为例介绍集成 D/A 转换器的结构及其应用。

AD7520 是 10 位 CMOS 电流开关型 D/A 转换器,其内部电路如图 12.1.10 所示。芯片内含有倒 T 形电阻网络、CMOS 电流模拟开关和反馈电阻($R_f = 10 \text{ k}\Omega$)。AD7520 的引脚图如图 12.1.11 所示。该集成 D/A 转换器在应用时必须外接参考电压源(−10 V)和运算放大器,如图 12.1.12(a)所示。

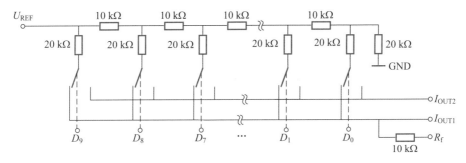

图 12.1.10　AD7520 的内部电路

图 12.1.12(a)是由 AD7520 型集成 D/A 转换器组成的波形产生电路。图中 74X163 是同步清零的 4 位同步二进制加法计数器,采用反馈清零法组成模 10 计数器;D/A 转换器的高位 $D_4 \sim D_9$ 均为 **0**,低四位输入端 $D_0 \sim D_3$ 接收计数器的输出 $Q_0 \sim Q_3$。在 CP 的作用下,$Q_3 Q_2 Q_1 Q_0$ 的输出分别为 **0000 ~ 1001**。根据式(12.1.4)计算输出电压的值,便可画出如图 12.1.12(b)所示的输出电压波形,它是由 10 个阶梯组成的阶梯波。如果改变计数器的模,则波形的阶梯数会随之改变。

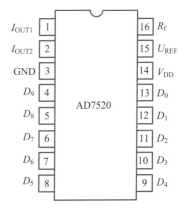

图 12.1.11　AD7520 的引脚图

573

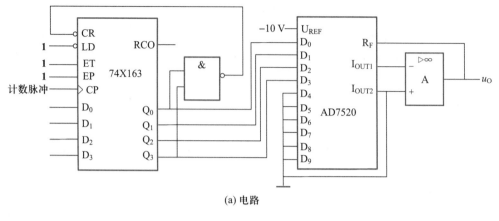

(a) 电路

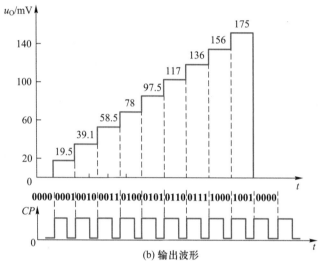

(b) 输出波形

图 12.1.12　波形产生电路

12. 2　A/D 转换器

　　A/D 转换器是把模拟量转换成与之成正比的数字量的电路。它的输入信号是模拟信号，输出信号是数字量。

12.2.1　A/D 转换器的一般工作过程

一、模拟量到数字量的转换过程

　　A/D 转换器把模拟信号转换为数字信号的一般过程是：先把模拟信号经过采样、保持，再经过量化、编码，最后转换为数字信号。在实际电路中，取样和保持往往用一个电路实现，量化和编码也在一个电路中实现,如图 12.2.1 所示。下面我们将详细介绍 A/D 转换的过程。

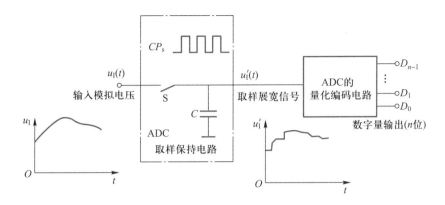

图 12.2.1　模拟量到数字量的转换过程

二、取样/保持电路

1. 取样的概念和取样定理

（1）取样的概念

A/D 转换器的作用是将模拟信号转换成相应的数字信号。但是,用 A/D 转换器把模拟信号转换成数字信号是需要一定时间的,所以它不能把随时间作连续变化的模拟信号在每一瞬间的值都变换成数字信号。因此,在进行 A/D 转换前,必须在一系列选定的时间间隔内对输入的模拟信号进行取样。

所谓取样,是将一个在时间上做连续变化的模拟信号转换成在时间上离散、幅值上做连续变化的模拟信号。或者说,是把一个在时间上做连续变化的模拟信号转换成一串脉冲,这串脉冲的宽度通常是相等的,它们的幅值与该时间间隔内的输入模拟信号相等。

对模拟信号的取样是通过取样器实现的。取样器实质上是一个受控的模拟开关 S,如图 12.2.2(a)所示。u_1 为输入模拟信号,u_S 为取样信号,u_0 为取样后的输出信号。取样器工作时的波形图如图 12.2.2(b)所示。模拟开关 S 在取样信号 u_S 的控制下,以重复周期 T_S 做周期性的重复开关动作:在时间间隔 τ 内,模拟开关 S 接通,使 $u_0 = u_1$;在时间间隔 $(T_S - \tau)$ 内,S 断开,$u_0 = 0$。

（2）取样定理

为了用取样后得到的在时间上离散、幅值上做连续变化的模拟信号(即如图 12.2.2 所示的幅度取决于输入模拟电压的一串等间隔脉冲)来精确地反映时间上做连续变化的模拟信号,取样信号 u_S 必须有足够高的频率。取样信号的频率 f_S 由取样定理确定:取样信号的频率应大于或等于输入模拟信号中最高频率分量频率的两倍,即

$$f_S \geq 2f_{imax} \tag{12.2.1}$$

式中,f_{imax} 为输入模拟信号 u_1 中的最高频率分量的频率。

2. 关于保持的概念

由于采样后所得到的脉冲串的宽度一般是很窄的,而完成一次 A/D 转换则需要一定的

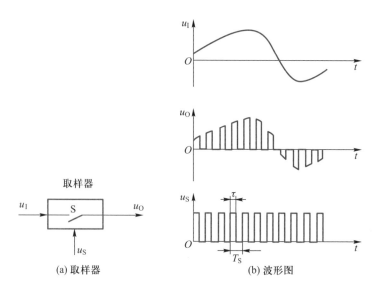

图 12.2.2 对输入模拟信号的取样过程

时间,所以为了保证转换精度,在下一个取样脉冲到来之前,应将前一个取样脉冲结束时刻所对应的模拟量的瞬时值(简称取样值)在$(T_S-\tau)$的时间内保持不变,以便让转换器在这段时间内完成 A/D 转换。

由此可见,所谓保持,就是将取样电路的取样值保持下来,直到下一个取样信号的出现。要做到这一点,可以利用电容器将取样电路的取样值存储起来。

3. 取样/保持电路的基本形式

图 12.2.3(a)是取样/保持电路的基本形式。图中 T 是 N 沟道 MOS 场效晶体管,作取样模拟开关用,T 的栅极加取样信号 u_S。电路的输入信号 u_I 是随时间作连续变化的模拟信号。电容 C_h 用以暂时存储取样后所得到的模拟信号,称为保持电容。A 是运算放大器。

当取样信号 u_S 为高电平时,T 导通,电路进入取样阶段。此时,u_I 通过 R_1 和 T 向电容 C_h 充电。只要 C_h 的充电时间常数远小于取样时间 τ,就可以认为 C_h 上的电压 u_C 和电路的输出电压 $u_o(=-u_C)$ 都能跟得上输入电压 u_I 的变化。在忽略 T 的导通电阻和运算放大器输入电流的情况下,当取 $R_f=R_1$ 时,则输出电压 $u_o=-u_C=-u_I$。

当取样信号 u_S 为低电平时,T 截止,若忽略 T 和 C_h 的漏电流,并认为运算放大器的输入电阻为无穷大,则电容 C_h 没有放电回路,C_h 上的电压 u_C 保持取样阶段最后时刻的值不变,使输出电压 $u_o=-u_C$ 也保持不变,电路处于保持阶段。

图 12.2.3(b)画出了取样电压 u_S、输入模拟电压 u_I 以及取样保持后电容 C_h 上的电压 u_C 的波形图。该图清楚地表明了取样/保持的物理意义。在取样电压 u_S 为高电平的时间 τ 内,有 $u_C=u_I$;在两次取样间隔时间 $(T_S-\tau)$ 内,$u_C=-u_o$ 保持不变,这段时间就是用来作 A/D 转换的。由此可知,A/D 转换器所用的输入电压实际上是每次取样结束时取样/保持电路的输出电压值。

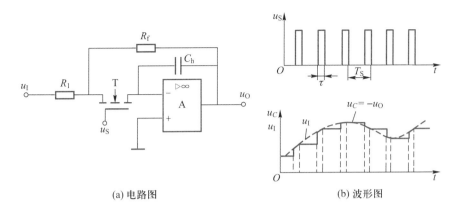

(a) 电路图　　　　　　　　　　　　　(b) 波形图

图 12.2.3 取样/保持电路的基本形式电路

由图 12.2.3(b)的波形图可见,采样保持电路输出的是在时间上离散的、数值上连续的模拟信号。

4. 集成取样/保持电路举例

目前取样/保持电路大多为集成芯片,单片集成取样/保持电路的种类很多,它们的性能各不相同,最常用的有 LF198/LF298/LF398 和 AD582。

图 12.2.4 所示的是集成取样/保持芯片 LF198 的电路结构图,图中 A_1、A_2 是两个运算放大器,S 是模拟开关,L 是控制 S 状态的逻辑单元电路,C_h 是外接的保持电容器。电路中要求 A_1 有很高的输入电阻,以减少对输入信号的影响;还要求 A_1 有很低的输出电阻,以减小电容 C_h 的充电时间常数。A_2 应具有较高的输入电阻,以保证在保持阶段 C_h 上所存电荷不易泄放掉,也要求它具有较低的输出电阻,以提高带负载的能力。A_1、A_2 均工作在电压跟随器状态。

当取样信号 u_S 为高电平时,开关 S 闭合,因 A_1、A_2 为电压跟随器,故 $u_O = u'_O = u_I$,电路处于取样阶段。同时 u'_O 通过 R_2 对保持电容 C_h 迅速充电,使 C_h 上的电压 $u_C = u_I$。

当取样信号 u_S 为低电平时,S 断开,因为 A_2 的输入电阻很高,在理想情况下,电容 C_h 无放电回路,C_h 上的电压保持不变,所以输出电压的数值 $u_O = u_C = u_I$ 也保持取样最后时刻的值不变。

在图 12.2.4 中,二极管 D_1、D_2 组成保护电路。在没有 D_1 和 D_2 的情况下,如果在 S 再次接通以前 u_I 变化了,则 u'_O 的变化可能很大,以至于使 A_1 的输出进入非线性区,u'_O 与 u_I 不再保持线性关系,并使开关电路有可能承受过高的电压。接入 D_1 和 D_2 以后,当 u'_O 高于 u_O 且使二极管 D_1 承受的正向电压大于死区电压时,D_1 将导通,u'_O 被钳位于($u_I + U_{D1}$)(U_{D1} 为二极管 D_1 的正向导通压降)。当 u'_O 低于 u_O,且使二极管 D_2 承受的正向电压大于死区电压时,D_2 将导通,将 u'_O 钳位于($u_I - U_{D2}$)(U_{D2} 为二极管 D_2 的正向导通压降)。在 S 接通的情况下,因为 $u'_O \approx u_O$,所以 D_1 和 D_2 都不导通,保护电路不起作用。

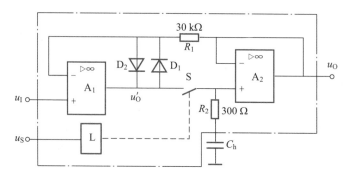

图 12.2.4　LF198 单片集成取样/保持电路

5. 取样/保持电路的主要参数

衡量取样/保持电路性能的主要参数如下。

（1）保持电压下降速率

由于取样/保持电路中运算放大器的输入电阻不是无穷大，电子模拟开关不是理想的（存在着漏电），保持电容器也存在着漏电，所以，模拟开关断开时，保持电容器存在放电回路，这样，在保持阶段，输出电压因电容放电将有所下降。通常用保持电压下降速率来衡量保持特性，其计算公式为

$$\frac{\partial u_O}{\partial t} = \frac{I}{C_h} \quad (\text{V/s}) \tag{12.2.2}$$

式中，I 为漏电流（pA），C_h 为保持电容器的值（pF）。由式（12.2.2）可知，增大 C_h 可以减小保持电压的下降速率，提高电路的精度。

为了减小 C_h 的漏电流，应采用高质量的聚苯乙烯或聚四氟乙烯电容器作为保持电容器。

（2）采集时间

在图 12.2.4 中，当取样信号由低电平跳变到高电平后，要求电路的输出电压等于输入电压。但是，由于电容 C_h 的存在，输出电压从原来的保持值到达输入电压值要经历一段延迟时间，这段延迟时间就是采集时间（也称捕获时间）。采集时间是衡量取样/保持电路工作速度的重要参数。

增大 C_h 的值，虽然可以减小保持电压的下降速率，但又会增大采集时间。例如对于 LF198 型单片集成采样/保持电路，当 $C_h = 1\ 000$ pF 时，采集时间为 4 μs，而当 $C_h = 0.01$ μF 时，采集时间可达 20 μs。所以，应根据具体情况选取 C_h 的值。若要求精度较高，可先根据保持电压下降速率确定 C_h 的值，然后根据选定的 C_h 值，再校验一下采集时间是否满足要求。

取样/保持电路的其他参数可查阅有关手册，这里不做介绍。

三、量化和编码

1. 关于量化和编码的概念

（1）量化的概念

A/D 转换器的任务是把输入的模拟量转换为与之成正比的数字量。数字量不仅在时间上是离散的,而且在数值上也是离散的。由于任何数字量只能是某个最小数量单位的整数倍,因此,为完成 A/D 转换,想用数字量表示模拟量时,就必须要把在取样结束时采样保持电路输出的在时间上离散的、数值上连续变化的模拟电压表示为所取最小数量单位的整数倍。我们把将采样保持电路的输出的模拟电压转换为用最小数量单位的整数倍表示的过程称为量化。

(2)量化单位和量化误差

我们把量化过程中所取的最小数量单位称为量化单位,用 Δ 表示。显然,数字信号最低有效位(LSB)的 1 所代表的数量大小就等于 Δ。

因为在取样结束时采样保持电路输出的模拟电压不一定能被 Δ 整除,所以在量化过程中不可避免地会引入误差,这个误差称为量化误差。

量化的最小单位 Δ 取决于编码的二进制位数:编码的二进制位数越大,量化的最小单位 Δ 越小,量化误差就越小。

当采用不同的量化方法时,所引入的量化误差也不同。

(3)编码的概念

我们把量化的结果用代码(可以是二进制,也可以是其他进制)表示出来的过程称为编码。编码后所得的代码就是 A/D 转换的输出结果。

2. 两种量化方法

可以采用以下的两种不同方法,把取样/保持电路输出的在时间上离散的模拟量划分为不同的量化等级,它们是舍尾取整法和四舍五入法。

(1)舍尾取整法

舍尾取整法的做法是将小于量化单位 Δ 的模拟量的值舍掉。

假设要把 0~1 V 的模拟电压转换成 3 位二进制代码,因为 3 位二进制数可以表示 8 种状态,所以取量化的最小单位为 $\Delta = 1/8(V)$,这时就把小于 $\Delta = 1/8(V)$ 的模拟电压舍掉,即把数值在 $0 \sim 1/8(V)$ 之间的模拟电压都当作 0Δ 看待,并用二进制数字量 **000** 表示;凡数值在 $(1/8)V \sim 2/8(V)$ 之间的模拟电压都当作 1Δ 看待,并用二进制数字量 **001** 表示……于是便可得到如图 12.2.5(a)所示的输入模拟电压与二进制代码间的对应关系。由图 12.2.5(a)不难看出,这种量化方法的最大量化误差可达 Δ,即 $1/8(V)$。若用 n 位二进制代码来编码,则所带来的最大量化误差为 $\frac{1}{2^n}$ V。

(2)四舍五入法

为了减少量化误差,可采用四舍五入量化方法。这种方法是将小于 $\Delta/2$ 的模拟量的值舍掉,将大于 $\Delta/2$ 而小于 Δ 的模拟量的值看作一个量化单位 Δ。

假设还是要把 0~1 V 的输入模拟电压转换成 3 位二进制代码。用四舍五入量化方法时所取的量化单位为 $\Delta = 2/15(V)$,并将数值小于 $\Delta/2$ 的模拟量舍掉,即把在 $0 \sim 1/15(V)$ 之间的模拟电压舍掉,都当作 0Δ 看待,并用二进制数字量 **000** 表示;把大于 $\Delta/2$ 而小于 Δ 的模拟量的值看作一个量化单位 Δ 时,即把数值在 $1/15 \sim 3/15(V)$ 之间的模拟电压都当作 1Δ 看待,并用二进制数字量 **001** 表示⋯⋯采用四舍五入量化方式时,输入模拟电压与二进制代码的对应关系如图 12.2.5(b)所示。很明显,这时的最大量化误差将减小为 $\Delta/2 = 1/15(\mathrm{V})$。这是因为,四舍五入法把每个二进制代码所代表的模拟电压值规定在它所对应的模拟电压范围的中点,所以最大的量化误差自然就缩小为 $\Delta/2$ 了。

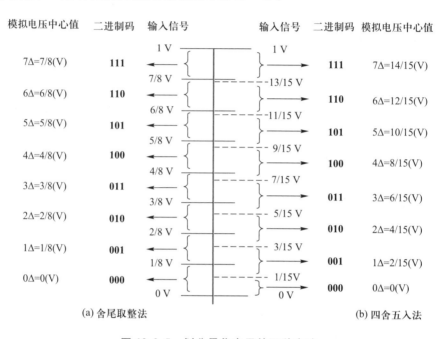

图 12.2.5　划分量化电平的两种方法

由以上分析可知,采用四舍五入量化方法所引进的量化误差比舍尾取整量化方法的小。

A/D 转换器的种类很多,这里仅介绍两种基本的 A/D 转换器:并行比较型 A/D 转换器和逐次逼近型 A/D 转换器。

12.2.2　并行比较型 A/D 转换器

一、电路的组成

3 位并行比较型 A/D 转换器的原理电路如图 12.2.6 所示。它由电阻分压器、电压比较器、寄存器及优先编码器(作为代码转换器)组成。

1. 电阻分压器

在图 12.2.6 中,八个分压电阻将参考电压 U_{REF} 分成八个等级,采用四舍五入的量化方式,得到 7 个比较电压: $U_{\mathrm{REF}}/15$、$3U_{\mathrm{REF}}/15$、$\cdots$、$13U_{\mathrm{REF}}/15$,分别作为七个电压比较器 $C_7 \sim C_1$ 的参考电压。

2. 电压比较器

输入的模拟电压 u_{I} 同时加到每个电压比较器的同相输入端上,与 7 个参考电压进行比较。当输入信号稍小于参考电压时,电压比较器输出逻辑 **0**;当输入信号稍大于参考电压时,

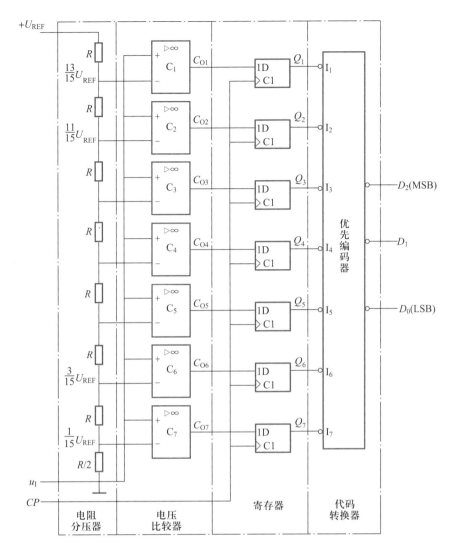

图 12.2.6 3 位并行比较型 A/D 转换器

电压比较器输出逻辑 **1**。例如,当 $0 \leqslant u_1 < (U_{REF}/15)$ 时,电压比较器 $C_1 \sim C_7$ 的输出状态都为 **0**;当 $(3U_{REF}/15) \leqslant u_1 < (5U_{REF}/15)$ 时,电压比较器 C_6 和 C_7 的输出 $C_{06} = C_{07} = \mathbf{1}$,其余各电压比较器的输出状态都为 **0**。根据各电压比较器的参考电压值,可以确定输入模拟电压值与各电压比较器输出状态的关系。

3. 寄存器

寄存器由 D 触发器组成。在 CP 作用后,电压比较器的输出状态 $C_{07} \sim C_{01}$ 寄存于 D 触发器的输出端 $Q_7 \sim Q_1$。

4. 代码转换器

它是一个优先编码器,它将寄存器的输出 $Q_7 \sim Q_1$ 编码后输出数字量 $D_2 D_1 D_0$。优先编码器的优先级别由高到低依次为 $I_7 \sim I_1$,输入为低电平有效,输出为反码。

二、工作原理

（1）若输入电压 $0 \leqslant u_1 < (1/15)U_{\text{REF}}$，则所有电压比较器的输出全为低电平，当 CP 的上升沿到来后，寄存器中的所有触发器都被置为 **0** 状态。对 I_7 进行优先编码，输出反码，结果为 **000**。

（2）若输入电压 $(1/15)U_{\text{REF}} \leqslant u_1 < (3/15)U_{\text{REF}}$，则只有 C_7 输出为高电平，当 CP 的上升沿到来后，$Q_7 = 1$，寄存器中其余的触发器都被置为 **0** 状态。对 I_6 进行优先编码，反码输出结果为 **001**。

（3）若输入电压 $(3/15)U_{\text{REF}} \leqslant u_1 < (5/15)U_{\text{REF}}$，则只有 C_7、C_6 输出为高电平，当 CP 的上升沿到来后，$Q_7 = Q_6 = 1$，寄存器中其余的触发器都被置为 **0** 状态。优先编码器对 I_5 进行优先编码，反码输出结果为 **010**。

依次类推，便可得到 3 位并行 A/D 转换器输入模拟电压与输出数字量之间转换关系的对照表，如表 12.2.1 所示。

表 12.2.1　3 位并行比较型 A/D 转换器的输入、输出关系

输入模拟量	比较器的输出状态							输出数字量		
	C_{01}	C_{02}	C_{03}	C_{04}	C_{05}	C_{06}	C_{07}	D_2	D_1	D_0
$0 \leqslant u_1 < U_{\text{REF}}/15$	0	0	0	0	0	0	0	0	0	0
$U_{\text{REF}}/15 \leqslant u_1 < 3U_{\text{REF}}/15$	0	0	0	0	0	0	1	0	0	1
$3U_{\text{REF}}/15 \leqslant u_1 < 5U_{\text{REF}}/15$	0	0	0	0	0	1	1	0	1	0
$5U_{\text{REF}}/15 \leqslant u_1 < 7U_{\text{REF}}/15$	0	0	0	0	1	1	1	0	1	1
$7U_{\text{REF}}/15 \leqslant u_1 < 9U_{\text{REF}}/15$	0	0	0	1	1	1	1	1	0	0
$9U_{\text{REF}}/15 \leqslant u_1 < 11U_{\text{REF}}/15$	0	0	1	1	1	1	1	1	0	1
$11U_{\text{REF}}/15 \leqslant u_1 < 13U_{\text{REF}}/15$	0	1	1	1	1	1	1	1	1	0
$13U_{\text{REF}}/15 \leqslant u_1 < U_{\text{REF}}$	1	1	1	1	1	1	1	1	1	1

由以上分析可知，在并行 A/D 转换器中，输入模拟电压 u_1 同时加到所有电压比较器的同相输入端，u_1 只要经过比较器、D 触发器和编码器的三级延迟就能输出稳定的数字量。

单片集成并行比较型 A/D 转换器的产品较多，如 AD 公司的 AD9012（TTL 工艺，8 位）、AD9020（TTL 工艺，10 位）等。

由于并行比较型 A/D 转换器的转换是并行进行的，其转换时间只受电压比较器、触发器和编码器延迟时间的限制，因此转换速度快，其转换时间的典型值仅为 100 ns，甚至更小。但是，随着分辨率的提高，元器件数目要按几何级数增加，一个 n 位并行比较型 A/D 转换器所用的电压比较器个数为 $(2^n - 1)$，例如 8 位并行 A/D 转换器就需要 $2^8 - 1 = 255$ 个电压比较器。因此要用并行比较型 A/D 转换器制成分辨率较高的集成并行比较型 A/D 转换器是比较困难的。

12.2.3 逐次逼近型 A/D 转换器

一、基本原理

逐次逼近型 A/D 转换器的转换过程与用天平称物体重量的过程相似。天平称重的过程是：从最重的砝码开始试放，与被称物体进行比较，若物体重于砝码，则该砝码保留，否则移去。再加上第二个次重砝码，由物体的重量是否大于砝码的重量决定第二个砝码是留下还是移去。照此方法一直加到最小一个砝码为止。将所有留下的砝码重量相加，即得物体的重量。仿照这一思路，便产生了逐次逼近型 A/D 转换器，它就是将输入模拟信号与不同的参考电压做多次比较后，使转换所得的数字量在数值上逐次逼近对应的输入模拟量。

二、电路的组成

n 位逐次逼近型 A/D 转换器组成的框图如图 12.2.7 所示。它由控制逻辑电路、数据寄存器、移位寄存器、D/A 转换器及电压比较器组成。

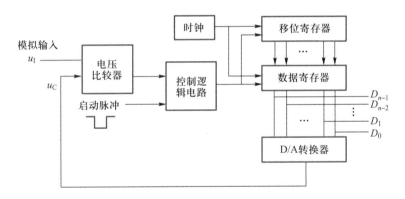

图 12.2.7 n 位逐次逼近型 A/D 转换器的框图

三、转换过程

1. 电路先由启动脉冲启动

电路的启动是由加到控制逻辑电路的外加启动脉冲来完成的。

2. 加入第一个时钟脉冲

在第一个时钟脉冲的作用下：① 控制电路使移位寄存器的最高位置 **1**，其他各位置 **0**；② 移位寄存器的输出经数据寄存器后将 **1000…0** 送入 D/A 转换器进行转换，得到对应的模拟电压 u_C；③ 把 u_C 与输入模拟电压 u_1 通过电压比较器进行比较，如果 $u_C < u_1$，说明转换所得的数字量太小，应该保留最高位的 **1**，如果 $u_C > u_1$，说明转换所得的数字量太大，应该使最高位为 **0**。比较结果存于数据寄存器的最高位 D_{n-1}。

3. 加入第二个时钟脉冲

在第二个时钟脉冲的作用下：① 将移位寄存器的次高位置 **1**，其他各低位置 **0**；② 如最高位已存 **1**，则将 **1100…0** 送入 D/A 转换器进行转换，转换后的结果与 u_1 进行比较，确定次

高位 D_{n-2} 是 **1** 还是 **0**。

依次类推,直到最低位的数值被确定,就完成了从模拟量到数字量的转换。这时数据寄存器输出的数码就是与输入的模拟信号相对应的数字量。

四、3 位逐次逼近型 A/D 转换器

1. 电路的组成

3 位逐次逼近型 A/D 转换器的逻辑图如图 12.2.8 所示。图中,C 为电压比较器:当 $u_I > u_C$ 时,比较器的输出 $u_B = \mathbf{0}$;当 $u_I < u_C$ 时,$u_B = \mathbf{1}$。三个 RS 触发器 FF_A、FF_B 和 FF_C 组成 3 位数码寄存器。由 D 触发器 $FF_1 \sim FF_5$ 构成的环形分配器和门 $G_1 \sim G_9$ 一起组成控制逻辑电路。转换后所得的数字量为 D_2、D_1、D_0,D_2 为最高位。

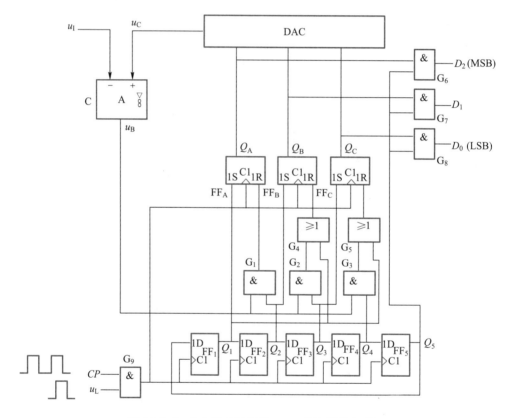

图 12.2.8　3 位逐次逼近型 A/D 转换器的逻辑图

2. A/D 转换过程

(1) 转换开始前先将三个 RS 触发器 FF_A、FF_B、FF_C 置零,同时将 D 触发器 FF_1 至 FF_5 组成的环形移位寄存器置成 $Q_1Q_2Q_3Q_4Q_5 = \mathbf{10000}$ 状态。

转换控制信号 u_L 变成高电平以后,转换开始。

(2) 第一个 CP 脉冲到达后,FF_A 被置成 **1**,而 FF_B、FF_C 被置成 **0**。这时数码寄存器的状态为 $Q_A Q_B Q_C = \mathbf{100}$,这个数字量加到 DAC 转换器的输入端上,并在 DAC 转换器的输出端得

到相应的模拟电压 u_C。u_C 和 u_1 比较,有两种结果:若 $u_1 > u_C$,则 $u_B = 0$;若 $u_1 < u_C$,则 $u_B = 1$。同时,移位寄存器右移一位,使 $Q_1Q_2Q_3Q_4Q_5 = 01000$。

(3)第二个 CP 脉冲到达后,FF_B 被置成 **1**。若原来的 $u_B = 1$($u_1 < u_C$),则 FF_A 被置成 **0**;若原来的 $u_B = 0$($u_1 > u_C$),则 FF_A 的 **1** 状态保留,同时移位寄存器右移一位,使 $Q_1Q_2Q_3Q_4Q_5 = 00100$。

(4)第三个 CP 脉冲到达后,FF_C 被置成 **1**。若原来的 $u_B = 1$,则 FF_B 被置成 **0**;若原来的 $u_B = 0$,则 FF_B 的 **1** 状态保留,同时移位寄存器右移一位,使 $Q_1Q_2Q_3Q_4Q_5 = 00010$。

(5)第四个 CP 脉冲到达后,根据这时 u_B 的状态决定 FF_C 的 **1** 是否应当保留。这时 FF_A、FF_B、FF_C 的状态就是所要的转换结果。同时,移位寄存器右移一位,使 $Q_1Q_2Q_3Q_4Q_5 = 00001$。由于 $Q_5 = 1$,于是 FF_A、FF_B、FF_C 的状态便通过门 G_6、G_7、G_8 送到了输出端,$D_2D_1D_0$ 就是转换后得到的与输入模拟量相对应的数字量。

(6)第五个 CP 脉冲到达后,移位寄存器右移一位,使得 $Q_1Q_2Q_3Q_4Q_5 = 10000$,返回初始状态。此时,由于 $Q_5 = 0$,门 G_6、G_7、G_8 被封锁,转换输出的数字信号随之消失。

由以上分析可知,一个 3 位逐次逼近型 A/D 转换器完成一次转换所需要的时间是 5 个时钟脉冲的周期。推广到 n 位 A/D 转换器,完成一次转换所需要的时间为 $(n+2)T_{CP}$(T_{CP} 为时钟脉冲的周期)。

下面举一个实例,以进一步加深对逐次逼近型 A/D 转换器的工作原理及转换过程的理解。

例 12.2.1 有一个 8 位逐次逼近型 A/D 转换器。已知:模拟输入电压 $u_1 = 4.115\ \mathrm{V}$;8 位 D/A 转换器的单位量化电压 $\Delta = 0.022\ \mathrm{V}$;在顺序脉冲作用之前,已将数码寄存器的各位清零,电压比较器的输出为 **1**。试分析 A/D 转换器输出的数字量为多少?

解:因为在顺序脉冲作用之前,已将数码寄存器的各位清零,而且电压比较器的输出为 **1**,故可知在 D/A 转换器的输出 $u_C = 0$ 的情况下,要使电压比较器的输出为 **1**,输入电压 u_1 一定要接到电压比较器的同相输入端,而 u_C 则应接到电压比较器的反相输入端。于是电路便会产生以下的工作过程。

第一步,当启动脉冲有效时,顺序脉冲发生器的第一个脉冲的上升沿到达后,将 8 位数码寄存器的最高位 Q_A 置 **1**,其他各位保持 **0**,则数码寄存器的状态为 $Q_AQ_BQ_CQ_DQ_EQ_FQ_GQ_H = 10000000$,这时 D/A 转换器的输出电压 $u_C = 128\Delta = 2.816\ \mathrm{V}$,$u_C$ 与 u_1 进行比较,由于 $u_C < u_1$,电压比较器输出为高电平,于是 Q_A 的 **1** 被保留。

第二步,顺序脉冲发生器的第二个脉冲的上升沿到达后,将 8 位寄存器的次高位 Q_B 置 **1**,寄存器的状态为 $Q_AQ_BQ_CQ_DQ_EQ_FQ_GQ_H = 11000000$,D/A 转换器的输出 $u_C = 192\Delta = 4.224\ \mathrm{V}$,$u_C$ 与 u_1 进行比较,由于 $u_C > u_1$,电压比较器输出为低电平,于是 Q_B 变为 **0**。

第三步,顺序脉冲发生器的第三个脉冲的上升沿到达后,将 8 位寄存器的 Q_C 置 **1**,寄存器的状态为 $Q_AQ_BQ_CQ_DQ_EQ_FQ_GQ_H = 10100000$,D/A 转换器的输出电压 $u_C = 3.520\ \mathrm{V}$,u_C 与 u_1 进行比较,由于 $u_C < u_1$,电压比较器输出为高电平,于是 Q_C 的 **1** 被保留。

以后 A/D 转换器继续进行逐位试探,直至最低位。该 8 位逐次逼近型 D/A 转换器的输

出电压 u_C 的波形如图 12.2.9 所示。分析表明,该转换所得的数字量为:**10111011**。

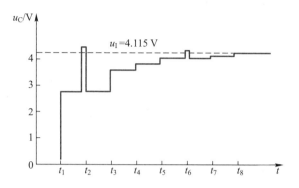

图 12.2.9　D/A 转换器输出电压 u_C 的波形

逐次逼近型 A/D 转换器完成一次转换所需的时间与输出数字量的位数和时钟脉冲的频率有关,输出数字量的位数越少,时钟脉冲的频率越高,完成一次转换所需的时间越短。逐次逼近型 A/D 转换器具有转换速度快、转换精度高的特点。

五、集成逐次逼近型 A/D 转换器 ADC0809

常用的集成逐次逼近型 A/D 转换器有 ADC0808/0809 系列(8 位)、AD575(10 位)和 AD574A(12 位)等。

现在介绍 AD 公司生产的集成逐次逼近型 A/D 转换器 ADC0809,其内部逻辑框图如图 12.2.10 所示。

ADC0809 由八路模拟开关、地址锁存与译码器、比较器、D/A 转换器、寄存器、控制电路和三态输出锁存器等组成。

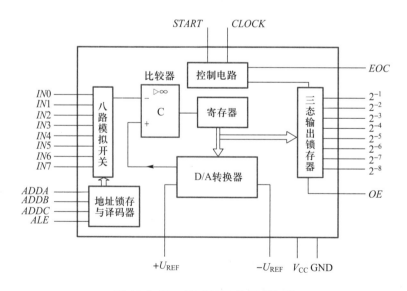

图 12.2.10　ADC0809 的逻辑框图

ADC0809 采用双列直插式封装，共有 28 条引脚。模拟信号输入线为 $IN0 \sim IN7$；地址锁存与译码器有 3 条地址输入线和 1 条地址锁存允许输入线：$ADDA$、$ADDB$ 和 $ADDC$ 为地址输入线，用于选择 $IN0 \sim IN7$ 中的一路模拟电压送给比较器后去进行 A/D 转换；ALE 为地址锁存允许输入线，为高电平有效。转换器有 12 条数字量输出及控制线：$START$ 为"启动脉冲"输入线，该线的正脉冲由 CPU 送来，宽度应大于 100 ns，上升沿将寄存器清零，下降沿启动 ADC 工作；EOC 为转换结束输出线，当该线出现高电平时，表示 A/D 转换已结束，数字量已锁入"三态输出锁存器"；$2^{-1} \sim 2^{-8}$ 为数字量输出线，2^{-1} 为最高位；OE 为"输出允许"端，高电平时可输出转换后的数字量；$CLOCK$ 为时钟输入线，用于为 ADC0809 提供逐次比较所需的 640 kHz 时钟脉冲。V_{CC} 为 +5 V 电源输入线；GND 为地线；$+U_{REF}$ 和 $-U_{REF}$ 为参考电压输入线，用于给 D/A 转换器提供基准电压，$+U_{REF}$ 常和 V_{CC} 相连，$-U_{REF}$ 常接地。

12.2.4 双积分 A/D 转换器

一、双积分 A/D 转换器的基本原理

双积分 A/D 转换器又称双斜率 A/D 转换器。它的基本原理是：先把输入模拟电压和基准电压经过两次积分，以转换成与输入模拟电压成正比的时间间隔，然后利用计数器测定在这个时间间隔内固定频率的时钟脉冲数，则计数结果就是与输入模拟电压成正比的数字量。

二、电路组成及工作过程

图 12.2.11 是双积分 A/D 转换器的原理电路图。它由反相积分器（由集成运算放大器 A 组成）、过零比较器 C、时钟脉冲控制门 G、n 位计数器和一个定时触发器 FF_n 等几部分组成。

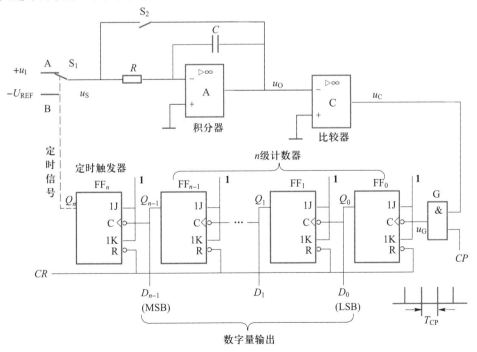

图 12.2.11 双积分 A/D 转换器的原理图

我们结合图 12.2.12 所示的波形图来说明双积分 A/D 转换器的工作过程。在转换开始前,先将定时触发器和计数器置 0,并将开关 S_2 接通,让电容 C 充分放电。电路将模拟量转换为数字量是分两步进行的。

1. 第一步:对输入模拟电压 u_1 进行积分(采样阶段)

在将开关 S_1 合到输入模拟电压 u_1 的同时,打开开关 S_2,令积分器在固定时间($0 \sim T_1$)内对输入模拟电压 u_1 进行积分,使积分器的输出电压 u_0 从 0 开始按线性规律下降,如图 12.2.12 中的实线所示。由于 $u_0 < 0$,比较器 C 输出高电平 1,将与门 G 打开,于是周期为 T_{CP} 的时钟脉冲通过与门 G 加到计数器中触发器 FF_0 的 C 端,计数器便从 0 开始计数。在 $t = T_1$ 时,计数器因接收了 2^n 个脉冲,回到全 0 状态,此时,$u_0 = U_{01}$。在 $t = T_1$ 时,积分器的输出电压为

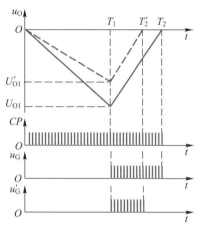

图 12.2.12　双积分 A/D 转换器的波形图

$$u_0(T_1) = U_{01} = -\frac{1}{C}\int_0^{T_1}\frac{u_1}{R}\mathrm{d}t$$

由于转换器的输入模拟信号 u_1 是采样-保持电路的输出信号,而在转换器作 A/D 变换的时间内,u_1 保持常数不变,故有

$$u_0(T_1) = U_{01} = -\frac{1}{C}\int_0^{T_1}\frac{u_1}{R}\mathrm{d}t$$

$$= -\frac{T_1}{RC}u_1$$

即在 $t = T_1$ 时,积分器的输出电压 u_0 与输入模拟电压 u_1 成正比。式中,$T_1 = 2^n T_{CP}$。

2. 第二步:对基准电压 $-U_{REF}$ 进行积分(比较阶段)

在 $t = T_1$ 时,因计数器回到全 0 状态,会送给定时触发器 FF_n 一个进位信号,将 FF_n 置 1,产生定时信号,并通过控制电路(图 12.2.11 中用虚线表示)将开关 S_1 切换到基准电压 $-U_{REF}$ 一侧,令积分器对基准电压 $-U_{REF}$ 进行积分,使积分器的输出电压 u_0 从 U_{01} 按线性规律上升。与此同时,计数器又从全 0 状态开始计数,直到 $t = T_2$ 时,因积分器的输出电压 u_0 上升到 0,过零比较器 C 的输出由高电平跳变为低电平,把与门 G 关闭,使计数器停止计数。

在 $t = T_2$ 时,积分器的输出电压为

$$u_0(T_2) = U_{01} - \frac{1}{C}\int_{T_1}^{T_2}\frac{-U_{REF}}{R}\mathrm{d}t = 0$$

$$= -\frac{T_1}{RC}u_1 + \frac{U_{REF}}{RC}(T_2 - T_1) = 0$$

故有

$$\frac{T_2 - T_1}{RC}U_{REF} = \frac{T_1}{RC}u_1$$

即

$$\Delta T = T_2 - T_1 = \frac{T_1}{U_{REF}} u_1$$

上式表明,积分器在对$-U_{REF}$进行积分阶段的积分时间ΔT与输入模拟电压u_1成正比。在此阶段中,计数结果的数字量(即计数器所累计的脉冲数)为

$$D = \frac{\Delta T}{T_{CP}} = \frac{T_1}{T_{CP} U_{REF}} u_1$$

由于$T_1 = 2^n T_{CP}$,故可得输出数字量为

$$D = \frac{2^n}{U_{REF}} u_1 \tag{12.2.3}$$

式(12.2.3)表明,输出数字量$D(Q_{n-1} \cdots Q_1 Q_0)$是与输入模电压$u_1$成正比的,故可以实现模-数转换。

式(12.2.3)还表明,只有在$u_1 < U_{REF}$,亦即在$(T_2 - T_1) < T_1$的情况下,该转换器才能将输入模拟电压转换为数字量,否则计数结果会发生溢出现象。

当输入模拟电压u_1减小时,经过两次积分后,积分器的输出电压u_0的波形如图12.2.12中的虚线所示。很明显,此时积分器对$-U_{REF}$进行积分的时间变小了,与之对应的输出数字量也必然减小,如图12.2.12中的u'_G波形所示。

三、双积分 A/D 转换器的优缺点

1. 优点

① 双积分型 A/D 转换器最突出的优点是转换精度高。由式(12.2.3)可知,双积分A/D转换器的输出数字量不仅与积分时间常数RC无关,也与时钟脉冲的周期无关,所以,R、C参数的缓慢变化和在较长时间内时钟脉冲周期的缓慢变化均不会影响电路的转换精度。因此,完全可以用低精度的元、器件制成高精度的双积分 A/D 转换器。

双积分 A/D 转换器的转换精度不仅由基准电压U_{REF}决定,还受计数器的位数、比较器的灵敏度、运算放大器和比较器的零点漂移、积分电容器的漏电以及在转换过程中时钟脉冲频率的波动等因素的影响。

② 双积分 A/D 转换器具有很强的抗干扰能力。由于积分器的存在,转换器对平均值为零的各种噪声都有很强的抑制能力。在积分时间等于交流电网电压周期的整数倍时,能有效地抑制来自电网的工频干扰。

2. 缺点

双积分 A/D 转换器的最大缺点是转换速度低,完成一次 A/D 转换所需的时间为两次积分的时间$T_1 + \Delta T$,一般在几十~几百毫秒范围内。由于其转换速度较低,所以广泛应用于对转换速度要求不高的场合,如温度测量、数字电压表等。

采用双积分转换方式的单片集成 A/D 转换器有 MAX138/139、ICL7126/7127 等,只需外接少量的电阻和电容元件,就可很方便地用这些芯片构成 A/D 转换器。

*12.2.5　∑–Δ 型 A/D 转换器

∑–Δ 型 A/D 转换器是 20 世纪 90 年代以来发展起来的一种新型模–数转换器,它是一种低价格、高分辨率模–数转换器。

一、∑–Δ 型 A/D 转换器的电路结构

∑–Δ 型 A/D 转换器的电路结构如图 12.2.13 所示。它由同相积分器、1 位量化器(由比较器和 D 触发器组成)、1 位 D/A 转换器(1 个简单的开关)、求和电路 ∑、n 位计数器和锁存器组成。输入模拟电压 u_I 加在求和电路 ∑ 的一个输入端。求和电路 ∑ 的另一个输入端接收 1 位 D/A 转换器送回的反馈电压 u_F。求和电路 ∑ 将 u_I 和 u_F 相减后得到一个增量电压 u_D,作为积分器的输入电压。1 位量化器的输出电压 U_O 是一列表示 **0** 和 **1** 的数据流(串行数字信号序列)。U_O 是 1 位 D/A 转换器的输入信号,也作为 n 位计数器的输入信号。电路中有两个参考电压 $+U_{REF}$ 和 $-U_{REF}$。

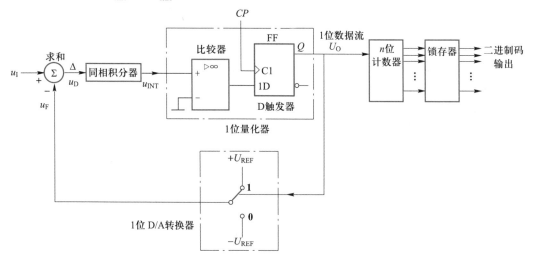

图 12.2.13　∑–Δ 型 **A/D** 转换器的电路结构

二、∑–Δ 型 A/D 转换器的工作过程

1. 当输入模拟电压 $u_I = 0$ 时

当电路的输入模拟电压 $u_I = 0$ 时,假设此时积分器的输出为 $u_{INT} = 0$,D 触发器的输出状态 $Q = 0$。则此时 $U_O = 0$,1 位 D/A 转换器中的开关与 $-U_{REF}$ 接通,$u_F = -U_{REF}$,使积分器的输入为 $u_D = u_I - u_F = 0 - (-U_{REF}) = +U_{REF}$。由于电路采用的是同相积分运算电路,其输出 u_{INT} 将从 0 随时间按线性规律上升(上升的速率与 u_D 的数值成正比),使比较器输出为 **1**。

当时钟脉冲 CP 到达后,D 触发器被置 **1**,电路的状态则变为 $U_O = 1$,1 位 D/A 转换器中的开关与 $+U_{REF}$ 接通,$u_F = +U_{REF}$,$u_D = 0 - U_{REF} = -U_{REF}$,积分器的输出 u_{INT} 将随时间按线性规律下降(下降速率与 u_D 的绝对值成正比),当积分器的输出下降到使 u_{INT} 稍小于 0 时,使比较器输出为 **0**。当时钟脉冲 CP 到达后,D 触发器被置 **0**,电路就回到了开始时的假设状态。

由以上的分析可知,当电路的输入模拟电压 $u_1 = 0$ 时,在时钟脉冲 CP 的连续作用下,D 触发器会反复地被置 **1** 和置 **0**,1 位量化器的输出电压 U_O 就是 **0**、1 相间的数据流。因为积分器正、反向积分的速率相同,U_O 中的 0 和 1 所占的比例是各为 1/2。电路中各处的电压波形如图 12.2.14(a)所示。

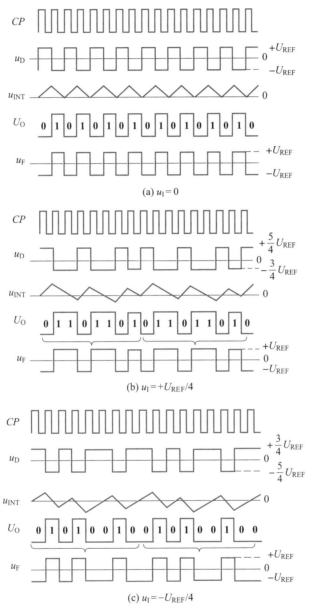

(a) $u_1 = 0$

(b) $u_1 = +U_{REF}/4$

(c) $u_1 = -U_{REF}/4$

图 **12.2.14** 图 12.2.13 所示电路中各处的电压波形

2. 当输入模拟电压 $u_1 \neq 0$ 时

当输入模拟电压 $u_1 \neq 0$ 时,必然会导致 U_O 为 **0** 和 **1** 时积分器的输入电压 u_D 的数值不相同,从而使积分器作正向积分和反向积分时输出电压 u_{INT} 的上升速率和下降速率不等,进而导致 u_{INT} 上升到比较器阈值电压以上或下降到比较器阈值电压以下(图 12.2.13 中比较器的

阈值电压为 **0**)所经历的时间不相等,最后使电路输出的数据流中 **1** 和 **0** 所占的比例不相等。图 12.2.14(b)(c)给出了 $u_I = +U_{REF}/4$ 和 $u_I = -U_{REF}/4$ 时电路中各处电压的波形图。由图 12.2.14(b)可以看出:当 $u_I = +U_{REF}/4$ 时,数据流中 **1** 所占的比例为 5/8;当 $u_I = -U_{REF}/4$ 时,数据流中 **1** 所占的比例为 3/8。当 $u_I = +U_{REF}$ 时,数据流中全为 **1**;而当 $u_I = -U_{REF}$ 时,数据流中则全为 **0**。

3. 结论

由以上讨论可知:① $\sum - \Delta$ 型 A/D 转换器是通过连续不断地对输入模拟电压 u_I 和基准参考电压 U_{REF} 的和或差(称为增量)进行积分后,将输入模拟电压 u_I 转换为周期性串行数字数据流的。② $\sum - \Delta$ 型 A/D 转换器以输出串行数据流中 **1** 的比例来表示输入模拟电压大小,因此它也是间接 A/D 转换器。③ 当输入模拟电压为 0 时,输出数据流中 **1** 的比例不是 0,而是 1/2。当输入模拟电压为正时,输出数据流中 **1** 的比例大于 1/2。当输入模拟电压为负时,输出数据流中 **1** 的比例小于 1/2。

4. 将串行输出数据流转换为并行输出数字量的方法

将串行输出数据流转换为并行输出数字量的方法如图 12.2.13 所示,先用一个 n 位计数器记录下在规定周期内串行输出数据流中 **1** 的数量,然后在计数周期结束时将计数器中的数值存入锁存器中,就能在锁存器的输出端获得 n 位的并行数字量。

20 世纪 90 年代后,已可将采样、量化和数字信号处理集成在一片混合 CMOS 大规模集成电路上,具有低价格和高分辨率的优点。目前 $\sum - \Delta$ 型 A/D 转换器的分辨率已高达 24 位,主要应用在高精度数据采集特别是数字音响和多媒体等电子测量领域中。

12.2.6　A/D 转换器的主要技术指标

拓展阅读 12.2
集成 A/D 转换器 0809 及应用

A/D 转换器的技术指标与 D/A 转换器一样,也是转换精度和转换速度。

一、转换精度

在单片集成 A/D 转换器中,也用分辨率和转换误差来描述转换精度。

1. 分辨率

分辨率是指 A/D 转换器能够分辨的输入信号的最小变化量,它表明了 A/D 转换器对输入信号的分辨能力。A/D 转换器的分辨率以输出二进制(或十进制)数的位数表示。位数越多,转换精度就越高。从理论上讲,n 位输出的 A/D 转换器能区分 2^n 个不同等级的输入模拟电压,能区分输入电压的最小值为满量程输入的 $1/2^n$。在最大输入电压一定时,输出位数越多,量化单位越小,分辨率越高。

2. 转换误差

A/D 转换器的转换误差是指实际输出的数字量和理论输出的数字量之间的差值。转换误差通常以输出误差最大值的形式给出。

A/D 转换器的转换误差综合地反映了电路内部各个元器件和单元电路的偏差对转换精度的影响。

手册上给出的转换精度是在规定的电源电压和环境温度下得到的数据。

二、转换速度

转换速度用完成一次 A/D 转换所需要的时间——转换时间来衡量。转换时间是指A/D转换器从接到转换指令开始,到输出端获得稳定的数字量所经历的时间。

不同类型转换器的转换速度相差甚远。并行比较型 A/D 转换器的转换速度最快,转换时间通常在几十~几百纳秒的范围内;逐次逼近型 A/D 转换器的转换速度次之,转换时间通常在几~几十微秒的范围内;双积分 A/D 转换器的转换速度较慢,一般在几十~几百毫秒的范围内。

在实际应用中,A/D 转换器的选用,应从系统数据的总位数、精度要求、输入模拟信号的范围及输入信号的极性等方面综合考虑。

本章小结

1. D/A 和 A/D 转换器是组成现代数字系统的重要部件,应用日益广泛。为了保证转换结果的准确性,要求 D/A 和 A/D 转换器具有足够高的转换精度;在快速过程的控制和检测中,又要求转换器具有足够高的转换速度。所以,转换精度和转换速度是衡量 D/A 和 A/D 转换器性能的重要参数。

2. 为了将数字量转换成模拟量,必须将二进制数的每一位数码按权转换成相应的模拟量,然后将代表各位数码的模拟量求和,所得的总模拟量就与输入数字量成正比,这就是组成 D/A 转换器的基本指导思想。D/A 转换器由解码网络、参考电压源、求和电路和电子模拟开关组成。

3. D/A 转换器种类很多,本章介绍了倒 T 形电阻网络 D/A 转换器和权电流 D/A 转换器。

倒 T 形电阻网络 D/A 转换器具有两大优点:① 电阻解码网络的阻值仅有 R 和 $2R$ 两种,故最适于制成集成电路。② 各 $2R$ 支路的电流直接流向运算放大器的反相输入端,不存在传输时间差,而且在电子模拟开关状态的转换过程中,各支路的电流是不变的,不需要电流的建立时间,因此该转换器具有较高的转换速度。倒 T 形电阻网络 D/A 转换器存在的问题是,模拟开关的导通电阻和导通压降会引入转换误差,降低转换精度。

权电流 D/A 转换器解决了倒 T 形电阻网络 D/A 转换器存在的问题,具有较高的转换精度。

CMOS 倒 T 形电阻网络 D/A 转换器是目前应用得最多的一种 D/A 转换器。双极型权电流 D/A 转换器也是应用较多的一种 D/A 转换器。

4. A/D 转换器是把输入的模拟电压与已知的参考电压进行比较,而完成从模拟量到数字量的转换的。A/D 转换包括取样、保持、量化和编码四个过程,反映此过程的典型 A/D 转换器是并行比较型 A/D 转换器。

逐次逼近型 A/D 转换器是按天平称重的思路,将输入的模拟信号与一组由 D/A 转换器产生的已知电压逐个进行多次比较、而一次只比较一位的 A/D 转换器,最后使转换所得的数字量在数值上与输入模拟量的值相对应。

5. 各种不同结构的 A/D 转换器都有自身的特点:并行比较型 A/D 转换器的优点是转换速度最快,缺点是电路复杂,只应用于超高速的场合;双积分 A/D 转换器的优点是转换精度高、电路结构简单、性能稳定可靠、抗干扰能力较强,缺点是转换速度慢,广泛应用于低速系统中;逐次逼近型 A/D 转换器电路简单,价格较低,速度和精度较高,能满足大多数场合的需要,所以是目前应用最广的 A/D 转换器之一。

习题

12.1.1 8 位 D/A 转换器的分辨率用百分数表示是多少?

12.1.2 某一控制系统中有一个 D/A 转换器,其绝对精度小于 0.25。试问它是多少位的 D/A 转换器?

12.1.3 有一个 8 位 D/A 转换器,试回答:

(1) 若最小输出电压增量为 0.02 V,当输入代码为 **01001100** 时,它的输出电压 u_O 为多少伏?

(2) 某一系统中要求 D/A 转换器的分辨率小于 0.12%,该 D/A 转换器是否适用?

12.1.4 权电阻网络 D/A 转换器的原理电路如图 P12.1.4 所示。

① 试推导输出模拟电压 u_O 的表达式。② 已知 $U_{REF} = -10\text{ V}$,$R_f = R = 20\text{ k}\Omega$,试求 u_O 的范围。

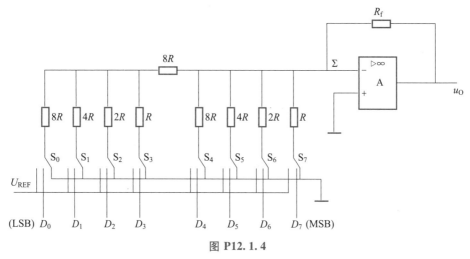

图 P12.1.4

12.1.5 倒 T 形电阻网络 D/A 转换器的电路如图 12.1.3 所示。当某位数为 **0** 时,开关接地;当某位数为 **1** 时,开关接运算放大器的反相输入端。已知 $U_{REF} = 10\text{ V}$。试回答:

(1) 输出模拟电压 u_O 的范围是多少?

(2) 当输入数字量 $D_3D_2D_1D_0 = \textbf{0110}$ 时,对应的 u_O 值是多少?

(3) 电路的分辨率是多少?

12.1.6 试用 D/A 转换器 AD7520 和计数器 74X161 组成一个阶梯波形发生器。要求其输出的阶梯波波形的阶梯数为 6,试画出完整的逻辑图。

12.1.7 4 位权电流 D/A 转换器如图 12.1.6 所示，已知 $U_{REF} = 6$ V，当 $D_3D_2D_1D_0 = \mathbf{1100}$，$u_O = 1.5$ V 时，试确定 R_f 的值。

12.2.1 有一个 4 位逐次逼近型 A/D 转换器，已知输入电压 u_1 和 D/A 转换器输出电压 u_O 的波形有如图 P12.2.1(a) 和 (b) 所示的两种情况。试回答：

(1) 转换结束时，它们的输出数字量各为多少？

(2) 当 4 位 D/A 转换器的最大输出电压为 $u_{Omax} = 30$ V 时，两种情况下输入电压的范围各为多少？

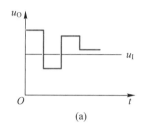 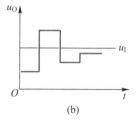

图 P12.2.1

12.2.2 输入模拟信号的最高频率分量 $f_{imax} = 20$ kHz，对该信号进行取样的最低取样频率应为多少？

12.2.3 为什么进行 A/D 转换时一定要对取样后所得的离散模拟量进行量化？选用哪种量化方法误差比较小？

12.2.4 某信号采集系统要求用一片集成 A/D 转换器在 1 s(秒) 内对 16 个热电偶的输出电压分时进行 A/D 转换。已知热电偶输出电压的范围为 $0 \sim 0.025$ V (对应于 0℃ $\sim$ 450℃ 温度范围)，需要分辨的温度为 0.1℃。请回答应选择多少位的 A/D 转换器，其转换时间为多少？

12.2.5 双积分 A/D 转换器的电路如图 12.2.11 所示。若已知计数器的位长为 $n = 10$，时钟脉冲的周期 $T_{CP} = 10$ μs，$U_{REF} = 12$ V，$u_1 = +3$ V。

试回答：① 完成转换后的状态 $Q_9Q_8Q_7Q_6Q_5Q_4Q_3Q_2Q_1Q_0$ 是什么？② 完成转换所需的时间是多少？

第 12 章　部分习题解答

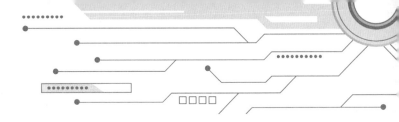

第13章

数字系统设计基础

 引言

> 本章首先给出数字系统的基本概念、设计方法以及实现方法,然后用具体实例详细介绍了数字系统的设计过程和实现方法,以期建立工程应用的概念,达到提高综合应用能力的目的。

13.1 数字系统设计的一般方法

13.1.1 数字系统的基本构成

在第9章、第10章中介绍的编码器、译码器、数据选择器、数字比较器、加法器、计数器和寄存器等电路,都只能实现某一特定的逻辑功能,因此称它们为功能部件级电路。主要由某些功能部件级电路构成,并按一定顺序处理和传输数字信号的设备,称为数字系统。电子计算机、数字照相机、智能手机等就是常见的数字系统。

数字系统在结构上由数据处理单元和控制单元两大部分组成,其框图如图 13.1.1 所示。

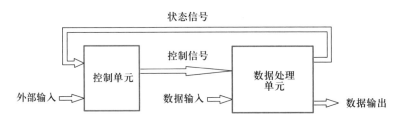

图 13.1.1 数字系统的框图

1. 数据处理单元

由控制单元输出的控制信号和输入数据一起加到数据处理单元的输入端。数据处理单元对输入数据进行算术运算、逻辑运算和移位操作等处理,然后输出数据,并将处理过程中产生的状态信号反馈给控制单元。数据处理单元也称为数据通路。

2. 控制单元

控制单元在外部输入信号和数据处理单元反馈来的状态信号的共同作用下,向数据处理单元发出控制信号,决定并控制数据处理单元去完成下一步操作。是否存在控制单元是区分功能部件和数字系统的主要标志,只要存在控制单元,并能按顺序进行操作的系统,不论其规模的大小,就称为数字系统。

13.1.2 数字系统的设计方法

数字系统的规模可大可小,复杂程度也有很大差别。整个系统通常由许多组合逻辑电路和时序逻辑电路连接而成,按照一定的要求,实现复杂的逻辑功能。当数字系统比较复杂、内部状态数目很大时,如果采用经典的状态图、状态转换表等方法进行设计时,设计过程过于复杂,不易于完成设计任务。这时通常采用层次化设计方法,即先将数字系统划分为几个子系统,再将几个子系统分解为几个模块,每个模块再细分为几个功能块,最终用各种门和触发器等实现每个功能块。

数字系统的设计方法有自上而下的设计方法和自下而上的设计方法。设计现代数字系统常采用自上而下的设计方法。

自上而下设计方法的出发点是:根据数字系统具有层次化结构的特点,通常将系统的设计分层次和分模块地进行,即把整个系统从逻辑上分为控制单元和数据处理单元两大部分。当控制单元和数据处理单元比较复杂时,可以对控制单元和数据处理单元做进一步的逻辑划分,把它们分解成几个子模块后,再进行逻辑设计,从而得到所要求的数字系统。

自上而下的设计方法一般有以下几个步骤。

(1) 分析所要设计的数字系统,掌握它的逻辑功能。

(2) 把复杂系统的功能分解成若干个子功能模块,并确定出各子功能模块的操作顺序和相互联系,画出系统的框图。

(3) 分析数据处理单元要完成的基本运算和操作,设计出采用通用集成电路芯片的数据处理单元。

(4) 分析数据处理单元要进行的操作及操作顺序,确定控制单元的逻辑功能,设计出采用时序逻辑电路的控制单元。

13.1.3 数字系统的实现方法

随着集成电路技术的发展,数字系统可以采用通用集成逻辑器件、单片微处理器或可编程逻辑器件来实现。这些实现方法有不同的优缺点。

（1）采用通用集成逻辑器件组成数字系统是一种比较传统的设计方法，应用比较广泛。本章的设计实例就采用了这种方法。

（2）采用单片微处理器组成数字系统，优点是所用的器件少，使用灵活，缺点是工作速度较低。其应用也比较广泛。

（3）采用可编程逻辑器件组成数字系统，具有体积小、功耗低、可靠性高、易于进行修改等优点，是目前设计数字系统的首选方法。

（4）采用片上系统组成数字系统。所谓片上系统，就是利用大规模集成电路技术和数字系统设计自动化软件技术，将一个完整的数字系统集成在一个芯片中，不仅可以大大缩小数字系统的体积，还可提高数字系统的可靠性。

13.2　数字系统设计实例——智力竞赛抢答器

在进行智力竞赛的抢答过程中，各参赛者经过思考后都想抢先回答，如果没有合适的设备，主持人将难以分辨出抢答者的先后顺序，为了使比赛能顺利进行，需要有一个能判断抢答者先后顺序的设备，称为智力竞赛抢答器。

下面通过一个可容纳 4 个队参加比赛的四路智力竞赛抢答器的设计，进一步介绍数字系统的设计和实现方法。

13.2.1　明确系统的功能

通过分析题目，智力竞赛抢答器系统要完成的逻辑功能分以下七步。

第一步：主持人给每组的计分器预置 100 分。

第二步：主持人按"准备抢答"按钮，让参赛选手们准备抢答，并宣布题目。

第三步：主持人判断在宣布题目过程中有无违章提前抢答者。如果有违章提前抢答者，该选手抢答台上的红灯变亮，并使蜂鸣器发出声音。主持人宣布本题无效，并做违章处理（如减分或口头警告），然后返回第二步。如果没有违章提前抢答者，则进行第四步。

第四步：主持人按"开始抢答"按钮，让参赛选手们开始抢答。

第五步：选手们按自己抢答台上所设置的"抢答"按钮开始抢答。若有选手抢到答题权，则其抢答台上所设置的绿灯发亮，并使蜂鸣器发出声音，经主持人允许后开始答题。

第六步：若选手答题正确，主持人宣布选手得分，并按"加 10 分"按钮，给选手加上 10分；若选手答题错误，主持人按"减 10 分"按钮，给选手减去 10 分。

第七步：转入第二步进行下一题目，或宣布抢答活动结束。

13.2.2 确定系统的组成

智力竞赛抢答器系统应包括主持人控制台、选手抢答台、选手计分器三部分。主持人通过主持人控制台上所设置的有关按钮,给选手抢答台或选手计分器发送"准备抢答""开始抢答"或"加分""减分"等信号;抢答选手通过选手抢答台上所设置的按钮,发送"抢答"信号并封锁竞争对手的抢答器,同时向自己的计分器发出"计分允许"信号。

13.2.3 主持人控制台的功能规划和电路设计

一、功能的规划

1. 主持人控制台的状态和所需器件

主持人控制台只有"准备抢答"(S_0)和"开始抢答"(S_1)两个状态,故只需用一个触发器 FF_0 即可表示这两个状态。

此外,主持人控制台还需要设置以下按钮:"置 100 分"按钮(L)、"准备抢答"按钮(R)、"开始抢答"按钮(S)、"加 10 分"按钮(U)和"减 10 分"按钮(D)。

2. 按钮功能的规定和信号的形式

按钮 L:同时将四个选手的计分器设置成 100 分。计分器选用带低电平预置端的计数器,故信号的形式为负脉冲。

按钮 R:将主持人控制台的状态触发器 FF_0 复位到 S_0 状态,同时将四个选手的抢答台置于初始状态,信号形式为负脉冲。

按钮 S:将主持人控制台的状态触发器 FF_0 置位到 S_1 状态,FF_0 向四个选手的抢答台输出"开始抢答"信号,信号形式为负脉冲。

按钮 U:给竞答正确的选手加 10 分,信号形式为正脉冲。

按钮 D:给竞答错误的选手减 10 分,信号形式为正脉冲。

二、电路的设计

本题目使用 Multisim 软件中提供的元器件来实现。FF_0 选用带低电平预置和清零的 D 触发器,将 D 端和 C 端接地,作为 RS 触发器使用。如果没有按钮,也可以改用单刀双掷开关构成,但每次操作必须连按两次才可模仿一个按钮。由此得出的主持人控制台的电路如图 13.2.1 所示。由于 FF_0 在上电仿真时会自动进入置位状态 S_1,故在电路中加入了 0.1 s 的延时继电器,以使 FF_0 上电复位。

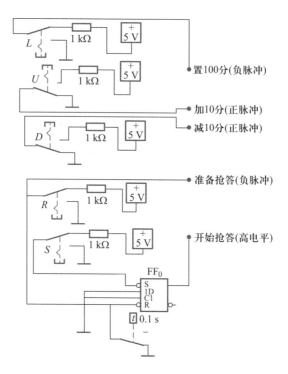

图 13.2.1　主持人控制台的电路

13.2.4　选手抢答器的功能规划和电路设计

一、选手抢答器的输入和输出信号及其含义

1. 选手抢答器的输入信号

选手抢答器的输入信号应包括以下信号。

（1）主持人控制台送来的"准备抢答"信号 X_0，用于将选手抢答器复位到初始状态，信号的形式为负脉冲；

（2）主持人控制台送来的"开始抢答"信号 X_1，用于允许竞答选手按"抢答"按钮，逻辑 **1** 有效；

（3）其他选手抢答器送来的"输入封锁"信号，其组合后为 X_2，用于禁止本选手抢答，逻辑 **0** 有效；

（4）竞答选手按"抢答"按钮形成的"抢答"信号 X_3，在电路中作为时钟信号 CP，为负脉冲。

2. 选手抢答器的输出信号

选手抢答器的输出信号应包括以下信号。

（1）"违章抢答"信号 Y_1，用于点亮红灯，并使蜂鸣器发声，逻辑 **1** 有效；

（2）"抢答有效"信号 Y_2，用于点亮绿灯，并使蜂鸣器发声，逻辑 **1** 有效；

（3）"计分允许"信号 Y_3，用于主持人对答题选手加分或减分，逻辑 **1** 有效；

（4）"输出封锁"信号 Y_4，用于封锁其他竞答选手抢答，逻辑 **1** 有效。

二、选手抢答器的状态规划和设计过程

1. 根据题意设定状态，画出原始状态转换图

选手抢答器至少应具有三个状态，一为初始状态 S_0，二为违章抢答后状态 S_1，三为有效抢答后状态 S_2。根据题意可画出如图 13.2.2 所示的原始状态转换图。

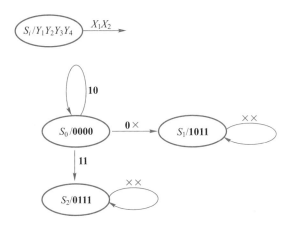

图 13.2.2　选手抢答器的原始状态转换图

在"准备抢答"信号 X_0 到来后，选手抢答器被复位到初始状态 S_0。

在初始状态 S_0 下，如果主持人没有发出"开始抢答"信号 X_1，无论有无"输入封锁"信号 X_2，选手按"抢答"按钮则为违章抢答，状态转到违章抢答后状态 S_1，并给出"违章抢答"红灯信号 Y_1、"计分允许"信号 Y_3 和"输出封锁"信号 Y_4。此后状态停留在 S_1，等待被复位。

在初始状态 S_0 下，如果主持人发出"开始抢答"信号 X_1，并且无"输入封锁"信号 X_2，选手按"抢答"按钮则为有效，状态转到有效抢答后状态 S_2，同时给出"抢答有效"绿灯信号 Y_2、"计分允许"信号 Y_3 和"输出封锁"信号 Y_4。此后状态停在 S_2，等待被复位。

在初始状态 S_0 下，如果主持人发出"开始抢答"信号 X_1，并且有"输入封锁"信号 X_2，选手按"抢答"按钮则为无效，状态停留在初始状态 S_0 不变，输出也不变。

2. 状态的化简

由原始状态图可知，"输出封锁"信号 Y_4 始终与"计分允许"信号 Y_3 相同，故可以与 Y_3 合用，而取消 Y_4。选手抢答器三个状态 S_0、S_1、S_2 的输出各异，已不可化简。

3. 状态的编码，画出编码后的状态转换图

三个状态需用两个触发器才能表示，两个触发器共有 4 个状态，可以采用 2 位二进制代码组合中的任意 3 个代码表示这三个状态。这里 S_0、S_1、S_2 的编码分别选为 **00**、**01**、**10**，由此可得选手抢答器编码形式的状态转换图，如图 13.2.3 所示。

由编码形式的状态转换图可列出编码后的状态转换表，如表 13.2.1 所示。

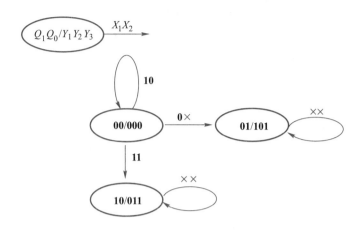

图 13.2.3　选手抢答器编码形式的状态转换图

表 13.2.1　编码状态转换表

$Q_1^n\, Q_0^n$	$X_1\quad X_2$	$Q_1^{n+1}\quad Q_0^{n+1}$	$Y_1\, Y_2\, Y_3$
0　0	0　×	0　1	0　0　0
	1　0	0　0	
	1　1	1　0	
0　1	×　×	0　1	1　0　1
1　0	×　×	1　0	0　1　1

4. 选择触发器的类型

选用两个功能比较灵活的带有低电平直接置零端的负边沿双 JK 触发器 74X112。

5. 求各触发器的驱动方程和输出方程

列出 JK 触发器的驱动表,如表 13.2.2 所示。根据编码状态转换表和 JK 触发器的驱动表,可列出各触发器驱动信号及输出信号的真值表,如表 13.2.3 所示。对于多余状态 **11**,这里规定在任何输入下其输出 Y_1、Y_2、Y_3 全为 **0**,并且次状态为 **00**。

表 13.2.2　JK 触发器的驱动表

$Q^n \to Q^{n+1}$	$J\quad K$
0　0	0　×
0　1	1　×
1　0	×　1
1　1	×　0

表 13.2.3 各触发器驱动信号和输出信号的真值表

$Q_1^n \; Q_0^n$	$X_1 \; X_2$	$Q_1^{n+1} \; Q_0^{n+1}$	$J_1 \; K_1 \; J_0 \; K_0$	$Y_1 \; Y_2 \; Y_3$
	0 ×	0 1	0 × 1 ×	
0 0	1 0	0 0	0 × 0 ×	0 0 0
	1 1	1 0	1 × 0 ×	
0 1	× ×	0 1	0 × × 0	1 0 1
1 0	× ×	1 0	× 0 0 ×	0 1 1
1 1	× ×	0 0	× 1 × 1	0 0 0

由表 13.2.3 可知,输出信号 Y_1、Y_2、Y_3仅与状态 Q_1、Q_0 有关,它们的表达式为

$$Y_1 = \overline{Q_1^n} \cdot Q_0^n$$

$$Y_2 = Q_1^n \cdot \overline{Q_0^n}$$

$$Y_3 = Y_1 + Y_2 = Q_1^n \oplus Q_0^n$$

由表 13.2.3 可画出各驱动信号的卡诺图,如图 13.2.4 所示。

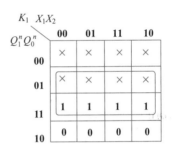

图 13.2.4 驱动信号的卡诺图

用卡诺图对驱动信号进行化简,可得各触发器的驱动方程为

$$J_1 = \overline{Q_0^n} \cdot X_1 \cdot X_2$$

$$K_1 = Q_0^n$$

$$J_0 = \overline{Q_1^n} \cdot \overline{X_1}$$

$$K_0 = Q_1^n$$

"输入封锁"信号 X_2 为 **0** 时起封锁作用;其他选手抢答器中任一个"输出封锁"信号 Y_4 为 **1** 时,各抢答器的"输入封锁"信号 X_2 都应为 **0**,故可用**或非门**实现。

三、电路的设计

根据上述分析,设计出的选手抢答器电路如图 13.2.5 所示。由于要设计可容纳 4 个队参加比赛的四路智力竞赛抢答器,同样的电路需要 4 套,全部画出来将使总图太大(总图包括主持人控制台、选手抢答台、选手计分器三部分)。为使智力竞赛抢答器系统电路的总图简洁并便于仿真,可用 Multisim 所提供的生成子电路的方法,将图 13.2.5 生成一个小的模块,如图 13.2.6所示。应该注意,生成子电路后一定要记住各引出脚的含义,以便和总图中的其他电路正确连接。

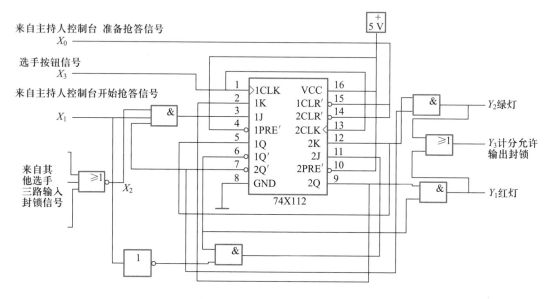

图 13.2.5 选手抢答器的电路

图 13.2.6 选手抢答器电路的接口信号示意图

13.2.5 计分器的功能和电路设计

一、计分器应具备的基本功能

（1）计数范围为 000～990，以 10 为最小计数单位；

（2）采用三位七段数码显示器显示计分值；

（3）可用预置脉冲将计数值预置成 100 分；

（4）具有"计分允许"信号输入端，该信号有效时，方可对本计分器进行加分或减分操作；

（5）具有"加 10 分"脉冲信号输入端和"减 10 分"脉冲信号输入端。

二、电路的设计

根据计分器的功能要求，应选用具有清零和置数功能的十进制可逆计数器，查阅资料《中国集成电路大全》之 TTL 电路分册，有 74X168 和 74X192 两种芯片可以选用。但在 Multisim 的数字器件库中只有 74X192，因此确定选用 74X192 组成计分器。根据所选器件构成的计分器电路如图 13.2.7 所示。共需要 4 套相同的计分器电路。

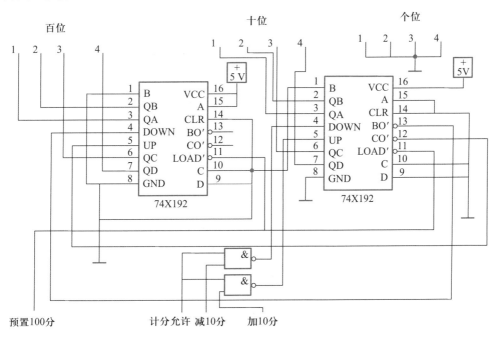

图 13.2.7　计分器电路

13.2.6 整体连接和调试

在 Multisim 环境下将主持人控制台、四路选手抢答器、四路计分器互相正确连接，加入必要的外部元器件，如开关、红绿灯、蜂鸣器、数码管等，就可基本完成抢答器系统的设计。

拓展阅读 13.1
彩灯控制器
的设计

最后便可接通电源进行仿真调试,仿真调试时应按照设计要求逐条检验所设计的电路是否具备预期的所有功能。通常一次取得完全成功的可能性不大,这时候需要对原设计做某些调整或改变,直到电路完全满足设计要求。

本章小结

1. 由若干功能部件级电路和逻辑部件构成的,并按一定顺序处理和传输数字信号的设备,称为数字系统。数字系统从结构上可以划分为数据处理单元和控制单元两部分。

2. 数字系统的设计方法有两种:自上而下的设计方法和自下而上的设计方法。现代数字系统的设计常采用自上而下的设计方法。

3. 采用通用的集成逻辑器件实现数字系统是一种比较传统的设计方法,应用比较广泛,本章的设计实例就采用了这种方法。

习题

13.2.1　电子钟是一种高精度的计时工具,它采用了集成电路和石英晶体技术,因此走时精度高,稳定性能好,使用方便,且不需要经常调校。根据显示方式的不同,电子钟分为指针式电子钟和数字式电子钟。指针式电子钟需借助机械传动才能带动指针作显示;而数字式电子钟则是采用译码电路驱动数码显示器,以数字形式显示。利用集成技术可以把译码显示器做得非常小巧,还可以另加一定的驱动电路,推动霓虹灯或白炽灯显示系统,制作成大型电子钟表。因此,数字式电子钟的应用非常广泛。

(1) 设计一个能直接显示时、分、秒,并具有校时功能的数字电子钟。小时采用二十四进制。

(2) 设计一个 24 小时整点报时控制电路。要求每整点前 10 s 开始报时,每隔 2 s 响一下,共响五下,每响持续 0.5 s,最后一响为整点。

(3) 设计一个整点报时控制电路。要求在 6~22 点之间的每个整点报时一次,而在 23~5 点之间的各整点均不报时。

(4) 设计一个在任意的几点几分均会响铃的闹钟控制电路。响铃时间为 1 分钟,可提前终止。

(5) 根据以下的作息时间表,设计一个自动响铃控制电路。

作息时间表	
起床	6:50
上午上班	8:00
午饭	11:45
下午上班	13:30
下午下班	17:30

13.2.2　锁是人们日常生活中的常用物品。试用电子器件设计制作一个密码锁。设计要求如下。

(1) 在密码锁的控制电路中储存一个可修改的 8421BCD 码作为密码,当输入代码和锁的密码相等时,进入开锁状态使锁打开。

(2) 在输入正确的代码时,输出开锁信号以推动执行机构动作,并用绿灯亮、红灯灭表示开锁状态,用红灯亮、绿灯灭表示关锁状态。

(3) 从第一次密码输入之后的 5 s 内若未能将锁打开,则电路进入自锁状态,使之无法再打开,并由扬声器发出持续 20 s 的报警信号。

第 13 章　部分习题解答

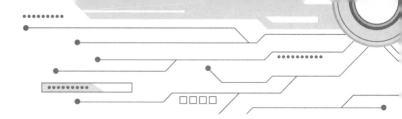

附录

附录 A　半导体分立器件型号命名方法

（国家标准 GB/T 249—2017）

第一部分		第二部分		第三部分		第四部分	第五部分
用阿拉伯数字表示器件的电极数目		用汉语拼音字母表示器件的材料和极性		用汉语拼音字母表示器件的类别		用阿拉伯数字表示登记顺序号	用汉语拼音字母表示规格号
符号	意义	符号	意义	符号	意义		
2	二极管	A	N 型,锗材料	P	小信号管		
		B	P 型,锗材料	H	混频管		
		C	N 型,硅材料	V	检波管		
		D	P 型,硅材料	W	电压调整管和电压基准管		
		E	化合物或合金材料	C	变容管		
3	三极管	A	PNP 型,锗材料	Z	整流管		
		B	NPN 型,锗材料	L	整流堆		
		C	PNP 型,硅材料	S	隧道管		
		D	NPN 型,硅材料	K	开关管		
		E	化合物或合金材料	N	噪声管		
				F	限幅管		
				X	低频小功率晶体管 $(f_a < 3\ \mathrm{MHz}, P_C < 1\mathrm{W})$		
				G	高频小功率晶体管 $(f_a \geqslant 3\ \mathrm{MHz}, P_C < 1\ \mathrm{W})$		

续表

第一部分		第二部分		第三部分		第四部分	第五部分
用阿拉伯数字表示器件的电极数目		用汉语拼音字母表示器件的材料和极性		用汉语拼音字母表示器件的类别		用阿拉伯数字表示登记顺序号	用汉语拼音字母表示规格号
符号	意义	符号	意义	符号	意义		
				D	低频大功率晶体管 $(f_a < 3\ \mathrm{MHz}, P_C \geqslant 1\ \mathrm{W})$		
				A	高频大功率晶体管 $(f_a \geqslant 3\ \mathrm{MHz}, P_C \geqslant 1\ \mathrm{W})$		
				T	闸流管		
				Y	体效应管		
				B	雪崩管		
				J	阶跃恢复管		

例：硅 NPN 型高频小功率晶体管

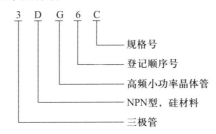

3　D　G　6　C
规格号
登记顺序号
高频小功率晶体管
NPN型，硅材料
三极管

附录 B　常用半导体分立器件的型号和参数

一、二极管

型号	参数		
	最大整流电流 I_F/mA	最大整流电流时的正向压降 U_F/V	反向工作峰值电压 U_{RWM}/V
2AP1	16		20
2AP2	16		30
2AP3	25		30
2AP4	16	≤1.2	50
2AP5	16		75
2AP6	12		100
2AP7	12		100

续表

型号	参数		
	最大整流电流 I_F/mA	最大整流电流时的正向压降 U_F/V	反向工作峰值电压 U_{RWM}/V
2CZ52A			25
2CZ52B			50
2CZ52C			100
2CZ52D	100	$\leqslant 1$	200
2CZ52E			300
2CZ52F			400
2CZ52G			500
1N4148	200	$\leqslant 1$	75

二、晶体管

型号	参数				
	最大集电极耗散功率 P_{CM}/mW	最大集电极电流 I_{CM}/mA	集电极-发射极间反向击穿电压 $U_{(\text{BR})\text{CEO}}/\text{V}$	集电极-基极间反向饱和电流 $I_{\text{CBO}}/\mu\text{A}$	电流放大系数 $\beta(h_{\text{fe}})$
3DG4A			15		20
3DG4B			15		20
3DG4C	300	30	30	0.1	20
3DG4D			15		30
3DG4E			30		20
3DG4F			20		30
3CG14A		15	35		40
3CG14B		20	15		30
3CG14C	100	15	25	0.1	25
3CG14D		15	25		30
3CG14E		20	25		30
3CG14F		20	40		30
3AX31A			12		40
3AX31B			12		40
3AX31C	100	100	18	12	40
3AX31D			12		25
3AX31E			24		25

附录 C 集成运算放大器的型号和参数

参数	类型				
	通用型	高精度型	高阻型	高速型	低功耗型
	型号				
	CF741 （F007）	CF7650	CF3140	CF715	CF3078C
电源电压 $\pm V_{CC}(V_{DD})$/V	± 15	± 5	± 15	± 15	± 6
开环差模电压增益 A_{od}/dB	106	134	100	90	92
输入失调电压 U_{IO}/mV	1	$\pm 7 \times 10^{-4}$	5	2	1.3
输入失调电流 I_{IO}/nA	20	5×10^{-4}	5×10^{-4}	70	6
输入偏置电流 I_{IB}/nA	80	1.5×10^{-3}	10^{-2}	400	60
最大差模输入电压 U_{Idm}/V	± 15	+2.6 -5.2	+12.5 -15.5	± 12	+5.8 -5.5
最大共模输入电压 U_{Icm}/V	± 30		± 8	± 15	± 6
共模抑制比 K_{CMR}/dB	90	130	90	92	110
输入电阻 r_{id}/MΩ	2	10^{6}	1.5×10^{6}	1	

附录 D TTL 和 CMOS 逻辑门电路的技术参数

名称		类别（系列）				
		TTL			CMOS	
		参数				
		74	74LS	74ALS	74HC	74HCT
输入和输出电流	$I_{IH(max)}$/mA	0.04	0.02	0.02	0.001	0.001
	$I_{IL(max)}$/mA	1.6	0.4	0.1	0.001	0.001
	$I_{OH(max)}$/mA	0.4	0.4	0.4	4	4
	$I_{OL(max)}$/mA	16	8	8	4	4

续表

名称		类别（系列）				
		TTL			CMOS	
		参数				
		74	74LS	74ALS	74HC	74HCT
输入和输出电压	$U_{IH(min)}/V$	2.0	2.0	2.0	3.5	2.0
	$U_{IL(max)}/V$	0.8	0.8	0.8	0.8	0.8
	$U_{OH(min)}/V$	2.4	2.7	2.7	2.7	4.9
	$U_{OL(max)}/V$	0.4	0.5	0.4	0.4	0.1
电源电压	$V_{CC}(V_{DD})/V$	4.75~5.25			2.0~6.0	
平均传输延迟时间	t_{pd}/ns	9.5	8	2.5	10	13
功耗	P_D/mV	10	4	2.0	0.8	0.5
扇出数	N_o	10	20		4 000	4 000
噪声容限	U_{NL}/V	0.4	0.3	0.4	0.9	0.7
	U_{NH}/V	0.4	0.7	0.7	1.4	2.9

附录 E 常用逻辑符号对照表

名称	说明		
	本书所用符号	曾用符号	美国所用符号
	符号		
与门	&		
或门	≥1	+	
非门	1		
与非门	&		
或非门	≥1	+	

续表

名称	说明		
	本书所用符号	曾用符号	美国所用符号
	符号		
与或非门			
异或门			
同或门			
集电极开路与非门			
三态输出非门			
传输门			
半加器			
全加器			
基本 RS 锁存器			
时钟控制 RS 锁存器			
上升沿触发 D 触发器			

名称	说明		
	本书所用符号	曾用符号	美国所用符号
	符号		
下降沿触发 JK 触发器			
脉冲触发（主从）JK 触发器			

附录 F　期末试卷及解答

期末试卷一　　　期末试卷一解答　　　期末试卷二　　　期末试卷二解答

参考文献

［1］张瑞华.电子技术基础简明教程［M］.北京：水利电力出版社,1993.

［2］文亚凤.电子技术基础学习指导与习题解答［M］.北京：中国电力出版社,2023.

［3］刘向军.模拟电子技术基础［M］.北京：高等教育出版社,2016.

［4］华成英.模拟电子技术基础［M］.6 版.北京：高等教育出版社,2023.

［5］阎石.数字电子技术基础［M］.6 版.北京：高等教育出版社,2016.

［6］康华光,张林.电子技术基础：数字部分［M］.7 版.北京：高等教育出版社,2021.

［7］康华光,张林.电子技术基础：模拟部分［M］.7 版.北京：高等教育出版社,2021.

［8］赵进全,张克农.数字电子技术基础［M］.3 版.北京：高等教育出版社,2020.

［9］赵进全,杨拴科.模拟电子技术基础［M］.3 版.北京：高等教育出版社,2019.

［10］李雪飞.数字电子技术基础［M］.北京：清华大学出版社,2011.

［11］王志军.电子技术基础［M］.2 版.北京：北京大学出版社,2021.

［12］Thomas L. Floyd.数字电子技术基础系统方法［M］.姜淑琴,盛新志,申艳,译.北京：机械工业出版社,2014.

郑重声明

高等教育出版社依法对本书享有专有出版权。任何未经许可的复制、销售行为均违反《中华人民共和国著作权法》,其行为人将承担相应的民事责任和行政责任;构成犯罪的,将被依法追究刑事责任。为了维护市场秩序,保护读者的合法权益,避免读者误用盗版书造成不良后果,我社将配合行政执法部门和司法机关对违法犯罪的单位和个人进行严厉打击。社会各界人士如发现上述侵权行为,希望及时举报,我社将奖励举报有功人员。

反盗版举报电话　(010)58581999　58582371

反盗版举报邮箱　dd@ hep. com. cn

通信地址　北京市西城区德外大街 4 号
　　　　　高等教育出版社知识产权与法律事务部

邮政编码　100120

读者意见反馈

为收集对教材的意见建议,进一步完善教材编写并做好服务工作,读者可将对本教材的意见建议通过如下渠道反馈至我社。

咨询电话　400-810-0598

反馈邮箱　gjdzfwb@ pub.hep.cn

通信地址　北京市朝阳区惠新东街 4 号富盛大厦 1 座
　　　　　高等教育出版社总编辑办公室

邮政编码　100029

防伪查询说明

用户购书后刮开封底防伪涂层,使用手机微信等软件扫描二维码,会跳转至防伪查询网页,获得所购图书详细信息。

防伪客服电话　(010)58582300